咬得菜根香，则百事可为

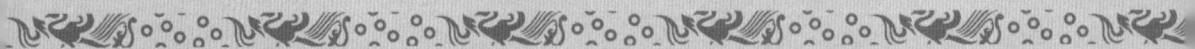

图解

菜根谭

（明）洪应明　著

思　履　主编

北京联合出版公司
Beijing United Publishing Co.,Ltd.

图书在版编目（CIP）数据

图解菜根谭/（明）洪应明著；思履主编 . —北京：北京联合出版公司，2016.8
（2024.10 重印）

ISBN 978-7-5502-8237-7

Ⅰ . ①图… Ⅱ . ①洪…②思… Ⅲ . ①个人—修养—中国—明代 ②《菜根谭》—图
解 Ⅳ . ① B825-64

中国版本图书馆 CIP 数据核字（2016）第 167851 号

图解菜根谭

著　　者：（明）洪应明

主　　编：思　履

出 品 人：赵红仕

责任编辑：李　征

封面设计：韩立强

内文排版：刘欣梅

插画绘制：陆铭蓓　孔文鹏

北京联合出版公司出版

（北京市西城区德外大街 83 号楼 9 层　100088）

鑫海达（天津）印务有限公司印刷　新华书店经销

字数 800 千字　　720 毫米 × 1020 毫米　1/16　29 印张

2016 年 8 月第 1 版　2024 年 10 月第 5 次印刷

ISBN 978-7-5502-8237-7

定价：68.00 元

前言

《菜根谭》成书于明万历年间，距今已有近四百年的历史。著者洪应明，字自诚，号还初道人，早年热衷仕途功名，晚年归隐山林，潜心读书立文，最终将自己的人生体会、读书心得和生活参悟付诸笔尖，挥毫泼墨，著了这洋洋洒洒的三百多条错落有致的语录集。

"菜根"一词本出自北宋学者汪信民的一句"咬得菜根，百事可做"。这句话的意思是说，一个人只要坚强地适应清贫的生活，不论做什么事情，都会有所成就。

洪应明偶见此言，一时有感而发，便以此立意，以"心安茅屋稳，性定菜根香"为主旨，写下了几百年传世不衰的菜根箴言。这些箴言融合了儒家的中庸思想、道家的无为思想和释家的出世思想，深入浅出地讲述了关于修养、处世、出世等方面的人生哲学，告知后世读者享受平凡、活出真我，自会觉得人生真味。

《菜根谭》辞藻优美，言简意赅，通过洞察人生百态来点化世间万事。它是囊括五千年中国处世智慧的奇书。书中倡导积极入世、经营天下、为民谋福、泽被后世的进取精神；主张亲近自然、悠游山水、修身养性、清静无为的隐逸趣旨；宣扬悲天悯人、普度众生、透彻禅机、空灵无际的超脱意蕴。可谓一身处世、只眼观花。初读其书，似觉矛盾错杂，神龙虎尾无迹可寻；详思再三，始悟狡兔三窟，随处可安身立命。得志者读之，能悟人生无常，居安思危，匡世济人；失意者读之，能起死灰之心，自强不息，终有所成；富贵者读之，能知艳为虚幻，履满慎思，遗泽子孙；贫贱者读之，不坠青云之志，安贫乐道，培植善根。它揭示出人生之真谛，振聋发聩、医愚医贪，堪为人类"心灵之药石"。

然而，在相当长的时间里，人们并未给予《菜根谭》足够的重视，直到最近几年，对其内涵的研究热潮才兴起，并流行于海内外。其实，不仅企业界、商界的人爱读它，政界、学术界的人甚至普通大众也爱读它，更有人认为，《菜根谭》与《孙子兵法》《三国演义》等具有同等的文化地位，并称它为中国传统文化的经典之作。

《菜根谭》之所以能于当代见称，其中的一个重要原因就在于它的精神启发性和生活指导性历久弥新。其中，方圆并进的处世哲学、心平气和地对待人生起伏的平常心态、修身养德的精神境界以及回归自然陶冶心性的生活之道，都可以作为当代人在工作学习、享受生活、修身养性等过程中的经典法则。

为使《菜根谭》更好地启迪人生、造福社会，我们精心制作了这本《图解菜根谭》。本书以明刻本为底本，并在原文的基础上，加了精妙传神的译文，阐述其微言大义；以现代人的视角，在对原著箴言进行经典解读的同时联系当下，找到指导现实生活的经典智慧。既保留了原著的精华，又彰显了《菜根谭》的现代价值和文化魅力。

《菜根谭》之形式，精言雅致，字字珠圆；隽语风流，句句玉润。读来朗朗上口，谐金石之声；思后悠悠沁髓，夺宫商之韵。其体虽散，备意阳春白雪；其章虽促，融情流水高山。译文例解，恰使全书节奏明朗；原文新语，同奏和谐韵律。品读本书，可以让人心旷神怡，重温那种已被淡忘了的真趣；也可省察己身，使被烦恼、压力束缚的身心得以解脱；同时，也会帮我们稀释现实生活中的种种困惑和焦虑，找到解决这些症结的方法。无论是在阅读中还是合上书页后，我们会在不知不觉中放松下来，开阔心胸，放慢脚步，在实现人生价值的同时享受生活。

目录

绪论

《菜根谭》如何成为永恒经典 ···················· 4

集三教真理、智慧于一身的《菜根谭》 ·············· 5

清新隽永、雅俗共赏的精华小品 ················· 6

因何名为"菜根谭" ······················· 6

立德修身——高处立，平处坐，低处行

洁身自好　栖守道德 ······················ 8

与其练达　不若老实 ······················ 9

心地光明　才华韫藏 ······················ 10

真味是淡　至人如常 ······················ 11

有木石心　具云水趣 ······················ 13

福祸无常　泰然处之 ······················ 14

心想高处　不安现状 ······················ 16

正气清白　留于乾坤 ······················ 17

欲路勿染　理路勿退 ······················ 18

富贵名誉　自道德来 ······················ 20

至善无痕　施之不求 ······················ 21

花尚好色　人行好事 ······················ 22

舍勿处疑　恩不图报 ······················ 25

立名者贪　用术者拙 ······················ 27

天机最神　智巧无益 ······················ 28

人活一世　晚节更重 ······················ 29

种德施惠　无关地位 ······················ 30

君子改节　无异小人 ······················ 31

1

人品极处　本心使然 ·· 33

德怨两忘　恩仇俱泯 ·· 34

权衡利弊　扶公却私 ·· 35

蹉跎岁月　磨炼本领 ·· 36

以德御才　恃才败德 ·· 37

不能养德　终归末技 ·· 38

勿昧所有　勿夸所有 ·· 39

为人以诚　待人以信 ·· 40

善事奉行　恶事莫做 ·· 41

君子立德　小人图利 ·· 43

慈悲心肠　如沐春风 ·· 45

一念慈祥　寸心洁白 ·· 46

堂堂正正　本来不失 ·· 47

学会感恩　一生无憾 ·· 49

机心不用　质朴显诚 ·· 50

坚守良知　保全清白 ·· 51

坚持原则　当止则止 ·· 53

不昧己心　造福他人 ·· 54

过俭者吝　过谦者卑 ·· 56

心如止水　浊中悟道 ·· 57

❀ 自省克己——慎独自修，心无妄念 ❀

秉持原则　污泥不染 ·· 60

闻逆耳言　怀拂心事 ·· 61

静坐观心　真妄毕现 ·· 62

自我审视　再现真心 ·· 63

多心为祸　少事为福 ·· 65

气度高旷　自省慎独 ·· 66

心体光明　暗室青天 ·· 69

恶中有善　引人向善 ·· 70

知人者智　自知者明 ·· 71

自知自戒　胜私制欲 ·· 73

喜怒不愆　好恶有则 ·· 74

戒疏于虑　警伤于察 ·· 75

恶隐祸深　善显功小 ·· 76

律己要严　待人宜宽 ·· 77

为奇不异　求清不激 ·· 79

不听谗言 不掩己过 ……………………………………… 80

末路晚年 精神百倍 ……………………………………… 81

喜忧安危 勿介于心 ……………………………………… 83

冷静处世 逍遥而游 ……………………………………… 84

长不欺短 富不凌贫 ……………………………………… 85

责人情平 责己德进 ……………………………………… 87

闲时吃紧 忙时悠闲 ……………………………………… 88

常思常想 灵活变通 ……………………………………… 89

忙不乱性 死不动心 ……………………………………… 90

出世心态 淡然生活 ……………………………………… 91

富贵知贫 少壮念老 ……………………………………… 92

闹中取静 冷处热心 ……………………………………… 94

少时思老 荣时思枯 ……………………………………… 95

一念不生 真境自现 ……………………………………… 96

放下我执 少些烦恼 ……………………………………… 98

舍得舍得 有舍有得 ……………………………………… 99

人生福祸 皆因念生 ……………………………………… 100

根蒂在手 不受提掇 ……………………………………… 101

观心增障 齐物剖同 ……………………………………… 102

宁默毋躁 宁拙毋巧 ……………………………………… 103

了心悟性 俗即是僧 ……………………………………… 105

造化人心 混合无间 ……………………………………… 107

该忙时忙 该休时休 ……………………………………… 108

乐极生悲 苦尽甘来 ……………………………………… 111

纷纷扰扰 随常以待 ……………………………………… 112

人我一视 动静两忘 ……………………………………… 113

不计妍丑 不争雌雄 ……………………………………… 114

就身了身 以物付物 ……………………………………… 115

❈❀ 宽心从容——达观处变，静待人生起伏 ❀❈

达不足喜 穷不足忧 ……………………………………… 118

处患不忧 心系苍生 ……………………………………… 119

心宜旷达 切忌狭隘 ……………………………………… 120

盛衰无常 强弱安在 ……………………………………… 121

宠辱不惊 去留无意 ……………………………………… 122

从冷视热 从冗入闲 ……………………………………… 123

荣辱皆忘 冷暖自知 ……………………………………… 126

生死成败　任其自然 ······························· 127

随人接引　随事警惕 ······························· 128

前念不滞　后念不迎 ······························· 129

看透生死　悠然自得 ······························· 131

身心自如　融通自在 ······························· 133

从容放下　自由畅快 ······························· 134

孤云出岫　朗镜悬空 ······························· 135

心胸豁达　随遇而安 ······························· 136

热不必除　穷不可遣 ······························· 138

人情世态　平常看待 ······························· 139

过而不留　物我两忘 ······························· 141

顺应天性　乐观生活 ······························· 142

心闲日长　意广天宽 ······························· 143

身在事中　心超事外 ······························· 144

满腔和气　随地春风 ······························· 147

从容处世　淡然观事 ······························· 148

得固不喜　失亦不忧 ······························· 149

看得圆满　放得宽平 ······························· 151

明心交友——辨真识假，看清人情世故

侠心交友　素心做人 ······························· 154

不恶小人　有礼君子 ······························· 155

善人和气　凶人杀气 ······························· 157

忘功念过　忘怨念恩 ······························· 158

热心之人　其福亦厚 ······························· 159

毋形人短　毋忌人能 ······························· 160

己所不欲　勿施于人 ······························· 161

阴者勿交　傲者勿言 ······························· 164

故旧之交　意气愈新 ······························· 165

交友识人　独具慧眼 ······························· 166

亲善杜谗　除恶防祸 ······························· 167

警言救人　无量功德 ······························· 169

着眼内在　鸣其天机 ······························· 170

趋炎附势　人情通患 ······························· 171

宽之自明　纵之自化 ······························· 173

守口应密　防意应严 ······························· 174

细处着眼　施不求报 ······························· 175

做事论事 明晓利害 ……………………………………… 176

谦逊低调 立身之珍 ……………………………………… 178

以诚待人 以德服人 ……………………………………… 179

通权达变 善于倾听 ……………………………………… 180

气量宽厚 兼容并包 ……………………………………… 182

君子易处 小人难待 ……………………………………… 183

不畏谗言 却惧蜜语 ……………………………………… 184

气度平和 悦纳他人 ……………………………………… 187

闻恶防谗 闻善防奸 ……………………………………… 188

用人不刻 交友不滥 ……………………………………… 189

风斜雨急 立定脚跟 ……………………………………… 191

轻诺惹祸 乘快多事 ……………………………………… 192

茫茫世间 以真示人 ……………………………………… 194

少番思虑 少番臆度 ……………………………………… 195

方圆处世——路退一步乃宽，礼让三分为功

心胸开阔 与人为善 ……………………………………… 198

路留一步 味减三分 ……………………………………… 199

和衷少争 谦德少妒 ……………………………………… 200

洞悉世态 低调通达 ……………………………………… 202

目光放远 胸怀放宽 ……………………………………… 203

内敛谨慎 明哲保身 ……………………………………… 204

为人处世 方圆并用 ……………………………………… 205

不争功劳 不矜成就 ……………………………………… 208

折其两端 取其平衡 ……………………………………… 209

偏见害人 聪明障道 ……………………………………… 210

知退一步 加让三分 ……………………………………… 211

不可浓艳 不可枯寂 ……………………………………… 213

高处立身 低处处世 ……………………………………… 214

当方则方 当圆则圆 ……………………………………… 216

无为养心 半分做人 ……………………………………… 217

心域打开 宽心待事 ……………………………………… 218

宽宏大量 胸能容物 ……………………………………… 219

君子懿德 中庸之道 ……………………………………… 220

固守操履 不露锋芒 ……………………………………… 223

美味快意 享用五分 ……………………………………… 224

胸无芥蒂 养德远害 ……………………………………… 225

藏巧于拙 以屈为伸 ……………………………………………………………………… 227
奇人乏识 独行无恒 ……………………………………………………………………… 228
宽而容人 不形于色 ……………………………………………………………………… 229
高调做事 低调做人 ……………………………………………………………………… 230
功过分明 恩仇糊涂 ……………………………………………………………………… 231
气量宏大 宽待他人 ……………………………………………………………………… 234
有难同当 不共富贵 ……………………………………………………………………… 235
念头宽厚 尽善尽美 ……………………………………………………………………… 236
恩威并济 先严后宽 ……………………………………………………………………… 237
操履严明 谨慎行事 ……………………………………………………………………… 239
异行涉祸 庸德远害 ……………………………………………………………………… 240
平和雍容 游刃有余 ……………………………………………………………………… 242
聪明不露 才华不逞 ……………………………………………………………………… 243
居官有节 居乡有情 ……………………………………………………………………… 245
一言一行 切戒犯忌 ……………………………………………………………………… 246
万事有度 物极必反 ……………………………………………………………………… 247
进时思退 得手思放 ……………………………………………………………………… 248
狭路相逢 宽忍上策 ……………………………………………………………………… 251
急流勇退 与世无争 ……………………………………………………………………… 252
能屈能伸 收放自如 ……………………………………………………………………… 253
履盈满者 冲虚谦下 ……………………………………………………………………… 254
让一步为高 宽一分是福 ………………………………………………………………… 255

功业沉浮——事穷留初心，功成思末路

得意回头 拂心莫停 ……………………………………………………………………… 258
看淡荣辱 远离骄矜 ……………………………………………………………………… 259
永葆初心 不受纷扰 ……………………………………………………………………… 261
头脑清醒 登高思危 ……………………………………………………………………… 262
相观对治 方便法门 ……………………………………………………………………… 263
苦中有乐 得意生悲 ……………………………………………………………………… 264
居安思危 天亦无伎 ……………………………………………………………………… 265
偏激之人 难建功业 ……………………………………………………………………… 266
安贫乐道 磨砺心智 ……………………………………………………………………… 267
终身役役 无缘成功 ……………………………………………………………………… 268
未雨绸缪 有备无患 ……………………………………………………………………… 269
富贵丛中 心境淡泊 ……………………………………………………………………… 271
人心一真 千种可能 ……………………………………………………………………… 272

大处着眼　小处着手 …………………………………………… 273

深谋远虑　着眼长远 …………………………………………… 276

百折不挠　苦难辉煌 …………………………………………… 277

修身种德　事业之基 …………………………………………… 278

养精蓄锐　百忍图成 …………………………………………… 280

圆融谦虚　丰功伟业 …………………………………………… 281

胸襟宽广　驭才有道 …………………………………………… 283

成大业者　不贪小利 …………………………………………… 285

沉潜蓄势　厚积薄发 …………………………………………… 286

不义之财　不图不纳 …………………………………………… 290

抓住关键　迎刃而解 …………………………………………… 291

清心寡欲——功名不求盈满，利欲恰到好处

清清白白　无所负累 …………………………………………… 294

名缰利锁　淡泊自守 …………………………………………… 295

脱俗高远　减欲超圣 …………………………………………… 297

利毋居前　德毋落后 …………………………………………… 298

抱负远大　心智淡泊 …………………………………………… 299

放下功名　超凡入圣 …………………………………………… 300

无德为忧　尸位为羞 …………………………………………… 301

拔去名根　融化客气 …………………………………………… 303

沽名钓誉　未厌名利 …………………………………………… 304

无名无位　无忧无虑 …………………………………………… 305

无所妄念　追求自然 …………………………………………… 306

不恋富贵　不贪权力 …………………………………………… 308

不昧惺惺　不受诱惑 …………………………………………… 310

有求无欲　人生至境 …………………………………………… 311

一起便觉　一觉便转 …………………………………………… 312

不耽富贵　自在放旷 …………………………………………… 313

持盈履满　君子谨慎 …………………………………………… 313

达不足贵　穷不足悲 …………………………………………… 315

公论不犯　权门不沾 …………………………………………… 315

贪婪遭祸　守逸味长 …………………………………………… 317

不迷物欲　内心逍遥 …………………………………………… 318

抛开物欲　得失泰然 …………………………………………… 319

贪者常贫　知足常富 …………………………………………… 321

无欲则寂　虚心则凉 …………………………………………… 322

超越嗜欲 只求知足 ·· 322

不为物役 尘情即理境 ·· 323

恰到好处 用心把握 ·· 324

沉淀欲念 豁达康乐 ·· 325

欲时思病 利来思终 ·· 327

欲有尊卑 贪无二致 ·· 328

无欲无求 悠然无滞 ·· 329

❀❀ 淡泊明志——凡事随缘不变，淡中趣味深长 ❀❀

一念之差 失之千里 ·· 333

多分清醒 多分放下 ·· 334

静闲淡泊 观心证道 ·· 335

志从淡泊来 节在肥甘丧 ·· 336

君子之心 不滞不塞 ·· 337

参透生死 自性真如 ·· 338

看得豁然 生活安然 ·· 340

清淡明志 雅淡抒节 ·· 341

心态平和 达观进取 ·· 342

无为无争 低调谦让 ·· 343

不可刻意 不能执拗 ·· 345

不存纤芥 心境坦荡 ·· 346

顺应因缘 顺应自然 ·· 347

心无系恋 乐境仙都 ·· 348

浓处味短 淡中趣真 ·· 350

减省欲望 乐享生活 ·· 351

清净内心 自在解脱 ·· 352

喜时则喜 怒时则怒 ·· 353

知足则仙 善用则生 ·· 354

洗尽铅华 大美不言 ·· 357

无名多趣 省事心闲 ·· 358

清静无为 内心澄澈 ·· 359

简单做人 简单生活 ·· 360

胸无物欲 眼自空明 ·· 361

溪壑易填 人心难满 ·· 362

遇事从容 身心自在 ·· 363

正确定位 自在生活 ·· 364

淡定冷静 谨慎从事 ·· 365

艳为虚幻 返璞为真 ………………………………………………………………… 366

食无求饱 居无求安 ………………………………………………………………… 367

减却一事 轻松一世 ………………………………………………………………… 368

平凡真趣 简单欣喜 ………………………………………………………………… 369

生活平淡 万般滋味 ………………………………………………………………… 370

求学问道——成败名誉不挂心，读书明理须深心

修德忘名 读书深心 ………………………………………………………………… 372

心地干净 方可学古 ………………………………………………………………… 373

学以致用 学有所成 ………………………………………………………………… 374

触类旁通 乃真学问 ………………………………………………………………… 375

兢业心思 潇洒趣味 ………………………………………………………………… 376

书中修身 谦逊知礼 ………………………………………………………………… 377

锲而不舍 百炼成金 ………………………………………………………………… 378

谦虚为学 实在为人 ………………………………………………………………… 379

一心一用 全神贯注 ………………………………………………………………… 380

幼时定基 少时勤学 ………………………………………………………………… 382

虚心受教 大器晚成 ………………………………………………………………… 383

扫除外物 直觅本来 ………………………………………………………………… 385

磨炼福久 参勘知真 ………………………………………………………………… 386

齐家育人——诚心和气，教子安家

攻人之恶 思其堪受 ………………………………………………………………… 389

愉色婉言 家庭和睦 ………………………………………………………………… 390

教育弟子 交友要谨 ………………………………………………………………… 391

崇俭养廉 守拙全真 ………………………………………………………………… 392

心无矫饰 乐活自存 ………………………………………………………………… 393

立业念难 倾覆思易 ………………………………………………………………… 394

家人有过 宽容以待 ………………………………………………………………… 398

不贪富贵 家和为贵 ………………………………………………………………… 399

父慈子孝 伦常天性 ………………………………………………………………… 400

从容处变 剀切规友 ………………………………………………………………… 402

放低心态 戒骄戒躁 ………………………………………………………………… 403

惟恕情平 惟俭用足 ………………………………………………………………… 403

静心达生——保持心性清静，生活随处安然

天地和气 人心喜气 …………………………………………… 406

闹中取静 苦中作乐 …………………………………………… 407

控制情绪 化解矛盾 …………………………………………… 408

心虚性现 意净心清 …………………………………………… 409

忙里偷闲 闹中取静 …………………………………………… 410

物自为物 我自为我 …………………………………………… 411

躁急无成 平和得福 …………………………………………… 412

趣不在多 景不在远 …………………………………………… 413

劳攘自冗 徐生安然 …………………………………………… 414

乐山乐水 陶冶心性 …………………………………………… 416

外物浮华 不如淡忘 …………………………………………… 417

静躁稍分 昏明顿异 …………………………………………… 418

活在当下 坦然生活 …………………………………………… 420

趣味在心 不在境遇 …………………………………………… 421

不睦繁华 宁静致远 …………………………………………… 422

诗意禅味 自在人心 …………………………………………… 424

乐享自然 安享闲逸 …………………………………………… 425

置身自然 静心默想 …………………………………………… 426

远离虚妄 不受熏染 …………………………………………… 427

高天可翔 万物可饮 …………………………………………… 430

清静之心 品悟生活 …………………………………………… 431

秉持天然 趣味悠长 …………………………………………… 432

心中清明 矢志不渝 …………………………………………… 433

珍惜自性 机神触发 …………………………………………… 435

放空心境 包容万物 …………………………………………… 436

因顺自然 回归质朴 …………………………………………… 437

景与心会 自在天然 …………………………………………… 438

见素抱朴 本色可贵 …………………………………………… 439

意气行事 难有作为 …………………………………………… 441

绪论

洪应明其人其书

洪应明小档案

姓名： 姓洪，名应明。字自诚，号还初道人。

生卒年： 不详。

籍贯： 一说今江苏金坛，一说今四川新都。

学术研究： 佛教、道教、儒教。

人生总结： 早年热衷于仕途功名，晚年归隐山林，洗心礼佛。

代表作品： 《菜根谭》。

其他著作： 《仙佛奇踪》。

书名来历

取自宋儒汪信民语："人能咬得菜根，则百事可做。"意思是说，一个人只要能够坚强地适应清贫的生活，不论做什么事情，都会有所成就。

成书时间

成书于明朝万历年间，距今已有近四百年的历史。在相当长的时间里，它并未受到足够的重视，清乾隆间编纂《四库全书》，连"存目"都未收入。

《菜根谭》

《仙佛奇踪》

明代洪应明的另一部作品《仙佛奇踪》，又名《月旦堂仙佛奇踪》，共八卷。此书前四卷属道家，后四卷属佛家，共狩收入历代仙真一百人，每人一传一画。

《菜根谭》的成书背景

明代中后期，社会由盛及衰的时期，自正德经由嘉靖而至万历，整个社会陷入全面的堕落和腐败。

万历年间，在张居正的主持下，发动了一场政治革新运动，力图在吏治、军事、赋役诸方面革除弊端，以振朝纲。

党人蓄势再兴，藉神宗废长立庶之事，大胆抨击时政。但因宦官当政，旋即惨遭镇压。

嘉靖帝

张居正

东林党人议事

相当多的士大夫自此走上了隐逸之路，而表现隐者情怀的作品也随之大量问世。

这些作品大都表现这样的情绪：感时局之悲凉而生隐逸之思或者畏世途之险恻。而表现在文字上，便时而沉郁，时而激奋，时而悲叹，时而超然。《菜根谭》作为其时此类作品中的一部，也不可避免地带有这些痕迹。

主要基调是积极的，它以佛家的"世出世间"，融通儒家的"经世致用"和道家的"趋利避害"，表现出一种圆融的人生态度。

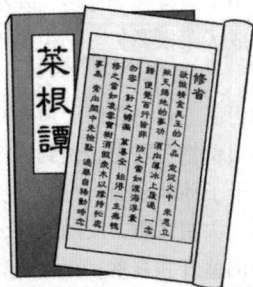

菜根谭

在立身处世方面，它又以劝善去恶为务，力主自培德业，表现出一种健康的道德意识。而在生活实践上，强调中庸适度和进退有方。

《菜根谭》如何成为永恒经典

作者通晓中国古代哲人的学说和思想——孔孟老庄、儒道佛法，取其精义，归于禅宗。书中的内容，涉及人世万象：劝善、立志、处世、修身、养性……品尝天地间形形色色的美妙景象，可谓无处不达，无所不包。

《菜根谭》是明朝万历年间洪应明所著。洪应明，字自诚，号还初道人，籍贯不详，如今只知他早年热衷于仕途功名，晚年归隐山林，洗心礼佛。万历三十年（1602）前后曾居住在南京秦淮河一带，潜心著述。与袁黄、冯梦桢等人有所交往。《四库全书》另收有他的《仙佛奇踪》四卷。

布衣暖，菜根香，读书滋味长……

《菜根谭》是明代还初道人洪应明收集编著的一部论述修身养性、为人处世的语录集。吸收了儒、释、道三家修为智慧、处世哲学的结晶，和万古不易的人生道理。《菜根谭》文字简练明隽，雅俗兼采，言辞浅白优美而意旨深远，通过洞察人生百态来点化世间万事，对于人的正心修身，养性育德，有不可思议的潜移默化的力量。

书中的内容，涉及人世万象：劝善、立志、处世、修身、养性……品尝天地间的各种美妙景象，可谓无处不达，无所不包。因其睿智的思想，豁达的境界，清新的语境，并描绘出种种令人向往的人生佳境，数百年来流传于民间。此书不仅被文人赞赏，也被普通百姓喜欢，成为一本广受欢迎的书。

《菜根谭》采用语录体来展现处世思想，是格言式小品文集。囊括了中国几千年处世智慧和修养精髓，引人入胜且耐人寻味。其旺盛的生命力更在于人人都可以在其中汲取有用的智慧，仁者见仁，智者见智。

作者早年热衷于世间的纷华，经历了风波顿挫之后，晚年潜心礼佛。在通晓中国古代学说和思想的前提下，结合自己的经历，终著成《菜根谭》。书中包含修身、齐家、治国、平天下的人生理想，也囊括了赏月、弹琴的闲情逸致。

"不昧己心，不尽人情，不竭物力。三者可以为天地立心，为生民立命，为子孙造福。"不违背自己的良心，不违背人之常情，不浪费物资财力。做到这三点，就可以在天地之间树立善良的心性，为生生不息的民众创造命脉，为子子孙孙造福。

"宠辱不惊，闲看庭前花开花落；去留无意，漫随天外云卷云舒。"无论是光荣或者屈辱都不会在意，只是悠闲地欣赏庭院中花草的盛开和衰落；无论是晋升还是贬职，都不在意，只是随意观看天上浮云自如地舒卷。

现代人与四百年前的人在思想观念和生活、行为方式上当然有很多不一样，可无论是寻找修身养性的途径、做事待人的准则，还是经商从政的谋略判识等，《菜根谭》都给人以深刻启迪，没有因日月的推移而消磨其智慧的光彩，因此成为永恒的经典。

近年来，《菜根谭》在海内外风靡一时，得到了海内外读者的认可和喜爱，受到了足够的重视。其出世入世的法则和为人处世的道理，给世人以启迪，催人奋进，因此深受人们的喜爱。

《菜根谭》是中国传统文化的经典之作，是继《孙子兵法》《三国演义》之后，企业家争相竞读的又一部奇书。

从宋朝到明朝，写修身自省、为人处世的语录书不少，但能够风靡至今的只有《菜根谭》。其影响远播日本及东南亚，在日本，早在明治维新前后就出现了几种版本。

集三教真理、智慧于一身的《菜根谭》

《菜根谭》全书内容涉及修身、处世各方面内容，它把儒者关注人世的热情，道家超然世外的洒脱，佛家明心见性的彻悟结合于一体，既让人有积极面对人生的态度，又有超然于名利的情怀。提倡积极进取的人生姿态，又强调不刻意强求的超然脱俗。

作者糅合了儒家的中庸、道家的无为、释家的出世和自身的体验，形成了一套为人处世之方而传于后人，表现了中国人对人生、人际、人性的独到见解。

"人之过误宜恕，而在己则不可恕；己之困辱宜忍，而在人则不可忍"，这是说对于别人的过失应该采取宽恕的态度，而如果错误在自己那么就不能宽恕；自己遇到困境和屈辱应当尽量忍受，如果困境和屈辱在别人身上就不能置之不问。体现了儒家的"仁恕"思想。

"宠辱不惊，闲看庭前花开花落；去留无意，漫随天外云卷云舒"，"春日气象繁华，令人心神骀荡，不若秋日云白风清，兰芳桂馥，水天一色，上下空明，使人神骨俱清也"，体现了道家的清静无为和出世的超脱。

"人生福境祸区，皆念想造成。故释氏云：'利欲炽然即是火坑，贪爱沉溺便为苦海。一念清净，烈焰成池；一念警觉，航登彼岸。'念头稍异，境界顿殊，可不慎哉！"，"人心多从动处失真。若一念不生，澄然静坐，云兴而悠然共逝，雨滴而冷然俱清，鸟啼而欣然有余，花落而萧然自得。何地非真境，何物无真机？"体现了佛家的人生观的禅理。

《菜根谭》反映了明朝时期，文人雅士追求儒、道、释三教合一的思想，成为人们为人处世的体系。作者通晓儒、道、释三家的学说和思想，结合自身的经历著成《菜根谭》。在现代生活的今天，《菜根谭》似一股清泉，洗涤我们的心灵，让我们找到精神的栖居。

清新隽永、雅俗共赏的精华小品

《菜根谭》全书没有严密的逻辑联系，完全由作者侃侃而谈，如叙家常，一段话数十百字不等，共三百余段，便于记诵，朗朗上口。

每段篇幅简短，对仗工整，文辞幽雅精湛而不失生动。格言警句，信手拈来，深入浅出，耐人寻味。其结文似语录，而有语录所没有的趣味，似随笔，而有随笔所不易及的整饬，似训诫，而有训诫所缺乏的亲切醒豁，是晚明的"清言体"小品文的最杰出代表。

书中所述之句，字字精湛，句句调理。语言通俗易懂，句子精炼利落。作者使用了多种语言手法，如对比、拟人等，来表现或激昂，或忧伤，或奋进，或闲适的态度。

作者熟悉历代文献古籍，通晓儒、道、释的学说和思想，引用了大量的古籍名句、先哲格言。同时，作者在创作过程中，搜集了民间的处世警句和民俗谚语，运化其中。

《菜根谭》引经据典而又不失趣味，用通俗的语言讲述了修身养性、为人处世的道理。不仅磨炼人们的意志，还陶冶人们的情操，指引世人以积极乐观的态度面对现实生活，教予世人为人处世的法则。

因何名为"菜根谭"

书名《菜根谭》，又作《菜根谈》，书名的由来历来说法不一。

有人以为典出"性定菜根香"，静心沉玩，乃得其旨。所谓"夫菜根，弃物也，而其香非性定者莫知"。有人以为化自宋儒汪信民之语："人能咬得菜根，则百事可做。"

而洪氏友人于孔兼在"题词"中则称："谭以菜根名，固自清苦历练中来，亦自栽培灌溉里得，其颠颠风波、备尝险阻可想矣。"又引用洪应明的话说："天劳我以形，吾逸吾心以补之；天阨我以遇，吾亨吾道以通之。"于氏的解释，增加了这样一层含意，即一个人面对厄运，必须坚定自己的操守，奋发努力，辛勤培植与浇灌自己的理想。洪应明是以菜根之清苦历练，来比喻自己历经人世沧桑后所获得的一种超逸、通达之品格。

以上几种联系，似乎都合作者本意。

乾隆间署名三山病夫通理的《重刊菜根谭序》则说："凡种菜者，必要厚培其根，其味乃厚。"并引用古语"性定菜根香"，说明只有心性澹泊沉静的人，才能领会其中的旨意。

作者以"菜根"为本书命名，意谓"人的才智和修养只有经过艰苦磨炼才能获得"。正所谓"咬得菜根，百事可做"。将菜味比作世味，须培本固根、静心沉玩方能领悟其中妙旨。而能在菜根中咀嚼出香味的人，那么必然也能体味出世间的美妙。

"人能咬得菜根，则百事可成。"意思是说，一个人只要能够坚强地适应清贫的生活，不论做什么事情，都会有所成就。"凡种菜者，必要厚培其根，其味乃厚。"

立德修身

——高处立，平处坐，低处行

◎洁身自好 栖守道德◎

【原文】

栖守道德者，寂寞一时；依阿权势者，凄凉万古。达人观物外之物，思身后之身，宁受一时之寂寞，毋取万古之凄凉。

【译文】

一个能够坚守道德准则的人，也许会寂寞一时；一个依附权贵的人，却会永远孤独。心胸豁达宽广的人，考虑到死后的千古名誉，宁可坚守道德准则而忍受一时的寂寞，也绝不会因依附权贵而遭受万世的凄凉。

人应该坚持自己的道德底线，哪怕要孤身一人，也不为终究散去的身外之物丢弃自我。

【精读解析】

战国时，段干木学成自孔子的弟子子夏，是当时很有名的学者。尽管他很有才能，但他始终不愿做官。魏国国君魏文侯曾经登门拜访他，想授给他官爵。段干木却避而不见，越墙逃走。他的这一举动不仅没有惹怒魏文侯，反而让魏文侯更加敬重自己。从此以后，魏文侯每次乘车路过他家门时，就下车扶着车前的横木走过去，以表示对段干木的尊敬。

魏文侯的车夫对此十分不解，便问："段干木不过一介草民，您经过他的草房表示敬意，他却置之不理，这样未免有点太过分了吧？"

魏文侯答道："段干木是一位贤者，他在权势面前不改变自己的原则，是有君子之道的表现。他虽隐居于贫穷的里巷，而名声远扬千里之外，我经过他的住所怎敢不对他表示敬意呢？他因有德行而取得荣誉，我因占领土地而取得荣誉；他有仁义，我有财物。土地不如德行，财物不如仁义。这正是值得我学习、尊敬的人，所以我再怎么表达我的敬意都不为过。"

后来，魏文侯见到了段干木，诚恳地邀请他任国相，段干木谢绝了。但通过一次倾心交谈，二人成为莫逆之交。

没过多久，秦国想兴兵攻打魏国，司马唐雎向秦国国君进谏道："段干木是贤人，魏国礼遇他，天下没有不知道的。像这样的国家，恐怕不是能用军队征服的吧！"秦国国君觉得有道理，于是按

段干木是很有名的学者。尽管他很有才能，但他始终不愿做官，对魏文侯都避而不见。

魏文侯敬重段干木的德义，路过段干木家门都下车步行，最后感动了段干木，二人成为莫逆之交。

兵不动，魏国因此逃过一劫。

在上古先秦歌谣中，曾有："吾君好正，段干木之敬。吾君好忠，段干木之隆。"段干木对功名富贵的厌恶，是他追求洒脱的独特个性和儒家道德规范融合的结果。他虽然终身不仕，却不是真正与世隔绝的山林隐逸一流，而是隐于市井穷巷，隐于社会底层的平民百姓中，进而"厌世乱而甘恬退"，不屑与那些趁战乱而俯首奔走于豪门的游士和食客为伍。这样的选择，实际上也是另外一种忠诚。

◎ 与其练达　不若老实 ◎

【原文】

涉世浅，点染亦浅；历事深，机械亦深。故君子与其练达，不若朴鲁；与其曲谨，不若疏狂。

【译文】

一个刚刚涉足社会的人，阅历不深，受到不良习气的影响也少；而阅历丰富的人，各种奸谋技巧往往也很多。所以，一个坚守道德准则的君子，与其过于精明圆滑，不妨朴实笃厚；与其谨小慎微，曲意迎合，不如坦荡大度。

老实人诚恳地对待生活、对待人事，往往最容易成功。

【精读解析】

一个真正坚守道德准则的人，会因阅历增多变得成熟稳重，却不会丧失心理坚守的原则和道德底线。这种人朴实笃厚、坦荡大度。

生活很简单，我们以什么样的态度对待生活，生活就反过来以什么样的态度回报我们。如果一个人投机取巧，生活同样会见招拆招，戏耍于他；如果为人忠厚老实，生活也会诚恳待他。所以"君子与其练达，不若朴鲁；与其曲谨，不若疏狂"，只要我们老老实实地做好本职工作，不放下心中的目标，其实就已足够。

春秋时代，晋献公死后，公子重耳(晋文公)被赶出了晋国，先锋营首领介子推等大臣忠心耿耿跟随重耳，在国外流亡长达19年。在最困苦的情况下，重耳流亡到卫国，饥不能行，介子推偷偷地进到山沟里，把自己腿上的肉割下一块，同野菜煮成汤送给重耳。重耳感动得泪如雨下，夸介子推有"割股奉君"之功。

在追随公子重耳流亡途中，介子推曾割腿肉煮成汤给重耳充饥。

公元前636年秋，重耳返回晋国继承君位。介子推为了国家的复兴，不计较个人得失，功成身退。有的大臣鼓动介子推去找晋文公争功要官，介子推回答说："我宁愿终身当平民，也不愿贪天功为己功。"介子推一直待在家里侍奉老母亲。

重耳返回晋国继承君位后大赏功臣，介子推却不愿领赏，一直待在家里侍奉老母亲。

介子推的邻居解张为他鸣不平，写了一首《龙蛇歌》贴在晋都宫门。晋文公省悟过来，十分悔恨，命令全国上下都寻找介子推。后来晋文公得知介子推隐居绵山，立即带领众大臣登山寻找。绵山雄伟高大、崖陡洞幽、沟壑纵横、深谷野岭，树林又茂密，尽管兵士大臣不断寻找呼喊，也不见介子推的踪影。这时有的大臣献计说："三面点火，留下一方，让介子推背着老母亲出山来。"晋文公知道介子推是孝子，思忖片刻便下令士兵将谷内的干草树木点燃。当时正值清明节期，绵山顶上的风很大，火越烧越旺，一直燃烧了三天三夜，但仍不见介子推的踪迹。

晋文公派人再次登山寻找，只从山崖的岩洞中找到半张破草席。晋文公接过草席仔细看，只见上面写道："割肉奉君尽忠心，但愿主公赏清明；臣在九泉心无愧，勤政清照复清明。"

正是因为这种朴实、面对名利不动坚守的品格，中国的很多评论都将介子推和屈原相提并论，提出了"南有屈原、北有介子"的说法。介子推性情耿直、文武兼备，虽然有获得显赫官位的机会，却宁愿功成身退守住内心的道德坚守，崇尚以道德、忠孝、仁义教化天下。他这种淡泊名利、不求厚禄的品格，成为千古佳话。

◎心地光明 才华韫藏◎

【原文】

君子之心事，天青日白，不可使人不知；君子之才华，玉韫珠藏，不可使人易知。

【译文】

有道德修养的正人君子，他的思想行为应该像青天白日一样光明磊落，没有什么需要隐藏的阴暗行为；而他的才情和能力应该像珍贵的珠宝一样，不浮浅外露，从不轻易向人炫耀。

【精读解析】

不可使人不知自己的心事，是君子为人的法则；像珍视珠宝一样不将自己的才华张扬，是君子处世的法则。这样为人处世可以避免招致祸患、损害品德，也可以让他人从这个人的外在看见这个人的内涵。俗话说"画虎画皮难画骨，知人知面不知心"，真正的才华都是内蕴的，所以要想真正了解一个人很难，必须掌握一些透过表象抓住实质的方法。

孔子察人有三术："视其所以，观其所由，察其所安。"

总的来说，这三点识人方法都是在教

> 君子为人，心地像青天白日一样光明磊落。

> 君子处世，内敛而不张扬自己的才华。

孔子察人三术

"视其所以"，是指要了解一个人，就要看他做事的目的和动机。动机决定手段。我们要看他做什么，更要看他为什么这样做。

"观其所由"，就是看这个人一贯的做法。有时候不在乎一个人做什么、做多大、做多少，而要看他怎么做，官做得大，却是行贿得来的，钱赚得多，却是靠坑蒙拐骗得来，那也为人所不齿。

"察其所安"，就是说看他安于什么，也就是平常的涵养。只有踏实安静的人才能不被身外之物影响，才能有所成就。只有这样的人才有可能厚积薄发。

人们不要以貌取人，而应透过外貌行为的表象，看清人内心的本质。做人爱用心机，往往聪明反被聪明误，处事太外露的人，常常先遭到伤害。

杨修是曹操的主簿，才华出众，最终却被曹操所杀，其主要原因就在于他过于张扬自己的才华。

杨修主持建造丞相府的大门时，曹操在门上题了一个"活"字，杨修立即揣摩出曹操的意图是嫌门太阔了，立即下令拆掉重建。一次，杨修与曹操观赏曹娥碑，见碑上有字曰："黄绢幼妇，外孙齑臼。"杨修便迫不及待地告诉曹操说"绝妙好辞"的意思，"黄娟"是有色丝品，即"绝"；"幼妇"是少女，是个"妙"字；"外孙"是女儿的子女，就是"好"字；而"齑臼"则是用来盛辣调味品的器皿，就是个"辭（辞）"字。这样一而再再而三，渐渐地，曹操觉得杨修才华比他高，就有些嫉妒，便萌生了除掉他的念头。

后来，在一次战役中，曹军陷入进退两难境地，不经意间以"鸡肋"二字为军中口令。杨修便自作聪明，下令班师。曹操得知此事后，认为杨修此举是在扰乱军心，就喝刀斧手推出斩之。

君子行事，率性而为，光明磊落，无须遮掩矫饰、虚张声势。才华潜藏不等于藏而不用，而是在能施展的地方施展，不过分地炫耀。过分地炫耀很可能使自己陷入尴尬之地，甚至会引来杀身之祸。杨修的被杀实属咎由自取，如果他才华潜藏不露，更不要在大庭广众之前让曹操难堪，那他也许就能保性命无忧。

事实就是这样，真正的高人往往高调做人低调做事。他们像平常人一样生活，怀抱自然，却在无声处蓄养自己的才华，既不让坦荡的胸怀被欲念遮蔽，又不让谦和的心境被虚荣充斥。在生活中，我们也可以向他们靠拢，做人时高调一些、要求严一些，做事时低调一些、谦和一些。也许这样的改变不会让我们成为高人，但至少会让我们更有境界。

曹操门上题"活"字，被杨修抢先破解。

曹操以"鸡肋"作为军中口令，杨修自作聪明，传播撤军之说。

杨修因扰乱军心，被曹操杀害。君子谦虚内敛，不过分炫耀宣扬自己的才华。不知收敛，张扬无度，易为人所嫉恶，终难免惹祸上身。

◎真味是淡 至人如常◎

【原文】

醲肥辛甘非真味，真味只是淡；神奇卓异非至人，至人只是常。

【译文】

烈酒、肥肉、辛辣、甘甜并不是真正的美味，真正的美味是清淡平和；行为举止神奇超群的人不是真正德行完美的人，真正德行完美的人，其行为举止和普通人一样。

【精读解析】

做人宜淡不宜浓，淡中现出真趣味，淡中现出平常心。再美味的食物，一日三餐不离口总会吃腻的；过于特立独行的人，往往因为太过特殊而不合于群。世界上最可口的食物不过是家常菜，德行完美的圣人不过是普通人。

我们生为凡人，不要幻想生活总是那么圆圆满满，也不要幻想在生活的四季中永远享受春天，并不是谁都可以轰轰烈烈一辈子，每个人的一生都注定要跋涉沟沟坎坎，品尝苦涩无奈，经历挫折与失意。

有一天，齐国储子问孟子说："齐王时不时地会派人来拜访先生，想必您一定有卓尔不群的地方吧！"孟子笑着答道："难到尧舜比一般人多一双手脚吗？连圣人先贤都没有与别人不同的地方，更何况是我呢？"

> 家常菜最是可口，真正的美味就在平凡平淡中。

在孟子的心目中，圣人和我们也没有什么不同。说到底，我们都是常人，即使已身居高位、万贯家财，也应保持一颗"初心"和一种平和的心态。记住了自己是常人，才会有一颗常人心。这样的话，无论是面对挫折还是惊喜，我们都会以一种平和的心态看待，从而避免绝望和自满。

古往今来，多少人争名于朝，争利于市，互相倾轧。如此，或可逞快意于一时，可是人之于宇宙，不过是一个过客而已。宋人曾有诗云："人生有酒须当醉，一滴何曾到九泉。"虽然稍显消极，但是有一定道理。所以在对生活的态度上，贵有一颗平常心。

田子方陪伴魏文侯时，总是情不自禁地称赞溪工。文侯十分好奇，便问："溪工为何总能得到你的赞赏？他是给过你帮助的导师吗？"田子方说："他只不过是我的邻居罢了，但他的言论和谈吐值得我称赞他。"文侯又问："那你的老师是谁？"子方说："东郭顺子。"

"你为什么不曾称赞过他呢？"文侯十分惊讶地问。

田子方回答："他相貌普通，但内心合于自然，而且能顺应外在事物而且能保持固有的真性情，心境清虚宁寂能包容外物。另外，如果遇到外界事物不能符合'道'的，他便严肃指出使之醒悟，从而使别人的邪恶之念自然消除。对于这样一个真朴自然的导师，我一个做学生的能够用什么言辞概括他的品德呢？"

田子方的一番话让我们明白，任何华丽的修饰词都没有资格装饰平和自然的境界。在现实生活中，无论是功成名就的企业家，还是德高望重的大师学者，他们并不是生而如此，而是在平凡中实践人生理想的。身为普通人更是如此，只有在平凡之中才能保留人的纯真本性，心态平和地对待人生，才能在平平淡淡中品味人生百味，进而在平凡中显出英雄本色。

> 圣人也是常人而已。

> 怎么没听你称赞过你的老师东郭顺子先生？

> 对于真朴自然的导师，我一个做学生的能够用什么言辞概括他的品德呢？

◎有木石心 具云水趣◎

【原文】

进德修道，要个木石的念头，若一有欣羡，便趋欲境；济世经邦，要段云水的趣味，若一有贪著，便堕危机。

【译文】

凡是培养道德磨炼心性的人，必须具有木石般坚定的意志，如果对世间的名利奢华稍有羡慕，那么就会落入被物欲困扰的境地；凡是治理国家拯救世间的人，必须有一种行云流水般淡泊的胸怀，如果有了贪图荣华富贵的念头，就会陷入危险的深渊。

终日奔波只为饥，方才一饱又思衣。
衣食两般皆俱足，又想娇容美貌妻。
娶得美妻生下子，恨无田地少根基。

买到田园多广阔，出入无船少马骑。
槽头扣了骡和马，叹无官职被人欺。
当了县令嫌官小，又要朝中挂紫衣。
若要世人心满足，除是南柯一梦西。

【精读解析】

这个世界上有毒的不只是曼陀罗，还有欲望。欲望与生俱来，人人都有。世人为何不心安？只因放纵欲望。物质上永不知足是一种病态，其病因多是权力、地位、金钱之类。这种病态如果发展下去，就是贪得无厌，其结局是自我毁灭。

有一次，祖孙二人进林子里去捕野鸡。祖父教孩子用一种捕猎机：它像一只箱子，用木棍支起，木棍上系着的绳子一直接到他们隐蔽的灌木丛中。野鸡受撒下的玉米粒的诱惑，一路啄食，就会进入箱子，只要一拉绳子就大功告成了。

祖孙两人弄好箱子藏起不久，就有一群野鸡飞来，共有九只。大概是饿久了的缘故，不一会儿就有六只野鸡走进了箱子。孩子正要拉绳子，可转念一想，那三只一会儿也会进去的，再等等吧。等了一会儿，那三只非但没进去，反而走出来三只。

孩子后悔了，对自己说，哪怕再有一只走进去就拉绳子。接着，又有两只走了出来。如果这时拉绳，还能套住一只。但孩子对失去的好运不甘心，心想着还会有野鸡要回去的，所以迟迟没有拉绳。

结果连最后那一只也走了出来。孩子一只野鸡也没有捕到。

贪婪往往是幸福的大敌。要想真正获得幸福，就要学会淡定，学会知足。正是因为贪婪，孩子才会一无所获。人必须时刻警惕自己欲望的烦扰，免得被它侵蚀，沦为不能准确认识自身的傻瓜。

面对诱惑，需要保持坚定的心志，多些淡泊的沉静。如果贪得无厌，就会带来无尽的压力、痛苦不安，甚至毁灭自己。晋代陆机《猛虎行》有云："渴不饮盗泉水，热不息恶木荫。"讲的就是在欲望面前的一种淡定和沉静。

对普通人来说，欲望一方面是人们不懈追求的原动力，成就了人往高处走，水往低处流的箴言；另一方面也诠释了"有了千田想万田，当了皇帝想成仙""人心不足蛇吞象"的人性弱点。所以做人如果不能控制自己的欲望，就会成为欲望的奴隶，最终丧失自我，被欲望所役。这就要求我们既要有木石般坚定的意志，又要有云水般淡泊的情趣。"木石心"喻指一种坚定的信念和不变的原则，"云水趣"则指向轻盈的处世心态和应变的策略。两者结合就是淡定和沉静地应对欲望。

◎福祸无常　泰然处之◎

【原文】

子生而母危，锱积而盗窥，何喜非忧也？贫可以节用，病可以保身，何忧非喜也？故达人当顺逆一视，而欣戚两忘。

【译文】

孩子出生时母亲面临着生命危险，财富积累多了就会招致盗贼窥视，怎能说这是喜而不是忧呢？贫穷可以使人养成节俭的性格，患病可以使人注意养生，如何说这是忧虑不是喜事呢？所以通达的人应将顺境和逆境同样看待，将高兴和忧愁同时忘掉。

祸兮福之所倚，福兮祸之所伏。两者相互依存，互相转化。没有绝对的福，也没有绝对的祸，任何事物都有好坏两个方面，所以要泰然处之，宠辱不惊。

【精读解析】

走运与倒霉在世人眼里似乎是绝对对立的两个概念，但《菜根谭》中言，子生而母危，锱积而盗窥，所以，生子与多财都不是绝对的喜；同样，贫可以节用，病可以保身，所以穷与病也不是绝对的忧。事物总有两面，喜乐福祸亦是如此。

"祸兮福之所倚，福兮祸之所伏。""福"就是走运，"祸"就是倒霉，两者互相依存，互相转化。不过走运有大小之别，倒霉也有大小之别，而两者往往是相通的。俗话说，爬得越高，跌得越重。运气越好，与之相伴生的倒霉恐怕也越惨，二者是一种对比上升的关系。

一个年轻书生，自幼勤奋好学。无奈贫瘠的小山村里没有一个好老师。书生的父母决定变卖家产，让孩子外出求学。

这天，天色已晚，书生饥肠辘辘准备翻过山头找户人家借住一宿。走着走着，树林里忽然窜出一个拦路抢劫的山匪。书生立即拼命往前跑，无奈体力不支再加上山匪的穷追不舍，眼看着就要被劫匪追上了，正在走投无路时，书生一急钻进了一个山洞里。山匪见状，哪肯罢手，也追进山洞里。洞里一片漆黑，在洞的深处，书生终究未能逃过劫匪的追赶，他被劫匪逮住了。一顿毒打自然不能免掉，身上的所有钱财及衣物，甚至包括一把准备为夜间照明用的火把，都被劫匪一捋而去了。劫匪给他留下的只有一条薄命。之后，书生和山匪两个人各自分头寻找着洞的出口，这山洞极深极黑，且洞中有洞，纵横交错。

劫匪将抢来的火把点燃，他能轻而易举地看清脚下的石块，能看清周围的石壁，因而他不会碰壁，不会被石块绊倒。但是，他走来走去，就是走不出这个洞，最终，恶有恶报，他迷失在山洞之中，力竭而死。

书生失去了火把，没有了照明，他在黑暗中摸索行走得十分艰辛，他不时碰壁，不时被石块绊倒，跌得鼻青脸肿。但是，正因为他置身于一片黑暗之中，所以他的眼睛能够敏锐地感受到洞外透进来的一点点微光，他迎着这缕微光摸索爬行，最终逃离了山洞。

劫匪有火把的照明，结果却是迷失洞中，力竭而死。而书生置身黑暗，却凭借小心的摸索，找到了洞口。这样的一个故事，让我们有理由相信黑暗的降临是为了让我们发现光明。所以说，没有永久的幸福，也没有永久的不幸。否极泰来、苦尽甘来等流传已久的成语无不说明这点。而且中国历代的诗人、文学家，要是不倒霉就没办法走运。

司马迁在《太史公自序》中有这样一段话："昔西伯拘羑里，演《周易》；孔子厄陈蔡，作《春秋》；屈原放逐，著《离骚》；左丘失明，厥有《国语》；孙子膑脚，而论兵法；不韦迁蜀，世传《吕览》；韩非囚秦，《说难》《孤愤》；《诗》三百篇，大抵贤圣发愤之所为作也。"司马迁为他的前人算了总账，不过这个规律并没有停止运动。有许多的文学大家，都是在遭遇了祸事之后，才写出了震古烁今的杰作。像韩愈、苏轼、李清照、李后主等一批人，莫不如此。

最典型"国家不幸文章幸"的诗人就是杜甫了。杜甫早年官场得志、飞黄腾达，而他的才华此时已被荣华富贵、官场应酬等事所分散，他所写之诗往往局限于眼前所见。可当他失志的时候，又正值国家面临危难，他心中充满巨大痛苦，便走向社会，获得了更广阔的人生阅历和积累，写出的诗句往往充满着崇高的爱国情感。

晚唐诗人李商隐，他的一生都是夹杂在牛李党争中的，命运多舛，十分痛苦。他在这痛苦现实当中，却留下了许多空灵的杰作，似游离于佛家的无色界，又似在世不可自拔，既富有现实感，又有超脱的意味，他那优美沉郁的诗句怎能不成为不朽之作呢？

"人有悲欢离合，月有阴晴圆缺。"所谓幸运者是占有天时、地利、人和诸多优势的，因此福祸的变数也居多，谁又能洞明一切呢？"得之，我幸；不得，我命。"得到便是幸运，不得也算不上不幸，就算是不幸，受人奚落，也不必垂头丧气。遇到祸事以后，心里郁闷两天，发点小脾气，转瞬即逝。应该本着"塞翁失马，焉知非福"的生存准则。不过，这可不是一种自我安慰和阿Q精神，而是谈笑间淡然处置幸与不幸的关系。

孔子厄陈蔡，作《春秋》。

司马迁无辜遭受宫刑，忍辱负重，以常人难以想象的决心和勇气完成了史家绝唱《史记》。他在《太史公自序》中说：

不韦迁蜀，世传《吕览》。

夫《诗》《书》隐约者，欲遂其志之思也。《诗》三百篇，大抵贤圣发愤之所为作也。此人皆意有所郁结，不得通其道也，故述往事，思来者。

屈原放逐，著《离骚》。

韩非囚秦，《说难》《孤愤》。

西伯拘羑里，演《周易》。

孙子膑脚，而论兵法。

❂心想高处　不安现状❂

【原文】

粪虫至秽，变为蝉而饮露于秋风；腐草无光，化为萤而耀采于夏月。因知洁常自污出，明每从晦生也。

【译文】

在粪土中生活的幼虫是最为肮脏的东西，可是它一旦蜕变成蝉后，却在秋风中吸饮洁净的露水；腐败的草堆本身不会发出光彩，可是它孕育出的萤火虫却在夏夜里闪耀出点点光亮。从这些自然现象中可以悟出一个道理，那就是洁净的东西最初是从污秽之中诞生的，而光明的东西也常常从晦暗中孕育。

【精读解析】

真正的操守在贫寒之中养成，高尚的人格在考验之中练就。梦想是人生的启明星，它可以照亮人生晦暗之处，让人找到坚定的方向，奔往美好的生活。如果一个人能够及时找到改变现状的梦想，并不遗余力地坚持，就没有什么可以阻止理想的实现。

李斯是秦朝的丞相，为秦始皇统一六国，立下汗马功劳。但是，很少有人知道，李斯年轻时只是一名小小的粮仓管理员，他的立志发愤，竟然是因为一次上厕所的经历。

那时的李斯只有 26 岁，是楚国上蔡郡府里一个看守粮仓的小文书，他的工作是负责仓内存粮进出的登记，将粮食的进出情况记录清楚。

日子就这样一天天过着，浑浑噩噩。直到有一天，李斯到粮仓外的一个厕所解手，一件极其平常的小事改变了他的人生态度。

李斯进了厕所，尚未解手，却惊动了厕所内的一群老鼠。这群在厕所内安身的老鼠，瘦小枯干探头缩爪，且毛色灰暗，身上又脏又臭，让人恶心至极。

李斯看见这些老鼠，忽然想起了自己管理的粮仓中的老鼠。那些家伙，一个个吃得脑满肠肥，皮毛油亮，整日在粮仓中大快朵颐，逍遥自在，与眼前厕所里的这些老鼠相比，真是天上地下啊！

真正的操守在贫寒之中养成，高尚的人格在考验之中练就。"洁常自污出，明每从晦生"是因为身处低处却心想高处。这样的人，会像蝴蝶一样拥有华丽质变的人生。自古能成功成名的，无一不是靠着立于高处的理想，名垂青史的不可能是那些安于低处的庸才。

人生如鼠，位置不同，命运也不同啊。

李斯年轻时只是一名粮仓管理员，一次见到厕所里瘦小枯干的老鼠，对比粮仓中肥硕的老鼠想到自己从来没有见过外面的世界，从而立志发愤。后来，李斯做了秦朝的丞相。

人生如鼠，位置不同，命运也不同啊。自己在蔡郡城里这个粮仓中做了8年小文书，从未见过外面的世界，不就如同这些厕所里的老鼠吗？整日在这里挣扎，却不知道粮仓这样的天堂。

李斯决定换一种生活方式，第二天他就离开了这个小城，去投奔一代儒学大师荀况，开始自己寻找"粮仓"的道路，20多年后，他把家安在了秦都咸阳丞相府中。

心有多大，一个人的世界就有多大。有时候，换一种生活方式，不再安于现状，反而会峰回路转，渐入佳境。生活中，我们总会因为不敏感于明天，而失去很多应属于我们的机会，一次的失去，两次的失去……于是更多的失去，以至于最后永远地失去了。

李斯做了秦朝的丞相之后，为秦始皇统一六国，立下了汗马功劳。社会是不公平的，但又是公平的，它给每个人机会，它永远遵循社会发展变化的规律性，关键在于操作的人会不会巧妙地利用它，让它为我们服务。

每个人都想成为道德上有修为、事业上有成就的人，但关键是我们能否为了实现这个目标而勇于改变。事实上，我们没有必要总抓着生活中那些永远不会有多大改观的小事，一朵花尚有枯荣，我们又何必一成不变，满足于现状？所以与其日复一日地思考同样的问题，不如给自己定个高于现状的目标，提高修为，放开自己的心域，迈开通往新生活的脚步。哪怕我们处于不利的地位，也要坚守心中光明的梦想。因为心就是一个人的翅膀，心有多大，舞台就有多大。粪虫蜕变，饮露于秋风；腐草化萤，耀采于夏月。它们本没有思维，仍旧如此，我们当然也可以打碎心中的坚壁，激发我们的潜能，坚守为人的操守，历练成功人士必需的品格，创造"洁常自污出，明每从晦生"的变身传奇。

◎正气清白　留于乾坤◎

【原文】

宁守浑噩而黜聪明，留些正气还天地；宁谢纷华而甘澹泊，遗个清白在乾坤。

【译文】

做人宁可保持纯朴自然的本性，抛弃机心巧诈的聪明，也要留些浩然正气给大自然；宁可谢绝富丽繁华的诱惑，甘心过着淡泊宁静的生活，也要留个清白的声名在世间。

做人要留些浩然正气给大自然，要留个清白的声名在世间。

【精读解析】

《庄子·刻意》中说道，"众人重利，廉士重名，贤士尚志，圣人贵精"。从众人到圣人的过渡是修为的递增，同时也是人摆脱外物名利束缚的渐变过程。圣明的人喜欢跟外物和顺而厌恶为自己求取私利；为个人求取私利，在圣人看来是一种严重的病态。

在历史长河中，即便是明德英勇之士，有时也不免卷入其中，甚至为了一时的世故机心争斗。他们

一个人浮华不美、名利不求，一切顺其自然，虽然不会有大富大贵，至少可以做他自己，不留悔恨给自己，也不留把柄在人手。具体说来，处理问题纠葛，不丧失正气；挣钱谋生，不图物质享受；和人相处，真心相待；个人修养，不养妄心，专修谦和。

有的因此丧命，也有的因此得名得利，但是终归不过浮华如梦，留给后人一段又一段唏嘘感慨的饭后谈资。

春秋齐景公时，田开疆率师征服徐国，有拓疆开边强齐之功；古冶子有斩鼋救主之功；由田开疆推荐的公孙捷有打虎救主之功。三人结为兄弟，自号为"齐邦三杰"。齐景公为奖其功劳，嘉赐"五乘之宾"的荣誉。随着时间的推移，他们三人挟功恃勇，不仅怠慢公卿，而且在景公面前也全无礼数。甚至内结党羽，逐渐成为国家安定的隐患。齐相晏婴深感忧虑，想除掉他们。

一天，晏子从后花园摘了两个桃子，对他们三人说，谁的功劳最大，就吃一个桃子。

公孙捷首先挺身而出，说自己曾亲手打死一只吊睛白虎，解救了主公。于是晏子赏给他一个桃子。古冶子不服，站起来说自己曾在黄河中杀了一只巨鼋，

著名的"二桃杀三士"的历史故事中，充斥的就是一颗被外物束缚、丧失本真的心。田开疆、公孙捷、古冶子三人为了一时的世故机心争斗丧命，而晏子的成功也终归不过浮华如梦，留给后人一段又一段唏嘘感慨的饭后谈资。

救了主公的性命。于是晏子把最后一个桃子赏给了他。可是，此时田开疆也站了出来，说他曾奉命攻打徐国，逼徐国投降，为国家奠定了盟主地位，他的功劳才最大。晏子看公孙捷和古冶子的桃子都吃完了，立即对景公说："田将军的功劳最大了，但金桃已经赐完了，只好等熟了再赐了。"景公也说："田将军的功劳最大，可惜说得太迟了。"田开疆自以为这是一种耻辱，功大反而不能得到桃子，于是挥剑自杀。古冶子和公孙捷相继因功小食桃而感到耻辱也自杀身亡。

这个著名的"二桃杀三士"的历史故事，后人不知做过多少评判解说。其实不论我们站在哪个角度上来评价，充斥在这个故事中最多的其实就是一颗被外物束缚、丧失本真的心。正是因为这样才会有很多智者仁人提倡"留些正气还天地""遗个清白在乾坤"，哪怕这样的执着会让他们和荣华富贵无缘，甚至亲近死神，命丧黄泉。

在现实生活中，同样有一些人对待任何人、任何事时，总是从"是否有用"这点上来考虑。他们交朋友，只是为了今后能有一个良好的人际关系；做工作，只是为了能够赚取更多钱财；谈恋爱，只是为了满足个人一时的私欲；孝敬父母，只是为了博取一个好名声……总之，不管做什么事，总是目的在先，名利当头。这样为人处世，虽能"以利合"，终究逃不过"迫穷祸患害相弃"的际遇。和这样的心境相比，"宁谢纷华而甘澹泊"则给人带来一股清新的气息。一个人浮华不限、名利不求，一切顺其自然，虽然不会有大富大贵，至少可以做他自己，不留悔恨给自己，也不留把柄在人手。具体说来，处理问题纠葛，不丧失正气；挣钱谋生，不图物质享受；和人相处，真心相待；个人修养，不养妄心，专修谦和。做得这几点，一个人也就品得了菜根中的真意。

◎欲路勿染　理路勿退◎

【原文】

欲路上事，毋乐其便而姑为染指，一染指便深入万仞；理路上事，毋惮其难而稍为退步，一退步便远隔千山。

【译文】

欲念方面的事，不要因为贪图眼前的方便而随意沾染，一旦放纵自己就会堕入万丈深渊；义理方面的事，不要因为害怕困难而退缩不前，一旦退缩就会与真理远隔万水千山。

【精读解析】

贪欲没有满足的时候，贪欲的力量是无穷的，它会彻底吞噬一个人的本心。一个人如果沾染上贪的习气，就会陷入欲望的深渊不能自拔。因为有欲望的人是刚强不起来的，只有"无欲"才能刚。无欲才能真正刚正，这样的人才能屹立于天地之间。

人的心里往往藏有势利的种子，因为势利才产生"机心"。从某种意义上说，势利就是一种欲望。欲望越多，痛苦也越多。贪心不足蛇吞象，想想蛇吞象的样子，会是一种什么感受？咽不进，吐不出，要多别扭有多别扭。什么都想要，最后什么也得不到，反而一辈子将自身置于忙忙碌碌、钩心斗角之中。这样活着，未免太累！《论语》里说颜回"一箪食，一瓢饮，在陋巷，人不堪其忧，回也不改其乐"。如果少一些机心，是不是也会少一些痛苦呢？

《菜根谭》中此处的告诫就是让人们不要贪图省力，而把过多的精力浪费在满足欲望方面。不合理地占有，一旦贪图非分享乐，就会让自己坠入万丈深渊。

从前，有两位很要好的人，决定一起到遥远的圣山朝圣。两人背上行囊、风尘仆仆地上路，发誓不达圣山朝拜，绝不返家。

他们走了半个月之后，遇见一位白发年长的圣者。这圣者看到两位如此虔诚的人千里迢迢要前往圣山朝圣，就十分感动地告诉他们："从这里距离圣山还有十天的脚程，但是很遗憾，我在这十字路口就要和你们分手了。在分手前，我可以满足你们的愿望，只要你们当中一个人先许愿，他的愿望一定会马上实现；而第二个人，就可以得到那愿望的两倍。"

此时，其中一人心里想："这太棒了，我已经知道我想要许什么愿，但我不要先讲，因为如果我先许愿，他就可以有双倍的礼物，而我就吃亏了。"而另外一个人也自忖说："我怎么可以先讲，让我的朋友获得加倍的礼物呢？"于是，两个人就开始客气起来。"你先讲嘛！""你比较年长，你先许愿吧！""不，应该你先许愿！"两个人"客套地"推辞一番后，开始不耐烦起来，气氛也变了，"你干吗！你先讲啊！""为什么我先讲？我才不要呢！"

两人推到最后，其中一人生气了，大声说道："喂，你这个人真不知好歹，你再不许愿的话，我就把你的狗腿打断，把你掐死！"

另外一人没有想到他的朋友居然变脸，并且恐吓自己！于是想，你这么无情无义，我也不必对你太有情有义！我没办法得到的东西，你也休想得到！于是，这个人干脆把心一横，狠心地说道："好，我先许愿！我希望——我的一只眼睛——瞎掉！"

这个人的一只眼睛马上瞎掉，而与他同行的好朋友也立刻两只眼睛都瞎掉了！

这个故事中的两个人的下场多么可悲，而导致他们悲惨结局的恰恰是他们心中那种挥之不去的欲望。

人生的许多沮丧都是因为人们得不到想要的东西。有一句话说得好："许多人想得到更多的东西，却把现在所拥有的也失去了。"这可以说是对得不偿失最好的注解了。

其实，人人都有欲望，都想过美满幸福的生活，都希望丰衣足食，这是人之常情。但是，如果把这种欲望变成无止境的贪婪，那我们就无形中成了欲望的奴隶。在欲望的支配下，我们不得不为了权力、为了地位、为了金钱而削尖了脑袋。我们常常感到自己非常累，但是仍觉得不满足，

我们常常感到自己非常累，但是仍觉得不满足。所以我们别无出路，只能硬着头皮往前冲，在无奈中透支着体力、精力与生命。与其这样，不如淡去心中的欲望，多加强自身能力和精神境界的修为，这样，生活自然会循序渐进地好转，我们也不必为了满足欲望而深受负累。

因为在我们看来，很多人比自己生活得更富足，很多人的权力比自己大。所以我们别无出路，只能硬着头皮往前冲，在无奈中透支着体力、精力与生命。与其这样，不如淡去心中的欲望，多加强自身能力和精神境界的修为，这样，生活自然会循序渐进地好转，我们也不必为了满足欲望而深受负累。

○富贵名誉　自道德来○

【原文】

富贵名誉，自道德来者，如山林中花，自是舒徐繁衍；自功业来者，如盆槛中花，便有迁徙兴废；若以权力得者，如瓶钵中花，其根不植，其萎可立而待矣。

【译文】

世间的财富、地位和名声，如果是通过提高品行和修养所得，那么就像生长在山野的花草，自然会繁茂昌盛、绵延不断；如果是通过建立功业所换得，那么就像生长在花盆中的花草，会因为迁移变动而繁茂或者枯萎；如果是通过玩弄权术或依靠暴力得到，那么就像插在花瓶中的花草，因为没有根基，很快就会枯萎。

【精读解析】

王妄的故事虽然带有几分鬼神气息，但是对王

世间没有不劳而获的道理，致富求贵也不例外。

我们想要得到财富，就必须自己动手，坚守道德，只有在付出辛勤的努力的同时不逾越道德的底线，才能耕耘出甜美的果实。

我们希求富贵，但富贵不会从天上掉下来。富贵如果来得名不正言不顺，就会像花盆、花瓶中的花一样，迟早会凋谢。

此时，宋仁宗当政，仁宗公告天下谁能献上一颗夜明珠就封官。

蛇告诉王妄它的眼睛就是夜明珠。

富贵名誉要自道德而来，如果贪心不足，王妄之事正可为鉴。

王妄虽然穷困潦倒，但心地善良。

王妄经蛇的同意挖了蛇的一只眼睛，把宝珠献给皇帝，得到了封赏。

娘娘也想要一颗夜明珠，王妄想要做丞相，于是想要蛇的另一只眼睛。

有一天，王妄到村北去打草，发现草丛里有一条七寸多长的花斑蛇因为受了伤，动弹不得，王妄遂救了此蛇，带回家中养起来。

蛇劝告王妄不要贪心，王妄不听劝告。

蛇见他变得这么贪心残忍，让他把自己放到院子里再去取。

王妄依言照做，转回屋取刀子。等他出来剜宝珠时，蛇已变成了大梁一般粗，一口将这个贪心的人吞了下去。

妄贪婪之心的刻画却入木三分。贫困时，他能保持善良的品格，富贵时，却在贪婪的泥沼中越陷越深，直到他为此付出生命。实际上，王妄是那类为了富贵而丧失道德的人的一个缩影。和这类人相比，那些让财富、权贵长在道德的阳光之下的人，虽然一辈子也不一定能飞黄腾达，但至少挣一分是一分，不仅让人用得心安理得，还会让生活细水长流。

在我们生活的这个时代，道理和古时候是一样的。我们想要得到财富，想要过上好生活，就必须自己动手，坚守道德，只有在付出辛勤的努力的同时不逾越道德的底线，才能耕耘出甜美的果实。

◎至善无痕　施之不求◎

【原文】

施恩者，内不见己，外不见人，则斗粟可当万钟之惠；利物者，计己之施，责人之报，虽百镒难成一文之功。

【译文】

一个布施恩惠于人的人，不应总将此事记挂在内心，也不应对外宣扬，那么即使是一斗粟的恩惠也可以得到万斗的回报；以财物帮助别人的人，总在计较对他人的施舍，而要求别人予以报答，那么即使是付出万两黄金，也难有一文钱的功德。

【精读解析】

一个读书人做梦去参加考试，主考官是关公。

关公发下题目，他一挥而就。其中卷子里有这样几句话："有心为善，虽善不赏。无心为恶，虽恶不罚。"读书人认为，一个人有心地去做好事，表现给别人看，或表现给鬼神看，虽然是好事，也没有什么值得奖励的。又例如一个人在扔掉一把不好用的旧刀时不幸伤了人，他并没有存心要伤害对方，虽然是一件坏事，也不该处罚。

关公读到此处，拍案叫好，对这个书生也是赞赏有加。

这是《聊斋志异》中的一个小故事，虽然只是书生的美梦一场，却说明了一个道理：故意为善不是善，是要发自内心地做善事，并且不留痕迹，这才是真的存善心。

古镇上有一家菜摊，平时顾客不多，因为这里的人都比较穷，买不起菜。不过，经常有些穷人家的孩子来这里转悠。虽然他们只是玩，可摊主还是像对待大人一样与他们打招呼。

"孩子们，今天还好吧？"

"我很好，谢谢。老板，这些土豆看起来真不错。"

"可不是嘛。你妈妈身体怎么样？"

"还好，一直在好转。"

"那就好。你想要点什么吗？"

"不，先生。我只是觉得你的土豆很新鲜！"

"你要带点儿回家吗？"

"不，先生。我没钱买。"

"用东西交换也可以呀！"

"哦……我只有几颗赢来的弹球。"

"真的吗？让我看看。"

"给，你看。这是最好的。"

"看得出来。嗯，只不过这是个蓝色的，我想要个红色的。你家里有红色的吗？"

做善事应当不计回报地真心去做，为了做好事的名声，那就不算是真正的善事，而那些付出了就苛求别人回报的行为和故意做样子的行为更为可耻狭隘。

"当然有！"

"这样，你先把这几个土豆带回家，下次来的时候让我看看那个红色弹球。"

"一定。谢谢你，老板。"

每次摊主和这些小顾客交谈时，摊主的妻子就会默默地站在一旁，面带微笑地看着他们。她熟悉这种游戏，也理解丈夫所做的一切。

许多年过去了，店主因病去世。镇上所有的人都去向他的遗体告别，包括以前那些和他玩交换东西的孩子们。

我们很难估量做善事对一个人生命价值的影响。也许我们此时的付出不会立刻有回馈，但是这份付出自会在别人心中留下感恩的种子。这颗种子此时不会萌芽，但终有一天会绽放花朵，香飘万里。

在实际生活中也是一样的道理，做善事并不是为了引起别人的关注，生命需要我们做的是敞开心扉爱他人，真诚地爱他人，去宽慰失意的人，安抚受伤的人，激励沮丧泄气的人。至善无痕，让施予心像玫瑰花儿一样散发芬芳。

◎花尚好色　人行好事◎

【原文】

春至时和，花尚铺一段好色，鸟且啭几句好音。士君子幸列头角，复遇温饱，不思立好言，行好事，虽是在世百年，恰似未生一日。

【译文】

春天到来时，风和日丽，花草树木都会争奇斗艳，为大自然增添一道美丽的风景，林间的鸟儿也会婉转啼鸣出美妙的乐章。读书人通过努力出人头地，过上丰衣足食的生活，如果不思考写下不朽的篇章，为世间多做几件善事，那么他即使能活到百岁，也宛如没有在世上活一天一样。

【精读解析】

"君子幸列头角"是一个人一生中最幸运的事，但是如果这个人止步于此，他原有的才学和德行就会慢慢地被抽空，而他的生活也会随之变得越来越肤浅和狭隘，从而让人生归至原点。《菜根谭》在此处提醒"幸列头角"的人，实际上也在提醒所有的人学会让幸运增值。具体说来，就是趁自己幸运或者有些财权时，多做一些善事，多布一些德政，这样，我们的幸运就会升值。

随侯珠与和氏璧是中国珠宝玉石文化中最重要的代表。古有"得随侯之珠与和氏璧者富可敌国"

之说。由此可见，隋侯珠有极高的价值。隋侯珠的来历也非常有传奇色彩。

姬姓诸侯随侯有一次出使齐国，途中见一蛇被困在热沙滩上打滚，头部受伤流血。随侯怜悯，急忙以药敷治，然后用手杖将其挑至水边，让它恢复体力后游去。

一天夜里，随侯从梦中惊醒，发现那只巨蛇口里衔着一颗硕大溜圆的珍珠盘在他的床头。巨蛇见他醒来便放下珍珠离去。原来巨蛇为报答随侯的救命之恩，特意从江中衔来一颗硕大的珍珠给他，这就是"随侯珠"。

随侯珠直径一寸，纯白色，夜里发光，可以照耀全室。

随侯举手的善行，却得到了价值连城的回报。世间善有大小，真心行善的人不以善小而不为。人要及时行善，一个人的善行才是无穷回报的泉眼。人要让随时随地的行善成为一种习惯，在不断行善的过程中，我们会发现，人生的道路会因为一个人的付出越走越广。善行是一个人在世间刻下的"一"，虽然很小，但随着岁月不断在后面添加。一个总感觉不到生之美的人，还有那些不明白自己之于他人价值的人，往往是那些不懂得付出、空等回报的人。

我们的价值和生命的意义就在于付出的举手投足间。一味乞求时，永远不知什么叫满足。付出时，才为人格的完美而欣慰；为对他人有所奉献而感到充实；为人们投来感激的目光而自豪、满足。

在我们的生活中，善行和付出可以融洽人际关系，进而增进社会的和谐。曾经有位学者说："在一切道德品质之中，善良的本性在世界上是最需要的。"善良可以匡扶世间的正义，能够为人和社会带来无限福荫。不管是大善还是小善，只要为善，善因便可得善果。对他人施以善、赐予福，本不求回报，可心却瞬间变得愉悦而坦然，而他人也会因为你的善而感到心情舒畅，这是一种心灵上的互相慰藉。如果人与人之间能自然流露真善美，那么世间就没有斤斤计较、没有怒目相对，没有叱喝争斗，天下自然就会太平，生活就会充满幸福。

君子"幸列头角"是一个人一生中最幸运的事啊！

所以要趁自己幸运或者有些财权时，多做一些善事，多布一些德政，这样，我们的幸运就会升值。

善良可以匡扶世间的正义，能够为人和社会带来无限福荫。对他人施以善、赐予福，本不求回报，内心在瞬间可变得愉悦而坦然，他人也会因你的善良感到心情舒畅。人与人之间自然流露真善美，那么世间没有怒目相对，没有叱喝争斗，天下自然就会太平，生活就会充满幸福。

能提升我们的幸运值，使我们的生活充满幸福。

善良

只是随侯举手的善行，却得到了价值连城的回报。

巨蛇为报答随侯的救命之恩，特意从江中衔来一颗硕大的珍珠给他，这就是"随侯珠"。人要及时行善，并让随时随地的行善成为一种习惯，人生的道路会因为一个人的付出越走越广。

《菜根谭》版本简介

《菜根谭》的版本

据现有资料来看，现存《菜根谭》的版本主要有两个。

明刻本

据传最初收录在明代高濂编辑的《雅尚斋遵生八笺》中。

特点

前后两集，不分卷，共360条。

标"洪自诚著"，前有三峰主人于孔兼的"题词"。

《菜根谭》明刻本

清刻本

《菜根谭》清刻本

标"洪应明著"，分前后两卷，此本与前一个版本最大的区别是对内容进行了分类。

| 修身 | 应酬 | 评议 | 闲适 | 概论 |

此外，条目数也相差甚远，上卷182条，下卷201条，共计383条，且有近半数的条目与前一版本不同。

本书以明刻本为依据，结合现代人的阅读习惯，将全书分为立德修身、自省克己、宽心从容、明心交友、方圆处世、功业沉浮、清心寡欲和淡泊明志等几个方面介绍和解读《菜根谭》。

○舍勿处疑　恩不图报○

【原文】

舍己毋处其疑，处其疑，即所舍之志多愧矣；施人毋责其报，责其报，并所施之心俱非矣。

【译文】

既然要作出牺牲，就不要过多地计较得失而犹豫不决，过多计较得失，那么这种自我牺牲的志节就会蒙上羞愧；既然要施恩于人，就不要希望得到回报，希望得到回报，那么这种乐善好施的善良之心也会失去价值。

"舍己""施人"这种奉献的美德不仅能给人以方便，还能让我们在付出时收获心灵的幸福和满足。

但是奉献如果以索取回馈为初衷，不仅美德的光芒会变得暗淡无光，奉献本身也就成了一种谋取虚荣和利益的逢场作戏。所以首先要学会淡忘自己的功劳，才不会让美德变质。

过多计较得失，那么这种自我牺牲的志节就会蒙上羞愧。

希望得到回报，那么这种乐善好施的善良之心也会失去价值。

【精读解析】

信陵君杀死晋鄙，拯救邯郸，击破秦兵，保住赵国，赵孝成王准备亲自到郊外迎接他。

唐雎对信陵君说："别人厌恨我，不可以不知道；我厌恨人家，又不可以让人知道。别人对我有恩德，不可以忘记；我对人家有恩德，不可以不忘记。如今您杀了晋鄙，救了邯郸，破了秦兵，保住了赵国，这对赵王是很大的恩德啊，现在赵王亲自到郊外迎接您，我们仓促拜见赵王，我希望您能忘记救赵的事情。"

信陵君说："我谨遵你的教诲。"

"舍己""施人"都是奉献的美德。这种美德，不仅能给人以方便，还能让我们在付出时收获心灵的幸福和满足。当我们为了别人作出牺牲和付出，首先要学会淡忘自己的功劳，才不会让美德变质。

世事变幻，人生起伏，为了生活，愚者接受酬劳。智者功成身退，不为自己邀功。

西汉宣帝刘询当政时，渤海（今河北沧州一带）及邻近各郡发生饥荒，盗贼蜂起，郡太守们不能制止。宣帝要选拔一个能够治理的人，丞相和御史都推荐龚遂，宣帝就任命他为渤海郡太守。

我谨遵你的教诲。

希望您能忘记救赵的事情。

信陵君杀死晋鄙、保住赵国的义行是一种"施人"之举，接受赵孝成王的礼遇厚待也是理所当然的事，但是唐雎却让信陵君忘记救赵的事情。表面上看来唐雎的建议无非是让信陵君放弃理所应得的酬劳，实则是在教他高明的处世哲学——淡忘功劳。

当时龚遂已经七十岁了。皇上召见时，见他身材矮小，其貌不扬，不像有本事的样子，心里颇看不起他，便问道："你能用什么法子平息盗寇呀？"

龚遂回答道："辽远海滨之地，没有沐浴皇上的教化，那里的百姓处于饥寒交迫之中而官吏又不关心他们，因而那里的百姓就像是陛下的一群顽童，偷拿陛下的兵器在小水池边舞枪弄棒一样打斗了起来。现在陛下是想让臣把他们镇压下去，还是去安抚他们呢？"

宣帝一听他讲的这番道理，便神色严肃起来，说："我选用贤良的臣子任太守，自然是想要安抚百姓的。"

龚遂说："臣下听说，治理作乱的百姓就像整理一团乱绳一样，不能操之过急。臣希望丞相、御史不要以现有的法令一味束缚我，允许臣到任后诸事均根据实际情况灵活处理。"宣帝答应了他的请求，并派驿传将龚遂送往渤海郡。

郡中官员听说新太守要来上任，便派军队迎接、护卫。龚遂把他们都打发回去了，并向渤海所属各县发布文告，将郡中追捕盗贼的官吏全部撤免，凡是手中拿的是锄、镰等农具的人都是良民，官吏不得拿问，手中拿着兵器的才是盗贼。

龚遂单独来到郡府。闹事的盗贼们知道龚遂的教化训令后，立即瓦解散伙，丢掉武器，拿起镰刀、锄头种田了。

经过几年治理，渤海一带社会安定，百姓安居乐业，温饱有余。龚遂也因此名声大振。龚遂有一个属吏王先生，终日沉溺在醉乡之中。龚遂受召回长安，王先生要求随同前往，龚遂并没有拒绝他。有一天，当他听说皇帝要召见龚遂时，便对看门人说："去将我的主人叫到我的住处来，我有话要对他说！"一副醉汉狂徒的嘴脸，龚遂也不计较，还真来了。

天子如果问大人如何治理渤海，大人当如何回答？

我就说任用贤才，使人各尽其能，严格执法，赏罚分明。

王先生连连摆头道："不好！不好！这么说岂不是自夸其功吗？请大人这么回答：'这不是小臣的功劳，而是天子的神灵威武所感化！'"龚遂接受了他的建议，按他的话回答了汉宣帝，宣帝果然十分高兴，便将龚遂留在身边，任以显要而又轻闲的官职。

爱卿言之有理！

王先生　　龚遂

在功绩面前沾沾自喜，难以把持住自己，这是人类天生的弱点，也是招致灾祸的常见原因。保持冷静的态度，谦虚处世、低调做人就会减少别人的嫉恨。

纵观而论，"舍勿处疑，恩不图报"在道德的角度来看，是对奉献美德的升华；在立身处世的角度来看，则是明哲保身的办事策略。前事不忘后事之师，现代人也应该从中吸取为人处世、立德修身的经验。按照自己的本心去付出，也按照虚境的原则选择淡忘曾经施人恩惠。

不要因计较付出的得失而犹豫不决，更不要为了索取回报而显得矫揉造作。这样我们的人品修养和人际关系，就会像自然生长的鲜花一样赢得别人由衷的赞美。

◎立名者贪　用术者拙◎

【原文】

真廉无廉名，立名者正所以为贪；大巧无巧术，用术者乃所以为拙。

【译文】

真正廉洁的人并不一定树立廉洁的名声，那些为自己树立名声的人正是因为贪图名声；一个真正有大智慧的人不会去卖弄那些技巧，玩弄技巧的人正是为了掩饰自己的拙劣。

虚名会使人失去自我，使人丧失尊严。

学车胤夜读假装刻苦是一种愚蠢的行为。

贪慕虚名、急功近利者往往名誉很差；沽名钓誉、无所不用的人往往得不到真正的快乐。

【精读解析】

从前，有一个书生因为像晋人车胤那样借萤火夜读，乡里的人都十分敬仰他的所作所为。一天早晨，有个人慕名而来，想要亲自拜访他并向他求教一些问题。可是这位书生的家人告诉拜访者，说书生不在家，已经出门了。

来拜访的人十分不解地问："哪里有人为学一个通宵在夜里借萤火虫的光读书，而清晨大好的时光不读书却去干别的杂事？这不是为学的道理。"

家人如实地回答说："没有其他的原因，主要是因为要捕萤，所以一大早出去了，到黄昏的时候就会回来的。"

这个故事读来令人啼笑皆非。车胤夜读是真用功、真求知，而这个虚伪书生的刻苦不过是一种愚蠢的行为。"名"是有了，但很快会被遗忘。每个人都应该客观地看待自己，做事情量力而行。

有一位武术大师隐居于山林中却名扬在外。有个人千里迢迢来找他，想跟他学些武术方面的窍门。当他到达深山的时候，发现大师正从山谷里挑水回来。他挑得不多，两只木桶里水都没有装满。按他的想象，大师应该能够挑很大的桶，而且挑得满满的，便问：

"大师，这是什么道理？"

大师说："挑水之道并不在于挑多，而在于挑得够用。一味贪多，适得其反。水洒了，岂不是还得回头重打一桶吗？膝盖破了，走路艰难，岂不是比刚才挑得还少吗？"大师说着，就让他看看自己的木桶。原来，桶里画了一条线。

大师说："这条线是底线，水绝对不能高于这条线，高于这条线就超过了自己的能力和需要。起初还需要画一条线，挑的次数多了以后就不用看那条线了，凭感觉就知道是多是少。有这条线，可以提醒我们，凡事要尽力而为，也要量力而行。"

世间常有不按自己的底线做事的人，他们表面风光，一旦做起事情来，就露出马脚，让别人笑话不说，还失去了别人的信任。所以才有"真廉无廉名，大巧无巧术"之言。当一个人不为完成一件事而去做事时，往往能认识到自己的能力和处境，能更好地改变现状，否则自己只能独尝恶果。

这个世界上有好名声的人，在做事之前通常不知道自己的所作所为会赢得别人的赞誉，他们不过是依照自己的价值观念、道德标准在做自己认为应该做的事罢了。其实，我们以赤子之身来此世界，当以赤子之心度此一生，此乃要留清白在人间之意。无声名，亦无功利，便是莫大的声名，莫大的功利。所以，先哲说：至人无己，神人无功，圣人无名。

❖ ◎天机最神　智巧无益◎ ❖

【原文】

贞士无心徼福，天即就无心处牖其衷；险人着意避祸，天即就着意中夺其魄。可见天之机权最神，人之智巧何益?

【译文】

一个坚守志节的人虽然并不用心去求取福分，可是上天却在他无意之间引导他完成自己的心愿；阴险的人虽然刻意去躲避灾祸的惩罚，可是上天却在他着意逃避之处夺走他的魂灵使其丧失元气。由此可见，上天运用魔力的手段非常神奇莫测，凡人的智慧再高明又有什么用呢?

【精读解析】

金熙宗时期，官场腐败，贪污成风，独独邢台县令石琚不忘养德修身、洁身自好。

石琚曾经规劝邢台守吏说："一个见利不见害的小人，他走运时也就是他快要大祸临头的时候。你敛财无度，不计利害，你自以为是，在我看来却是愚蠢至极。回头是岸，我实不忍见到你东窗事发的那一天。"邢台守吏拒不认错，私下竟反咬一口，向朝廷上书诬陷他贪赃枉法。结果，邢台守吏终因贪污受到严惩，其他违法官吏也一一治罪。石琚因清廉无私，虽多受诬陷却平安无事。

石琚官职屡屡升迁，有人便私下向他讨教升官的秘诀，石琚说："我不想升迁，凡

当一个人把自己的修养、道德以及能力修炼到家的时候，即使我们不急切地追求福分，幸福和幸运也会主动来敲门。

而一个险恶的人，因为居心叵测、道德败坏，即便处心积虑地躲避责任和灾祸，早晚也会受到惩罚的。所以生活中那些成功的人往往是不心念成功而诚信为事的人。

正面事例：

反面事例：

人们过分相信智慧之说，却轻视不用智慧的功效。

石琚以德为本，洁身自好，结果屡屡升迁。这就是"贞士无心徼福，天即就无心处牖其衷；险人着意避祸，天即就着意中夺其魄"的道理。

天机无限玄妙，而人的智慧却十分有限。邢台守吏自认为自己获利手段高明、敛财无度，丝毫不听石琚的规劝。结果，邢台守吏受到严惩，死在贪欲围筑的陷阱里。其他违法官吏也一一治罪。

事凭良心无私，这个人人都能做到，只是他们不屑做罢了。人们过分相信智慧之说，却轻视不用智慧的功效，这就是所谓的偏见吧。"

天机无限玄妙，而人的智慧却十分有限。"贞士无心徼福，天即就无心处牖其衷；险人着意避祸，天即就着意中夺其魄"，说的就是这个道理。

有人问一个身价很高的成功人士："您苦心孤诣十几年才有今天的成就，那么在您看来，成功的方法是什么？"

这个成功的企业家想了想，然后说："成功是因为不想成功。"

这个回答让当时在场的所有人都觉得一头雾水，便问其中的原因。这时从成功人士这里，人们听到了关于成功的另一番解读："如果我算是成功，我成功的原因是因为我不怎么想着成功，至少不天天想着成功。我想的是：我怎么把我该做的事情做好。"

当一个不想着成功，只是朝着那个方向努力时，就会收获意外的惊喜。我们每个人都梦想成功，但是梦想仅仅是梦想。当一个人成天想着"我要发财""我要出名"时，美丽的梦想会演变成压力，从而欲望会越来越多，歹念会越积越厚，结果生活就会和梦想背道而驰。相反，当梦想只是一个方向时，我们就会把集中在压力、欲望上的注意力移到自身能力的提高和涵养品德的完善上来，这些相比于单纯的梦想来得更实在。

其实，生活中的"无心"往往是"有心"为之，对于名誉、利益、地位多几分"无心"，对品德、涵养、能力多几分"着意"，我们就会收获意料之中的惊喜。贞士之所以能受到上天的眷顾，是因为他有接受这份眷顾的资格，即良好的道德修养、淡泊的名利心，而险人纵然百般逃遁也无法避免祸患，因为他有必须受祸的罪状，即败坏的道德、利欲熏心。所以说，一个人要想有一番成就，首先要在道德修身上有所追求。

◎ 人活一世　晚节更重 ◎

【原文】

声妓晚景从良，一世之烟花无碍；贞妇白头失守，半生之清苦俱非。语云："看人只看后半截。"真名言也。

【译文】

从事声色之业的妓女在晚年的时候能够结束卖笑生涯成为良家妇女，过去的风尘生活对她的生活也不会有什么妨碍；坚守节操的妇女如果在晚年的时候失去了操守，那么她前半生的辛苦守节都白费了。所以俗语说："看一个人的节操如何，主要是看他的后半生。"这真是一句至理名言啊。

【精读解析】

人的一生不怕开始犯错，怕的是到最后也不知醒悟悔改；一个人的可悲之处不是半生清苦，而是后半生失去坚守。做事要善终，做人应重晚节，这一点在人深陷困境时显得尤为重要。

深陷困境时，胆怯的念头、退却的想法会走进

> 看一个人的节操如何，主要是看他的后半生。

> 世人都说"万事开头难"，其实开了头，做到善始善终更难，在最后一刻把开始的事做好才不会有悔恨。"看人只看后半截"说的便是这个道理。

我们的头脑和思维，从而影响我们的判断。此时如果做事无善终，就会功亏一篑；晚年失节，就会让所有的美德都消磨殆尽。在这种情况下，成功、幸福和满足都会给失败让路。反之，成功和名誉就会如约而至。

1941年12月，日本侵占中国香港后，年近半百的梅兰芳蓄起了唇髭，没过几天，浓黑的小胡子就挂在了唱旦角的艺术家脸上。他年幼的儿子梅绍武好奇地问："爸爸，您怎么不刮胡子了？"

梅兰芳慈祥地回答儿子说："我留了胡子，日本人还能强迫我演戏吗？"

不久，他回到上海，住在梅花诗屋。他闭门谢客，拒绝为日本人演戏，仅靠卖画和典当度日，生活日渐窘迫。上海的几家戏院老板见他生活如此困难，争先邀他出来演戏，却被他婉言谢绝。

有一天，汪伪政府的大汉奸褚民谊突然闯入梅兰芳家，要他作为团长率领剧团赴南京、长春和东京进行巡回演出，以庆祝所谓"大东亚战争胜利"一周年。

梅兰芳用手指了指自己的脸，沉着地说道："我已经上了年纪，很长时间没有吊嗓子了，早已退出了舞台。"

褚民谊阴险地笑道："胡子可以刮掉嘛，嗓子吊吊也会恢复的。"

话音未落，只听梅兰芳一阵讥讽的话语："我听说您一向喜欢玩票，大花脸唱得很不错。您作为团长率领剧团去慰问，岂不是比我强得多吗？何必非我不可！"褚民谊听到这里，顿时敛住笑脸，脸上红一阵白一阵，支吾了两句，狼狈地离开了。

梅兰芳蓄须明志，彰显一身傲骨，这是一种爱国精神，同时也是"临大节而不可夺"的坚守。正是因为这样，梅兰芳艺术大家的风采和精神才更值得人们敬仰。

在这个社会上，成功来自坚持，高贵来自坚守，无论是工作、学习还是生活，常常怀抱一种善始善终的态度、坚持到底的执著，人生就会少些悔恨，多些钦佩。

所以生活中我们应该这样做到善始善终：没有面临抉择时，就努力把手边的事做好，并精益求精；面临抉择时，宁可选择道义，也不可贪图一时利益；没有犯错时，继续保持做对事时的态度；做错事时，及时改正，并且避免再犯错；即使我们已经走到了最后一步，也要像迈出第一步时，把路走好。

◎种德施惠　无关地位◎

【原文】

平民肯种德施惠，便是无位的公相；士夫徒贪权市宠，竟成有爵的乞人。

【译文】

一个平民老百姓如果愿意尽自己的能力，广积恩德、广施恩惠，他虽然没有公卿相国的名位，却同样受到世人景仰；那些有高官厚禄的士大夫们如果只是一味地争夺权势、贪恋名声，虽然有着公卿爵位，却像乞丐一样可悲。

【精读解析】

在智者看来，这个世界上贫富有真假，地位需辩证。贫富的差异、地位的高低不以金钱的多寡和权势的大小来衡量，而是靠心域的广度来衡量。心域广阔的人，不仅关注自己，还会把他人的利益和福祸看在眼里，并广积恩德、广施恩惠，这样一来，即便他是一个地位不高的平民百姓也会感到身心富足；心域狭隘的人，不仅睥睨众生，只知把自己放在眼里，还会用大部分的心力为自己谋权争宠，这样的话，即便他已衣食富足、地位高贵，也逃不出精神的匮乏。

所以有的时候，放开了心域，才能让富有和幸福住进来。

曾经有一个乞妇，不但生活穷苦，甚至连心灵也很贫乏。她贪求很多东西，这使她愈发觉得自

在智者看来，这个世界上贫富有真假、地位需辩证。贫富的差异、地位的高低不以金钱的多寡和权势的大小来衡量，而是靠心域的广度来衡量。

己贫困不堪。有一天，她听说有个富翁要来自己的镇上布施。这富翁不仅富有，并且乐善好施，因此她决定去捞点好处。

她在离富翁布施不远的地方跪下，一直等到富翁看见她。富翁问她："你想要什么吗？"其实，富翁不用问，对乞妇的目的也早已心知肚明，这么问只不过是要让她承认并亲口说出来罢了。

乞妇答道："我要食物，我要你将剩下的食物给我！"

富翁说："可以，不过你必须先说'不要'；我给你的时候，你一定要拒绝。"说着将食物递给了她。

这时，乞妇才发现说出"不要"二字竟然十分困难，这时候她才明白，原来自己一生都没有说过"不要"！

不论谁给她任何东西，她一向都说："好，我要！"因此，她觉得说"不要"太困难了，这两个字对她而言是完全陌生的。费了九牛二虎之力，她终于说出了"不要"二字，富翁于是将食物给她。

这时，这个乞妇忽然明白了，自己的贫穷是因为心域只够容得下自己想有、想要、想抓取、想占有的欲望，而容不下布施幸福爱心和不要贫穷的信念。

这个乞妇贫穷的根源不在于没有物质资助，而在于心灵的匮乏。因为贫穷，所以只把自己的温饱放在心里，所以才没有更多的心灵空间去容纳他人。所以说想要度人，先求自度；想求富贵，先让心灵富足。私心太重，贪心太足，只会让自己在狭隘、泥泞的心域越陷越深。

在生活中，帮助别人，会让我们的心域越来越广，乞求只会使私心越来越重、心域越来越窄。在帮助别人时，施予者应不存求取福报的心，对所帮助的人不起分别，不着重于所施的东西。帮助别人不但是给予他人，也是给自己一个体验。如果一个家财万贯的人只知积聚财富、不懂付出，就会堕入枯萎的心境。如果一个生活水平一般的人能有助人之心的话，就会超越平凡的生活，成为心灵富足的有德之人。这样一来，生活普通的人就会变得比生活富足的人更富有。

◎君子改节　无异小人◎

【原文】

君子而诈善，无异小人之肆恶；君子而改节，不及小人之自新。

【译文】

那些道貌岸然的君子如果以欺诈行为博取善名，那么他们的行为与邪恶的小人作恶多端没有什么两样；一个正人君子如果放弃自己的志节落入浊流，那还不如一个改过自新的小人。

【精读解析】

中国人历来把守德作为为人处世、齐家治国的基本品质。自古以来，守德的人受到人们的欢迎和赞颂，背弃道德的人则会受到人们的斥责和唾骂。所以，人要坚持操行志向，做有诚信之心的人，这样才能立足于天下而不败。

生活里，才华出众的人并不少见，甚至时常会有天才出现。但是，才华和智慧就会让人值得信赖吗？未必，真正值得信赖的是人的品格和道德水准。天才如果没有优秀的品格和崇高的道德，难免不会将才华放在错误的地方，放错地方的才华，还不如没有才华。

做人必须从"德"开始，树立自己高尚的道德品德，这样才能成大事。

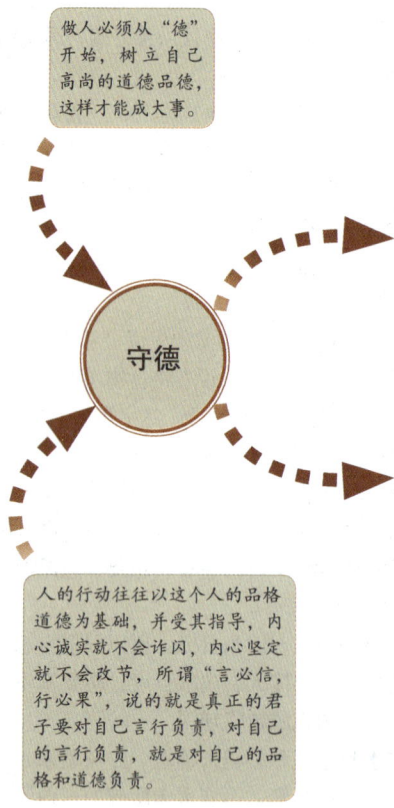

人要坚持操行志向，做有诚信之心的人，这样才能立足于天下而不败。

守德的人受到人们的欢迎和赞颂，背弃道德的人则会受到人们的斥责和唾骂。

守德

人的行动往往以这个人的品格道德为基础，并受其指导，内心诚实就不会诈闪，内心坚定就不会改节，所谓"言必信，行必果"，说的就是真正的君子要对自己言行负责，对自己的言行负责，就是对自己的品格和道德负责。

范式诚实守信、遵守约定，在和张劭分别两年之后的秋天，风尘仆仆的行走一千多里同张劭相聚。

所谓"言必信，行必果"，说的就是真正的君子要对自己言行负责，对自己的言行负责，就是对自己的品格和道德负责。只有这样的君子才值得信赖，才能赢得他人的尊重和信任。

东汉时，汝南郡的张劭和山阳郡的范式同在京城洛阳读书。学业结束，二人分别的时候，张劭站在路口，望着长空的大雁说："今日一别，不知何年才能见面……"说着，流下泪来。范式拉着张劭的手，劝解道："兄弟，不要伤悲。两年后的秋天，我一定去你家拜望老人，同你聚会。"

两年后的秋天，张劭突然听见长空一声雁叫，牵动了情思，不由自言自语地说："他快来了。"说完赶紧回到屋里，对母亲说："妈妈，刚才我听见长空雁叫，范式快来了，我们准备准备吧！"

"傻孩子，山阳郡离这里一千多里，范式怎么来呢？"母亲劝慰道。

张劭说："范式为人正直、诚恳，极守信用，不会不来。"

张劭的母亲只好说："好好，他会来，我去打点酒。"

约定的日期到了，范式果然风尘仆仆地赶来了。旧友重逢，亲热异常。张劭的母亲激动地站在一旁感叹地说："天下真有这么讲信用的朋友啊！"

做人必须从"德"开始，树立自己高尚的道德品德，这样才能成大事。道德、品德关系到一个人的行为动机，是做人的首要问题。从大方面讲，一个人较高的道德修养决定了他的行为是向着有利于社会、集体、他人的方向努力的；反之，缺乏道德观念的人只会对社会、集体、他人造成损害。从小方面讲，一个人只有守住"德"字，才能为自己的人生找到立足点，否则我们在欺骗别人的同时，也会受到别人的欺骗；我们在损害他人利益的同时，自己的利益也可能得不到保障。

要走向成功，必须以德立身，这是一个人最应该确立的内在标准。没有这个内在的标准，人生之路就会失去支撑，最终失败将是必然的。在实际生活中，将"道德"两字铭刻在心中，我们将为自己铺平一条通往成功的道路。人生在世，无论是在职场、学校还是社会，凡事应该以信誉为基础。失去信誉、玩弄他人的信任和善良，会让我们的事业、生活和人际搁浅。只有具备了信誉这一良好的资本，我们才能被人信赖，才能在办事时游刃有余，才会有更大的发挥空间。

◎人品极处　本心使然◎

【原文】

文章做到极处，无有他奇，只是恰好；人品做到极处，无有他异，只是本然。

【译文】

文章写到最美妙的境界，没有什么特别奇异之处，只是写得恰到好处；品德修炼到最高尚的境界，没有什么特别的地方，只是表现了人最善良的本性。

【精读解析】

有位富商娶了四个妻子：第一个妻子伶俐可爱，整天作陪，寸步不离；第二个妻子是抢来的，长得如花似玉，很美丽；第三个妻子沉溺于生活琐事，让他过着安定的生活；第四个妻子工作勤奋，东奔西忙，使丈夫根本忘记了她的存在。

商人就要去世了，为了测验一下哪位妻子是真心对自己的，他决定考验一下四位妻子。于是商人把四位妻子叫到面前，对她们说："我就要死了，你们平常都说对我好，如今谁愿意和我一起去阴间远行呢？"

第一个妻子说："你自己去吧，我才不陪你呢。"

第二个妻子说："我是被你抢来的，本来就不情愿，我才不去呢！"

第三个妻子说："尽管我是你的妻子，可我不愿受风餐露宿之苦，我最多送你到城郊！"

第四个妻子说："既然我是你的妻子，无论你到哪里去我都跟着你。"

这个故事中的第一位妻子是指我们肉体，第二位妻子是指我们的财产；第三位妻子就是指在生命中陪伴我们的人；第四个妻子是指每个人的本心。人们常常将人生中的很多时间和关爱送给前三位妻子，却常常冷落第四位妻子。然而，身体、财产和陪伴过我们的人，都不会随时随地地陪伴我们，而只有本心会一直伴随我们走到天涯海角。

每个人都有自己的本心，当一个人做到以本心待人接物时，便是"人品做到极处"的时候。

在北京大学，谁都知道季羡林是国宝级的大师，但他毫无架子，对下属、对助手、对学生关怀备至，博大无私。

有一年，在北大新生入学的时候，一位学生因为身边的行李太多不好各处奔走办理入学手续，便向身边的一位老人求助，老人欣然答应。

过了很久，这位学生匆忙地赶回来时，那位老人仍然静静地等在那里。这让他很感动，并真诚地像老人道谢，却忘记询问老人的姓名。

在不久后的开学典礼上，这位新生惊讶地发现，走上来致词的竟然是那天帮自己看东西

品德修炼到最高尚的境界，只是表现了人最善良的本性。

每个人都有自己的本心，当一个人做到以本心待人接物时，便是"人品做到极处"的时候。其实，这个世界上的很多成功的起点都在我们内心。如果人生迷失本心的方向，就会使生命变得浮夸。

的老人。至此，他才明白曾给予自己帮助的那个人就是季羡林。

古语说，"学问深处意气平"。一个人至高的品行就是本心自然地外露。季老的举手之劳不是为了修为或者名誉，但在平易随和中彰显了大家的风范。

生活中，如果一个人要想真正掌控自己的人生，首先要让自己保持善良的本心；一个人想要到达远方，就要踩在善良的踏板上；一个人想要拥有至高的人品，就要让自己的这颗善良的心始终经得起考验。只有做好内在的修为，才能够拥有外在的成就。当我们从善心启程时，就不会逾越心灵的维度，失去办事的分寸，自然会修得本然却至极的人品。

◎德怨两忘　恩仇俱泯◎

【原文】

怨因德彰，故使人德我，不若德怨之两忘；仇因恩立，故使人知恩，不若恩仇之俱泯。

【译文】

一切怨恨都会因为行善而更加明显，所以有的人会感谢我，有的人会怨恨我，与其让人感谢我的德行，还不如让别人把赞扬和怨恨都忘掉；一切仇恨都是因为恩惠而产生的，所以与其让人知道我的恩惠，还不如让别人把恩惠和仇恨都忘掉。

【精读解析】

鲍伯·胡佛是美国空军最著名的战斗机试飞员，他经验丰富、技术高超，深为战友们所敬佩。而大家之所以如此尊重他，并不仅仅因为他的技术，更多是由于他的宽广心胸与高尚人品。

有一次，应上级命令参加完飞行表演后，胡佛驾着一架螺旋式飞机回洛杉矶。突然，飞机在半途中莫名其妙地发生了故障，两个引擎同时失灵。好在他临危不惧，果断沉着地采取了应对措施，才奇迹般地迫降在了最近的机场。

来，相逢一笑泯恩仇吧！

当我们以善行感化仇恨，用恩德融化抱怨时，就会让仇恨和抱怨向相反的方向转化，这样世界上就有了包容、感恩与和谐。

完全安全之后，大惑不解的他立刻和相关人员对飞机进行了检查。原来，造成事故的原因是用油不对，原本螺旋式的飞机居然被人粗心地加了喷气式机的用油。

听说这件事之后，负责加油的机械工吓得面如土色、痛哭不已，因为他知道，如果不是经验极其丰富的胡佛上阵，自己的这次粗心绝对会造成机毁人亡的严重后果。哭过之后，这位年轻人跌坐在台阶上，呆呆地等着胡佛回来，他想，对方一定会非常愤怒地处置他。

谁知事情完全出乎他的意料，胡佛非但没有对他大发雷霆，还上前抱住他并柔声安慰起来："没事了没事了，你看，我这不是好好地回来了吗？为了证明你还是不错的，我想从明天开始，让你帮我干飞机维修的工作。"

听闻此话，满脸惊诧与感动的机械工连忙拼命地点起头来。此后，这位机械工一直跟着胡佛，负责他的飞机维修工作。必须说明的是，那许多年中，胡佛的飞机维修从来没有出现过任何差错。

在这个世界上，"怨因德彰"，"仇因恩立"，不去计较我们给人的恩德，不去对抗别人给我们的仇怨，自然会有人生的豁达和生活的和谐。只有领悟了此番道理，我们才能真正不被烦恼所侵扰，不为仇恨所伤害。生活像流水一样在流动，会带来很多恩惠，也会带走很多仇怨，静观这些来来去去，自然也就了解了"德怨两忘""恩仇俱泯"的为人处世之道。

○权衡利弊　扶公却私○

【原文】

市私恩，不如扶公议；结新知，不如敦旧好；立荣名，不如种隐德；尚奇节，不如谨庸行。

【译文】

如果为了满足自己的私心而施予恩惠，还不如去帮助大众获得利益；结交很多新朋友，还不如保持与老朋友之间的关系；建立荣誉争取名声，还不如在暗中积累德行；与其追求异想天开的功绩，还不如默默地做点好事。

【精读解析】

西汉初年，东胡不断挑衅匈奴，企图寻找借口灭掉匈奴。

匈奴的首领冒顿养有一匹千里马，为匈奴立下过汗马功劳，被视为宝马。东胡知道后，便派使

东胡之所以要我们的宝马，是因为与我们是友好邻邦。我们哪能因为区区一匹千里马而伤害与边邻的关系呢？

如果我们以全局的视野看待问题，哪怕这个问题的解决会让自己有所失，我们也会义无反顾地去做。而且只要去做了，总有一天我们会收获更多。

东胡王向匈奴首领冒顿索要千里马，冒顿连忙答应。于是东胡王认为冒顿真的惧怕他，又再次派人到匈奴去索要两邦交界处方圆千里的土地。而冒顿其实暗地里在壮大实力，他率领众人，一举消灭了毫无防备的东胡。

"大局"之大。

"小节"之小。

相比于整体利益的长远

因此，我们无论是在工作中还是在生活中，遇事要稍微掂量一下，纵观全局、权衡利弊后再做决定，不要因小失大。做事时，不为一己私利，损害团队的利益。

相比于名利浮华的短暂

何为大事？何为小节？如何对待大事与小节？且看匈奴王冒顿的抉择。

正如东胡王向匈奴首领冒顿索要千里马的故事。

个人得失是小。

生活平淡为真是大。

所以不要羡慕别人拥有的，而要经常想想自己拥有的和想要的。

者到匈奴索要这匹宝马，匈奴群臣认为东胡太无理了，一致反对。足智多谋的冒顿一眼便看穿了东胡的用意，便说服臣下，把宝马拱手送给了东胡。冒顿虽然表面上不与东胡做对，但他暗地里壮大实力，明修政治，希望有朝一日将这匹宝马找回来。

东胡王轻而易举地得到千里马，就认为冒顿真的惧怕他，更加骄奢淫逸起来，后来再次派人到匈奴去索要两邦交界处方圆千里的土地。此时的匈奴经过冒顿及群臣多年卧薪尝胆的治理，实力之雄厚远远超出了东胡。这次冒顿亲自披挂上阵，众人同仇敌忾，一举消灭了毫无防备的东胡。

冒顿顾全大局，不计小节，同时励精图治、韬光养晦，让东胡放松警惕，于是把东胡一举拿下，这就是"市私恩，不如扶公议；结新知，不如敦旧好；立荣名，不如种隐德；尚奇节，不如谨庸行"的道理。遇到别人的挑衅，与其逞一时之快，不如忍一时之气，养精蓄锐以谋求东山再起。

人活一世，会有"大局"之大，也会有"小节"之小。做人时，不要羡慕别人拥有的，而要经常想想自己拥有的和想要的。明白自己的幸福和目标，我们才能踏踏实实地走自己的路，享受平淡却真实的生活。而且因为有目标，这样的人往往能在自己的领域做出不凡的成就。

◎蹉跎岁月　磨炼本领◎

【原文】

青天白日的节义，自暗室屋漏中培来；旋乾转坤的经纶，自临深履薄处操出。

【译文】

像青天白日那样光明磊落的节操，是在艰苦和默默无闻的环境中培养出来的；可以扭转乾坤担当重任的本领，是从谨慎严密的处事态度中磨炼出来的。

【精读解析】

某天，一个失意的商人路过一片瓜地，看到满地滚圆的西瓜就迈不开脚步了。瓜农看到他一直站在田边看，就问他："想买西瓜吗？"

商人点了点头："但是，我身上只有一元钱。"

瓜农似乎看出了点什么，于是说："一元钱只能买一个小西瓜。"瓜农指了指脚

担当重任的本领，是从谨慎严密的处事态度中磨炼出来的。

光明磊落的节操，是在艰苦和默默无闻的环境中培养出来的。

高洁的节操，是从贫苦清寒中磨炼出来的，而匡国济世的本领，也是在狼烟烽火中造就的。可见苦难是份厚礼，它能把单调的人生变得更有价值。

下一个明显还未成熟的小瓜问他："把这个瓜卖给你怎么样？"

商人苦笑，说道："还未成熟的西瓜，怎么能够吃呢？"

瓜农听后哈哈一笑："对呀，这个西瓜还需要一段时间才能成熟，所以你可以等它熟透了再来买。"

商人猛然醒悟，瓜农是想告诉他，西瓜需要时间来磨炼和成长，人也是，所以此刻的失意不过是暂时的锤炼。这样想来，商人对瓜农说："好吧。不过你先别摘下来，等过些时候我再来取。"

瓜农哈哈一笑，点头同意了。

一个尚未成熟的西瓜需要成长的时间，才能收获成熟的果实；一朵幼嫩的蓓蕾需要更多阳光雨露的滋养，才能绽放为美丽的花朵。不是每一朵花都有提前开放的理由。就好像身体要经由成长发育的过程才能变得健硕，心灵也需要历尽磨炼才会变得成熟。

人生不是一场竞速比赛，不是跑得快就能得到冠军。那些最耀眼的奖牌，不一定会被授予给第一个冲过终点的人。

有位诗人曾说："春风，是冰河的等待；收获，是秋天的等待；雨露，是大地的等待；阳光，是大海的等待。"生活里有很多种成功，潜藏在悠长的岁月里，还有很多种幸福，蛰伏在缓慢的步履中。

只有历经折磨，一个人的德行心智才能够历练出成熟与美丽，抹平岁月给我们的皱纹，让心保持年轻和平静，让我们得到成长和成功。"面对着充满希望的人世，努力永远不会太迟。"不管遭遇了怎样的不幸或者挫折，只要我们不轻言放弃，不动摇心中的道德原则，并埋头努力争取更上一层楼的精进，就会有重见天日的那一天。

滴水可以穿石，锯绳可以断木。所以有了人生的理想还不够，还要看有没有坚持追求理想的勇气和信心。如果做事情总是三心二意，遇到困难就退缩，即使是天才，也会一事无成。只有仰仗恒心，点滴积累、磨砺品格，才能看到成功之日。勤快的人能笑到最后，耐跑的马会脱颖而出。梦想是人生的舞台，但是很多时候，它被时间锁在环境的空楼里。我们只有坚持做一个快乐的学习者，全力以赴地与时间抗衡，才能最终以胜利的姿态笑傲生活。

苏东坡说："所取者远，则必有所待；所就者大，必有所忍。"志存高远者，必须明白"前途是光明的，路途是曲折的"这一真理，也当知晓人生不是一场速度竞赛，河上没有桥还可以等待结冰，走过漫长的黑夜便会有黎明。

◎以德御才 恃才败德◎

【原文】

德者才之主，才者德之奴。有才无德，如家无主而奴用事矣，几何不魍魉猖狂？

【译文】

品德是一个人才能的主人，而才能是品德的奴婢。如果一个人只有才能而缺乏品德，就好像一个家庭没有主人而由奴婢当家，这样哪有不胡作非为、放纵嚣张的呢？

【精读解析】

明朝开国皇帝朱元璋虽然文化不高，妻子也并非名门闺秀，但孩子们却都非常出色。这得益于朱

从朱元璋教子女可以看出他主张：百学德先行，育教先育德。一个人如果想要学富五车，才高八斗，首先要把自己的德性修炼好。

对孩子的教育方针：

好师傅要做出榜样来，因材施教，培养人才。教的法子，最重要的是正心，正了心，什么事都可办好；正不了心，各种私欲便乘虚而入，很要不得。你们须以实学教导，不要学一般文士，只是背诵辞章，毫无好处。

对太子、诸王的训诫：

你们知道"进德修业"的道理吗？古代的君子，德充于内，又表现于外，所以器识高明，善道日多，恶行邪僻都退避三舍。自己修道已成，必能服人，贤者集拢你的周围，不肖者远避。能进德修业，则天下国家未有不治，不然就没有不失败的。

品德是才能的主人。

才能是品德的奴仆。

德与才是有机的统一体，二者不可分割，不可偏废。

一个人如果缺"德"，无论他有多渊博的知识、多强的能力、多高的水平，都不能称得上是一个完善的人。

元璋对孩子的教育。元朝灭亡的教训让朱元璋更明白"为政以德，譬如北辰，居其所而众星共之"的道理，辛辛苦苦打来的江山岂能在自己百年之后就付诸东流？因此朱元璋非常重视子女教育，他认为，"德"既能补体，也可补智。他既重视教育孩子求知，更重视帮助他们"正心"，即品德教育。

一天，在大殿上，太子、诸王静候一旁，朱元璋曾严肃地训诫他们。为了达到使诸子"进德修业"的目的，朱元璋还亲自为孩子的老师制定了对孩子的教育方针。

根据这一方针，开国以后，朱元璋除在宫中建大本堂，收存古今图籍，聘请各地名儒，以儒家典籍教育诸子外，还精心挑选了一批有封建德行的士人，充当太子宾客和太子谕德，对诸子进行严格的、系统的封建"德行"教育。基于"连抱之木，必以授良匠；万金之璧，不以付拙工"的思想，洪武元年（1368年）立皇太子后，朱元璋便委开国重臣李善长、徐达、常遇春等分别兼任太子少师、太子少傅和太子少保。让他们"以道德辅导太子"，"规诲过失"，使太子有长足进步。特别是被称为"开国文臣之首"的宋濂，对于太子的德行修养影响最大。

德与才是有机的统一体，二者不可分割，不可偏废。宋代政治家司马光在总结历史上用人治国的经验教训时指出："才者，德之资也；德者，才之帅也。"德靠才来发挥，才靠德来统帅，二者相辅相成，同样重要。只有德才兼备，才为贤者。

然而德才的发展可能会出现不平衡。有些人德比较好，但才能差些；有些人虽然有才，但德稍逊一筹。德才相比，更应注意德。因为一个能力非常强、智商非常高的人，如果品质败坏、野心很大，那他造成的危害就会非常大，甚至会达到祸国殃民的程度。品德是才能的主人，才能是品德的奴仆，这个比喻是很独特的，却也十分恰当。

◎不能养德 终归末技◎

【原文】

节义傲青云，文章高白雪，若不以德性陶之，终为血气之私，技能之末。

【译文】

节操和义气足以胜过高官厚禄，生动感人的文章比名曲《白雪》更加美妙，如果不是用道德准则来贯穿其中，那么终究是血气冲动时的个人感情，是一种玩弄技艺的低级手段而已。

【精读解析】

有一家钟表店门庭冷落，不甚景气。一天，店主贴出了一张纸，上面说，本店有一批手表，走时不太精确，24 小时慢 24 秒，望君看准择表。

纸一贴出，很多人都迷惑不解，更有店主的好友前来询问。店主坦率地说："诚实是我开店的原则，我不会为了个人私利而损害大家的利益。"

出人意料的是，不久后，表店的生意开始好转，门庭若市，生意兴隆，很快便卖完了之前积压的手表。

正是因为店主有着非同一般的品格，他才能做出这样的决定。也许很多顾客是被店主诚实的做人态度所感动，才愿意走进这家表店。俗话说，做人要美，做事要精，立业先立德，做事先做人。做任何事情，都是从学做人开始的。如果连人都做不好，还谈什么事业？

节操和义气足以胜过高官厚禄。

自古"才"与"德"并重，讲究"德才兼备"。才能、资质属于才的方面，骄傲、吝啬属于德的方面。也就是说，如果一个人才高八斗而德行不好，难以得到赏识，只有德才兼备才是优秀的人才。无论在生活中还是在事业中都要以道德作为基础，只有品德高尚的人才能获得真正的成功。

虎啸深山，龙潜海底，驼走大漠，雁排长空，万物都有它的极致之美。人生亦然，也有自己的极致。人生匆匆，如白驹过隙，如流星划过，我们不能选择生命的长度，但我们能够拓展生命的深度，为短暂的人生增添更为动人的一笔。

道德无疑是动人的。一个真正的高人，坚持操守，以道德文章行世，在于博大、仁爱、坦荡无私、顺其自然，文艺才显精美和谐。而那些空洞浮华的东西，不是心血所化，只是矫饰，历代文人都避而远之。谦虚待人，文采自然斐然；胸襟开阔，文章自然高逸。

明末清初著名学者顾炎武学识渊博，治学严谨，写有《日知录》。他结交了许多有学问、有道德的人，虚心向他们求教，从不因自己知识渊博而自满。顾炎武说："意志坚定、信念不移不如王寅旭；探索微妙的知识，不如杨雪臣；精通三《礼》，经学卓越，不如张稷若；独来独往，不参与俗世的纷争，自得其乐，不如傅青主；艰苦努力，自学成长，不如李中孚；历尽艰辛，与时进退，不如路安卿；博闻强记，知识渊博，不如吴志伊；文章典雅华美，立意敦厚，不如朱锡鬯；为学不倦，不如王山史；深研'六书'，信而好古，不如张力臣。至于在政治上显达，现居官位而值得称道的人还有很多，当然不是我这样的布衣之士。"

由此可见，顾炎武作为一代文学大师，却不耻下问、学而不厌、广师敬贤。这也正是他能够超越同时代的人，道德和文章都久传不衰的主要原因。

一个道德高尚的人不但能够使自己成就不凡的人生，而且可以感化周围的人，使善的力量遍及人间。因此，每个人都要培养自己的品德，做道德的践行者，造福周围的人。

◎勿昧所有　勿夸所有◎

【原文】

前人云："抛却自家无尽藏，沿门持钵效贫儿。"又云："暴富贫儿休说梦，谁家灶里火无烟？"一箴自昧所有，一箴自夸所有，可为学问切戒。

【译文】

古人说过："有人把自家无尽的财富放在一边不用，却仿效一无所有的穷人拿着钵子沿门沿户去讨饭。"又说："一夜暴富的穷人不要信口开河，哪家的炉灶烟囱不冒烟呢？"前一句话告诫人们不要妄自菲薄，后一句话告诫人们不要自我夸耀，所说的这两种情况都应该作为做学问的鉴戒。

【精读解析】

"抛却自家无尽藏，沿门持钵效贫儿"是在告诉人们不必妄自菲薄。一扇小小的窗户，可以射进阳光；一颗小小的星星，可以照亮夜空；一朵小小的花朵，可以满室芬芳；一件小小的善行，可以扭转命运；一点小小的微笑，可以传达情意；一句小小的慰言，可以安慰苦难。所以，小不可轻。即使只是阳光下一粒小小的尘埃，也能够拥有最美丽的飞翔姿态，应该让每一次的飞翔，都在蓝天白云的映衬下释放出幸福的味道。

有人把自家无尽的财富放在一边不用，却仿效一无所有的穷人拿着钵子沿门沿户去讨饭。

生活中人人都有自己可尊贵的东西，只是没有发现，不去思考它罢了。人不能目中无人，也千万不可妄自菲薄。寸有所长，尺有所短，一味羡慕别人会使我们发现不了自己的长处。同样，我们在发现自己的长处时不夸耀，也是一种良好的品德。

水滴虽小，足以穿石；蝼蚁卑微，却能溃堤。小的事物并不一定没有用，相反，有的时候小事物的威力巨大无穷。因此，假如你是一个小人物，请不要自怨自艾，更不要感叹自己的渺小和不为人知，因为你有你的力量可以感动这个庞大的世界；假如你是一个举足轻重的人物，也不需要有所掩饰，不过是顺其自然表现自己而已，但是千万不能自恋自夸。"暴富贫儿休说梦，谁家灶里火无烟"说的就是不自夸，要懂得谦虚低调。

曾子夸赞他昔日同窗颜回的美德道："我的同学颜回那才是真的有学问的人，明明自己的修养与知识都在很多人之上，但是他每次总是谦虚地向别人请教，做到了老师说的不耻下问。"这一点很难得，因为通常人们都比较自恋，认为自己就是最优秀的，哪里能放下身份向他人请教呢？一些有才华的人就更不肯放下身份了。

一个人学问越是高反而会表现得越谦恭，这是知识与修养给他带来的改变。一位哲学家说："人的知识就像是一个圆圈，圆圈里面的是你已经知道的知识，圆圈外面代表的是你的未知。圆圈越大的人就越会发现自己的知识很不足。"

为学与为人的道理是相通的。唐代著名谏臣魏徵有言："念高危，则思谦冲而自牧；惧满盈，则思江海下百川。"其意也在说明做人需谦虚。人生活在社会上必须要有"空杯"的心态。只有将自己的姿态放低，才能从别人那里学到知识、智慧。大海之所以能成为大海就因为它总是在最低处，所有的溪流都汇集到大海的怀抱中。

希望尊贵，这是每个人所想的。人人都有自己可尊贵的东西，只是没有发现，不去思考它罢了。人又不能自恃才高，目中无人，也千万不可妄自菲薄，总以为自己不如别人，于是自己看不起自己。寸有所长，尺有所短，千万不要一味羡慕别人而没有发现自己的长处。

◎为人以诚　待人以信◎

【原文】

信人者，人未必尽诚，己则独诚矣；疑人者，人未必皆诈，己则先诈矣。

【译文】

一个能信任别人的人，也许别人并不十分诚实，但他自己却是诚实的；一个怀疑别人的人，别人也许并不都狡诈，但他自己却已经是狡诈的了。

【精读解析】

诚实守信是中华民族的传统美德，是立身处世的根本。为人以诚，待人以信，不但是人的内在品质和精神要求，也应该是社会的规范。以诚信待人，首先要保证自己本身是诚实的，只有这样才能赢得别人的信任；同时，怀疑他人更是要不得的，即便竭力去掩饰，不经意的举动也能把内心的狡诈暴露无遗。

也许有一天，一个人会失去所拥有的地位、财富、权力，但是做人的信用却不会被时间冲刷掉，它是无形的人生财富。历史上，大凡品德好的人一定是讲求诚信的人，而诚信的人更容易感化他人，实现自己的理想，成就大的事业。

> 我调兵遣将，以诚信为本，得利失信，古人所惜。现在军情再紧急，我也不能对将士失信。

> 丞相这样关怀我们，我们理应与你们并肩作战，现在魏军打来了，我们怎能坐视不管呢？

信用一旦建立起来，就会形成一种无形的力量和财富。一个诚信不欺、一诺千金的人往往易于得到认可，获得帮助。诚信就是一个人的生存资本。诸葛亮能够让魏军败绩而归，关键在于他的诚信感动了部下，赢得了他人的尊重。于是，才有部下死心塌地、不顾一切地为他冲锋陷阵。

公元227年，诸葛亮率领军队屯驻汉中。由于连年征战，士卒苦不堪言，怨声四起。诸葛亮把军队分为两班，一班作战，一班休息，定期轮换，以此减轻士卒的辛劳。

诸葛亮部署军队准备进攻陕西，长史杨仪报告说："换防的部队快到了，现在的军队中，有四万人需要休息。"诸葛亮立即命令要休息的部队准备撤离。正当四万多人撤离之际，魏军突然发起攻击。杨仪建议，先把这四万人留下参战，等打完仗再撤离。诸葛亮说："我调兵遣将，以诚信为本，得利失信，古人所惜。现在军情再紧急，我也不能对将士失信。"将士们听到魏军袭来的消息，谁也不肯撤离。诸葛亮劝说大家道："既然父母妻子倚门而望，在等待着你们，我就不能再让你们作战，耽搁与家人团聚的时间。"大家听了，倍感亲切，都说："丞相这样关怀我们，我们理应与你们并肩作战，现在魏军打来了，我们怎能坐视不管呢？"诸葛亮拗不过大家的意愿，就命令这些将士严阵以待，抗击魏军，结果打了一场大胜仗，士气大振。

诸葛亮能够让魏军败绩而归，关键在于他的诚信感动了部下，赢得了他人的尊重。于是，才有部下死心塌地、不顾一切地为他冲锋陷阵。

不管做人、处世，还是为政，诚信都是关键所在。唯有遵守对他人的承诺，他人才会将心交于你，并且团结在你的周围，给予你存世的支撑。倘若你历来以违背誓言为生活的基本准则，只为小便宜处处失信于人，不但会失去朋友，还会失去你所得到的一切，令自己变得孤立无援。

人因诚信而立，做人须诚信对人，诚信对己。诚信是一轮万众瞩目的圆月，唯有与莽莽苍穹对视，才能沉淀出对待生命的真正态度；诚信是高山之巅的纯净水源，能够洗尽浮华，洗尽躁动，洗尽虚伪，留下启悟心灵的妙谛。

◎ 善事奉行　恶事莫做 ◎

【原文】

为善不见其益，如草里冬瓜，自应暗长；为恶不见其损，如庭前春雪，当必潜消。

【译文】

虽然做好事不一定能立即看到什么好处，但是好事的益处就像掩在草里面的冬瓜一样，于不知不觉中长大；做了坏事也许不会立即看出对自己的损害，但它就像春天庭院中的积雪一样，暗地里必然消融。

【精读解析】

唐代诗人白居易喜欢佛法，有一次，他听说鸟窠禅师的修行相当高，于是专程向鸟窠禅师的住处去请教。白居易问鸟窠禅师："佛法的大意是什么？"鸟窠禅师答："诸恶莫作，众善奉行。"白居易鼻孔里哼了一声，说："这个三岁的小孩也知道这样说。"

鸟窠禅师说："虽然三岁的小孩也说得出，但八十的老翁也未必能够做到。"白居易心中服膺，便施礼退下了。

不要做坏事，就要尽量做到至善。"人之初，性本善"是人所共知的《三字经》的开篇语，但是长大的我们心中是否还留有这一份善呢？也许我们有，也许我们的心里早就被不良诱惑挤满了，不再有善的踪迹。

春秋时期，秦穆公在岐山有一个牧场，饲养着各种名马。有一天几匹马跑掉了，管理牧场的牧官大为惊恐，因为一旦被大王知道，定遭斩首。牧官四处寻找，结果在山下附近的村庄找到了部分疑似马骨的骨头，心想，马一定是被这些农民吃掉了。牧官大为愤怒，把这个村庄的三百个农民全部判以死刑，并交给穆公。

不要做坏事，就要尽量做到至善。做好事也好，做坏事也好，世事纷繁，不管出于有意还是无意，做了好事也要顺其自然，不必宣扬，而做了坏事也不必过于自责，只要认真改过就行。"善根暗长，恶损潜消"，适用于每一个人。

佛法的大意是什么？

诸恶莫作，众善奉行。

鸟窠禅师告诉白居易的是这个道理：善良依然是这个世界上最感人的力量，它让人充满勇气与动力，从而赢得尊重与支持，推动着我们一步步走向成功。

牧官怕秦穆公震怒，于是带领这些农民向穆公报告说，这些农民把王室牧场里的名马吃掉了，因此才判他们死刑。穆公听了不但不怒，还说这几匹名马是精肉质，就赏赐给他们下酒。结果这三百个农人被免除了死刑，高兴地回家了。

几年后，秦穆公与晋惠公交战，陷入绝境，士兵被敌军包围，眼看快被消灭，穆公自己也性命堪忧。这时敌军的一角开始崩裂，一群骑马的士兵冲进来，靠近秦穆公的军队协助战斗。这些人非常勇猛，晋军节节败退，最后只得全部撤走，穆公脱离险境。到达安全地点后，穆公向这些勇敢善战的士兵表达自己的谢意，并问他们是哪里的队伍。他们回答说：我们是以前吃了大王的名马而被赦免死罪的农民。

秦穆公的一念之善最终救人救己，帮助别人有的时候就是帮助自己，每一个善良仁爱的人是一定会得到回报的。

善待社会、善待他人，并不是一件复杂、困难的事，只要心中常怀善念，生活中的小小善行，不过是举手之劳，却能给予别人很大帮助，何乐而不为呢？

我们很难估量做善事对一个人生命价值的影响有多大。大爱无私，做善事并不是为了引起别人的关注，生命需要我们做的是敞开心扉爱他人，真诚地爱他人，去宽慰失意的人，安抚受伤的人，激励沮丧泄气的人。

◎君子立德　小人图利◎

【原文】

勤者敏于德义，而世人借勤以济其贫；俭者淡于货利，而世人假俭以饰其吝。君子持身之符，反为小人营私之具矣，惜哉！

【译文】

勤奋的人会十分注意加强道义和品德的修养，而世人却用勤奋作为解决贫困的办法；俭朴的人对财物和金钱都很淡泊，但是世人却以俭朴作为掩饰吝啬的借口。君子修身立德的标准成了小人营私谋利的工具，可惜啊！

【精读解析】

朱熹说："义者，天理之所宜；利者，人情之所欲。""天理之所宜"是说：对于讲道义的人，不管是自己喜欢与否，只要是符合道义的事情，就要去做，而且要做到最好，不符合的，就算再怎么喜欢也不能做。能见利而先思义，在利益面前不为之所动，是君子；见利忘义，抛弃仁义道德，便是人所不齿的小人。

这个我不能收。

勤俭者，首先得避免利欲的骚扰，这样才能使自己的品德得到提高。如果过分贪图利益，勤者成为财富的奴隶，而俭者则成吝啬鬼。所以，真正的君子，强调的是德行，而不是私利。能见利而先思义，在利益面前不为之所动，是君子；见利忘义，抛弃仁义道德，便是人所不齿的小人。

有一位老锁匠一生修锁无数，技艺高超，平易近人，深受人们敬重。渐渐地，老锁匠年纪大了，为了不让自己的技艺失传，他决定为自己物色一个接班人。最后老锁匠挑中了两个年轻人，准备将一身技艺传给他们。一段时间以后，两个年轻人都学会了不少东西。但两个人中只有一个能得到真传，老锁匠决定对他们进行一次考验。

老锁匠准备了两个柜子，分别放在两个房间里，让两个徒弟去打开，谁花的时间短谁就是胜者。结果大徒弟只用了不到十分钟就打开了柜子，而二徒弟却用了半个小时，众人都以为大徒弟必胜无疑。

老锁匠问大徒弟："柜子里有什么？"大徒弟眼中放出了光亮："师父，里面有很多钱，全是百元大钞。"问二徒弟同样的问题，二徒弟支吾了半天说："师父，我没看见里面有什么，您只让我打开锁，我就打开了锁。"

老锁匠十分高兴，郑重宣布二徒弟为他的正式接班人。大徒弟不服，众人不解，老锁匠微微一笑说："不管干什么都要讲一个'信'字，尤其是我们这一行，要有更高的道德操守。我收徒弟是要把他培养成一个高超的锁匠，他必须做到心中只有锁而无其他，对钱财视而不见。否则，心有私念，稍有贪心，登门入室或打开柜子取钱易如反掌，最终只能害人害己。我们修锁的人，每个人心上都要有一把不能打开的锁。"

老锁匠的话着实耐人寻味，他把道德作为权衡徒弟的最终标准，所以二徒弟虽比大徒弟才能差，但最终因为品德高尚而被师父选为接班人。

仁义道德是一种境界，是一种追求，也是一种力量，它能使人无往而不胜。人生的成就往往是与德行的修养成正比的，要想取得事业上更大的成功，就必须注意自己的德行修养。切不能打着仁义道德的幌子，为自己谋取私利，这不是德行的修养，只是将道德作为一种工具，是真正小人的行为。

《菜根谭》对《论语》的继承与发展

核心思想是"仁"

被誉为"心灵之药石"

中庸之道是贯通孔子思想各部分的方法论基础。

《菜根谭》中有许多关于"中庸之道"的金玉良言。

核心含义：要求人们在待人处世、治国理政等社会实践中时时坚持适度原则，把握分寸，恰到好处。

这活动中保持人际关系的和谐、人与自然的和谐。中国哲学要求为生命、生存、生活而积极活动，要求在

《菜根谭》极为推崇中庸之道，劝人莫图高位，身在人上，陌并已至；劝人巧施才能，一旦竭尽，无以为继。

"中庸"即是折中调和，但又不是机械的折中主义。

过与不及，唯有保持中庸之道，才能可大可久。

"中庸"在孔学的思想中，既是一个政治标准，也是一个做人的标准。

《菜根谭》认为侮慢轻浮固然不好，而用意太重，同样是不可取的。

洪应明

洪应明反对放纵欲望，也反对消灭欲望，而要求在世俗生活中取得精神的平宁和幸福，亦即"中庸"。

◎慈悲心肠　如沐春风◎

【原文】

为鼠常留饭，怜蛾不点灯，古人此等念头，是吾人一点生生之机。无此，便所为土木形骸而已。

【译文】

担心老鼠挨饿所以常常留下一些饭粒，怕飞蛾扑火所以不点亮油灯，古代的人常有这些仁慈的心肠，这些慈悲之心正是我们人类繁衍不息的生机。没有这些，那么人类也就与那些木偶泥塑没有什么区别了。

【精读解析】

春秋时期，郑国有个大夫叫公孙侨，字子产。他心地仁厚，常济贫并救人于危难，喜欢行善，特别是从不杀生。

一天，一个朋友送给子产几条活鱼。这些鱼很肥，做成菜肯定是一道美味。子产非常感激朋友对他的关怀，高高兴兴地收下了礼物，然后吩咐仆人道："把这些鱼放到院子里的鱼池里。"他的仆人说："老爷，这种鱼是鲜有的美味。如果将它们放到鱼池中，池里的水又不像山间小溪那样清澈，鱼肉就会变得不松软，味道也就不会那么好了。您应该马上吃掉它们。"子产笑了："这里我说了算，照我说的去做。我怎么会因为贪图美味就杀掉这些可怜无辜的鱼呢？我是不忍心那样做的。"

仆人只得遵照命令。当仆人把鱼倒回池中时，眼见鱼儿悠游水中，浮沉其间，子产不禁感叹说："你们真幸运啊。如果你们被送给别人，那么你们现在已经在锅中受煎熬了！"

慈悲之心正是我们人类繁衍不息的生机。

善良的情感及修养是人的核心，帮助身边正遭受痛苦和不幸的人，犹如在风吹落叶中扫出一条可供行走的宽阔大道，当这条大道呈现在你的面前时，与人方便的同时，自己也不会再受荆棘满布的曲折小径之苦。

您应该马上吃掉它们。

我怎么会因为贪图美味就杀掉这些可怜无辜的鱼呢？

孔子称赞子产："有仁爱之德古遗风，敬事长上，体恤百姓。"子产是如此聪明和善良，中国的老百姓都非常尊崇他。做人应该像子产一样常怀慈悲心，如果铁石心肠，那么世道冷漠，欢乐何在？治家、睦邻、择友，都带一点慈悲，则令人如坐春风，浑身温暖。

长存一颗慈悲心，不仅仅是一种博大的情怀，更是对人生和自然的一种理解和顿悟。我们从来都是与我们周围的事物和自然融于一体的，对它们多加关怀实际上也是在关怀我们自身。

世间的美并非都与善相关，而所有的善行，却都是美丽的，即使没有光鲜的外表。做人以善良为根，正直为干，丰富的情感为蓬勃的枝丫，才能结出美丽善良的果子。

慈悲仁善可以匡扶世间的正义，能够为人和社会带来无限温暖。善不在大小，只要为善，善举便可得回报。我们说出善言、做出善事时，虽然无心求得回报，可是当我们付出这些时，心灵却在瞬间被充满。如果人人都能这样去做，那么世间自会少些争执和计较。当一个世界没有怒气、没有争斗时，生活就会充满幸福。

播下慈悲的种子，世人都可享用丰硕的果实；留下几句仁爱的语言，世间都将充满温暖的和风。种子探头笑，和风拂柳枝，此中风情，此间美丽，都令人心中漾满欢喜。

◎一念慈祥　寸心洁白◎

【原文】

一念慈祥，可以酝酿两间和气；寸心洁白，可以昭垂百代清芬。

【译文】

心中存有慈祥的念头，可以形成天地间温暖平和的气息；心地保持纯洁清白，可以留给后世百代美好的名声。

【精读解析】

中国人历来推崇"以和为贵"的为人处世准则。孔子说"礼之用，和为贵"，孟子说"天时不如地利，地利不如人和"。"以和为贵"是要告诫人们少些埋怨，远离仇隙。

西汉时期，汉中有个叫程文矩的人，他的妻子不幸去世，留下四个儿子，之后又娶李穆姜为妻，也生了两个男孩。程文矩死后，繁重的家务和教育孩子的责任都落在了李穆姜身上。作为后母的李穆姜对程文矩前妻所生的孩子无比慈爱，甚至比对自己的亲生儿子还要好。但是，这四个孩子却一点都不尊敬她，还处处为难她，认为李穆姜是假仁假义。

久而久之，有邻居劝李穆姜不要再管他们了。李穆姜却说："我要用礼仪劝导他们，不让他们走向邪路。"有一次，程文矩前妻的大儿子程兴重病卧床，李穆姜十分难过，她不仅到处访求名医，还亲自熬药，将程兴照顾得无微不至。在李穆姜的精心照料下，程兴的病慢慢得以痊愈。而李穆姜的行为也深深感动了程兴。他不仅向李穆姜道歉，还对三个弟弟说："继母仁慈，我们兄弟却置她的养育之恩于不顾，真连禽兽都不如。虽然母亲并不怪我们，对我们越来越好，但我们的罪过是不可宽恕的。"四兄弟感到非常悔恨，便跑到掌管刑罚的官员面前请求治罪。事情传到了汉中太守那里，太守不仅表彰了李穆姜，还让四子改过自新。在李穆姜的严格教育下，四子也都各有建树。

俗话说，投之以桃，报之以李。有时候，只是给予了别人一颗善心，却能够得到对方感恩的反馈，从而听到两颗心跳动的声音。当一种心与心共鸣而发出的旋律奏响时，心灵浸润其中，也会习得一种温情的通透。

人类有两只手，在漫长的成长道路中，生活会让人知道，它们中的一只用来帮助自己，另一只

心地保持纯洁清白，可以留给后世百代美好的名声。

人一念之间的慈祥，可以创造两人之间的和气。人若能够保持心地纯洁清白，就可以百代清芬。人要维护自己的声誉，便要始终以"致平和"为准绳，保持心灵的完美，坚持与人为善。无论是修身还是治家，都能以"和"治"平"。

俗话说，投之以桃，报之以李。人与人之间彼此包容、彼此谅解、彼此关爱将久久地温暖着每一颗尘封已久的心。程文矩的后妻李穆姜，对前妻的孩子无比慈爱，以一颗无瑕的心最终打动了孩子们，为家赢得了平和。

用来帮助别人。

有一位得道高僧，总是穿得整整齐齐，拿着医疗箱，到最脏乱、最贫困的地方，为那里的病人洗脓、换药，然后脏兮兮地回山门。他也总是亲自去化缘，但是左手化来的钱，右手就救助了可怜人。他很少待在禅院，禅院也不曾扩建，但是他的信众愈来愈多，大家跟着他上山、下海，到最偏远的山村和渔港。

他说："我的师父还在世的时候，曾教导我什么叫完美，其实，完美就是求这世界完美；师父也告诉我什么是洁癖，洁癖就是帮助每个不洁的人，使他洁净；师父还点化我，什么是化缘，化缘就是使人们的手能牵手，彼此帮助，使众生结善缘。"最后，高僧说："至于什么是禅院，禅院不见得要在山林，而应该在人间。南北西东，皆是我弘法的所在；天地之间，就是我的禅院。"

佛说："为他人，便是完满。"为他人是一种"大我的境界"。生命有尽头，爱心无终期，在爱中付出，也在爱中收获，那么苦难和病痛也会在爱中淡去。

当一个人实现了从"小我的世界"到"大我的世界"的转变，他的身心会变得富足，他的世界会扩大，他的境界会提高，这就是"和气祥瑞，寸心洁白"的理想境界。

要达到这种境界，需要待人、对己都存一颗怜悯的心，不贪大，不较小，于一点一滴中做起。当心存慈念之时，就等于种下一片希望，终会有硕果累累的一天，品尝到丰收的喜悦和内心的满足。

◎堂堂正正　本来不失◎

【原文】

夸逞功业，炫耀文章，皆是靠外物做人。不知心体莹然，本来不失，即无寸功只字，亦自有堂堂正正做人处。

【译文】

夸耀自己的功业，炫耀所写的文章，这些都是依靠外在之物来做人。殊不知，只要保持心地的洁白纯净，不失自然的本性，即使没有半点功业，没有片纸文章，也自然可以堂堂正正地做人。

【精读解析】

中国古代哲人提出过人生有"三不朽"的著名论断："太上有立德，其次有立功，其次有立言，虽久不废，此之谓三不朽。"意思大概是说，人生短暂，若想有所作为，传于后世，有三种途径：最有价值的是能够修养完美的道德品行，其次是建立伟大的功勋业绩，最后是确立独到的论说言辞。正如古人所言，功高、才高均不如德高。于普通人而言，立功与立言都不是那么容易的，但是立德却可以从身边的点滴小事做起。

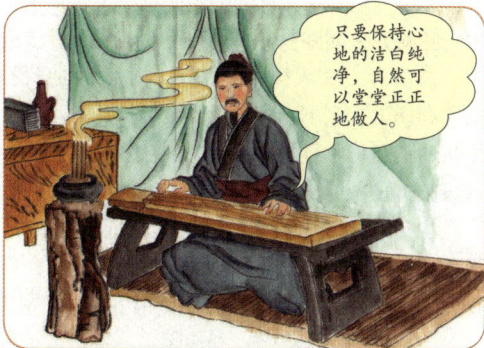

只要保持心地的洁白纯净，自然可以堂堂正正地做人。

立德可以从身边的点滴小事做起，只要人们有了敬畏之心，有了道德意识，就已经走在立德的路上了。崇高的气节是人们灵魂深处散发的馨香，与其靠一时的小聪明哗众取宠，不如以芬芳遗惠后人。堂堂正正、不失本性才是为人之道。

南宋著名诗人文天祥就以高尚的气节名享千秋。文天祥，字宋瑞，江西吉水县人。二十岁时举进士，为廷试第一。1259年，蒙古大军大举进攻南宋，宦官董宗臣劝皇帝迁都逃跑，文天祥上书坚决反对，并请求皇帝安定民心，诏杀董宗臣。

1274年秋，文天祥在赣州招募豪杰志士，组织了一支数万人的"勤王军"，于1275年抵达临安。

1259年，蒙古大军大举进攻南宋，宦官董宗臣劝皇帝迁都逃跑，文天祥上书请求皇帝安定民心，诏杀董宗臣。

1274年秋，宋军逼近宋都临安，宋帝下令全国征军护驾。文天祥在赣州招募豪杰志士，组织了一支数万人的"勤王军"。

1275年，文天祥组织的"勤王军"抵达临安。

1276年初，常州危急，文天祥派出部将率兵救援，但未能解常州之围，元兵趁机向临安发动最后攻击，文天祥只得退往临安。

1276年，文天祥和元军谈判，被元将伯颜扣押北上。到江苏镇江时，文天祥趁机脱逃，被刚即位不久的宋端宗赵昰任命为右丞相兼枢密院事。文天祥率众反攻江西，后被元军击溃，侥幸脱身。

1278年，文天祥因叛徒出卖被俘，宋亡后，文天祥被押解到大都，始终坚贞不屈。元世祖忽必烈无比佩服他的气节，亲自劝降，文天祥依然守节不屈。

1282年，元世祖下令处死文天祥，以绝后患。

文天祥"人生自古谁无死，留取丹心照汗青"不知激励了后世多少优秀儿女，他的高风亮节尽得世人赞颂，诗品、人品统一和谐，日月辉耀，相得益彰。

贤人已逝，其言犹在，"人生自古谁无死，留取丹心照汗青"激励了后世的优秀儿女，在生死存亡之际，舍生忘死，完全大义。

1276年初，常州危急，文天祥派出部将率兵救援，但未能解常州之围，元兵趁机向临安发动最后攻击，文天祥只得退往临安。

回临安后，文天祥与名将张世杰主张集中临安的全部"勤王军"和元兵决战。但当权宰相陈宜中一味对元兵屈膝投降，元兵得寸进尺，步步进逼。

1276年，文天祥以右丞相兼枢密使的身份和元军谈判，但被元将伯颜扣押。文天祥在伯颜的威逼利诱下，毫不动容，因此被扣押北上。到江苏镇江时，文天祥趁机脱逃。文天祥受命外出招募军队，他遣将收复数地，又得到江西兵来援，一时声势大振。此后文天祥又率众反攻江西，给元军以沉重打击。但毕竟文天祥所组织的军队没有战斗经验，被元军击溃，文天祥侥幸脱身。

1278年，文天祥组织军民继续抵抗，后来因叛徒出卖被俘，在零丁洋，他写下了"人生自古谁无死，留取丹心照汗青"的千古诗句。宋亡后，文天祥在狱中写下了著名的《正气歌》，表达了视死如归的决心。1282年，元世祖下令处死文天祥，以绝后患。

文天祥的高风亮节，即使不着一字，也尽得世人赞颂，诗品、人品统一和谐，日月辉耀，相得益彰。

文天祥殉难后，人们以各种方式来纪念他。曾参加过义军的王炎午写了《望祭文丞相文》，赞扬文天祥像岁寒的松柏一样坚贞，他的死使"河顿即改色，日月为之韬光"。1323年，在文天祥家乡吉州的郡学里，他的遗像被挂在先贤堂，与欧阳修、杨邦、胡铨等并列，一起接受后人的祭祀。1376年，北京教忠坊建立了"文丞相祠"，后来，他的家乡吉州庐陵也建立了"丞相忠烈祠"。文天祥的文集、传记在民间流传很广，历久不衰着民族的正气。贤人已逝，其言犹在，"人生自古谁无死，留取丹心照汗青"不知激励了后世多少优秀儿女，在生死存亡之际，舍生忘死，完全大义。所以，堂堂正正、不失本性才是为人之道。

◦学会感恩 一生无憾◦

【原文】

受人之恩，虽深不报，怨则浅亦报之；闻人之恶，虽隐不疑，善则显亦疑之。此刻之极，薄之尤也，宜切戒之。

【译文】

受到了别人很大的恩德不知道报答，而对人有一点怨恨就进行报复；听到他人的坏事虽不明显也坚信不疑，而明知他人做了好事却持怀疑的态度。这样的行为刻薄冷酷到了极点，一定要避免。

您的恩德，必当涌泉相报。

人们应该学会感恩，别人施与的恩惠，即便微不足道，也切莫忘记，适时报答。怀有一颗感恩的心，能帮助你在逆境中寻求希望，在悲观中寻求快乐。感恩是一种处世哲学，也是生活中的大智慧。

【精读解析】

滴水之恩理当涌泉相报，这是中国人历来所崇尚的美德。人们应该学会感恩，别人施与的恩惠，即便微不足道，也切莫忘记，适时报答。尤其是在自己处于困境中时，他人的雪中送炭就更弥足珍贵了，在自己有能力时，更应该重重地报答。

怀有一颗感恩的心，能帮助你在逆境中寻求希望，在悲观中寻求快乐。常怀感恩心，一生无憾事。

鲁宣公二年(公元前607年)，宣子在首阳山(今山西永济市东南)打猎，住在翳桑。一日外出时，他见一人饿倒在地，便上去询问。那人说："我已经三天没吃东西了。"宣子于是命人将食物送给他吃，那人吃着吃着却留下了一半。宣子问他为什么，他说："我离家已三年了，不知道家中老母是否还活着。现在离家很近，请让我把留下的食物送给她。"宣子被他的孝心所打动，就让他把食物吃完，另外又为他准备了一篮饭和肉让他带给家中的母亲。

后来，灵公想杀宣子，危急之际，灵公武士中的一人却在搏杀中反过来抵挡晋灵公的手下，使宣子得以脱险。宣子问他为何这样做，他回答说："我就是在翳桑的那个饿汉。"宣子再问他的姓名和家居时，他不告而退。

宣子的一念之善为他后来的大难不死埋下善因，为报一饭之恩而不惜违抗君令的那个人也着实令人敬佩。知恩图报是情理之中的事，以德报怨却不是每个人都能做到的，这就更考验人的胸襟与气度了。有些人常挂在嘴边的一句话就是：以其人之道还治其人之身。大意是：你怎样对待我，我就怎样回敬你。这种做法表面上看来是合理的，但如果仔细考虑一下，我们就会发现它所带来的后果是沉甸甸的：原本是一个人痛苦，现在却是两个人痛苦。别人犯的错误，

你为何这样做？

我就是在翳桑的那个饿汉。

宣子的一念之善为他后来的大难不死埋下善因。善良的人们并不是为了得到回报才施与他人恩惠，但是生活需要一颗感恩的心来创造，一颗感恩的心需要生活来滋养。

我们为什么还要重复呢？学会冰释前嫌、宽容他人，其实也是给自己留下余地。

公子小白即位之前为了躲避齐国内乱，和兄长公子纠流亡国外。齐襄公被杀后，公子小白和公子纠都奔回齐国，争夺君位。公子纠的师傅管仲，带兵拦截公子小白，一箭射中小白的腰带扣。小白假装死去。公子纠以为小白已死，就放慢了行程。小白却日夜兼程抢先回到齐国即位，成为齐桓公。

齐桓公想任用他的老师鲍叔牙为相，鲍叔牙举荐自己的好友管仲，并对齐桓公说："您要是治理齐国，用我为相就足够了，但您要是想称霸天下，却非用管仲不可。"齐桓公认为

齐桓公不计较一箭之仇，任用管仲为相。在管仲的辅佐下，成为春秋时期的霸主。在某种程度上说，正是齐桓公的以德报怨成就了他后来的一番霸业。

鲍叔牙说得有理，不再计较一箭之仇，任用管仲为相。后来，齐桓公在管仲的辅佐下，果然强大了齐国，成为春秋时期的霸主。

一个人在成长和成熟的过程中，会得到别人的帮助，也会受到别人不同程度的伤害。但是不要对一些过往心怀怨念，而应该学会感恩和原谅。感恩在困境中帮助过我们的人，是他们让我们坚定了信念；宽容那些伤害过我们的人，是他们使我们懂得了生活。

◎机心不用　质朴显诚◎

【原文】

文以拙进，道以拙成，一拙字有无限意味。如桃源犬吠，桑间鸡鸣，何等淳庞。至于寒潭之月，古木之鸦，工巧中便觉有衰飒气象矣。

【译文】

文章讲究质朴实在才能长进，道义讲究真诚自然才能修成，一个"拙"字蕴涵着说不尽的意味。像桃花源中的狗叫，又如桑林间的鸡鸣，是多么淳朴有余味啊！至于清冷潭水中映照的月影，枯老树木上的乌鸦，虽然工巧，却给人一种衰败的气象。

【精读解析】

"文以拙进，道以拙成"，一个"拙"字意味无穷。拙是一种处世的态度，踏实稳重，不事雕琢。反倒是那些卖弄工巧的人，却透出衰败。因此，《菜根谭》反对工巧，提倡"拙"的处世态度。但是，世人常因自己的聪明才智而自命不凡，投机取巧，最后葬送了自己。

为人应以质朴为本。一个人如果总是以"机心"去对待身边的人和事，迟早会遭到别人的打击报复，而你也会得不偿失，让自己抱憾一生。人人都玩弄聪明才智，往往会让世界繁杂凌乱，绝圣弃智，才能朴实安然地生活。

其实中国历代先贤一贯反对卖弄世智辨聪。春秋战国之间，善于奇谋异术的高人，一个比一个高明。然而，那个时代的世局也特别动荡不安，人命危如累卵，随时都有被毁灭的可能。因此先贤教诲："绝圣弃智，民利百倍。"人们如果不卖弄聪明才智，本来还会有和平安静的生活。

古人云："且以巧斗力者，始乎阳，常卒乎阴，泰至则多奇巧。"由此可见"机心"显现的形态。一个人如果总是以"机心"去对待身边的人和事，迟早会遭到别人的打击报复，即使别人一时报复不了你，你也会殚精竭虑，谋划保护自己的各种措施，以致劳神伤心，就会多病。如果你想要得的东西始终得不到，又会陷入欲望不能满足的泥潭中。用这样的机心去对待身边的各种人和事，往往得不偿失，让自己抱憾一生。

有一对夫妻开了家烧酒店。丈夫是个老实人，为人真诚、热情，烧制的酒也好，人称"小茅台"。有道是"酒香不怕巷子深"，一传十，十传百，烧酒店生意兴隆，常常是供不应求。看到生意如此之好，夫妻俩便决定把挣来的钱投进去，再添置一台烧酒设备，扩大生产规模，增加酒的产量。这样，一可满足顾客需求，二可增加收入，早日致富。

这天，丈夫外出购买设备，临行之前，把烧酒店的事都交给了妻子，叮嘱妻子一定要善待每一位顾客，诚实经营，不要与顾客发生争吵……

一个月以后，丈夫外出归来。妻子一见丈夫，便按捺不住内心的激动，神秘兮兮地说："这几天，我可知道了做生意的秘诀，像你那样永远发不了财。"丈夫一脸愕然，不解地说："做生意靠的是信誉，咱家烧的酒好，卖的量足，价钱合理，所以大伙才愿意买咱家的酒，除此之外还能有什么秘诀？"

妻子听后，用手指着丈夫的头，自作聪明地说："你这榆木脑袋，现在谁还像你这样做生意。你知道吗？这几天我赚的钱比过去一个月挣的还多。秘诀就是，我往酒里兑了水。"丈夫一听，肺都要气炸了，他没想到，妻子竟然会往酒里兑水，他冲着妻子大吼了一句，就把屋内剩下的酒全部都倒掉了。他知道妻子这种坑害顾客的行为，将他们苦心经营的烧酒店的牌子砸了，他知道这意味着什么。

那以后，尽管丈夫想了许多办法，竭力挽回妻子给烧酒店信誉所带来的损害，可"酒里兑水"这件事还是被顾客发现了，烧酒店的生意日渐冷清，后来不得不关门停业了。

一时的机心自用，不仅使得自家的信誉一去不返，还毁了夫妻二人的平静生活，烧酒店最终的停业无疑是在为妻子的一时贪图买单。

综观古往今来，不少人却都是因为处世用尽心机，或者聪明太盛，结果不但身心反为之所累，甚至因此招来杀身之祸。苏东坡在其《洗儿》一诗中这样写："人皆养子望聪明，我被聪明误一生。唯愿孩儿愚且鲁，无灾无难到公卿。"苏东坡对自己一生因聪明而受的苦真是刻骨铭心，以至于希望自己的儿子愚蠢一点，以求躲避各种灾难。所以说为人处世，千万不可被聪明所误，过于聪明正是许多人的痛苦之源。人生也是如此，人人都玩弄聪明才智，只会让世界繁杂凌乱，绝圣弃智，才能朴实安然地生活。

◎坚守良知　保全清白◎

【原文】

山林之士，清苦而逸趣自饶；农野之人，鄙略而天真浑具。若一失身市井驵侩，不若转死沟壑神骨犹清。

【译文】

隐居在山林中的通达之士，生活虽然清苦却享受着闲逸自得的雅趣；乡间田野的农夫，为人虽然粗鲁，却具备纯朴自然的本性。如果是在市井中污染自己的清名，还不如死在荒野山谷中，保全精神和肉体的清白。

【精读解析】

武器可以杀死人，却不能征服人心。真正能征服人心的，不是武器，而是道德。世间变幻莫测，唯有品格可立一生。品格是人生的桂冠和荣耀，它比财富更具威力，它使所有的荣誉都毫无偏见地得到保障。它伴随着时时可以奏效的影响，因为它是一个人被证实了的信誉，高尚的人品比其他任何东西都更能赢得他人的信任和尊敬。

品格是人生的桂冠和荣耀，高尚的人品比其他任何东西都更能赢得他人的信任和尊敬。即使隐居山林抑或埋名市井，高尚的品德、清洁的名誉也不会因环境的沉寂而被泯灭。若能以高尚的品德为人生的底色，保持着清白的良心屹立在天地间，必然无愧亦无憾。

品德的影响力是深而广、远而久的。即使隐居山林抑或埋名市井，高尚的品德、清洁的名誉也不会因环境的沉寂而被泯灭。但凡明智的人，都重视名誉若爱惜羽毛，譬如先哲孟子。

某次孟子在去齐国的路上，巧遇弟子充虞，师徒对话间，孟子一句"如欲平治天下，当今之世，舍我其谁也"如一股浩然正气奔涌而出，瞬间便"沛乎塞苍冥"。像孟子这样的圣人，并不是不懂得怎样去"阿世苟合"，向时代风气妥协，以便获取利益。他实在"非不能也"，而是不肯为也。

如欲平治天下，当今之世，舍我其谁也！

正是这股浩然正气使孟子不与混乱的现实环境妥协，始终坚持自己的理想和人格，恪守自己的道德操守。坚守自己的良知，宁可为正义穷困受苦，也不愿苟且现实，追求那些功名富贵。这就是圣人人格。

世间既有这样以品格立身的人，也有受利欲驱使而陷于不义的恶人。那些品格高尚的人，受到后人的尊重和赞誉；那些品格低下的人，即使地位再高，权势再大，也不会赢得他人的尊重，甚至还会被人唾弃。

南宋奸臣秦桧以"莫须有"之罪害死岳飞，为世代百姓所痛恨。人们以铁铸成秦桧夫妇跪像放在位于杭州的岳王坟前，来表达对他们的愤恨。

后来有个姓秦的浙江巡抚，上任后见秦桧夫妇的跪像受辱，感到面目无光，想将跪像搬走。为免激起民愤，他命人在夜间偷偷把跪像搬走，扔进西湖。不料，次日湖水忽然散发出恶臭。由于岳王坟的跪像不翼而飞，百姓纷纷要求官府调查。不久，跪像竟然从湖底浮起。百姓将跪像捞起，放回岳王坟前，湖水又清澈如初，臭味全无了。百姓都认为是秦桧弄污了西湖。姓秦的巡抚见此情形，亦无可奈何。

秦桧遗臭万年，甚至后来有秦姓人作诗："人于宋后羞名桧，我到坟前愧姓秦。"

人的名誉如同信用，一旦做了有损名誉的事，信用之塔就会开始崩塌，整个人生都会被抹上污痕，就像秦桧，害人亦害己。

高尚品德的获得是一种内在的修为，也是一种生命的创造。正如梁漱溟先生在《人生的艺术》中写道，"创造……还有一种是外面不大容易看得出来的，在一个人生命上的创造。比如一个人的明白通达或一个人的德性，其创造不表现在外面事物，而在生命本身。这一面的创造，我们也可以用古人的话来名之为'成己'。"

"成己"，即自我成就。一个人的修为成就，与天生的性格基底有关，但更多的有赖于后天的有意培养和维护。

人们无法选择外在的生活环境，更无法揣摩时运的变化规律，但是人可以决定自己精神的高度和心性的去向。这需要个人不违道德、不失原则地求索。

孔子也曾说："富而可求也，虽执鞭之士，吾亦为之；如不可求，从吾所好。"孔子所谓的求，不是"努力去做"的意思，而是"想办法"，如果是违反原则求来的，那是不可以的。国学大师南怀瑾先生指出，孔子认为一个人做什么并不重要，关键在于他能否坚持自己内心的良知，一个品性正直的人，无论在什么时候，都不会违背自己的良知。

◎坚持原则　当止则止◎

【原文】

饱后思味，则浓淡之境都消；色后思淫，则男女之见尽绝。故人常以事后之悔悟，破临事之痴迷，则性定而动无不正。

【译文】

如果在吃饱喝足之后再来品尝美味佳肴，那么食物的所有甘美味道都体会不出；满足了色欲之后再来回想淫邪之事，一定无法激起男欢女爱的念头。所以人们如果常常用事后的悔悟心情，来解除眼前的痴狂迷妄，便可以保持自己纯真的本性，在行动上便会有正确原则，而不至于出轨。

【精读解析】

办事总需要有个原则，当我们想达到某种目的时，如果不失原则地去做，便是无可厚非的，但如果是违反原则地去求，便是不可以的。这个"可"与"不可"是孔子思想中的人生道德价值观，也是在用另一种方式在强调用事后的悔悟之心忖度事前决定的重要性。

在生活中，除了富有，还有很多事需要接受"可不可"的度量。如果可以不择手段去求得我们想要的东西，那么即便得到了也名不正言不顺。一个人做什么并不重要，关键在于他内心是否有一个"可"与"不可"的原则，并能用悔悟之心解除眼前的痴狂迷妄。

汉光武帝建立东汉王朝后，懂得打天下要靠武力，治理天下却需要有效的法令。所以光武帝积极地采取休养生息的政策，减轻捐税，释放奴婢，减少官差，使得东汉初年经济得到了恢复和发展。不过法令可以治世，可以威慑百姓，却无法约束达官贵人。光武帝的大姐湖阳公主依仗弟弟是皇帝，横行无忌，她的奴仆也不把法纪放在眼中。

湖阳公主有一个家奴仗势行凶杀了人，躲在公主府里不出来。这件事被当时的洛阳令董宣受理。这个洛阳令为人耿直，认为天子犯法，与庶民同罪。所以尽管他不能进公主府去搜查，却天天派人在公主府门口守着，只等家奴出来。

一天，湖阳公主坐着车马外出，跟随着她的正是那个杀人的家奴。董宣得到了消息，就亲自

用事后的悔悟心情，来解除眼前的痴狂迷妄，便可以保持纯真的本性，行动上便会有正确原则。

办事总需要有个原则，当我们想达到某种目的时，如果不失原则地去做，便是无可厚非的，但如果是违反原则地去求，便是不可以的。一个人做什么并不重要，关键在于他内心是否有一个"可"与"不可"的原则，并能用悔悟之心解除眼前的痴狂迷妄。

董宣的脖子太硬，摁不下去。

董宣在光武帝面前，冒着被处死的危险，坚持不向湖阳公主磕头赔罪。这是所有人都应该学习的，像董宣一样，把握住行事的准则，就算遇到违背良心与正义的事情，或者遇到可以给自己带来巨大财富和利益的事情，甚至遇到会让自己招致杀身之祸的事情，都始终拒绝，坚持不放松自己的道德标准。

带衙役赶来，拦住湖阳公主的车。

湖阳公主怒道："好大胆的洛阳令，竟敢拦阻我的马车！"

董宣毫不畏惧，当面责备湖阳公主不该放纵家奴犯法杀人。他不顾公主阻挠，吩咐衙役把凶手逮起来，当场处决。

湖阳公主十分生气，马上赶到宫里，向汉光武帝哭诉董宣怎样欺负她。汉光武帝听了，也十分恼怒，立刻召董宣进宫，吩咐内侍当着湖阳公主的面，责打董宣，想替公主消气。

董宣说："且慢，微臣有话要奏。"

光武帝怒气冲冲地说："你还有什么可说的？"

董宣说："陛下是一个中兴的皇帝，应该注重法令。现在陛下让公主放纵奴仆杀人，还能治理天下吗？如果微臣因为维护法令而获罪，恳请以死谢天下！"说罢，他向柱子撞去。汉光武帝连忙吩咐内侍把他拉住，董宣已经撞得头破血流。

光武帝理屈，但为了顾全湖阳公主的面子，要董宣向公主磕头赔礼。董宣宁死不磕，内侍把他的脑袋往地上摁，可是董宣用两手使劲撑住地，挺着脖子。

内侍回报说："董宣的脖子太硬，摁不下去。"光武帝也只得将董宣哄了出去。湖阳公主见光武帝放了董宣，并不服气，讽刺光武帝没有权威，光武帝无奈地说："正因为我做了天子，就不能再像做平民时那样肆意为之。"

董宣敢于挑战权威，坚持原则而不退让，是值得尊敬的，无论官品还是人品皆属上乘。君子身处世间，心中都应该有一个行事的准则，天下事有的应该做，有的则不应该做，一旦遇到违背良心与正义的事情，可以给自己带来巨大财富和利益的也好，可以让自己招致杀身之祸的也罢，仍然要坚决拒绝，始终不放松自己的道德标准。

在生活中，坚持原则是一种为人的美德，也是成就个人事业的必备素质。一个人的一生总会面临很多抉择，懂得当行则行，当止则止，有所为，有所不为自然是人之可贵之处，但无论在什么时候，都不违背自己的良知的人更值得敬佩。要做到这一点，就要在抉择前用事后的悔悟心情，来解除眼前的痴狂迷惘，在内心便可以保持自己纯真的本性，在行动上便会有正确原则，而不至于出轨。

◎不昧己心　造福他人◎

【原文】

不昧己心，不尽人情，不竭物力。三者可以为天地立心，为生民立命，为子孙造福。

【译文】

不违背自己的良心，不违背人之常情，不浪费物资财力。做到这三点，就可以在天地之间树立善良的心性，为生生不息的民众创造命脉，为子子孙孙造福。

【精读解析】

北宋著名理学家张载，为后世留下了许多宝贵的精神遗产，其中包括他的四句名言：为天地立心，为生民立命，为往圣继绝学，为万世开太平。如何"为天地立心，为生民立命"？《菜根谭》告诉人们，要"不昧己心，不尽人情，不竭物力"。这三点于普通人来说是如此，于欲成大事者来说，更应该如此。

为官从政，造福于民，是古代读书人所秉承的至高无上的原则。春秋战国时期的封裕就是符合这样原则的人。

公元 345 年 2 月，燕王慕容皝下令：贫苦农民可以借给耕牛来耕种国家的土地，秋后将收成的五分之四上缴国家，自己有耕牛而租种国家土地的人，必须上缴十分之七的收成作为租税。

记室参军封裕深知百姓疾苦，上书说："上古时收税只占收成的十分之一，是值得拥护的，后来赋税加重，租种的官田，租税也不过收十分

为官从政，就是要造福于民啊！

"为天地立心，为生民立命，为往圣继绝学，为万世开太平"这四句名言适用于所有的人。而为官从政，造福于民，是古代读书人所秉承的至高无上的原则。他们在遇到事情的时候，往往都是先为别人着想，倾全力去利人，而很少顾及自己的得失。

之六或一半，您定的租税太重了。自永嘉丧乱以来，百姓流离失所，您的先辈注重安抚百姓，各族人民都像赤子一样投奔到我们这里来，人口暴增，这些人中大约有十分之四的人没有土地。自您即位以来，农民又有所增加，您让这些百姓耕种官田，没有耕牛的您又借给耕牛，这些决策都无比英明。但实际上不应该收太重的租税，这样，百姓才能真心拥戴您。另外，我们应当修复后赵石虎统治时期遭破坏的许多水利设施，使之旱能浇，涝能排，这样，才有可能使百姓得到真正的安顿。"

燕王慕容皝说："封记室为我及时敲响了警钟。百姓是国家的根本，粮食又是百姓的根本。为了国家的安定，我决定把公田租给无地的贫苦农民耕种，免收税役，特别贫困的人，国家无偿借给耕牛，家中条件较好，但又愿意租国家耕牛的农户，可按魏晋旧法，以收成的十分之六作为租税。"

封裕不畏燕王的权势，坦诚直谏，既不违背常理，又表达自己的心意，自然能得到燕王理解。为民立命，为子孙造福，封裕此举，为民所敬仰。

在古代的中国，像封裕这样的人有很多，"扬州八怪"之一郑板桥正是其中的一个。

郑板桥曾任县令的山东潍县（今潍坊）曾经是个多灾多难的地方，经常发生水灾、旱灾。他刚到任时，正遇上潍县发生水灾，十室九空，饿殍满地。郑板桥据实上报，请求朝廷开仓赈灾，可朝廷迟迟不准。在危急时刻，郑板桥毅然开仓放粮。由于及时放粮，灾民免于饿死。

在救济百姓的时候，郑板桥得罪了一些富户，特别是在整顿盐务时，更是触动了富商大贾的私利。1752 年，潍县又发大灾，郑板桥申报朝廷赈灾，上司怒其多次冒犯，又加上听信谗言，于是不但不准，反给他记大过处分，钦命罢官，削职为民。

离开潍县时，百姓倾城相送。郑板桥为官十多年，并无私藏，所以只是雇了三头毛驴，一头自骑，两头分驮图书行李，由一个

郑板桥在为政期间不待朝廷命令，自己毅然开仓放粮赈灾，虽然因此被罢官，但他离开潍县时，百姓倾城相送。他是真的为百姓着想、为生民立命，把百姓的福祉放在心间，为国家考虑，不顾个人得失利害去保全百姓的利益。

差丁引路，凄凉地向老家走去。临别他为当地人民画竹题诗："乌纱掷去不为官，囊囊萧萧两袖寒。写取一枝清瘦枝，秋风江上作鱼竿。"

我们都知道郑板桥擅画兰竹，文采斐然，但他从不以自己的才情作为晋升的手段，也不以此卖弄，而是一心一意为民谋福利，为生民立命，"衙斋卧听萧萧竹，疑是民间疾苦声"，正是他这份心情的写照。他的可贵之处在于，他能够把别人的疾苦装在心中；他的无私之处，在于他能够不计一己之利，时时刻刻为别人考虑。虽然我们现在还不能造福一方，但是我们可以从身边的点点滴滴做起。美德不是什么虚幻的东西，就是让我们要懂得为别人着想。只要我们时刻不忘为他人考虑，以己之心度人之心，就已经开始向美德靠近了。

◎过俭者吝　过谦者卑◎

【原文】

俭，美德也，过则为悭吝，为鄙啬，反伤雅道；让，懿行也，过则为足恭，为曲谨，多出机心。

【译文】

生活俭朴是一种美德，可是如果俭朴过分就是吝啬、斤斤计较，反而伤害了与人交往的雅趣；处事谦让是一种高尚的行为，可是如果谦让过分，就显得卑躬屈膝、谨小慎微，反而让人觉得是心计过多。

谦虚低调本是一种好的品德，但如果过分谦虚就成为人所不齿的"足恭"，是心机太多、唯利是图的伪善。一个人懂得礼数，心底光明磊落，行为大方得体自然受人爱戴，又何必过分卑躬屈膝、恭敬谦卑而做一个龌龊卑鄙的小人呢？

【精读解析】

为人要有品行节操才能立足，如果节俭到吝，谦让至伪，那么节俭的目的何在，谦让的初衷为何？节俭为美德，太过则有伤大雅。礼让是美行，太过则有失常态。所以，处世"过"与"不及"都不可取，只要恰到好处即可。《儒林外史》中的严监生，却用他的过于节俭成就了他的吝啬鬼之名。

严监生病重之时，诸亲六眷都来问候。晚间挤了一屋子的人，桌上点着一盏灯。严监生喉咙里痰响得一进一出，一声不倒一声的，总不得断气，还把手从被单里拿出来，伸着两个指头。大侄子上前问道："二叔，你莫不是还有两个亲人不曾见面？"他就把头摇了两三摇。二侄子走上前来问道："二叔，莫不是还有两笔银子在那里，不曾吩咐明白？"他把两眼睁得滴溜圆，把头又狠狠地摇了几摇，越发指得紧了。奶妈抱着哥子插口道："老爷想是因两位舅爷不在跟前，故此挂念。"他听了这话，两眼闭着摇头。那手只是指着不动。赵氏慌忙

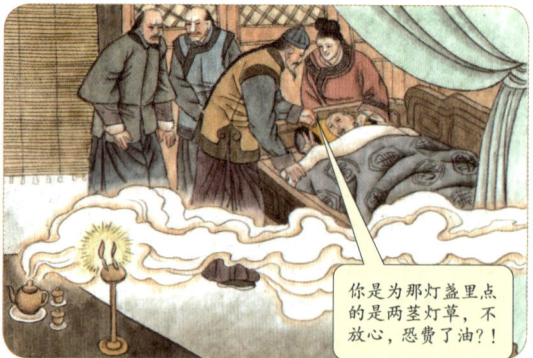

你是为那灯盏里点的是两茎灯草，不放心，恐费了油？！

严监生家财万贯，却因为两根灯草而"死不瞑目"，他的过于节俭成就了他的吝啬鬼之名。处世"过"与"不及"都不可取，只要恰到好处即可。

揩揩眼泪，走近上前道："爷，别人都说的不相干，只有我晓得你的意思！你是为那灯盏里点的是两茎灯草，不放心，恐费了油。"直到赵氏挑掉一根灯草，他方才点点头，咽了气。

严监生家财万贯，却因为两根灯草而"死不瞑目"，节俭到这种程度，人们也只能用"吝啬鬼"来"赞扬"他了。

正如人们以节俭为美德一样，从古至今，历代圣贤莫不主张谦虚，而将骄傲视为毒蛇猛兽，避之不及。实际上，谦虚过了头，就会成为一种懦弱。我们需要谦虚，因为谦虚是与人相处的法宝，但不能谦卑。

一位闻名遐迩的画家每逢有青年画家登门求教，总是很耐心地给人看画指点；对于有潜力的青年才俊，更是尽心尽力，不惜耗费自己作画的时间。一次，一位后辈画家对于前辈的关爱有加感激涕零，老画家微笑着讲了一个故事：

40年前，一个青年拿了自己的画作到京都，想请一位自己敬仰的前辈画家指点一下。那画家看这青年是个无名小卒，连画轴都没让青年打开，便推托事务缠身，下了逐客令。青年走到门口，转过身说了一句话："大师，您现在站在山顶，往下俯视我辈无名小卒，的确十分渺小；但您也应该知道，我从山下往上看您，您同样也十分渺小！"说完转身扬长而去。青年后来发愤学艺，终于在艺术界有所成就。他时刻记得那一次冷遇，也时刻提醒自己，一个人是否形象高大，并不在于他所处的位置，而在于他的人格、胸襟和修养。

故事中的年轻画家是谦虚的，但谦虚并不代表要放弃自己的尊严，面对前辈的轻视侮辱，他没有唯唯诺诺地一味谦虚，而是高傲地回拒了，并用一生的时间为自己的高傲积蓄资本，最终成为一位有名的画家。

谦虚是一种发自内心的美德，是人们都应该努力去拥有的，但是凡事都应该适可而止，如果谦虚需要以尊严来换取的话，美德便也不美了。人不可有傲气，但不可无傲骨。即使自己有不如人之处，也要练就一身傲骨，并不断努力，为自己的成功积累资本。

◎ 心如止水　浊中悟道 ◎

【原文】

把握未定，宜绝迹尘嚣，使此心不见可欲而不乱，以澄吾静体；操持既坚，又当混迹风尘，使此心见可欲而亦不乱，以养吾圆机。

【译文】

当一个人对自己的内心不能把握控制时，应该远离尘世的喧嚣，使这颗心不受欲望的诱惑，这样就不会迷乱，然后能够清明自身纯净的本性；如果内心的操守已经足够坚定时，又应该混居滚滚红尘中，使这颗心面对欲望的诱惑也不会迷乱，这样便能修养自己圆通的灵机。

【精读解析】

离尘嚣，可令心远离红尘欲念，即心不见可欲而不乱。但这只是心灵

远离尘嚣仅仅是心灵修行的第一步，更高的一层的境界，是虽身处浊世却能做到身心清静，这样学问修养可达到微妙玄通、深不可识的境界。

修行的第一步，更高的一层境界，是在浊世中慢慢修习到身心清静，这样学问修养可达到微妙玄通、深不可识的境界。

正像林语堂先生所认为的那样"城中的隐士才是最大的隐士"。这样的隐士"不必逃避人类社会和人生，但本性仍然能保持原有的快乐"。相比之下，那些有意逃避城市生活，到山中去过着幽静的生活的人，不过是二流的隐士。正如一个僧人回到社会去喝酒、吃肉，而同时并不腐蚀他的灵魂，那么他就是一个高僧。一个人通过充分的节制力，哪怕在浊世中也不受外界环境的影响，那么他就是自心修行的高人。

这好比人的眼睛，里面容不得沙子，同样也容不得金屑。

不好的念头当然不应该有，好的念头为什么也不要起？

广宽禅师告知白居易的话就是要人心如止水，平静安详，任何念头都不存于心，一切顺其自然，就是最好的结局。

那么，如何能够在浊世中慢慢修习自心，保持内在安静呢？一言以蔽之，即止水澄波。

一杯混浊的水，放着不动，长久平静下来，混浊的泥渣自然沉淀，终至转浊为清，成为一杯清水。心如止水，由浊到静，由静到清，在混浊动乱的状态下平静下来，慢慢稳定，使之臻于纯粹清明的地步，不容尘埃，亦没有金屑，纯清绝顶。儒家曾子在所著的《大学》中讲述修身养性时说"知止而后有定，定而后能静，静而后能虑，虑而后能得"，亦同此理。

侍郎白居易曾问广宽禅师："既曰禅师，何以说法？"禅师说："无上菩提者，被于身律，说于口为法，行于心为禅，本质是一样的。譬如江河湖海，名称虽然不一，水性却无二致。律即是法，法不离禅，为什么要起妄念加以分别？"白侍郎又问："即无分别，何以修心？"禅师认真地回答："心本来无损，为什么还要说修？不论好的念头还是不好的念头，要一念勿起。"白侍郎听了十分不解，问："不好的念头当然不应该有，好的念头为什么也不要起？"广宽禅师微微一笑，说："这好比人的眼睛，里面容不得沙子，同样也容不得金屑。"

心如止水，平静安详，任何念头都不存于心，一切顺其自然，就是最好的结局。

化茧成蝶是一个涅槃的过程，如果靠人力帮助，它非但不能成蝶反而会死亡。只有凭借自己的力量冲破茧的束缚，才能让自己的双翼坚实有力，换来日后的翩翩起舞。自然的规律不可违背，人力的帮助大多数时候只能适得其反。

苏东坡有一次经过一条河，看到一座塔，叫僧伽塔。他听人说拜过这塔就会得到顺风，以后一路平安。他拜了一拜，果然得到顺风，不由欣喜。许多年后，他已阅尽世情，通晓百态，再经过这条河，再看到这座塔，想起多年前的插曲，心境全然不同。这次他没有下拜乞风，只是写了一首诗《泗州僧伽塔》："至人无心何厚薄，我自怀私欣所便。耕田欲雨刈欲晴，去得顺风来者怨。若使人人祷辄遂，造物应须日千变。今我身世两悠悠，去无所逐来无恋。"耕田的人要下雨，收割的人却要天晴。去的人得到顺风，同一时间要回来的人不是得到逆风了么？老天爷可怎么办呢？他要帮助谁呢？一切尽随天意罢了。

有人或许以为不存恶念，理所当然，不存善念，却于情理不合。先贤提倡的其实是"愿天常生好人，愿人常做好事"，愿人守住本身的纯朴善良，不要追逐刻意为善。让自己的心灵不容尘埃，亦不容金屑，一切随着本性的纯朴，看透人生，深知天命，心平气和，与世无争，不计得失，随遇而安，一切处之泰然，顺其自然，不求辉煌，只求坦荡，心情自然舒畅。

自省克己

——慎独自修，心无妄念

❀○秉持原则　污泥不染○❀

【原文】

势利纷华，不近者为洁，近之而不染者为尤洁；智械机巧，不知者为高，知之而不用者为尤高。

【译文】

面对世上纷纷扰扰的追逐名利的恶行，不去接近是志向高洁，然而接近了却不受污染则更为品质高尚；面对计谋权术这样的奸猾手段，不知道它的人固然是高尚的，而知道了却不去用这种手段者则无疑更为高尚可贵。

【精读解析】

世事纷纷扰扰，唯有名利权势最让人眼花缭乱以致失去本我。适度追求名利，本不是一件坏事，但趋炎附势不择手段便是一种耻辱，污浊不堪。但是这过程中，如果立身处世不能在高一点的境界里，就如同在尘土飞扬的空气中拍衣裳、在泥泞不堪的水洼里洗脚一样，很难超凡脱俗，使自己的身心安乐愉快。

我们不可能让纷扰停止，更不可能阻止人们远离名利，但是我们可以选择从心开始，坚守自己的原则，保持内心的明澈。

宋末元初著名的学者许衡，年轻时因聪明勤奋、克己自律在当地颇为知名。夏日的某一天，烈日当头，许衡独自赶路。由于长时间赶路，许衡汗流浃背，口干舌燥。这时，他遇到了几个商贩在一棵大树下乘凉，那帮商贩也都又热又渴，但同样没有水。

正当大家都饥渴难耐时，远处走来一个人，怀里捧着一堆梨子，他说："前面有梨树，大家快去摘来解渴吧。"大家一听，赶忙收拾东西准备去摘梨，唯有许衡没有任何动作。

有个商贩耐不住心中的好奇，便走过来问许衡："你怎么还愣着不动？再不去梨子就被他们摘光了。"

只见许衡不慌不忙地问道："梨树的主人在吗？"

商贩说："梨树的主人不在，但天气这么热，摘几个梨解渴也没什么大不了的。"

许衡严肃地说："梨树现在虽然没有主人看管，难道我们自己的心也没有约束吗？我心有约束，不是自己的东西，又没经过主人的允许，我是绝不会去偷的。"

商贩们则不理会许衡，纷纷讥笑他是个愚人，不懂得变通，争先恐后地去摘梨了。许衡见状，只好无奈地独自走了，他忍着炎热和口渴继续赶路。

生活中的很多事，往往能从细微之处体现出一个人的内心世界。许衡在细微的小事中体现出了一颗不失原则的高贵内心，并以同样的心做学问，所以能在史上留名。人需要有生活和做事的原则，才能在道德和需求发生冲突时保持内心的高洁。人需要时时检讨自己的行为，给自己锻造身心的曲规，即使在关键时刻也不因外界的压力，放低道德和品德的恪守。这不仅是在忙碌的生活节奏中关注内心的表现，同时也是一种自我价值实现的过程。

> 人生贵在能出淤泥而不染啊！

> 我们在这烦嚣的尘世间洁身自好，自会如一枝青莲，出污泥而不染。不过分亲近，就可以保持心境的明澈；心中机巧不用于俗务人事，用于学术艺道，则清雅之至：这是一种自治自律的处世哲学和立身法则。以出世的心耕耘入世的事业，才得以让德业跟进事业而不疏。

不要在泥水中洗脚，也不要在境况不如自己的人中间找勇气，而是要看到一个更成熟、更美好的未来在等待着自己去实现。对自己有更高要求的人，一定会成为更优秀的人。一个内心高贵的人，可以时刻要求自己坚持原则，从而保证自己的一生都向着自己心中的方向靠近。因此，如果我们想成为一个优秀的人，首先应学会在心中给自己建造一个不受外物侵扰的世界，这里有我们的目标和道德准则，并以此规范外化的行为，只有对自己有高于周围环境的要求，才能"众人皆醉我独醒"，保持清醒和理智的自我。

◎闻逆耳言　怀拂心事◎

【原文】

耳中常闻逆耳之言，心中常有拂心之事，才是进德修行的砥石。若言言悦耳，事事快心，便把此生埋在鸩毒中矣。

【译文】

经常听到一些不顺耳的话，常常遇到一些不顺心的事，这样才是修身养性、提高道行的磨砺方法。如果听到的话句句都顺耳，遇到的事件件都顺心，那么这一生就如同浸在毒药中一样。

【精读解析】

唐朝初年，魏王李泰喜欢文学，受到唐太宗的宠爱。可朝中有些大臣却认为李泰徒有虚名，很是瞧不起他。听闻此事唐太宗大怒，召众大臣责备道："隋文帝时，众大臣都被诸王踩在脚下。我如果放纵诸王，他们也这样做，早就折杀诸位并使诸位蒙受耻辱了。"

人如果能虚心接受批评，更有可能做出非凡的成就。如果有人能在耳边提醒，让我们及时调适自己的心情和生活状态，处事时保持清醒头脑，也不失为一种福分。

这时，魏徵严肃地说道："若是法纪纲常被彻底破坏，固然不必理论。如今有圣明的君主在，魏王当然没有辱没群臣的道理。隋文帝骄纵他的儿子，最终做了刀下之鬼，这也值得效法吗？"

唐太宗听后停顿片刻，高兴地说道："我因私爱而忘公义，听了爱卿的话才知道自己理屈。"

俗话说，"忠言逆耳利于行，良药苦口利于病"，这个世界上，像唐太宗这样英明的君主都难免有犯错的时候，更何况我们这些普通人。这时候，如果有人能在耳边提醒，让我们及时调适自己的心情和生活状态，处事时保持清醒头脑，倒不失为一种福分。三国吴孙权在执掌江山之初，受一些阿谀奸佞之徒的教唆，耽于游乐欢娱中不能自拔，幸有良臣张昭逆耳谏言，才振奋了精神。

有一天，孙权在武昌钓鱼台上大宴群臣，场面极尽奢华。这时酒至半酣的孙权便畅然说道："今天我们要不醉不归，把酒喝到极致。"

孙权话音未落，张昭便沉默地走出了钓鱼台。及至坐定车中，孙权派人叫张昭回去，说："只是为了高兴一下，您何必生气扫了大家的兴致呢？"

张昭说："从前商纣王以此为乐，也并不认为是坏事，但最终自焚于鹿台之上。"

听闻此语，孙权面露羞愧之色，于是不再耽于吃喝玩乐，并在张昭的提点下日日精进，适时反

省自己的错误，及时地进行自我批评，改正错误，因此，东吴基业日益强大。

身为一个领导、管理者，只有广纳群言、虚怀若谷，听取不同的意见，并吸收好的建议，总结犯错的教训，才能做出明智、深孚众望的决定。一个社会、一个团体、一个人都有不容易自知的问题和缺陷，必须有人来提意见才会觉悟起来。有的以为"各人自扫门前雪，不管他人瓦上霜"即可，而不知许多社会、团体和个人与自己的成败荣辱息息相关，提意见是不得不为之的。

"若言言悦耳，事事快心，便把此生埋在鸩毒中矣。"这句话说得一点也不为过。和那些经常受到批评建议、遭受生活逆境的人相比，反而是那些只听甜言蜜语、一生没有经历拂心事的人

商纣王湎于声色，不听劝谏，滥杀忠良，最后落得自焚于鹿台的下场。张昭以商纣的故事向孙权进谏，话虽然不好听，但忠言逆耳利于行，良药苦口利于病。孙权也正是因为善于纳谏，能够及时地改正自己的错误，才成就了东吴的霸业。

进步比较缓慢，经常犯下各种各样的错误，而且这样犯下的错误往往无法弥补，让人悔之晚矣。

世上本来就没有完美，如果我们对自己的错误讳疾忌医、遮遮掩掩，虽然可以蒙混一时，但是日积月累之后终有一日会酿成无法挽回的大错。所以，无论我们身处逆境还是身处顺境，都要保持一颗内视的心，并"常闻逆耳之言，常有拂心之事"，这样我们的德业、事业才会在磨砺中不断提高。

◎静坐观心　真妄毕现◎

【原文】

夜深人静独坐观心，始觉妄穷而真独露，每于此中得大机趣；既觉真现而妄难逃，又于此中得大惭忸。

【译文】

夜深人静之时，一个人坐下静观自己的内心深处，开始觉得私心杂念都没有了而流露出本性中的真，每当这个时候就从中领悟生命的真义；继而又发现真性只是一时的流露，杂念仍然无法消除，在这个时候又感到很惭愧。

【精读解析】

世事确实如此，在躁乱的人世上沉浮，我们的心地已经是一片混沌。一个人静静地思考，却能重新发现那些自己渐渐遗忘的东西。他们往往是我们本性中的真。"始觉妄穷而真独露，每于此中得大机趣"。

对际遇受挫的愤愤不平，对工作业绩的沾沾自喜，甚至是对窘迫生活的失望悲观，都会在虚静冥想中淡化。因为当我们扪心自问时，我们就已经在局外参透了局中的迷。在我们每个人的生活中多一

夜幕降临的时候，我们的真心就会在像光亮在黑夜中般变得明晰起来。静下来省视自己的内心，这一天的行与言便会如蒙太奇般在脑海中回放。世事确实如此，在躁乱的人世上沉浮，我们的心地已经是一片混沌。一个人静静地思考，却能重新发现那些自己渐渐遗忘的东西。他们往往是我们本性中的真。

些自省就多一分自知；多一时冥想就多一份澄澈。黑夜并不只是用来安放睡眠的，有很多花在夜里开了又败，有很多人在黑暗中醒悟又新生。

寺院里收留了一个十六岁的流浪儿，这个流浪儿头脑非常灵活，给人一种眼疾手快的感觉。灰头土脸的流浪儿在寺里剃发沐浴之后，就变成了一个干净利落的小沙弥。

法师一边关照他的生活起居，一边苦口婆心、因势利导地教给他为僧做人的一些基本常识。看他接受和领会问题比较快，又开始引导他习字念书、诵读经文。也就在这个时候，法师发现了这个小沙弥的致命弱点——心浮气躁、喜欢张扬、骄傲自满。例如，他刚学会几个字，就拿着毛笔满院子写、满院子画；再如，他一旦领悟了某个禅理，就一遍遍地向法师和其他僧侣们炫耀；更可笑的是，当法师为了鼓励他，刚刚夸奖他几句，他马上就在众僧面前显摆，甚至不把其他人放在眼里，大有不可一世之势。

它晚上开花的时候，吵你了吗？

没有，它的开放和闭合都是静悄悄的。

山深愈幽，水深愈静，像小沙弥这样喜欢四处炫耀，就像一个瓶子，很容易摔碎。真正有学问有道行的人、真正成功芬芳的人生，不见得张扬、炫耀，却有润物细无声的大气和慈爱。

为了改变和遏制他的不良行为和作风，法师想了一个用来启发、点化他的非常智慧的办法。这一天，法师把一盆含苞待放的夜来香送给这个小沙弥，让他在值更的时候，注意观察一下花卉的生长状况。第二天一早，还没等法师找他，他就欣喜若狂地抱着那盆花一路招摇地主动找上门来，当着众僧的面大声对法师说："您送给我的这盆花太奇妙了！它晚上开放，清香四溢，美不胜收。可是，一到早晨，它又收敛了它的香花芳蕊……"法师就用一种特别温和的语气问小沙弥："它晚上开花的时候，吵你了吗？"

"没有，"小沙弥高高兴兴地说，"它的开放和闭合都是静悄悄的，哪能吵我呢。"

"哦，原来是这样啊，"法师以一种特别的口吻说，"老衲还以为花开的时候得吵闹着炫耀一番呢。"

小沙弥愣怔一阵之后，脸唰地一下就红了，喏喏地对法师说："弟子领教了，弟子一定改过！"

其实，不管我们比别人多占有了多少智慧、美貌、财富，如果不保持谦恭的态度、谨慎的作风，这些只会像在黑夜中开败的昙花一样，美得让人心碎、让人悲。每晚睡觉前，回想一下这一天收到的批评、意见和赞美：让不当的批评摘掉，像夕阳一样隐没；让有建设性的建议，在我们的心中架构改正的蓝图；对于名不副实的赞美，淡然一笑。最后，黎明会走进我们的心里，黑夜也就有了光。

◎自我审视　再现真心◎

【原文】

矜高倨傲，无非客气；降服得客气下，而后正气伸。情俗意识，尽属妄心；消杀得妄心尽，而后真心现。

【译文】

一个人之所以有心气高傲的现象，无非是利用一些虚假的言行来装腔作势，如果能够制伏这种浮夸的不良习气，心中的浩然之气可以伸张出来。心中的七情六欲都是意念活动的妄想，如果能

63

够消除这些胡思乱想的念头，真正的本心就会出现。

【精读解析】

夏朝时，一个背叛的诸侯有扈氏率兵入侵，夏禹派他的儿子伯启抵抗，结果伯启被打败了。他的部下很不服气，要求继续进攻，但是伯启说："不必了，我的兵比他多，地也比他大，却被他打败了，这一定是我的德行不如他，带兵方法不如他的缘故。从今天起，我一定要努力改正过来才是。"从此以后，伯启每天很早便起床工作，粗茶淡饭，照顾百姓，任用有才干的人，尊敬有品德的人。过了一年，有扈氏知道了，不但不敢再来侵犯，反而主动投降了。

有扈氏怕的不是比自己国富兵强的夏朝，而是怕一个降服"客气"、养得"正气"的将领。像伯启这样，肯虚心检讨自己，马上改正有缺失的人，不仅是最后的成功人选，还是众人归附的领袖。伯启这段话很明晰地告知人们，一个虚怀若谷、自知自改的人是会让对手退却的人。

《菜根谭》中说的"降服得客气下，而后正气伸"的法门，"消杀得妄心尽，而后真心现"的方法，不是别的，就是用自省克制矜高倨傲。这一点就是孔子所说的"内讼"。意思就是说由内心对自己进行自我审判，

> 如果能够制伏浮夸的不良习气，心中的浩然之气就可以伸张出来。

> 如果能够消除胡思乱想的念头，真正的本心就会出现。

> 真正有能力的人，不是那些心存妄想、自吹自擂的人。一个人若想成功，内心要对自己进行自我审判，在心中进行情感与理性、天理与人欲的权衡，找出自己的缺点，时时进行自我反省，避免自己因为一点点成绩就忘乎所以，迷失自己的本心。

> 夏朝时，一个背叛的诸侯有扈氏率兵入侵，夏禹派他的儿子伯启抵抗，结果伯启被打败了。

> 从此之后，伯启每天很早便起床工作，粗茶淡饭，照顾百姓，任用有才干的人，尊敬有品德的人。

> 伯启的部下要求继续进攻，但是伯启认为他被有扈氏打败了，是他的德行不如有扈氏，带兵方法不如有扈氏，要努力改正过来才是。

> 过了一年，有扈氏不但不敢再来侵犯，反而主动投降了。

在心中进行情感与理性、天理与人欲的权衡，找出自己的缺点，时时进行自我反省，避免自己因为一点点成绩就忘乎所以，迷失自己的本心。

社会上有一种很常见的现象就是员工频繁辞职，被问及原因时，大多数人的回答是人际关系不好相处、工作内容简单乏味或现在的职位不能激发自己的潜能等等。总而言之，就是庙小屈才。很多人正是这样一味地追求自己所想象的工作及生活，却忽略了现实本身所存在的弊端，往往把自己的定位点定得太高，对自己所追求的目标过于理想化。这种例子屡见不鲜。

许许多多的事情都可以表明我们缺乏对问题的思考和自我反省，以及对社会、对自身条件的认识。如果我们把自省和妄心比做人生既有的两个口袋的话，通常情况下人们会把自省的袋子挂在背后，妄心的袋子则在胸前。因此人们总是能够很快地看见令人眼花缭乱的欲念，而对自己渐渐膨胀的矜高妄心却熟视无睹。

俗话说，一颗反省的心远胜过一张炫耀的嘴，与其一天到晚地追逐力不从心的海市蜃楼，倒不如回过头来好好地检点自己。所以我们在遇到问题、抱怨周遭环境或别人对自己不好时，首先应该审视自己的内心是否有不合时宜的妄想，如果没有，当然好，但是如果有，就要先清除胡思乱想的念头，让真正的本心显露。这样，就不至于让自己骄矜，问题也会跟着迎刃而解。

◎ 多心为祸　少事为福 ◎

【原文】

福莫福于少事，祸莫祸于多心。惟苦事者，方知少事之为福；惟平心者，始知多心之为祸。

【译文】

人生最大的幸福莫过于无事清闲，而最大的灾祸莫过于多心猜忌。只有每天辛苦忙碌的人，才知道无事清闲的幸福；只有心平气和的人，才知道多心猜忌的祸害。

人生最大的幸福莫过于无事清闲，而最大的灾祸莫过于多心猜忌。

当一个人顾虑太多时，就会把无谓的时间浪费在揣测猜忌上，从而举棋不定，坐失良机。相反一个心态平和、顺着本性说话办事的人，往往在率真和诚实吸引机遇和伯乐的眼球。有意识地让自己时时刻刻保持心境的澄明，那么他无论是在工作中还是在生活中，都会少些负担和忧虑。

【精读解析】

北宋时期著名的文学家和政治家晏殊，14岁被地方官作为"神童"推荐给朝廷。凭借他的才学和当时的名气，晏殊本来可以不参加科举考试直接得到官职，但他觉得这样做名不正言不顺，便毅然参加了考试。当考题发下后，他发现自己曾经做过类似的题目，便主动向考官说明，并要求换一道题，皇帝得知此事后对他的诚实赞不绝口。

晏殊当官后，每日办完公事，总是直接回到家里闭门读书，而且平时也很少参加官员之间的社交活动，甚至连闲游山水他也很少露面。皇帝了解到这个情况后，十分高兴，就点名让晏殊做了太子手下的官员。

当晏殊去向皇帝谢恩时，皇帝又称赞他说："居官之后，爱卿还能坚持闭门苦读，精神实在可嘉。"晏殊却说："我不是不想去宴饮游乐，只是因为家贫无钱，才不去参加。我是有愧于皇上的夸奖的。"听了这样的回答，皇帝对晏殊又多了几分赞赏。

皇帝认为他既有真实才学，又质朴诚实，是个难得的人才，过了几年便把他提拔上来，让他当了宰相。

老实在很多人的眼中是愚蠢的表现，因为他们认为，老实诚实会使自己吃亏。而晏殊的经历则给了这些人当头一棒，正是因为诚实，晏殊的仕途才一帆风顺。晏殊的经历告诉人们，老实人吃的是小亏，赚的是大便宜。人生就应该少事平心，老老实实，只有这样才能够脚踏实地一步一步走向成功。

坦诚、朴实两大美德是一个人成功路上最坚硬的两块垫脚石。古今中外，天下最成功的人，就是像晏殊这样的老实人。他们有

我不是不想去宴饮游乐，只是因为家贫无钱，才不去参加。我是有愧于皇上的夸奖的。

居官之后，爱卿还能坚持闭门苦读，精神实在可嘉。

晏殊参加科举考试，主动向考官要求将题换成没有做过的题，得到皇上赏识，后来仕途一帆风顺。天下最成功的人，就是像晏殊这样的老实人。他们有才学、有修养；从不多心苦事，把时间浪费在猜忌和投机取巧上。

才学、有修养，从不多心苦事，把时间浪费在猜忌和投机取巧上。生活的本质其实很简单，"福莫福于少事，祸莫祸于多心"，少事平心、坦荡做人绝对不会将会幸福和幸运拒之门外的。

有人说天下最成功的人，就是老实人。老实人没有机心，所以诚恳地对待生活对待人事，他们不会接受不符合事实的赞美，也不会没有根据地错怪好人，更不会为了得到不属于自己的功名富贵而不择手段、挑战权威，所以他们最容易成功。而且从我们的实际交往中，我们也可以得出，一个人无论他聪明与否、成功与否，都喜欢和老实人打交道。

做人难，规规矩矩认认真真做人更难。天下没有规矩，不成方圆。与其在人生的舞台上做出一个个高难度的杂耍技巧，不如踏踏实实地展现自己坚持练习的舞姿。一个人坦诚处世，消除猜忌之心，生活的背负就会轻些，人际关系也就跟着澄澈起来。做人、做事的道理很多，而且总是仁者见仁，智者见智，但是综观来看我们会发现，做人之道其实用十二个字就可以诠释，那就是"福莫福于少事，祸莫祸于多心"。

◎气度高旷　自省慎独◎

【原文】

气象要高旷，而不可疏狂；心思要缜密，而不可琐屑；趣味要冲淡，而不可偏枯；操守要严明，而不可激烈。

【译文】

一个人的气度要高远旷达，但是不能太粗疏狂放；思维要细致周密，但是不能太杂乱琐碎；趣味要高雅清淡，但是不能太单调枯燥；节操要严正光明，但是不要太偏执刚烈。

【精读解析】

现实生活，很多事情只要差之毫厘便可失之千里。所以我们需要一些可以控制这些质变发生的能力。这种能力在孔子看来，除了躬亲自省外无他。子曰："躬身厚而薄责于人，则远怨矣。"人要做到这些需要时常自我反省，才能够清醒做人。

当一个人学会像旁观者那样审视自己时，他不仅会认识到自己的错误、把握做事的分寸，还有

可能赢得别人的钦佩和信任。

《三国演义》第六十二回中，写了庞统辅佐刘备进军西川时出现的一段小插曲。刘备设宴劳军，酒酣之际，刘、庞言语不和，刘备发怒，责问并驱赶庞统："你知道你自己说的话是多么不合道理吗？赶快给我退下！"夜半酒醒，刘备回想起自己所说的话，十分后悔。所以第二天一起来他就早早地穿好衣服，找到庞统表示出对昨晚酒后失言的歉意。他说："昨日酒醉，口出不敬之语，触犯了您，请您千万不要耿耿于怀。"庞统听后哈哈大笑。见状刘备又说："昨日的失语错误全在我一个人。"庞统则说："您与臣下都有失礼之处，怎么会只有主公犯错呢？"说完庞统向主公深鞠一躬表示谢罪。刘备也慌忙鞠躬，双方喜笑颜开，其乐如初。

人生在世，气度要高远旷达，却不可落于粗疏狂放啊！

正直的人不会掩盖错误，也不会打肿脸充胖子，他们会时时反省，不断自我完善。当一个人自省时就会把作为当局者的自己变成一个旁观者，而把另一个自己变成一个审视的对象，并站在旁观者的立场、角度来观察自己，评判自己。

本来，酒醉失言，虽然不好，但也算不得什么大错。刘备事后却一再自责，这是他自省的结果。

《中庸·天命章》里有这样的话：在幽暗的地方，大家不曾见到隐藏着的事端，我的心里已显著地体察到了。当细微的事情，大家不曾觉察的时候，我的心中已显现出来了。所以君子独处的时候更加要谨慎小心，不使不正当的欲望潜滋暗长。

一个人是否具有反省能力对其为人很重要。反省可以让一个人把握为人处世的分寸、尺度，进而改变一个人的命运和机缘。反省所带来的不只是智能，更是夜以继日的精进态度和前所未有的干劲。当自省的人克服了自己的主要缺点，就会成为一个更强大的人。

生活中往往有这样的情况：自己对别人的缺点，哪怕很小，也看得很清楚；而对自己的毛病却不易看到，甚至有时把自己的短处误认为是自己的长处。

为了避免这种情况我们应该学着曾子的习惯"吾日三省吾身"：对于已做过的事是否已经尽心竭力了？同朋友交往，是否诚实了？老师教授的知识是否已经真正领会掌握了？虽然给自己拔刺的过程很痛苦，但是发现自己的缺点和过失，改正自己的不足，必定会让收获大于付出。

刘备设宴劳军，酒酣之际，刘、庞言语不和，刘备发怒，责问并驱赶庞统。

能成大事者善于自省，刘备知错就改让人敬佩。

自省

刘备夜半自省，马上发现自己白天的错误。人要做到这些需要时常自我反省，才能够清醒做人。

第二天，刘备早早地穿好衣服向庞统表示昨晚酒后失言的歉意，庞统听后哈哈大笑，向主公深鞠一躬表示谢罪。双方喜笑颜开，其乐如初。

《菜根谭》的思想

洪应明晚年
洗心礼佛

《菜根谭》的思想以禅理为主，又包含有儒道的思想。同时，这也表明了作者如何对待已有的不同文化渊源，进而在此基础上再立一家之言。

1 对于个人如何处理好各种人际关系，对于如何正确地把握自我，对于如何把握与看待人生的得失成败，《菜根谭》有着十分清醒的认识和独到的指导作用。

2 《菜根谭》的作者融汇了自我人生体悟的思想，同时也容涵了不少前人的妙语，全书笔调犀利而又不失沉稳，内容明理而又不乏通情。

3 《菜根谭》全书的思想，以禅宗与心学思想为核心，将儒、释、道思想兼容为一体，糅合了儒家的入世与中庸观、道家的无为观和佛家的超脱出世观。

菜根谭

《菜根谭》

4 《菜根谭》突出地表现出了禅文化意识作为一种人生哲学的特色。《菜根谭》对生机盎然的自然风光所特有的领悟等，就颇得禅意的真谛。

6 《菜根谭》的作者生活在封建社会晚明，而在明朝之前的唐宋时代，组成中国传统文化三大主流思潮的儒、道、释学（教），已出现了融合的趋势。

5 在富于禅意禅趣之外，《菜根谭》的不少章句也反映出了儒、道两家的思想，如论及"己所不欲，勿施于人"的"恕"的思想，论及人生的闲适与精神的逍遥，等等。

冯友兰曾把人生的境界划分为四个境界，即自然境界、功利境界、道德境界和天地境界。如果把这四种境界看作是可递进的，最高境界可兼容其他境界，那么，《菜根谭》就容纳着相应的人生境界与人生风光。

冯友兰

○心体光明 暗室青天○

【原文】

心体光明，暗室中有青天；念头暗昧，白日下有厉鬼。

【译文】

心中光明磊落，即使是在黑暗的地方，也如同在晴朗的天空下一样；心中邪恶不正，即使在青天白日下也像有恶鬼一样。

【精读解析】

俗话说，不做亏心事，不怕半夜鬼敲门。当一个人的正气让诋毁他的人无话可说时，自然会让旁人体味很多。历史上，王阳明（守仁）能屈能伸、以退为进的典故就是一个很好的例证。

明武宗时，宁王朱宸濠叛乱，宦官张忠和朱泰想坐收渔翁之利，便鼓动武宗御驾亲征。正当他们打着如意算盘时，前线传来王守仁生擒朱宸濠的捷报。张忠和朱泰的阴谋未果，自然会对王守仁记恨在心、谋求报复。他们大肆散播流言，诽谤王守仁本来就与宁王私通，又怂恿随驾军士肆意辱骂王守仁，甚至故意冲撞王守仁的出行仪仗，有意挑起事端。王守仁却丝毫不为所动，一边以礼相待，一边派遣手下官吏通告市民，让他们暂时先移居乡下，家中留下能看守门户的人就可以了，以免殃及百姓、增加纠葛。捷战后，王守仁本已准备犒赏随驾亲征的军队，但朱泰等人却威胁将士、强行命令军中将士不得接受赏赐。王守仁得知此事后，知道是朱泰和张忠等人有意离间他和将士们的关系，挑起军民矛盾，便传谕百姓说，很多人背井离乡来此征战，忠心可嘉，却十分辛苦，为了表达我们的感谢，本地居民当尽主人之谊，好生厚待他们。自此但凡军队中有人死亡时，王守仁一定亲自前去慰问，并赏给很多助葬之资，尽量抚慰。

按照当地的风俗习惯，冬至时节是人们祭奠亡灵的日子，每家都会到坟上亲手为死去的亲人焚送"寒衣"。那一年冬至将至时，王守仁便让城中军民举行祭奠仪式。因为平定朱宸濠之乱的战事刚刚结束，而且战乱中死去亲人的人为数甚多。所以这一年百姓哭吊亲人、酹酒遥奠的人特别多，成片的哭泣之声几乎要将这座城池哭动了。这时王守仁身在哭泣的人群中，和大家一起把伤心的泪水洒在斑驳的土地上。随驾大军触景生情，潸然泪下。

随着王守仁的仁厚正气被越来越多的人看在眼

心中光明磊落，即使是在黑暗的地方，也如同在晴朗的天空下一样。

当一个人走到了心智成熟的顶端，修身养性到达了一定的境界，太阳就会住进我们的心灵。一个看透了世间的学问、心无秽物的人，永远不会被别人的谎言束缚继续公正为善的手脚，更不会感到迷茫而失去心的自由。

王守仁心体光明，毫无暗昧之念，面对没有事实根据的谗言谶语忍辱负重、以诚感人。当一个人的正气让诋毁他的人无话可说时，自然会让旁人体味很多。

里，军士们、百姓们不再被威胁和谗言左右，打心底敬佩王守仁。

王守仁的行为是"心体光明，暗室中有青天"的真实演绎。"君子坦荡荡，小人长戚戚"，既然如此，那我们不妨学一学王守仁为人处世之道。在现实生活中，一个看透了世间的学问、心无秽物的人，永远不会被别人的谎言束缚继续公正为善的手脚，更不会感到迷茫而失去心的自由。

有的时候，一个人心中的太阳会照亮整个世界。我们总是希望从别人那里得到很多，比如希望从上司那里得到赏识、提拔，从朋友那里得到信任、支持，从爱人那里得到关爱、体谅……其实这些都只是后话，当我们自我反省，做好自己，保持光明磊落的心境，这些都会水到渠成地进入我们的生活。

◎恶中有善　引人向善◎

【原文】

为恶而畏人知，恶中犹有善路；为善而急人知，善处即是恶根。

【译文】

那些做了坏事但是怕人知道的人，虽然是作恶，但还留有一丝改过向善的良知；那些做了好事却急于想宣扬的人，他们做善事的同时却留下邀功图名的伪善。

【精读解析】

春秋时晋国的李离，做狱官时曾因错误地采纳意见，在审理案件时做了错误的裁断，致使无辜之人冤死狱中。

虽然后来案件得到了重新审理，冤情也得以昭雪，但是李离一直对此耿耿于怀，他认为因为自己偏听一面之词，而致使无罪之人命丧黄泉，自己应该以死赎罪。

晋文公听闻此事后，马上召见李离，并说："这个案件的误判不能完全归咎于你，你又为何非要以死谢罪呢？"

李离说："我的官职不算高，但是也没有两个人一起任职；我的俸禄也算优厚，但我从来不曾和人分享。现在我犯了错，却要找个人来陪，找个人来承担，岂不是不合礼数、不合道德？"

"那照你这么说，我赐予了你官职，给了你犯错的职位，那我也跟着有罪了？"晋文公接着李离的话说。

他本想给李离一个台阶下，不想李离却说："职位是死的，职位的规定却是活的。我记得国家律法规定：错判人受刑，决断人受刑；错判致犯人死亡的，决断人也要受死。陛下本来是看着我察微决疑的才能才任命我担此职位，可是我却在自己的职权范围内犯了错。这不仅违反了国家律法，还辜负了您的一片信任。"

知错能改就好。

我知道错了。

人不是天生智慧，再聪明的人也有犯错的时候，但是犯错之后，勇于改正，也是一种向善的表现。这和那些做了善事，就夸大张扬的行为相比，反而有可贵之处。对于那些做了坏事的人，我们不能总是抓着错误的尾巴不放，反而应该挖掘错误背后的善念。

最后，晋文公的劝说未果，李离自刎而死。

李离伏剑谢罪的做法，是一种勇于承担责任的表现，更是拥有良知、人生至善的表现。他以死亡作为自己改良从善的行为，在现代人眼里虽然有些极端，但其背后的自省精神至少是值得我们学习的。

《菜根谭》中讲："为恶而畏人知，恶中犹有善路；为善而急人知，善处即是恶根。"对于那些做了坏事的人，我们不能总是抓着错误的尾巴不放，反而应该挖掘错误背后的善念。

隋文帝在位时期有一个冀州刺史，在职期间命人制作标准的铜斗铁尺，并命令当地人统一用铜斗铁尺称量货物，以此制止当地商人奸诈刻薄、坑骗百姓的欺诈行为，造福百姓。随后，他将此事呈报给隋文帝，文帝对他的作为大加嘉许，并发布告示，命令全国各地一律推行此种做法。

有一次，有个人在偷割他家的蒿子时，被这个刺史的手下人捉获送到他面前，这个刺史听清原委后，说："这是宣扬律令力度不够的缘故，他有什么罪过呢？"

冀州刺史奏明隋文帝，使之命令全国各地统一用铜斗铁尺称量货物，从而制止了商人奸诈刻薄、坑骗百姓的欺诈行为，造福百姓。冀州刺史教化人家也不仅仅是简单地惩罚了事，而是以洞明的心去发现别人内心深处的良知和善念，并以自己的德行去感化他，从而达到了引人向善的功效。

说完，它不仅没有怪罪盗窃者，还好言劝慰后便让他回家了。最让人惊诧的是，他又命令手下人给窃贼送去了一车蒿子。

于是，内心惭愧的窃贼再也不干偷窃之事了。

教化人家不仅仅是简单地惩罚了事，而是要以洞明的心去发现别人内心深处的良知和善念，并以自己的德行去感化他。这个刺史载蒿赐盗的做法，也是因为他明白那个小偷"恶中犹有善路"，从而让自己的德行牵引他，达到引人向善的功效。

人活一世，谁都会犯错，但是犯了错误、做了恶事并不意味着我们的人生不存在善念。对于我们个人来说，发现这种善念，并努力改正错误，善念就会被激发，如果日后我们继续坚持的话，善念就会累积为善良的人生。但我们对待别人时，不要总看到他的错误，只要稍微歪歪头，我们就能看到他错误背后的闪光点。如果此时，我们能给予他及时的教导和感动的话，他的人生也许就会因此而改变。

◎知人者智　自知者明◎

【原文】

听静夜之钟声，唤醒梦中之梦；观澄潭之月影，窥见身外之身。

【译文】

细听夜阑人静时从远处传来的钟声，可以把我们从人生的梦境中唤醒；静看清澈的潭水中倒映的月影，可以发现真正的自我本性。

【精读解析】

"吾日三省吾身。"在古代的先贤那里，反思与自省是一种不可或缺的行为，它应时刻伴随身旁，不断地对自己的灵魂进行拷问。正如冯友兰先生所说："反思，总是在生活中遇到什么困难，受到什么阻碍，感到什么痛苦，才会有的。如同一条河，在平坦的地区，它只会慢慢地流下去。总是碰到了崖石或者暗礁，它才会激起浪花。或者遇到了狂风，它才能涌起波涛。"

人生最大的敌人是自己。那些认真审视自己，时刻反省自己的人，才可能真正觉悟。

赵概是宋朝南京虞城人，曾与欧阳修同在馆阁任职。赵概性情敦厚持重，沉默寡言，欧阳修很看不起他。后来欧阳修的外甥女与人淫乱，忌恨欧阳修的人借题发挥，以此事来诬蔑他。皇帝震怒，没人敢为欧阳修辩护，只有赵概为欧阳修上书，说："欧阳修因文才出众才成为皇上的近臣，皇上不能随便听信谗言，轻易诬蔑他。"有人问赵概："你不是与欧阳修之间有嫌隙吗？"赵概说："以私废公，我不能做这种事。"

最终皇帝并没有听赵概的话，欧阳修仍旧被贬官滁州。赵概后来执掌苏州，接着又辞官守丧，守丧期满后，被授职翰林学士。他再次上书，要求为欧阳修恢复官职。虽然赵概的请求没有被朝廷采纳，但当时的人们都非常赞赏赵概。欧阳修也认识到了赵概的德高望重，对其非常佩服，从此两人成为莫逆之交。

赵概的德行如此高尚，这得益于他平时能够严谨克己修身。为了严格要求自己，他曾准备两个瓶子，如果起了善念，或做了好事，他就把一粒黄豆投入一个瓶子中；如果起了恶念，或做了不好的事，他就会把一粒黑豆投入另一个瓶子中。刚开始的时候，黑豆往往比黄豆多。后来随着赵概对自己的磨砺，时时内省，努力克制自己，改过迁善，瓶子中的黄豆渐渐多了，黑豆也随之减少，浩然之气就此在他身上一点点地形成了。

欧阳修因文才出众才成为皇上的近臣，皇上不能随便听信谗言，轻易诬蔑他。

人们的心灵在复杂的环境中，难免要沾惹灰尘，使灵性被掩盖，因此要时时清理。人们要学会和自己对话，不断地反省自己，只有这样才能看住自己那一颗狂野的心和无限的贪欲，才能明白自己到底是谁，才能明白这世间什么事可为，什么事不可为。

赵概准备了两个瓶子，做了好事，投入一粒黄豆；做了坏事，则投入一粒黑豆到另一个瓶子。由于能够严谨克己修身，瓶子中的黄豆渐渐比黑豆多，浩然之气就一点点地形成了。

检讨自己的行为，多加反省，才可能知道自己是不是合乎道德的标准。赵概正是在自我检讨中完善了自己，养成了浩然之气。

《菜根谭》中讲，于夜深人静之时细听远处传来的钟声，可以把人们从人生的梦境中唤醒；于心境宁和之际审视清澈潭水中的月影，就可以发现自我的真实本性。这实际上就是告诉人们要常常静下心来反思自己，这样才不会迷失自我。反省是一颗智慧树，只有深植在思维里，它才能与人们的神经互联，为人们提供源源不断的智慧，让人生这条路变得简单、精彩起来。

有位哲学家在他晚年的时候刺瞎了自己的双眼。别人都不理解他的这一举动。他说，我只是为了更好地看清自己。

然而，"知人者智，自知者明"，真正的聪明人必须具备自知之明。孔子说："知之为知之，不知为不知，是知也。"圣人都有自知之明，无非是因为他们都有反躬自省的精神。

人们的心灵在复杂的环境中，难免要沾惹灰尘，使灵性被掩盖，因此要时时清理。只有善于自省的人，才能真正明心见性、把握自己的人生。因此人们要学会和自己对话，不断地反省自己，只有这样才能看住自己那一颗狂野的心和无限的贪欲，才能明白自己到底是谁，才能明白这世间什么事可为，什么事不可为。

◎ 自知自戒 胜私制欲 ◎

【原文】

胜私制欲之功，有曰：识不早，力不易者；有曰：识得破，忍不过者。盖识是一颗照魔的明珠，力是一把斩魔的慧剑，两不可少也。

【译文】

对于战胜自己私心、克制自己欲念的功夫，有的人说是没有坚强的意志力，因此无法克服；有的人说是能够看破欲念的害处，却又拒绝不了它的诱惑。而智慧则是一颗可以照出邪魔的明珠，坚强的意志力是一把能斩除邪魔的利剑，要想克制自己的欲念，智慧和意志力两者缺一不可。

智慧和意志力可以克制自己的欲念。

保持自己的理性，放下世间的一切假象，不为功名利禄所诱惑，一个人才能体会到自己的真正本性，看清本来的自己。人无欲则刚，人无欲则明。要想做到"无欲"，首先要有一颗静如止水的心，不受外界事物打扰，正确地思考和行动，不为"欲"所牵连，不为"欲"所迷惑。

【精读解析】

世人总是被欲望蒙蔽了双眼，在人生的热闹风光中奔波迁徙，被名利这些身外之物所累。

人，是欲望的动物，所以永远得不到满足，永远在为自己攫取着，最后终于沦为私欲的奴隶，把自己的心灵变成了地狱。而当一个人的人生走向终点时，他才会发现，人，是不会从他过多拥有的东西中得到乐趣的，而这些东西却总是以一种魔力引诱着人去追逐，失去理智也在所不辞。于是世界上成千上万的人带着这些东西走向了坟墓，悲哀而无奈。

欲火上升，私念交织，人们的心智也失去了分寸。所以《菜根谭》在这里强调的是一种"定力"，既要看得破，又要经得起诱惑，才能使自己的识见日趋高洁，人格日渐高尚。

唐朝天宝年间，有个书生行至宋州，当时家境贫苦的少年李勉恰好与此书生同住一店。没过多久，那位书生突然身染重病，最后因医治无效而死亡。书生临终时对李勉说："我家住洪州，本打算到北方去谋求官职，想不到却要死在这里。"然后，拿出身边的百两黄金送给李勉，并告诉他说："我有位仆人，不要让他知道我拥有黄金这件事。我死后，请你用这笔钱为我办丧事，剩下的钱就都赠送给你吧！"李勉答应了书生的临终遗言，为他办了丧事。丧事办完后，李勉却没有把剩余之钱据为己有，而是放入棺中一起埋葬。几年后，李勉到开封做官。这时，那位死去书生的兄弟拿着洪州官府的公文，沿着其兄当年的行踪找到宋州，听说李勉曾为其兄主持丧事，就来到开封，找到李勉，顺便询问了金子的下落。李勉便将自己当初把金子埋在墓中之事告诉了他，并随他来到其兄的墓地，打开坟墓挖出黄金又给了他。

这件事情传出去后，李勉得到了大家的尊敬。正是由于李勉胜私制欲之功，能识得破，有坚强的意志力摒除贪欲的侵袭，识力并重，修得大智慧。李勉为官清正，两袖清风，唐德宗时，官至宰相，被封为开国公。

李勉在诱惑面前保持了清醒的头脑，不为虚妄所动，不丧失自我，从而体现了高尚的人格。

保持自己的理性，放下世间的一切假象，不为功名利禄所诱惑，一个人才能体会到自己的真正本性，看清本来的自己。否则我们只能使自己的心灵处在一种烦恼不安的状态之中。就好像种植葡萄的人目的在种而不在收，如果还要希望自己的葡萄比别人大、比别人多，那他产生的这种欲望将会使自己失去心灵上的自由。因为他会变得不知足，会变得妒忌、吝啬、猜疑，会变得反对那些比他拥有更多葡萄的人。

人无欲则刚，人无欲则明。要想做到"无欲"，首先要有一颗静如止水的心。不受外界事物打扰，好好地坚持走正确的道路，正确地思考和行动，不为"欲"所牵连，不为"欲"所迷惑，在欲望充斥的浊世之中保持心中的一方净土。

◎喜怒不愆　好恶有则◎

【原文】

吾身一小天地也，使喜怒不愆，好恶有则，便是燮理的功夫；天地一大父母也，使民无怨咨，物无氛疹，亦是敦睦的气象。

【译文】

我们的身体就是一个小世界，如果能做到使高兴和快乐都不逾越规矩，使自己的好恶遵守一定的准则，这就是做人的一种调理谐和的功夫；大自然就像是人类的父母，如果能让每个人没有怨恨和叹息，万事万物没有灾害，便能够呈现一片祥和太平的景象。

【精读解析】

中国从古代便有关于"和谐"的理念。和谐，即调和、协调使之和睦之意。清代赵翼曾在《瓯北诗话·黄山谷诗》中说道："自中唐以后，律诗盛行，竞讲声病，故多音节和谐，风调圆美。"当一切配合得匀称、适当、协调，也就会变得和谐美好。

人或者事物，无论是大还是小，简单还是复杂，聪明还是愚昧，这些都只是外在的形式，从事物的本质来看，都是和谐的。要让人平和对待你，首先需要你去认真对待他。敦睦万物主要在你自己的心性修为。姜太公得遇文王时，就对周文王提出为君治国之道。这种道体现的也是心性的谐和。

周文王问太公："我想听治国的关键，就是如何能使君王为民所爱戴，如何能使百姓生活幸福。"姜太公答道："治国要务，首先在于爱民。"文王追问道："怎样才能爱民呢？"太公答道："使百姓获得利益，不要过多损害他们的切身利益。帮助他们生产，不要破坏。给他们生存的机会，不要随意加以戕害。多赐给百姓他们所需要的东西，不要加以掠夺。让百姓安居乐业，别让他们困苦不堪。让百姓喜悦，别让他们怨恨、愤怒。这就是君王爱民的关键所在。"文王又问："君王主政之道如何？"太公答道："君王临朝处事，要宁静而安详，温和而有节度，不可心浮气躁，刚愎自用。多听别人意见，少独断专行，虚心静气以待人，不可骄矜固执己见，接物待人要公正持平，不可徇私。"

姜太公的治国为君之道，也是"使喜怒不愆，好恶有则"，"使民无怨咨，物无氛

为人处世无论举止言辞、情感观念都要有一个准则，不逾矩，不失范，方能调和谐合。要让人平和对待你，首先需要你去认真对待他。敦睦万物主要在你自己的心性修为。内心要自然流露，生命要豁达开放，首先就要拥有一颗纯净飘逸的心，随风如白云般漂泊，安闲自在。

疹"，以至"人理协调，世事太平"的方法。

大自然之所以能够保持和谐，没有什么高深莫测的奥妙，就是自然。在纷繁复杂的社会大染缸中，我们很多人会被染成五颜六色，而自己本身的颜色早已经分不清了，以至于后来都忘记了自己当初的颜色是什么。

许多东西都是可遇不可求的，那些刻意强求的东西或许我们一辈子都得不到，而不曾被期待的东西往往会在我们的淡泊从容中不期而至，因为人生是偶然和必然的机缘，也是内心得自由的体现。内心要自然流露，生命要豁达开放，首先就要拥有一颗纯净飘逸的心，随风如白云般漂泊，安闲自在，任意舒卷，随时随地，随心而安。随不是跟随，而是顺其自然，不怨怒，不躁进，不过度，不强求，不悲观，不刻板，不慌乱，不忘形。不以物喜，不以己悲。如此才能发现自己的本性，从而随性平和。

（我想听治国的关键。）

（治国要务，首先在于爱民。）

姜太公对周文王提出的为君治国之道，体现的也是心性的谐和。

◎戒疏于虑　警伤于察◎

【原文】

害人之心不可有，防人之心不可无，此戒疏于虑也；宁受人之欺，勿逆人之诈，此警惕于察也。二语并存，精明而浑厚矣。

【译文】

不可存有害人的念头，也不可没有防人的心思，这是用来告诫那些思虑不周的人；宁可受到别人的欺负，也不预料别人的狡诈之心，这是用来警惕那些过分小心提防的人。能够做到这两点，便能够思虑精明且心地浑厚了。

【精读解析】

在利益面前，很多人都可能把自己的良心和灵魂出卖。人生在世，所要面对的人与事千奇百怪、错综复杂。无怪乎古人告诫我们："害人之心不可有，防人之心不可无！"这句话其实是辩证的。同样，对人世间的那些因看人看问题看得太细致、太本质而受到伤害的精明者，这里有另一句警醒之言：宁可被别人蒙蔽，也不要事先毫无根据地去揣度怀疑别人，以免自欺自误。任何事情都有正反两面，二者相成，才能使人精明、思虑周到、世事调和。

牛弘，隋朝大臣。字里仁，他不但学术精湛，位高权重，而且性格温和，宽厚恭俭。牛弘有个弟弟牛弼，他就没有哥哥那么谨言慎行了，一次牛弼喝醉了酒，竟把牛弘驾车的一头牛用箭射死了。牛弘回家时，其妻就迎上去告诉他说："小叔子把牛射杀死了！"牛弘听了，不以为意，轻描淡写地说："那就制成牛肉干好了。"待牛弘坐定后，其妻又提此事说："小叔子把牛射杀死了！"显得非常着急，认为是件大事，不料牛弘随口又说："已经知道了。"他若无其事，继续读自己的书。其妻只好不再说什么。

明代著名作家冯梦龙评点此事说：冷然一句话扫却了妇道人家将来多少唇舌。想要摆脱琐事带来的烦恼，最好的办法就是放宽心胸，如牛弘一样，不问"闺"中琐碎之事。牛弘宁可自己吃亏，也不猜测弟弟的用心，最终打动了弟弟，也打动了妻子，使得牛家上下一直保持一团和气，再也听不到什么闲言碎语。

为人处世若能做到这点，就能减少人与人之间的摩擦，减少自我的烦恼，如此世间的是非就会减少许多。因此，那些因为心智过分敏锐、想象力过分丰富和因嘴巴太快而深陷是非的沼泽且已不堪其苦者，不妨学会尊重事实而不是妄加猜测，直到学会讲"我什么也不知道"。这样，心绪或许会变得愉快些，人生的脚步也会迈得更轻松些。毕竟，天塌不下来，不要学类似于忧天的杞人那样的"精明"与敏感。

只要世间还有伦理规范和法律秩序，人与人之间的矛盾还需这两者的调节梳理，那么，人与人之间的一切功利关系与情感好恶就不可能完全公开透明地摆到桌面上。那些见不得人的阴谋诡计就更是这样，它们要出现，必须以两种条件为前提：一则需伪装埋伏，二则需一些能诱惑意志薄弱而又头脑简单者的诱饵，使人不知不觉地落入圈套。正因为在这个复杂多变的社会中，什么事都是可能随时发生的，所以，生活在这个复杂社会中的人们，对此就应该自省自修，不能不提高警惕。

淳朴厚道者如能切实履行"害人之心不可有，防人之心不可无"的教诲，就具有了精明的心智，此其一；精灵明察者如能学会"宁受人之欺，毋逆人之诈"的处世策略，就具有了厚道的表现，此其二。一个人为人处世，能将这两方面统一起来，那他就是既机灵聪明，又淳朴厚道的十全十美者。

宁可受到别人的欺负，也不预料别人的狡诈之心。

不可存有害人的念头，也不可没有防人的心思。

人生在世，所要面对的人与事千奇百怪、错综复杂。生活在这个复杂社会中的人们，就应该自省自修，不能不提高警惕。但是，宁可被别人蒙蔽，也不要事先毫无根据地去揣度怀疑别人，以免自欺自误。任何事情都有正反两面，二者相成，才能使人精明、思虑周到、世事调和。

○恶隐祸深　善显功小○

【原文】

恶忌阴，善忌阳。故恶之显者祸浅，而隐者祸深；善之显者功小，而隐者功大。

【译文】

做了坏事最忌讳认识不到自己的过错反而拼命遮掩，做好事最忌讳为了显示自己的功劳而到处宣扬。所以显而易见的坏事所造成的灾祸较小，不为人知的坏事所造成的灾祸较大；显而易见的善事所积的功德较小，不为人知的善事所积的功德较大。

【精读解析】

世间万事有好坏之分，不可能件件都是完美无缺的。有的时候，坏事于不经意间造成，或许本无关紧要，但是由于不能坦然地面对，就只能受到它的牵制，遮遮掩掩，反而失去克服它们的勇气与机会，也容易引来别人的怀疑。

正人君子纵横天下，应当率性而为，真诚相见，这就自然能加深人与人之间的互相理解。

北宋鲁宗道嗜酒如命，经常到酒店喝酒。有一天，皇帝派遣使者召见他，使臣来到他家门口却到处也找不着他，原来鲁宗道又喝酒去了。过了很长时间，他才晕乎乎地回来，这时已经超过了皇帝召见的时间了，使臣只好先走一步，并问他："圣上如果怪罪你来迟了，你当用什么原因来回答？"鲁宗道说："应该实话实说。"使臣好心地提醒说："若这么回答，只能得罪圣上。"鲁宗道说："我好喝酒，这是人之常情，圣上知道了也可原谅，但是欺君的罪过就大了。"使臣便拿鲁宗道的原话禀告了皇帝。

鲁宗道入朝，皇帝问他为什么去酒家饮酒，鲁宗道谢罪说："臣家境贫穷，买不起上好的酒器，只好到酒市上去喝。今天正好有位远道而来的亲戚，便邀他喝一回。但臣子事先特意换了衣服，市人认不出我是陛下的官员，所以也无伤为官的体统。"皇帝听他一说，笑道："你身为朝廷大臣，还敢到街上饮酒，这件事如果传出去，恐怕被御史弹劾，所以你才这么狡辩吧？"皇帝虽然嘴上这么说，可心里却对他另眼相看，认为他能说实话，是个可以信赖的人。

后来，鲁宗道做了参知政事。他果然为人正直敢言，邪佞之人都忌他三分。当时的人戏称他叫"鱼头参政"。

鲁宗道喝酒误事，却因为他坦诚和自省，坦然呈"坏"，终被皇上谅解。

一个人做了坏事要坦诚交代，及早发现，那灾祸就会小些，如果隐瞒，那灾祸就会大些；如果一个人做了好事而自己到处宣扬，就算有再大的功劳也会变小，只有在暗中默默地做好事才可能功德圆满。

真正懂得自省的智者，内心是充满平和宁静的，是不会刻意去显摆或做了好事后期待他人回报的。到处宣扬只会干扰内心的平静，它使你老是在想：我想要什么，我需要什么，我应当去索取什么？如果做事而有所图，很有可能好事会变成坏事。

做好事最忌讳为了显示自己的功劳而到处宣扬。做了坏事最忌讳认识不到自己的过错反而拼命遮掩。

做了好事不要宣扬，做了坏事不要回避，应当学会坦诚面对，缺点不隐瞒，优点不显露。如果明知自己干了坏事，有某一缺点却不自我反省，反而口是心非，弄虚作假，那就变成一种虚伪，一种耻辱。正人君子纵横天下，应当率性而为，真诚相见，这就自然能加深人与人之间的互相理解。

鲁宗道喝酒误事，却因为他坦诚和自省，坦然呈"坏"，终被皇上谅解。后来，鲁宗道做了参知政事。所以做坏事要坦诚交代，及早发现，那灾祸就会小些，如果隐瞒，那灾祸就会大些。

◎律己要严 待人宜宽◎

【原文】

人之过误宜恕，而在己则不可恕；己之困辱宜忍，而在人则不可忍。

【译文】

对于别人的过失应该采取宽恕的态度，而如果错误在自己那么就不能宽恕；自己遇到困境和屈辱应当尽量忍受，如果困境和屈辱在别人身上就不能置之不问。

【精读解析】

任何事物都离不开一个规则的束缚，要想成就大的事业，必须要善于律己。人只有时时自省，在不断地完善自我的过程中获得对自己有价值的东西，提高自我，这才是一种自我价值实现的过程。

内在的品质一如清水，不在于对别人如何，而是在于自己能否如何。严于律己，才能以平心容人，这是一个人对自己基本的道德要求。严格对待自己，是使自己不要轻易犯错误；宽容对待别人，既是给别人机会，也是给自己空间。

唐代狄仁杰非常看不起娄师德，但实际上娄师德并不计较这些，并推荐狄仁杰当宰相。还是武则天捅开了这层窗户纸。

有一次武则天问狄仁杰说："娄师德贤能吗？"

狄仁杰回答说："作为将领只要能够守住边疆，贤能不贤能我不知道。"

武则天又说："娄师德能够知人善任吗？"

狄仁杰回答："我曾经与他共事，没有听到他能够了解人。"

武则天说："我任用你就是娄师德推荐的。"

狄仁杰知道后非常惭愧，尽管自己经常对他嗤之以鼻，但是娄师德却仍然能以宽厚、公平的心来对待自己。他深深地感叹道："娄公德行高尚，我已经享受他德行的好处很久了。"

娄师德不仅不计前嫌，反而向皇帝推荐狄仁杰，正所谓任人唯贤，这种品质非常难得。包容别人，也会给自己创造更大的心灵空间。而这一点，正是"人之过误宜恕"的一种解读。他的德行不仅体现在他的宽容上，也体现在他的不计前嫌上。而这种不计前嫌也是一种自律自制的表现。

> 若想与他人和平相处，不仅需要我们内在自省的修为，还要有外在的宽容。

> 任何事物都离不开一个规则的束缚，要想成就大的事业，必须要善于律己。从人的本性上来说，总是看别人的错误比较清楚，看自己的错误比较糊涂；看到别人对自己的嫌弃容易，因此不忽视这个人的优点比较糊涂。所以能看出评论别人的错误，并放宽心怀给他以施展才华的机会，也是一件有益的事。

> 我曾经与他共事，没有听到他能够了解人。

> 我任用你就是娄师德推荐的。

武则天向狄仁杰称赞娄师德的不计前嫌，因为他推荐了狄仁杰。包容别人，也会给自己创造更大的心灵空间。而这一点，正是"人之过误宜恕"的一种解读。他的德行体现在他的宽容和他的不计前嫌上，而这种不计前嫌也是一种自律自制的表现。

能看出评论别人的错误，并放宽心怀给他以施展才华的机会，也是一件有益的事。宽容本是无声的事，但是一旦对方明白了其中原委便能加以改正，则更加功德无量，何乐而不为呢？许多时候，自律加宽容才是贤人所说的自省自戒的至高境界。

有人说：只要有人的地方，就会有争斗。若想与他人和平相处，不仅需要我们内在自省的修为，还要有外在的宽容。只有双管齐下才能拥有一个良好的人际关系网。《菜根谭》这里说的"人之过误宜恕，而在己则不可恕；己之困辱宜忍，而在人则不可忍"，就是暗指此理，在我们的生活中，缺少自省和宽容中的任何一个，都会使双方陷入泥潭而难以挣脱。

◎为奇不异 求清不激◎

【原文】

　　能脱俗便是奇，作意尚奇者，不为奇而为异；不合污便是清，绝俗求清者，不为清而为激。

【译文】

　　能够超凡脱俗的人是奇人，如果刻意去标新立异，就不是奇人而是癫狂人了；不同流合污就是高洁的人，如果以与世人断绝往来去标榜自己的高洁，那就不是高洁而是偏激。

以标新立异来表现清高脱俗，这是高洁还是偏执？

清高是一种美德，不要造作；脱俗也是一种节操，但不必矫揉。前者容易偏激，后者则容易怪诞。因此，清高与脱俗在于心中的感知，不必过分地夸饰。

【精读解析】

　　魏晋时期，统治阶级集团内部的矛盾斗争特别尖锐，司马氏与曹魏贵族的两大集团为争权夺利，互相钩心斗角。很多士大夫因为依附了一方而遭到对方的仇视，最终做了政治斗争的牺牲品。因此，在这样特殊时期，如何在乱世中保全自己的性命，就成了许多人不得思考的问题。

　　孙登是汲郡共人，他孑身一人，在北山上挖了一个窑洞隐居下来，夏天为自己编草做衣，冬天便蓄长发覆身，孙登平生喜爱读《易经》，悠闲无事之时还常弹琴以供娱乐。当时的名士嵇康受魏文帝所托，前去拜访孙登，并且同他一起生活了三年，嵇康问孙登人生的目标是什么，他默不作声。直到后来嵇康要回去了，告别的时候对孙登说："先生难道就真的没有任何话要跟我讲吗？"

　　孙登这时才说："你认识火吗？火生起来就有光焰，如果不会用光，光就如同虚设，没有实际的作用。只有懂得用光，光才会有意义。人一生下来就有才能，但如果不会使用自己的才能，便会招来祸害。因此，用光焰在于得到木炭，才能保持光明，用才能目的就是认识事物的本来面目，获得道德的真才，这样才能保住自己的生命。现在，你虽然很有才，但孤陋寡闻，见识浅薄，很难脱离世俗的环境，希望你谨慎。过于想发挥自己的才能就很容易招惹是非，除了让别人知道自己的才能之外，人生是还有别的追求的。"

　　嵇康没有听孙登的话，后来终于应了孙登的预言，最终被司马昭以不忠于朝廷等罪名给杀害了，死时只有三十九岁。临终之时，他才后悔不迭。

　　孙登并不是消极应世，只是在保全自身，而嵇康鄙视权贵，不为之所动，在人看来也是一种清高脱俗的节操，但是过激了，没有懂得掩饰自己的锋芒，从而导致他遭人忌恨，最后被杀。

　　孤芳自赏、自恃清高的人很容易刚愎自用，听不进别人的善意谏言，行事恣情纵意，

先生难道就真的没有任何话要跟我讲吗？

只有懂得用光，光才会有意义。人如果不会使用自己的才能，便会招来祸害。

嵇康和孙登都有清高脱俗的节操。但孙登并不是消极应世，只是在保全自身，而嵇康过激了，没有懂得掩饰自己的锋芒，从而导致他遭人忌恨，最后被杀。

到头来可能因此而得罪了他人，断了自己的后路。与世隔绝，不一定能够达到高洁的目的。只有在世俗的环境里，修身养性，做到洁身自好，如此才算是清高与脱俗。

◎不听谗言　不掩己过◎

【原文】

宁为小人所忌毁，毋为小人所媚悦；宁为君子所责备，毋为君子所包容。

【译文】

宁可被小人忌恨诽谤，也不愿意被小人之取宠献媚迷惑；宁可被君子责备，也不要被君子原谅和宽容。

【精读解析】

人们一般都喜欢听对自己的夸奖，而不喜欢听到对自己的责备。不过，前辈先贤却宁可接纳君子的责备，也不轻信小人的谄媚。

明朝有个叫徐均的人，担任过阳春 (今属广东) 主簿。阳春地处偏僻，山高皇帝远，当地的土豪劣绅盘踞那里，肆无忌惮地干尽坏事。以往阳春的长官一到任，土豪就送给他很多财物行贿巴结，从而互相勾结，上行下效把持邑长。

徐均到任后，邑吏告诉他按惯例应当去拜访莫大老。因为莫大老在当地很有势力。徐均说："这人不也是朝廷的属民吗？不服管就用王法来制裁他。"于是拿出朝廷赐的两把剑给人看。莫大老害怕了，赶紧到官府拜见请罪。徐均查清他的各种违法行为，把他逮捕入狱。第二天一早，莫大老家的人想送给他两个瓜和几个石榴，实际上里面全是黄金珠宝。徐均连看都不看，就命人把送东西的人抓起来关到府里。阳春在徐均的治理下，社会安定，百姓安居乐业。

后来，徐均又被调往阳江，阳江在他的治理下，社会同样非常安定。徐均执法公正廉明，他根本不在乎被小人忌恨，也不在乎受权势打击。只要为人正直无私，那小人的伎俩又奈我何？

君子的责备，即便严苛，人们也应该恭听躬行；小人的赞美，即便悦心，也不可轻易入耳。做人要胸怀坦荡，仰不愧天，俯不作地。错误有大小轻重之分，小错能改，善莫大焉，前车之覆，后车之鉴，不要侥幸试图用一个错误来掩盖另一个错误，否则只能是作茧自缚。

徐均为人耿直，为官清廉，并且能够不为利益所惑，始终保持自己的操守，着实难能可贵。此外，他还有察人之明，看得穿小人的不轨之心，自然不理会他们的蛊惑，也不在乎他们的记恨，自得一种常人难及的洒脱境界。但是，拒绝诱惑是需要勇气和智慧的，并不是所有的人都有徐均这种察人之明。春秋时期的晋灵公就是这样一个例子。

晋灵公生性残暴，时常借故杀人。一天，厨师送上来熊掌炖得不透，他就残忍地当场把厨师处死。正好，尸体被赵盾、士季两位正直的大臣看见。他们了解情况后，非常气愤，决定进宫去劝谏晋灵公。但是，晋灵公并非是真正认识自己的过错，行为残暴依然故我。相国赵盾屡次劝谏，令他十分厌烦，竟然派刺客去暗杀赵盾。晋灵公听不进君子的善意劝导，却被佞臣屠岸贾的谄媚所蛊惑。

晋灵公好玩狗，在曲沃专门修筑了狗圈，给它穿上绣花衣。屠岸贾因为看晋灵公喜欢狗，就用

晋灵公行为残暴、好玩狗、亲小人远贤臣，最终被人所杀，晋国后来也被韩、赵、魏三家所瓜分。很多人的悲哀之处在于犯了错而不自知，而晋灵公既受不住别有用心之人的奉承，也听不进耿介之人的劝诫，不仅知错不改，而且屡教不改，越陷越深，最终身败名裂，为天下笑。

夸赞狗来博取灵公的欢心，灵公更加崇尚狗了。一天夜晚，狐狸进了绛宫，惊动了襄夫人，襄夫人非常生气，灵公让狗去同狐狸搏斗，狗没获胜。屠岸贾命令虞人（看山林的）把捕获的另外一只狐狸拿来献给灵公说："狗确实捕获到了狐狸。"晋灵公高兴极了，把给大夫们吃的肉食拿来喂狗，下令对国人说："如有谁触犯了我的狗，就砍掉他的脚。"于是国人都害怕狗。狗进入市集夺取羊、猪而吃，吃饱了就拖着回来，送到屠岸贾的家里，屠岸贾由此获大利。大夫中有要说某件事的，不顺着屠岸贾说，那么狗就群起咬他。

亲小人远贤臣的晋灵公最终被人所杀，而且晋国后来也被韩、赵、魏三家所瓜分。

古人云："人非圣贤，孰能无过？过而能改，善莫大焉。"圣人况且见贤思齐，见不贤而内自省，我们普通人就更应该如此了。错误有大小轻重之分。小错能改，善莫大焉，前车之覆，后车之鉴，而大错就是用一生去追悔也无法挽回，尤其不要侥幸试图用一个错误来掩盖另一个错误，否则只能是作茧自缚。

◎末路晚年　精神百倍◎

【原文】

日既暮而犹烟霞绚烂，岁将晚而更橙桔芳馨。故末路晚年，君子更宜精神百倍。

【译文】

在夕阳西下时，天空出现的晚霞放射出灿烂的光彩，绚丽夺目；在晚秋季节时，橙桔正结出芬芳金黄的果实。所以到了晚年的时候，一个有德行的君子更应该精神百倍地充满生活的信心。

【精读解析】

东汉名将马援用他的故事为我们诠释了何为老当益壮。

马援十二岁时，父亲去世。马援少有大志，诸兄奇之。他曾跟人学习《齐诗》，但其心不在章句上，学不下去。适值长兄病故，马援便留在家中，为哥哥守孝一年。

马援当扶风郡的督邮时，郡太守派他送犯人到长安，但他不忍心把犯人送去受刑，就把他放走了。自己因此丢了官，开始了逃亡生活，后来遇上大赦才得解脱。于是他安心地搞起畜牧业和农业生产。他种田放牧，能够因地制宜，多有良法，因而收获颇丰。时日一久，不断有人从四方赶来依附他，于是他手下就有了几百户人家，

老骥伏枥，志在千里，烈士暮年，壮心不已。到了晚年的时候，一个有德行的君子更应该精神百倍地充满生活的信心。

到了晚年的时候，一个有德行的君子更应该精神百倍地充满生活的信心。只有放弃了自己的理想，消极面对世事才会变成真正的老人。岁月的沧桑会不可避免地写在脸上，却无法在保持热情的心灵上留下印痕，只有忧虑、恐惧和自卑等消极情绪才会使人苟活于尘世。

成语"老当益壮"来自于东汉马援的故事，他一生奋斗不懈的精神至今为人所敬仰。

马援生于西汉成帝永始三年，扶风茂陵人，祖先是战国时期赵国名将赵奢，秦灭赵后，子孙为避祸而以马为姓。

大丈夫立志，穷当益坚，老当益壮。

马援十二岁时，父亲去世。马援想辞别兄长去边郡从事田牧，适值长兄病故，马援便为哥哥守孝一年。

马援当了扶风郡的督邮时，送犯人到长安，因不忍心犯人受刑，把犯人放走了。马援因此丢了官，开始了逃亡生活。

后来，马援遇上大赦得以解脱，安心地搞起畜牧业和农业生产。时日一久，不断有人依附他。物质上的富足并未削减马援的胸中之志。

王莽末年，四方兵起。马援被王莽的堂弟王林选拔为掾，推荐给王莽。王莽任命马援为新城大尹。

我欲马革裹尸，为国尽忠！

王莽失败后，马援和哥哥马员跑到凉州避难。光武帝刘秀即位后，马援则羁留西州。

后来，马援成了东汉有名的将领，为光武帝立下了很多战功，大半生都在"安边"战事中度过。

马援为国尽忠，殒命疆场，实现了马革裹尸、不死床箦的志愿，恰当地诠释了老当益壮。

供他指挥役使，他带着这些人游牧于陇汉之间。

物质上的富足并未削减马援的胸中之志。对着这田牧所得，马援慨然长叹："凡殖货财产，贵其能施赈也，否则守钱虏耳"。他常对宾客说："大丈夫立志，穷当益坚，老当益壮。"于是，他将财产都分给亲朋好友，自己则穿着羊裘皮裤，过着清简的生活。

王莽末年，四方兵起。王莽的堂弟王林任卫将军，广招天下豪杰。他选拔马援和同县人原涉为掾，并把他们推荐给王莽。王莽任命原涉为镇戎大尹、马援为新城大尹。王莽失败后，马援的哥哥马员正任增山连率，他和马援一起离开了各自的任所，跑到凉州避难。光武帝刘秀即位后，马员到洛阳投奔他，光武帝复其原职，让他仍到郡里去，后死于任上，马援则羁留西州。

后来，马援成了东汉有名的将领，为光武帝立下了很多战功。马援与其他开国功臣不同，他大半生都在"安边"战事中度过。马援为国尽忠，殒命疆场，实现了马革裹尸、不死床箦的志愿。

◎喜忧安危　勿介于心◎

【原文】

毋忧拂意，毋喜快心，毋恃久安，毋惮初难。

【译文】

对于不合意的事不要感到忧心忡忡，对于让人高兴的事不要欣喜若狂，对长久的安定不要过于依赖，对开始遇到的困难不要畏惧害怕。

【精读解析】

如果说，"对不合意的事不要忧心忡忡，对高兴的事不要欣喜若狂"，是一种随遇而安的淡定，那么"对长久的安定不要过于依赖，对开始遇到的困难不要畏惧"，则是一种未雨绸缪的智慧。

春有百花秋有月，夏有凉风冬有雪。人生也如四季，悲喜交替，循环往复。快乐与悲伤会时常地跑来敲我们的门，永远无法预测即将来临的是哪一个。人们既然无法控制即将遇到的幸与不幸，何不淡定洒脱一些？凡事顺其自然，"毋忧拂意，毋喜快心"。

喜忧安危是人之常事，又何必介意于心呢！

从从容容才是真。面对生活中的顺境与逆境，不如保持一副"随时""随性""随喜"的模样，心境自然，从容淡定，生活便会时不时地给我们一些惊喜。天涯有芳草，就算自己无法看见，但是心中念着那份美，人生自然也会美得多，浪漫得多，有趣味得多。

三伏天，禅院的草地枯黄了一大片。

"快撒点草种子吧！好难看哪！"小和尚说。

师父挥了挥手，说："随时！"

中秋，师父买了一包草子，叫小和尚去播种。

秋风起，草子边撒边被秋风吹走。

"不好了！好多种子都被吹飞了。"小和尚喊。

"没关系，吹走的多半是空的，撒下去也发不了芽。"师父说，"随性！"

撒完种子，跟着就飞来几只小鸟啄食。

"要命了！种子都被鸟吃了！"小和尚急得直跳脚。

"没关系！种子多，吃不完！"师父说，"随遇！"

半夜一阵骤雨，小和尚早晨冲进禅房："师父！这下真完了！好多草子被雨冲走了！"

"冲到哪儿，就在哪儿发芽！"师父说，"随缘！"

一个星期过去了。原本光秃的地面，居然长出许多青翠的草苗。一些原来没播种的角落，也泛出了绿意。

小和尚高兴得直拍手。

师父点了点头，说："随喜！"

故事中法师的高明之处就在于，他能够从容淡定地对待生活中的喜与忧。不管种子到了哪里，不管归宿如何，都会有一份新的生活在等待，也许和预期的不同，但是也无妨。天涯有芳草，就算自己无法看见，但是心中念着那份美，人生自然也会美得多，浪漫得多，有趣味得多。

从从容容才是真。生活中的太多东西强求不来，那些刻意追求的东西或许我们终生都无法企及，而那些不曾期待的灿烂往往会不期而至。面对生活中的顺境与逆境，不如保持一副"随时""随性""随喜"的模样，心境自然，从容淡定，生活便会时不时地给我们一些惊喜。

至于"毋恃久安，毋惮初难"，则是告诉人们要拥有危机意识，居安能够思危，得宠能够思辱。

有一天，啄木鸟在树林里意外发现了一些树木分泌出一种黏性很强的胶。啄木鸟差点被黏住。于是啄木鸟号召附近的鸟儿，尽快将这树种的种子全部吃掉。可是附近的鸟儿们并没有把啄木鸟的话当一回事。

春天来了，小树苗长了起来，啄木鸟又对鸟儿们说："赶紧在树苗长大前把它们全部拔掉，等它们长成大树，我们将失去这片树林，无家可归。"然而，鸟儿们依旧没有理睬啄木鸟的话。

随着时间的推移，一株株小树苗长成了一棵棵的大树，它们分泌出清香的粘胶，引来了许多虫子。看到这一切，鸟儿们开始嘲笑啄木鸟说："愚蠢的预言家、糊涂的先知，幸亏当初没有听你的谣言，不然可就吃不到这么美味的佳肴！"啄木鸟听了，叹道："难道你们真的不知道灾难就要发生了吗？"在一片嘲讽声中，啄木鸟离开了这里。

望着树上那些美味的食物，鸟儿们欢呼雀跃，它们成群结队地飞进树林，最后一只只都被黏在树上作最后的垂死挣扎。

生活中，危机总是如影随形，做一个有远见的智者是十分必要的。如果没有远虑，今朝有酒今朝醉，自我满足，自我陶醉，那么就有可能走向灭亡！

○冷静处世 逍遥而游○

【原文】

冷眼观人，冷耳听语，冷情当感，冷心思理。

【译文】

冷静地观察他人，冷静地听他人说话，冷静地感受事物，冷静地进行思考。

【精读解析】

百年人生难得一个"冷"字。冷眼观人，才能知人知面，看得清他人；冷耳听闻，才能字句入心，辨得出弦外之音；冷情感事，才能守住理智，作出正确的判断；冷心思理，才能灵台澄澈，不为外物所惑。一个成熟的人待人是冷静的，处世是理智的。战国时期著名的哲学家庄子，就是这样一个淡泊守心、冷静处世之人，因而他的思想能够真正达到逍遥而游的境界。

宋王遣曹商使秦，宋王赐车数辆；曹商至秦游说，其得秦王欢心，又获秦王所赠车马百乘。曹商返宋后见到庄子便得意地夸耀："从前我身居空街陋巷，困窘做鞋，面黄肌瘦，埋没了我的才能；而今凭借口舌打动大国君主，获车百乘，我的本领才得以充分施展。"庄子听罢，讥讽地道："我听说秦王有病召医，其定价为诊治疮疖得车一乘，而舌舐痔疮得

只有冷静待人，理智处世，才能摆脱束缚，逍遥而游。

一个成熟的人待人是冷静的，处世是理智的，这样遇事才不会感情冲动不知所措，做事才会有条不紊有序而行。冷静是人们立身处事的基本素质，如果缺乏冷静，人们很容易被外界的名利所惑，从而迷失方向，迷失自我。只有淡泊守心、冷静处世，思想才能够真正达到逍遥而游的境界。

车五乘；所治病愈卑下，则得车愈多，你使
秦得车之多，大概比舐痔更加卑贱。"曹商
扫兴而归。

　　惠施任梁相，庄子前往拜访。惠施听人
说庄子赴梁欲代其为相，因此十分恐慌，一
连三日三夜在教人大肆搜寻庄子。庄子见状，
主动登门对惠施说："南方有鸟（凤类之鸟），
它自南海飞往北海，沿途非竹实不食，非甘
泉不饮。鸱鸟（猫头鹰）刚刚拾到只腐鼠，见
飞越头顶，便抬头怒目相视，大声恐吓。现
在你也因你的梁国相位而恐吓我吗？"

　　一些热衷于功利之辈却以小人之心度君
子之腹，实在可笑。人活于世，难免执着于
名利二字。但是，名缰利锁，虚费光阴。如
果过分追逐不属于自己的功名利禄，往往会使自己陷入难以自拔的窘境。这时，人们就需要静下心
来，冷心思考，只有这样才能不被名缰利锁所束缚，也才能远离现实生活中的各种陷阱。

　　从古到今，有几人能够摆脱名利的束缚？让人们完全没有欲望，是不合常理的。折中之法就是，
以冷静为参考，凡事都要静下心来仔细掂量之后，再做决断。只有这样，才不会做出让我们抱憾终
身的事来。

你使秦得车之多，大概比舐痔更加卑贱！

庄子冷眼看世态炎凉盛衰荣辱，于是他更趋于清静无为，
向道之心更为强烈，思想也更加脱俗。如果过分追逐不属于
自己的功名利禄，往往会使自己陷入难以自拔的窘境。只有
静下心来，冷心思考，这样才能不被名缰利锁所束缚，也才
能远离现实生活中的各种陷阱。

◎长不欺短　富不凌贫◎

【原文】

　　天贤一人，以诲众人之愚，而世反逞所长，以形人之短；天富一人，以济众人之困，
而世反挟所有，以凌人之贫。真天之戮民哉！

【译文】

　　上天给予一个人聪明才智，是要让他来教
诲众人的愚昧，没想到世间的一些聪明人却卖
弄自己的才华，以暴露别人的短处；上天给予
一个人财富，是让他帮助众人解除困难，没想
到世间的有钱人却依仗自己的财富，来欺凌贫
穷的人。这两种人真是上天的罪人。

【精读解析】

　　吴王渡过长江，登上猕猴聚居的山岭。猴
群看到吴王打猎的军队经过，都惊慌地躲进了
荆棘丛生的山林深处。而有一只猴子却很例外。
它从容不迫地翻身越过一个个树枝，灵活地跳
来跳去，在吴王面前展示它高超的本领。吴王
用箭射它，它也巧妙地腾身避过一枝枝飞来的
利箭。吴王于是召集身边所有打猎的人，一起

聪明是人们成就事业的内在要求，财富是人们做事的经济
基础。上天赐予人聪明才智，是让人教化愚昧，而不是卖弄
才华，揭人之短；上天给予人钱财，是让人扶贫济困，而
不是仗势欺人，铺张浪费。富贵不足炫耀，才智不可仗恃，
只有宽厚仁慈、谦虚低调才是智慧的处世之道。

发箭，猴子终于躲避不及，抱树而死。

故事中的猴子很聪明，也很灵活，但是它却倚仗自己的敏捷而不把吴王放在眼里，以至于付出生命的代价。可见，恃才要不得！学问高时意气平，人生活在社会上必须要有"空杯"的心态。只有将自己的姿态放低，才能从别人那里学到知识、智慧。相反，如果不管什么时候都锋芒毕露，不但自己的才学无法长进，修养无法提升，反而给自己招来灾祸。

骄傲自满是一个可怕的陷阱，而且这个陷阱往往是人们自己亲手挖掘的。人有才智而不知收敛，结果与愚人无异，弄不好还正应了"聪明反被聪明误"的俗语，给自己造成困境。为人还是谦虚些好，恃才不可傲物，为富亦不能不仁。

晋朝的石崇为富不仁、暴殄天物，和王恺斗富，给自己引来杀身之祸。所以立身要有自知之明，不恃才傲物，谦虚低调；为富要不攀比，不炫耀，仗义疏财，扶困济危。否则，才能和富贵给人带来的不仅不是好处，还有可能是灾祸。

石崇家中美女无数，每次请客宴饮，便有美人劝酒；客人若不干杯，立斩美人。一次丞相王导和大将军王敦到石家赴宴，素不善饮的王导怕美人被杀，便勉强饮酒，直到大醉。轮到王敦喝酒，他却故意推辞，石崇便真的连杀三个美人。

石崇和王恺斗富，晋武帝是王恺的外甥，经常帮助王恺。武帝曾经送给舅舅王恺一枝二尺多高的珊瑚树。王恺拿来珊瑚树给石崇看，石崇却拿铁如意打碎了它。王恺极为惋惜，石崇说："不必遗憾，现在就奉还。"于是令左右拿出家中全部珊瑚，王恺看见其中一枝珊瑚树有三四尺高，枝繁叶茂，光彩夺目，顿时惘然若失。

王恺曾用饴糖和干饭擦锅，石崇则用蜡烛烧火做饭。王恺用赤石脂涂壁，石崇用花椒和泥。王恺常为三件事敌不过石崇而遗憾：石崇给客人做豆粥速度极快；冬天可以吃上韭蓱这种菜（用韭根等制成）；石家牛外形体力均不知王家牛，但速度奇快。后来石崇的卫队长告诉王恺说："豆末最难煮烂，所以事先煮好，待客人来后加进白粥里就可以了；把韭菜根切碎，搀上麦苗就成了韭蓱。"驭手也告诉王恺："牛本来跑得不慢，驭手驾牛车时让车的重心偏向一根辕木，这样另一侧的车轮和地面的摩擦减轻，车子便跑得快。"王恺仿效行之，都胜过石崇。石崇调查出事实真相，便将泄密者全都杀死。

石崇的宠奴绿珠极为美艳，又善吹笛。孙秀闻知，派人向石崇讨求。石崇不肯，孙秀于是矫诏逮捕了石崇。

晋朝的石崇就是因为为富不仁、暴殄天物，遭人嫉妒、憎恨，而给自己带来祸患。家财万贯而为人刻薄寡恩，就会陷入终日钩心斗角、与人争利的苦海中，完全丧失生活乐趣，丧失周围的亲友，到头来落得个孤立无援空虚寂寞，甚至给自己引来杀身之祸。只有心存善念，才能风波不起；只有广施善行，才能天下太平。

聪明是人们成就事业的内在要求，财富是人们做事的经济基础。上天赐予人聪明才智，是让人教化愚昧，而不是卖弄才华，揭人之短；上天给予人钱财，是让人扶贫济困，而不是仗势欺人，铺张浪费。所以，富贵不足炫耀，才智不可仗恃，只有宽厚仁慈、谦虚低调才是智慧的处世之道。

立身要有自知之明，不恃才傲物，谦虚低调；为富要不攀比，不炫耀，仗义疏财，扶困济危。否则，才能和富贵给人带来的不仅不是好处，还有可能是灾祸。

◎责人情平　责己德进◎

【原文】

责人者，原无过于有过之中，则情平；责己者，求有过于无过之内，则德进。

【译文】

对待别人应该宽容，要善于原谅别人的过失，把有过错当做无过错，这样相处就能平心静气；对待自己应该严格，在自己没有过错时要能找到自己的缺点，这样品德就会不断增进。

人非圣贤，孰能无过！

都是我的过错！

【精读解析】

一天，曹操出兵攻打张绣，途中路过一处麦田。为安抚民心，曹操下了一道军令，命令官兵不准践踏麦田，若有违令者，予以斩首。所以，官兵在经过麦田时，都下马小心翼翼地走，没有一个敢践踏的。老百姓看见了，纷纷称颂曹军。

可就在曹操骑马路过麦田时，田野里忽然飞起一只鸟儿，惊吓了他的马。那马飞速蹿入田地，踏坏了一大片麦田。曹操见状，立即要求随行官员治自己的罪，说："我作为军队首领，自己违反了自己下达的命令，更应该被斩首。"说完抽出腰间的佩剑要自刎，被众人连忙拦住。

> 责人易宽，责己易严说的就是以身作则的方法。具体说来就是如果我们想要让别人服从我们的管理，首先要把自己要求自己的标准提得比别人高一些，才会形成影响力，而在具体实行时，适当灵活运用这些原则，对待别人宽厚些，反而会让别人打心底里服气并主动向更高的标准靠拢。

这时谋士郭嘉引用《春秋》上的"法不加于尊"一句为曹操开脱，曹操沉思了好久，说："既然《春秋》上有'法不加于尊'的说法，那就暂且免去一死。但是，我犯了罪也应该受到处罚。"他一边说着一边用剑割下自己一束头发，掷在地上，对众官兵说："割发权代首。"

在古代，人们认为，身体发肤受之父母，随便割掉头发不仅大逆不道，而且还是不孝的表现。曹操作为军队的首领，能够以身作则，割发代首，确实很难得。也正是因为这样，他才能够折服众人，赢得军心、民心。对于那些身在领导、管理岗位的人来说，领导和管理者应该以身作则。

责人易宽，责己易严说的就是以身作则的方法。具体说来就是如果我们想要让别人服从我们的管理，首先要把自己要求自己的标准提得比别人高一些，才会形成影响力，而在具体实行时，适当灵活运用这些原则，对待别人宽厚些，反而会让别人打心底里服气并主动向更高的标准靠拢。

宽容是一种处世哲学，也是人的一种较高的思想境界。有些时候，宽容别人也就是善待自己。

以身作则时，我们应该严格要求自己，一切按原则办事。但是待人则相反，应以宽厚为本。人与人之间相互往来，不可避免地要出现或大或小的错误，这个时候不要动不动就横加指责，大声呵斥，而应该心气平和地予以宽容。很多时候，别人对我们产生仇恨心理并不是因为我们得罪了他们，而是因为我们对他人的小过不能够抱以宽容之心。

每个人都犯过错，但是因为我们每个人所处的位置不同，处理错误的方式也应该有所变通。所谓"责人者，原无过于有过之中，则情平；责己者，求有过于无过之内，则德进"，说的就是一个灵活而有针对性应对错误的方法。犯错的结果不是惩罚，而是改过。这时，对自己严格些，可以促进自己的德业精进；对别人宽厚些，可以给对方真心改过的机会。这样做，我们就不容易为外物所累，同时对自己的修养也是一种提升。

❀ ◎闲时吃紧　忙时悠闲◎ ❀

【原文】

天地寂然不动，而气机无息稍停；日月昼夜奔驰，而贞明万古不易。故君子闲时要有吃紧的心思，忙处要有悠闲的趣味。

【译文】

天地看起来好像很安宁，没有什么变动，其实充盈在里面的阴阳之气时时在运动，没有一刻会停歇；太阳和月亮白天黑夜不停地运转，但它的光明自古以来没有改变。所以君子在闲散时要有紧迫感，在忙碌时要有悠闲的情趣。

【精读解析】

古语说"身不宜忙，而忙于闲暇之时，亦可傲惕惰气；心不可放，而放于收摄之后，亦可鼓畅天机"。意思是说，身体不宜过于忙碌，但是在闲暇的时光中找一点事情来做，就可以防止懒惰的气息；心灵不宜过于闲适，但是在紧张之中放松一下，也可以捕捉到内心的灵感，领略到生活的真谛。

音乐之所以扣人心弦，就在于它懂得收放缓急，就像《梁祝》中有缠绵柔美的爱情渲染，也有雷鸣闪电般的反抗挣扎。一曲听完，我们也仿佛经历了一场切身的情感，思绪万千。这就是变化的魅力。

生活也与音乐相似，需要不同的节奏来改变心情，转换方向。如果总是处在单一的环境中，就很容易产生厌倦。正如只有平时紧张的学习，才会觉得周末分外珍贵和放松，如果长期无事可做，又会向往上学、工作。新鲜的环境和节奏总是让人精神振奋，有一种从头开始的激情；崭新的目标也会让人重新审视自己，找到属于自己的天地。当你在一种状态中感到乏力时，不妨换一个节奏来放松自己，或者稍稍调整一下方向，向自己擅长的路出发。这种转换在整个人生轨迹中是一种调和的艺术。譬如饮酒，干杯则不知酒味，泥醉则不知微醺，要小酌，取之刺激与温醇的中和。

在很多学者看来，中国人生活的最高典型就应属于这种调和的生活。林语堂先生在《谁最会享受人生》中，深刻地剖析了中国人的生活模式，提出要摆脱过于烦恼的生活和太重大的责任，实行一种闲忙适宜、无忧无虑的生活哲学。林语堂先生说："我相信主张无忧无虑和心地坦白的人生哲学，一定要叫我们摆脱过于烦恼的生活和太重大的责任。中国最崇高的理想，就是一个不必逃避人类社会和人生，而本性仍能保持原有快乐的人。"

其实，我们现实中的生活状态就应是"闲时要有吃紧"，"忙处要有悠闲"，这是一种介于忙与闲两个极端之间的那一种有条不紊的生活。这样的人仿佛在走着中庸的平衡木，在动作与静止之间找到了一种完全的均衡。所以要想在忙碌的生活中，找到真正值得自己倾尽心力，并能始终保持热情的事，就应该做这样一个人：一半有名，一半无名；清闲中带有忙碌，在忙碌中又抱着轻松的心态。

古人云："一张一弛，乃文武之道。"人生也应该有张有弛，也应该忙中有闲。人生这把弦琴，弦太松了，弹不出优美的乐曲，太紧了，就容易断，只有松紧合适，才能奏出舒缓

君子在闲散时要有紧迫感，在忙碌时要有悠闲的情趣。

身体不宜过于忙碌，但是在闲暇的时光中找一点事情来做，就可以防止懒惰的气息；心灵不宜过于闲适，但是在紧张之中放松一下，也可以捕捉到内心的灵感，领略到生活的真谛。应该做这样一个人：一半有名，一半无名；清闲中带有忙碌，在忙碌中又抱着轻松的心态。

优雅的乐章。悠闲与工作并不矛盾。处理好二者的关系，最重要的是能拿得起，放得下。工作时就全身心投入，高效运转。放松时就全身心放松，去钓鱼、去登山、去观海，把工作完全放在一边，不要总是牵肠挂肚，其次就是工作休闲应该搭配得当，一如琴弦的松紧合适，太闲太累都不能感受到生活的乐趣，亦不能奏出人生优雅的乐章。适时地忙里偷闲，可以让人从烦躁、疲惫中及时摆脱，从而获得内心的平静和安详。

◎常思常想　灵活变通◎

【原文】

寒灯无焰，敝裘无温，总是播弄光景；身如槁木，心似死灰，不免堕在顽空。

【译文】

微弱的灯火已经失去光焰，破旧的棉衣已经不能保暖，这是造化在玩弄世人；身子像干枯的树木，心灵像燃透的灰烬，这样的人不免陷入冥顽之中。

【精读解析】

有一位建筑师和一位逻辑学家，是无话不谈的好友。一次，两人相约赴埃及参观著名的金字塔。

到埃及后，有一天，逻辑学家在宾馆里写自己的旅行日记。建筑师则独自在街头徘徊，忽然耳边传来一位老妇人的叫卖声："卖猫啊，卖猫啊！"

建筑师一看，在老妇人身旁放着一只黑色的玩具猫，标价500美元。这位妇人解释说，这只玩具猫是祖传宝物，因孙子病重，不得已才出卖以换取住院治疗费。建筑师用手一举猫，发现猫身很重，看起来似乎是用黑铁铸就的。不过，那一对猫眼则是珍珠的。

于是，建筑师就对那位老妇人说："我给你300美元，只买下两只猫眼吧！"老妇人一算，觉得行，就同意了。建筑师高高兴兴地回到宾馆，对逻辑学家说："我只花了300美元竟然买下了两颗硕大的珍珠！"

逻辑学家一看这两颗大珍珠，少说也值上千美元，忙问朋友是怎么一回事。当建筑师讲完缘由，逻辑学家忙问："那位妇人是否还在原处？"建筑师回答说："她还坐在那里，想卖掉那只没有眼珠的黑铁猫！"

逻辑学家听后，忙跑到街上，给了老妇人200美元，把猫买了回来。建筑师见后，嘲笑道："你呀，花200美元买了个没眼珠的铁猫！"

逻辑学家却不声不响地坐下来摆弄这只铁猫，突然，他灵机一动，用小刀刮铁猫的脚，当黑漆脱落后，露出的是黄灿灿的一道金色印迹，他高兴地大叫起来："正如我所想的，这猫是纯金的！"

原来，当年铸造这只金猫的主人，怕金身暴露，便将猫身用黑漆漆过，俨如一只铁猫。对此，建筑师十分后悔。

此时，逻辑学家转过来嘲笑他说："你虽然知识很渊博，可就是缺乏一种思维的艺术，分析和

人们在做事情的时候不要过分拘泥，亦不要冥顽不灵，人们都应学会运用变通思维去看问题和解决问题。聪明的人善于灵活变通、创新思考，只有时时不忘给心灵注入一泉活水，才能有意外的收获。而且有时候，灵活一些，换一种思维方式思考会更有利于问题的解决。

判断事情不全面、不深入。你应该好好想一想，猫的眼珠既然是珍珠做的，那猫的全身会是不值钱的黑铁所铸吗？"

建筑师因为只拘泥于表面的现象，所以没有看到"铁猫"的价值。聪明的人应该灵活变通、创新思考，只有时时不忘给心灵注入一泉活水，才能有意外的收获。

在一个暴风雨的日子，有一个穷人到富人家讨饭。

"滚开！"仆人说，"不要来打搅我们。"

穷人说："只要让我进去，在你们的火炉上烤干衣服就行了。"仆人以为这不需要花费什么，就让他进去了。

这个可怜人，这时请求厨娘给他一个小锅，以便他煮点石头汤喝。"石头汤？"厨娘说，"我想看看你怎样用石头做成汤。"于是就答应了。穷人到路上拣了块石头洗净后放在锅里煮。

"可是，你总得放点盐吧。"厨娘说，她给他一些盐，后来又给了些豌豆、薄荷、香菜。最后又把能够收拾到的碎肉末都放在汤里。

当然，你也许能猜到，这个可怜人后来把石头捞出来扔回路上，美美地喝了一锅肉汤。不过，如果这个穷人直接对仆人说："行行好吧！请给我一锅肉汤。"这将得到什么结果呢？答案不言自明。运用变通思维往往能起到点石成金、化腐朽为神奇的作用。

随着社会的发展，创造性思维显得越来越重要，也越来越被人们所认识。谁要想使自己的工作产生超凡出众的效果，谁要想在竞争中立于不败之地，谁就应该跳出传统的思维定式，学会运用创造性思维。因此，不论在工作中，还是在生活中，人们都应学会运用变通思维去看问题和解决问题。

◎忙不乱性　死不动心◎

【原文】

忙处不乱性，须闲处心神养得清；死时不动心，须生时事物看得破。

【译文】

要做到忙碌的时候心性不乱，必须在清闲的时候就培养好清醒敏捷的头脑；要想在死亡面前不感到畏惧，必须在平时就对人生悟得透彻。

【精读解析】

有一只狐狸想溜进一个葡萄园里大吃一顿，但是栅栏的空隙太小，它钻不进去。在狠狠地节食了三天后，它总算能钻进去了。但是当它大吃一顿以后，却又出不来了，只好在里面又饿了三天，才出得来。这只狐狸感慨地说："忙来忙去，到头来还是一场空。"

当你一个人静下来的时候，有没有问过自己是否像这个故事中的狐狸一样——忙来忙去，最终却一无所获。生活有时候会忙乱不堪，停滞不前，甚至走投无路，而这种困惑往往源于自己生活中的混乱，梁漱溟先生称之为生命的淤塞。生命如水流动，一旦淤塞便会浑浊，让

要想在事务繁忙的时候保持冷静的态度而不至于本性大乱，就必须在平时修身养性，培养自己清晰敏捷的头脑；在生命走向终结的时候能够从容镇静，就必须在平时对生死有透彻的领悟。当我们能把太在乎放下，用一种坦然自然的心态去做人做事，那么面对生死也能镇定自若了。

你看不清生命的真谛。生活之乱，也正是因为心被他物所遮掩了，人变得惶惑不安，不知何去何从。

《菜根谭》对此解释道：要想在事务繁忙的时候保持冷静的态度而不至于本性大乱，就必须在平时修身养性，培养自己清晰敏捷的头脑；在生命走向终结的时候能够从容镇静，就必须在平时对生死有透彻的领悟。

忙与不忙，惧与不惧，事实上都是我们内心的状态，当我们能把太在乎放下，用一种坦然自然的心态去做人做事，那么再忙也只是身忙，心不忙，面对生死也能镇定自若了。

一日，弟子向神山僧密禅师请教："请师父谈一谈生死之事。"

僧密禅师说："你什么时候死过？"

弟子说："我不曾死过，也不会，请师父明示。"

僧密禅师说："你既不曾死过，又不会，那么，只有亲自死一回方能知道死是怎么一回事。"

弟子大惊："难道只有亲历才能知道生死之事吗？"

僧密禅师说："相传六祖慧能禅师弥留之际，众弟子痛哭，依依不舍，大家都将他视为再生父母。六祖气若游丝地说：'你们不用伤心难过，我另有去处。'"

弟子开悟："原来，生死只是里程碑！"

禅师想要告诉弟子的道理是：不要太在意生死。如此才能看破生死。

这个世界，总是处在因果循环中，有得必有失，有福必有祸，有生必有死，既然是这样，很多东西我们是无法去创造和左右的。彻悟生活，看破生死。不是学曹孟德"譬如朝露，去日苦多"的叹息，也不是拾苏东坡"人生如梦"的无奈，更不是看破红尘的消极颓唐。而是想，人生苦短，生命易逝，今天能健康、自在、安乐地活着，我们就没有什么理由不去珍重生命、热爱生活、好好活着，过好生命中的每一天。今天就是生命——是唯一你能确知的生命，少了忧虑，恰好也落得潇洒与清净。

也许我们放弃了舟马，却收获了滋润的心灵。在人生路上慢慢地行走着，装一颗探求的心灵，携一份悠闲淡泊的神思，看一看人间百态，品一品世间甜苦，闻一闻鸟鸣虫嘶，嗅一嗅芳草鲜花，不做高深的评论，"忙不乱性，死不动心"，只需用心去感触、去领悟，你就会发现生活是如此五彩缤纷。

◎出世心态 淡然生活◎

【原文】

出世之道，即在涉世中，不必绝人以逃世；了心之功，即在尽心内，不必绝欲以灰心。

【译文】

超凡脱俗的方法，就应该在尘世中寻找，不必刻意隔绝世人远遁山林；了悟本心的功夫，就在尽心尽力中去体会，不一定要断绝欲念，使心如死灰。

【精读解析】

很多圣人都主张不为外物所累，但是没有一个圣人完全脱离世俗的生活，他们像普通人一样吃饭、穿衣、娶妻生子。唯一的不同，他们尽心地去体悟生活，从平常生活中了悟人生的大智慧，面对外物他们只是取自己所需要的那部分。所以"了心之功，即在尽心内，不必绝欲以灰心"，而且对于我们现代人来说，拥有古人的那种出世生活的可能性很小。所以，《菜根谭》这句话的现实意义就在于告诉人们保持出世的心态，即控制住贪欲的心力。

从前有个书生，他苦读五个春秋只为能凭借考试平步青云，拥有万贯家财，但是事与愿违。得知自己落榜的那一天，他在大街上垂头丧气地往前走着。他衣衫褴褛、面黄肌瘦，看起来很久没有吃过一顿饱饭了。他不停地抱怨："什么天道酬勤，完全就是妄言！我不比别人少用功，但是为什么唯独我落榜了呢？"

人世纷扰，疲累烦恼多来自于欲求啊！

人类最大的敌人就是自己的贪婪，一个人不管是做生意还是做官，不能总是得陇望蜀，得到的东西总是不珍惜，而得不到的却总是念念不忘。在我们的实际生活中，头脑中多些理智，心中常放些淡泊，自然就不会让我们的人生因欲望而发生转向。

有个神仙听到了他的抱怨，出现在他面前，怜惜地问他："那你告诉我吧，你此时最想得到什么？"书生看到神仙显灵，喜出望外，张口就说："我要银子！"神仙说："好吧，脱下你的衣服来接吧！不过要注意，只有被衣服包住的才是银子，如果掉在地上，就会变为垃圾，所以不能装得太多。"书生听后连连点头，迫不及待地脱下了衣服。

不一会儿，白花花的银子从天而降。书生忙不迭地用他的破衣服去接银子。神仙告诫书生："太多的银子会撑破你的衣服。"书生不听劝告，仍兴奋地大喊："没关系，再来点，再来点。"正喊着，只听"哗啦"一声，他那件破旧的衣服裂开了一条大口子，所有的银子在落地的一瞬间全变成了破砖头、碎瓦片和小石块。

神仙叹了口气消失了。书生又变得一无所有，只好披上那件比先前更破、更烂的衣服，继续着他的落魄生活。

一个真正的智者、圣人，并不是超凡脱俗之人，也不是不食人间烟火、无所欲求的人，对一个想修身养性的人来说，根本就没有必要为了表示自己的淡泊隐居深山老林。因为这些只不过是形式而已，真正关键的是一个人的内心，它有多少克制，就有多大修为。在我们的现实生活中也是这样，一个人想有多少财富、多高的地位，首先要花相应的心力去克制对财富和地位的欲望。头脑中多些理智，心中常放些淡泊，自然就不会让我们的人生因欲望而发生转向。

◎富贵知贫　少壮念老◎

【原文】

处富贵之地，要知贫贱的痛痒；当少壮之时，须念衰老的辛酸。

【译文】

生活在富贵的环境中，要知道贫穷困苦人家的艰难；年轻力壮时，要顾及年老力衰后的悲哀。

【精读解析】

人生之中，最难能可贵的不是贫而无谄，也不是富而无骄，而是能够富贵知贫、少壮念老、得宠思辱、居安思危，防患于未然。人们往往在困境之中会充满对未来的憧憬与希望，但是在顺境之中却通常看不见隐藏的危险。好的时候不要满眼皆是好，坏的时候也不要满眼皆是坏，关键是要有远见。生活在富贵的环境中，要知道贫穷困苦人家的艰难；年轻力壮时，要顾及年老力衰后的悲哀；得势的时候要预见到失势之时的场景；处境安全无忧的时候要考虑到可能带来危险的因素。

"陶朱公"范蠡，正是这样一个"忠以为国；智以保身；商以致富，成名天下"的智者。他能够在功成名就之时毅然隐退，在家财万贯的时候散尽千金，只因为他不执着于眼前的利害而放眼于将来的顺逆。

范蠡侍奉越王勾践，与勾践运筹谋划二十多年，终于灭了吴国，洗雪了会稽的耻辱。后来，勾践称霸，范蠡做了上将军，备受尊崇，但是范蠡却能够适可而止、急流勇退。他明白"飞鸟尽，良弓藏；狡兔死，走狗烹"的道理，也深知勾践为人，可与共患难，难与共安乐。于是，便毅然抛弃了到手的荣华，而与西施一起泛舟齐国。

生活在富贵的环境中，要知道贫穷困苦人家的艰难；年轻力壮时，要顾及年老力衰后的悲哀；得势的时候要预见到失势之时的场景；处境安全无忧的时候要考虑到可能带来危险的因素。

在齐国，由于他仗义疏财、贤名远播，受到齐王赏识，官拜相国。此时的范蠡，可以说是集富贵、权势、声名等于一身，但是这些并没有让他放松警惕。他喟然感叹："居官致于卿相，治家能致千金；对于一个白手起家的布衣来讲，已经到了极点。久受尊名，恐怕不是吉祥的征兆。"于是，才三年，他再次抽身离开，向齐王归还了相印，散尽家财给知交和老乡。

一身布衣，范蠡来到定陶，那里四通八达，地理位置优越，是良好的经商之地。范蠡带领家人们耕作和牧畜，他们战胜了各种自然灾害，获得了庄稼的丰收和六畜的兴旺。随后，他又不失时机地转而从事商业买卖，积累资金，看准时机大胆地买进卖出，虽然一次只谋取十分之一的利润，但他的买卖做得十分红火。没过多久，他就凭此积累了数百万的财富，人称陶朱公。

相反，越王勾践的谋臣文种，曾和范蠡一起为勾践出谋划策，也为打败吴王夫差立下赫赫功劳。但是在灭吴后，文种自觉功高，不听从范蠡的劝告，继续留下为勾践效力，却终为勾践所不容，受赐剑自刎而死。而范蠡却能明哲保身，居安思危，急流勇退，高龄几近百岁。

同为国家立下赫赫功劳，范蠡和文种之后的命运却截然不同，其中的关键在于，范蠡比较有远见，在顺境之中能够预见逆境的到来，而且能够未雨绸缪，及早做出行动，改变即将到来的不利处境。而文种却安于顺境，不懂得宠念辱的道理，结果受辱身死，令人感叹。

每个人都应当有危机意识，身处顺境的时候，要警惕可能存在的不利因素，居安思危，防患于未然，只有这样才能掌握事情发展的先机，避免可能发生的不好事情。

乡亲们，我教你们如何创造财富！

当然，范蠡急流勇退之时，放弃了很多东西，功名利禄这些常人难以拒绝的诱惑，都没有阻挡他离开的脚步，这是十分需要勇气和魄力的。人们在日常生活之中，不要被眼前的利益所束缚，蜗角虚名、蝇头小利，当放弃则放弃，居安思危、放眼长远才是明智之举。

"陶朱公"范蠡能够在功成名就之时毅然隐退，在家财万贯的时候散尽千金，只因为他不执着于眼前的利害而放眼于将来的顺逆。

◎闹中取静　冷处热心◎

【原文】

　　热闹中着一冷眼，便省许多苦心思；冷落处存一热心，便得许多真趣味。

【译文】

　　在极为热闹喧嚣的场合，如果能用冷静的眼光观察外物，便可省去许多令人烦恼的事情；在失意落寞的时候，如果能有一个奋发向上的决心，那就可以得到许多人生真正的乐趣。

【精读解析】

　　一天，光严童子为寻求适于修行的清净场所，决心离开喧闹的城市。在他快要出城时，遇到维摩居士。

　　维摩也称为维摩诘，是与佛祖同时代的著名居士，他妻妾众多，资财无数，一方面潇洒人生，游戏风尘，享尽世间富贵；一方面又精悉佛理，崇佛向道，修成了救世菩萨，在佛教界被喻为"火中生莲花"。

　　光严童子问维摩居士："你从哪里来？"

　　"我从道场来。"

　　"道场在哪里？"

　　"直心是道场。"

　　听到维摩居士讲"直心是道场"，光严童子恍然大悟。"直心"即纯洁清净之心，即抛弃一切烦恼，灭绝了一切妄念，纯一无杂之心。有了"直心"，在任何地方都可修道；若无"直心"，就是在最清净的深山古刹中也修不出正果。

　　如果人们内心纯洁清净，没有杂念，任何地方都可以修道，反之，即便是最清净的深山古刹也修不出正果。所以人们应该淡泊外物，宠辱不惊，即使身处闹市也能保持内在的宁静不为外在的喧嚣所打扰，即使落寞失意也仍然可以不因一时的失意而苦恼，而是能够自得其乐，在淡泊中奋起。

　　生活中，很多人都喜欢把失败归因于周围的环境，而很少有人考虑到自身。事实上，正如维摩诘所讲，直心是道场，如果人们内心纯洁清净，没有杂念，任何地方都可以修道，反之，即便是最清净的深山古刹也修不出正果。

　　在熙熙攘攘的人群之中，假如能冷静观察事物的变化，就可以减少很多不必要的心思；一个人穷困潦倒不得意时，仍能保持一股向上的精神，就可以获得很多真正的生活乐趣。世界充满了纷纷扰扰，人的心灵当似高山不动，不能如流水不安。居住在闹市，在嘈杂的环境之中，不必关闭门窗，只任它潮起潮落，风来浪涌，我自悠然如局外之人，没有什么能破坏心中的凝定。身在红尘中，而心早已出世，在白云之上，又何必"入山唯恐不深"。所谓"闹中取静，冷处热心"，就是告诉人们如果淡泊外物，宠辱不惊，即使身处闹市也能保持内在的宁静不为外在的喧嚣所打扰，即使落寞失

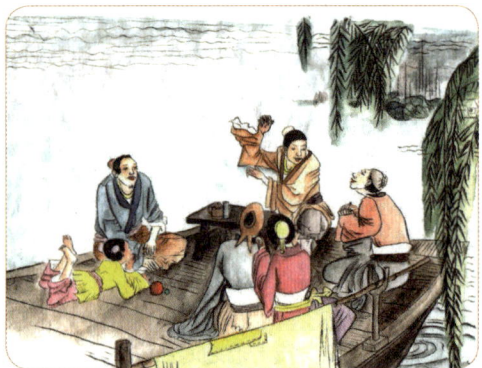

　　"直心"即纯洁清净之心，即抛弃一切烦恼，灭绝了一切妄念，纯一无杂之心。有了"直心"，在任何地方都可修道。在熙熙攘攘的人群之中，假如能冷静观察事物的变化，就可以减少很多不必要的心思；穷困潦倒时，仍能保持向上的精神，就可以获得很多真正的生活乐趣。

意也仍然可以不因一时的失意而苦恼，而是能够自得其乐，在淡泊中奋起。

多年前，一家钢铁厂经营不景气，亏损高达十五亿元。在众人都纷纷离去的时候，厂长并没有放弃经营，而是继续坚持下去。在别人看来，这是一个错误的决定，因为钢铁厂债重难还，而生产设备又落后，员工凝聚力涣散，这是一个巨大的洞，根本无法填平。

面对种种议论，厂长却坦然地说："当年我来到这个钢铁厂的时候，口袋里只有五元钱，是这个厂令我成功，现在是我回报它的时候了，如果我失败了，那就等于损失了五元钱。"

最终，年近六旬的厂长从别墅里搬出来，住进了那家破败的钢铁厂。三年后，工厂起死回生，开始大量盈利。

仔细想想，一时的得与失真的没那么重要。人们应该有这样一种态度：保持宠辱不惊的心态。

宠辱不惊的人是幸福的，这种心态使人心更加淡泊，更加自由，没有羁绊。宠辱不惊是不慕名利，远离喧嚣和纠缠，走向超越；宠辱不惊是遭受挫折时仍有与花相悦的从容；宠辱不惊是别人都忙于趋本逐利时仍然保持淡定。只有宠辱不惊，才可以使人们真正享受人生，在努力中体验欢乐、充实自己。

◎ 少时思老　荣时思枯 ◎

【原文】

自老视少，可以消奔驰角逐之心；自瘁视荣，可以绝纷华靡丽之念。

【译文】

以老年时的眼光来看待少年时的行为，就可以消除很多追名逐利的心理；从衰败时的情形来看繁盛时的景象，可以断绝很多追求荣华富贵的念头。

【精读解析】

《南史》里记载了一位渔父的故事：

据说，南朝宋时有一渔父，很有才学，但人们不知其姓名，也不知其乡居何处。

孙缅在浔阳担任太守时，有一天夕阳西下，他到江边漫步，见一叶扁舟在波涛中时隐时现，一会儿便看见渔父驾船而来。渔父神韵潇洒，垂纶钓鱼，并发出阵阵长啸。孙缅感到十分奇怪，便问道："您钓鱼是为了卖钱吗？"渔父笑着回答说："我钓鱼并不是钓鱼，又怎能是卖鱼之人？"听了渔父的回答孙缅更加惊奇。

于是他提着衣服蹚着河水靠近小船，对渔父说："我暗中观察先生，知道您是一位有才学的人。但是您每日驾舟捕鱼，也十分劳苦。我听说黄金白璧是重利，驷马高车为显荣，当今之世，王道昌明，海外隐居之士，靡然而归。您为何不向往天下的光明，而将自己的才华隐藏起来呢？"渔翁回答道："我是山海间的一位狂人，不通达世间杂务，也分不清荣贵和贫贱。"为了表明自己的心态，渔父又歌唱道："勾竿，河水。相忘为乐，贪饵吞钩。非夷非惠（伯夷、柳下惠，皆是上古隐者），聊以忘忧。"

功名利禄不过是过眼云烟啊！

少年人以老年人的眼光来看待世俗中的功名利禄，自然就会消减争名夺利之心；身处盛世中的人以末世的景象来对比当下的繁华，也就会断绝追求荣华富贵的念头。只有这样才能在危机真正到来之时有缓冲的余地。否则，当沉迷于眼前的安逸之时，危险就已经不知不觉地来临了。

唱完之后，渔父向孙缅表明自己无心做官的心意，于是便悠然划桨而去。

故事中的渔翁之所以宁愿放歌于五湖四海，清贫度日，也不愿意涉足官场，就是因为他看透了官场的沉浮起落，即便身居高位、权倾一时，最终也难免有失足跌落的一天。

《菜根谭》中说："自老视少，可以消奔驰角逐之心；自瘁视荣，可以绝纷华靡丽之念。"意思是，少年人如果以老年人的眼光来看待世俗中的功名利禄，自然就会消减争名夺利之心；身处盛世中的人如果以末世的景象来对比当下的繁华，也会断绝追求荣华富贵的念头。

这其实要告诉人们，应该有危机意识，功名利禄、荣华富贵都不会长久，我们应该放眼长远，居安思危、得宠思辱、处富虑贫，只有这样才能在危机真正到来之时有缓冲的余地。否则，当人们沉迷于眼前的安逸之时，危险往往就已经不知不觉地来临了。

> 应该有危机意识，功名利禄、荣华富贵都不会长久，我们应该放眼长远，居安思危、得宠思辱、处富虑贫。

少年人如果以老年人的眼光来看待世俗中的功名利禄，自然就会消减争名夺利之心；身处盛世中的人如果以末世的景象来对比当下的繁华，也就会断绝追求荣华富贵的念头。

在盛产响尾蛇的地方，毒蛇咬人的意外时有发生。响尾蛇含有剧毒，如果被咬伤者不立即接受治疗，便有生命危险。医院曾对被响尾蛇咬伤的急诊病人做过统计。医生们意外地发现，很多病人都是被死蛇咬伤，甚至丧命。那些死蛇，有的是被枪打死的，有的是被刀砍死的，蛇身已经被砍成两截。但没有经验的人，只要用手一碰，死蛇的头就会突然弹起，狠狠地反咬他一口，在医学上这叫"条件反射"。

实验证明，蛇头被切下一个小时后，它的肌肉仍然可以做出强有力的扑咬动作。死去的毒蛇反而比活着的毒蛇更容易让人受伤，防不胜防。

毒蛇虽然难防，但并不是不可防，之所以有那么多的人躲不过响尾蛇的袭击，归根结底，还是因为人们缺乏防范意识，缺乏危机意识，不能在危险到来之前就有所警惕。

世事难测，即便人们很少犯错，也难免有不虞之隙、难全之毁，人们也不知道这些貌似毫不起眼的小事在何时就成为致命的导火索。所以，任何时候都不要被表象的和谐所蒙蔽，而是应该将眼光放长远一些，时刻为即将到来的暴风雨做好准备。

◎一念不生　真境自现◎

【原文】

人心多从动处失真，若一念不生，澄然静坐，云兴而悠然共逝，雨滴而泠然俱清，鸟啼而欣然有会，花落而潇然自得。何地非真境，何物无真机？

【译文】

人多在内心浮躁的时候失去自然的本性，如果能不产生一点杂念，心灵明澈，随着飘过的云朵一起消逝在天边，就着清冷的雨滴洗净心中的尘埃，从唧啾的鸟鸣声中领会自然的奥妙，随落花缤纷潇洒自得。那么何处不是人间的仙境，何处不蕴涵着自然的机趣？

【精读解析】

赵州禅师语录中有这样一则：

问："白云自在时如何？"

师云："争似春风处处闲！"

天边的白云什么时候才能逍遥自在呢？当它像那轻柔的春风一样，内心充满闲适，本性处于安静的状态，没有任何的非分追求和物质欲望，放下了世间的一切，它就能逍遥自在了。白云如此，人亦然。

能够放下世间的一切假象，便会觅得自己的本真、本心。

宋朝的雪窦禅师喜欢云游四方。这天，禅师在淮水旁遇到了曾会学士。

曾会问道："禅师，你去哪里啊？"

雪窦回答说："不一定，也许去往钱塘，也许到天台那里去看看。"

曾会建议道："灵隐寺的住持延珊禅师和我交情甚笃，我给您写封介绍信，您带去交给他，他一定会好好招待您的。"

于是雪窦禅师来到了灵隐寺，但他并没有把曾会的介绍信拿出来，而是潜身于普通僧众之中过了三年。

三年后，曾会奉命出使浙江，便到灵隐寺去找雪窦禅师，但寺僧告诉他说并不知道这个人。曾会不信，便自己到云水僧所住的僧房内，在一千多位僧众中找来找去，终于找到了雪窦禅师。曾会不解地问："为什么您不去见住持而隐藏在这里呢？是我为您写的介绍信丢了吗？"雪窦禅师微笑着回答道："不敢，不敢。我只是一个云水僧，一无所有，所以我不会做您的邮差的！"

说完拿出介绍信，原封不动地交给了曾会，两人相视而笑。曾会随即将雪窦引荐给住持延珊禅师，延珊禅师甚惜其才。

后来，苏州翠峰寺缺少住持，延珊禅师就推荐了雪窦。在那里，雪窦终成一代名僧。

雪窦禅师是清空了自己心灵的人。他清空了心灵里世俗生活积存下来的枯枝败叶。只有清空心灵，才能最大限度地获得生命的自由与独立；只有清空心灵，才能收获未来的光荣与辉煌；只有清空心灵，才能超出欲望的需求而追求品德的完善。清空心灵的时候，就是一个人做到无欲的时候，就是放弃了心中杂念的时候。

去除杂念，心静如水，人的天性便会出现。不求得心的平静，却一味追寻人的天性，那就像拨开波浪而去捞水中的月亮一样。"非宁静而无以致远。"诸葛武侯如是说。静是什么？是泰山崩于前而色不变，是大胸襟，也是大觉悟，非丝非竹而自恬愉，非烟非茗而自清芬。

现代人品味了太多生活的紧张与焦灼，已很难品味到静的恬愉与清芬，人也渐渐变得浮躁起来，可是浮躁往往不利于事情的发展。因此，与其让浮躁影响我们正常的思维，不如放开胸怀，静下心来，默享生活的原味。

静，即是不轻易起心动念。水流任急境常静，花落虽频意自闲。此心常在静处，荣辱得失，谁能差遣我？我们常人之间之所以有分别，完全因为起心动念。而去除妄念，安于平静，我们才能更好地感受到生活的乐趣。

去除杂念，心静如水，人的天性便会出现。

当白云像春风一样，本性处于安静的状态，没有任何的非分追求和物质欲望，放下了世间的一切，它就能逍遥自在了。白云如此，人亦然。去除杂念，心静如水，人的天性便会出现。不求得心的平静，却一味追寻人的天性，那就像拨开波浪而去捞水中的月亮一样。

是我为您写的介绍信丢了吗？

我只是一个云水僧，一无所有，所以我不会做您的邮差的！

曾会曾为雪窦禅师写了一封介绍信，三年之后见到雪窦禅师发现，禅师并未示人。曾会随即将雪窦禅师引荐给住持，住持甚惜其才。

◎放下我执　少些烦恼◎

【原文】

世人只缘认得我字太真，故多种种嗜好，种种烦恼。前人云："不复知有我，安知物为贵？"又云："知身不是我，烦恼更何侵？"真破的之言也。

【译文】

世上的人因为把"我"字看得太重，所以才会有那么多的嗜好和那么多的苦恼。古人说："如果已经不再知道我的存在，又怎么会知道东西是否贵重？"又说："如果知道自身并不属于自己所有，那么烦恼又怎能侵害我呢？"这真是一语中的。

【精读解析】

人们在日常生活中，提到的最多的字眼恐怕就是"我"字了，生活中怎么能无"我"呢？但是把"我"字看得太重，执着于追求"我"或为"我所有"，而不理解"无我"境界的妙处，就会给自己增添很多不必要的烦恼。这实际上，还是告诉人们应该放下自我，放下私欲。否则，最终受害的也只能是自己。

放下自我，烦恼自然就消散了。

把"我"字看得太重，执着于追求"我"或为"我所有"，而不理解"无我"境界的妙处，就会给自己增添很多不必要的烦恼。所以应该放下自我，放下私欲，这样烦恼自然就消散了。否则，事事只想着自己，被自私的欲望所迷惑，最终受害的也只能是自己。

一天，村里的一位渔夫带着儿子来到与海相通的大湖边。他想，这个湖既然与海相通，就一定会有很多鱼，于是他就在湖边开始钓鱼。他刚把钓钩扔进湖里，就钩住了一个很重的东西，用力拉也拉不动。

"看来是钓到一条大鱼了！"他兴奋地想着，不过又想："这么大的一条鱼，如果把它钓起来，被别人看到的话，大家肯定都会跑到这里来钓鱼，那么湖里的鱼很快就会被别人钓完了，所以还是不要告诉别人的好。"

这位渔夫想了一会儿，便告诉儿子："你赶快回去告诉你妈妈，说爸爸钓到了一条很大的鱼。为了不让别人发现，要妈妈想办法和村里的人吵架，吸引大家的注意力，这样就不会有人发现我钓到了一条大鱼。"

儿子很听话地跑回去告诉了妈妈，妈妈心想："只是和人吵架根本无法吸引全村所有人的注意，我还是想点更好的办法吧。"于是她就把衣服剪出了很多洞，把儿子的衣服当帽子戴，还用墨水把眼睛的周围擦得黑黑的。对于自己的扮相她很满意，便离开家在村子里走来走去。

邻居看到她，惊讶地说："你怎么变成这个样子，是不是发疯了？"她便开始大吼大叫："我才没有发疯！你怎么可以这样侮辱我，我要抓你去村长那里，我要叫村长罚你的钱！"村民们看到他们拉拉扯扯吵得很厉害，就都跟着来到村长家，想看看村长如何判决。

村长听完他们各自的说辞，便对渔夫的妻子说道："你的样子的确很奇怪，不论是谁看了都会问你是不是疯了，所以他不用受罚，该受罚的是你！因为你故意打扮得怪模怪样，还这样大吵大闹，严重扰乱了村民的生活。"

湖边的渔夫在儿子跑回家之后，用力拉钓竿想把鱼拉上来，可是怎么拉也拉不动，他怕再用力会把鱼线拉断，便干脆脱光衣服跳进湖里去抓那条大鱼。当他潜入湖里，仔细一看，才发现原来鱼钩是被湖底的树枝钩住，根本就不是钓到什么大鱼！他非常气恼。更为严重的后果是，当他伸手拨开树枝，不料钓钩反弹起来刺伤了他的眼睛！他强忍着剧痛爬上岸来，又湿又冷，但是衣服又不知道什么时候被人偷走了，他只好光着身子沿路回村求救。

渔夫以为自己钓到大鱼之后，首先想到的不是和大家分享，反而害怕别人分沾了他的利益。结果他的妻子因此出尽了洋相，自己最终也成了赤裸裸的落汤鸡。

人不同于其他生物的地方在于人可以控制自身的欲望。如果一个人的心中全是私心杂念，一点不懂得分享，也不懂得奉献，只是一味地自私、冷漠，那么最终将会导致自己灵魂的缺失和畸形。相反，如果能够慷慨一些、大度一些，好的事物能和别人共同分享，那么烦恼就会少一些，生活也会自在一些。

◎舍得舍得　有舍有得◎

【原文】

才就筏便思舍筏，方是无事道人；若骑驴又复觅驴，终为不了禅师。

【译文】

才登上竹筏就想到上岸后要舍弃这竹筏，这才是懂得不受外物羁绊的真人；如果已经骑在驴上却还想着找另外一头驴，便永远也无法成为却尘缘的高僧。

【精读解析】

在汉语里，"舍得"一词很值得玩味。舍得，有舍有得，小舍小得，大舍大得，不舍不得。凡事有利必有弊，你在这里得到一片地，你在那里可能会失去一片天，正如针无双头尖一样，所谓两头兼顾，两全其美，脚踩两只船，想好处尽得，是很难的，往往会落得个顾此失彼，前功尽弃的结局。

大自然是多么的让人向往和热爱啊！

人生在世，有许多东西是需要不断放弃的。在仕途中，放弃对权力的追逐，得到的是宁静与淡泊；在淘金的过程中，放弃对金钱无止境的掠夺，得到的是安心和快乐；在春风得意、身边美女如云时，放弃对美色的占有，得到的是家庭的温馨和美满。因此，对于得到的东西，要知道珍惜，对于失去的东西，要尽量糊涂，不要过分计较。

能够舍得对物欲的追求，才能享受平安与宁静。

有一位住在深山里的农民，经常感到环境艰险，难以生活，于是便四处寻找致富的好方法。一天，一位从外地来的商贩给他带来了一样好东西。但据商贩讲，这不是一般的种子，而是一种叫作"苹果"的水果的种子，只要将其种在土壤里，两年以后，就能长成一棵棵苹果树，结出数不清的果实，拿到集市上，可以卖好多钱呢！

欣喜之余，农民急忙将苹果种子小心收好，但脑海里随即涌现出一个问题：既然苹果这么值钱、这么好，会不会被别人偷走呢？于是，他特意选了一块荒僻的山野来种植这种颇为珍贵的果树。

经过近两年的辛苦耕作、浇水施肥，小小的种子终于长成一棵棵苗壮的果树，并且结出累累果实。于是，农民特意选了一个吉祥的日子，准备在那一天摘下成熟的苹果挑到集市上卖个好价钱。

当这一天到来时，他非常高兴，一大早便上路了。但当他气喘吁吁爬上山顶时，却发现那一片红灿灿的果实，竟然被外来的飞鸟和野兽们吃了个精光，只剩下满地的果核。

想到这几年的辛苦劳作和热切期望，他不禁伤心欲绝，大哭起来。他的财富梦就这样破灭了。在随后的岁月里，他的生活仍然艰苦，只能苦苦支撑，一天一天地熬日子。

不知不觉之间，几年的光阴如流水一般逝去。一天，他偶然又来到这片山野。当他爬上山顶后，突然愣住了，因为在他面前出现了一大片茂盛的苹果林，树上结满了果实。

这会是谁种的呢？他思索了好一会儿才找到答案。这一大片苹果林都是他自己种的。

几年前，那些飞鸟和野兽吃完苹果后，就将果核吐在了旁边，经过几年的生长，果核里的种子长成了一片茂盛的苹果林。现在，这位农民再也不用为生活发愁了，这一大片林子中的苹果足以让他过上舒适的生活。他一想，如果当年不是那些飞鸟和野兽们吃掉了那小片苹果树上的苹果，今天肯定没有这一大片林了。

农民以为自己失去了大片果林，实际上却收获了另一片果林。花草的种子失去了在泥土中的安逸生活，却获得了在阳光下发芽微笑的机会；小鸟失去了几根美丽的羽毛，经过跌打，却获得了在蓝天下凌空展翅的机会。人生总在失去与获得之间徘徊。没有失去，也就无所谓获得。

我们每个人都会有一个目标，一个属于自己的象牙塔。然而在通往象牙塔的路上，会有许许多多的诱惑，譬如争奇斗艳的鲜花、绚丽迷人的景色等。但为了到达象牙塔，我们必须越过一道道障碍，放弃路边的美景。因为象牙塔里，有更精彩的人生等着我们去体验。

《菜根谭》说，虽然才刚刚登上竹筏，但是一上岸后就要舍弃这竹筏，这才不会被外物羁绊；既然已经骑在一头驴上了，就不要再想着找另外一头驴，否则永远也了却不了尘缘。所以，人要有所得必有所失，只有学会放弃，才有可能登上人生的高峰。

◎人生福祸　皆因念生◎

【原文】

人生福境祸区，皆念想造成。故释氏云："利欲炽然即是火坑，贪爱沉溺便为苦海。一念清净，烈焰成池；一念警觉，航登彼岸。"念头稍异，境界顿殊，可不慎哉！

【译文】

人生幸福的境遇和祸患的局面，都是由于欲念所造成的。所以佛家说："对名利的欲望太过炽热，就会踏入火坑，过度沉沦在贪嗔爱恋里面就会掉入苦海。而一个清净的念头可使火坑变成水池，一个觉醒的念头可以脱离苦海到达彼岸。"念头稍微不同，那么所得到的境界就大不一样，不能够不谨慎啊！

一个清净的念头可使火坑变成水池，一个觉醒的念头可以脱离苦海到达彼岸。

顺心如意，欢喜得意，便是天堂；恶念纷飞，受挫忧悒，即地狱。与其为外境所困，不如用一颗宁静淡泊的心平和对待，只要我们内心的世界无风无浪、无花亦无香。所谓天堂和地狱其实并没有什么分别，重要的是我们选择怎样的心与心态来面对自己的生活。

【精读解析】

佛经上说，"心净则国土净"，心中澄明，则处处是净土，心中有碍，则处处是炼狱。"人生福境祸区，皆念想造成"即是应了佛经所云。

我们的心，每天都是上天堂、下地狱，来来回回周游。只要我们内心的世界无风无浪、无花亦无香，自然会有韩愈所说"与其有乐于身，孰若无忧于心"的知足与自在。

日本明治时代有一位著名的南隐禅师，他境界很高，常常能用一两句话给人以深刻的点拨，很多人慕名而至，前来参禅。

有一天，有一位官员前来拜访，请南隐禅师为他讲解何谓天堂、何谓地狱，并希望禅师能够带他到天堂和地狱去看一看。

南隐禅师面露鄙夷之色，细细打量了他一番，然后问道："你是何人？"

官员说："在下是一员武将。"

南隐禅师哈哈大笑，并用很刻薄的语言嘲笑道："就你这一副模样，居然也敢称自己是一名将军！真是笑死人了！"

官员大怒，立刻让身边的差役棒打南隐禅师。南隐禅师跑到佛像之后，露出头来对着官员喊："你不是让我带你参观地狱吗？看，这就是地狱！"

官员顿时明白了南隐禅师所指，心生愧疚，并被南隐禅师的智慧所折服，于是走到禅师面前，恭恭敬敬地低头道歉。

南隐禅师笑着说："看啊，这不就是天堂了吗？"

在听到南隐禅师的辱骂之后，这名官员尚未思考禅师的用意便勃然大怒，一念之间，便坠入了地狱；反之，当他以坦然平和的心境对待所发生的事情时，天堂也就在眼前了。这正是一念天堂，一念地狱。

凡尘俗世中的人，注定逃不脱世俗的牵绊和各种诱惑的干扰，与其为外境所困，不如用一颗宁静淡泊的心平和对待。所谓天堂和地狱其实并没有什么分别，重要的是我们选择怎样的心与心态来面对自己的生活。

◎根蒂在手 不受提掇◎

【原文】

人生原是一傀儡，只要根蒂在手，一线不乱，卷舒自由，行止在我，一毫不受他人提掇，便超出此场中矣！

【译文】

人生本来就像一场木偶戏，只要自己掌握了牵动木偶的线索，任何丝线也不紊乱，收放自由，行动或停止由自己掌握，一点都不受他人的牵制和左右，那么就算是跳出这个游戏场了。

人生本来就像一场木偶戏，只要自己掌握了牵动木偶的线索，行动或停止由自己掌握，那么就算是跳出这个游戏场了。

【精读解析】

有比较、有参照，一个人才能扬长避短、查漏补缺，但所谓"参照"并非要时刻以他人为镜，与他人同手同脚。自己才是一切的根源，所以我们做事要有自己的原则。原则是一把尺子，规范言行，也规范内心。

庄子在《齐物论》中讲过这样一则故事：

罔两是影子的影子。一天，罔两问影："先前你行走，现在又停下；以往你坐着，如今又站了起来。你怎么没有自己独立的操守呢？"

影子回答说："我是有所依凭才这样的吗？我所依

自己才是一切的根源，所以我们做事要有自己的原则。原则是一把尺子，规范言行，也规范内心。如果一个人一味屈从于他人的意志和目光，或一直模仿他人的言行，长此以往，人就会屈服于舆论导向，盲目地效仿别人，甚至丧失自我，就像没有思想也没有自由的"提线木偶"一样。

凭的东西又有所依凭才这样的吗？我所依凭的东西难道像蛇的蚹鳞和鸣蝉的翅膀吗？我怎么知道因为什么缘故会是这样？我又怎么知道因为什么缘故而不会是这样？”

物体动，所以影子动；物体停，故而影子停。罔两在谴责影子没有操守的同时，却没想过自己其实和影子一样，只会跟着别人转来转去，没有坚定的立场和原则。如果一个人一味屈从于他人的意志和目光，或一直模仿他人的言行，长此以往，人就会屈服于舆论导向，盲目地效仿别人，甚至丧失自我，就像没有思想也没有自由的"提线木偶"一样。

西施本身就很美，得病而皱眉的样子更是惹人怜爱。东施本质很丑，她不顾自己的实际条件，机械地去模仿别人，结果只会是弄巧成拙、越学越糟！真正尊重自己的人，总是勇于肯定自己，相信自己。因为他们懂得，只有这样才能发挥个体的最大能量，使生命变得丰富多彩。

西施因为心口疼痛，所以平时走路总是皱着眉头，邻里的一个丑女人东施，看见西施捧着心皱着眉头很美，于是效仿西施的样子，也捂着胸口皱着眉头。附近的有钱人看见了，全都紧闭家门，足不出户；穷人们看见了，也带着妻子儿女远远地跑开了。可笑的是，东施只知道皱着眉头的样子好看，于是就效仿起来，却不知道皱着眉头好看的原因。

东施只知道跟在别人后面，学别人的样子，那么她就永远不能使纯粹的自我得到展现，只是一个"木偶人"。

做自己是一种个人品性的锻炼，它最先开始于对自我的认知。人能够突破环境，最重要的力量源泉，就是基于自我意识和自知之明的双重思虑中所产生的出色动力。倘若我们处处将他人当做一面镜子，当做学习的范本，终将使自己的个性不够完善，而导致自我的迷失。

◎观心增障　齐物剖同◎

【原文】

心无其心，何有于观？释氏曰："观心者，重增其障。"物本一物，何待于齐？庄生曰："齐物者，自剖其同。"

【译文】

人心如果不生出私心杂念，何必要去观心呢？佛家说："观心反而是增加修持的障碍。"天地间的万物原本是一体的，何必等待人去划一？庄子说："物我齐一，是把本属同一体的东西分开了。"

> 观心反而是增加修持的障碍。

【精读解析】

《菜根谭》中提出，佛家说观心是在增加修持的障碍。人心本来清明，而堕入气质、习惯、环境的时候，便是昏失的时候。这时心不自主，气质习惯等便占了他的心。

若当心清明时，气质习惯皆居于服从的地位。原本在人的行为处事中，懂得是非善恶之辩。而一旦变成由气质、习惯、环境主导，那就会不以是非为是非了，时间长了无

> 那些身处污秽而不自知的人只是心被污秽沾满了而已，我们所能做的或许就是让自己的心时时勤拂拭，莫使惹尘埃。

人提醒更容易以黑为白，他人视为不耻的事也能够做得心安理得，譬如当年隋炀帝修建京杭大运河时，初衷与结果相悖，正因其本心被欲念左右而无法自拔。

关于隋炀帝开凿京杭大运河的由来后人有着不同的猜测。不管是哪一种，毫无疑问当初做这个决定时，隋炀帝是从国家政局的战略高度出发的，为了加强对南方的控制。一条大河接北通南，确实可对国家大局产生重大影响，但最终的结果却显然与隋炀帝原来的意图相悖。

大业元年八月，隋炀帝不等运河全部完工，就从洛阳出发，坐龙舟前往江都。他前后几次下江南无不声势浩大。炀帝的龙舟高四十五尺，宽五十尺，长二百尺。整个龙舟分四重，上重有正殿、内殿和东西朝堂，中间二重共计一百六十房，都饰以金玉，雕刻花纹，下重有宦官和内侍居住。龙舟有殿脚(即挽船人)一千零八十人用青丝大绦绳牵引前进。殿脚都穿着锦彩衣袍。皇后坐的船叫翔螭(音：痴)舟，比龙舟稍小而装饰一样，用殿脚五百人引进。嫔妃乘坐的是浮景舟，共有九艘，每艘用殿脚二百人。贵人、美人和十六院妃子所乘的船叫漾彩舟，共有三十六艘，每艘殿脚一百人。此外，还有各式各样的华丽大船上千艘，上面坐着宫人，诸王公

隋炀帝是从国家政局的战略高度出发，为了加强对南方的控制而开凿京杭大运河的，但最终的结果却显然与隋炀帝原来的意图相悖，正因其本心被欲念左右而无法自拔。没有自省的动力，也没有他人的棒喝，只能越陷越深。

主，僧尼道士，各国使者，宫廷卫士，总计用殿脚八百多人。这支浩浩荡荡的船队，在运河中航行的时候首尾相接，前后长达二百多里。两岸又有二十万骑兵护送，旌旗蔽空。

这般行径，谁还能想到这是曾经誓言励精图治的杨广的呢？若说他的初衷是出于江山社稷的仁者之举，后来的他便堕入了浑浊之中，由着个人的欲念左右，只图一时享受，不以是非为是非了。人做坏事而不觉不安者，盖已陷入硬固的方向矣。

可见人的本心都是清明的，那些身处污秽而不自知的人只是心被污秽沾满了而已，我们所能做的或许就是让自己的心时时勤拂拭，莫使惹尘埃。

◇宁默毋躁 宁拙毋巧◇

【原文】

十语九中，未必称奇，一语不中，则愆尤骈集；十谋九成，未必归功，一谋不成，则訾议丛兴。君子所以宁默毋躁，宁拙毋巧。

【译文】

十句话有九次都说得很正确，人们也不会称赞你，但是如果有一句话说得不正确，那么就会受到众多的指责；十个谋略有九次成功，人们不一定会赞赏你的成功，但是如果有一次谋略失败，那么批评的话就纷至沓来。这就是君子宁可保持沉默也不浮躁多言，宁可显得笨拙也不自作聪明的缘故。

【精读解析】

儒家强调为人处世要"行危言孙(逊)"，也就是行为举止要谨慎，如履薄冰一般。儒家讲的"行危言孙"，类似于"宁默毋躁，宁拙毋巧"，它们同时指向一种说话的艺术。掌握了这种说话

的艺术也就是懂得了谨言慎行的处世之道。

话不在多，而在精准，不过头脑，不服礼数的话反而会弄巧成拙。

隋朝有位大将军，常常为自己的官位比他人低而怨声不断。他认为凭自己的能力，完全可以当上宰相。和同僚说话往往出口伤人，对上司还常常出言顶撞。一些过分的话传进皇帝耳朵里，他被逮捕入狱。皇帝责备他自以为是，目无尊长，说话不注意分寸，但念他劳苦功高，便将他释放了。

换了别人，这样的教训已经足够让他清醒过来，谨言慎行。可他偏偏不领情，开始向别人夸耀自己的功劳卓著，并大肆宣传自己与皇族的亲厚关系，甚至说出"太子与我情同手足，连高度机密也对我附耳相告"。他的对头立刻告发了他，并添油加醋，说他早有谋反之心，常说些大逆不道的话。皇帝见自己的良苦用心白白被浪费了，便撤销了他的官职。

这位将军自恃功高，出言不逊，大放厥词，最后还被别人抓住把柄，一败涂地。这正好应了"一语不中，则愆尤骈集"，"一谋不成，则訾议丛兴"的谶语。其实无论时间怎样春秋轮换，说话只要掌握几个细节，便可以避免很多语言陷阱。

君子宁可保持沉默也不浮躁多言，宁可显得笨拙也不自作聪明。

儒家强调为人处世要"行危言逊"，也就是行为举止要谨慎，如履薄冰一般。而在语言上要谦逊，这是强调一种谨言慎行的处世之道。一般来说，话不在多，而在精准，不过头脑、不服礼数的话反而会弄巧成拙。

1. 在对方情绪高涨时

人的情绪有高潮期，也有低潮期。当人的情绪处于低潮时，人的思维就显现出封闭状态，心理具有逆反性。这时，即使是最要好的朋友赞颂他，他也可能不予理睬，更何况是求他办事。而当人的情绪高涨时，其思维和心理状态与处于低潮期正相反，此时，他比以往任何时候都心情愉快，说话和颜悦色，内心宽宏大量，能接受别人对他的求助，能原谅一般人的过错；也不过于计较对方的言辞，同时，待人也比较温和、谦虚，能不同程度地听进一些对方的意见。因此，在对方情绪高涨时，正是我们与其谈话的好机会，切莫坐失良机。

2. 在对方喜事临门时

所谓喜事临门时，是指令人高兴、愉快、振奋的事情降临于对方时。常言道，"人逢喜事精神爽""精神愉快好办事"。在喜事降临对方时，我们上门找其交谈，对方会不计前嫌，而且会认为是对他成绩的肯定、喜事的祝贺、人格的敬重，从而也就乐意接受或欢迎你的到来，所求之事，多半会给你一个完满的答复。

3. 在为对方帮忙之后

中国文化历来讲究"礼尚往来""滴水之恩当以涌泉相报"。在你帮了他一个忙后，他就欠了你一份人情，这样，在你有事求他帮忙的时候，他必然要知恩图报。在不损伤对方利益的前提下，他能做到的事情，一般情况下会竭尽全力去帮助你。"将欲取之，必先予之"，托人办事的时机，我们是可以进行预先创造的。

4. 若解决冲突应在对方有和解愿望时

绝大多数人都具有"羞恶之心"，这种"羞

隋朝大将军自恃功高，出言不逊，大放厥词，结果给自己挖下了陷阱，惹得众怒不说，最后还被别人抓住把柄，一败涂地。

恶之心"体现在与他人发生无原则的纠纷之后，会对自己的行为自觉地反省。通过反省察觉到自己的过错之时，一种求和的愿望就会油然而生，并会主动向对方发出一系列试探性的和解信号。这时只要我们能不失时机地友好地找对方谈谈，僵局就会被打破，双方的关系也会重新"热"起来。因此，我们要善于捕捉对方发出的求和信息。例如，对方主动和我们接近、打招呼，与我们见面时由过去满脸阴云到"转晴"，或者暗中帮助我们排忧解难，等等。这时，我们就应该及时投桃报李，以更高的姿态、更炽热的感情找其交谈。我们切不可视而不见，见而不说，说而不诚。否则，对方一旦认为求和试探失败，和解的愿望就会顿消，误解将会转化为敌意，将会出现严重对抗的局面。

说话的艺术贵在把握好时机，时机对才能好办事，时机不对时不要急于开口，耐心等待机会，但切记好机会不可让它溜走。

◎ 了心悟性　俗即是僧 ◎

【原文】

缠脱只在自心，心了则屠肆糟廛，居然净土。不然，纵一琴一鹤，一花一卉，嗜好虽清，魔障终在。语云："能休尘境为真境，未了僧家是俗家。"信夫。

【译文】

是被羁绊还是能够解脱，完全看自己的内心，如果内心能够了悟，那么屠户酒肆也会变成极乐净土。如果内心不能了悟，即使是携一琴、带一鹤自娱，种一花、养一草自乐，爱好虽然高雅，但被羁绊的魔障还存在。俗话说："能够摆脱尘世才能进入真正的境界，不能悟道的僧人和凡人没有两样。"说得真对啊！

是被羁绊还是能够解脱，完全看自己的内心。

【精读解析】

在这里，《菜根谭》提出"缠脱只在自心"的说法，将内心了悟视作能否解脱的关键所在。内心了悟，则屠户酒肆也会变成极乐净土，而一个内心不能悟道的僧人，也与尘世凡人没有两样。自然天地之间，有无处不在的禅机妙意。一粒沙尘中包含一方世界，一朵野花中蕴藏一个天堂。生命中缺少的不是风景，而是一双发现美丽风景的眼睛。道理是如此平常，关键是我们有没有像孩童一般的单纯心灵来体悟。真谛本就是为朴素的信心敞开的。

内心了悟，则屠户酒肆也会变成极乐净土，而一个内心不能悟道的僧人，也与尘世凡人没有两样。自然天地之间，有无处不在的禅机妙意。一粒沙尘中包含一方世界，一朵野花中蕴藏一个天堂。生命中缺少的不是风景，而是一双发现美丽风景的眼睛。真谛本就是为朴素的信心敞开的。

有一位学僧请示慧忠国师道："古德云：'青青翠竹，尽是法身；郁郁黄花，无非般若。'不信的人认为是邪说，有信仰的人认为不可思议，不知信与不信哪个正确呢？"

慧忠国师从容答道："这是文殊菩萨的境界，并不是凡夫俗子所能接受的。"

学僧闻后，仍不明白，再问道："到底是信者正确，还是不信者正确？"

慧忠国师答道："信者为俗谛，不信者为真谛。"

学僧大惊道："不信者讥为邪见，禅师怎可说为真谛？"

慧忠国师总结道："不信者自不信，真谛自真谛。正因为是真谛，凡夫俗子才会斥之为邪见。"

真谛于相信者被赞为确实正见，于不信者被斥为歪理邪说，这一正一反的针锋相对，就在信与不信之间。不信者与真谛是彼此隔绝的。此中正道出生活处处都有佛法真理，而真理往往是遭忽视，容易被遗忘的。现反其言曰：相信者的信是真谛，不信者的疑是俗谛。

怎样才能认识清楚这无处不在的真谛呢？去身见，去世间之见，把物质世界、空间的观念、身体、佛土观念，统统去掉。转用另一种说法，就是把所有时空的观念、身心的观念统统放下，在最平常的状态中，静静等待真谛之光的启示。只要你摒弃了根深蒂固的不平常心，自然水退山显、豁然开朗。

不信者自不信，真谛自真谛。正因为是真谛，凡夫俗子才会斥之为邪见。

慧忠国师的话说明了真谛于相信者被赞为确实正见，于不信者被斥为歪理邪说，这一正一反的针锋相对，就在信与不信之间。不信者与真谛是彼此隔绝的。此中正道出生活处处都有佛法真理，而真理往往是遭忽视，容易被遗忘的。

抛开自己在尘世沾染的不平常心，又谈何容易？我们麻木地将不平常当作平常，已经很久了，站在大自然的面前，我们激昂地呐喊：青青翠竹，绝无法身；郁郁黄花，更非般若。这样的理直气壮，这样的道貌岸然，其实是无知昏昧，可惜可怜。究其根底，是身在福中不知福，行走在真谛的花丛中，却视而不见，嗅而不闻。不是吗？花香花色在眼前，错失美妙真可怜。

江西诗派的开创者黄庭坚又名黄山谷，是北宋与苏东坡齐名的另一位大诗人，即"苏门四学士"之一。

他跟晦堂禅师学禅。虽然他的学问很好，但是跟着师父学了三年还没有悟道。

有一天，他问晦堂禅师："有什么方便法门告诉我一点好不好？"

晦堂禅师说："你读过《论语》没有？"

黄山谷说："当然读过啦！"

吾无隐乎尔！

黄山谷经晦堂禅师一点破，即刻悟道。黄山谷是幸运的，因为他有一颗诗心和一双慧眼。真理往往为开放的心灵打开。人只有用自己的心去感悟，用自己的眼睛细细地观察，才能有真正的体悟。

师父说："《论语》上有两句话：'二三子，我无隐乎尔！'意思是说：你们这几个学生！不要以为我隐瞒你们，我没有保留什么秘密啊！早就传给你们了。"

黄山谷这一下脸红了，又变绿了，告诉师父实在不懂！

老和尚一拂袖就出去了。黄山谷哑口无言，心中闷得很苦，只好继续跟在师父后边走。这个晦堂禅师自顾自地走，没有回头看他，晓得他会跟来的。

走到山上，秋天桂花开，花香馥郁，如酒醉人，师父就回头问黄山谷："你闻到桂花香了吗？"

黄山谷先被师父说晕了，师父在前面大模大样地走，不理他，他跟在后面，就像小学生挨了老师处罚一样，心里又发闷，这一下，老师又问他闻没闻到木樨桂花香味，他当然把鼻子翘起，闻啊闻，然后说："我闻到了。"

他师父接着讲："二三子，我无隐乎尔！"

师父的意思是说：你看！就像你能够闻到月桂树的味道，你也能够在当下这个片刻就闻到佛性，就在月桂树里面，就在这个山中的小径上，就在小鸟里面，就在太阳里面；它就在我里面，就在你里面。你是在说什么钥匙线索？你是在说什么秘密？我并没有保留任何东西不让你知道啊。

经师父这一点破，黄山谷即刻悟道了。

黄山谷是幸运的，因为他有一颗诗心和一双慧眼。真理往往为开放的心灵打开。人只有用自己的心去感悟，用自己的眼睛细细地观察，才能有真正的体悟。

翠竹黄花皆有境界，一个无心的人视而不见，只能看到平淡无奇的一切，而一个有心人却能够空出心来，在平淡中窥见奇趣，从中汲取深刻的智慧。天大地大，气象万千，我们应多观察世间万物，多留意身边的翠竹黄花，多体悟一切风云变幻。只要有心，你就有可能从中体悟到妙不可言的韵味。

◎造化人心　混合无间◎

【原文】

当雪夜月天，心境便尔澄澈；遇春风和气，意界亦自冲融。造化人心，混合无间。

【译文】

每当在飞雪的夜晚或者明月当空的时候，心境就会非常清澈明净；每当春风吹拂气候温暖的时候，意境也会自然通透。天地造化和人心的感受，联系在一起没有什么分别。

【精读解析】

在这里，《菜根谭》提出了关于"造化"与"人心"的智慧。

生命是一件奇妙的事情，从哪里来又回归哪里去，中间的那段长长的路回头看也许会缩成一个小点。尽管如此，对命运的探讨自古以来从未有过间断，不同的学派有着不同的见解。儒家所谓的知天命，并非是指能够洞察宇宙的万般变化、对人世百态能够洞若观火，自己超然物外。

造化人心，混合无间。心境会随朗月明净；人的心气也因着遇春风和气，而变得自然通透。

存心、养性、事天，这三者本就一体。真正的乐天，是一喜一怒一忧一惧，都是乐乎天机而动，顺自己生命，用着精力去走，然而并不是格外用什么力，只是从生命里有力地发出而已。

《孟子》中有这么一段话："莫非命也，顺受其正，是故知命者，不立乎岩墙之下，尽其道而死者，正命也；桎梏死者，非正命也。"这句话的意思是说：没有一样不是天命决定的。顺从天命，接受的是正常的命运；因此懂天命的人不会站立在危墙下面。尽力行道而死的，是正常的命运；犯罪受刑而死的，不是正常的命运。

知命者是最能尽自己力量的人，即孟子所谓尽其道而死者，是正命也。三省吾身，琢磨透自己究竟是怎样的人，想要成为怎样的人，然后再去行动，这样自己的每一份付出都是为了心中所求，这才是"尽心"，这样走过的路成的命运才是"正命"。孟子所言的"存其心，养其性，所以事天也"也是这个道理。

梁惠王曾对孟子说："寡人之于国也，尽心焉而已。"做自己该去做的事，这就够了，而知天命的关键在于是否"知心"并且尽力。

屈原的自沉千百年来众说纷纭。有人赞其高义，有人认为这是弃君的不忠行为，更有人觉得他

应该高引而去或另择明主。但是对于屈原自己来说，这却是他唯一的选择。作为三闾大夫，他有高远的政治眼光和谋略，知道暴秦不可为友，于是结交中原各国，在楚国国内推行美政。他本身也洁身自好，德高望重，堪为表率。他一直希望能够完成"明君美政"的梦想，要实现梦想却只能把希望寄托于楚王身上。因小人进谗，他被一贬再贬，终于在楚国都城被攻破之际毅然跃身汨罗江，将自己送回了生养他的土地，并不再分离。司马迁称赞说："其文约，其辞微，其志洁，其行廉。其称文小而其指极大，举类迩而见义远。其志洁，故其称物芳；其行廉，故死而不容。"他的死，是用生命为代价向自己的理想做出的最后一跃，可谓死得其所。

寡人之于国也，尽心焉而已。

和孔子一样，孟子也从自己的心出发去看待宇宙万物的变化，因此时常以性命对举，他说："尽其心者，知其性也，知其性，则知天也。"性即是我，天即是命，知有我然后才去探索我的痕迹，这和孔子所言的"未能事人，焉能事鬼"有着异曲同工之妙。

而相比之下司马迁选择了忍辱负重。他因在汉武帝盛怒之际为李陵说情，家中又无金赎罪，身受宫刑。自古道，刑不上大夫，更何况这种刑罚对身心伤害尤其之大。司马迁自己说，"是以肠一日而九回，居则忽忽若有所亡，出则不知其所往。每念斯耻，汗未尝不发背沾衣也"。甚至无颜去见地下的列祖列宗。士可杀不可辱，但他并没有选择和屈原一样的路。在昏天惨地之际，他思考了许许多多的问题，对命运提出了质疑：伯夷高义，却饿死首阳；李广武功赫赫，却不仅未得封侯，还落了一个自刎而死的下场。经过一番熟思，他终于将《史记》作为支撑其一生的事业，藏之名山，传之后人，并且获得了堪与屈原相比的地位：史家之绝唱，无韵之离骚！

屈原和司马迁一个殉道，一个忍辱负重，所选择的道路并不相同。他们的生活并不顺利，都是命途多舛之人，但是按照孟子的天命观，他们都是知天命者，能够明白心中的所求，所以义无反顾。他们不是随波逐流，任由波涛席卷而去，而是在每一次选择面前都认真严肃地拷问着自己的心：我要往哪里去？

存心、养性、事天，这三者本就一体。真正的乐天，是一喜一怒一忧一惧，都是乐乎天机而动，顺自己生命，用着精力去走，然而并不是格外用什么力，只是从生命里有力地发出而已。对于我们每个人来说，首先明白自己衷心的愿望，并坚持到愿望实现的那一刻，便是一种应心而动的乐天生活。这期间无论遇到什么苦难、荣誉都矢志不渝、不骄不躁，修身养心，尽心去向目标靠拢，尽力向更加优秀的自己迈进，也就达到了"心境澄澈""意界冲融"的人生境界。

◎该忙时忙　该休时休◎

【原文】

人肯当下休，便当下了。若要寻个歇处，则婚嫁虽完，事亦不少；僧道虽好，心亦不了。前人云："如今休去便休去，若觅了时无了时。"见之卓矣。

【译文】

人在可以停歇下来的时候，就应该及时停歇，不必等到万事俱备。如果一定要寻找一个好时机，那就像人们婚礼虽然完成了，结婚后不免又生出很多事；出家的和尚和道士虽然暂时获得清静，可是他们的心中也未必能了却一切欲望。古人说："现在能够罢休就赶快罢休，如果去寻找一个可以完结的时候便永远无法罢休。"真是远见卓识啊。

【精读解析】

有一条河流从遥远的高山上流下来，流过了很多个村庄与森林，最后它来到了一个沙漠。它想："我已经越过了重重的障碍，这次应该也可以越过这个沙漠吧！"当它决定越过这个沙漠的时候，它发现它的河水渐渐消失在泥沙之中，它试了一次又一次，总是徒劳无功，于是，它灰心了："也许这就是我的命运了，我永远也到不了传说中那个浩瀚的大海。"它颓废地自言自语。

人在可以停歇下来的时候，就应该及时停歇。

人在可以停歇下来的时候，没有必要等到万事俱备时再停止，如果非要等到一个可以完结的时候便永远都无法罢休了。得也休，失也休，学会放下也是一种智慧。想要跨越生命中的障碍，达到某种程度的突破，有时必须放下"执着"。生命中总有些难以预料的事情，不如顺着自然的规律，该忙时忙，该休息时休息。

这时候，四周响起了一阵低沉的声音："如果微风可以跨越沙漠，那么河流也可以。"原来这是沙漠发出的声音。小河流很不服气地回答说："那是因为微风可以飞过沙漠，可是我却不可以。""因为你坚持你原来的样子，所以你永远无法跨越这个沙漠。你必须让微风带着你飞过这个沙漠，到达你的目的地。你只要愿意放弃你现在的样子，让自己蒸发到微风中。"沙漠用它低沉的声音这样说。

小河流从来不知道有这样的事情，"放弃我现在的样子，然后消失在微风中？不！不！"小河流无法接受这样的事情，毕竟它从未有这样的经验，叫它放弃自己现在的样子，那么不等于是自我毁灭了吗？"我怎么知道这是真的？"小河流这么问。"微风可以把水汽包含在它之中，然后飘过沙漠，等到了适当的地点，它就把这些水汽释放出来，于是就变成了雨水。然后，这些雨水又会形成河流，继续向前进。"沙漠很有耐心地回答。

"那我还是原来的河流吗？"小河流问。"可以说是，也可以说不是。"沙漠回答，"不管你是一条河流或是看不见的水蒸气，你内在的本质从来没有改变。你之所以会坚持你是一条河流，因为你从来不知道自己内在的本质。"此时小河流的心中，隐隐约约地想起了自己在变成河流之前，似乎也是由微风带着自己，飞到内陆某座高山的半山腰，然后变成雨水落下，才变成今日的河流。于是，小河流终于鼓起勇气，投入微风张开的双臂，消失在微风之中，让微风带着它，奔向它生命中某个阶段的归宿。

故事中的小河流适时地停止，却让它在放下中找回快乐。生命历程往往也像河流一样，想要跨越生命中的障碍，达到某种程度的突破，有时必须放下"执着"。

人生亦是不可能完全被掌控，正所谓"谋事在人，成事在天"，生命中总有些难以预料的事情，有时无须太过执着，不如顺着自然的规律，该忙时忙，该休息时休息。

司空图是唐朝末年著名的诗人、诗论家，字表圣，河中（今山西永济西）人。咸通进士，最高官职曾到知制诰、中书舍人。因逢乱世，他便隐居于中条山王官谷别墅。他在山上修了一座亭子，称"三休亭"，当时人们都不理解为什么取如此一个名字。司空图解释说："根据我的才能一宜休，审时度势二宜休，年纪老迈三宜休。"

正因为司空图抱定"休"字，所以在纷乱的事态当中得以安心度日，可见他深刻领会了人生意旨。"休"字形之于情，是独具妙杼。

人在可以停歇下来的时候，没有必要等到万事俱备时再停止，如果非要等到一个可以完结的时候便永远都无法罢休了。得也休，失也休，学会放下也是一种智慧。

《菜根谭》的主旨

修身养性

修身齐德的进取之道

《菜根谭》是一本引导人从自身品格锤炼中走向成功的书。在作者看来，如何培养品德意志、如何看待人生甘苦、如何处理人际关系都是很重要的事情。

谦和博大的交往之道

交友之道，以自身谦和，对他人真诚和朋友间能以宽博胸怀相待为主。还包括如何处理上下级关系、如何处理与小人的关系等。

交友需真诚

养生就是养气

中和闲适的养生之道

《菜根谭》没有专门谈及养生之道，然而这本书所讲的又是最高级的养生之道。人的心理健康，从大的方面讲无外乎情志中和恬淡闲适的原则。

◎乐极生悲 苦尽甘来◎

【原文】

世人以心肯处为乐，欲被乐心引在苦处；达士以心拂处为乐，终为苦心换得乐来。

【译文】

世人都把自己心中的欲望得到满足当作快乐，然而却被快乐引诱到痛苦中；通达的人却以能够经受不如意的事为快乐，最后用自己的一片苦心换得了真正的快乐。

【精读解析】

身处顺境之时，应该警惕乐极生悲；身处逆境之时，应该相信苦尽甘来。人的一生之中，不可能总是一帆风顺，总会遇到点儿风风浪浪；也不可能总是坎坷歧途，总会有云散日出之时。如果人们因为一时的顺境而迷失自我，或者因为一时的逆境而自甘沉落，那么他们离失败也就不远了。相反，如果人们能够在春风得意之时居安思危，在困厄缠身之际充满希望，那么他们的成功之路也就在脚下了。物极必反，乐极亦生悲，便是这个道理。

唐玄宗在执政前期能够励精图治，待到开元盛世以后，他便荒废朝政，专宠于杨贵妃，沉溺于享乐之中。乐极生悲，天宝十五载（公元756年）正月，安禄山反叛唐王朝，自称大燕皇帝。不久，叛军攻破潼关，长安已十分危急，唐玄宗带着杨贵妃和太子匆匆西逃。玄宗行到马嵬坡前时，军队发生哗变，杨国忠和他的儿子被杀，三军将士要求杀死杨贵妃以平众怒。玄宗在万不得已之下，只好赐白绫，让杨贵妃在梨树下自缢。

前人的遗憾令人唏嘘，唐玄宗和杨贵妃的爱情固然凄美，但是换个角度思考，这场悲剧又何尝不是因为唐玄宗沉溺安逸而造成的呢？无奈逝者已矣，徒劳情耳。

身处顺境之时，应该警惕乐极生悲；身处逆境之时，应该相信苦尽甘来。人的一生之中，不可能总是一帆风顺，总会遇到点儿风风浪浪；也不可能总是坎坷歧途，总会有云散日出之时。在春风得意之时居安思危，在困厄缠身之际充满希望，那么他们的成功之路也就在脚下了。物极必反，乐极也亦生悲，便是这个道理。

上天是公平的，乐极易生悲，苦尽甘自来。宝剑锋从磨砺出，梅花香自苦寒来。生命中本就有许多不如意的事，无论谁都应该学会忍受。绝处逢生，天无绝人之路，只要有百折不挠的勇气和决心，黑夜过后一定是黎明的曙光，寒冬过后一定是雪花初融的春天。任何人想站在群山的最高处，都得先学会如何忍受寒冷和黑暗。

"有志者、事竟成，破釜沉舟，百二秦关终属楚；苦心人、天不负，卧薪尝胆，三千越甲可吞吴。"春秋时期，越王勾践在一次战争中被吴国夫差打败，带领所剩的五千兵马逃到了会稽，还是被吴军围了个水泄不通。于是越王只能向吴国屈辱求和。在吴王的威逼之下，勾践到吴国宫廷中服了三年的苦役，过着牛马不如的生活。勾践被释放回国之后，为了奋发图强报仇雪耻，他睡觉躺在硬柴上，坐卧饮食都要尝一下苦胆，告诉自己不能忘记国家破亡的痛楚，激励自己的勇气和斗志。经过几十年的休养生息和不懈努力，他最终战胜了吴国。

圣人讲："天将降大任于斯人也，必先苦其心志，劳其筋骨，饿其体肤，空乏其身，行拂乱其所为，所以动心忍性，曾益其所不能。"这段话用在越王勾践身上，再恰当不过了。在国家危难之时，他不但没有消沉，反而能够承担起复兴国家的重任，屈尊降贵，只是为了捕捉时机，等待苦尽甘来的那一天。

人生必须厚积薄发，时机未达之时，静若处子，沉心定气；一旦时机成熟，动如脱兔，灵敏应对，抓住机遇，扶摇直上。生活是一件艺术品，每个人都有自己最美的一笔，每个人也都有不尽如人意的一笔，关键在于人们是否能在完美中看到不足，在缺憾中看到希望。

◎纷纷扰扰　随常以待◎

【原文】

天地中万物，人伦中万情，世界中万事，以俗眼观，纷纷各异；以道眼观，种种是常。何须分别，何须取舍？

【译文】

天地间各种事物，人际中各种感情，世界上各种事情，用凡俗的眼光看待，各有各的不同；用超越世俗的眼光看待，样样都属平常。有什么必要去区别，有什么必要去取舍呢？

【精读解析】

凡夫俗子眼中的世界有差别，超越世俗的圣人视万物无差别。这是因为凡夫俗子乃用俗眼观物，而圣人则用道眼观物。所谓"道眼"可以理解为"平常心"。平常心是一种生活的大智慧，是踏踏实实行走在生命路途上诚挚的热情。有句话说得好：人生自守，枯荣勿念。对每个人来说，得志与失意在所难免，不妨以一颗平常心来对待，不必在意那么多的得与失。

世间万物本来一样，无高低贵贱之分，枯荣也只是草木的一种形态，无好坏之分，人与人之间皆是平等的，并没有贵人、普通人之分。因此，我们在面对荣枯人生时，也应该抱着一颗平常心，如此，世间的事物也将变得更加美好持久。

土地转化了粪便的性质，人的心灵则可以转化苦闷与失意的流向。在这转化中，每一场沧桑都成了唇间的美酒，每一道沟坎都成了诗句的源泉。文字里那些明亮的妩媚原来是那么深情、隽永，因为其间的一笔一画都是踏破苦难的履痕。

粪便是脏臭的，如果我们把它一直储在粪池里，它就会一直这么脏臭下去。但是一旦它遇到深厚的土地，便结合在一起，成了一种有益的肥料。之所以会有两种截然不同的结果，就在于人们对待它的方式。对于人而言，失意也是这样。如果把失意只视为失意，那它只会让我们变得更加苦闷。但是如果让它与我们的精神世界里最广阔的那片土地去结合，它就会成为一种宝贵的营养，让我们在失意的时候也能感受到生命的希望，最终如凤凰涅槃般体会到人生的甘甜和美好。因此，即使是面对粪便，如能拥有一颗平常心，也可感受到世间事物的美好。

有时人们之所以不能以平常心对待世间万物，皆因他们的内心抱有"差异心"。世界上没有两片完全相同的树叶，更不会只存在一种树木、一类植物，这就是世间万物的差异性，

用超越世俗的眼光看待，天地间事物，样样都属平常。

凡夫俗子眼中的世界有差别，超越世俗的圣人视万物无差别。这是因为凡夫俗子乃用俗眼观物，而圣人则用道眼观物。有句话说得好：人生自守，枯荣勿念。对每个人来说，得志与失意在所难免，不妨以一颗平常心来对待，不必在意那么多的得与失，世间的事物也将变得更加美好持久。

世界本因差异而精彩，因为差异而进步。然而世间万物又是一个整体，虽然存在着巨大的差异，但是本质上依然相同。

人与人之间也有着众多的差异，生活背景、生活方式、个性、价值观等的差异。如何在差异中寻找平衡点？如何做到相互包容、求同存异、真诚相对？需要的只是一颗平常心。无论是贫贱、荣辱、得势失势，到头来，终究是一场空。去掉差别心，去掉有色的眼镜，以平等的心态对待人和事，于是，一颗心变得平和了，变得开阔了，人在我眼中也变得可爱了，世界也就成了一片琉璃色。

面对枯荣人生，成败与得失纷纷扰扰，我们不妨随常以待，以一颗平常心看尽世间万物。

◎人我一视　动静两忘◎

【原文】

喜寂厌喧者，往往避人以求静，不知意在无人便成我相，心着于静便是动根，如何到得人我一视、动静两忘的境界？

【译文】

喜欢寂静而厌恶喧嚣的人，往往逃避人群以求得安宁，却不知道故意离开人群便是执着于自我，刻意去求宁静实际是骚动的根源，怎么能够达到将自我与他人一同看待、将宁静与喧嚣一起忘记的境界呢？

【精读解析】

为了寻求安静，人们往往刻意寻找一个安静的处所。这样便能得安静吗？不一定。《菜根谭》中提到："心着于静便是动根。"正因为我们心不静，才会执著于寻求安静处所。因此，即便我们能寻得到安静的地方，也仍然无法得到真正的"宁静"，所以说，真正的宁静，是心静。

"人莫鉴于流水，而鉴于止水。唯止能止众止。"为什么不能鉴于流水，因为流水不平，只有止水才能鉴人。所以，水平不流，如止水澄波，能够做到昼夜都在止水澄波中，便是心灵修养的境界所在。很明显，修心的方法即效法水平。此心如水，止水澄波，杂念妄想喜怒哀乐一切皆空。

一位长者问他的学生：你心目中的人生美事为何？学生列出"清单"一张：健康、才能、美丽、爱情、名誉、财富……谁料老师不以为然地说：你忽略了最重要的一项——心灵的宁静，没有它，上述种种都会给你带来可怕的痛苦！

然而，现代人惯于为自己做各种周密而细致的盘算，权衡着可能有的各种收益与损失。却恰恰忽视自己内心的声音。快节奏的生活、工作的压力容易使人心境失衡，如果患得患失，不能以宁静的心灵面对无穷无尽的诱惑，就会感到心力交瘁或迷惘躁动。

唯有宁静的心灵，才能让人与豁达康乐结缘。

> 心着于静便是动根。

真正的宁静，是心静。能够做到昼夜都在止水澄波中，便是心灵修养的境界所在。宁静可以沉淀出生活中许多纷杂的浮躁，过滤出浅薄粗率等人性的杂质，可以避免许多鲁莽、无聊、荒谬的事情发生。宁静是一种气质、一种修养、一种境界、一种充满内涵的悠远。

宁静可以沉淀出生活中许多纷杂的浮躁，过滤出浅薄粗率等人性的杂质，可以避免许多鲁莽、无聊、荒谬的事情发生。宁静是一种气质、一种修养、一种境界、一种充满内涵的悠远。安之若素，沉默从容，往往要比气急败坏、声嘶力竭更显涵养和理智。

有诗云：静若止水之心境，脱俗超凡矣。安禅何必须山水？灭却心头火自凉。生活就是心灵的修炼场，凡事自然处之，遇事处之泰然，得意之时淡然，失意之时坦然，艰辛曲折必然，历尽沧桑了然，方是修身养性之道。

◎不计妍丑　不争雌雄◎

【原文】

优人傅粉调朱，效妍丑于毫端，俄而歌残场罢，妍丑何存？弈者争先竞后，较雌雄于着子，俄而局尽子收，雌雄安在？

【译文】

演戏的伶人涂抹胭脂口红，用彩笔来再现美丽和丑陋，很快歌舞结束、好戏散场，那些美丽和丑陋哪里还会存在？下棋的人争先恐后，通过下棋比个你高我低，一会儿棋局结束收起棋子，刚才的胜负又在哪里呢？

【精读解析】

伶人艳丽的装扮与华丽的演出，在散场后终归沉寂；棋局上的胜负争斗，在棋局终了后也再无痕迹。一句简单的话，却不由得使人们想起人生犹如一台戏、一局棋，短暂如朝露，结束时不留痕迹，恰如做了一场大梦。梦中的悲喜沉浮，常令人哭时醒来醒时哭。许多人无法看清梦的真相，于是争妍斗盛，不能自拔。

因为看不透，所以便觉浮生苦，却不知浮生是场梦，醒时做白日梦，睡时做黑夜梦，现象不同，本质一样，夜里的梦是白天里的梦，如此而已。什么时候才真正不做梦呢？所以世人必须看透，有大彻大悟大清醒，然后才能看清浮生的虚幻。

相传，唐代有个姓淳于名棼的人，嗜酒任性，不拘小节。一天适逢生日，他在门前大槐树下摆宴和朋友饮酒作乐，喝得烂醉，被友人扶到廊下小睡，迷迷糊糊仿佛有两个紫衣使者请他上车，马车朝大槐树下一个树洞驰去。但见洞中晴天丽日，别有洞天。车行数十里，行人不绝于途，景色繁华，前方朱门悬着金匾，上书"大槐安国"，有丞相出门相迎，告称国君愿将公主许配，招他为驸马。淳于棼十分惶恐，不觉已成婚礼，与金枝公主结亲，并被委任"南柯郡太守"。淳于棼到任后勤政爱民，把南柯郡治理得井井有条，前后二十年，上获君王器重，下得百姓拥戴。这时他已有五子二女，官位显赫，家庭美满，万分得意。

下棋的人争先恐后，通过下棋比个你高我低，一会儿棋局结束收起棋子，刚才的胜负又在哪里呢？

浮生如梦，世人必须看透，有大彻大悟大清醒，然后才能看清浮生的虚幻，从容应对世间百态，在有限的生命中体悟到"无生"的道理，认识到"动静一如""生死一体""有无一般""来去一致"的人生真谛，放宽胸怀，空出心智，合于自然，从而超越智勇奇巧，超越悲喜荣辱，超越沉浮生灭，超越时间"去""来"的限制。

不料檀萝国突然入侵，淳于棼率兵拒敌，屡战屡败，公主又不幸病故，淳于棼连遭不测，失去国君宠信，后来他辞去太守职务，扶柩回京，心中悒悒寡欢。后来，君王准他回故里探亲，仍由两名紫衣使者送行。车出洞穴，家乡山川依旧。淳于棼返回家中，只见自己睡在廊下，不由吓了一跳，惊醒过来，眼前仆人正在打扫院子，两位友人在一旁洗脚，落日余晖还留在墙上，而梦中好像已经整整过了一辈子。淳于棼把梦境告诉众人，大家感到十分惊奇，一齐寻到大槐树下，果然掘出个很大的蚂蚁洞，旁有孔道通向南枝，另有小蚁穴一个。梦中"南柯郡""槐安国"，其实原来如此！

淳于棼在门前大槐树下摆宴和朋友饮酒作乐，喝得烂醉，被友人扶到廊下小睡。从梦中惊醒过来时，发现时间只过去了一会，而梦中好像已经整整过了一辈子。

世人忙忙碌碌一辈子，都像淳于棼一样，窃喜自己是清醒，做着轰轰烈烈的事情，过着风风火火的日子，其实大都如被放养的牛一样，由牧童牵着鼻子走。本来天地间无主宰，没有人能够牵着，可自己却被它限制了，自己不做自己生命的掌控者，这就是冥顽不灵。

看透了生命这样的本质，人们就应该对苦乐放宽胸怀，空出心智，合于自然，如此悲喜荣辱、沉浮生灭都不会让人痴狂疯魔，心也就自然能舒适一点，生活也就更闲适一些。

浮生虽如梦，但做什么，怎么做，都可以由人自己选择。如何活得更好，活得更加有意义，且看人是否能宽心，从容应对世间百态。这是佛家提醒我们要思考的问题。

在有限的生命中体悟到"无生"的道理，认识到"动静一如""生死一体""有无一般""来去一致"的人生真谛，放宽胸怀，空出心智，合于自然，从而超越智勇奇巧，超越悲喜荣辱，超越沉浮生灭，超越时间"去""来"的限制。

◎就身了身 以物付物◎

【原文】

就一身了一身者，方能以万物付万物；还天下于天下者，方能出世间于世间。

【译文】

能够通过自身了悟自身的人，才能使万物顺其自然，各尽其用；能够将天下交还给天下的人，才能从世间俗境中超脱出来。

【精读解析】

什么才是真正的智慧？真正的智慧就藏在我们的周围，大自然和我们的人生其实都有智慧的足迹。只是我们缺乏对于生活、对于周边世界的一种觉悟。

觉悟是一种智慧，它是长时间思考后灵感在一瞬间迸发出的光芒；它也是历经人生后那无言的微笑。悟的主体则是自己的心，也就是生活中的自己；悟的结果便是从烦恼中解脱出来，看清生命的究竟和生命的不定机缘，也看清真正的自己。因此，我们可以说，"就一身了一身者，方能以万物付万物"便是觉悟，也是自省。

季羡林先生在一篇名为《反躬自省》的文章中提到，自省要从认识自我开始。他在剖析自己的时候说，自己并不是天才，也不是蠢材，资质中等，喜爱绘画和音乐，但中学的时候，他的绘画水

觉悟是一种智慧，它是长时间思考后灵感在一瞬间迸发出的光芒；它也是历经人生后那无言的微笑。悟的主体是自己的心，也就是生活中的自己；悟的结果便是从烦恼中解脱出来，看清生命的究竟和生命的不定机缘，也看清真正的自己。觉悟就是反省，时时反省才能让自己不断清醒。

平已落后其他同学，他曾深深地为此无奈。季老觉得自己是个谨小慎微、性格内向之人。有自己的私心，也为别人着想。曾经犯过错误，伤害过一些人。但在大是大非面前，会挺身而出，不计较个人利害。所以，季老觉得自己是个好人，是个讲原则的人。

反思令人知得失、晓进退，不必总是马不停蹄地奔跑，偶尔停下来想一想你的人生、生活，或许这样更能让你明白生活的真谛。所以，人们常用自省这个词来警示自己提醒他人，但是对"省"的真正含义或许不会全然知晓。省有两解：一解为省悟，一解为反省。先有省悟后有反省。省悟是自我认知的过程，反省则为自我检查之意。时时反省才能让自己不断清醒。所以说，反省是一面镜子，它可以照见心灵上的污垢，继而照亮前进的路途。

陈子昂是我国初唐著名诗人。他的老家在梓州射洪（今四川射洪县），幼年时他就随父亲一起来到了京城长安。由于父母平时对他非常娇惯，所以他长到十几岁时仍然不爱读书，每天只知道跟朋友出城打猎、游玩，要不就是四处找人斗鸡赌钱。

随着时间的流逝，陈子昂渐渐长大了，这时他的父母才发现自己的宝贝儿子不学无术，一无所长，开始为他的前途担忧。父母对他平日里的行为也看不下去了，多次劝他除掉身上的恶习，潜心攻读。可陈子昂早就游荡惯了，哪里听得进去？

有一天，他在游玩途中路过一处书塾，在窗外无意中听到老师在说这样一段话："一个人是否能够享受荣誉，会不会蒙受耻辱，完全取决于他本人的品德。品德好的人，自然会享受荣誉；品德坏的人，也自然会蒙受耻辱。一个人如果放任自流，行为举止傲慢，身上具有邪恶污秽的东西，就无法得到他人的尊敬。要想成为一名君子，就要让自己博学多才，还要经常用学来的道理对照自身进行检点。如果坚持这样做下去，你的学问和知识就会越来越多，行为上也很难有什么过失了。俗话说得好：'少壮不努力，老大徒伤悲。'在生活中，我们看到别人能做一番大事业时总是非常羡慕人家，可是你哪里知道，人家之所以能够取得成功，是下了一番苦功夫的！不经过自身的努力就想得到学问，那就如同缘木求鱼一样可笑。"

无意中听到的一番话，陈子昂的内心受到很大的触动。他忘记了游玩，马上赶回家，在自己的屋中反思起来，回省自己以前做过的荒唐事，心里追悔莫及。从那一天起，陈子昂毅然跟原来那些朋友断绝了来往，把在家中饲养的各种小动物也都放生了，从此和书本成了朋友，每天书不离手，勤奋刻苦地学习，后来成为一名伟大的诗人。

可见，反省可以"自知己短"，弥补短处，纠正过失。"人无完人，金无足赤"，反省自己是十分必要的。宋代的朱熹说："日省其身，有则改之，无则加勉。"

有人怀疑反省的作用，认为反省并不见得有多大改变。但是，真正懂得反省的人，经过它的荡涤，能让俗世纷纷扰扰的尘埃从心中流走，给自己一个美好的人生。认清了自己，便可获得一个更广阔的人生境界，收获也可更加丰盈。

所以，即使我们不能时时反省，也要经常反省，如此才能不断荡涤自己的心灵，活得更快乐，更有价值。

宽心从容

——达观处变，静待人生起伏

❀○达不足喜 穷不足忧○❀

【原文】

多藏者厚亡，故知富不如贫之无虑；高步者疾颠，故知贵不如贱之常安。

【译文】

财富聚集得太多的人，失去时损失也大，由此可见富有的人还不如贫穷的人过得无忧无虑；地位爬得越高的人，摔得也会越惨，由此可见，地位高的人还不如卑贱的人过得平安。

【精读解析】

"三年清知府，十万雪花银"，历史上贪污之事层出不穷，其中最具代表性的人物当属清朝乾隆年间的大臣和珅。

曾有一位叫汪如龙的官员，送给和珅几十万银两，想谋个肥缺，和珅马上让汪如龙当上了两淮监政。而这个职位，之前一直由一名叫征瑞的官员担任。

征瑞每年都向和珅进献银两10万，看着汪如龙霸占了自己的官职，他心中有些不悦，跑去询问和珅："大人，我每年也向国家贡献白银10万两，贡献如此之多，怎么就把我给换了呢？"和珅拉着征瑞的手，笑眯眯地对他说："别人的贡献更大嘛。"和如此赤裸裸的回答，让征瑞哑口无言。

和珅把持朝政20余年，金钱交易的事俯拾皆是。和珅为官，弄权耍奸，朝野骂声不绝。故而当他的靠山乾隆帝死后不久，新皇帝嘉庆宣布他的20条罪状，令其自裁。一代贪官终于不得善终。

古代贤者认为，富有的人不如贫穷的人无忧无虑，原因是财富越多，失去时损失越大；地位高的人不如地位低的人安生乐活，原因是爬得越高，摔下来时伤得会越惨。和珅的例子就是佐证。所以说，钱财富足不一定是好事，日里防抢，夜里防偷；官位显赫也不值得羡慕，随时会遭人嫉妒和暗算，也不会安生。

明朝画家史忠正是一位深得前人之妙的智者。

史忠，字廷首，本姓徐，名端本，自号敦翁，又号痴仙、痴痴道人。江宁（今江苏南京）人。史忠作卧痴楼，醉则为乐府新声。史忠17岁时才开始画画，"忽通诗词，画山水木石，纵笔挥写。情豪侠负气，不喜权贵人"。

整日忧虑担心丢掉官职，还真不如当初做平民那样常感安乐。

古代贤者认为，富有的人不如贫穷的人无忧无虑，原因是财富越多，失去时损失越大；地位高的人不如地位低的人安生乐活，原因是爬得越高，摔下来时伤得会越惨。钱财富足不一定是好事，日里防抢，夜里防偷；官位显赫也不值得羡慕，随时会遭人嫉妒和暗算，也不会安生。

他的女儿早已定下婚约，到了出嫁年龄，但是婿家贫寒，无力迎娶。于是史忠想了一个计策，上元节时，他假称要观灯，携妻与女儿来到婿家。到了婿家门前，呼婿出拜，留下女儿，他与夫人大笑而去。

他曾作一首七言绝句："痴老平生性僻疏，胸中尘垢半是无。岁寒起坐烧银烛，写个江山雪霁图。"

史忠能够不以财富、地位取人，信守承诺将女儿嫁给了贫寒的婿家，表现了他不嫌贫不爱富的高风亮节。

很多人的一生都在为财富和名利奔波，有所得则沾沾自喜、洋洋得意，非但不适可而止反而变本加厉，结果应了"人为财死，鸟为食亡"的谶语，财富越多损失越多，地位越高跌得越重。与其如此，聪明的人们还不如学一学史忠，不要把名利富贵看得太重，达并不足喜，穷也不足忧。守住一颗平常心，淡泊一些，达观一些，才是真正的福气。

○处患不忧　心系苍生○

【原文】

君子处患难而不忧，当宴游而惕虑，遇权豪而不惧，对茕独而惊心。

【译文】

有能力和德行的君子哪怕面临困难的环境也不会忧虑，而在安乐宴饮时却知道警惕，遇到有权势或蛮横的人并不害怕，而对那些年老无助的人却很同情。

【精读解析】

62岁的苏轼被朝廷贬到海南时，天空正下着绵绵细雨，斜风吹打在身上，透出一丝凄凉。虽然居陋室，食粗饭，但苏轼并不以为苦，反而经常和当地士绅百姓共叙桑麻乐事。他也不以文豪自居，而是入乡随俗，身披当地衣冠，走街串巷，享受难得的快慰。

一次，苏轼来到一座山头，惹来一个黎山樵夫的善意笑声。虽然语言不通，但樵夫也看得出，他是一个身居山林的贵人，出于对他的好感，慷慨地送了一匹布，好让他抵御寒冷的海风。

他和周围的邻居关系也非常融洽，左邻右舍常送饭食给他。当他给人们说起往事的时候，脸上也总是乐呵呵的，并没有伤感怅然之色，笑称"昔日富贵，一场春梦"。

而事实上，苏轼在海南的谪居生活是十分困顿的。岭南天气卑湿，地气蒸溽，而海南为甚，这对于年老的苏轼，无疑是难以适应的。但是苏轼去世前自题画像却将贬官黄州、惠州、儋州看成是自己的平生功业。

苏轼对苦难并非无动于衷，但他却以一种全新的人生姿态来对待接踵而至的不幸，不以苦为苦。真正的君子与常人的处世差别在于他们意志坚强，能够不为外物所扰而坚持品性，故能处变不惊、居安思危、不畏权势、扶危济困。

德性高尚的君子不仅身处逆境而不忧，而且能够不畏权势，同情弱小。伟大的爱国

有能力和德行的君子遇到有权势或蛮横的人并不害怕，对年老无助的人却很同情。

明理者往往不会被一事一物所纠缠，而是胸怀宽广、淡泊自守，生活在恶劣环境中也不会忧心忡忡，安乐悠闲时却会居安思危；遇到豪强权贵不会畏惧，但是遇到孤苦无依的人却具有同情心，真正的君子总是胸怀天下、心系苍生，先天下之忧而忧，后天下之乐而乐。

苏轼的谪居生活是十分困顿的，但他却以一种全新的人生姿态来对待接踵而至的不幸，不以苦为苦。他是真正的君子，意志坚强，能够不为外物所扰而坚持品性，故能处变不惊、居安思危、不畏权势、扶危济困。

诗人屈原正是如此，他虽然出生于贵族之家，却能够体恤到普通百姓的艰辛，竭尽全力帮助他们。

屈原在幼年时期就有悲天悯人的情怀。当时正逢连年饥荒，屈原家乡的百姓们吃不饱穿不暖，时有沿街乞讨、啃树皮、食埃土者，幼小的屈原见之不禁伤心落泪。

一天，屈原家门前的大石头缝里突然流出了雪白的大米，百姓们见状，纷纷拿来碗瓢、布袋接米，将米背回了家。

不久屈原的父亲便发现家中粮仓中的大米越来越少，他很奇怪。有一天夜里，他发现屈原正从粮仓里往外背米，便将屈原叫住，一问才知道原来是屈原把家里的米灌进石缝里。

乡亲们知道了真相都很感动，纷纷夸赞屈原。

父亲没有责备屈原，只是对他说："咱家的米救不了多少穷人，如果你长大后做官，把我们管理好，天下的穷人不就有饭吃了吗？"

自此屈原勤奋治学，成人后被楚王得知他很有才能，楚王便召他为官，让他管理国家大事。他为国为民尽心尽力，为后世之人所称颂。

天大的事情如果不是涉及自身，人们也不会去在意它；而一件很微小的事情如果与己相关，人们就会全身心地关注它。屈原的伟大之处就在于，他能够设身处地为他人着想，以他人之苦为苦。

真正的君子对待自己的荣辱得失能够淡定从容，不以物喜、不以己悲；而面对他人的苦难时却难以心安，因为他们总是胸怀天下、心系苍生，先天下之忧而忧，后天下之乐而乐。每个人的一生都不可能一帆风顺，风平浪静之时人们应当居安思危，风浪来袭时也应处变不惊，风吹雨打时从容待定，风和日丽时对天地人事充满怜惜之情，这样人生之船才能够走得长远。

◎心宜旷达　切忌狭隘◎

【原文】

心旷，则万钟如瓦缶；心隘，则一发似车轮。

【译文】

心胸宽阔，就会将巨大的财富看成瓦罐一样不值钱；心胸狭隘，那么一根头发也会看得像车轮一样重要。

【精读解析】

《菜根谭》中的这句话，可以作一延伸：心量宽广之人可包容世间万物；但若人心太过狭小，则一点细微之事，便可填满他的生命。这即是"心界圈定了你的世界"。

你的心，决定你的世界，一如《逍遥游》中所说的大鹏和晏鸟，蛰伏于草丛之中的晏鸟，永远也无法体会到翱翔于苍穹的大鹏所看到的世界。

有人曾说过这样一句话："眼睛看到之处，是你能到达的地方。"要想成功，长远的眼光和广阔的胸襟是必不可少的。即便不能如大鹏般翱翔于蓝天，也需拥有气吞八荒的胸襟，世界与人生也会随之变得更广阔。

处事需持旷达心，人生在世，都应练就几分"看得破"的功夫。

处世立身，胸怀决定一个人的人生和人格高度。心就是一个人的翅膀，心有多大，世界就有多大。一个人只有最大限度地扩大自己的胸怀，才能比别人看到更多更精彩的事物，收获更多的美丽。

一天，惠子对庄子说："魏王送我大葫芦种子，我将它培植起来后，结出的果实有五石容积。用大葫芦去盛水吧，可是它的坚固程度承受不了水的压力。把它剖开做瓢又太大了，没有什么地方可以放得下。这个葫芦不是不大呀，但它没有什么用处，我就砸烂了它。"

庄子说："先生实在是不善于使用大的东西啊！宋国有一善于调制不皲手药物的人家，世世代代以漂洗丝絮为职业。有个游客听说了这件事，愿意用百金的高价收买他的药方。全家人聚集在一起商量：'我们世世代代在河水里漂洗丝絮，所得的钱不过数金，如今一下子就能卖到百金，还是把药方卖给他吧。'游客得到药方，来游说吴王。正巧越国发难，吴王派他统率部队，冬天跟越军在水上交战，大败越军，吴王划割土地封赏他。能使手不皲裂，药方是同样的，有的人用它来获得封赏，有的人却只能靠它在水中漂洗丝絮，这是使用的方法不同。如今你有五石容积的大葫芦，怎么不考虑用它来制成小舟，而浮游于江湖之上，却担忧葫芦太大无处可容？看来先生你还是心窍不通啊！"

惠子为什么会觉得大葫芦没有用呢？那是因为他的眼光境界太窄太小，所以看不到大的事物的用处，一个人只要能够最大限度地扩大自己的心域，就能比别人看到更多更精彩的事物、更多更精彩的美丽。

宽广的胸怀，是一种不需投资便能得到的精神高级滋补品；是一种保持身心健康、具有永久疗效的"维生素"；是一种宠辱不惊，笑看庭前花开花落的清醒剂；是一种使人做到骤然临之而不惊，无故加之而不怒的智慧和淡定。如柏杨先生所言："天地何其广阔，有多少事等待我们去做，没有开放的、气吞八荒的胸襟，一味在猜忌中打滚，只使自己更为鬼祟。"拥有"气吞八荒的胸襟"之人，才能在天地间打开一片属于自己的广阔世界。

◎盛衰无常　强弱安在◎

【原文】

狐眠败砌，兔走荒台，尽是当年歌舞之地；露冷黄花，烟迷衰草，悉属旧时争战之场。盛衰何常？强弱安在？念此令人心灰！

【译文】

狐狸做窝的残垣断壁，野兔出没的荒废楼台，这些都是当年歌舞升平的地方；清冷露珠洒满野外，烟笼雾绕枯草丛丛，这里曾是古代逐鹿争斗的场所。兴盛和衰败哪里会长久不变？强弱胜负又哪里会长久呢？想到这些不禁令人心灰意冷！

【精读解析】

我们每一个人都是演员，都在演着自己的人生。然而不管是谁，都不是这出戏的编剧，剧本是写好的，只是我们无从知晓。值得庆幸的是，我们可以是自己的导演，我们可以决定怎样去演，虽然结局我们并不知道。但是幕布已经拉开，灯光已经点亮，

盛衰无常，繁华之地终难免分离云散，又有何可执着？

音乐也已经响起，我们从出生的那一刻开便已经站在了自己人生的舞台上，并且没有停下来的可能，表演必须继续下去。

不要相信命运，要相信努力；不要抱怨命运，要勇敢面对；不要奢望永远，要把握现在；不要期望太远，要珍惜眼前。英雄豪杰，富贵荣华，转眼即是云烟。一切随缘，褪尽浮华，正视富贵，厚德载物，在世间体验人生智慧，寻求生命真谛。

正如著名诗人卞之琳的那首著名小诗：你站在桥上看风景，看风景的人在楼上看你。明月装饰了你的窗子，你装饰了别人的梦。每个人都看到世间这场大戏，殊不知，我们也在戏中。

花开花落，物转星移。人生就是五味俱全的一出戏，戏演完了，人生也就结束了。每个人的际遇不同，所演的戏也就不同。如果你出身富贵人家，你演的就是一个富家弟子，如果你出身贫困之家，你演的就是一个在底层挣扎向上爬的人。

古时候，有户人家有两个儿子。当两兄弟都成年以后，他们的父亲把他们叫到面前说：在群山深处有绝世美玉，你们都成年了，应该做探险家，去寻求那绝世之宝，找不到就不要回来了。

两兄弟次日就离家出发去了山中。大哥是一个注重实际，不好高骛远的人。有时候，即使发现的是一块有残缺的玉，或者一块成色一般的玉甚至那些奇异的石头，他都统统装进行囊。过了几年，到了他和弟弟约定的会合回家的日期，此时他的行囊已经满满的了，尽管没有父亲所说的绝世完美之玉，但造型各异、成色不等的众多玉石，在他看来也可以令父亲满意了。后来弟弟来了，两手空空，一无所得。弟弟说："你这些东西都不过是一般的珍宝，不是父亲要我们找的绝世珍品，拿回去父亲也不会满意的。"弟弟说："我不回去，父亲说过，找不到绝世珍宝就不能回家，我要继续去更远更险的山中探寻，我一定要找到绝世美玉。"

哥哥带着他的那些东西回到了家中。父亲说："你可以开一个玉石馆或一个奇石馆，那些玉石稍一加工，都是稀世之品，那些奇石也是一笔巨大的财富。"

短短几年，哥哥的玉石馆已经享誉八方，他寻找的玉石中，有一块经过加工成为不可多得的美玉，被国王御用作了传国玉玺，哥哥因此也成了倾城之富。

在哥哥回来的时候，父亲听了他介绍弟弟探宝的经历后说，你弟弟不会回来了，他是一个不合格的探险家。他如果幸运，能中途醒悟，明白至美是不存在的这个道理，是他的福气。如果他不能早悟，便只能以付出一生为代价了。

很多年以后，父亲的生命已经奄奄一息。哥哥对父亲说要派人去寻找弟弟。父亲说，不要去找了，经过了这么长的时间和挫折他都不能顿悟，这样的人即便回来又能做什么事情呢？世间没有纯美的玉，没有完善的人，没有绝对的事物，为追求这种东西而耗费生命的人，何其愚蠢啊！

弟弟没有珍惜眼前的美好，而是去追求并不存在的完美，因此失去了本该收获的美好。

狐狸作窝的破屋残壁，野兔奔跑的废亭荒台，都是当年美人歌舞的胜地；遍地菊花在寒风中颤抖，枯菱荒草在烟雾中摇曳，都是以前英雄争霸的战场。繁华豪富之地，最终会成荒草野兔出没的郊野。兴衰成败如此无常，而富贵强弱又在何方呢？

辛弃疾曾道"千古江山，英雄无觅……风流总被雨打风吹去"，苏东坡也感叹"大江东去，浪淘尽、千古风流人物"，英雄豪杰，富贵荣华，转眼即是云烟。做人应该拥有一颗宁静的心，这样才能从容地面对自己的生活。

◎宠辱不惊 去留无意◎

【原文】

宠辱不惊，闲看庭前花开花落；去留无意，漫随天外云卷云舒。

【译文】

无论是受宠或者受辱都不会在意，只是悠闲地欣赏庭院中花草的盛开和衰落；无论是晋升还是贬职，都不在意，只是随意观看天上浮云自如地舒卷。

【精读解析】

世间很多事情都是难以预料的，正当你春风得意的时候却突然发生一些让你痛不欲生的事情，正当你想着要好好努力挣钱的时候，却突然有一笔意外之财从天而降，让你不知所措。或者大悲，或者大喜，人往往很难做到从容地面对意外，所以各种烦恼接踵而至。

这一切追根究底都是心有所住。有所住，就被一个东西困住了。

有一只木车轮因为被砍下了一角而伤心郁闷，它下决心要寻找一块合适的木片重新使自己完整起来，于是离开家开始了长途跋涉。

不完整的木车轮走得很慢，一路上，阳光柔和，它认识了各种美丽的花朵，并与草叶间的小虫攀谈。这期间它当然也看到了许许多多的木片，但都不太合适。

宠辱不惊，去留无常，说起来容易，做起来就难了！

只有在面临一切事情时，物来则应，过去不留，才是真正的修养到家，得意不忘形，失意更不忘形。与其把生命置于贪婪的悬崖峭壁边，不如随性一些，洒脱一些，不患得患失，做到宠辱不惊，保持一份难得的理智。坦然地面对所有，得到未必幸福，失去也不一定痛苦。得到时要淡定，要克制；失去时要坚强，要理智。

终于有一天，车轮发现了一块大小形状都非常合适的木片，于是马上将自己修补得完好如初。可是欣喜若狂的轮子忽然发现，眼前的世界变了，自己跑得那么快，根本看不清花儿美丽的笑脸，也听不到小虫善意的鸣叫了。

车轮停下来想了想，又把木片留在路边，一个儿走了。

失去了一角，却饱览了世间的美景；得到想要的圆满，却错失了怡然的心境。有时候失也是得，得即是失。尽善尽美未必是幸福生活的终点站，有时反而会成为快乐的终结者。

坦然地面对所有，享受人生的一切，得到未必幸福，失去也不一定痛苦。得到时要淡定，要克制；失去时要坚强，要理智。兜兜转转，寻寻觅觅，浮浮沉沉，似梦似真，一路行走一路歌唱。

庭前花开花落，天外云卷云舒，都是自然的起落与循环，人生的失意得意，人世的冷暖炎凉，也是造物的悉心安排。在平淡中给自己一个动力；在昂扬中给自己一份淡薄；在匆忙中懂得适时地给心灵一次释放；在喧闹中为自己找一份宁静，人生真境便会随时显现，可以久久探寻。

◎从冷视热　从冗入闲◎

【原文】

从冷视热，然后知热处之奔驰无益；从冗入闲，然后觉闲中之滋味最长。

【译文】

从热闹的名利场中退出后再来看名利场，才知道热衷于争名夺利最没有意思；从忙碌的生活转到安闲的生活，才知道安闲的人生趣味最长久。

【精读解析】

在清朝时，北京城有一个著名的艺人，在京城一个戏班里唱戏。他本来是满族的世家子弟，开始在戏班不过是客串演唱，后来因为唱戏技艺越来越精湛，大家就都劝班主把他吸纳进戏班，于是他成了戏班里正式的演唱艺人。

但是他加入戏班不久之后，他有了承袭家里世爵的机会，眼下如果他是艺人身份，不能承袭爵位，所以就有人劝他不要再唱戏了，想法谋求别的差事，争取世袭家里的爵位。然而他一点也不为所动，认为为什么要放弃演戏来谋求爵位呢。

有人劝说他："唱戏职业的地位是低贱的，而爵位的名声是荣耀的。放弃低贱来换取荣耀，本来就是人之常情。"

他却说："我却为自己是唱戏的艺人而感到自豪和骄傲，并不觉得卑污下贱。在戏剧里，我既可以扮作帝王，也可以扮演将军大臣。掀帘出场则引得众人喝彩，在社会上的荣耀应该算是最高的了，还有什么可追求的呢？"

那人说："可是这一切都是虚假的，是扮演出来的，不真实。"

当从名利场中退出后，再冷眼旁观那些热衷于名利的人，才发现热衷于争名夺利是多么没意思。

人们面对名利时常常容易迷失自我，私心与贪欲常常使他们重重地跌倒在"欲望"的旋涡里。知道官场的风险和危机，以冷眼观世事热闹，以淡漠看人间繁华，才知道繁华热闹处的功名利禄只是虚幻泡影；从忙碌的生活转入悠闲的生活，才能体味到安闲乃是生活中的真正乐趣。

他笑着说："你以为得到爵位就是真的荣耀了吗？或许我还没有来得及享用，第二天又失去这个爵位了。"

故事中的艺人之所以冷淡看官场，拒绝袭爵，得而不喜、失而不忧，其主要的原因就是已经深深知道官场的风险和危机。安贫乐道是一种智慧，淡泊名利是一种境界，它们能让迷失于欲望之海的人们，于烦琐的事务中求得片刻安闲，于浮躁的环境中求得些许宁静。

不仅涉足权力需要冷静、自制，对待财富的时候也要如此。

一对贫穷的农民夫妇，依靠自己家的一块田地维持生计，每年只能从田里收获勉强可以维生的收成。唯一值得欣慰的是，他们家还养着一只母鸡，每天可以得到一个鸡蛋，给他们贫穷的生活一点有限的补贴。

或许是由于上天的怜悯，有一天，这只鸡生下了一个金蛋。他们把蛋拿到市场上去卖，结果得到的现金多得吓了他们一跳。这么一大笔的钱，竟然如此简单就得到了。

他们回到家里，直盯着生金蛋的鸡看，哪里明白这是幸运之神的照顾！他们心想：以后再也用不着过那种披星戴月却仅仅果腹的日子了，只要这只鸡每天能给他们下一个金蛋就行。果真靠着一天一个金蛋，夫妇俩逐渐富裕了起来，他们买下肥沃的田地，盖起宽敞漂亮的大房子，请了许多仆人，日子也开始过得奢靡起来。

以前贫穷的日子并没有让他们学会珍惜这上天眷顾的幸福，而是在奢靡之中滋长了无尽的贪欲。在奢侈的舞会结束后，妻子说："既然母鸡每天可以下一个金蛋，那它的肚子里一定有很多很多的金蛋，说不定就是一个金库……"

丈夫打断她说："对，我们干脆把鸡杀了，把肚子里所有的金蛋都拿出来！"于是他们三下五除二，将那只下金蛋的鸡杀了。

但是剖开之后，他们发现和普通的鸡并没有两样，根本没有什么金蛋，更不用说什么金库了！夫妇俩非常懊悔亲手毁了自己的致富宝贝，但为时已晚。一直在天上注视着他们的幸运女神目睹了刚才的惨剧，愤怒之下将他们所有的财产化作了一阵清风。

人们应该珍惜生活赐予的，不要再索求太多。物欲太盛，杀鸡取卵，只能得不偿失。贪婪的欲望使这对农民夫妇自己断绝了致富之路，所有的财产也都消失殆尽。也许有一天他们能够明白，应该珍惜生活赐予你的，不要索求太多。可他们还能再恢复到原来清贫淡然却怡然自得的生活状态吗？恐怕是再也不可能了。

《菜根谭》中蕴含的人性修养

修身养性

儒家入世，倡导进取拼搏的人生态度；道家出世，则要求超然淡泊的人生心境。

在为人处世和工作交往中，人只有将自我的心性品德修养好，才可以从容地待人处世。

虚静淡泊的名利观念	宽厚真诚的仁爱心灵	自强不息的进取精神	持之以恒的坚韧意志

致虚极，守静笃

待人宽厚的朱冲

自强不息

铁杵磨成针

淡泊明志，不为外物所累，不慕虚荣，才能身心自由。人性应该是虚静淡泊的，因为人有着高尚的人生追求和精神向往。

对于人类社会来说，个体之间的伦理关系无疑是一种相互配合的公共关系。成功的人生，必须付出你的宽厚和真诚。

自强不息者需要自己看得起自己，需要不断提高自身的素质和工作才能，珍惜生命和时间，在事业的道路上不屈不挠。

坚韧不拔的性格，代表了一种积极、自信的人生态度，拥有这种人生态度的人面对挫折不退缩，拥有战胜任何挫折的力量。

❀○荣辱皆忘 冷暖自知○❀

【原文】

　　隐逸林中无荣辱，道义路上无炎凉。

【译文】

　　对于在山林隐居的士人来说，人生的荣耀与耻辱都可以完全忘掉；对于追求道义的人来说，世间所谓的人情冷暖、世态炎凉都不必去考虑。

【精读解析】

　　一个超然物外的人，是不被世俗所左右的，这样的人对于自己做人的道理看得很清楚，绝不会受任何外在的环境影响。

　　一群人到山上去游玩，其中一个人不小心掉进很深的坑洞里，他的右手和双脚都摔断了，只剩一只健全的左手。坑洞非常深，又很陡峭，地面上的人束手无策。幸好，坑洞的壁上长了一些草，那个人就用左手撑住洞壁，以嘴巴咬住草，慢慢地往上攀爬。地面上的人看不清洞里，只能大声为他加油。等到看清他身处险境，嘴巴咬着小草攀爬，忍不住议论起来。

　　"情况真糟，他的手脚都断了！"

　　"哎呀！他这样一定爬不上来了！"

　　"对呀！那些小草根本不可能撑住他的身体。"

　　"可惜！他如果摔下去死了，留下庞大的家产就无缘享用了。"

　　"他的老母亲和妻子可怎么办才好！"

　　落入坑洞的人实在忍无可忍了："你们都给我闭嘴！"就在他张口的一刹那，他再度落入坑洞。当他摔到洞底即将死去之前，他听到洞口的人异口同声地说："我就说嘛！用嘴爬坑洞，是绝对不可能成功的！"

　　如果不理会这些是非，这个伤痕累累的人凭着自己的努力最终一定能够爬出坑洞。但是人就是这样，太在意外在的评论与看法，总想在别人面前展示一个完美的自己，而不能容忍别人对自己的丝毫质疑，却往往忽视了自己的真实处境，置身于别人的话语圈里。

　　现代画家丰子恺先生有这样一段文字："有一回我画一个人牵两只羊，画了两根绳子。有一位先生教我：'绳子只要画一根。牵了一只羊，后面的都会跟来。'我恍悟自己阅历太少，后来留心观察，看见果然如此：前头牵了一只羊，后面数十只羊都会跟去。就算走向屠场，也没有一只羊肯离群而另觅生路的。后来看见鸭也如此。赶鸭的人把数百只鸭放在河里，不需用绳子系住，群鸭自能互相追随，聚在一块。上岸的时候，赶鸭的人只要

山林隐居的士人不在乎荣耀与耻辱，追求道义者不了考虑人情冷暖、世态炎凉。

一个退隐山林，与世隔绝的人，对于世间一切荣辱完全忘怀；一个讲求道德仁义的人，对于世间一切是非，冷暖完全看淡，这是一种很难达到的人格高度。就好像当所有的人都在恭维他，他却理都不理；当所有的人都在骂他，都在反对他，他也绝不改变自己的方向。这样的超然物外，是一种品质的修养，也是一种境界。

赶上一二只，其余的都会跟了上岸。即使在四通八达的港口，也没有一只鸭肯离群而走自己的路的。"

字画皆人生，疏淡之间，意趣横生，细细思量，的确有一条隐在尘世中的绳索，牵着在生活中迷乱的人们。我们每天急匆匆地跟在一件事的后面，追逐一些看不见的东西，实际都是在奔赴一个别人成功过的目标，重复别人走过的路，在别人嚼剩的残渣中寻觅零星的营养。可惜漫漫人生征途又能有几人另辟蹊径？可悲可叹的是，有时甚至盲目到顽愚的地步，眼看跟着别人一步一步走向了人生的绝境，虽有警觉却仍坚持趋同主流。

隐者之所以没有荣辱之感，道者之所以没有炎凉之感，原因是他们已经完全摆脱了一切外在的束缚与世俗的是非观念。每个人都不要泯然于众，不要被欲望束缚，应看清这个世界，做自由自在且真实的自己。

◎生死成败 任其自然◎

【原文】

知成之必败，则求成之心不必太坚；知生之必死，则保生之道不必过劳。

【译文】

如果知道有成功就一定有失败，那么也许求取成功的意志就不会那么坚决；如果知道有生就会有死，那么养生之道就不必过于用心良苦。

【精读解析】

有人说，人的一生之中只有三件事，一件是"自己的事"，一件是"别人的事"，一件是"老天爷的事"。今天做什么，今天吃什么，开不开心，要不要助人，皆由自己决定；别人有了难题，他人故意刁难，对你的好心施以恶言，别人主导的事与自己无关；天气如何，狂风暴雨，山石崩塌，人力所不能及的事，过于烦恼，也是于事无补。

中国古代有一位神射手，叫后羿。经过多年的勤学苦练，加上先天的禀赋，他练就了一身百步穿杨的好本领，立射、跪射、骑射样样精通，而且箭箭都射中靶心，从来没有失过手。人们对他充满敬佩，争相传颂他高超的射技。

夏王从身边人那里听说了这位神射手的事迹，他想一睹其风采，于是把后羿召入宫来，让后羿单独给他一个人演习一番。

后羿被带到宫中，在御花园里的一个开阔地带，夏王叫人拿来一块一尺见方、靶心直径大约一寸的兽皮箭靶，用手指着说："今天请先生来，是想请你展示一下你那精湛的本领，这个箭靶就是你的目标。为了使这次表演不至于沉闷乏味，我来给你定个赏罚规则：如果射中了的话，我就赏赐你黄金万两；如

万事不可强求，先生只需做好自己的事，谋事在人，成事在天。

有得必有失，有成功就有失败，有生就有死，这是自然的规律。人活得不自在，只是因为，总是忘了自己的事，爱管别人的事。所以要轻松自在很简单：打理好"自己的事"，不去管"别人的事"，不操心"老天爷的事"。所以，在某些地方不必过于刻意强求，一切还是顺其自然更好。

果射不中，就要削减你一千户的封地。现在请先生开始吧。"

后羿听了夏王的话，一言不发，面色凝重。他慢慢走到离箭靶大约一百步的地方，脚步显得相当沉重。然后，后羿取出一支箭搭上弓弦，摆好姿势拉开弓准备射击。

想到自己这一箭出去可能发生的结果，一向镇定的后羿呼吸变得急促起来，拉弓的手也微微发抖，几次都没有把箭射出去。过了好一会儿，后羿终于下定决心松开了弦，箭应声而出，"啪"地一下钉在离靶心足有几寸远的地方。后羿脸色一下子白了，他再次弯弓搭箭，精神却更加不集中了，射出的箭也偏得更加离谱。

> 这一箭太重要了，射不中将会有什么结果呢？我那一千户封地恐怕就没了啊……

> 后羿练就了一身百步穿杨的好本领，射箭从来不失手，但在夏王面前却大失水准，这是因为被利益所牵扯，后羿便产生了患得患失的心理，在行事的过程中也就出现了差错。患得患失是人生的精神枷锁，是附在人身上的阴影。

后羿收拾弓箭，勉强微笑着向夏王告辞，悻悻地离开了王宫。夏王在失望的同时掩饰不住心头的疑惑，就问手下道："这个神箭手后羿平时射起箭来百发百中，为什么今天跟他定下了赏罚规则，他就大失水准了呢？"

手下解释说："后羿平日射箭，不过是一般练习，在一颗平常心之下，水平自然可以正常发挥。可是今天他射出的成绩直接关系到他的切身利益，自然会患得患失，所以不可能静下心来充分施展技术。"

因为被利益所牵扯，后羿便产生了患得患失的心理，在行事的过程中也就出现了差错。

一个人的才华、时间、精力毕竟有限，要想做好一切想做的事是不可能的。有些事，别人行，并不一定你也行，昨天行并不意味着今天还行。尊重现实，顺其自然乃智者之举，患得患失不仅折磨自己的心智，更会使自己一事无成，苦恼不堪。

其实，得与失只有一线之隔，意以为得，就是得意；意以为失，就是失意。颜回居陋巷，一箪食，一瓢饮，也能得意在其中；秦王统一六国，兼并天下，也能失意于其间。说到底，总是内心蠢蠢的欲望在作祟。

有得必有失，有成功就有失败，有生就有死，这是"老天爷的事"，是自然的规律，我们只要做好自己分内的事情，将成败盛衰、生死荣辱看做是自然的安排，不必放在心上，这是一种旷达、超然的人生境界，是最好的"保生之道"。

◎随人接引　随事警惕◎

【原文】

道是一重公众物事，当随人而接引；学是一个寻常家饭，当随事而警惕。

【译文】

真理是一件大家都可以去追求和探索的事情，应该随着个人的性情来加以引导；做学问就像平常所吃的家常便饭一样，应该随着事情的变化而有所谨慎和警惕。

【精读解析】

一个著名人物在总结自己的成功经验时说："你可以超越任何障碍。如果它太高，你可以从底下穿过；如果它很矮，你可以从上面跨过去。总会有办法的。"

世界上的一切事物，都处于不断运动、变化和发展之中。如果凡事都照搬教条，而不知随机应变，具体情况具体分析，那就难免失策。要获得成功，就要首先去认识事情的性质和特点，然后根据实际情况调整思路和行为方式。只有如此，才能在顺应事物变化的同时，驾驭变化。

战国时期，有施氏和孟氏两家邻居。施家有两个儿子，一个儿子学文，一个儿子学武。学文的儿子去游说鲁国的国君，阐明了以仁道治国的道理，鲁国国君重用了他。那个学武的儿子去了楚国，那时楚国正好与邻邦作战，楚王见他武艺高强，有勇有谋，就提升他为军官。施家因两个儿子显贵，满门荣耀。

> 学习要灵活，切莫把别人的经验生搬硬套。

人生的道理就好像一条宽阔的马路，每个人都可以走，每个人也都必须走，这个时候，引导他人应该顺着人性；做学问的道理也是一样，古人早就认识到学习就好像平常吃饭一样，只是应该懂得顺应事物的变化而留心观察。

孟氏也有两个儿子，这两个儿子也是一个学文，一个学武。孟氏看见施氏的两个儿子都成才，就向施氏讨教，施氏向他说明了两个儿子的经历。孟氏记在心里。

孟氏回家以后，向两个儿子传授机宜。于是，他那个学文的儿子就去了秦国，秦王当时正准备吞并各诸侯，对文道一点也听不进去，认为这是阻碍他的大业，就将这人砍掉了一只脚，逐出秦国。他学武的儿子到了赵国，赵国早已因为连年征战，民困国乏，厌烦了战争，这个儿子的尚武精神引起了赵王的厌烦，便砍掉了他的一只胳膊，也逐出了赵国。

孟氏之子与施氏之子条件一样，却形成两种结果。这是因为孟氏及其儿子没能见机行事，观察和权衡事态的发展变化，只是重走别人的老路，最终导致自己的不幸发生。

一条路走不顺畅，可以硬着头皮走下去，也可以放弃原路，另辟蹊径。换一种思想，换一个想法，往往能使人豁然开朗，步入新境，也能使人从"山穷水尽"中看到"峰回路转"和"柳暗花明"。

鲁迅曾说："其实世上本没有路，走的人多了，也便成了路。"做人无常势，不懂得另辟蹊径者，将很难赢取成功和荣耀。人生的道路有千万条，条条大路都能通罗马，每条路都是我们的选择之一。所以一旦这条路行不通，不要犹豫，立即换一条路，走出一条适合自己的路。

◎ 前念不滞　后念不迎 ◎

【原文】

今人专求无念，而终不可无。只是前念不滞，后念不迎，但将现在的随缘打发得去，自然渐渐入无。

【译文】

今天的人一心想要心无杂念，但终究也没有办法达到完全没有杂念的地步。要想先前的杂念不存在心中，对于未来的杂念不会生起，只需将现有的杂念随着机缘打发掉，自然能渐渐达到无杂念的境界。

【精读解析】

雪停之后，文益前来告辞，桂琛禅师把他送到了寺门口，说道："你平时常说'三界由心生，万物因识起'。"然后指着院中的一块石头接着说："你且说说，这块石头是在心内，还是在心外？"

文益："在心内。"

桂琛："一个四处行走的出家人，为什么要在心里头安放一块大石头呢？"

文益被窘，一时语塞，无法回答，便放下包裹，留在地藏院，向桂琛禅师请教难题。一个多月来，文益每次呈上心得，桂琛都对他的见解予以否定。直到文益理尽词穷，桂琛才告诉他："若论佛法，一切现成。"这一句话，使文益恍然大悟。

要"活在当下"。所谓"当下"就是指你现在正在做的事、待的地方、周围的人；"活在当下"就是要你把关注的焦点集中在这些人、事、物上面，全心全意地接纳、品尝、投入和体验这一切。

人生最值得珍视的就是当下的实在。然而现代人杂念丛生，正是因为放不下过去，太在意将来。

有许多人都相信来生与前世。因为那让我们能对今生的不幸，用前世做借口，说那是前世欠下的。让我们对今生的不满，用来生做憧憬，说可以等到来生去实现。问题是，哪个"今生"不是"前世"的"来生"？哪个"来生"不是"来生"的"今生"？来生的缘，可以是今生结下的；来生的果，可以是今生种下的。前世的债，今生正在还。还不清，来生还得继续。前世的缘，今生正在实现，好不容易盼到了，自当好好把握。

有个小和尚负责清扫寺院里的落叶。这是件苦差事，秋冬之际，每次起风，树叶总是随风飞舞。每天早上都需要花费许多时间才能清扫完，这让小和尚头痛不已。他一直想找个好办法让自己轻松些。

后来有个和尚跟他说："你在明天打扫之前先用力摇树，把落叶都摇下来，后天就可以不用扫落叶了。"

小和尚觉得这是个好办法，于是隔天他起了个大早，使劲地摇树，以为这样就可以把今天跟明天的落叶一次扫干净了，他一整天都很开心。

第二天，小和尚到院子里一看，不禁傻眼了，院子里如往日一样满地落叶。老和尚走了过来，对小和尚说："傻孩子，无论你今天怎么用力，明天的落叶还是会飘下来的。"

小和尚终于明白了，世上有很多事是无法提前的，唯有认真地活在当

老禅师和两个徒弟在黑夜中行走，灯笼突然灭了，当一切变成黑暗，后面的来路，与前面的去路，都看不见，如同前世与来生，都摸不着。此时当然是"看脚下，看今生"。人生最值得珍视的就是当下的实在。只要先前的杂念不存在心中，对于未来的杂念不会生起，只需将现有的杂念随着机缘打发掉，自然能渐渐达到无杂念的境界。

下，才是最真实的人生态度。

我们常听人说，要"活在当下"，然而大多数的人都无法专注于"现在"，他们总是想着明天、明年甚至下半辈子的事，将力气耗费在未知的未来，却对眼前的一切视若无睹；他们总是抱怨为什么会得不到快乐。殊不知当你存心去找快乐的时候，往往找不到，唯有让自己活在"现在"，全神贯注于周围的事物，快乐便会不请自来。人生无常，很多事情都不是我们能预料的，我们所能做的只是把握当下，珍惜已经拥有的。

小和尚扫落叶的经历使他明白了，世上有很多事是无法提前的，唯有认真地活在当下，才是最真实的人生。

○看透生死　悠然自得○

【原文】

试思未生之前有何像貌，又思既死之后作何景色，则万念灰冷，一性寂然，自可超物外而游象先。

【译文】

试着想一下在没有出生之前哪里有什么相貌，又想想死了之后还有什么形象，那么原先所有的念头便会冷却消失，内心也会寂静，现出本性，自然可以超然物外，悠游在形体之外。

【精读解析】

国学大师南怀瑾先生借古人的一句话点透了生死："生者寄也，死者归也。"活着是寄宿，死了是回家。

有一天，佛祖把弟子们叫到法堂前，问道："你们说说，你们天天托钵乞食，究竟是为了什么？"

"世尊，这是为了滋养身体，保全生命啊。"弟子们几乎不假思索。

"那么，肉体生命到底能维持多久呢？"佛祖接着问。

"有情众生的生命平均起来大约有几十年吧。"一个弟子迫不及待地回答。

呼吸之间

生命易逝，永远不复回。只有看透生死，才能真正冷静理智、大彻大悟。

人来到世上是偶然的，走向死亡却是必然的。面对生死，悠然自得，便是真正懂得了生命。

131

**生者寄也
死者归也**

自然给了我们了不起的生命，让我们在一呼一吸之间，面对生命中的一切。

无论我们生时是如何的荣耀，死后不过零落山丘。古人叹息生时如寄宿，死去如回归并不是没有道理的

上古得道的人没有觉得活很痛快，也没有认为死很痛苦，生死已不存在于心中。

生与死是人生旅途的一大转折，生死齐一，齐一生死，有着看透生死的勇气，就等于把人生中的生死问题彻底解决了。

看透死生大事的人，内心会沉寂，最后超物外而游象先。面对生死，悠然自得，从而获得精神生命的永生。

一个人只有真正认清了生命的意义和方向，才能不畏惧死亡、好好地活着，将生命演绎得无比精彩。只要活得明心见性，随缘任运，不管是长寿，还是短命，都不虚度此生。

"你并没有明白生命的真相到底是什么。"佛祖听后摇了摇头说。

另外一个弟子想了想又说："人的生命在春夏秋冬之间，春夏萌发，秋冬凋零。"

佛祖还是笑着摇了摇头说："你觉察到了生命的短暂，但只是看到生命的表象而已。"

"世尊，我想起来了，人的生命在于饮食之间，所以才要托钵乞食呀！"又一个弟子一脸欣喜地答道。

"不对，不对。人活着不只是为了乞食呀！"佛祖又加以否定。

弟子们面面相觑，一脸茫然，又都在思索另外的答案。

这时一个烧火的小弟子怯生生地说道："依我看，人的生命恐怕是在一呼一吸之间吧！"

佛祖听后连连点头微笑。

生命就在一呼一吸之间而已。每一个人最后都不可避免地走向生命的尽头，人，倘若能时常想起死亡，看透生死，才能真正超越自我。

◎身心自如　融通自在◎

【原文】

身如不系之舟，一任流行坎止；心似既灰之木，何妨刀割香涂。

【译文】

身体要像没有系上缆绳的小船，任凭船儿漂流或者静止；心地要像已经烧成灰的树木，不怕刀砍或者涂香，丝毫不觉痛痒。

【精读解析】

空中，梧桐落叶飘零；眼前，萧瑟秋花凝霜。一位秀才问赵州禅师："此情此景，如何感悟人生？"赵州禅师淡淡地说："不雨花犹落，无风絮自飞。"

有一天，赵州禅师与章禅师在室外品茶。赵州禅师指着茶杯中倒映的青山绿树、蓝天白云说："森罗万象，都在里边。"章禅师将茶水泼在地上，然后问："森罗万象，在什么地方？"赵州禅师说："可惜了一杯茶。"

顺其自然地感受生命，才能找到生命的真谛。

禅是一盏灯，点亮前行的路，禅是一轮月，洒满芳草天涯。禅是一片天，禅是一片地。事情并不总是顺心，但是心顺了就一切都顺了。一个心灵纯净、和顺的人，也就是拥有平常心的人，他们超越了生活的繁琐和繁忙，放任自在的心灵，过着更让人觉得惬意的生活。

又有一次，一位禅僧向赵州禅师请教："怎样参禅才能开悟？"百岁高龄的赵州禅师像是有什么急事，匆匆忙忙站立起来，边向外边走去边说："对不起，我现在不能告诉你，因为我内急。"刚走到门口，赵州禅师忽然又停止了脚步，扭头对禅僧说："你看，老僧一把年纪了，又被人称为古佛，可是，撒尿这么一点小事，还必须亲自去，无法找任何人代替。"

禅僧恍然大悟：禅是一种境界，一种体验，如鲈鱼饮水，冷暖自知。

一朵花自有枯荣，一丛柳絮自知漂泊，这些本是自然之事，但是人们常常因为花飘零、絮无依而滋生惆怅。其实，顺着自然看去，人生自有领悟。

生活中需要修行，需要磨炼，但是修行磨炼不是让生活更加复杂、忙碌，而是让生活更加自然、平稳，让我们的身心像没有系上缆绳的小船那样，任凭风吹浪打或是风平浪静。一旦我们达到了这种境界，就能在任何场合下，保持最佳的心理状态，充分发挥自己的水平，施展自己的才华，从而实现完满的"自我"。

所谓"心似既灰之木，何妨刀割香涂"不是意指心如槁木、没有追求的人生，实则说的是一种专注而又任性而为的生活。心灵如果没有羁绊，那么也就没有什么能阻挡一个人的脚步了。专注于生活本身，不让心灵承

参何禅？悟何道？

一位禅僧向赵州禅师请教。其实，参禅的目的在于明心见性，去掉自心的污染。

受外物的浮华和痛苦。有所收获的人生，无其秘诀，"任性逍遥，随缘放旷，但尽凡心，别无圣解"就是了。这样的人生弃置生活上的情趣，也不执着于只有奋斗的生活。确切地说，当一个人能在吃饭穿衣这样的小事上觅得生活的情趣时，即便工作辛苦也不会失去人与自我的和谐与寂静了。

然而，实际生活中，人们往往很难做到一心一用，他们在利害得失中穿梭，无法用一颗平常心对待浮华的宠辱，产生了"种种思量"和"千般妄想"。他们在生命的表层停留不前，这是他们生命中最大的障碍，他们因此而迷失了自己，丧失了"平常心"。要知道，"身如不系之舟，一任流行坎止"，顺其自然地感受生命，才能找到生命的真谛。

生活需要不偏不执，心是一颗简单的心。心灵纯净的人，往往是精神潜能真正觉醒的人。他们那些美好的梦想和执着的信念具有强大的感召力，所以能四两拨千斤般创造奇迹。他们强大的影响力与单纯的个人魅力常常形成一种怪异的对比，那天真烂漫的生活和无忧无虑的心态使他们宛若孩童，但思想的感染力和举手投足间的伟人风范却令人心生艳羡。

◎从容放下 自由畅快◎

【原文】

笙歌正浓处，便自拂衣长往，羡达人撒手悬崖；更漏已残时，犹然夜行不休，笑俗士沉身苦海。

【译文】

歌舞娱乐兴味正浓的时候，便毫不留恋地拂衣离去，真美慕这些心胸豁达的人能够临悬崖而放手；在夜深漏残时，还有人在不停地奔走忙碌，这些凡俗的人在苦海中挣扎真是可笑。

【精读解析】

悬崖深谷得重生看似一种悖论，实际上却蕴涵着深刻的道理。"悬崖撒手"是一种姿态，美丽而轻盈。

痛苦源自执着心，放手之后，心灵将获得一片自由飞翔的广袤天空，在瞬间释放与舒展。

有一位波斯王出城巡游。国王乘坐在

痛苦源自执着心。其实，想要达到身轻心安的境界，并不困难。只是不要过于执著，不要让自己过得那么辛苦，能够从容放下，那么自由畅快就在眼前。

高大的白象上，一群随从围绕在身旁。途中，波斯王从远处看到一位白发苍苍的老人走了过来；他生怕这位老迈的长者受到惊吓，即吩咐身边的随从："先停下来！停下来！"他想让老人能慢慢地安全走过来。

这位老迈的长者远远看到国王时，自己也稍微停了下。他望见随从的队伍也停下时，才放心地继续向前走。当长者慢慢地走到这群人的面前时，国王对着他轻声呼唤说："老人家！看您白发苍苍，您今年高寿？"

老人仰头看着满脸慈祥的国王，展露天真的笑容，缓慢地伸出四个手指头对国王说："我今年才四岁。"

国王听后很怀疑地说："你四岁？"

老人看着国王的眼睛坚定地说："对！我才四岁。因为，我在四年前所过的生活，是很糊涂、懵懂的人生，对于我来说那并不是真正的人生。后来我很幸运地得闻佛法，从此开悟，因为我受佛陀的教育才四年，现在也就是四岁！"

老人看着国王惊讶的表情继续说："如今，我凡事都放得下，不再像以前那样盲目坚持，现在的我一心只想要施舍，在我有生之年尽力去付出。在这个过程中，我体会到付出后让人快乐对于我自己来说是一件多么值得欢喜的事情，不与人计较是如此的自在！由此，我总结了一下这几年的心得，那就是心无烦恼，才能身轻心安！"

"这四年来，我过得逍遥自在，我那时才明白这才是我想要的人生。所以，我真正做人的年龄才四岁。"国王听了老人的话后若有所思，然后突然有所悟并欢喜地说："老人家，你说得很对！人生确实要放得下、舍得付出，与人无争、与世无争，这才是最逍遥的人生。我真的很羡慕你！虽然你听闻佛法才四年，但这四年让你的人生已经变得很有价值了。"

通过老人的故事我们更加能体会到，人生若想过得逍遥自在、无痛无苦，必须要有豁达宽广的心怀，学会看得开、放得下。以一分淡定从容自由轻松之心对待自己，对待生活。

行走于人世间，沟沟坎坎不可避免，事情的发展不会总是按照我们的主观意志进行，大多数时候，万事如意只是一个美好的心愿罢了。面对世间万物，只要我们不那么过分执着，换个想法，换个角度，调整一下态度，就能让自己有新的境遇，新的机会。一个人只有把一切受外在环境影响的东西都放掉，才能够逍遥自在，万里行游而心中不留一念。

◎孤云出岫 朗镜悬空◎

【原文】

孤云出岫，去留一无所系；朗镜悬空，静躁两不相干。

【译文】

一朵孤云从山谷中飘出来，毫无牵挂地在天空飘荡；一轮明月像镜子一样悬挂在天空，世间的安静或喧闹和它毫无关系。

【精读解析】

有人说"心"是最有反应、最有感觉的器官。心保持宁静，就会拥有处变不惊、泰然自若的人生。而在万物都处于宁静的环境下保持宁静或许不能称之为真宁静，而如果能在喧嚣的环境中保持平静的心境，这才算是真正的宁静。

保持宁静的心境是一个人思想修养、精神状态良好的标志。一个人只有保持宁静的心态才能思考问题，才能在纷繁复杂的大千世界中站得高、看得远。诸葛亮所言"非宁静无以致远"，说的就是这个道理。

心静是一种智慧，它源于一个人的冷静的自知、长期的自制，当一个人学会随时保持心静时便是走到了成熟的人生境地。而走到这一

我们看大自然的山川鸟兽、花开花落，我们看人生的生老病死、苦乐无常，所有这些都会因心的触动而有喜怒哀乐的表现。所以内心保持宁静，就会拥有处变不惊、泰然自若的人生，从而自在逍遥。能在喧嚣嘈杂的环境中仍保持平静的心境，这才是真正的宁静，去除了尘俗，使心灵清朗明净。

步的人往往能对自己经历的是是非非有真知灼见。所以，一个真正心静的人不会在任何事情面前大惊小怪。

这一天，名刹古寺来了一个仕女，她想要出家为尼。仕女年轻且貌美，有一种凛然不可冒犯的气质。当时的住持拒绝了她的请求。

住持说："虽然说遁入空门的女人自古就有，尚且不少，但是修行对于女人来说太困难了。不但自身没能修成正果，还玷污了佛门。何况施主如此貌美。"

仕女听后，在寺门前跪了三天三夜。住持最终被她的诚心所打动，于是为她剃了发，并且取名为慧春。慧春一直住在古寺旁边的小尼庵里，为人平易亲切，见着往来的路人经常会端水送茶。

忽然有一天，慧春捡来很多柴，堆在庵门前的盘石上，并且烧了一把火，随后自己坐到燃烧的火边打禅入定。古寺的住持听了之后，闻讯赶来，他问："慧春，在里面打禅热吗？"寂然不动的慧春平静地答道："冷热不知。"

好一句"冷热不知"，如慧春这样该是达到了怎样的境界！

很多时候，我们的内心都为外物所遮蔽、掩饰，浮夸躁动的心情占领了我们的整颗心，因此在人生中留下许多遗憾：在学业上，由于我们还不会倾听内心的声音，所以盲目地选择了别人为我们选定的、他们认为最有潜力与前景的专业；在事业上，我们故意不去关注内心的声音，在一哄而起的热潮中，我们也去选择那些最为众人看好的热门职业；在爱情上，我们常因外界的作用扭曲了内心的声音，因经济、地位等非爱情因素而错误地选择了人生的伴侣……在进行各种周密而细致的盘算，权衡着可能有的各种收益与损失时，唯独忽视去听一听自己内心的声音。

孤云出岫，朗镜悬空，前者自在逍遥，率性而为，后者则无尘无俗，清朗明净。《菜根谭》告诫大家的是要时时刻刻保持心的宁静，倾听内心的声音，不要被毫无关联的东西牵扯，失去了悠闲自得的生活。

◎心胸豁达　随遇而安◎

【原文】

机息时，便有月到风来，不必苦海人世；心达处，自无车尘马迹，何须痼疾丘山？

【译文】

内心的各种念头消失后，自然会感受到朗月清风缓缓而来，不会再将人生看成是苦海；心胸豁达时，自然不会有车马喧嚣的感觉，哪还需要找个僻静的山林？

【精读解析】

"心达处，自无车尘马迹"，俨然一派陶渊明"心远地自偏"的安然豁达。心灵之安者，其心当恬淡如水，为人处世间进退安如，其人生也自有一番怡然之境。怡然之境，亦如中国行书的收放——放则凸显草书风骨，收则尽显楷书风范——可纵情狂放，也可内敛端正，面对世间万事万物，收放自如，怡然自得地享受着生活。

说狂放，不能不提李白。他的狂放在整个中

心灵之安者，其心恬淡如水，为人处世进退安如，其人生也自有一番怡然之境。

心灵之安者，其心当恬淡如水，为人处世间进退安如，其人生也自有一番怡然之境。心灵不为不如意之境遇所扰，无论于何种处境，均能保持一种平和安然的心态，并继续坚持自己的追求。这需要一种良好的心理调节能力，甚至需要一种超脱、豁达的胸襟。

国诗歌史上留下了浓墨重彩的一笔。

当年李白到京城赶考，因未贿赂主考官而名落孙山。

一年后的一天，番使来唐朝递交国书，唐玄宗命杨国忠宣读，杨国忠如见天书，哪里认得？满朝文武亦无一人能识。唐玄宗大怒："三日之内若无人认得，文武官员一律停发俸禄；六日无人问得，一概免官；九日无人认得，统统问罪。"

后有人推荐李白，李白接过番书，不仅一目十行，且代玄宗书写诏书。其时，李白见杨国忠、高力士站在两班文武之首，便对唐玄宗说："臣去年应考，被杨太师批落，被高太尉赶出，今见二人在班，臣神气不旺。请万岁吩咐杨国忠给臣磨墨，高力士为臣脱靴，臣方能口代天言，不辱君命。"唐玄宗用人心急，就依言传旨。杨国忠只得忍气磨墨，高力士只得跪着脱靴。

他在《梦游天姥吟留别》诗中这样写道："安能摧眉折腰事权贵，使我不得开心颜！"李白不为一时一事的宠辱而惊恐，表现了贤人君子超凡脱俗的思想境界。

该狂时狂，该敛时敛，从容以对天下。进可入世，融入俗世红尘却不觉烦恼牵绊；退可出世，不问红尘俗世，精修其心，乐得逍遥自在。名、利、权、势，都是身外之物、过眼云烟，得意淡然，失意泰然。

人生的另一种境界是随遇而安。多少"身在异乡为异客"的人，因能随遇而安，故而不论在什

李白的一生波澜起伏，却能够保持豁达的情怀，他极具气魄的襟怀和浪漫主义情感融入他的诗歌中，永远为人所传唱。

李白当年到京城赶考，尽管才学过人，却因不愿给主考官杨国忠和宦官高力士等贪财之辈送礼，最终无缘功名。

杨国忠讽刺李白只能给他磨墨，高力士甚至说李白只配给他脱靴。李白面对考场如此的黑暗，心生气愤，却隐忍克制不发，开始云游四海。

一年后的一天，有个番使来唐朝递交国书，上面全是鸟兽图形，满朝文武无一人能辨认。

李白被拜为翰林学士后，继续受宠，但他主动上书，要求离去。李白受宠辱时不怒，受宠时亦不惊。

随遇而安

有人向玄宗推荐李白，李白接过番书，一目十行，还代皇上起草了一份复番邦的唐朝大国之圣谕。

李白在狂放的心灵之下，懂得克制隐忍。在面对红尘俗世收放自如，从容以对，潇洒遨游天下，挥洒出众多的名篇佳句。

么样的环境里均能安之若素。能安之若素，方可心无烦忧，一心做自己应做或爱做之事。

"随遇"者，顺随境遇也。"安"者，一可理解为听天由命，安于现状；二可理解为心灵不为不如意之境遇所扰，无论于何种处境，均能保持一种平和安然的心态，并继续坚持自己的追求。前者之"安"，或许可以称为"消极处世"，而后者之"安"，则需要一种良好的心理调节能力，甚至需要一种超脱、豁达的胸襟，不是人人都能做到的。

古人云："古之真人，其寝不梦，其觉无忧，其食不甘，其息深深。"真人者，有心灵之安，不仅可以使人"其寝不梦，其觉无忧"，而且可以使人乐观处世，永葆青春。

◎热不必除　穷不可遣◎

【原文】

热不必除，而除此热恼，身常在清凉台上；穷不可遣，而遣此穷愁，心常居安乐窝中。

【译文】

不一定要除去暑热本身，如果要去除暑热带来的烦恼，只要保持清凉的心境即可；穷困不一定要用什么特殊的方法改变，要排除穷困带来的忧愁，只要保持安乐的心境即可。

年轻人，你要知道：保持一颗清静心，便远离了暑热带来的烦恼和穷困带来的忧愁。

【精读解析】

某天，几个弟子为了"大悟"一意，争得面红耳赤。于是，他们几个一起来到智禅大师的栖室，问道："这世间，何谓'大悟'呢？"智禅大师微笑着说："大悟自在心静中。"此时，那几个徒弟颇有些迷惑。

午膳之前，智禅大师带着那几个弟子，来到后山的李子林。树头上的李子大都熟透了，紫里透红的浆果，散发出一缕缕诱人的芳香。智禅大师吩咐两个弟子，从树上采摘了一竹篓

世上本无事，庸人自扰之。人人都具有心力，大凡终日烦恼的人，实际上并不是遭遇了多大的不幸，而是自己的内心对生活的认识存在片面性，心无力而已。真正聪明的人即使处在烦恼的环境中，也能够自己寻找快乐，心静则一切豁然开朗。

李子。而后，他让在场的每一位弟子品尝，李子的汁液像蜜汁一样甘甜。待吃完之后，智禅大师带着弟子走到一个小小的水潭前，他俯身掬起一捧潭水喝了起来。然后，他让弟子们也尝一下。

弟子们纷纷仿效师父的样子，喝了几口潭水后，便咂巴几下嘴。智禅大师问："小潭的水质如何呢？"弟子们又用舌头舔了舔嘴唇，回答说："小潭里的水，比我们舍近求远担来的水甜多了。往后，我们可以到这小潭来担水吃呀！"这时候，智禅大师便让一个弟子提了一木桶潭水。然后，他们回到寺院。午膳之后，智禅大师让每一个弟子都重新来品尝一下从后山小潭打回来的水。

弟子们尝过之后，大都将水从口里吐了出来，一个个都皱起了眉头。因为，这些水很涩，而且满是一股腐草味儿。智禅大师解释道："为什么同一个小潭里的水，却有两种不同的滋味呢？因为你们先前品尝的时候，都吃过李子，口里留有李子的余汁，所以就把这水的涩给掩盖了。"众弟子们都认同地点了点头。

智禅大师看了看面前的徒弟，意味深长地说："这世上有些事情，即使你我亲自体验过，也未必触及它们的本质。因为往往有些事情，一时会被繁华的假象给隐藏了，'大悟'就是这个道理呀！你我必须有一颗平静的心，抛却那些虚荣和浮华……"

人生会遭遇许多事，其中很多是难以解决的，这时心中被盘根错节的烦恼缠住，茫茫然不知如何面对，如果能静下心来思考，往往会恍然大悟，心静则一切豁然开朗。

烦恼的情绪就像我们心灵花园中的垃圾，要给予清理才能保证不会被污染损害。想要消除夏天的暑热，根本不需要特殊的方式，只需消除烦躁不安的情绪，身体就宛如坐在凉亭上一般的凉爽；要想摆脱贫穷也不需要特殊的方式，只要能驱逐为贫穷而忧愁的错误观念，心境就宛如生活在快乐世界一般幸福。《菜根谭》说的便是要保持一颗清静心，以此远离烦恼与迷惘。有了清静心，遇到失意之事能治之以忍，遇到快心之事能视之以淡，遇到荣宠之事能置之以让，遇到怨恨之事能安之以忍，遇到烦乱之事能处之以静，遇到忧悲之事能平之以稳。

一个人的大清静，不是寂静无声、死气沉沉，而是看透繁华后的狂欢喜。当落英成泥，漫天的白雪便是最美的景色；当地瓜不在，周围的石头也能在心中散发出地瓜的香甜。一心清净，即使是冰天雪地、万物沉眠，心里的莲花也能处处开遍。

在忙碌、纷扰的生活外保持一颗清静的心，这是每一个人必须谨记在心的真理。人的心灵就是一方广袤的天空，它包容着世间的一切；心灵是一片宁静的湖水，偶尔也会泛起阵阵涟漪；心灵是一块皑皑的雪原，它辉映出一个缤纷的世界。舍弃了无谓的烦恼，保持内心的清净，我们才能享受到生活的美好和幸福所在。

◎人情世态　平常看待◎

【原文】

人情世态，倏忽万端，不宜太过认真。尧夫云："昔日所云我，而今却是伊。不知今日我，又属后来谁。"人常作是观，便可解却胸中挂矣。

【译文】

人世间的冷暖炎凉，瞬息就会发生变化，不必看得那么认真。邵尧夫先生说："昨天所说的我，在今天已经变成了他。不知道今天的我，明天又变成谁。"人们常作这样的思考，就可以解开心中许多牵挂。

邵尧夫是宋神宗天子朝的大儒啊。他精于易术玄学，于事务之成败始终每多臆测。

【精读解析】

三国时期，诸葛亮临危受命，立志北伐，以重兴汉室。可是，就在这个时候，蜀国南方的少数民族又来侵犯，诸葛亮当即点兵南征。

诸葛亮在首次交战中就擒住了少数民族的首领孟获。但孟获不服气，说胜败乃兵家常事。孔明知道他不服，就下令放了他。后来，诸葛亮连续六次擒获孟获，然后都因为孟获心里不服放了他。

孟获第六次被释后转而投奔了乌戈

按邵尧夫的说法，人世间的冷暖炎凉变化很快，所以不要看得那么认真，也不必计较于一时的得失，这样的话就可以免除许多烦恼。在有些时候，失去的同时也得到了。当我们以平常心待之时，这样的境遇也就变得习以为常了。很多人创造奇迹的关键就在于他们不计较一时的得失，而是顺其自然，以平常心来对待生活中的各种不如意。

国。乌戈国国王兀突骨拥有一支英勇善战的藤甲兵，所装备的藤甲刀枪不入。不过，孔明对此早有

诸葛亮七擒孟获着眼长远，并不计较一时的得失，正是这一种平常态度最终换来了蜀国南方的长治久安

"七擒孟获" 的背后
是一颗怎样的平常心

诸葛亮率军平定叛乱，首战便擒住了少数民族的首领孟获。但孟获说胜败乃兵家常事。孔明为了南方的长久安定，采取攻心为上的策略，于是放了他。

⬇

孔明故意散布谣言说孟获将叛乱的罪名全推到他的副将身上，副将听后将孟获请到自己帐内，然后绑送孔明。孔明用计擒获了孟获，孟获不服又放了他。

⬇

孟获的弟弟孟优带人来到汉营诈降，被孔明一眼识破，赏了大量的美酒，结果孟优的士兵都喝得酩酊大醉。孟获按计划前来劫营时，再次被擒获。孟获还是不服，孔明第三次放了他。

⬇

孟获有探报说孔明独自在阵前察看地形，立即带了人赶去捉拿诸葛亮，谁知又中了圈套。孔明第四次放了他。

⬇

孟获带兵回到营中，洞主杨峰因为孔明对他有恩，就与夫人一起将孟获灌醉后押到汉营。孔明第五次放了他。

⬇

孟获回去后投奔了木鹿大王。木鹿大王的营很偏僻，孔明带兵前往，打了败仗。后来，孔明造了大于真兽几倍的假兽，木鹿的人马见了假兽不战自退。孔明第六次放了他。

⬇

孟获被释后转而投奔了拥有一支英勇善战藤甲兵的乌戈国。孔明用火攻将乌戈国兵士烧死。孟获第七次被擒。

三国时期，蜀国南方的少数民族来侵犯，诸葛亮当即点兵南征。

孟获此时已心服口服，忙跪下起誓不再谋反。孔明见他已心悦诚服，便委派他掌管少数民族地区。

准备，他用火攻将乌戈国兵士皆烧死于一山谷中。孟获第七次被擒，孔明故意要再放了他。孟获此时已经心服口服，忙跪下起誓：以后将绝不再谋反。孔明见他已心悦诚服，觉得可以任用，于是便委派他掌管少数民族地区，孟获等听后不禁深受感动。从此孔明便不再为少数民族地区担心而专心对付魏国去了。

　　孔明七擒七纵孟获，正是着眼于长远，并不看重一时的得与失，而是顺其自然，直到孟获最终自己心服口服地归降。这种举动表面看起来令人不解，似乎白费了许多工夫，但实际上，只有这样才能保证蜀国南方的长远安定，如若没有这七擒七纵，以孟获反复无常的性格来看，再次动乱的可能性是非常大的。孔明七次放走孟获表面上看是费了很多的周折，而实际上却是一劳永逸，再也不用分心应付南方的少数民族了。

◎过而不留　物我两忘◎

【原文】

耳根似飙谷投响，过而不留，则是非俱谢；心境如月池浸色，空而不着，则物我两忘。

【译文】

耳朵根子听东西就像狂风吹过山谷造成巨响，过后却什么也没有留下，那么人间的是是非非都会消失；内心的境界就像月光照映在水中，空空如也不着痕迹，那么就能做到物我两相忘怀。

【精读解析】

记忆，是人类最伟大的财富，是它让我们有那么多的关于生活和生命的感受：酸甜苦辣，各有滋味。然而，再大的声音，也终会消弭，人间的是非百态也终将过去，一切都将空空不留痕迹。人们应当学会记忆生活中那些快乐的事，遗忘生活中那些痛苦和烦恼的事，这样，你才能每一天都快乐。

如烟往事俱忘却，心底无私天地宽。

不能给别人带来快乐幸福的东西，就应遗忘。在人生的旅途中，有太多的成与败、得与失、恩与怨、是与非，若都牢记心中，任凭那些伤心事、烦恼事纠结于脑际，就等于给自己套上了沉重的枷锁，背上了不可卸载的包袱，就会活得很苦、很累。而善于遗忘，把不该记忆的东西统统忘掉，就会给我们带来无比轻松的美好生活。

《列子·周穆王》里就记载了一个因记忆而苦，因遗忘而乐的故事：

宋国有个叫华子的人患了遗忘症，"朝取而夕忘，夕与而朝忘，在途则忘行，在室则忘坐，今不识先，后不识今"，"荡荡然不觉天地之有无"。后经一神医治好了病，使其把平生数十年的存亡得失、哀乐好恶都记忆起来，回到了现实的人生。但他又记得太牢，"忧忧万绪，须臾不忘"，以致怒而黜妻罚子，操戈逐人，弄得鸡犬不宁，还不如患遗忘症时活得开心。

在生活中，总有那么多琐事，总有那么多不如意，只有学会遗忘，方能将失望变成乐趣，将抑郁升华为一种欢悦。

人是群居动物，社会是群体现象，而人与人又如此地不同，因此，在和他人相处时难免发生一些不愉快的冲突。此时，为了使自己的身心张弛有度，也为了能和周围的人与事融洽相处，学会遗忘是生活中必不可少的。

有位智者，和一位朋友结伴外出旅行。行进在一个山谷时，智者一不留神跌倒在悬崖边，他的朋友拼尽全力拉住他，不使他葬身谷底。智者得救后执意在石头上镌刻下这件事情。有一天，在海边，两个人为一点儿小事争吵起来，朋友一怒，给了智者一个耳光。智者捂着发烧的脸颊，说："哼，我一定记下这件事！"于是他找来一根棍子，在退潮的沙滩上写下了这件事。朋友看后感到疑惑，智者笑了，说："我告诉石头的都是我唯恐忘记的事，而我告诉沙滩的，都是我唯恐记住的事，我要让沙滩替我忘记，就这样。"

当过往云烟搅得你心烦意乱，给你带来种种困扰的时候，遗忘确实是一剂良药。

有句话说得好：如烟往事俱忘却，心底无私天地宽。遗忘是一种能力，对已经过去的无关紧要的事物，要糊涂一点，健忘一点，朦胧一点。及时将这些东西像清理电脑病毒一样删除出去，不让它们在大脑中占有一席之地，否则就会死机，就得重装系统。一个人学会了遗忘，就是学会了如何健康地生活，就能让自己精力充沛地面对现在，创造生命亮丽的风景线。

○顺应天性　乐观生活○

【原文】

　　世人为荣利缠缚，动曰："尘世苦海。"不知云白山青，川行石立，花迎鸟笑，谷答樵讴，世亦不尘，海亦不苦，彼自尘苦其心尔。

【译文】

　　世上的人因为被荣华富贵等名利所束缚，所以动不动就说："人世是一个苦海。"却不知道白云映照着青山，流水不断、涧石林立，鲜花伴着鸟儿鸣唱，山谷应答着樵夫高歌，都是人间胜景。人世间并非是凡俗之地，人生也不都是苦海，那些说人生是苦海的人不过是自己落入凡俗和苦海中罢了。

【精读解析】

　　昆仑山麓，水清草美。据说这一带出产一种快乐果，凡是得到这种果子的人，一定喜形于色，笑逐颜开。

　　曾经有一个人，历尽千辛万苦找到了这种快乐果，却发现他并没有得到预想中的快乐，反而感到一种空虚和失落。

　　这天晚上，他在山上一位老人的屋中借宿，老人知道他的失落之后。说："其实，快乐果并非昆仑山才有，而是人人心中都有。只要你有快乐的根，无论走到天涯海角，都能够得到快乐。"

　　老人的话让这个年轻人顿觉精神一振，就又问："什么是快乐的根呢？"

　　老人就说："心就是快乐的根。"

　　在上面的例子里，可叹愚者虽然找到了快乐果，却没有找到快乐的根——心。

　　"有些人累积金钱换取财富，智者累积快乐，与人分享仍取之不竭。"快乐是种子，它能生出更多的快乐。

　　同一件事情，不同的人看会有不同的结果。事物客观存在、不会改变，改变的是人的心境，所谓"境由心生"便是这个道理。而"乐观之境"便是一种幸福境界。

　　没有不快乐的人生，只有一颗不肯快乐的心灵。正是因为很多乐观的人都善于控制自己的情绪，乐观面对困境，才没有被困难压倒，用"心"为自己制造了一个幸福的天堂，让自己活在快乐之中。

　　乐观地面对生活，体悟幸福，还在于我们能不能顺应自己的天性。真正的幸福并不取决于周围的环境，而是顺应自己的本性，靠自己去创造。

不如意的时候不妨静下心来想一想：生活里的快乐，关键在于我们能不能发现。而要发现它，关键在于我们自己能否拥有乐观的态度。

只要你能够主宰自己的情绪，让快乐做主，幸福便会由"心"制造。

○心闲日长　意广天宽○

【原文】

延促由于一念，宽窄系之寸心。故机闲者，一日遥于千古；意广者，斗室宽若两间。

【译文】

漫长和短促是由于主观感受，宽和窄是由于心理体验。所以对心灵闲适的人来说一天比千古还长，对胸襟开阔的人来说一间斗室也无比宽广。

【精读解析】

一个人被苦恼缠身，于是四处寻找解脱苦恼的秘诀。

有一天，他来到一个山脚下，看见在一片绿草丛中有一位牧童骑在牛背上，吹着横笛，逍遥自在。他走上前问道："你看起来很快活，能教给我解脱苦恼的方法吗？"

牧童说："骑在牛背上，笛子一吹，什么苦恼也没有了。"

他试了试，却无济于事。于是，他又开始继续寻找。不久，他来到一个山洞里，看见有一个

有些时候，并不是烦恼在追着人们跑，而是人们追着它不放。能束缚住人们心灵的从来不是外物，而是人们自己。烦恼和快乐都是相对而言的，心胸宽广之人即便身处斗室之内，也能神驰天地之外。人可以通过改变自己的心境来改变自己的人生。

一个被苦恼缠身的人，四处寻找解脱苦恼的方法。

这一天，他看到牧童骑在牛背上吹着横笛，逍遥自在。于是就向牧童请教解脱烦恼的方法。牧童告诉他吹笛子就能解脱烦恼。

于是这个人就骑在牛背上，可是吹了好久还是苦恼。于是离开了牧童，吹起了笛

一位想要解脱烦恼的人不断寻找出路，最后才发现真正的原因全在本心

在继续寻找中发现了一个山洞，看见里面有一个面带微笑的老人，于是向老人寻求解脱的办法。老人笑着："有谁捆住你了吗？"听了老人的话他蓦然醒悟。

原来，没有什么东西能够束缚住我们的心灵，很多苦恼都是我们自己无中生有的。

老人独坐在洞中，面带满足的微笑。他深深鞠了一个躬，向老人说明来意。

老人问道："这么说你是来寻求解脱的？"

他说："是的！恳请不吝赐教。"

老人笑着问："有谁捆住你了吗？"

"没有。"

"既然没有人捆住你，何谈解脱呢？"

他蓦然醒悟。

从来没有什么东西能够束缚住我们的心灵，除了自己。

一个人具有什么样的心态，往往就可能拥有什么样的人生。事情就是这样，我们相信会有什么结果，就可能会有什么结果。人可以通过改变自己的心境来改变自己的人生。

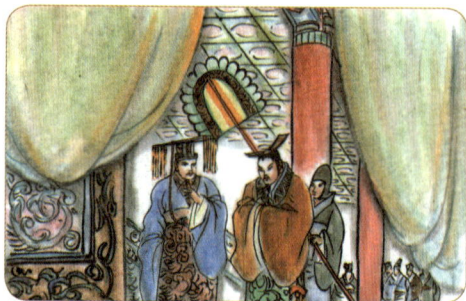

丞相丙吉原谅了醉酒驾车的车夫，后来车夫向丙吉提供了遭匈奴侵犯的边境守将的情况，丙吉也因此得到皇上的赞赏。

西汉宣帝时的丞相叫丙吉，他有一个车夫很好喝酒，醉酒后常有不检点的地方。有一次酒后为丙吉驾车，结果呕吐起来，弄脏了车子。丞相的属官为此骂了车夫一顿，并要求丙吉将此人撵走。丙吉说："何必呢！他本是一个不错的驭手，现在因为醉酒的过失被撵走了，谁还会再雇用他呢！那叫他以后怎么办！就容忍了吧，况且，也不过就是弄脏了我这个当朝丞相的车垫子罢了。"于是继续让他驾车。

这个车夫的家在边疆地区，经常有关于边疆情况的消息。一次他外出，正巧碰上驿站来了个从边郡往京城送紧急文件的使者，他就跟随到皇宫正门负责警卫传达的公车令那里去打听，知道是匈奴侵犯云中郡和代郡等地。他马上赶回相府，将情况报告给丙吉，并建议道："恐怕在匈奴进犯的边境地区，有一些太守和长吏已经老病缠身，难以胜任用兵打仗之事了，丞相是否预先查验一遍，也好临事有个措置。"丙吉听了觉得车夫的想法很对，到底家在边境的人对这些事考虑得特别细致，于是就叫来属吏有司，让他们立即统计有关人员情况，做到对边境官员有比较充分的了解。

不久，汉宣帝召见丞相和御史大夫询问遭匈奴侵犯的边境守将的情况，丙吉当下一一对答如流，而御史大夫仓促间哪能回答得出？皇帝见他那副一言不发的窘态，大为生气，狠狠加以责备，对丙吉则大加赞扬，称许他能时时忧虑边境事务，忠于职守。其实，皇帝哪里知道这全是车夫的提醒之功啊！

军国大事本不是车夫所长，丙吉在朝也难以想到边区的具体状况，只因改变了一下心境，多了些容人之量，却意外收到了如此有利的效果。

"机闲者，一日遥于千古；意广者，斗室宽若两间。"其中的"闲"和"广"并不是因为时间和空间的改变，而是因为人们看待它们的心境改变的缘故。所以说，一个懂得拓展心理宽度的人，就有可能获得承载成功所需要具备的品质以及发现生活乐趣的秘诀。

◎身在事中　心超事外◎

【原文】

波浪兼天，舟中不知惧，而舟外者寒心；猖狂骂坐，席上不知警，而席外者咋舌。故君子身虽在事中，心要超事外也。

【译文】

波涛滚滚，巨浪滔天，坐在船上的人不知道害怕，而在船外的人却感到十分恐惧；席间有人猖狂谩骂，席中的人不知道警惕，而席外的人却感到震惊。所以有德行的君子即使身陷事中，也要将心灵超然于事外才能保持清醒。

【精读解析】

烦恼由心产生，但很多烦心事其实是庸人自扰，就像南怀瑾先生所说的那样——"无故寻愁觅恨"。我们处于一个纷乱的世界，随时会遇到烦恼的事。有的人遇到芝麻大的小事就会惊慌失措，有的人却能在滔天巨浪里保持镇定，这种天差地别的态度常常就决定了人生的不同走向。

烦恼如同不良生活习惯导致的疾病，淡定从容的生活态度，是免于烦恼的健康好方式。

我听说，有德行的君子即使身处事中，但心却超然于事外。

处于一个纷乱的世界的人，每一桩小事的发生都可能导致心情的起伏；若不能在世事变幻中保持本心、不生妄念，那么再小的事情都可能给人带来烦恼。人生若能从容淡定，就会远离烦恼，体验另一种生命、另一番境界。

但这种并非每个人都有，即使是明智的智者有时候也难以做到超脱于事外。

白云守端禅师在方会禅师门下参禅，几年来都无法开悟，方会禅师怜念他迟迟找不到入手处。一天，方会禅师借着机会，在禅寺前的广场上和白云守端禅师闲谈。方会禅师问："你还记得你的师父是怎么开悟的吗？"白云守端回答道："我的师父是因为有一天跌了一跤才开悟的。悟道以后，他说了一首偈语：'我有明珠一颗，久被尘劳封锁，今朝尘尽光生，照破山河万朵。'"

方会禅师听完之后，大笑几声，径直而去。留下白云守端愣在当场，心想："难道我说错了吗？为什么老师嘲笑我呢？"白云守端始终放不下方会禅师的笑声，几日来，饭也无心吃，睡梦中也经常会无端惊醒。他实在忍受不住，就前往请求老师明示。

方会禅师听他诉说了几日来的苦恼，意味深长地说："你看过庙前那些表演猴把戏的小丑吗？小丑使出浑身解数，只是为了博取观众一笑。我那天对你一笑，你不但不喜欢，反而不思茶饭，梦寐难安。像你对外境这么认真的人，比一个表演猴把戏的小丑都不如，如何参透无心无相的禅呢？"

人生若能从容淡定，即使身陷事中也超于事外，就会远离烦恼，体验另一种生命、另一番境界。

对外境这么认真的人，又如何参透无心无相的禅呢？

难道我说错了吗？为什么老师嘲笑我呢？

白云守端禅师法迟迟无法开悟，方会禅师便通过小丑的例子，告诉他，只有对外境不那么认真，才能参透无心无相的禅。

有句话叫作"掬水月在手"，天上的月亮太高，以凡人的力量恐怕难以企及，但若能不执迷于如何触碰到月亮，而是转换心境，掬一捧水，月亮美丽的脸就会笑在掌心。

淡定从容，应是我们对待所有事情的态度，尤其在或尴尬或危险的境地里，这种态度就更为重要，或许能帮我们化解尴尬，解除危险。

淡然安定面对各种问题的人，必定深谙从容的生活智慧。在现代都市竞争的人性丛林，从容淡定是一种难以达到的大境界，庸人都在杞人忧天、慌不择路，只有智者镇定从容。"百年三万六千日，不在愁中即病中。"古人的诗句可谓一语道破了人生的真谛。生活中总有不尽如人意的地方，关键在于你怎样看待。有繁杂事情的人生才是最真实的，烦恼根本没有必要，淡定从容、妄念不生地对待纷扰的人生才是最舒坦的。

《菜根谭》的意境

"清言"兴起的原因：因为前代诗人们创造的意境高峰后人再难以企及，尽管还有很多人写诗，但再也写不出像前人那样的好诗来了。

明代的文人把这种诗歌的审美意境用清言来表现，反而达到了另一审美高度，这不能不说是一种文学的奇迹。清言是一种语录体抒情言志，它是在唐诗、宋词、元曲的意境高峰之后的蹊径。

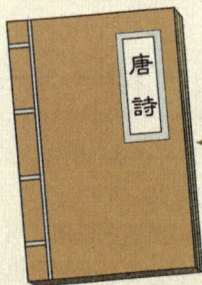

唐诗

唐诗的题材风格多样，构成唐诗绚丽的景观。

菜根谭

《菜根谭》的意境是为尘世疲惫之人勘测的一个心灵憩园。

《菜根谭》是一本爱书和善书，中国有书，教育人的书多，关怀人的书少，《菜根谭》是一部关怀人的书。

读《菜根谭》让人不能释卷，一草一木，一山一谷，一鸟一林，都能把人带入一种空谷般的意境，这种意境超凡脱俗，这样的意境诞生在《菜根谭》中。

王国维

观点：一个时代有一个时代的文学高峰，唐诗、宋词、元曲各代表了一个时代的文学高峰。到了明代，找不出这个文学高峰了，但"清言"可以说是一个被人忽视的明代的文学现象。明代的文人，对清言的写作曾风行一时，留下了大量的作品，《菜根谭》就是其中最有影响的一部。

◎满腔和气 随地春风◎

【原文】

　　天运之寒暑易避，人生之炎凉难除；人世之炎凉易除，吾心之冰炭难去。去得此中之冰炭，则满腔皆和气，自随地有春风矣。

【译文】

　　天地运行所形成的寒冷和暑热容易避免，人世间的人情冷暖炎凉却难以消除；人世间的人情冷暖世态炎凉即使容易消除，而我们心中水火不容的杂念却难以消除。如果能够去除心中的杂念，那么就会满腔充满祥和之气，随时随地都会有春风扑面的感觉。

【精读解析】

　　说起"和气"的最大敌人，恐怕就是嗔怒了。何为嗔怒？唐朝佛学大师药山禅师做过很生动的解释。

　　唐朝宦官鱼朝恩曾经权倾朝野，人人惧他三分。有一次他问药山禅师："《普门品》中有句话我不懂，请禅师赐教。"

　　药山禅师双手合十，躬身说："说出来便是。"

　　"'黑风吹其船舫，漂堕罗刹鬼国'什么意思？"

　　"你这个呆子，这都不懂。"只见禅师嘴角翘起，略露鄙夷之色。

　　鱼朝恩见了满脸通红，欲叫人来给禅师些苦头。禅师见状再次躬身说：

　　"就是这个意思。"

　　鱼朝恩受不住药山禅师的小小讥讽，勃然动气，便是嗔怒所为。

　　嗔怒之心，人之通病。生活中，危害健康最甚者莫过于怒气，"气"乃一生之主宰，与人体健康关系甚密。所以《内经》就明确指出："百病生于气矣。"

杂念，不该有的念想，它为何而来？又去向何处呢？

修身养性的关键在于克制自己的心性。如果在纷扰之中心性慌乱，就会让人杂念横生。我们怎么能期待一个内心有万千纠葛的人在人际交往中保持心平气和呢？所以止住心性才是关键。止住心性，才能有随心和圆融的心情；人人都是一团和气，才会处处都有春风。

你这个呆子，这都不懂。

"黑风吹其船舫，漂堕罗刹鬼国"什么意思？

药山禅师通过惹怒鱼朝恩，来回答"黑风吹其船舫，漂堕罗刹鬼国"的意思。

　　很多的人心中都有嗔念，只是人们自己意识不到而已。脾气大、恨人、怨天尤人都是嗔，都是由嗔念而引发的行为。有时人们突然间没来由地对某种事物感到厌恶，这也是一种嗔念。如果说贪欲是一剂穿肠毒药，那么嗔怒就是一把刮骨的钢刀，而且比刮骨钢刃更为锋利。

　　有一位年轻人向一位智者请教："我脾气暴躁、气短心急，以前曾有人屡次批评我，我也知道这是为人的大忌，很想改掉它。但这是一个人天生的毛病，已成为习气，根本无法控制，所以始终没有办法纠正。请问，您有什么办法帮我改正这个缺点吗？"

　　智者非常认真地回答道："好，把你心急的习气拿出来，我一定能够帮你改正。"

　　年轻人不禁失笑，说："现在我没有事情，不会心急，有时候遇到事情它就会自然跑出来。"

智者微微一笑，说："你看，你的心急有时候存在，有时候不存在，这哪里是天性？它本来没有，是你因事情而生，因境而发的。你无法控制自己，还把责任推到父母身上，你不认为自己太不孝了吗？父母给你的，只有一团和气的初心，没有其他的。"

年轻人听了智者的话，惭愧而退。

正如故事里的智者所说，那样的品性根本不是来源于父母，而是源自自身后天的习性，是一种外在侵入的毒素。如果一个人想要使心内心外都有春风般和煦的境界，就务必要除去嗔念。

何以戒除嗔念？八字可解：知和而和，以忍谋和。哲学家冯友兰曾说："如要个人人格，不至于分裂，社会统一，能以维持，则必须于互相冲突的欲之内，求一个'和'。""和"从"知和"始，以"谋和"终。"知和"便满腔和气，哪怕遇到问题、冲突，也会忍下怒气，平和应对。这样一来，他人就会更愿意靠近你，因为人们大多更爱和煦的春风，而非凛冽的冬雪。这种平和的心境又是极其容易传染的，当人人都能满面春风地对待他人，世间自会有一片温馨天地。

◎从容处世　淡然观事◎

【原文】

饱谙世味，一任覆雨翻云，总慵开眼；会尽人情，随教呼牛唤马，只是点头。

【译文】

饱尝人间酸甜苦辣的人，任由世间反复无常，他总懒得睁开眼去注意一下；看透了世间的人情冷暖，即使被人呼牛唤马地吆喝，也只是一味点头而已。

【精读解析】

《菜根谭》里说到两种人，一种人饱谙世事，所以任风雨翻覆也不睁开眼；另一种人，看透人世的沧桑，不管富贵贫贱，他也不过一味点头。其实，这两种人的处世态度可以归为一点，那就是从容处事，淡然观世。

其实，沮丧的面容、苦闷的表情、恐惧的思想和焦虑的态度是缺乏自制力的表现，是不能控制环境的表现。它们是我们的敌人，我们要把它们抛到九霄云外。面对得意和失意，都要从容面对。

饱尝人间酸甜苦辣的人，懒得去注意世间的反复无常；看透了世间人情冷暖的人，不在意被人呼牛唤马地吆喝。

要主宰自己，做自己的主人，只有做到平平淡淡、从从容容，方能心态平和，恬然自得，达观进取，笑看风云。
即使是欢乐也要有节制，不能只看到眼前的一点收获就骄傲自满、得意忘形。做人要学会宠辱不惊，得意之时不忘形，失败则继续努力，无论怎样地上升和降落，都应泰然处之，从容淡定地面对人生。

公元979年初，宋太宗御驾亲征北汉，北汉皇帝刘继元走投无路，只好投降。面对这巨大的胜利，宋太宗十分自得，他又主张乘胜伐辽，收回被辽占据的燕云十六州。宋朝大将潘美反对此议："我军大胜，此刻也不能志得意满，轻敌冒进。眼下尚需稳定形势，士卒也需休整。"

总侍卫崔翰大声反对："此乃天赐良机，岂可轻易放弃呢？陛下进兵之举甚合民心，必群起响应。我军又是得胜之师，伐辽必有胜算。"

宋太宗本求胜心切，遂大举北进。宋军快到高粱河时，遭到辽军的伏击，损失惨重，宋太宗也不知去向。

当时，宋太祖赵匡胤的长子、武功郡王赵德昭也随宋太宗亲征。他手下的将领猜测宋太宗不是被杀，就是被俘，于是私下商议立赵德昭为帝。众将领面劝赵德昭道："如今军心不稳，大敌当前，大王如不当机立断，承继大统，恐怕变乱不止。恭请大王迅速登上帝位，号召天下。"

大王不如当机立断，承继大统。

我岂能趁皇上在危难之时而行其私呢？

众将欲拥立赵德昭为帝，赵德昭面对众将，慎重行事，他安抚众将，为了宋室江山，自己岂能大逆不道呢？

赵德昭面对众将拥立，一时心动。宋太祖赵匡胤去世时，他没有把皇位传给自己的儿子赵德昭，却遵循母亲的遗命，让弟弟赵匡义做了皇帝。这件事情曾让赵德昭心情不快。赵德昭的一位亲信劝他不可这样："事已至此，只要大王参透荣辱，顺天应命，也不会感到做个逍遥亲王有什么不快。"

赵德昭是聪明之人，不觉为自己先前的失误暗自叫险。自此，他天天纵歌饮酒，对宋太宗又是极其恭敬，宋太宗对他并不怀疑，君臣相安无事。

今日面对此变，赵德昭心里千肠百转。他思忖这件事关系太大，万不可因贪求帝位而犯下致命之祸。太宗虽然失踪，终究不能肯定他已蒙难，如果自己轻率即位，太宗又没死，太宗自是不能放过他，如此自己连性命都将不保。

赵德昭越想越怕，他决定慎重行事。"皇上生死未明，大敌在侧，你们不思报国杀敌，却在这胡言乱语，动摇军心，这是忠臣所为吗？我是皇上的臣子，誓死效忠皇上，岂能受你们唆使，干下这大逆不道之事？你们真是昏了头了！"众将本想跟着赵德昭飞黄腾达，没想到赵德昭却出言训斥，他们都瞠目结舌，不知如何应对。

赵德昭为了安抚众将，他又低声说："你们的好意我心领了，我岂能趁皇上在危难之时而行其私呢？倘若皇上真的遭遇不幸，为了宋室江山，我还是不会令各位失望的。"

众将气消，皆服其义。第二天早上，宋太宗被杨业父子救回，安然无恙，众将又深服赵德昭未卜先知之明。

不管过去的一切多么痛苦、多么顽固，都要把它们抛到九霄云外。

先贤一再强调心态平和，尤其是自鸣得意，高兴过头，必遭凶险。

◎ 得固不喜　失亦不忧 ◎

【原文】

以我转物者，得固不喜，失亦不忧，大地尽属逍遥；以物役我者，逆固生憎，顺亦生爱，一毫便生缠缚。

【译文】

由我来把握和主宰事物，那么得到也不会欣喜，失去也没有忧愁，这样感觉到整个人生都逍遥自在；让事物来控制奴役我，那么不顺利时会恼恨，顺利时又会沾沾自喜，一点微小的事就能把自己束缚住。

【精读解析】

得失之间，无喜无忧，因心不为外物所役。而心不为外物所役的根源，则在于一颗平常心。

有学者说:"你如果以挑剔的心态、灰色的心态去看待人生,你就觉得人生真是千疮百孔,一无是处;如果你以平常的心态、超然的心态去看待,你就觉得一切苦难和幸福都很正常;如果以审美的心态、艺术的眼光去看待,你就觉得所有经历都是一笔财富,人生就是一场大戏:丰富、完美和滋润。"如此看来,我们人生中快乐的主动权,命运的掌控权,完全把握在自己手中。只要不把得失看得过重,不要总是把这些不快乐挂在心上,那么,生活中就会充满快乐。

> 心不为外物所役,得失之间,无喜无忧。

> 世事无常,如果我们有颗平常心,世间的一切,有也好,无也好,都看作镜花水月。有,固然可以生活无忧;无,也可以心灵自在,深入体会无垠、无边、无量。

唐朝时,有一位懒瓒禅师隐居在湖南南岳衡山的一个山洞中。唐德宗想见见这位洒脱飘逸的人物,于是就派大臣去迎请禅师。

大臣拿着圣旨东寻西问,总算找到了禅师所住的岩洞,正好瞧见禅师在生火做饭。大臣便大声呼叫道:"圣旨到,赶快下跪接旨!"懒瓒禅师却装聋作哑毫不理睬。大臣探头一瞧,只见禅师以牛粪生火,炉上烧的是地瓜,火愈烧愈炽,烟雾弥漫,熏得禅师鼻涕纵横,眼泪直流。大臣忍不住说:"和尚,看你脏的!你的鼻涕都流下来了,赶紧擦一擦吧!"

懒瓒禅师头也不回地答道:"我才没工夫为俗人擦鼻涕呢!"

懒瓒禅师边说边夹起炙热的地瓜往嘴里送,并连声赞道:"好吃,好吃!"

大臣凑近一看,惊得目瞪口呆,懒瓒禅师吃的东西哪是地瓜呀?分明是像地瓜一样的石头!懒瓒禅师顺手捡了两块递给大臣,并说:"请趁热吃吧!世界都是由心生的,所有东西都来源于意识。贫富贵贱,生熟软硬,你在心里把它看作一样不就行了吗?"

奉命大臣耻笑懒瓒禅师不辨石头,衣着肮脏,而懒瓒禅师以石为食,自然不是真吃,只是在婉拒富贵,以表淡泊得失。在暗自告诫来者,富贵功名不可看得太重。

当一个人过于争取外在时,内心便起贪求。然而心中有求便有可能"逐求不已",满足了食色,求富贵,求得了富贵,要权位,这样的人一面求得,一面失去,最终就有可能颠倒迷离于得失中。

其实,得到与失去不过是人生的一种形式,他们相辅相成,共同作用于生活,从而让我们活得五味杂陈、丰富多彩。而在现在的社会里,人们应该鼓励用自己的双手,去增加人生内在的价值,使人生物质世界和精神世界都更加富有和充实。面对失意时,不失气,只有乐观的心态才会有新的希望。

山里有一位以砍柴为生的樵夫,在他辛苦经营下,终于盖了一间木屋。有一天他出去砍柴,房子起火了,邻居们纷纷帮忙救火。可是由于当时风势较大,根本救

> 我这样做是要告诉来者,不要把功名看得太重。

懒瓒禅师装作没听见,不理睬唐德宗的圣旨。

不下，所以大家眼睁睁地看着木屋被烧毁。当一切烧尽后，樵夫回来了，看到这种情况后，他一一谢过大家的帮忙，然后自己拿着一根棍子，跑到灰烬中去翻找一番，邻居们以为他是在找什么金银珠宝，就都在旁边默默地看着他。当樵夫从灰烬中走出来时，邻居们看到他手里拿着的是一柄砍柴的刀，他笑着说："只要有这柄柴刀，我还可以建造一间更好的木屋。"邻居们虽然觉得很可惜，但依然被他乐观的精神所感动，在大家的帮助下，没有多久，樵夫便又建起一间小木屋。

樵夫的故事给了我们一个启迪，用一句老话说就是"留得青山在，不怕没柴烧"。故事中的樵夫知道，自己的房子被烧了，这是客观现实，回避不了，既然如此，那就必须面对；同时他也知道，悲伤是次要的，自己此时再伤心也不可能变出一间房子来，不如把握关键，柴刀才是重要的。生活中我们同样如此，在经历过一些失败和坎坷后，我们只有乐观，才能振作，才能重新开始，如果自己先趴下了，那么就不会有后来的希望。因为故事中的樵夫有乐观的心态和坚定的决心，所以他才会有快乐幸福的生活。

其实，人要有所得，必然会有所失，只有当我们看淡得失，愿意舍弃一些东西的时候，我们才会得到更多。的确，是得是失，关键是看人们如何把握自己的内心，把握自己的人生。如果能够淡看得失，不要过于挂心，那么，我们就会发现，人生会更有意义，我们的品格也会更有厚度，快乐也会更加丰满。

> 文章是传之千古的事业，其中的甘苦只有自己心里知道。

我国唐代大诗人杜甫也曾说："文章千古事，得失寸心知。"这句话的意思是说，文章是天下的大事，成败得失只有自己知道。对我们的人生来说，成败得失与烦恼快乐随时都会伴随着我们。不论人生得意的时候，还是人生失意的时候，我们都应当以乐观的心态来对待，这样我们才会在得意之时保持淡然的心态，在失意之时保持坦然的心态，只有一直以一颗平常心来对待生活，我们的人生才会活出境界。

◎看得圆满　放得宽平◎

【原文】

此心常看得圆满，天下自无缺陷之世界；此心常放得宽平，天下自无险侧之人情。

【译文】

如果自己内心经常平易圆满，那么世界就会是一个没有缺陷的世界；如果自己内心经常宽大公正，那么世界也会是一个没有阴险诡计的世界。

【精读解析】

俗话说得好："金无足赤，人无完人。"生活中，每个人都会做错事。因此，当我们面对他人那些不违反原则、不失大雅、无关紧要的小错误时，我们应该给别人一个机会，一个面子，一个自尊。别人自会因此感激我们的理解、包容、大度，从而记住这次的教训，改进提高自己的能力素质，避免出现类似的错误。由此也会更加体现我们的心胸宽阔，体现我们坦荡容人的博大的胸怀，加深人们之间的情谊。否则，

> 少一分抱怨，把心放宽，生活自然就多些完美。

> 这个世界本来就不完美，人情冷暖本来就不单纯，如果我们用善行、善言温暖寒冷，人生就会变得温暖。

鲁国大夫公父文伯设宴请客，露睹父年高德劭坐在了上宾的位置。

在上菜的时候，露睹父面前的一只鳖，比别的客人的鳖都要小。

把最大的甲鱼给上宾以示尊崇是当时最基本的礼仪，眼下把最小的甲鱼给了上宾，简直就是轻慢无礼。

等这只鳖长大以后再吃罢！

露睹父见四周的鳖都比自己的大，大为恼火，离席而去。这次宴会就这样不欢而散。

如果你对这个世界微笑，你就会得到微笑的回报；如果你对这个世界抱怨，你就会得到很多的抱怨。看得圆满，放得宽平，不但是心态，更是智慧

做一个宽宏的人，设法往好处看，我们的心中就会更加喜乐，更加完满。

不给他人面子，让别人在公共场合下不了台，那就是做人的最大失败了。

《国语》中记载了这样一个故事：

一次，鲁国大夫公父文伯宴请南公敬叔时，以年高德劭的露睹父为上宾。然而，在上菜的时候，放在露睹父面前的一只鳖，不知怎么，竟比别的客人的鳖小了些。要知道，在极其讲究礼仪和尊卑的古代，把最大的甲鱼给上宾以示尊崇是基本的礼仪，否则就是轻慢无礼。露睹父看着四周的鳖都比自己的大，大为恼火，在众宾客面前大声说："等这只鳖长大以后再吃罢！"说完便拂袖而去，搞得公父文伯十分尴尬，好好的宴会不欢而散。

在众目睽睽之下，露睹父为了一只鳖的大小，直接翻脸走人，实在是太不给公父文伯面子了。露睹父这样做的后果就是在两人的关系中竖起了一面无形的墙，彼此生疏起来，甚至达到了仇恨的程度。生活中，每个人身边的很多事情，其实都可大可小、可有可无，身边每个人的身上也总有几处污点，换种方式去了解、包容，反而会给双方提供更大的提升空间。

其实一个人的挑剔往往源于自己的不宽容。人也好、物也好，表面和内里是有差别的，是以挑剔心对待还是怀真心宽容，这些差别其结果会有很大的不同。当一个人以宽容的心和人相处时，我们会忽视别人无伤大雅的错误，会更多地发现别人的优点，当真正走到深处时，会有更多的感悟。

"此心常看得圆满，天下自无缺陷之世界；此心常放得宽平，天下自无险侧之人情"说的就是宽容待人的道理，首先看到圆满、把心放宽，生活自然多些完美。静下心来，让自己平和下来，做一个宽宏的人，我们的心中就自然会充满喜乐和完满。

明心交友

——辨真识假，看清人情世故

◎侠心交友　素心做人◎

【原文】

交友须带三分侠气，做人要存一点素心。

【译文】

交朋友要有几分侠肝义胆的气概，为人处世要保存一种赤子的情怀。

【精读解析】

范仲淹在泰州当官的时候，结识了当时年仅二十岁的富弼。初次见面范仲淹就为富弼的才华所折服，对他大为欣赏，认为他有王佐之才，并借机把他的文章推荐给当时的宰相晏殊，还替他做媒，让他做了晏殊的女婿。

几年以后，山东一带多有兵变，有些州县的长官为了明哲保身，不仅不抵抗乱兵侵扰，还开门延纳，送礼讨好。后来兵变被镇压，朝廷派人追究这些州县长官的责任。

富弼得知此事后，便生气地说："这些人都应该被判死罪，否则的话，就没有人再提倡正气了。"

范仲淹对这件事的态度却迥异于富弼，他说："这些县官进行抵抗的话，又没有兵力，只是让百姓白白受苦罢了。他们这种做法，大概是为了保护百姓采取的权宜之计。"

二人意见不同，争执起来。

有人劝富弼说："你也太过分了，你难道忘记范先生对你的大恩大德了吗？你考中进士后，皇帝就下诏求贤，要亲自考试天下的士人。范先生听到这个消息以后，马上派人把你追回来，还给你准备好了书房和书籍，让你安心温习考试。如果不是范先生的义举，你岂能被皇帝赏识，谋得今天的成就地位？"

富弼却回答说："我和范先生交往是君子之交，范先生举荐我并不是因为我的观点始终和他一样，而是因为我遇到事情都有自己的主张。我怎么能为了报答他举荐我的恩情而放弃自己的主张呢？"

请把书信交给先生，里面是我对交友和做人的看法。

交友尊崇坦荡无私、患难与共的精神。在交友的过程中，要有放下自我、为朋友赴险难、同大家共享安福的精神。而修身养性讲究一种朴实无华、纯净无私的心灵境地。为人处世的过程中，拥有一颗素心就要心胸坦荡、知足常乐。只有同时拥有这两样品质，我们才能在实际交往中于人无害、于己无憾。

范仲淹听说这件事后，欣喜地说："我果然没有看错富弼。恩情是一回事，主见又是另一回事，富弼时刻都懂得不因其中的任何一方而让另一方贬值。这就是我欣赏他的原因之一。"

范仲淹和富弼的这件事很好地诠释了"交友须带三分侠气，做人要存一点素心"这一句话。

"侠"在交友的过程中，强调放下自我、为朋友赴险难、同大家共享安福。而"素心"则是一种修身养性的境界，它是一种朴实无华、纯净无私的心灵境地。为人处世的过程中，拥有一颗素心就要心胸坦荡、知足常乐。

如果真的把"君子之交"比作一弯溪流的话，侠义让这水流不断，哪怕朋友之间意见不合，也不会分道扬镳；而素心则保证着水流的清澈，人心不坏，才能澄净见底。交友过程中，不失侠气，义字当先，不随波逐流、见利忘义，始终保持纯粹的心境，我们就不会失去珍贵的友谊。

范仲淹在泰州的时候，得知富弼有才华，于是把他的文章推荐给当时的宰相晏殊，还替他做媒，让他做了晏殊的女婿。

富弼因为范先生的举荐，被皇帝赏识。

古时山东一带闹兵变，有些州县的长官不仅不抵抗，还开门与乱兵讲和，送礼讨好乱兵。后来兵变被镇压下去，朝廷派人追究这些州县长官的责任。

富弼得知此事后，认为州县长官都应该被判死罪。

范仲淹认为州县长官这种做法是有原因的，主张赦免他们。

富弼与范仲淹的观点不一致，有人认为富弼是忘记了范先生的大恩大德了。

富弼却认为不能为了报答范先生举荐的恩情而放弃自己的主张。

范仲淹对富弼的举荐出于侠义，对富弼的理解则出于素心。前者让他不能眼看着富弼和机遇擦肩而过，后者使他在遭到反驳时仍能公私分明。

○不恶小人 有礼君子○

【原文】

待小人，不难于严，而难于不恶；待君子，不难于恭，而难于有礼。

【译文】

对待心术不正的小人，要做到对他们严厉苛刻并不难，难的是不去憎恶他们；对待品德高尚的君子，要做到对他们恭敬并不难，难的是遵守适当的礼节。

【精读解析】

一个人要想拥有良好的人际关系，首先就要有容得小人、敬得君子的气量。

气量首先是指容得小人的气度。只有让小人知道了我们的忍让，我们和小人之间的问题才能迎刃而解。实际生活中，做一个有气量的人，对别人的狭隘主动选择包容，不仅有利于问题的解决，还能赢得他人的敬重。

其实，我们每个人在一生中都难免会遇到让自

一个人要想拥有良好的人际关系，首先就要有容得小人、敬得君子的气量。

我们生活的世界是一个庞大繁冗的人际关系联合体，其中有各色人物，他们各有性格。只要我们身在一个团体中，我们就会和各种各样的人打交道，这些人有的是君子，有的则是小人。这需要一种对待君子和小人不同的气量。要尊敬君子，宽容小人。

君子之交，贵在相互欣赏和尊重，如果是相互迁就纵容，哪里算得上是和谐相处呢？

在一次出猎归来齐景公对晏婴说，他感觉梁丘据与他相处得最和谐。

晏婴认为，齐景公与梁丘据只不过相同而已，谈不上和谐。齐景公便问和与同的区别。

晏婴说："和，如羹焉。"意思是说，"和"就像厨师煮肉汤一样，把各种原料和作料加在一起，施以薪火，火候只有恰到好处才能烹调出淳美大羹之味。

晏婴又把和比作音乐，五音六律只有协调好才能奏出和谐动听的乐曲。而同则恰恰相反，同就像没有作料的汤，一种调的音乐，谁愿意欣赏呢？

己不如意的人和事，这个时候，如果双方都得理不饶人，只会将事情越闹越大。所以，遇到这样的情况我们一定要学会适当包容，如此才能使"小人不恶"。

而和君子相交，气度不再指向对方忍让错误，而更倾向于包容差异、把握交往的距离。君子立身往往高于常人，注重涵养礼数，这样的人宁可孤傲一世，也不惜求和世俗相同。和君子相处时，我们不妨把尊敬留给他，而把距离留在心底。所谓君子之交淡如水，高明的人和君子相交，总是包容差异、成就和谐，在这个问题上晏婴的见解最为独到而且深刻。

一次，齐景公出猎归来，指着前来接驾的臣子梁丘据对晏婴说："这个梁丘据与我相处得最和谐。"晏婴不以为然，反驳说："他与你只不过相同而已，哪里谈得上和谐？"齐景公很纳闷："和与同还有区别吗？"晏婴说："和，如羹焉。"意思是说像厨师煮肉汤一样，把各种原料和作料加在一起，施以薪火，过则泄之，不及则济之，才能烹调出淳美大羹之味。晏婴又把和比做音乐，五声六律，刚柔清浊，疾之徐之，抑之扬之，才能奏出和谐动听的乐曲。同则相反，"以水济水，谁能食之？若琴瑟专一，谁能听之？"

晏婴用形象的比喻说明，和有学问、有道德的人交往，就应在不同见解中互相尊重、吸收、融合，和睦相处但不盲目苟同，心有敬重却不随波逐流。盲目趋同，甚至同流合污，虽共同谋事却各怀异心，这样的交往实际上是毫无意义的。

总的来说，要想在人际交往中和谐圆满，就要辨清君子小人，随机调控我们胸怀的容量。而人际是相互的，要想气量调控用到点子上，关键靠三点：一是平等的待人态度。不自认为高人一等，保持一颗平常心，平视他人，尊重他人；二是宽阔的胸襟。胸怀坦荡，虚怀若谷，闻过则喜，有错就改；三是宽容的美德。能够仁厚待人，容人之过。因此，气量，实际上反映了一个人的素养和品性。

◎ 善人和气　凶人杀气 ◎

【原文】

善人无论作用安详，即梦寐神魂，无非和气；凶人无论行事狠戾，即声音笑语，浑是杀机。

【译文】

心地善良的人不要说其言行都很安详，即使是睡梦中的神情，也都洋溢着祥和之气；凶狠的人不要说其为人处世凶狠狡诈，即使是在谈笑之中，也一样充满了肃杀恐怖。

【精读解析】

为人善恶，本性使然，而本性这颗火种是不可能被一个人的表象所隐藏的。《菜根谭》就在此道出这一世间常态：内心和善的人无论何时何地都显得安然祥和，一个生性凶恶的人再怎么百般掩饰，总会显露出凶猛。世人多善于伪装，所以，我们识人交友要多方面地考察、推究，切不可被表里不一的人迷惑。

我们在实际生活中会遇到形形色色的人，面对这种纷繁情况，如果不保持内心明慧、明察秋毫，就很有可能被人欺骗、利用。唐朝有一个叫吕元膺的人，他在交友上就独具慧眼，明察秋毫。

吕元膺任东都洛阳留守时，有和门客下棋的习惯。有一次，吕元膺和一名下级官吏一边下棋，一边批阅公文。这小官为了获胜，就趁吕元膺改公文

吕元膺因为小官吏偷换棋子，甘拜下风结束那盘棋之后，便辞却了他。

的时候偷换了一枚棋子。等吕元膺回过神来再下棋时，棋局已变，而且自己是必输无疑。其实，小官的这个小动作已被吕元膺看在眼里，只是为了顾全对方的面子，吕元膺不好当即拆穿他，就做出甘拜下风的样子结束了这盘棋。

第二天吕元膺又把这个小官吏请到了自己的府上。小官吏本以为自己凭借一盘棋获得了吕元膺的赏识，表现得十分兴高采烈。不想吕元膺说了半天话，关于提拔却只字未提。正当小官吏心里打鼓时，吕元膺客客气气地对他说："我这儿机会有限，难免会影响你施展抱负，如果你想有更好的发展，还是另请高就吧。"说罢，他命人呈上已经准备好的礼物，亲自为他送行，让他离开了自己的辖地。当时很多人对他的做法很是不理解，但是无论别人怎样询问，吕元膺都只是顾左右而言他。

直到病危前夕，他嘱咐自己的儿孙时才道出真相，说："十多年前我在东都时，为了这么一枚棋子辞却了一个和我交往甚好的门客，并且再也没有和他有过任何来往。说起来，他偷换一枚棋子本是小事一桩，但我却从中看到他的心术不正。后来这个人果然因贪赃枉法而丢掉了性命。别人误解我也好，说我无情也罢，我只是想让你们明白：为人处世，识人交友一定要认真对待，切不可被表象蛊惑。"说罢，他坦然地闭上双眼，溘然长逝。

吕元膺明察秋毫，识人于微，可谓明智。判断一个人的思想境界如何并不能只听这个人的一面之词，也不一定要等到这个人犯了什么大错才有顿悟，透过很多微小的细节就可以定夺了。

与不同的人打交道的时候用不同的策略，循循善诱，就可以掌握识人交友这一门学问。

❀○ 忘功念过 忘怨念恩 ○❀

【原文】

我有功于人不可念，而过则不可不念；人有恩于我不可忘，而怨则不可不忘。

【译文】

当我对别人有恩惠的时候，不应该总是记挂在心中；而当我做了对不住别人的事，则应当时时反省。别人对我有恩惠，不能够不牢记在心中；而别人对我有过失，则应当及时忘掉。

【精读解析】

世界上能真正抑制骄傲和怨恨的唯有宽宏的器量。历史上，大凡声名显赫的人物，大多是那些拥有广阔胸襟的人。

东汉光武帝刘秀在河北与自立为帝的王郎展开大战时，王郎节节败退，逃入邯郸城里。经过二十多天的围攻，刘秀大军攻破邯郸，杀死王郎，取得胜利。在清点缴获来的书信文件时，官员们发现了几千封和王郎私通的信件。写这些信件的人都是刘秀这一方的人，有官吏，有平民，也有士兵，而信件的内容大都是吹捧王郎、攻击刘秀的。

刘秀知道这件事后，立即召集文武百官，又叫人把那些信件取过来，连看也不看，就叫人当众把它们扔到火中烧掉了。刘秀对大家说，有人写信给王郎，但事已过去，希望那些过去做错事的人从此安下心来，努力供职。

刘秀的这种处理方法，使那些曾经私通王郎的人松了一口气。他们都从心底里感激刘秀，甘愿为他效劳。

要想成就大事，必定要涉及用人。而用人除了知人善用外，最难的怕是不能容忍他们的过错。做到"人有怨于我，不可不忘"也不过刘秀这般。正是因为刘秀放下了别人的背叛才赢得了更多人的忠诚，这是他自己的胸怀和智慧，也是后人尊崇他的理由。

别人对我有恩惠，我不能不牢记在心。

说得好。还有别人对我有过失，就应当及时忘掉。

胸襟广阔的人善于忘却，在为人处世时，他们总是淡忘自己的功劳，释放对别人的仇恨并能容忍对方，从而清除自己成功路上的绊脚石。同时要学会记住别人给过我们的帮助，哪怕滴水之恩，我们也要涌泉相报。而且我们要反省自己给别人带去的麻烦，并尽量改正和弥补。

有人过去写信私通王郎，做了错事。但事情已过，可以既往不咎。

刘秀战胜王郎后，发现自己的属下私通王郎的信件之后，立即召集文武百官，当众把信件烧掉。

其实这种善于淡忘的宽容不仅是成大事的关键因素，还是人们在人际交往中，聚集人脉的重要因素。当我们宽容地和他人交往，就会淡去不平、烦恼和怨恨，提纯友情、快乐和幸福，最后得到的是宽广、博大、舒畅融洽的人际关系。

◎热心之人 其福亦厚◎

【原文】

　　天地之气，暖则生，寒则杀。故性气清冷者，受享亦凉薄。惟和气热心之人，其福亦厚，其泽亦长。

【译文】

　　自然界的气候规律是，气候温暖的时候就会催发万物生长，气候寒冷的时候就会使万物萧条沉寂。所以一个人如果心气孤傲冷漠，只会受到同样冷漠的回报。只有那些充满生命热情而又乐于助人的人，他所得到的回报才会深厚，福祉也才会绵长久远。

【精读解析】

　　有过用柴草生火经历的人都知道，要点燃木柴，先要用干枯的细枝去引火，火才能越烧越大；如果里面有湿柴，刚燃的火苗很快就会熄灭。但是，一旦火堆燃烧起来了，即便扔进去的是刚砍的湿木头，也会很快被火焰带动起来，一起燃烧。这其中便蕴涵了《菜根谭》中所讲的一个道理：用足够的真诚去感染他人，就能让对方感受到自己的善意，并能在我们陷身于险境时给予我们帮助。

看来君子之交才能福泽久长啊。

只有用足够的真诚去感染他人，才能让对方感受到我们的善意，才能在我们陷身于险境时给予我们帮助。当我们孤傲冷漠地对人时，得到的回报同样冷漠。

　　秦穆公当政时，秦国遭遇大饥荒，国势危急。想到秦国曾经有恩于晋国，秦穆公认为，如果派人去向晋国求救，晋国应该会出于感激而资助秦国的。可是结果却事与愿违，晋国不但不给秦国援助，还趁机派兵攻打秦国。

　　秦穆公大怒，便对全国百姓说："我们秦国曾有恩于晋国，可是晋国忘恩负义，还乘人之危，攻打我们，是可忍孰不可忍！我们一定要他们知道这样做的后果。"于是穆公派丕豹带领军队攻打晋国，而且旗开得胜。但是毕竟秦国刚逢大灾，国库空虚，不宜久战。可秦穆公出于一时怒气做出了继续追击晋军的错误决定。

　　这天，秦穆公带领一小股部队，一直追到晋国腹地，渐渐地和大队人马失去了联系。

　　被逼到死角的晋军见秦穆公人少，趁机包围了秦穆公和他的几个手下。眼见着

秦穆公打败晋国之后趁机追击，却被晋军包围，最终被曾经受过秦国恩惠的人所救。秦穆公的善心得到了回报。

寡不敌众的时候，晋国的军队大乱。原来有一群人在晋军后面来了个突然袭击。这些人都是曾经受过秦穆公恩惠的人。这些人感恩戴德，在秦穆公有难时给予了及时的帮助，帮他渡过了难关。

孟子说："得道者多助，失道者寡助。"晋国忘恩负义引来战事，秦国施惠散义赢得援助。战争就是这样充满戏剧性，而冲突的解决往往有利于那些道德上略高一筹的人。

生活也蕴涵着同样的道理，当我们孤傲冷漠地对人时，只会得到同样冷漠的回报。只有那些充满生命热情而又乐于助人的人，得到的回报才会深厚，福祉也才会绵长久远。一言蔽之就是"帮人最终帮自己"。

◎毋形人短　毋忌人能◎

【原文】

毋偏信而为奸所欺，毋自任而为气所使；毋以己之长而形人之短，毋因己之拙而忌人之能。

【译文】

不要盲目相信某一方面的言辞而被那些奸邪的小人所欺骗，也不要自以为绝对正确而被一时的意气所驱使；不要用自己的长处来比较人家的短处，不要因自己的笨拙而嫉妒人家的才能。

【精读解析】

人生境界关系个人的成就、品位与气度。人生境界有高有低，有狭有宽，有大有小，境界在哪里，人生就到哪里。所以《菜根谭》说意气用事、偏信谗言就不能清楚地衡量自己和把握人生。

西汉时期，汝南的翟方进与清河的胡常曾经是同窗，在一起共同研习过经学。

后来虽然胡常比翟方进先当官，但在学问上的名声却一直不如翟方进，因此胡常对这位昔日的同窗好友十分嫉妒，经常在别人面前讲翟方进的不是，挑他的毛病。这件事情，后来传到了翟方进耳中，他非但没有生气，反而在胡常给门生讲课时，派自己的学生去胡常处旁听，并让他们经常向胡常请教经书中的疑难问题，认真进行记录。胡常并不知道翟方进此举动的初衷，只是过了很长一段时间后，胡常才猛然觉悟翟方进这是在有意推崇他，为他树立良好的威望，心中顿时感到惭愧。自此，胡常再也不处处与翟方进作对，反而改变了以往的做法，无论是为官，还是论学，都对翟方进极度称赞。

翟方进不以自己的长处比人家的短处，而是宽容待人，谦虚处事，尊重他人最终也赢得了别人的尊重。

比他人之短，嫉妒他人的人，总是会有的。"生活不是攀比，幸福源自珍惜。"嫉妒是一种难以公开的阴暗心理，是人们普遍存在着的人性弱点，有时嫉妒心理还会带来自身的毁灭。

人各有长短，看到自己长处的同时，也要看到自己的短处；看到他人的短处时，也应看到他人的长处。发扬己长，克服己短，学习人长，避开己短，这才是积极的态度和方法。为人处世应收敛锋芒，平平淡淡地处世，这样在人生的道路上才能走得更好。

境界在哪里，人生就到哪里。

人生境界关系个人的成就、品位与气度。

为人处世不要意气用事，不要偏信谗言，不要以己所长比他人所短，不要因自己的无能而嫉妒他人，不要妄执烦躁，应该冷静处世，不能太浮躁。

翟方进的大度和宽宏最终使曾经
敌对的同窗折服，做人要以爱己
之心爱人，以恕己之心恕人

西汉时期，汝南的翟方进与清河的胡常是同窗好友，二人在一起共同研习经学。

后来胡常比翟方进先当了官，但在学问上的名声翟方进比胡常高，为此胡常对这位昔日的同窗好友十分嫉妒，常常在别人面前论断翟方进，挑他的毛病。

翟方进知道胡常的这些行为后，非但没有生气，在胡常给门生讲课时，反而派自己的学生去那里旁听，并让他们经常向胡常请教。

从此，胡常再也不与翟方进作对了，一改以往的做法，极度欣赏翟方进，二人关系更密切了。

开始的时候胡常并不知道翟方进此举的初衷，过了很长一段时间后，胡常才猛然醒悟，原来这是翟方进在有意推崇他，为他树立威望，心中顿时感到十分的惭愧。

◎ 己所不欲　勿施于人 ◎

【原文】

　　人之短处，要曲为弥缝，如暴而扬之，是以短攻短；人有顽固，要善为化诲，如忿而疾之，是以顽济顽。

【译文】

　　对于他人的不足之处，要想办法为人家掩饰弥补，故意暴露宣扬，那就是用自己的毛病去攻击人家的毛病；对于别人的执拗，要善于诱导教诲劝解，因为他的固执而愤怒或讨厌他，不仅不能使他改变固执，还等于用自己的固执来强化别人的固执。

作为君子，自己不愿做的事不要强加给他人。

【精读解析】

　　别人犯了错误，有了短处，你耳闻目睹，关键的是要懂得保持沉默，可以在没有旁人的时候会心交谈，让对方改正，而千万不要宣扬。否则，不仅将他人推入窘境，也有可能为自己树立了一个敌人。即使人家固执一些，你也应当耐心说服，而不是讨厌他，拒绝他，若那样做，对方就越发错上加错。正所谓"己所不欲，勿施于人"。

春秋末期，齐国和楚国都是大国。有一次，齐王派大夫晏子去访问楚国。楚王仗着自己国势强盛，想乘机侮辱晏子，显示楚国的威风。

楚王知道晏子身材矮小，就叫人在城门旁边开了一个五尺来高的洞。晏子来到楚国，楚王叫人把城门关了，让晏子从这个洞进去。晏子看了看，对接待的人说："这是个狗洞，不是城门。只有访问'狗国'，才从狗洞进去。我在这儿等一会儿，你们先去问个明白，楚国到底是个什么样的国家。"接待的人立刻把晏子的话传给了楚王，楚王只好吩咐打开城门，迎接晏子。

晏子见了楚王，楚王瞅了他一眼，冷笑一声，说："难道齐国没有人了吗？"晏子严肃地回答："这是什么话？我国首都临淄住满了人。大伙儿把袖子举起来，就是一片云；大伙儿甩一把汗，就是一阵雨；街上的行人肩膀擦着肩膀，脚尖碰着脚跟。大王怎么说齐国没有人呢？"楚王说："既然有那么多人，为什么打发你来

使狗国者从狗门入。

因晏子身材矮小，楚王派人让晏子从城门旁边的洞进去。晏子说："只有访问'狗国'，才从狗洞进去。"

齐国难道没有人了吗？

楚王看到晏子之后，讥讽晏子，晏子承认自己最不肖，所以只能出使最下等的国家来回应楚国。

呢？"晏子装着很为难的样子，说："您这一问，我实在不好回答。撒谎吧，怕犯了欺骗大王的罪；说实话吧，又怕大王生气。"楚王说："实话实说，我不生气。"晏子拱了拱手，说："敝国有个规矩：访问上等的国家，就派上等人去；访问下等的国家，就派下等人去。我最不中用，所以派到这儿来了。"说着他故意笑了笑，楚王只好赔着笑。

接着，楚王安排酒席招待晏子。正当他们吃得高兴的时候，有两个武士押着一个囚犯从堂下走过。楚王看见了问他们："那个囚犯犯的什么罪？他是哪里人？"武士回答说："犯了盗窃罪，是齐国人。"楚王笑嘻嘻地对晏子说："齐国人怎么这样没出息，干这种事儿？"楚国的大臣们听了，都得意扬扬地笑起来，以为这一下可让晏子丢尽脸了。哪知晏子面不改色，站起来，说："大王怎么不知道呢？淮南的柑橘，又大又甜。可是橘树一种到淮北，就只能结又小又苦的枳，还不是因为水土不同吗？同样道理，齐国人在齐国安居乐业，好好地劳动，一到楚国，就做起盗贼来了，也许是两国的水土不同吧。"楚王听了，只好赔不是，说："我原来想取笑大夫，没想到反让大夫取笑了。"

楚王有失礼节，晏子知礼且据理力争，几个回合下来，楚王输给了晏子，并且心服口服。假如当初晏子不顾礼节，面对楚王的挑衅勃然大怒，那结果只会惹来楚国君臣的耻笑而已。

人应该有宽广的胸怀，用对待自己来作为参照物对待他人，既不会破坏与他人的关系，也不会将事情弄得僵持而不可收拾。这是尊重他人，平等待人的体现。每个人都有所长，亦有所短，要善于发现别人身上的优点，夸奖其长处，而不要抓住别人的隐私、痛处和短处大做文章。

《菜根谭》中的人生哲学

1 《菜根谭》认为生活即是修行：从五更枕席上参勘心体，气未动，情未萌，才见本来面目；向三时饮食中谙练世味，浓不欣，淡不厌，方为切实工夫。

生活：浓而不欣，淡而不厌

2 《菜根谭》反对"惟务雕虫，皓首穷经"式的学习方法，指出要想获得真正的知识与经验，不能单单"悟言一室之内"，还得身体力行，接触社会。

学习：明暗同姿，静躁一形

3 《菜根谭》主张徐图缓进、稳扎稳打的策略。纵观历史，功业早成者往往高才不寿，奇葩晚放者却能身名两全。

工作：高才不寿，奇葩晚放

4 《菜根谭》将安身立命的过程分为三大阶段，并提出四个注意事项。三阶段分别是：存续、发展、守成。四注意为：圆融、雅量、理微、持性。

谋身：雅量圆融，居安思危

5 在社交方面，《菜根谭》力主谨慎接纳三种有害之蠹。其论述如下：鹪占一枝，反笑鹏心奢侈；兔营三窟，转嗤鹤垒高危。智小者不可以谋大，趣卑者不可与谈高。这是说庸碌宵小之徒不可以深交。

交际：拒结三蠹，慎终追远

◎阴者勿交　傲者勿言◎

【原文】

遇沉沉不语之士，且莫输心；见悻悻自好之人，应须防口。

【译文】

遇到表情阴沉不说话的人，暂时不要急着和他交心谈心；遇到高傲自大、愤愤不平的人，要谨慎自己的言谈。

【精读解析】

交朋友要谨慎选择，不要因为错选了朋友而影响了你的一生。然而选准真朋友并不简单，所以古人常有"相识满天下，知音能几人"的慨叹。

一天傍晚，有两个要好的朋友在林中散步。突然，有个人惊慌失措地从林中跑了出来，两人见状，便拉住那个人问："你为什么如此惊慌，到底发生了什么事情？"

那人忐忑不安地说："我正在移植一棵小树，却忽然在土里发现了一坛金子。"

两个人对视一眼，说："你这个人真蠢，挖出了黄金还被吓得魂不附体，真是太好笑了。"随后他们又交换了一下眼色问道："你是在哪里发现的？告诉我们吧，我们不害怕。"

那人说："还是不要去了，这东西会吃人的。"

两个人异口同声地说："我们不怕，你就告诉我们黄金在哪里吧。"

那人告诉了他们具体的地点，两个人跑进树林，果然在那个地方找到了黄金。

其中一人说："我们要是现在把黄金运回去，不太安全，还是等天黑再往回运吧。这样吧，现在我留在这里看着，你先回去拿点饭菜，我们在这里吃过饭，等半夜再把黄金运回去。"

于是，另一个人就回去拿饭菜去了。

留下的人看着满坛的金子，不由得动了歪心思，他想："要是这些黄金都归我，那该多好呀！"而回去的那个人一边准备饭菜一边想："如果他死了，那么黄金不就都归我了吗？"

当他提着饭菜刚到树林里，留守的人突然出现在他背后，用木棒狠狠地打向了他的头，这人当场毙命了。然后，那个人拿起饭菜狼吞虎咽地吃了起来。不久之后，也倒地抽搐起来，这时他才明白，原来饭菜已经下了毒。

临死前，他想起了发现金子那人说的话："果真是应验了，原来金子也会吃人呀！"

故事里的这两个人根本算不得真正的朋友，真正的友情应该具有无所求的品质，一旦有所求，"求"也就成了目的，友情就会因此转化为一种外在的装点，而丧失了最初对灵魂相知的渴望。

友有"益友""损友"之不同。孔子说"益者三友"——"友直、友谅、友多闻，益矣"；"损者三友"——"友便辟、友善柔、友便佞，损矣"。就是说，要与正直的、诚恳的、见闻广博的人交朋友，这才有益；同谄媚奉承、当面恭维背后诽谤、喜欢夸夸其谈的人交朋友，那是有害的。

阴者不交，傲者勿言，主要是讲在与人交往的过程中要善于辨别，慎重选择。

会交友、广交友、交好友，要注意把握尺度，这样友谊才会天长地久。

如果你遇到一个表情阴沉、不喜欢说话的人，千万不要推心置腹表现你的真情；如果你遇到一个自以为是、固执己见的人，就要小心谨慎，尽量不和他说话。交朋友要谨慎选择，不要因为错选了朋友而影响了你的一生。要与正直、诚恳、见闻广博的人交朋友；同谄媚奉承、当面恭维背后诽谤、喜欢夸夸其谈的人交朋友，是有害的。

两个朋友，为了争夺一坛黄金而双双毙命，世间还有比这更可怜可叹的事情吗？

一天傍晚，有两个要好的朋友一起在林中散步。

突然，有个人因为在土里发现了一坛金子，惊慌失措地从林中跑出来。

两个人问那个人发现金子的地点，丝毫不顾及那个人金子会吃人的劝诫。按照那个人说的地点找到了黄金。

其中一人留在那里看着，另一个人先回去拿点饭菜，吃过饭一起把黄金运回去。

留下的人看着满坛的金子，想要把它们全都占为己有。

回去的那个人一边准备饭菜一边想着，黄金都要归他。

当准备饭菜的人走到树林里，留守的人用木棒狠狠地打死了他。留守的人狼吞虎咽地吃完饭菜后，因为饭菜被下了毒，倒地而亡。

◎故旧之交　意气愈新◎

【原文】

遇故旧之交，意气要愈新；处隐微之事，心迹宜愈显；待衰朽之人，恩礼当愈隆。

【译文】

遇到过去的老朋友，情意要如同对待新知一样特别热烈真诚；处理某些隐秘细微的事情，态度要更加光明磊落；对待年老体弱的人，礼节应当更加恭敬周到。

【精读解析】

任昉是南朝梁著名的作家，以散文著称于世，时人把他的文章和沈约的诗相提并论，誉为"沈诗任笔"。

任昉喜爱交朋友，任御史中丞时，热情好客的他几乎每天都邀请文友到家中来饮酒赋诗。除此之外，任昉还经常和友人张率、陆陲等人游山玩水，颇为有兴致，他们之间的聚会游玩号称龙门游，又称兰台聚。这些朋友们聚在一块，总是会称赞任昉绝妙的文笔，并且信誓旦旦地要与之保持永久的友谊。但是，任昉死后，家道中落，生前的好友再也没出现在任家，而任昉的儿子们也只好过着异常穷困的生活。

有一天，学者刘峻偶遇到任昉的儿子西华，听他说完任昉家的近况后，深感愤慨：那些称千秋万代都要成朋友的人，都跑到哪里去了？于是，提笔写了一篇《广绝交论》，刘峻在文章中将朋友分为了几种类型，有以贿赂交、以权势交、以贪富交、以善谈交、以气量交等，特意来讥讽任昉生前的旧友，慨叹人心的险恶。

刘峻把交友分为几种类型：以贿赂交、以权势交、以贪富交、以善谈交、以气量交。真正的朋友会在自己遇到困难的时候挺身而出。

这篇文章一传开后，那些旧时的朋友，纷纷感到不安，深感惭愧。

任昉满腹才华，家庭富有时，门庭也若市。而当他死后，家道中落，后代却无人问津，这听起来未免有些悲凉。人是需要关怀和帮助的，也最为珍惜自己在困境中得到的关怀和帮助。有人说，真正的朋友是雨中的一把伞，是雪中的一捧炭，是寒室中温暖的棉被，是佳肴中不可缺少的盐。

喜新厌旧是很多人都犯过的毛病，交了新朋友就会渐渐疏远旧日的朋友，这不算是真正的朋友。即便平时真的忽略了，当朋友有了困难，这个时候应该挺身而出。

遇到多年不见的老友时，情意要特别真诚与热情，气氛要特别热烈；处理某种隐秘事情时，居心要特别坦诚，态度要特别开朗；服侍衰弱的老人时，举止要特别殷勤，礼节要特别周到。朋友之间就是要相互帮助的。

人常说，"三十年河东，三十年河西"，今天对别人真心相助，说不定哪一天陷入困境，求助于别人的人就成了自己。不仅如此，如果能做到帮助曾经伤害过自己的人，不但能显示出博大的胸怀，而且还有助于"化敌为友"，为自己营造一个更为宽松的人际环境。

◎交友识人　独具慧眼◎

【原文】

毋因群疑而阻独见，毋任己意而废人言，毋私小惠而伤大体，毋借公论以快私情。

【译文】

不能因为大家都持怀疑的态度而影响自己独到的见解，不要固执己见而不重视别人的意见，不要因为贪恋小的私欲而影响了大家的利益，不要借公众的舆论来满足自己个人的私欲。

【精读解析】

识人要有独到的见解，不能人云亦云。因为今日落魄的人明日也许一鸣惊人。清朝著名徽商胡雪岩就深知这一点，在识人用人时别具一格，不受私欲是非所扰。

识人不能从众，要有自己的见解，还要有远见，目光长远才会获得成功。因为今日落魄的人明日也许一鸣惊人。

看一个人，先要看这个人有没有做人的底线，能不能把持住做人的原则，胡雪岩便是如此识人的

在别人的眼睛里，陈世龙是个游手好闲，不务正业，吃喝嫖赌之人。胡雪岩却看到了陈世不为人知的一面，认为他是个跑外场的好手。

胡雪岩与陈世龙初次见面时，陈世龙头脑很灵活，毫不怯场，对胡雪岩提出的问题对答如流。

在用陈世龙的问题上

胡雪岩坚持己见，认为"这后生可以造就"，陈世龙重义气，绝不吃里扒外，胡雪岩看重的正是这点。

胡雪岩也对陈世龙做了一番试验。陈世龙答应戒赌之后，胡雪岩就故意给他一张银票。因为好赌成性的人但凡有钱，手就会痒。

陈世龙拿到钱后去了赌场，但是只是转了一圈。这件事让胡雪岩确信陈世龙说话算话，是个可造之材。陈世龙日后成为胡雪岩的得力助手。

胡雪岩曾经选用过一个外号为"小和尚"的小混混，他叫陈世龙。在别人看来，陈世龙整日游手好闲，不务正业，但是胡雪岩却认为他是个跑外场的好手。

胡雪岩对陈世龙初步的印象就是"这后生可以造就"。此外，他从其他人那里得知，虽然陈世龙吃喝嫖赌样样都精，但是也很重义气，绝不吃里扒外，这也让他很满意。

但是，胡雪岩也对陈世龙做了一番试验。他们在交谈的时候，陈世龙已经答应会戒赌，所以分别的时候，胡雪岩故意给了陈世龙一张五十两的银票来考验他。胡雪岩向来重信义，陈世龙也说话算话，是个可造之材，于是就把陈世龙留在了身边，后来陈世龙果然成为他的得力助手。

在旁人看来陈世龙是不值得重用的，但是胡雪岩并没有放弃自己的见解，却也没有忽视他人的忠告，在坚持己见的同时也对陈世龙进行了一番考验，从他身上发现对自己的事业有帮助的潜力，于是才委以重任，加以磨炼。

识人要有远见，只看眼前的景象和一时的情况作出的判断并不完整和全面。人要有长远的眼光，在人际关系中，才能得到更多你想要的信息和帮助，并最终走向成功。

◎亲善杜谗　除恶防祸◎

【原文】

善人未能急亲，不宜颂扬，恐来谗谮之奸；恶人未能轻去，不宜先发，恐遭媒孽之祸。

【译文】

好人不能急着和他亲近，也不应当事先就去赞扬他的美德，为的是防止遭受奸邪小人的诽谤；

坏人不能轻易除去，则不应当事先揭发他的罪行，为的是防止受到报复和陷害之灾祸。

【精读解析】

在生活中，我们想要结交有修养的人，想要摆脱心地险恶的坏人，必须尝试着去保持所谓的"等距离外交"。

清朝末年，陈树屏做江夏知县的时候，张之洞在湖北做督抚。张之洞与湖北巡抚谭继洵关系不太融洽，多有矛盾。谭继洵就是后来大名鼎鼎的"戊戌六君子"之一谭嗣同的父亲。

有一天，张之洞和谭继洵等人在长江边上的黄鹤楼举行公宴，当地大小官员都在座。后来，有人谈到了江面宽窄问题，谭继洵说是五里三分，曾经在某本书中亲眼见过。张之洞沉思了一会儿，故意说是七里三分，自己也曾经在另外一本书中见过这种记载。

督抚二人相持不下，在场僚属难置一语。于是双方借着酒劲儿觖觖起来，谁也不肯丢自己的面子。于是张之洞就派了一名随从，快马前往当地的江夏县衙召县令来断定裁决。知县陈树屏，听来人说明情况，急忙整理衣冠飞骑前往黄鹤楼。他到了以后刚刚进门，还没来得及开口，张、谭二人同声问道："你管理江夏县事，汉水在你的管辖境内，知道江面是七里三分，还是五里三分吗？"

陈树屏对两人的过节已有所耳闻，听到他们这样问，当然知道他们这是借题发挥。但是，张、谭二人他谁都得罪不起，肯定任何一人都会使自己陷入困境。于是，他从容不迫地拱拱手，言语平和地说："江面水涨时就宽到七里三分，而水落时便是五里三分。张制军是指涨水而言，而中丞大人是指水落而言。两位大人都没有说错，这有何可怀疑的呢？"

张、谭二人本来就是信口胡说，听了陈树屏这个有趣的圆场，拊掌大笑，一场僵局就此化解。

陈树屏深知自己两边都得罪不起，但是又不能不表明态度和立场。这个时候谁也不得罪才是求生存的最好办法。

也许有很多人认为，这种等距离外交、谁也不得罪的做法是一种墙头草的行径，十分令人瞧不起。大丈夫敢作敢为，必须敢于挺身入局表明自己的立场。其实这是一种误解。等距离外交不过是中庸的处世方式，其目的是为了在冲突的最初阶段更好地保护自己，并且在将来挺身入局的时候能够占据更为有利的地位。所以它不是墙头草的行径，而是一种智慧的选择。

常言道，人心险恶。有的人外表看起来很敦厚老实，和气慈祥，但是内心却是十分奸险与凶悍。而有些人外表看起来严厉，可是内心却通情达理。所以，在人际交往中，应该谨记等距离外交，"善人未能急亲，恶人未能轻去"。

与人交往切忌操之过急，否则只会取得相反的效果。

在与人交往的过程中，不要急着赞扬好人的美德，也不要急着揭发坏人的罪行，要学会中庸的处世方式，更好地保护自己。如果想结交一个有修养的人不必急着跟他亲近，也不必事先来赞扬他，为的是避免引起坏人的嫉妒而招致背后的诬蔑诽谤；如果想要摆脱一个心地险恶的坏人，绝对不可以草率行事随便把他打发走，尤其不可以打草惊蛇，以免遭受这种人的报复。

五里三分

七里三分

江面水涨就宽到七里三分，而水落时便是五里三分。

陈树屏灵活应对，化解了一次危机。

◎警言救人 无量功德◎

【原文】

　　士君子，贫不能济物者，遇人痴迷处，出一言提醒之，遇人急难处，出一言解救之，亦是无量功德。

【译文】

　　一个有学问、有节操的人，虽然贫穷无法用物质去接济他人，但当碰到他人为某件事执迷不悟时，能去指点他、提醒他，使他领悟；在别人危急困难时，能为他说几句公道的话，说几句安慰的话，使他摆脱困境，这也算是无限的大功德。

【精读解析】

　　生活就好像爬山。如果在前面的人能够经常回头来跟后面的人开一句玩笑，或者招招手，说一些鼓励的话，对后面的人会有很大的帮助。生活里的每一个人都是爬山的人，应该相互帮助和鼓励。

　　汉代有个县令叫陈实，就因为一句话解救了他人并使之走上正道。

　　汉太丘县令陈实，早年在家乡时就以公正而闻名。当地的百姓凡有争执纠纷的，都请他出面判定，他总是能清楚公道，说明是非曲直，被判双方都很满意，有的甚至感叹说："宁可遭受肉体处罚，也不要被陈先生说声不是。"

　　当时经常发生饥荒，老百姓都很穷，有个小偷夜间潜入陈实的卧室，躲在房梁上准备等他睡

人的一生怎么会一路呢？

在别人惶惑和痴迷中给予一个忠告，也就是莫大的恩惠。或许因为你这句警语，能转变他的命运，把他从困境中解脱出来，让他身心愉悦，这也是积德之举。

着了行窃。陈实发现了，没有大喊"捉贼"，而是起身整了整自己的衣服，将儿孙们召进房门，严肃地教导说："人不能不知道自勉。那些后来表现不好的人，未必一生下来就坏，只是因为沾染了坏习惯，才达到这种地步，梁上的那位君子大概就是这样。"

　　小偷一听大吃一惊，连忙跳下地来，向他叩头请罪。陈实慢慢地开导他说："看你的模样，不像坏人，应该好好地克服自己的恶习，重新做人。你干这种见不得人的事，只怕是因为贫穷所迫吧。"随即，陈实吩咐家人送给他二匹绢，让他回去自力更生。

　　此事很快就传遍全县，全县的盗窃案从此销声匿迹。

　　陈实讲这些话时，不是严厉的呵斥，也不是讲什么仁义道德的大道理，而是合乎情理，娓娓道来，晓之以理，动之以情，令小偷改过自新。

　　宋代文士袁采说过："圣贤犹不能无过，况人非圣贤，安得每事尽善？"人不可避免地会出现或大或小的错误。同时，人生不如意十之八九，即使是一个十分幸运的人，在他的一生中也会有一个或几个时期处于十分艰难的情况，总能一帆风顺的时候几乎没有。既然如此，我们就要懂得向处于迷途与困境中的人伸出援助之手，给他以精神上的鼓励，让他产生改正错误、战胜一切困难的信心。

　　一个人的才能和力量总是有限的，很多时候我们都需要别人的帮助。每个人都有可能遇到生活上的不同考验，在别人经历风雨的时候，及时地给予一些安慰和鼓励，那么，有一天当我们自己也陷入困境中时，我们也会得到这样的安慰和鼓励。

对于一个处在困境中的人给予物质上的资助无疑是雪中送炭，然而这种资助只能解决一时的问题。如果能去指点他，提醒他，使他燃起生活的希望，在迷茫中找到前进的方向，将是功德无量的事情。

汉太丘县令陈实以公正闻名。在任时，他主持公道，断案有方，一时传为美谈。

起来吧。你应该很好地克服自己的恶习，重新做人。

一次有个小偷潜入陈实家行窃，陈实发现后非但没有将其捉拿，而是对他加以教导，还资助他让他去自力更生，这样的做法正是"警言救人，无量功德"的最好注脚。

❀◎着眼内在　鸣其天机◎❀

【原文】

人情听莺啼则喜，闻蛙鸣则厌，见花则思培之，遇草则欲去之，俱是以形气用事。若以性天视之，何者非自鸣其天机，非自畅其生意也？

【译文】

一般人总是听到黄莺啼叫就高兴，听到蛙鸣就厌恶，看见花木就愿意栽培它，看见野草就想拔掉，这都是根据对象的外形来决定好恶。如果以自然的本性来看待，哪一类动物不是随其天性而鸣叫，哪一种草木不是在畅显自己的生机呢？

【精读解析】

一对夫妇的一个朋友从国外回来，给他们带了一篮价格昂贵的苹果。夫妻俩觉得很新鲜，把苹果放在果盘里摆着，一直舍不得吃。后来妻子认为这样好的苹果，放在一个普通的果盘里，显

如果以自然本性来看待，万物都是一样的，并没有高低好坏之分。

一般人总是听到悦耳的声音就高兴，听到嘈杂的声音就厌恶，看见花木就愿意去栽培它，看见野草就想拔掉它，这都是以貌取物的表现。所以，人们对待事物的时候不要只看外表，应该着眼于其内在的价值，对待人也是一样，不可以貌取人。

得那么不协调，于是他们狠狠心买了价值不菲的水晶果盘，觉得这样才配得上这些色泽艳丽的苹果。

可过了一段时间后，他们又发现放置果盘的茶几太旧了，实在不配，于是又买了一个新茶几。既然买了新茶几，肯定也要买配套的沙发，不久，沙发也搬回家了。

但更糟糕的事情发生了，贵重的果盘、新式的茶几、流行的沙发和其他家具是那样地格格不入，于是他们狠狠心，把家里的家具全换了一遍。家具换完了，这下是房子了，这房子还是这对夫妇刚工作的时候单位分的旧房，也有十几年的历史了。他们最后下定决心，要换就换彻底。他们把旧房子卖了，又向朋友东借西凑，好不容易买了一栋小商品房。

当二人坐在新家里，再次款待那位朋友时，女主人让朋友给她的新家提点意见，朋友笑了笑，指着空空如也的水晶果盘说，里面放上些苹果不是更好吗？夫妻二人忽然发现他们已很久很久没有吃苹果了。

不管是多么漂亮的苹果也仅仅是一种水果而已，它的用途只是供人们食用而不是炫耀。故事中的这对夫妇盲目追求外在的华丽，而忘记了事物的价值和用途是根植于它们的内在，结果白白给自己添了那么多的麻烦。人们在生活中应该相信，人生本来是什么就是什么，生活原本应该怎样就怎样，用富裕的外表掩盖贫穷的本质，无论生活或人生，都将以痛苦终结。

以貌取人是人的通病。孔子弟子三千，在对待弟子的问题上，孔子也难免以言取人、以貌取人。

孔子的弟子中有一个叫宰予的，伶牙俐齿，能说会道，孔子很喜欢他，后来孔子发现他既没有高尚的德行，做学问也不勤奋，大好时间都用来睡懒觉，不禁喟叹"朽木不可雕也"。而孔子的另一个弟子，子羽，相貌丑陋，孔子以貌取人，认为他不会成才。但是，子羽为人光明磊落，不趋炎附势，为学也勤奋努力，后来仰慕他的弟子达到了三百人，他的贤名天下皆知。

孔子知道以后后悔地说："我只凭言辞判断人，结果看错了宰予，我只凭相貌判断人，结果误会了子羽。"

圣人尚且会以貌取人，以言取人，对于普通人来说就更是如此。以貌取人的做法是很可笑的，容颜是父母给的，谁也改变不了，而个人的气质和修养却是后天形成的，对于一个人来说，这才是属于他自己的本质的东西，以貌取人岂不是舍本逐末吗？

人与人交往，特别是初次交往，第一印象很重要，但是这第一眼往往从形象开始，因此人们常常习惯以貌取人。其实，以貌取人有其偏颇，甚至会因此错过品德高尚之人，或者遇人不淑。我们在交友的过程中，切忌以貌取人，而是要看到他内在的品质。

◎趋炎附势　人情通患◎

【原文】

饥则附，饱则扬，燠则趋，寒则弃，人情通患也。

【译文】

饥饿潦倒时就去投靠人家，富裕饱足时就远走高飞，看到富贵人家就去巴结，当人家衰败贫穷时就掉头而去，这是一般人都会有的通病。

【精读解析】

人生在世，变幻莫测，谁也不知道自己的将来会遇到什么人、什么事。当世道艰难的时候，也许人们迫不得已，但是有些人或许本来就是墙头草，他们永远见风使舵。在你春风得意的时候，为你喝彩，不惜牺牲自己的尊严；在你遭遇挫败的时候，他们跟着落井下石，转眼就成陌生人。古今中外出现过不少这样的小人。

晋国大夫文子曾遇到过投奔谁的难题。文子流亡在外，经过一个县城。随从说："此县有一个啬夫，是你过去的朋友，何不在他的舍下休息片刻，顺便等待后面的车辆呢?"文子说："我曾喜欢音乐，此人给我送来鸣琴;我爱好佩玉，此人给我送来玉环。他这样迎合我的爱好，无非是为了得到我对他的好感。我恐怕他也会出卖我以求得别人的好感。"于是他没有停留，匆匆离去。结果，那个人果然扣留了文子后面的两车人马，把他们献给了国君。

陛下是最英明的君王啊。

看到富贵人家就去巴结，是一般人都会有的通病。人生在世，变幻莫测，谁也不知道自己的将来会遇到什么人、什么事。当世道艰难的时候，也许人们迫不得已，但是有些人或许本来就是墙头草，他们永远见风使舵。在你春风得意的时候，为你喝彩;在你遭遇挫败的时候，他们跟着落井下石，转眼就成陌生人。古今中外出现过不少这样的小人。

文子的这位朋友平日里喜欢揣测文子的喜好而讨好文子。小人随时变色，君子才是真朋友。在文子看来，这位朋友称不上真正的朋友，只是趋炎附势的小人而已。最终事实也证实了这一点。

小人最擅长的是阿谀奉承，他们这样做的最终目的是从那些喜欢被奉承的人身上得到回报，一旦他们取得了那些人的信任或仰仗，就会很快使自己的羽翼丰满起来，到那时，他们真实的嘴脸就会暴露出来，说不定还会反咬一口。所以，一定要留意自己身边一味顺着自己的意志说话做事的人，因为那很可能就是一个势利小人。也切不可因为他说的做的都是自己喜欢的就重视他、依赖他，那样做无异于养虎为患。

蔺相如曾是赵国宦官缪贤的一名舍人。缪贤曾因犯法获罪，打算逃往燕国躲避。蔺相如问他："您为什么选择燕国呢?"缪贤说："我曾跟随大王在边境与燕王相会，燕王曾私下握着我的手，表示愿意和我结为朋友。我想，如果我去投奔燕王，他一定会接纳我的。"蔺相如劝阻说："我看未必啊。赵国比燕国强大，您当时又是赵王的红人，所以燕王才愿意和您结交。如今您在赵国伏罪，逃往燕国是为了躲避处罚，燕国惧怕赵国，势必不敢收留您，他甚至会把您抓起来送回赵国的。您不如向赵王负荆请罪，也许有幸获免。"缪贤觉得有理，就照蔺相如所说的办，向赵王请罪，果然得到了赵王的赦免。

缪贤以为燕王是真的想和自己交朋友，他显然没有考虑自己背后的一些隐性因素，比如自己当时的地位、对燕王的可利用性等。可是现在他成了赵国的罪人，地位已经变了，交朋友的价值也就失去了，他贸然到燕国去，当然很危险。

趋炎附势，同欺贫爱富、喜新厌旧一样，都是人性的弱点。大千世界，鱼龙混杂，不管你是否愿意面对，都不可避免地要与这样的小人打交道。当我们风头正劲的时候不骄傲，当我们走在人生的低谷时也不必因此愤世嫉俗或唉声叹气，能够拥有这样豁达的心态，便是提防身边小人最好的办法。

蔺相如劝缪贤不要去燕国，因为燕国会讨好赵国，去燕国会很危险的。

◎宽之自明　纵之自化◎

【原文】

事有急之不白者，宽之或自明，毋躁急以速其忿；人有操之不从者，纵之或自化，毋躁切以益其顽。

【译文】

有些事情在很短的时间内想弄明白很困难，宽限一些时间也许自然就会明白，不要急躁以免增加紧张的气氛；有的人想指导他却不听从，如果放松约束也许他会自然受到感化，不要急切地去约束他以免增加他的抵触情绪。

【精读解析】

明朝李清的著作《三垣笔记》中记载了一件事：

崇祯有一天在宫里无意中听到自己最宠爱的田贵妃在独自抚琴，心中十分怀疑，便询问贵妃的琴艺师从何处，贵妃说是母亲自幼教授的。第二天，崇祯立马将贵妃的母亲召入宫中，田母与贵妃对弹，崇祯才释然作罢。崇祯对于自己的后宫宠妃尚且如此猜忌，对于手下的朝廷重臣、封疆大吏便可想而知了。

切勿做事操之过急啊！

真正有智慧的人，是光明磊落的，即使有所疑虑，真是到了迫不及待的时刻也绝不过分焦虑，而是放松自己，努力缓解氛围，给下属一个宽松的环境，以此调动积极性，助成大事。

他在位17年中，频繁更迭阁部臣僚，多次诛杀督抚大吏，"崇祯五十相"说的便是崇祯用人多疑，举措乖张，有恩不欲归下，有过全盘推脱。

袁崇焕一案更是崇祯自毁长城。崇祯三年，镇守边关的辽东巡抚袁崇焕被以"谋叛"大罪论死，随着刑场上的千刀万剐，大明江山也随即支离破碎。"自崇焕死，边事益无人，明亡征决矣。"

崇祯在乎人才，可是却不懂得真正地用人。一个领袖最不应该多疑、偏执，这样势必增加紧张的气氛，最终使得队伍涣散。

唐代大文学家韩愈说，古代的资能之人，要求自己严格而全面，对待别人则宽容而简约。对己

崇祯在位期间，频繁更迭臣僚，因为猜疑诛杀很多督抚大吏，其中总督有7人，巡抚有11人。内阁重臣更频繁替换，先后用了近五十人。

崇祯的多疑与偏执使得他对于朝臣的态度复杂多变。对身担重责的大臣，崇祯通常是先寄予厚望，而一旦令其失望之后，又一变而为切齿愤恨，必杀之而后快。

严格而全面，所以才不怠懈懒散；对别人宽容而简约，所以别人乐于为善，乐于进取。

春秋时五霸之一齐桓公曾说过这样的话：金属过于刚硬，就容易脆折，皮革过于刚硬则容易断裂。为人主的过于刚硬则会导致国家灭亡，为人臣过于刚强则会没有朋友，过于强硬就不容易和谐，不和谐就不能用人，人亦不为其所用。对待别人太苛刻的人，只能落得个孤家寡人，众叛亲离。

遇到困难的时候，不妨放松自己的心情，去浮戒躁，多给自己一些时间，如此，问题反而能迎刃而解。有的人想指导他却不听从，如果放松约束也许他会自然受到感化。

○守口应密　防意应严○

【原文】

口乃心之门，守口不密，泄尽真机；意乃心之足，防意不严，走尽邪蹊。

【译文】

口是心的大门，如果不能管好自己的口，那么就会泄露很多机密；意是心的双足，如果防范得不够严谨，那么就会走上邪路。

【精读解析】

口是心的大门，很多时候，我们想到什么就脱口而出，并没有经过调查和思考。这样不负责任的言谈一旦出口就会为自己埋下很多隐患。

守口如瓶，保持沉默，不妄言，不乱语，才能够取得别人的信任。与人和谐相处，才能远离祸患，顺利地走向成功。

提起"刘罗锅"——刘墉，人们脑海里立刻出现了一个聪明机智、正直勇敢、不失几分幽默的人物形象。他凭着自己的正直和聪明周旋于危机重重的封建官场，左右逢源，游刃有余。但很少有人知道，刘墉也曾遭遇过重大转折，受到乾隆皇帝的申斥，本该获授的大学士一职也旁落他人。究其原因，不过是刘墉守口不密，说话不周，酿成了祸患。

一次，乾隆谈到一位老臣去留的问题，说若老臣要求退休回籍，乾隆也不忍心不答应。刘墉便将这话泄露给了老臣，而老臣真的面圣请辞。乾隆大为恼火，认为这是刘墉觊觎补授大学士的明证，是"谋官"的明证，因而训斥一通，将大学士一职改授他人。

还是不说为妙……

嘴巴好比是心的大门，如果不能守口如瓶，必然会泄露心中的秘密；意志好比是心的腿脚，如果意志不坚定，就有可能走上邪路。言语谨慎对一个人立身处世具有深刻的意义，花开得太盛易衰败，不恰当的话说得太多则会招致祸患。

古代圣贤时常强调对自己的言谈要格外谨慎，你可要记得啊！

常言道："祸从口出。"我们所说的每一句话，都会对自己和他人造成影响。孔子曾经说："朋友数，斯疏矣；事君数，斯辱矣。"意思就是说，要是对于朋友，劝说的话说多了，朋友间就会疏远；要是对于君王，劝说的话说多了，就会遭受耻辱。所以一定要管好自己的嘴啊！

武则天《臣轨·慎密》中有言：嘴巴好比一道关卡，舌头好比射箭的弩机。刘墉由于说话不慎，而将到手的大学士丢了，就是最好的明证。因言语不慎而丢官尚且可以补救，因此而遭杀身之祸就悔之莫及了。

清朝的载湉即位时年仅四岁，由两宫皇太后垂帘听政。慈禧常单独召见廷臣，有事不与慈安太后商量，慈安太后颇为不平。

1881年初，慈禧忽然得了重病，征集中外名医治疗都没有效果。后来用产后疏导补养的药治疗，竟"奏效如神"。于是慈安太后知道慈禧失德不检，便以庆贺慈禧康复为名，在钟粹宫摆下酒席，和慈禧共饮。酒过三巡，慈安太后让左右的人下去，谈起咸丰晚年的事，说二十多年来两宫相处还算好，有一件事早想和妹妹说了，请妹妹看一件东西。原来是咸丰帝临终写给慈安太后的手谕，大意说若此后那拉氏不安分，可出示此诏命大臣把她除掉。慈禧听后脸色大变。

慈安太后完全出于好心告知慈禧此事，想借此遗诏规劝慈禧今后处处须检点。慈禧表面感激涕零，暗中心怀鬼胎。

说话应当三缄其口，不可说的话一定要守口如瓶，即使是可以说的话也应该按需要的程度，能省则省。慈安太后的祸患就是由她不察人心，守口不密所致。

人心复杂，难以捉摸，话说得得体，于人于己都有利；反之，口不择言，只会遭人记恨，给自己带来灾祸。很多不喜多言之人，他内心并不是糊涂得无话可说，而是他明白言多必失的道理。

此纸已无用，焚之大佳。

皇上说了，若此后那拉氏不安分，可出示此诏命大臣把她除掉。

慈安太后知道慈禧失德不检，召慈禧，出示咸丰帝临终授权可依法除掉慈禧的手谕，规劝慈禧。为了不使慈禧猜忌，当场烧了手谕，不久，慈安太后患感冒，当晚就死了，传说是被慈禧所毒死的。

◎细处着眼　施不求报◎

【原文】

谨德须谨于至微之事，施恩务施于不报之人。

【译文】

谨守品德应该注意到最细微的地方，恩惠应该施予那些根本无法回报你的人。

【精读解析】

岁月就像一把刻刀，刀柄就在自己手中，想要雕琢出怎样的生活，刻画出怎样的人生之路，要看一个人如何在生命之中行走。与整个人生相比，每个人都是彼此生命中的过客。虽然彼此不能相伴终生，但每个人都可以成为他人心灵的导师、相交的挚友、灵魂的依靠。所以，在和他人的交往中，应该谨言慎行，与人为善。

《菜根谭》反复强调与人为善，施恩不图报，

施恩予人不图回报方为君子风范。

在和他人的交往中，应该谨言慎行，与人为善。给予别人恩惠，不用指望得到报答。同时，施恩于人，感化于人，还应在细枝末节当中，这才算真正健全的人格。哪怕一个笑容，有时候也可以点亮彼此的心烛，照耀人生之路，从此光彩丛生。

予人不追悔。

在一个小镇上，有一个出名的地痞，整日游手好闲，酗酒闹事，人们见到他唯恐避而不及。

一天，他醉酒后失手打伤了前来上门讨债的债主，被捕入狱。入狱后的地痞幡然悔悟，对以往的言行感到十分懊悔。

从牢狱中出来后，他回到小镇上决定重新做人。但是却遭到了镇上人的拒绝与鄙夷。找不到工作的他食不果腹，只好来到亲朋好友家借钱，同样遭到冷漠置疑的眼光，那心中刚刚点燃的希望之光也逐渐开始黯淡。这时，他一位少年时代的朋友听说了，就拿一些银两送给他，并微笑着说："我没有太多钱，这是我所能帮助你的，你也不要泄气，要好好做人。"他接过银两，平静地道谢，第二天便消失在镇口的小路上。

数年后，他成了一个腰缠万贯的富人。回到家乡后，不仅还清了亲朋好友的旧账，还娶了一个漂亮的妻子。他来到了那位曾经帮助过他的朋友家，恭恭敬敬地送上珍贵的礼物，然后，流着泪说道："谢谢你！当初如果不是你的那份信任，还有你那鼓励的笑容，我想我早就失去了重新站起来的勇气。"

这个人由于朋友举手之劳的帮助就改变了一生的命运。所以，不要低估了一句话、一个微笑的作用，它很可能成为开启幸福之门的一把钥匙，成为走上柳暗花明之境的一盏明灯。因为它不知不觉间，就已经将善意的种子种在了他人的心田上。

我们每个人都需要有关爱，给自己、给家人、给朋友、给素不相识的陌生人，由此而产生了亲情、友情与爱情。当关爱的花在心灵深处绽放的时候，世间的一切烦恼与纷争、困惑与误解都会化为一缕清风飘然而去，留下的只有那一份脉脉的温情。

有时候，关爱就好像一滴水，虽然很微不足道，却在不经意间渗透进深处。生活当中的奇迹，往往就发生在这些不经意的言行之中，一句温暖的话，一只扶持的手，一个引导的箭头……每一次醉人的回眸，深情的拥抱，哪怕是陌生人一个善意的微笑，都是一种给予，都能让人体会到爱心与真诚，也是一个人真正道德修养的体现。

◎做事论事　明晓利害◎

【原文】

议事者，身在事外，宜悉利害之情；任事者，身居事中，当忘利害之虑。

【译文】

议论事情的人，自己置于事情之外，应该尽量了解事情的全部是非曲直；做事的人，自己处于事情之中，应当完全抛弃个人的利害得失。

【精读解析】

旁观者清，当局者迷。当沉迷于某一件事，躬亲入局，全身心投入之时，常常又难以看清楚事情的是非曲直，因此而犯大错误。所以，在说任何话、做任何事情之前，首先要把自己置身于事外，抛却个人的利害得失，这样才能看得清楚，分得明晰。

春秋时期，晋国国君动用大批人力物力，准备修建两座九层高台以供享乐之用。因工程浩大，

> 谈论事情不要先入为主，要不太主观也替做事的人想想。

> 做事的人也要抛弃个人得失的杂念。

在说话、做事情之前，只有把自己置身于事外，抛却个人的利害得失。

三年都不能竣工，劳民伤财，民怨沸腾。晋国国君为堵住众臣的进谏，竟然下诏令说：任何人不得异议，否则杀头。

有个叫荀息的官吏很不满，上书求见。晋国国君张弓搭箭专等荀息到来，只要荀息一开口提这事，就打算射死他。谁知荀息见了晋国国君，并没有提及此事，而是很轻松地说："我哪里敢给大王提什么意见，只想表演个小马戏。我能把十二个棋子堆起来，在上面还能摆九个鸡蛋，不知大王您相信不相信？"晋国国君听了很觉新奇，便让荀息表演给他看。荀息堆起十二个棋子，然后一个一个地往上放鸡蛋。旁边的人担心鸡蛋会掉下来摔碎，都紧张地屏住呼吸。晋国国君也十分紧张，连喊："危险！危险！"荀息说："这算什么危险？还有比这更危险的呢！"晋国国君问："什么比这更危险呢？"

荀息趁机对晋国国君说："九层的高台三年尚未竣工，老百姓都去筑台，国内已没男人耕田，没女人织布了。国库空虚，百姓困乏，邻国就会抓住机会进犯我们。国家眼看就要灭亡了，大王您不感到危险吗？"听了这一番话，晋国国君终于有所感悟，于是下令停止建台。

荀息摆蛋谏晋国国君，在于他置身于事外，看得清事情的是非曲直。而沉浸在荒淫中的晋国国君却完全不知晓，一心只顾自己的享乐。经荀息一点拨，如当头棒喝，终于警醒。

做事情，只有亲自参与其中，并且忘却个人的利害，了解实际的情况，才有发言的资格。同时，要拥有一颗明辨是非利害之心，才能爱憎分明；有衡量判断，才能不为外界所惑；分明对错善恶，才知荣辱廉耻，才不会在纷繁复杂的世间丧失基本的为人之道。

晋国国君为堵住众臣的进谏，于是下诏令说：谁敢进谏我修高台这件事，全部杀无赦！

一个人，特别是为公家做事的人，面临选择一定不要计较个人的利害得失，但办事也要讲方法，且看荀息巧妙的劝谏。

春秋时期，晋灵公贪图安逸，讲究享乐，动用大批人力物力修建九层琼台以供享乐。

荀息对此不满，上书求见。晋国国君下令，只要荀息一开口提这事，就射死他。

荀息堆起十二个棋子，然后一个一个地往上放鸡蛋。旁边的人担心鸡蛋会掉下来摔碎，都紧张地屏住呼吸。晋国国君也十分紧张，连喊："危险！危险！"

荀息说，建台比这更危险，晋国国君终于有所感悟，于是下令停止建台。

荀息见了晋国国君，并没有说劝谏的话，而是说要表演个小马戏。把十二个棋子堆起来，在上面再摆九个鸡蛋。晋国国君很觉新奇。

❀○谦逊低调 立身之珍○❀

【原文】

标节义者，必以节义受谤；榜道学者，常因道学招尤。故君子不近恶事，亦不立善名，只浑然和气，才是居身之珍。

【译文】

标榜节义的人，必然会因为节义受到人家的毁谤；标榜道德学问的人，常会因为道德学问遭到人家的指责。所以一个有德行的君子，既不做坏事，也不去争得美名，只有做到纯朴敦厚，保持和气，才是立身处世中最珍贵的东西。

【精读解析】

自古以来，谦虚就是人性中的一种美德。"月盈则亏，水满则溢"，这是自然界的道理；"谦受益，满招损"，这是人世间的常情。

谦逊待人，谨慎待物，这样做人才高明。

才高招妒，德高招谤，高明的人，既要努力提高自己的学养和修为，又要随和豁达，谦逊待人。曹魏时有个叫王昶的刺史就要求自己的儿子要谦逊和气以保自己的平安。

魏青龙五年（公元237年）一月，魏明帝下诏，要求每位公卿都向朝廷举荐一位德才兼备的人。司马懿推荐的人才是兖州刺史王昶。

真正的伟人不与人争功，不觉得自己了不起，他们常常以极其谦逊的姿态面对人生、面对自我，他们能够在别人的赞扬声中寻找自身的不足，从而不断进步。很多成功的人，他们越有成就越谦和。他们谦卑之时，也就是他们最高贵之时。

王昶平日为人谨慎、宽厚，他教导他的后辈时常说："成长快的生物，往往死得也快，而成长慢的生物往往衰亡得也相应比较慢。比如某些草，早晨开花常常在晚上就凋零了。而松柏虽然生长缓慢，但即使在严冬也能保持经久不凋。因此，办事情不要急于求成。如果做事时能把退缩当成前进，谦让当作获利，软弱当作刚强，那他就很少会失败。如果有人批评你，应该先反省自己的行为是不是真的有过失。如果有，证明人家说得对；若没有，

魏青龙五年（公元237年），司马懿向朝廷举荐德才兼备的兖州刺史王昶。

王昶教导后辈，做人不要恃才傲物，做事不要意气用事。

也只是证明人家说得不对而已。人家说对了，自然应该虚心接受，人家说得不对，对你也没有什么坏处，你有什么值得抱怨的？"

王昶的言外之意就是，意气用事、恃才傲物的做法往往能给自己招致祸害。

作家老舍说："一个真正认识自己的人，没法不谦虚，谦虚使人的心缩小，像个小石卵，虽小却极结实，结实才真实。"

虚心，能使一个人保持冷静的头脑和敏锐的思维，最大限度地了解困难和不利条件；虚心，能使一个人具有涵养，吸取别人的优点，最大限度地掌握它山之石；虚心，能使我们积累丰富的知识，保持不断进取的精神。如果不懂得谦和待人，就无法赢得别人的尊重，结果只能是"高处不胜寒"。任何妄自尊大的人因瞧不起别人，自然也就不被人所尊重。

懂得低调处世，谦逊和气，就能获得一片广阔的天地，成就一份完美的事业，更重要的是，能赢得一个丰富的人生。

◎以诚待人　以德服人◎

【原文】

遇欺诈之人，以诚心感动之；遇暴戾之人，以和气熏蒸之；遇倾邪私曲之人，以名义气节激励之。天下无不入我陶冶中矣。

【译文】

遇到狡诈不诚实的人，用真诚的态度去感动他；遇到粗暴乖戾的人，用平和的态度去感染他；遇到行为不正自私自利的人，用道义名节去激励他。那么天下就没有人不受我的感化了。

【精读解析】

著名翻译家傅雷说过这样的话："一个人只要真诚，总能打动人，即使人家一时不了解，日后便会了解的。我一生做事，总是第一坦白，第二坦白，第三还是坦白，绕圈子、躲躲闪闪，反易叫人疑心。你要手段，倒不如光明正大，实话实说，只要态度诚恳、谦卑恭敬，无论如何人家不会对你怎么样的。"

真诚才感人，让我们扫去一切阴霾和忧愁，绽放出灿烂的笑容。

用以诚待人、以德服人的态度来面对大千的世界，在千变万化中以不变应万变。即使是冥顽不化的人，也能够被感化。

所谓"精诚所至，金石为开"。烈火熔金，也能感化顽石，在人生的角斗场上，高尚的节操和真诚的心意，能感动许多人。

晚清重臣曾国藩麾下有个叫塔奇布的将领。塔奇布本人并不善于打仗，却是个实诚之人，朴实而有士气，符合曾国藩选人之标准。

曾国藩给咸丰皇帝上折子保举塔奇布，想要对他破格提拔，还表明如果此人有临阵脱逃之举，甘愿与之一同受罚。曾国藩这样做，一方面因为清廷对汉人力量的强大依然心有疑惧，而塔奇布正是满人，咸丰帝见他保举满人，当然十分乐意；一方面，塔奇布是实在人，会对他心怀感恩，在日后的作战中更加努力。

塔奇布在此后的作战中，打了不少胜仗，屡次救了曾国藩的性命。九江之战中，塔奇布英勇善战，城却屡攻不破，而部下的伤亡日渐增多。曾国藩与他相见后两人都哽咽难言，塔奇布发誓说，

曾国藩的识人术和用人法后人所学者颇多。殊不知用人的基础是以诚相待、以德服人。倘若把智慧当成是玩弄权术，用人不以诚信为准则，最终难免害人害己，结局惨淡。让我们看看曾国藩是如何对待部下和使用部下的

曾国藩手下有个叫塔奇布的将领。塔奇布不善于打仗，但是个实在人。

曾国藩保举塔奇布，一方面是为了让朝廷对他放心，一方面，塔奇布如果见曾国藩看重自己，自然心怀感恩，对他感激不已。

曾国藩待人以诚

奇布在此后的作战中，屡次救了曾国藩的性命。

九江之战中，塔奇布英勇善战，成为曾国藩的副手。曾国藩的诚恳之心，换来塔奇布的忠心耿耿。

定要攻下九江雪耻！只可惜下令攻城后，他咯血死于军营之中，年仅三十九岁。塔奇布忠勇至此，一是出于建功立业之抱负，二来就是有感于曾国藩的信任和重用。

听闻噩耗后，曾国藩悲痛欲绝，亲自赶到他的军营中为他治丧，并且写了一副挽联：大勇却慈祥，论古略同曹武惠；至诚相许与，有章曾荐郭汾阳。

"待人以诚"为曾国藩在军队里与士兵建立了相互信任的关系，不仅减少了很多内部摩擦，也增强了军队的作战力。

真诚，乃为人的根本。只有"诚"才能动人，同时也能得到他人富有诚意的回馈。

○通权达变　善于倾听○

【原文】

纵欲之病可医，而势理之病难医；事物之障可除，而义理之障难除。

【译文】

放纵欲念的毛病还可以医治，而事理上顽固不化却难以纠正；一般事物的障碍还能够排除，但

是义理方面的障碍却难以化解。

【精读解析】

世界上有智者也有愚者，他们的差别，有时不在于学问的多少，而在于能否通权达变。放纵自己的欲念虽然有害身心，如果听得进劝导，尚可以补救；但是，如果为人固执，又没有一颗善于倾听的心，那他的处境就十分危险了。在交友的过程中，应该明晓通权达变的重要性，做善于听取良言的智者，而不是刚愎自用的愚人。

历史上有作为的君王，一般都有善于听取臣子意见的优秀品质。具体到齐国的历史，如果说齐桓公以任用贤才而著名，那么齐威王则以善于纳谏而著称。他们都是一代明君，齐国在他们的治理下成为称霸一方的强国。

在事理上顽固不化是难以纠正的；在义理方面的障碍是难以化解的。

人不怕犯错误，最怕的是不明事理，是非不分。一个人如果能够虚心听取劝导和意见，遇事能够随机应变，就掌握了生活的智慧。

据说齐威王即位后的前九年，根本不理国家大事，当时，齐国有个大臣叫淳于髡，他对齐威王说："我们国家有一只大鸟，三年不飞也不鸣。大王，你知道是什么道理吗？"齐威王立刻意识到淳于髡是在用大鸟比喻自己，说他待在宫廷里，百事不管，毫无作为。于是回答说："此鸟不飞则已，一飞冲天，不鸣则已，一鸣惊人。"齐威王从此就开始振作起来。淳于髡还劝齐威王不要通夜喝酒，并以自己亲身体会说明："酒极则乱，乐极则悲。"齐威王就改掉了通夜喝酒的毛病。

正如齐威王自己所说，他"不鸣则已，一鸣惊人"，振作以后的齐威王，继承了齐桓公的霸业，使齐国走向中兴。

以善于纳谏著称的君王，不仅有齐威王，还有"以人为镜"的唐太宗，他与魏徵之间的佳话流传至今。喜欢倾听、善于纳谏者如齐威王、唐太宗，整个国家因此而强盛。由此看来，善于倾听对于身处高位，

齐威王一鸣惊人的故事也是善于纳谏的好代表

此鸟不飞则已，一飞冲天，不鸣则已，一鸣惊人。

有只大鸟已经不飞不鸣三年了……

齐威王即位后，终日不理国家大事，一切政事全由卿大夫掌管。在这九年中，齐国出现了"诸侯并伐，国人不治"的局面，而齐威王仍然没有什么改变。

满朝文武面对威王的状况都束手无策，这时候，以能言善辩著称的大臣淳于髡对威王进行了一番讽谏。齐威王不愧为一位贤明的君主，他听进了淳于髡的劝告，决定从此振作起来。

齐威王使齐国走上了中兴之路，他所以能成功，有一个重要因素就是善于纳谏。

齐威王的故事告诉我们，犯错误甚至迷失自我并不可怕，只要能够听从劝告，正视缺失就好。

掌控大局的人来说是尤为重要的。有时候，仅仅是一念之差就可能带来让人追悔不及的祸患。

善于倾听不仅是治国安邦者必备的素质，也是我们普通人应该拥有的智慧。善于倾听是一种通权达变的成熟，在人际交往中人们都需要有一颗善于倾听的心灵。因为，只有这样，我们才既可以深入地了解身边的朋友，也可以帮助我们改正自身的缺点和不足。

○气量宽厚　兼容并包○

【原文】

持身不可太皎洁，一切污辱垢秽，要茹纳得；与人不可太分明，一切善恶贤愚，要包容得。

【译文】

立身处世不能太过清高，对于污浊、屈辱、丑恶的东西要能够接受；与人相处不能太过计较，对于善良的、邪恶的、智慧的、愚蠢的人都要能够理解包容。

【精读解析】

《论语》说："君子之道，忠恕而已。"宋代著名理学家程颐也说："忍所不能忍，容所不能容，惟识量过人者能之。"实际上，两者都在强调包容在为人处世中的重要作用。

做人要学会如何在污浊的社会中生存，学会以退为进，这是立身处世的法宝。

包容是一种胸怀，能包容的人在利益面前、在得失面前是以大局为重不斤斤计较；处处让字当头，凡事以和为贵；能虚心听取别人的意见和批评，甚至对一些言辞激烈的攻击也能理智对待，择其善者而从之；心态平和、宽容大度、淡然从容。包容的人能得到别人的尊重和帮助，从而更易成就大事。

战国时期，齐相靖郭君很善于辨别人才。当时他门下有一门客叫齐貌辨。此人表面上看似毛病很多，其他门客也都不喜欢他，唯独靖郭君对他格外尊敬。门客士尉为此请靖郭君赶走这个无用的人，但靖郭君不听。孟尝君私下也劝说过靖郭君别为这件事得罪大多数人，靖郭君大怒说："即使把你们都杀死，把我的家拆得四分五裂，只要能让齐貌辨先生高兴，我也在所不惜！"

齐威王死后，齐宣王继位。他很不喜欢靖郭君的处世方式，靖郭君被迫辞官，回到封地薛处仍跟齐貌辨在一起，没多久，齐貌辨就向靖郭君辞行，请求让他去拜见宣王。靖郭君说："大王极不喜欢我，您去必定是自投死路。"齐貌辨说："为了报答您的厚恩，我本来就不是去求活命的。我一定要去！"靖郭君劝不住他，只好同意他去见齐宣王。

齐宣王听说他要来，非常生气地等着亲自处罚他。齐貌辨拜见宣王，齐宣王说："你就是靖郭君言听计从，甚至为了你而丢了官的那个人吧？"齐貌辨回答说："喜爱是有，言听计从则根本谈不上。有两件事说给您听听，第一件事是，当初大王是太子的时候，我曾私下里劝靖郭君说：'太子耳后见腮，下斜偷视，恐非善貌，一旦掌权就会悖理行事，不如趁现在废掉太子免除后患。'靖郭君流着泪说：'不行。我哪忍心这样对待太子？'如果靖郭君当初听从我的话并这样做了，一定不会有今天的结局。第二件事是，靖郭君回到封地之后，没过多久楚相昭阳就来请求用大于薛地几倍的地方交换薛城。我对他说：'这件事的确很划算，应该答应他。'靖郭君不同意，坚定地表示：'我从先王那里蒙受恩惠，继承了薛地，现在虽在后王那里失去宠信，但我忠于先王的心永远不会改变，我如果将薛地换给别人，怎么对得起先王呢？'这两件事就足以看出靖郭君对您的忠心。"

齐宣王听后长叹，非常感动地说："靖郭君对我忠心竟到如此地步，都怪我年幼无知。务必请您替我把靖郭君请来！"齐貌辨回答说："好！"于是，靖郭君又重新回到了国都。齐宣王亲自来到郊外，流着眼泪迎接靖郭君，并请他出任齐国宰相。

靖郭君后来的化险为夷，跟他的宏大气量、包容的胸怀密不可分。如果当初他气量狭小，容不下齐貌辨这样的奇士，也就不会有后来的齐貌辨为他冒死进谏，更不会有他的宰相之位。不给别人留立锥之地，便是不给自己留下余地，包容他人也是悦纳自己。

有人说，包容是一门精湛的艺术。确实，只有真正尝试去以包容之心待人，以包容之心处事，方能了解个中真味。有包容的气量、坦荡的心胸，方能有他人没有的那份坦然与豁达。《菜根谭》智慧地告诉人们：心胸有多大，事业就有多大；包容有多少，拥有就有多少。

齐貌辨拜见宣王，力诉靖郭君对宣王的忠心。于是，靖郭君又重新回到了国都。

◎君子易处　小人难待◎

【原文】

休与小人仇雠，小人自有对头；休向君子谄媚，君子原无私惠。

【译文】

不要与那些行为不正的小人结下仇怨，小人自然有他的冤家对头；不要向君子去讨好献媚，君子本来就不会因为私情而给予恩惠。

【精读解析】

真正的智者，不仅能够分辨出君子和小人，而且能够采取不同的相处方式对待他们。隋唐之际的徐文远就是这样一位智者。

隋朝末年，洛阳一带发生了饥荒，徐文远只好外出打柴维持生计，凑巧碰上李密，于是被李密请进了自己的军队。李密曾是徐文远的学生，他请徐文远坐在上座，自己则率领手下兵士向他参拜行礼，请求他为自己效力。徐文远对李密说："如果将军你决心效仿伊尹、霍光，在危险之际辅佐皇室，那我虽然年迈，仍然希望能为你尽心尽力。但如果你要学王莽、董卓，在皇室遭遇危难的时刻，趁机篡位夺权，那我这个年迈体衰之人就不能帮你什么了。"后来，李密战败，徐文远归属了王世充。王世充也曾

与君子相处，人们也可以像君子般自然、坦荡，而无须战战兢兢、如履薄冰。与君子相处容易，而讨好君子却很难。小人恰好相反，他们没有君子那种坦荡的胸怀，睚眦必报、求全责备、见利忘义是他们的本性。

李密曾是徐文远的学生，徐文远认为李密是个谦谦君子，即使用狂傲的方式对待他，他也能够接受。

王世充也是徐文远的学生，徐文远了解王世充是个阴险小人，即使是老朋友也会被他陷害杀死，与他相处必须小心谨慎。

是徐文远的学生，他见到徐文远十分高兴，赐给他锦衣玉食。徐文远每次见到王世充，总要十分谦恭地对他行礼。

有人问他："听说您对李密十分倨傲，却对王世充恭敬万分，这是为什么呢？"徐文远回答说："李密是个谦谦君子，所以像郦生对待刘邦那样用狂傲的方式对待他，他也能够接受；王世充却是个阴险小人，所以我必须小心谨慎地与他相处。我针对不同的人而采取相应的对策，难道不应该如此吗？"等到王世充也归顺唐朝后，徐文远又被任命为国子博士，很受唐太宗李世民的重用。

与君子交朋友，可以袒露心扉，不用有戒心。对小人却万万不可，与之相处，需要战战兢兢，如履薄冰，"待小人要宽，防小人要严"，要礼而敬之，敬而远之。

有人以水比喻君子，以油比喻小人，说道："水味淡，其性洁，其色素，可以洗涤衣物，沸后加油不会溅出，颇似君子有包容之度；而油则味浓，其性滑，其色重，可以污染衣物，沸后加水必四溅，又颇似小人无包容之心。"生活之中。目光如炬，识得出水油之别，方能事事无虞。

◎不畏谗言 却惧蜜语◎

【原文】

谗夫毁士，如寸云蔽日，不久自明；媚子阿人，似隙风侵肌，不觉其损。

【译文】

那些喜爱搬弄是非的人对有德行君子的污蔑诽谤，只不过像一片薄云遮蔽太阳一样，不久就会风吹云散重见光明；而那些喜欢阿谀奉承去巴结别人的人，却像从门缝中吹进的风侵袭肌肤，人们感觉不到受了损害。

【精读解析】

人们在生活中总会遇到各种各样的人，也会受到不恰当的评价，甚至是污蔑。此时，人们应该保持冷静，坚信谗言毁人只是一时的，谣言终究是谣言，不久便会不攻自破。如果人们因此而大动肝火，反而有可能会弄巧成拙，助长不轨之人的嚣张气焰。与其愤世嫉俗地诅咒黑暗，不如给自己的心灵点亮一支蜡烛。

唐代有一个检校刑部郎中，名叫程皓，为人周慎，人情练达，从不谈人之短长。每当同辈之中有人非议别人，他都缄默不语。直到那人议论完后，他才慢慢地替被伤害的人辩解："这都是众人妄传，其实不然。"甚至，还列举出这个人的某些长处。有时，他自己在大庭广众中被人辱骂，连在座的人都惊愕不已。程皓却不动声色，起身避开，说："彼人醉耳，何可与言？"

我对陛下忠心耿耿，天日可见啊！

在皇上面前进献谗言的人总是一副奴颜婢气的样子。蜜语奉承比之直接中伤更应该引起人们的警惕。对待谗言要无所畏惧，对待蜜语要谨慎处之。谗言像乌云，风吹云散自然会重现光明，那些喜欢用甜言蜜语奉承别人的人，犹如从门缝中吹进的邪风，时间久了会侵袭肌肤，使人们在不知不觉间受到损害。

程皓对待别人诽谤的态度不仅是大度的，更是智慧的。刚刚洗过澡的人会抖一抖他的衣服，刚刚洗过头的人会弹一弹他的帽子。谁都不愿意自己清洁的身体沾染了别人的污点，这是人之常情。程皓为了他人的清白辩解，对待针对自己的诽谤却能够不动声色，淡然处之。这种襟怀既令人惊愕，也令人钦佩。

一般人对待针对自己的诽谤时，往往着急上火，而对待莫名的赞誉却往往欣然受之。但实际上，蜜语奉承比之直接中伤更应该引起人们的警惕。对待谗言要无所畏惧，对待密语要谨慎处之。

唐朝的杨再思是一个靠诌媚起家的小人，虽身居高位，但一举一动，人皆嗤笑，不与他共处。杨再思为人只知道巧言令色，阿谀奉承，一心揣摸皇上旨意。凡皇上不喜欢的人，他就想尽一切方法打击，欲除而后快。凡是皇上所喜欢的，他就想尽方法极力赞誉。有人谴责他："你位居高位，为何老是这样低三下四呢？"

杨再思说："仕途艰难，耿直的往往没有好结果，不像我现在这样，怎么能保全自己并且历三朝而不倒呢？"

武则天晚年，张昌宗当过执掌司法的官署的审讯官，司刑少卿桓彦范秉公断狱，断然免除了他的职务。不久，张昌宗上武则天那儿告状，武则天想为他求情，问朝臣说："昌宗对国家有功吗？"满朝文武都不说话，只有杨再思站出来迎合武则天说："昌宗以往炼成神丹，皇上服了很有效，这就是他对国家的大功。"

武则天听后大喜，张昌宗就因为杨再思的这几句话得以官复原职，当时人们都称赞桓彦范的正直而嘲笑杨再思的诌媚，朝廷的官员从此更加看不起他了。

杨再思为了自己的高官厚禄，只知阿谀奉承、巧言令色，不惜出卖自己的人格，结果遭到人们的嘲笑。蜜语如邪风，不仅于己无利，而且害人不浅。美言者往往都是善用机巧之人，他们巧舌如簧、口蜜腹剑，虽然令听者耳顺，却也能蛊惑人心，让原本神志清醒的人做出阴差阳错之事。武则天精明如斯，还是被杨再思别有用心的奉承所迷惑，让徇私枉法的张昌宗官复原职，于社稷造成不利影响。只有谨记前贤教诲，慎听蜜语，才能防止被别有用心之人利用，做出悔之不及的事情。

昌宗以往炼成神丹，皇上服了很有效，这就是他对国家的大功。

杨再思赔尽小心取媚武则天。他善于察言观色，只要是武则天不喜欢的他就肆意诋毁，武则天喜欢的，他就百般夸奖。

《菜根谭》中的美学思想价值

《菜根谭》的美学思想价值体现于它试图思考、探讨一种理想的生存方式，实现和谐、健康、自由、充实的生存状态。

菜譚

《菜根谭》中对人际关系的论述

体现生生之意的"宽""容"人格精神贯穿整个人格修养过程，实现由善而美。

君子人格是谨守道德价值，认为经历挫折是成就君子人格的重要途径。

至人人格境界是以天地情怀反观人世，在平淡如常中实现乐处。

《菜根谭》以生命意识为其内在线索，以所追求的人格美为其主要表现。

人生之美的意味

以悲为人生真相，在"天人合一"的境界中完成对人生之悲的终极超越。

以精神力量不断超越人生困境，在人格、人生境界的提升中实现人生意义。

闲适生活是精神超越人生困境的具体方式。

三教合流

《菜根谭》的启示意义在于：以天地情怀涵养道德生命，重构现代人格体系；自然美是人类的精神家园，人与自然的和谐生存是实现诗意生存的必经路径。

三教合流指导人生

◎气度平和 悦纳他人◎

【原文】

山之高峻处无木，而溪谷回环则草木丛生；水之湍急处无鱼，而渊潭停蓄则鱼鳖聚集。此高绝之行，偏急之衷，君子重有戒焉。

【译文】

山峰险峻的地方没有树木生长，而溪谷蜿蜒曲折的地方却草木丛生；在水流湍急的地方没有鱼儿停留，而平静的深水潭下则生活着大量鱼鳖。所以过于清高的行为，过于偏激的心理，对一个有德行的君子来说，是应当努力戒除的。

一个有德行的君子，应当努力戒除过于清高的行为和过于偏激的心理。

一个想成就大业的人，应该戒除极端，学会以宽容的心态、平和的气度对待别人、悦纳别人，当忍则忍，当让则让，而不能因为行事偏激而遭人记恨。

【精读解析】

自视清高的人往往是孤独的，过于偏激的人，人们也都敬而远之，所以，高绝偏急是君子应当谨慎戒除的。恃才傲物者多半是身怀一些常人所不及之本事的人，有的恃才傲物者是出于性格清高，有的则是故意与人"叫板"，但不管是属于哪一类，都不是明智之举，更非低调之人的低姿态行为。一个人有了才气，自然值得尊敬，但是这并不能成为他骄傲自大、目中无人的资本。自视清高、恃才傲物只会使自己与群体脱离，甚至被人孤立和记恨，令自己陷入困难的境地。

解缙，字大绅，是明代江西吉水人。传说他从小就是神童，还不会说话时，就能善解人意。洪武二十六年，十九岁的解缙就一举考中进士，担任中书庶吉士。当时许多大臣近侍，因为向皇帝提意见不合旨意而无罪被杀，所以噤若寒蝉，不敢再轻易发言，而解缙却忠心耿直敢于进谏。

一日，朱元璋对解缙说："你试谈当今政事最应施行的是什么？"解缙立刻一挥而就，上万言书即《太平十策》。朱元璋大为惊叹，喜出望外，更加喜爱他。有时他为皇帝书写诏书，朱元璋甚至亲自为他磨砚。

但是，好景不长，解缙终于因为自己的清高耿介而遭到疏远。解缙与兵部尚书沈缙发生冲突时，甚至指着沈缙痛骂。他孤傲的性格得罪了许多人，但自己却并不以为然。朱元璋无奈，只好召见解缙之父说："大器晚成，你把儿子领回去再好好教教吧。"又对解缙说："你回去后，要更努力学习古代贤人的一言一行。十年之后再回朝廷，我将再次重用你，那时也不算晚！"

解缙由一开始的受宠到后来受责、被贬，乃至被杀，一切祸孽都与他的清高偏执有关。解缙的遭遇告诉人们，清高偏激是为人处世的大敌。

"水至清则无鱼，人至察则无徒。"一个人要想成就大业，就应该戒除极端，学会以宽容的心态、平和的气度对待别人、悦纳别人，当忍则忍，当让则让，而不能因为行事偏激而遭人记恨。

宋代的向敏中，在宋太宗时为名臣，在真宗时晋升为右仆射，居大任三十年，没有一个不顺从他的人，而能做到这一点，正是他不争执而避免了他人妒恨排挤之祸。

向敏中，天禧（真宗年号）初，任吏部尚书，为应天院奉安太祖圣容礼仪使，又晋升为左仆射，兼任门下侍郎。有一天，与翰林学士李宗谔相对入朝。真宗说："自从我即位以来，还没有任命过右仆射。现在任命向敏中为右仆射。"这是非常高的官位，很多人都向他表示祝贺。有人说："今天听说您晋升为右仆射，士大夫们都欢慰庆贺。"向敏中仅唯唯诺诺地应付。又有人说："自从皇上即位，从来没有封过这么高的官，不是勋德隆重，功劳特殊，怎么能这样呢？”向敏中还是唯唯诺诺地应付。又有人历数前代为仆射的人，都是德高望重。向敏中依然是唯唯诺诺，也没有说一句话。

第二天上朝，皇上说："向敏中是有大耐力的官员。"向敏中对待这样重大的任命而无所动心，大小的得失，都虚受。这就做到了老子所说的"宠辱不惊"，人们三次致意恭贺，他三次勉强应付，不发一言。可见他自恃的重量，超人的镇静。正如《易经》中所说的"正固足以干事"。所以他居高官三十年，人们没有一句怨言。

面对被倚重之事，向敏中只是点点头，最终还是没说一句话，难怪真宗说他非常胜任这个官职。

他能这样从政处世，对于进退荣辱，都能心情平静地虚心接受。所以他理政府事，待人接物，也就能顺从大理，顺从人情，顺从国法，没有一处不适当的。人贵在以虚受修养自己，以坦荡交游涉世。

宋时另一人物文潞公，一生也是以虚受坦荡自守，在他辞官回归洛阳时，已是八十高龄了。神宗看他精神健旺，年力康强超过常人，问他是不是养生有道，他回答说："没有其他的方法，我只不过能随意自适，不以外物伤和气，不敢做过头的事情而已。"

老子曾说："只有无争，才能无忧。"气度平和，无为而不争，才能让自己少些忧患；待人宽厚，以利己之心利人，才能得到真正的实惠。利人者得人，利物者得物，利天下者得天下。所以善利万民的人，如同水滋润万物而与万物无争，自然而然，不求所得。正是这种不争与不求，成就了他们的大事业。

◎闻恶防谗 闻善防奸◎

【原文】

闻恶不可就恶，恐为谗夫泄怒；闻善不可即亲，恐引奸人进身。

【译文】

听到人家有恶行，不能马上就起厌恶之心，要仔细判断，看是否有人故意诬陷泄愤；听说别人的善行不要立刻相信并去亲近他，以防有奸邪的人作为谋求升官的手段。

人之所言只是一面之词，还要自己仔细判断啊。

【精读解析】

武则天当政时期，曾下诏禁止天下屠杀牲灵、捕捞鱼虾，弄得王公大臣宴请宾客只能吃素席，不敢带有一点荤腥。

朝中有个叫张德的人，官为左拾遗，一贯受到武皇的信任。在他儿子出生后的第三天，亲友、同僚纷纷前去祝贺。张德觉得席上都是素菜实在过意不去，便偷偷地派人杀

奸谗之言，基本上是带恶意的，君子不避恶，不避嫌，可以自己的高尚节操抵御之。溢美之词大多是心怀不轨的人所放的"烟幕弹"，需要更加小心，以免使自己陷入圈套中。所以，人们在听到恶行之时，要仔细判断，看是否有人故意诬陷；在听到善行的时候要明察事实。

张德，你要接受教训，像杜肃这种人，以后可不要再请了。

武则天当政时期，曾下诏禁止天下食肉，然而官任左拾遗的张德在自己儿子生日宴上开了禁，让人包了一些羊肉包子。就是这一堆包子，差点给张德惹来大祸——同僚杜肃向武则天告了他的状。

怎样才能留住自己手下的人才，不被别有用心之人所利用？这就需要领导者具有闻恶防谗，闻善防奸的智慧了。武则天在查明原因之后，宽恕了张德，也洞悉了杜肃的私心。这份明察之功自非常人能及。

了一只羊，做了一些带肉的菜，并包了一些羊肉包子让大家吃。

亲朋好友与同僚见席上有肉，便来了兴致，把酒临风，猜拳行令，好不热闹。张德心中自然也十分高兴。不料，在他的同僚中有个叫杜肃的，官拜补阙，认为张德违反了皇帝的诏旨，顿生恶意。临散席时，他悄悄将两个肉包子揣在怀中。散席之后，便去武皇那里告了黑状。

第二天早朝，武皇处理完政事之后，突然对左拾遗张德说："听说你生了个儿子，我特向你表示祝贺。"张德叩头拜谢。武皇又说："你那席上的肉是从哪里来的？"张德一听，吓得浑身哆嗦，违诏杀生是要犯死罪的，故连连否认道："为臣不敢！为臣不敢！"武则天见状，微微笑道："你说不敢，看看这是什么？"便命人将杜肃写的告状奏和两个肉包子递给了张德。张德一见，面如蜡纸，不住地叩头说："臣下该死！臣下该死！"此时告状的杜肃，站在一旁洋洋得意，专等封赏。

武则天对这一切，早已看在眼中，稍稍一停，便对张德说："张德听旨：朕下诏禁止屠杀牲畜，红白喜事皆不准腥荤。今念你忠心耿耿，又是初犯，也就不治你罪了。"

张德听后高声喊道："谢主隆恩！谢主隆恩！"而杜肃却惊得瞪大了眼睛。只听武皇又道："不过，张德你要接受教训，今后如再请客，可要选择好客人，像杜肃这种好告黑状的人，可不要再请了！"一时间，张德感激得痛哭失声，诸大臣见武皇如此忠奸分明，不信谗言，用人不疑，便一起跪倒在地，高呼："吾皇万岁！万岁！万万岁！"而那个告状的杜肃，在众人不屑一顾的目光下，羞愧得无地自容，武皇"退朝"二字刚一落音，便赶紧溜走了。

古人有一句话叫"直木先伐，甘井先竭"，意思是人们多选择挺直的树木来砍伐，水井则是涌出甘甜井水者先干涸。由此观之，人才的选用也有同样的规律。这就需要领导者具有闻恶防谗，闻善防奸的智慧了。

◎ 用人不刻　交友不滥 ◎

【原文】

用人不宜刻，刻则思效者去；交友不宜滥，滥则贡谀者来。

【译文】

用人不应该苛刻，如果用人苛刻，那些想前来效力的人也会因此离去；交朋友不应该太滥，如果交朋友太滥，那么善于逢迎献媚的人都会设法来到身边。

【精读解析】

古语云："大度集群朋。"一个人若能有宽宏的度量，他的身边便会集结一大群知心朋友。生活中，冲突和争执在所难免，人们要学会用虚怀若谷的平和之心去处理生活中的冲突和争执。一位哲人曾经说过，错误在所难免，宽恕就是神圣。一个人经历过一次忍让，心胸就会宽广一分。你多一分宽容，就能多一个朋友，少一个敌人，大度容下天下事，也就自然没有烦恼和忧愁了。

所以说，与人相处应该胸襟宽广，待人苛刻的话，身边的朋友会越来越少，自己也就陷入了孤立的境地。在人类社会中，孤独的人是寸步难行的，人们要想得到成功，获得他人的认可，就必须要有容人之量，要有虚怀若谷的气度。

唐太宗李世民当上皇帝后，认为只有虚心听取别人的意见，才能把国家治理好。在他的鼓励下，臣子们纷纷向皇帝进谏。其中最著名的是魏徵。

魏徵原本是李世民的政敌，李世民不计前嫌，任命他做了很重要的官职。魏徵每看到李世民的错误，就毫不客气地指出，有时候弄得李世民很没面子。

有一天，李世民又被魏徵顶撞了，回到宫里大发脾气，说："魏徵这个乡巴佬，我总有一天要杀了他！"长孙皇后听了，就给李世民行礼，说道："我听说天子有了直言敢谏的臣子，是件可喜可贺的事情，所以我要给皇上道贺啊。"李世民听了，这才消了火气，从此对魏徵的意见更加虚心接受了。

由于李世民胸怀宽广，臣子们纷纷进谏，因此唐朝初年政治清明，老百姓生活得很好，奠定了后来盛唐的基业。

虚怀若谷的气度使唐太宗身边贤臣云集，成就了他的贞观之治。个人的力量是微不足道的，不仅治国安邦需要众人之力，普通人事业的成就也需要朋友的帮助。

交友不能太责备求全，这样身边就没朋友了。

但也不能太滥，太滥了那些善于逢迎献媚的人都会设法来到你的身边。

一个人若能有宽宏的度量，便会集结一大群知心朋友。要学会用虚怀若谷的平和之心去处理生活中的冲突和争执。大度容天下事，也就自然没有烦恼和忧愁了。在选择朋友时，应该努力与乐观正直、富于进取心、品格高尚且有才能的人交往。如果择友不慎，将会使自己陷入恶劣的环境。

兄台博学雅致，看当今天下也是无人能企及啊！

我们在选择朋友的时候，要努力与那些品德高尚、乐观正直、富于进取的人交往。与阿谀逢迎的小人交友会给自己埋下祸患。

陛下要取信于民，不要朝令夕改。

爱卿言之有理。

魏徵犯颜直谏，凡是他认为正确的，必定当面直谏，决不背后议论。唐太宗胸怀宽广，虚心接受纳谏。

人们常说："在家靠父母，出外靠朋友。"朋友在一个人的社会活动中无疑是非常重要的，人们离不开朋友，但也不可交友过滥。朋友也有损友和益友之分，所以，人们在结交朋友的时候应该谨慎，要提防那些满嘴甜言蜜语的人，也要小心那些阿谀奉承成为习惯的人。一个人所处的环境和结交的朋友，对他的一生会产生很大的影响，甚至可以夸张点说，交上怎样的朋友，就会有怎样的命运。

一只虱子常年住在富人的床铺上，由于它吸血的动作缓慢轻柔，富人一直没有发现它。一天，跳蚤拜访虱子。虱子对跳蚤的性情、来访目的、能否对己不利，一概不闻不问，只是一味地表示欢迎。它还主动向跳蚤介绍说："这个富人的血是香甜的，床铺是柔软的，今晚你可以饱餐一顿！"说得跳蚤口水直流，巴不得天快黑下来。

当富人进入梦乡时，早已迫不及待的跳蚤立即跳到他身上，狠狠地叮了一口。富人从梦中被咬醒，愤怒地令仆人搜查。伶俐的跳蚤蹦走了，慢慢腾腾的虱子成了不速之客的替罪羊。虱子到死也不知道引起这场灾祸的根源。

寓言中虱子的遭遇无疑为人们敲响了警钟——交友须谨慎！人们在选择朋友时，应该努力与那些乐观正直、富于进取心、品格高尚且有才能的人交往，这正是孔子所说的"无友不如己者"的意思。相反，如果人们择友不慎，结交了那些思想消极、品格低下、行为恶劣的人，将会使自己陷入恶劣的环境，甚至受到"恶友"的连累，成为无辜受难的"虱子"。

◎风斜雨急　立定脚跟◎

【原文】

　　风斜雨急处，要立得脚定；花浓柳艳处，要着得眼高；路危径险处，要回得头早。

【译文】

　　面临急风暴雨这样危险的处境，要站稳自己的立场；在令人眼花缭乱的环境中，要眼界高远以免被冲昏了头脑；在山路狭窄危险处，要及早回头，以免深陷其中。

一个人只有脚踏实地，老老实实做事，才能创造属于自己的一片天空。

不管外部环境如何，越是处于艰难的环境越是要站稳脚跟，站稳立场，把持住正确的原则。

【精读解析】

　　人生在世，贵在自知。无论人们在社会中的处境如何，角色如何，都应该恰当地定位自己，认识到自己的独特之处，然后坚定立场，在属于自己的道路上寻找属于自己的风景。正如王维的《辛夷坞》所说："木末芙蓉花，山中发红萼，涧户寂无人，纷纷开自落。"那山中的芙蓉花并不因生在深山而黯然失色，春来秋去，它依然绽放自己生命的美丽，灿烂地活在世上。植物尚且如此，何况是人？虽然每个人都不一定拥有显赫的地位，耀眼的才华，但是这并不能阻碍人们去追求属于自己的成功人生。

　　在一个偏僻遥远的山谷里，一个高达数千尺的断崖的边上，不知何时，长出了一株小小的百合。百合刚诞生的时候，如同杂草，但它心里知道自己并不是一株野草。它的内心深处，有一个纯洁的念头："我是一株百合，不是一株野草。唯一能证明我是百合的方法，就是开出美丽的花朵。"有了这个念头，百合努力地吸收水分和阳光，深深地扎根，直直地挺着胸膛。

　　终于在一个春天的清晨，百合的顶部结出了第一个花苞。百合的心里很高兴，附近的杂草却很

山谷上的百合，要用开花来证明自己的存在价值。

百合开花的那一天，野草和蜂蝶不再嘲笑它了。百合是用花朵证明了自己。

不屑，它们在私底下嘲笑着百合："这家伙明明是一株草，偏偏说自己是一株花，还真以为自己是一株花，我看它顶上结的不是花苞，而是头脑长瘤了。"它们讥讽百合："你不要做梦了，即使你真的会开花，在这荒郊野外，你的价值还不是跟我们一样？"

偶尔也有飞过的蜂蝶鸟雀，它们也劝百合不用那么努力开花："在这断崖边上，纵然开出世界上最美的花，也不会有人来欣赏呀！"百合说："我要开花，是因为我知道自己有美丽的花；我要开花，是为了完成作为一株花的庄严使命；我要开花，是因为我要以花来证明自己的存在。不管有没有人欣赏，不管你们怎么看我，我都要开花！"在野草和蜂蝶的鄙夷下，百合努力地释放内心的能量。

终于有一天，它开花了，它那灵性的白和秀挺的风姿，成为断崖上最美丽的风景。这时候，野草与蜂蝶再也不敢嘲笑它了。百合花一朵一朵地盛开着，花朵上每天都有晶莹的水珠，野草们以为那是昨夜的露水，只有百合自己知道，那是极深沉的欢喜所结的泪滴。

年年春天，百合努力地开花、结籽。它的种子随着风，落在山谷、草原和悬崖边上，到处都开满洁白的百合。几十年后，远在百里外的人，从城市，从乡村，千里迢迢赶来欣赏百合开花，无数的人看到这从未见过的美，感动得落泪，触动内心那纯净温柔的一角。那里，被人称为"百合谷地"。不管别人怎么欣赏，满山的百合花都谨记着第一株百合的教导："我们要全心全意默默地开花，以花来证明自己的存在。"

故事中的百合虽然从一开始就受到周围杂草的嘲笑，但可贵的是它能够不为外界所扰，坚信"我是一株百合，不是一株野草"，并努力地扎根生长，最终开出美丽的花朵。社会上的每个人都有自己固定的身份，但无论人们的身份与角色是什么，都应该像那株百合一样牢记自己的独特之处，坚定地寻找属于自己的世界，成就属于自己的境界。或许那个世界不是特别广阔，或许那个境界并不高远，但至少它是属于自己一个人的，能够感受各自生命中的那份独特的快乐。

◎轻诺惹祸　乘快多事◎

【原文】

不可乘喜而轻诺，不可因醉而生嗔，不可乘快而多事，不可因倦而鲜终。

【译文】

不能因为自己心情高兴就轻率地做出承诺，不能因为借着醉意而乱发脾气，不能因为一时的冲动而惹是生非，不能因为精神疲倦而有始无终。

【精读解析】

待人行事宜言而有信，恒心如一。大德之人必有大誉，大誉之人必可成大事。一个人说话向来不欺人，说要赴一约会便一定会到；说要还一笔账，到时一定还。这种人必定会受人喜爱和尊敬，这就是其做事成功的必要条件。

人人都喜欢和说话算话的人交往，因为这类人讲信用，说到做到。一个人如果没有信用，那么无论他走到哪里大概都不会找到相信他的人。这样的结果很可怕，因为他将会失去朋友、亲人，继而失去赖以生存的一切关系基础。做事没人支持，甚至当自己陷入困境中都没有援手来帮助自己，这将是一场噩梦。

一个拥有健康、美貌、机敏、才学、金钱、荣誉……堪称完美的人死去了，阎王把他带进地狱，他不服，要求入西天极乐世界，于是他的鬼魂找到了阎王理论。

阎王笑了笑，问："你有什么条件可以进入西天极乐世界？"

鬼魂于是把阳间他所有的东西统统抖出来，带着炫耀的口气，反问："所有这些，难道不足以使我去西天极乐世界吗？"

"难道你不知道你缺少进入西天极乐世界的最重要的一种东西吗？"阎王并不恼怒。

鬼魂嘿嘿地笑着："你已经看到了，我什么都有，我完全应该进入西天极乐世界。"

"你忘了你曾经抛弃了一件最重要的东西。"阎王面对这个恬不知耻的鬼魂，有一点不耐烦，便直截了当地提醒他，"在人生渡口上，你抛弃了一个人生的背囊，是不是？"

鬼魂想起来了：年轻时，有一次乘船，不知过了多久，风起云涌，小船险象环生。老艄公让他抛弃一样东西。他左思右想，美貌、金钱、荣誉……他舍不得。最后，他抛弃了"承诺"。但是鬼魂不服："难道仅仅因为我没有承诺，就被拒之光明的西天极乐世界而进入可怕的地狱吗？"

阎王变得很严肃："那么，之后你做了些什么？"鬼魂回想着：那次他回家后，答应母亲要好好地照顾她，答应妻子永远不会背叛她，答应朋友要一起做一番事业。后来，后来……他回想着，自己在外面有了情人，母亲劝阻他，他对母亲却再也不闻不问，他不允许母亲破坏他的"幸福"；他和朋友做生意，最后却私吞了朋友那一份……

阎王看着陷入沉思的他，说："看到没有？由于不守承诺，你做了多少背信弃义的勾当。西天

人最该拥有的品质是什么？

做人最基本的是诚信。在社会生活中信是一个人的立身之本。

诚信是无形的财富，是巨大的资本。一个人坚持走正直诚信的道路，必定能实现良好的愿景。不要因为一时的情绪就莽撞行事，做事应该冷静思考、善始善终。

当年大禹治水承诺不平水患不入家门，他一直坚守着自己的誓言，日复一日，锲而不舍，终于成就了伟大的功业，可以作为我们的榜样。

极乐世界是圣洁的，怎么能容你这卑污的鬼魂？！"

鬼魂沉默了，他不是无所不有，而是一无所有，亲情、友情、爱情……统统随承诺而去。他，一个卑污的鬼魂，只能下地狱！

"下地狱去吧！"阎王说完，飘然而去。

故事中的鬼魂经不住利益的诱惑，而抛弃了诚信，结果便一无所有。面对诱惑，不怦然心动，不为其所惑，虽平淡如行云，质朴如流水，却让人领略到一种山高海深。这是一种闪光的品格——诚信。一个人的诚信相当于他的脊梁骨，如果没有这脊梁骨，人们将无法立起来。失去诚信也就等于把自己推向一个孤立的无底深渊。

人因信而立，做人应诚信对人，诚信对己。人们不应该因为一时高兴就轻易许下诺言，说出的话就一定要做到；也不要因为一时的情绪就莽撞行事，做事应该冷静思考、善始善终。

○茫茫世间 以真示人○

【原文】

淫奔之妇矫而为尼，热中之人激而入道，清净之门，常为淫邪之渊薮也如此。

【译文】

不守节操的荡妇假托看破世情而削发为尼，热衷于名利的人因为意气用事而遁入空门，本来清静的佛门道观，却往往成为藏污纳垢的地方。

【精读解析】

正如钻石埋在深处一样，内在的本质比表面文章更加重要。有的人完全是门面货，好像一座因修建资金不够而只修完门面的房子，表面看来像是一座富丽堂皇的宫殿，内里却像简陋且肮脏的草棚一样。《菜根谭》里就提到过一些打着求佛问道的高尚旗号，实则并无清净心的人，他们表里不一，嘴上说着光鲜的口号，实则没有高尚的情操。

你我私通之事难逃责罚，我暂且出家为尼避避风头吧！

把出家作为权宜之计，不是玷污了清静之地吗？

做人应说实话，做实事，人生所求的是真实。以真话对人，以真心待人，以真情感人，以真面示人，才能在心灵的内在世界与物质的外在世界里纵情遨游。那些因为种种人所不齿的原因遁入空门的人，最终也无法获得内心的清净与安宁。

现实的社会之中，为了获得别人的接纳与认可、为了能有升职加薪的机会、为了讨得心上人的欢心，甚至是为了让自己像个完人，有些人在成长的过程中，不断地为自己上妆，以掩饰真实的自己。有时甚至需要如戏剧中的"变脸"一般，根据不同的场合随时更换面具。时间长了，人们便忘记了最初的样子，即便想要回到曾经表里如一的时候也回不去了。

像金石一样的人，常常是心口一致的人。他们保持着本真的生命底色，不善做作，言行中自然而然地浸染着刚正不阿的色彩。他们说实话，做实事，人生所求，唯一"真"字。

徐无鬼经由女商的引荐，得到一次拜见魏武侯的机会。在和魏武侯聊天时，徐无鬼的一席话把魏武侯说得很高兴。事后，女商对徐无鬼说："我曾经为了使国君高兴，尽心为他介绍诗、书、礼、乐，谈论太公兵法。但是国君始终不曾像今天这般开怀大笑。先生到底用什么方法让魏武侯这般高兴的呢？"

徐无鬼说："没什么大不了的，只是一些相马相狗的事罢了。"

"仅仅如此？"女商诧异地问。

徐无鬼便解释道："你没有听说过越地流亡者的故事吗？曾经有个人离开都城几天，见到故交旧友便十分高兴；离开都城十天整月，见到在国都中曾经见到过的人便大喜过望；等到过了一年，

我善于观察狗的体态以确定它的优劣。我观察狗，不如观察马了。

哈……先生有这等学问？

能在这里遇到家乡人可真好啊！

经由女商的引荐，徐无鬼拜见了魏武侯。在与魏武侯聊天的过程中，徐无鬼质朴的话语引得魏武侯开怀大笑。女商很纳闷，就问徐无鬼使君王快乐的原因。

徐无鬼解释说，魏武侯不开心的原因在于太久没有人用纯朴的话语在国君身边说笑了。君王对于纯真快乐的思念就好像就别家乡音的人对乡音的思念一样。

见到好像是同乡的人便欣喜若狂。不就是离开故乡越久，思念故人的情意越深吗？逃向空旷原野的人，丛生的野草堵塞了黄鼠狼出入的路径，却能在杂草丛中的空隙里跌跌撞撞地生活，听到人的脚步声就高兴起来，更何况是兄弟亲戚在身边说笑呢？很久很久了，没有谁用真人纯朴的话语在国君身边说笑了啊！"

可见，让魏武侯高兴的关键就在于"真人纯朴"四个字，魏侯一定很少听到真心话，所以听徐无鬼的话，就感觉是回家了一样。

以真话对人，以真心待人，以真情感人，以真面示人，才能在心灵的内在世界与物质的外在世界里纵情遨游。然而，很多人自以为凭着个人的小小伎俩便能欺瞒天下，实际上他所能欺骗的只有自己。就好像不守节操的荡妇削发为尼，热衷名利场的人皈依佛门，他们不是真正地看破，想要清净，只是想要逃避，以假来掩饰其真。所以，一个人在社会上生存，不要为自己戴上过于沉重的面具，因为假象总有一天会被识破，反而是以真示人，但求无违我心会让我们生活得更加自在。

◎少番思虑 少番臆度◎

【原文】

至人何思何虑，愚人不识不知，可与论学，亦可与建功。唯中才的人，多一番思虑知识，便多一番臆度猜疑，事事难与下手。

【译文】

智慧通达的人处事无忧无虑，愚笨憨厚的人也不会多操心、多着急，所以既可以和他们研究学问，也能够与他们一起创建功业。只有那些才能中等的人，智慧不高，什么都懂一点，遇事往往考虑得十分复杂，而且疑心很重，结果任何事情都很难和他们携手进行。

人与人之间产生误解、形成隔阂是很正常的。

对于那些疑心重的人，产生误解恐怕会更多啊，与这种人合作很难的。

【精读解析】

智慧道德都超越凡人的人，他们心

那些才能中等的人，智慧不高，什么都懂一点，遇事往往考虑得十分复杂，而且疑心很重，结果任何事情都很难和他们携手进行。

胸开朗对任何事物都无忧无虑；天赋愚鲁的人，想得少知道得不多，脑中一片空白，遇事也就不懂得钩心斗角。这两种人既可以和他们讲学问也可以和他们共建功业。唯独那些天赋中等的人，智慧虽然不高却什么都懂一点，这种人遇事考虑最多，猜疑心也极重，所以什么事都难以和他们合作完成。

多疑是一个领导者最不应该有的毛病，因为多疑势必导致对别人的猜忌，而猜忌往往会伤害别人。领导多疑则队伍涣散，领导性格豪爽、光明磊落则会赢得更多人的信赖。所

我只有恩威并施，把宋嵩告发的密信送给冯异，这样才能让冯异更加效忠朝廷。

正因为刘秀对冯异能给予一定程度的信任，而不是担惊受怕，猜忌怀疑，怕夺了他刘秀的权，所以冯异能够一而再、再而三地为他卖命是有道理的。刘秀虽然不太放心，但是他能控制得住自己的情绪，使得猜忌不会蔓延开来。

以真正有智慧的人，作为领导常是光明磊落的，即使有所疑虑，也绝不过分紧张。而作为下属则努力低调，积极避嫌，这并不是妥协，而是存身之道。

东汉时候的冯异是光武帝刘秀手下的一员战将，冯异不仅英勇善战，而且忠心耿耿、品德高尚。当刘秀转战河北时，屡遭困厄，在饥寒交迫中，是冯异送上仅有的豆粥麦饭，才使刘秀摆脱困境。不单如此，他治军有方、为人谦逊，每当将领相聚，各自夸耀功劳时，他总是一人独避大树之下。因此，人们称他为"大树将军"。

冯异长期转战于河北、关中，甚得民心，成为刘秀政权的西北屏障。树大招风，这自然引起了同僚的妒忌。一个名叫宋嵩的使臣，四次上书，诋毁冯异，说他控制关中，擅杀官吏，威权至重，百姓归心，人们都称他为"咸阳王"。

当时的刘秀对此事也颇费了点心思，一来冯异功劳盛大，大有盖主之势；二来西北方又确实需要能人稳定局势，所以刘秀还真觉得不好办。而冯异对自己久握兵权，远离朝廷，也不大自安，担心被刘秀猜忌，于是一再上书，请求回到洛阳。不过刘秀深知多疑猜忌乃为君大忌，如若听信谗言处理冯异，对局势不利，但是心里又的确不能完全放下，所以为了消除冯异的顾虑，刘秀便把宋嵩告发的密信送给冯异。这一招的确高明，既可解释为对冯异深信不疑，又暗示了朝廷早有戒备。恩威并施，使冯异连忙上书自陈忠心。刘秀这才回书道："将军之于我，从公义讲是君臣，从私恩上讲如父子，我还会对你猜忌吗？你又何必担心呢？"

冯异能够自保，与他自己的行事方法有关。但是刘秀能做到这样，也实属不易。

思虑过多，喜好猜疑揣度的人做起事情来常常犹豫不定，畏首畏尾，所以难成大事，特别是多疑，是做人做事的大忌。

在平时生活中，人与人之间产生误解、形成隔阂是很正常的。但是过分猜忌别人，会破坏日常的交往，此类人难以让人亲近，最终也会导致自己被孤立起来。而在做事的时候过分犹豫不定，会延误做事的时机，耽误成功的进程，实为得不偿失的事情。因此待人接物都应该敞开心胸，有三分豁达，便增七分智慧。

方圆处世

——路退一步乃宽，礼让三分为功

❀◎心胸开阔 与人为善◎❀

【原文】

面前的田地，要放得宽，使人无不平之叹；身后的惠泽，要流得久，使人有不匮之思。

【译文】

待人处事要心胸开阔，与人为善，使人不会有不平的怨恨；死后留下的福泽，要能够流传得长久，才会赢得后人无穷的怀念。

【精读解析】

从万物个体的生命来看，生死仿佛为不幸之事，但从天地长生的本位来说，生生死死，只是万物表层的变相。当一个人不被小节拘束，更不为他人、外物影响时，就会无形中放宽自己的视野和心胸，从而成就自己的人生。

西汉有个叫朱买臣的人，家境贫寒却十分钟爱读书，只好一边靠打柴卖钱维持生计，一边潜心读书。所以人们经常会在大街上看到他负薪读书的身影，并对他赞赏有加。但是和他一起走路的妻子，却认为这件事很丢人，指责他在途中诵读有失体统。谁知，朱买臣不但不听从，还把读书的声音提高了。

他的妻子恼羞成怒，便打算离开他。朱买臣说："我五十岁时就会富贵的，你已经跟我吃了这么多年的苦，再等我几年不行吗？"妻子生气地说："像你这样的穷书生，只会饿死，哪有可能富贵？"于是妻子改嫁他人，弃朱买臣于不顾。

一个人心胸宽厚，待人处世公平，他身边的人就不会有不平之感。留给后人的恩泽要立足长远，这样才会使子孙后代过上幸福的生活。

朱买臣后来因同乡庄助推荐，得到武帝赏识，并登上了太守的职位。朱买臣赴职时正赶上郡邸官吏开怀畅饮。因为朱买臣穿着朴素，官吏们对他不理不睬。闲来无趣，朱买臣便和守门人吃喝起来。酒足饭饱后，朱买臣不小心将怀内印章丝带露了出来。守门人拔出丝带，发现眼前这个人就是新上任的太守，急忙出门向众吏报告。

众人异常畏惧，战战兢兢。朱买臣衣锦还乡，受到当地人的热烈欢迎，场面十分壮观。朱买臣在路边看见前妻与其夫，便令他们同载而归。

像你这样的穷书生，只会饿死！

朱买臣成就功名之前在家里常受妻子的气，妻子不能看到他的价值，只是斥责他寒酸无用，朱买臣虽然日渐困窘，但仍然坚持用功读书。

朱买臣后来因同乡庄助推荐，得到武帝赏识，并登上了太守的职位。他衣锦还乡，受到当地人的热烈欢迎。他与人为善，并没有报复前妻与其夫。

朱买臣相信有才必能尽其用，忘我读书，胸怀广阔，根本没有不平之叹。而他的妻子却正好相反，放不下富贵，敞不开心胸，最后和富贵擦肩而过。

生活之中，我们同样会发现，如果不将自己局限在一个狭小自私的位置，获得的将会更多。至公便是至私，无私自有一种自赏。在人生的大道上，总会遇到许多公与私之间的艰难抉择。此时，要把眼界放得高一些，把心胸放得开一些，不为眼前的困境所局限。救得他人一时，留得英名一世。种得今生善果，恩泽后代无量。

◎路留一步 味减三分◎

【原文】

径路窄处，留一步与人行；滋味浓的，减三分让人尝。此是涉世一极安乐法。

【译文】

在经过狭窄的道路时，要留一步让别人走得过去；在享受甘美的滋味时，要分一些给别人品尝。这就是为人处世中取得快乐的最好方法。

【精读解析】

战国时期，楚梁两国交界，两国在边境上各设界亭，亭卒们在各自的空余土地里种了瓜菜。梁国的亭卒勤劳，锄草浇水，瓜秧长势喜人；而楚国的亭卒懒惰，不务农事，瓜秧瘦弱，与梁亭瓜田的长势有天壤之别。楚国的亭卒心生忌妒，于是，乘着夜色，偷跑过境把梁亭的瓜秧全给扯断了。

第二天，梁亭的人发现自己的瓜秧全被人扯断了，气愤难平，报告给边县的县令宋就，请示将楚亭的瓜秧扭断。宋就说："这样做当然很解气，可是，我们明明不愿他们扯断我们的瓜秧，那么为什么还反过来要扯断别人的瓜秧呢？别人不对，我们再跟着学，那就太狭隘了。从今天起，我们每天晚上悄悄去给他们的瓜秧浇水，让他们的瓜秧长得好。"梁亭的人虽然不解，但也不得不照办。

渐渐地，楚亭的人发现自己的瓜秧长势一天好过一天，每天早上给瓜秧浇水时发现瓜田都被人浇过了，经过暗查原来是梁亭的人在黑夜里悄悄为他们浇的。楚国的边县县令听到亭卒们的报告后，感到十分惭愧和敬佩，于是把这件事报告给了楚王。

楚王听说这件事后，感于梁国人修睦边邻的诚心，特备重礼送给梁王，以示自责，也以此表示酬谢，最后两国成了友好的邻邦。

有时候，宽阔的心胸就是那滋养瓜秧的水，释怀自己，也感动别人。狭窄心胸永远不可能

美好的东西只有共同享用才能体现它的价值，如果独自享用，就缺少了一分醇美。

楚王得知梁亭帮助楚亭浇灌瓜菜地的经过后，特意备厚礼表示酬谢。

199

孕育根深枝茂、郁郁葱葱的参天大树。梁国的人，不但忍了一时，退了一步，更是以德报怨，令人佩服。但在现实生活中，并不是每个人都像梁国人一样在面对冲突时选择忍让，我们更多地会选择抱怨和争抢。

曾有一位大师以杯子和湖泊容量的小与大做比喻化解人们心中的抱怨和争抢。他说："生命无论长短总归是有限的，而痛苦就像水中的盐分，所以痛苦也是有限的。我们品味到的生活滋味，不取决于痛苦的多少，而在于心胸的宽窄。宽阔的胸怀，就像湖泊一样，淡化咸涩的痛苦，让我们尝到的是微咸或甘冽；狭窄的心胸，容不开郁积的痛苦，只会让人感到奇苦无比。"既然人生注定要接受苦涩的盐，为何不在杯子和湖泊中选择后者，淡化别人给的、自己造的苦涩，历练出一个宽阔的胸怀，再去丈量人生的舞台呢？

现在是一个讲求效率的时代，大家都希望在有限的时间里完成更多的事情，每天都像挤独木桥一样谨小慎微、忙忙碌碌，却不愿停下来想一想，为什么挤破头皮也收效不多。事实上，狭窄的道路，如果我们都争先恐后地往前挤，原来狭窄的道路只会让人觉得越来越窄，而每个人退后一步，狭窄的道路自会宽平些许；鲜美刺激的美食，如果只是一个人独自享用，这个享受过程就会稍纵即逝，而分一些给别人，虽然清淡了些，但是这份清淡会因为他人的分享和赞誉而多一分回味的悠长。这就是《菜根谭》中赞赏的处世方法：与人无争，就能收获一份从容；与物无争，自会育抚万物。多一些忍让和分享，就会让幸福延散、持久。生活中，无论是欲成大事的人，还是想安安稳稳过生活的人，都需要这样的胸怀，只有这样才能把万事万物的快乐忧伤都汲取为自己的能量，心平气和地接受生活、接受自己。

◎和衷少争　谦德少妒◎

【原文】

节义之人济以和衷，才不启忿争之路；功名之士承以谦德，方不开嫉妒之门。

【译文】

崇尚节义的人要用谦和诚恳的态度来适当加以调和，才不至于留下引起激烈纷争的隐患；功成名就的人要保持谦恭和蔼的美德，这样才不会给人留下嫉妒的把柄。

【精读解析】

和衷才能少争，谦德方能少妒。如果想要得到长久的快乐，获得更大的成功，就应该豁达一点，少些欲念，多些忍让，不必把一点小惠小利看得过重，也不必对每一件事都过于计较。适时糊涂，生活就会轻松不少，生命中也会有更多的快乐与幸福。五代时的冯道，就是这样一个难得糊涂的清醒之人。

冯道曾事四姓、相六帝，在世事变乱的八十余年中，始终不倒，令人称奇。

冯道有诗云："莫为危时便怆神，

冯道事四朝，辅佐六位皇帝，他能长期不倒，有什么秘诀呢？

冯道任世间王朝更替，始终稳坐钓鱼船的秘诀是"难得糊涂"。

做人讲究庸和之道，得让人处且让人，事事留有余地，才能在与人相处中不结仇、不结怨、不吃亏。相反，事事争先、目空一切，每次都要居人之上，必然会遭人嫉妒，隐忍记恨，给自己带来祸患。

冯道是乱世不倒翁，历经五朝十一君，诀窍就在和衷少争论；颍考叔为人正直却惨遭暗算，原因就在刚直太过

冯道品格行为炉火纯青，无懈可击。清廉、严肃、淳厚、宽宏。深谙中庸处世之道，深浅有度，中正平和，大智若愚。

春秋时期，郑庄公伐许之前特意组织了一场比赛，以此来挑选一名先行官。比赛中颍考叔与公孙子打了个平手。

冯道的一生就是一部活教材，他用一生的实践向人们讲述了一部"做官学"。

于是，庄公让公孙子都和颍考叔去抢百步之外的战车。公孙子都跌了个跟头，爬起来时，颍考叔已抢车在手。庄公派人阻止提长戟夺车的公孙子都，宣布颍考叔为先行官。公孙子都对颍考叔怀恨在心。

冯道能够在乱世之中屹立不倒正得益于他和衷少争的中庸智慧。

颍考叔带人马攻打许国都城，眼看就要攻下了。公孙子都记起前事，抽出箭来，从背后向城头上的颍考叔射去，把没有防备的颍考叔射死了。

前程往往有期因。须知海岳归明主，未必乾坤陷吉人。道德几时曾去世？车何处不通津？但教方寸无诸恶，狼虎丛中也立身。"

冯道乱世不倒得益于他和衷少争的中庸智慧。和衷少争，是一种老谋深算的清醒，也是卧薪尝胆的大度，更是一种心中有数的正派。和衷少争，不是那种与世无争的软弱，而是退一步海阔天空的豁达；不是明哲保身的逃避，而是让三分风平浪静的睿智；不是苟且偷生的迂腐，而是真金不怕火炼的坚贞。

除了和衷少争之外，谦德少妒也是一种处世智慧。深谙此道可以明哲保身，否则，很容易给自己招来祸患。

春秋时期，郑庄公准备伐许。战前，他先在国都组织比赛，挑选先行官。将士们一听露脸立功的机会来了，都跃跃欲试，准备一显身手。

首先进行的是击剑格斗，将士们都使出了浑身本领，争先恐后。经过轮番比试，选出了6个人，参加下一轮射箭比赛。在射箭项目上，取胜的6名将领各射3箭，以射中靶心者为胜。最后颍考叔与公孙子都打了个平手。可先行官只有一位，所以，他们俩还得进行一次比赛。后来，庄公派人拉出一辆战车，说："你们二人站在百步开外，同时来抢这部战车。谁抢到手，谁就是先行官。"公孙子都轻蔑地看了颍考叔一眼，哪知跑了一半时，公孙子都一不小心，脚下一滑，跌了个跟头。等爬起来时，颍考叔已抢车在手。公孙子都当然不服气，于是提了长戟就来夺车。颍考叔一看，拉起车就飞跑出去，庄公忙派人阻止，并宣布颍考叔为先行官。公孙子都因此对颍考叔怀恨在心。

战争开始了，颍考叔果然不负庄公所望，在进攻许国都城时，手举大旗率先从云梯冲上城头。眼看颍考叔就要大功告成，公孙子都记起前事，竟抽出箭来，搭弓向城头上的颍考叔射去，一下子把没有防备的颍考叔射死了。

所谓"花要半开，酒要半醉"，鲜花盛开、万般娇艳的时候，不是立即被人采摘，也会是衰败的开始。颍考叔正是自以为是，不懂谦让，精明过头，才落得个惨死的下场。

人生就是这样，不要把自己看得太重要，应该适时隐藏锋芒，能忍则忍，能让则让。过于锋芒毕露，难免会遮挡别人的光芒，遭到别人的忌恨。许多灾祸都是在不知不觉之中酝酿成的，之所以要强调"和衷"、强调"谦德"，就是让人们把这种意识深入脑海，实践于点点滴滴的小事之中。

◎ 洞悉世态　低调通达 ◎

【原文】

完名美节，不宜独任，分些与人，可以远害全身；辱行污名，不宜全推，引些归己，可以韬光养德。

【译文】

完美的名声和高尚的节操，不应该自己独自拥有，与大家共同分享这些名节，可以避免发生祸害之事而保全自己；令人耻辱的事情和不利于己的名声，不应该全部推到别人身上，自己主动承担几分责任，才能够做到收敛锋芒而修养品德。

> 作为一国之君，朕深知与人共同分享完美名声和高尚节操的道理。

> 作为臣子也要多为国分忧，对责任不能推诿，要勇于担当。

人在功高位显之时更应该洞悉世态人情之险，保持低调通达的作风，不让自己的权限侵犯他人心胸空间，才能确保成就一个人应有的功德。

【精读解析】

曾国藩开始锋芒太露，处处遭人忌妒、受人暗算，咸丰皇帝也不信任他。1857年，他的父亲曾麟书病逝，朝廷给了他三个月的假，令他假满后回江西带兵作战。曾国藩上书试探咸丰帝，说自己回到家乡后念及当今军事形势之严峻，日夜惶恐不安。

咸丰皇帝十分明白曾国藩的意图，他见江西军务已有好转，而曾国藩不过是大清帝国一颗棋子，授予实权休想。于是，咸丰皇帝朱批道："江西军务渐有起色，即楚南亦就肃清，汝可暂守礼庐，仍应候旨。"假戏真做，曾国藩真是欲哭无泪。在内外交困的情况下，曾国藩忧心忡忡，遂导致失眠。朋友欧阳兆熊借用黄、老来讽劝曾国藩，暗喻他过去所采取的铁血政策，未免有失偏颇，锋芒太露，伤人伤己。面对朋友的规劝，曾国藩陷入深深的反思。

经过多年的宦海沉浮，曾国藩深深地意识到，仅凭他一己之力，是无法扭转官场这种状况的，如若继续为官，那么唯一的途径，就是去学习、去适应。"吾往年在官，与官场中落落不合，几至到处荆棘。此次改弦易辙，稍觉相安。"此一改变，说明曾国藩日趋成熟与世故了。

攻下金陵之后，曾氏兄弟的声望可说是如日中天，达于极盛，曾国藩被封为一等侯爵，世袭罔替。但树大招风，朝廷的猜忌与朝臣的妒忌随之而来。所以不等朝廷的防范措施下来，曾国藩就先来了一个自我裁军。曾国藩意识到鸡蛋是不能与石头碰的，既然不能碰，就必须改变思路，明哲保身。他在两江总督任内，便已拼命筹钱，两年之间，已筹到550万两白银。钱筹好了，办法拟好了，战事一结束，即宣告裁兵，不要朝廷一文，裁兵费早已筹妥。

同治三年六月攻下金陵，七月初即开始裁兵，一月之间，首先裁去25000人，随后亦略有裁遣。人说招兵容易裁兵难，以曾国藩看来，因为事事有计划、有准备，也就变成招兵容易裁兵更容易了。

曾国藩曾引用过管子的"斗斛满则人概之，人满则天概之"这句话，用以概括自己在仕途上圆熟通达的哲学理念。曾国藩的一生，曾因为锋芒毕露、铁血无情而

曾国藩在攻占金陵之后，立即裁军，以打消朝廷的猜疑。以此明哲保身，进退自如，让人叹服。

落落不合，也曾因深谙老庄之法，不独享美名、正视责任而进退自如。其中的拐点就在于"完名美节，不宜独任，分些与人，可以远害全身"。

现实生活中，努力进取、坚持不懈的行为无疑是值得肯定的。然而，在复杂的人生道路上，既需要有为有守，也需要有所放下有所分享。交友时，适时地分享荣誉，不仅可以避免别人妒忌，还可以进一步获得朋友的信任。工作中，懂得承担是一种坚忍的毅力和顽强的意志，让自己在别人眼里保持内敛谦虚的形象，可以给自己提供更大的成长空间。总的来说，得意之时，与人多一些分享，人生之路就多一分畅达；关键时刻，自己多一分承担，就多一次韬光养晦的历练。

◎目光放远　胸怀放宽◎

【原文】

事事留个有余不尽的意思，便造物不能忌我，鬼神不能损我。若业必求满，功必求盈者，不生内变，必招外忧。

【译文】

如果做任何事都能留些余地，那么全能的造物主就不会忌恨我，鬼神也不能对我有所伤害。如果做事情一定要做到极点，求取功名一定要得到最高，那么即使内部不发生变化，也必然会招来外面的忧患。

弓不可拉满，事不可做绝，要学会为自己留后路。

【精读解析】

我们都知道，由于每个人的智慧、经验、价值观、生活背景都不相同，因此与人相处，竞争是难免的，不管是利益上的竞争，或是是非的竞争，都不可做得太极端，应该给自己、给他人留些可以回旋的余地，这样哪怕是造物主也

为人处世讲求恰到好处，万事留有回转的余裕，才是避免外忧内患的长远之计。做人应该把目光放远一些，人生之路才会越来越宽。

不会嫉妒自己，神鬼也不会伤害自己。人活世间，给别人留有余地就是给自己留条后路。如果万事都做得不留余地，只求自己功劳达到圆满，那么即使不应该发生的内乱，也会招致外来的忌恨。这就是人们需要"事事要留个有余不尽的意思"的缘由。

在我们周围，常常会遭遇这样那样的竞争，即使我们无意"过招"，但在别人的不断逼迫下，我们还是容易不由自主地陷入竞争的旋涡。这时，一个人最好的应对方式就是以容纳百川的胸怀对待对方的挑战，让对方有个台阶可下，给他（她）留点面子，对自己则好处多多。

一次，胡雪岩到苏州的永兴盛钱庄兑换二十个元宝急用，这家钱庄不仅不给他及时兑换，还说阜康银票没有信用。胡雪岩听了很气愤。

这永兴盛钱庄经营存在问题，他们贪图重利，只有十万银子的本钱，却放出二十几万的银票，已经岌岌可危了。

胡雪岩无端受气，心中很不满，起先他想借用京中"四大恒"排挤永兴盛钱庄。京中票号，最大的有四家，招牌都有一个"恒"字，称为"四大恒"。行大欺客，也欺同行。胡雪岩要想排挤永兴盛钱庄，其实是一件很简单的事情。浙江与江苏有公款往来，胡雪岩可以凭自己的影响，将海运局分摊的公款、湖州联防的军需款项、浙江解缴江苏的协饷等几笔款子合起来，换成永兴盛的银票，直接交江苏藩司和粮台，由官府直接找永兴盛兑现，这样永兴盛不倒也得倒了，而且这一招借刀杀人，一点痕迹都不留。

不过，胡雪岩最终还是放了永兴盛一马，没有去实施他的报复计划。他放弃计划，有两个考虑，一个考虑是这一手实在太辣太狠，一招既出，永兴盛绝对没有一点生路。另一个考虑则是这样做只是徒然搞垮永兴盛，自己却劳而无功。这样一种损人不利己的事情，胡雪岩也不愿意做。

其实，即使胡雪岩将永兴盛钱庄击倒在地，也不会有多少人同情。但胡雪岩还是下不了手，足见他所说的"将来总有见面的日子，要留下余地，为人不可太绝"，并不是口头上说说而已，而是确确实实这样去做的。这期间自然有胡雪岩对于自我利益的考虑，所谓将来总有见面的机会，事情做得留有余地，也就为将来见面留有了余地。

事实上，胡雪岩的这条处世准则对于一个人的人生来说也是十分必要的。万事做到极点，虽然让人暂时吹着胜利的号角凯旋，但这也是下次争斗的前奏；"战败"的对方失去的面子和利益，他当然要"讨"回来。如此"你来我往"，其结果只能是纠纷不断，两败俱伤。

◎内敛谨慎　明哲保身◎

【原文】

爵位不宜太盛，太盛则危；能事不宜尽毕，尽毕则衰；行谊不宜过高，过高则谤兴而毁来。

【译文】

爵禄官位不能够太高，太高就很危险了；才能和本事不能全部用尽，用尽之后就会走向衰落；言行论调不可太高，太高就容易遭来流言蜚语的毁谤。

【精读解析】

在与大型猛兽为伍时，狐狸通常都不会逞能，而是装作愚笨的样子，然后让猛兽去捕猎，它则毫不费力地吃到猎物的残渣。狐狸这种低调行事的作风，令它活得格外自在。有时候，伪装弱者、显现低调并不是懦弱的表现，而是一种自我保护的方式。

在生活当中，能够处处表现自己是抓住机遇的较佳的方式，但是也常常会招来别人的妒恨，树木过于高大，风必摧之。这是自然界的规律，也是官场生存规律。自古身居高位者，尤其是那些辅佐他人成就一番事业者，虽然深知"飞鸟尽，良弓藏；狡兔死，走狗烹"的下场，却不懂当如何自处，因此化作刀下冤魂；只有那些懂得身在高位急流勇退的人，才能够远离灾祸，保全自身。

所以，居上位者同样需要明白"高行微言，所以修身"的道理，身居高位依然要保持低调谨慎，这样才不至于招致忌恨。

西汉的张良是汉高祖刘邦的谋士，汉高祖六年（公元前201年），刘邦大封功臣，请他自选齐地三万户，作为封邑。

做人做事显现低调，是一种自我保护的方式。

居上位者放低姿态，表现得谦逊、低调、圆融、平和，收拢更多人心，即使达不到收拢人心的目的，至少不会招来敌人。居上位者低调做事，亦能在这段时间内培养自己的能力、经验、人际关系，令自己的羽翼更加丰满，进而展翅高飞，主宰自己的未来。

张良推辞不受，最后被封为留侯。从此闭门不出，在家潜心修炼神仙之术。一次，群臣因刘邦要废掉太子刘盈之事找他相商，他枯坐良久，最后只轻声说："皇上有此意愿，定有其道理，做臣子的怎能妄加评议呢？我对太子素来敬重，只恨我人微言轻，不能帮太子进言了。"

吕后派吕泽去强求张良，软硬兼施之下，张良无奈给他出了主意，让吕后请出商山四皓辅佐太子。刘邦一直崇敬这四个人，见他们出山相助太子，自知太子羽翼已成，不得不放弃了废太子的念头。

吕后派人向张良致谢，张良却回绝说："这都是皇后的高见，与我何干呢？请转奏皇后，此事千万不要再提起了。"

刘邦死后，吕后专权。张良对世事的变故一概不问，求见他的大臣他也一律不见。吕后见他潜心研学道家养生之术，便不以他为患，反而对他愈发钦敬。

张良刻意隐藏自己的智慧是智者的选择。在封建专制时代，一个人的智慧越高，如果他不为君主所用，他面临的危险也就愈大。纵使卖身投靠，他们也常常被君主所猜忌，被视为潜在的威胁。如张良这般大智若愚、弃智绝俗，最大限度地隐藏自己的智慧，就可以避免君王的猜忌，保全自己。

古今中外，过分张扬、锋芒毕露之人，不管功劳多大、官位多高，最终多数不得善终，这是尽人皆知的历史教训。

◎为人处世　方圆并用◎

【原文】

好动者，云电风灯；嗜寂者，死灰槁木。须定云止水中，有鸢飞鱼跃气象，才是有道的心体。

【译文】

一个好动的人，就像云中的闪电一样飘忽不定，又像风中的残烛一样忽明忽暗；而一个嗜好安静的人，就像火已经熄灭的灰烬，又像已毫无生机的枯木。以上这两种人都不合乎中庸之道。应该像在静止的云中有飞翔的鸢鸟，在不动的水中有跳跃的鱼儿，用这种心态来观察万事万物，才算是达到了真正符合道的理想境界。

【精读解析】

我们在生活中总会有两种相对的生活状态，比如"动与静"，"刚与柔"。它们是两种极端，同时又有统一的关系。任何人都有动的时候，也有安静的时候，有时需要刚强地应对，有时则需要柔情地处理，但是任何人办任何事都不可走极端，固守于一处绝不是修养身心的合适做法。只有将相对的双方辩证结合，一个人的生活状态和心境情绪才是合乎自然之道的修行法则。

做人不可太固执，要审时度势才能游刃有余。

幽密的森林因为一声鸟鸣而倍显幽静，波涛的江面因为多一只泊船而增添气势，这就是自然中动静结合的

人生道路上，要把动和静辩证地结合在一起，动静结合、刚柔并济才是修身处世的方圆之道，也是符合道义的理想境界。

妙处，同样也是不失人生节度的准则。正像《菜根谭》中用形象的比兴说，只有浮动的彩云下和平静的水面上，才能够出现飞舞的鹞鹰和跳跃的鱼儿，意思就是只有用动静结合、刚柔并进的思维方式看待事物，才是一种无往而不胜的方圆之道。同时这也是一种交友处世的方法，它可使激烈的争论停下来，也可以改善气氛，增进感情。如果做事只知圆，不知方，不懂得刚柔并济则会带来很严重的后果。

前秦时符坚即位后，任用汉人王猛治理朝政，在近二十年的时间内，先后攻灭前燕、仇池、代、前凉等割据政权，占领了东晋的梁、益两州，把整个黄河流域和长江、汉水上游都纳入了前秦的控制范围。为了争取支持者，他对各族上层人物极力优容和笼络，如鲜卑族的慕容垂、羌族的姚苌，都委以重任。对符坚这一做法，谋臣王猛曾多次劝说符坚，对那些外族重臣要有所制约，要利用机会，设法除掉这些人。但符坚阻止他这么做。

在鲜卑贵族慕容垂、慕容泓相继谋反后，符坚面责仍为自己手下的原前燕国主慕容暐说："卿欲去者，朕当相资。卿之宗族，可谓人面兽心，殆不可以国士期也。"在慕容暐叩头谢过之后，他又说："《书》云，父子兄弟相及也……此自三竖之罪，非卿之过。"但是，慕容暐并未被符坚所感化，在暗中仍企图谋杀符坚来响应起兵复国的慕容氏鲜卑贵族，后来阴谋泄露被符坚擒杀。符坚这才后悔不听王猛的忠谏，一味地纵容这些人，但这时大局已无法挽回了。

只有懂得中庸调和的人，才是深谙方圆之道的人。大凡固执于一种极端的人，往往凭一股冲动或者习惯去做或不做某些事情，这便是他们的特点，同时又是其致命的弱点。俗语说："百人百心，百人百姓。"有的人性格内向，有的人性格外向，有的人性格柔和，有的人性格刚烈，各有特点，又各有利弊。然而综观历史，我们不难发现，在历史上留名，在生活中游刃有余的人往往是那些懂得审时度势适度融合的人。

无论我们倾向于哪一方，都要注意留有一定的尺度。内向的人如果时刻封闭在自己的世界就会失去为生活调味的人与物，外向的人，如果不适时收敛自己的光芒，难免会让人觉得浮躁。所以我们应该在大自然动静结合的悠然意境中，学会中庸调和的艺术。为人时，好动的人适时沉静，沉静的人则要适时灵动。处事时，忙碌和安闲调和。当我们做出这样的调试，生活、工作以及人的内心都会多些从容。

《菜根谭》里的"学者"和"学问"

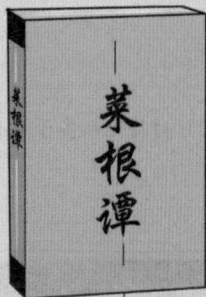

《菜根谭》讲的"学问"，并不是各个学科的那些高头讲章，而是《红楼梦》里面讲的"世事洞明皆学问"那样的学问。《菜根谭》讲的"学者"，并不是大学或者研究院里搞学术研究的专家、教授，而是普通人。人世间的道理，很复杂，很微妙。有人看得浅，有人看得深。

举例：纷扰固溺志之场，而枯寂亦槁心之地。故学者当栖心元默，以宁吾真体。亦当适志恬愉，以养吾圆机。

例子

举例：无事便思有闲杂念想否。有事便思有粗浮意气否。得意便思有骄矜辞色否。失意便思有怨望情怀否。时时检点，到得从多入少、从有入无处，才是学问的真消息。

学为人处世的道理，就是"学者"。

知道怎么做人、做事，这些都是学问。

存好心
说好话
行好事
做好人

《菜根谭》里的"学者"

学问

世事洞明皆学问

人情练达即文章

《菜根谭》里的"学问"

在生活中，我们每个人都要成为学者，保持一种学习的心态，随时调整自己，而不要固守自己的成见，固守成见是很难取得进步的。

古人讲的"学问"，是很实在的学问，对我们为人处世有启发，有实实在在的好处，这才是真正的学问，人人都需要它。

❀◎不争功劳 不矜成就◎❀

【原文】

处世不必邀功，无过便是功；与人不求感德，无怨便是德。

【译文】

为人处世不必刻意去追逐名利，能够做到不犯错误就是最大的功劳；对待他人多予施舍不一定要求回报，只要别人没有怨恨，就是最好的回报。

【精读解析】

成功的人生不是强调出来的，别人的信任不是施舍得来的。过于积极的人反而让别人觉得做作。相比之下，自在为人，无愧于心的人显得更为真诚实在。需要自己去承担责任时，就尽全力把落在自己肩上的担子挑起来，把事做得尽量完美，成功就来了。别人需要时，出于真诚而非图报地给予帮助，信任就来了。古往今来，能将此智慧运用得得心应手的代表人物之一便是中唐时期的郭子仪。国学大师南怀瑾在"谈典论人"时，曾写下《能进能退的郭子仪》一文，谈到郭子仪一生善用黄老，做人处世既有智慧，又不失自然坦荡。

唐代宗时，天下大乱，郭子仪又奉命击退吐蕃和回纥军队。他不负众望，凭借一己之力说服回纥首领，单骑退兵，从此名震千古，传为佳话。在大唐危难之际，郭子仪立下赫赫战功。然而皇帝又担心功高震主，命其归野。郭子仪

臣才疏德浅，实不敢当！

朕要封你做尚书令。

郭子仪不争功劳，不矜成就，所以身居高位却一生平安。

接到圣旨二话不说，马上移交清楚，坦然离去。等国家有难时，一接到命令，他又不顾一切，马上就位。如此以往。郭子仪屡黜屡起，四代君主都离他不行。

唐代宗大历二年十月，正当郭子仪领兵在灵州前线与吐蕃军拼杀的时候，鱼朝恩却偷偷派人掘了他父亲的坟墓。当郭子仪从泾阳班师回朝时，朝中君臣包括代宗本人心都悬着，猜想郭子仪此次归朝一定不会放过鱼朝恩。所以郭子仪入朝的那一天，代宗主动提了这件事，不想，郭子仪却躬身自责起来。他说："臣长期带兵打仗，治军不严，未能制止军士盗坟的行为。现在，家父的坟被盗，说明臣的不忠不孝已得罪天地，这是我自作自受，怪不得他人。"君臣们听了，都由衷地佩服郭子仪坦荡的胸怀。

郭子仪心里明白，自己功劳越大，麻烦就越大。虽然当朝皇帝代宗对自己信任有加，但是伴君如伴虎，他不得不处处谨慎小心，不过度地要求，对自己的职责也丝毫不懈怠。所以每次代宗给他加官晋爵，他都恳辞再三，实在推辞不掉，才勉强接受。广德二年，代宗要授他"尚书令"，他死也不肯，说："臣实在不敢当！当年太宗皇帝即位前，曾担任过这个职务，后来几位先皇，为了表示对太宗皇帝的尊敬，从来没有把这个官衔授给臣子，皇上怎能因为偏爱老臣而乱了祖上规矩呢？况且，臣才疏德浅，已累受皇恩，怎敢再受此重封呢？"代宗没法，只得另行重赏。

郭子仪的一生可谓是对"处世不必邀功，无过便是功；与人不求感德，无怨便是德"这句话的最好解读，做人如此，做官亦如此，有功不争功，有祸不畏惧，这样的智慧值得我们现代人学习。

相反，如果任何事都要争个说法，逞强好胜不可一世，那么只会给自己带来不必要的伤害，最终输家还是自己。在历史上，就存在一些人在取得了一些成绩以后，不知道收敛自己的锋芒，居功自傲，终于给自己惹来了杀身之祸。

三国时的许攸，本来是袁绍的部下，足智多谋。官渡之战时，他为袁绍出谋划策，可袁绍不听，他一怒之下投奔了曹操。曹操听说他来，没顾得上穿鞋，光着脚便出门迎接，鼓掌大笑道："足下远来，我的大事成了！"可见此时曹操对他很看重。

后来，在击败袁绍、占据冀州的战斗中，许攸又立了大功，他自恃有功，在曹操面前便开始放肆起来。有时，他当着众人的面直呼曹操的小名，说道："阿瞒，要是没有我，你是得不到冀州的！"曹操在人前不好发作，只好强笑着说："是，是，你说得没错。"但心中已十分嫉恨，可许攸并没有察觉，还是那么信口开河。又一次，许攸随曹操进了邺城东门，他对身边的人自夸道："曹家要不是因为我，是不能从这个城门进进出出的！"曹操手下终于忍耐不住，将他杀掉。一代谋臣，终成了刀下亡徒。

所以，我们做人一定要以此为戒。

人际交往中也好，职场相处也罢，如果我们表现得过于刻意和急功近利，就会让别人认为我们是有所目的才接近他们的，从而让自己的人际和工作陷入一种尴尬境地。相反，如果我们处世时做到有功劳而不争，有成就而不矜夸，谦退坦荡，就能让自己的生活像一泓活水，永远不盈不满，来而不拒，去而不留，除故纳新，流存无碍而长流不息。

◎折其两端　取其平衡◎

【原文】

忧勤是美德，太苦则无以适性怡情；澹泊是高风，太枯则无以济人利物。

【译文】

尽自己的努力去做好事情本来是一种美德，如果过于认真，把自己弄得太苦，就无助于调适自己的性情而使生活失去乐趣；淡泊寡欲本来是一种高尚的情操，如果过分逃避社会，就无法对他人有所帮助。

【精读解析】

一次子贡问孔子："老师，颛孙师和卜商相比，谁更贤德一些？"孔子回答说："他们都很贤德，只是颛孙师做得过了，而卜商做得稍有不够。"然后子贡又问："那么，颛孙师比卜商更好一些吗？"孔子回答却说："过犹不及。"

成语"过犹不及"即出于此处。意在说明在为人处世中，做得过分和做得不足对于结果来说都是一样没有意义的。凡事掌握一个度，才有可能避免我们的行为偏离本来的目标。实际上这种智慧是儒家中庸思想的另一种表达。

"中庸"即中和，不是说人活着要平庸碌碌无为，而是换种方式活：不亏不盈，可进可退，不急不缓，不过不及，不骄不馁，从而得到人生大智慧与为人处世中较为完美的平衡点。这样的活法是儒家心中的妙境，也是我们

> 事情做得过头就跟做得不够一样，都是不合适的。

什么事情都要讲究适度原则，凡事有度，才能使事情的发展朝着我们设定的目标发展。

普通人需要的一种处世智慧和难能可贵的品德。做人也好，处事也罢，不偏不倚才能正中目标。道理虽简单，但真正实行起来却不那么容易。《尹文子·大道上》中的一个故事正好可以说明这一点。

齐国有一个姓黄的老相公，他有两个女儿，都长得十分漂亮，堪称国色天香。但这位黄公每与人谈起他的两个女儿，总是"谦虚"地说："小女质陋貌丑，粗俗蠢笨。"这些话被一传十、十传百，以致他两个女儿因"丑陋"远近闻名，直到过了婚嫁的年龄，仍无人求聘。后来有个鳏夫，因无钱再娶，无奈之下，便到黄公门上求婚。黄公因大女儿年龄已大，也不再考虑是否合适，便一口答应了。婚礼完毕，这位新郎揭开新娘的盖头一看，不禁大喜过望，原来自己娶到的竟然是一位绝代佳人。消息传开，人们才知道黄公言之不实，于是一些名门子弟竞相求娶他的小女儿，自然也是天姿国色。

齐国黄公本想得到一个谦虚的美名，但由于他谦虚过分，反而耽误了大女儿的青春，这就是"过犹不及"，真是得不偿失。做什么都应该适度，这个度是办事的分寸，其实也是一条警戒线。它是规定事物性质的数量界限。超越这一个界限，事物就向反面转化，会带来不良的后果。

可在生活和工作中，最难掌握的就是这个度。工作是一种追求，但是如果让工作成为生活的全部，那么一个人的身心修养就会被疏忽以至于失去生活的乐趣。淡泊名利，清心寡欲纵然是一个人修身养性的至高境界，如果他过分执着于此，逃避社会，以至不食人间烟火，那么他便会成为一座孤岛，自己苦闷不说，对于别人对于社会也无所帮助。

其实，要想工作有实效，生活有趣味，只要学会折其两端、取其平衡，让自己得到全面发展，就可以拥有别样的人生。工作时全身心投入，把每天的八个小时发挥到极致，我们在八小时之外就可以读自己喜欢的书，做自己喜欢做的事情。人活着，首先懂得平衡工作和生活，才能使自己的事业和涵养均衡发展。

◎偏见害人 聪明障道◎

【原文】

利欲未尽害心，意见乃害心之蟊贼；声色未必障道，聪明乃障道之藩屏。

【译文】

名利和欲望未必能够伤害自己的心性，而刚愎自用、自以为是、死抱偏见才是残害心灵的毒虫；淫乐美色并不一定会妨碍一个人的品德，自作聪明、目中无人才是影响道德的障碍。

【精读解析】

提起《红楼梦》中的王熙凤，人们一方面惊叹她无与伦比的治家才能、应付各色人等的技巧，一方面又感慨她的结局。她就是因"机心"太重而遭悲惨结局的典型。

《聪明累》中这样总结王熙凤的一生："机关算尽太聪明，反送了卿卿性命。生前心已碎，死后性空灵。家富人宁，终有个家亡人散各奔腾。

刚愎自用残害心灵，自作聪明是影响道德的障碍。

能够建功立业的，大多是谦虚圆通的灵活之人；喜欢惹是生非、错过机缘的，大多是固执己见、聪明反被聪明误的人。人生是一个取舍的过程，其中有很多事情要随时调整自己，凡事不能太以自我为中心，只有这样才能找到更好的前进方向。看到了自身的渺小，也就不会偏执于某一件事，不会自命不凡、自以为是。

枉费了，意悬悬半世心，好一似，荡悠悠三更梦。忽喇喇似大厦倾，昏惨惨似灯将尽。呀！一场欢喜忽悲辛。叹人世，终难定。"

王熙凤"于世路上好机变，言谈去得"，"心性又极深细，竟是个男人万不及一的"，"少说着只怕有一万心眼子，再要赌口齿，十个会说的男人也说不过她呢"，"从小儿大妹妹玩笑时就有杀伐决断，如今出了阁，在那府里办事，越发历练老成了"，"真真泥腿光棍，专会打细算盘"，"天下人都叫你算计了去"，"嘴甜心苦，两面三刀"，"上头笑着，脚底下使绊子"，"明是一盆火，暗是一把刀"，她都占全了。这些熟悉凤姐为人的各色人对凤姐的评价，活脱脱展现出了一个"机关算尽太聪明"的人物。然而，就是这样一个十分精明的人物，却落得孤家寡人，身心劳碌至死，最终又一无所得的下场，岂不正应了"聪明反被聪明误"那句话了吗？

王熙凤不可谓不聪明，但导致她悲剧结局的因素也正是因为她"太聪明"了。她想尽各种办法，使用种种计谋，想使贾府振兴起来，然而她的努力、她的"鞠躬尽瘁"，却换来了贾府上下一片不满，最终也没有使贾家有什么起色，死后甚至连女儿也保不住。

其实，"聪明反被聪明误"，这句话，点中了很多人的痛苦根源。在现实生活中人们往往因为偏执和自我，自命不凡、投机取巧，最后连自己都葬送了。

在人生的大风浪中，我们应常常向掌舵人学习，在狂风暴雨之下把笨重的货物扔掉，以减轻船的重量。如果一味地坚持什么都不松手，最后可能就是船倾人亡的结局。

人生需要一个正确的方向。目标犹如心灵的安稳归宿，远大的目标让心灵充满力量，看到了自身的渺小，心灵自然也就更加开阔，不会过于看重眼前的得失，不会偏执于某一件事，不会自命不凡、自以为是。

以自我为中心的人，总是生活在一个狭小的圈子里，时时刻刻提防伤害，也就很难看到远处的美景。爬到山顶的人才知道"一览众山小"的妙境，能够体会到这种感觉，跋山涉水又何妨？

◎知退一步　加让三分◎

【原文】

人情反复，世路崎岖。行不去处，须知退一步之法；行得去处，务加让三分之功。

【译文】

人间世情变化不定，人生之路曲折艰难，充满坎坷。在人生之路走不通的地方，要知道退让一步、让人先行的道理；在走得过去的地方，也一定要给予人家三分的便利，这样才能逢凶化吉，一帆风顺。

走不通的地方，退让一步；走得过去的地方，加让三分。懂得退让，才会远离烦恼。

【精读解析】

无论是在古代还是在现代，以宽忍开始、因退步居上是与人打交道时不可多得的一个黄金法则。历史上有许多典型事例，充分说明忍让退却、与人为先的好处。

唐宣宗李忱在即位之前，贵为王公的他却不得不离京出走，这得从他当时的处境说起。

李忱的母亲作为当时叛臣的罪孥进宫，结

在为人处世的过程中，要懂得礼让待人，宽忍接物。当我们从他人的角度来处理问题时，实际上是在变相地为自己的目标铺平道路。尤其是在面对风险时，冷静大度地后退一步再做决定，反而会取得意想不到的效果。

有时候，退一步能够帮人脱险避祸，退一步，能够蓄积力量走得更长远。唐宣宗李忱适时退避，才成就了后来的"大中之治"

在长达20年的时间里，三朝皇叔李忱的地位既微妙又尴尬。尽管他为人低调，不事张扬，但他的特殊身份，让他无法逃避各种各样的猜忌。公元841年，唐武宗登基，李忱远离了是非之地。

李忱隐居于与世隔绝的深山之中，握瑾怀瑜的他，效法孔明抱膝于隆中、太公钓闲于渭水。

公元846年，懂得隐忍的李忱终于夺过大位，成为唐宣宗。

在与名僧黄蘖和尚观瀑吟联时，李忱的雄才大略表露无遗。"溪涧岂能留得住，终归大海作波涛。"

果邂逅了当朝皇帝——唐宪宗李纯，生下了李忱，可惜在李忱的幼年，宪宗皇帝就被宦官暗杀了，留下这一对母子，孤苦无依。

公元820年2月，李恒（李忱之兄）被宦官扶上皇位，是为唐穆宗。4年后穆宗服长生药病逝，其子敬宗李湛接任，但他只活到18岁，驾崩后由其弟文宗李昂、武宗李炎相继接任。

在这长达20年的时间里，三朝皇叔李忱只能以黄老之道，韬光养晦，装傻弄痴。尽管他为人低调，不事张扬，但光王的特殊身份，还是让他逃避不了被侄儿们猜忌、排挤的命运。

公元841年，唐武宗登基时，李忱为避祸全身，便"寻请为僧，行游江表间"，远离了是非之地。

法号"琼俊"的李忱虽然隐居于深山之中，但他并没有忘却心中之志。在唐武宗统治的6年间，他不停地通过秘密渠道打探宫内情况，积极从事夺权的活动，以实现"归去宿龙宫"的夙愿。

在福建境内的天竺山真寂寺的三年间，他大智若愚、言行谨慎，不露端倪，但在一次与当时的名僧黄蘖和尚观瀑吟联时，他那深藏于心的雄才大略却通过一联对表露无遗。

一日，两人在山中闲话，面对悬崖峭壁上的一条飞瀑，黄蘖来了雅兴，对李忱说道："我得一上联，看你能否接下联？"李忱也兴致盎然，说道："你道来我听，我必对得上。"黄蘖于是吟道："千岩万壑不辞劳，远看方知出处高。"李忱几乎是脱口而出："溪涧岂能留得住，终归大海作波涛。"黄蘖听了，赞赏有加。

李忱就像那瀑布，经历"千岩万壑不辞劳"的艰险后，终将飞珠溅玉、石破天惊。公元846年，忍辱负重的李忱果然从侄儿手中夺过大位，成为唐宣宗。由于他长期在民间阅世读人，深知黎民疾苦，故躬行节俭，虚怀纳谏，颇有作为，号称"大中之治"。

李忱能忍人所不能忍，终于忍而后发，结束了多年的屈辱生活，并达到了自己的目标。可见要做大事，要成大事，就要懂得忍退一时方可厚积薄发的道理。

生活中我们同样要懂得退一步之法和让三分功劳的智慧。每一位优秀人物的身旁总会萦绕着各种纷扰，对它们保持沉默要比寻根究底明智得多。

◎不可浓艳 不可枯寂◎

【原文】

念头浓者，自待厚，待人亦厚，处处皆浓；念头淡者，自待薄，待人亦薄，事事皆淡。故君子居常嗜好，不可太浓艳，亦不宜太枯寂。

【译文】

一个对任何事情念头很多的人，往往能够善待自己，同时也能善待别人，他要求处处都丰富、气派、讲究；一个对任何事情念头很淡的人，不仅对自己要求低，同时对别人也不严格要求，于是事事显得松散，毫无生气。所以作为一个真正有修养的人，日常生活的喜好，既不可过度奢侈华丽，也不可过度枯燥孤寂。

真正有修养的人，明白这样一个道理：生活的喜好，既不过度奢侈，也不过度枯燥。

以自己为中心的思维和处事方式如不加限度，就会走向极端。静下心想一想，放下自我将另有洞天。

【精读解析】

一个人总是按对待自己的思维方式和行为习惯对待别人，自己需要的多，就会自然地认为别人也需要这么多，自己需要的少，便会认为别人匮乏就是理所当然。这恰好符合洪应明先生在此说明的道理，当我们对自己的任何事都考虑得多并善待自己时，我们对待别人也会这样，反之亦然。但这种以自己为中心的思维方式和处事方式应该有个限度，否则一个人就会走向两个极端：一是自私，二是自贱，即《菜根谭》所说的"太浓艳"和"太枯寂"。

"太浓艳"的人，会让生活变得繁复狭隘，"太枯寂"的人则会让生活寡淡无味、毫无价值。正因为这样，一个人日常修养过程中对自己的需求要有个限度，既不要为自己没有得到苦恼，也不要忽视自己本身已经拥有的，这样人生才会浓淡适宜了。我们生活中的大多数烦恼大多都是源于对这个度的失守。

一个人找到智者，悲哀地说："先生，我已经看破红尘，在山水间隐居多时，每天在这青山白云之间，寄情山水，品茗读书，陶冶自己的性情，丰富自己的知识。可是踏遍这里的山山水水，读遍卧中的书书本本，心中的烦恼不但不减，反而增加，怎么办啊？"

智者对他说："点一盏灯，使它能照亮你，但不会留下你的身影，就可以体悟了！"

几十年之后，这山中多了一个名叫万灯苑的私人宅院，而且宅院远近闻名。因为小小的宅院中总是灯火万千，每当夜幕降临时，这所宅院就像一只明亮的眼睛在吸引更多人的关注。而一旦走进宅院，便会被灯海包围，刺得人睁不开眼睛。

这家宅院的主人就是当年那个愁眉苦脸的人，虽然很多年已经过去了，但如今他仍然不快乐。因为尽管他每当有所收获的时候就点一盏灯，但无论把灯放在脚边，悬在顶上，乃至以一片灯海将自己团团围住，还是会见到自己的影子。灯愈亮，影子愈显；灯愈多，影子也愈多。他困惑了，却已经没有智者可以问，因为智者早已去世，而他自己也将不久于人世。

有一天，当所有的烛火都已燃尽时，他独自徜徉在自己的宅院中。看着燃尽的蜡烛、狼藉的烛泪，他悲从心来。他回想着这将要像烛火一样燃尽的一生，有时出仕，有时归隐，曾有过位高权重的浮华，也有过铅华落尽的落寞，但是，经历得多了，忽然发现自己的起起伏伏如同点灯，灯再亮，

却只能造成身后的影子。

这时一个侍从走过来，说了一句："月光比烛光还要明亮，都不用点灯了。"听到这句话，这个人忽然顿悟，自然的光明来自自然，人的光明来自内心。人的一生，只要一盏心灯便可烛照世界，它既能让自己心态明朗，也会让周围的环境清晰，而且还不会留下自己的影子。

想到这些，这个人迎着月光微微一笑。

万千烛火，营造的灯火通明终究逃不过燃尽后的黑暗，但是心灯长明，只要一盏便可让生活时时豁然明朗。万灯苑的主人苦苦寻觅的解惑之法，实际上就在心中，但是，由于他把过多的精力集中在外物的寻找中，直到人生将尽时才醒悟。

在生活中，我们经常习惯说：我的钱、我的面子、我的家、我的财产、我的儿子、我的父母、我的妻子、我的丈夫、我的名誉、我的身体……"我的"这两个字让人们太计较身外的得失，而世间事常常因求不得而心生烦恼，进而衍生痛苦和悔恨。一旦突破除这种思维定式，则一切烦恼痛苦即时消失，淡定的境界立现于眼前。

庸人自扰，自寻烦恼。这是世间天天不断上演的悲剧。我们常常像蚕蛹一样，忙碌地为自己编织一个难破的茧。用一个成语来形容，就是"作茧自缚"，这一切都是因为"太浓艳"或者"太枯寂"。处世时放下从自我出发的思考方式，点亮心灯，一个人自会摆脱被外物牵着鼻子走的尴尬处境。

○高处立身　低处处世○

【原文】

立身不高一步立，如尘里振衣，泥中濯足，如何超达？处世不退一步处，如飞蛾投烛，羝羊触藩，如何安乐？

【译文】

立身如果不能站在更高的境界，就如同在灰尘中抖衣服，在泥水中洗脚一样，怎么能够做到超凡脱俗呢？为人处世如果不退一步着想，就像飞蛾投入烛火中，公羊用角去抵藩篱一样，怎么会有安乐的生活呢？

【精读解析】

老子说："我愚人之心也哉，沌沌兮。""愚"，并非真笨，而是故意显示的。"沌沌"，不是糊涂，而是如水汇流，随世而转，自己内心却清楚明了。而这也可以构成对"立身高人一步，处世让人一步"的解读。

这样做事的人无疑是一个有所顿悟的人，他们虽然普通，却可以立身高原并可以不出差错地做到"俗人昭昭，我独昏昏，俗人察察，我独闷闷，澹兮其若海，漂兮若无止"。外表"和光同尘"，混混沌沌，而内心清明洒脱，遗世独立。虽然聪明才智高人一等，却以平凡庸陋、毫无出奇的姿态示人，行为虽是入世，但心境是出世的。

做人做事，莫让心境局限在一个狭小的空间。所谓身做入世事，心在尘缘外。唐朝李泌

为人处世退一步想，才会有安乐的生活。

人生在世，要处理好出世入世的关系，要尊重生命，要顺其自然，以平和的心态对人，以不苛求完美的心态对事。站得高一点，看得远一点，对有些东西看得淡一些。

李泌一生四次归隐，五次离京，其能避祸全身就是因为做人做事低调，懂得进退之道

玄宗天宝年间，隐居南岳嵩山的李泌曾上书玄宗，议论时政，受到玄宗的重视，玄宗把他召入宫中。

李泌遭到杨国忠的嫉恨陷害。被贬之后，"潜遁名山，以习隐自适"。

肃宗灵武即位，李泌为平叛出谋划策，虽未身担要职，却"权逾宰相"。

代宗即位，强行将李泌召至京师，封广平王。

当时的权相元载寻找名目再次将李泌逐出。

元载被诛，李泌又被召回。

李泌受到重臣常衮的排斥，再次离京。

建中年间，身处危难的德宗又把李泌召至身边。

李泌觉察到宠臣李辅国忌妒他的才能，觉得对己不利，功成身退，再次离京，进衡山修道。

便为世人演绎了一段出世心境入世行的处世佳话，他睿智的处世态度充分显现了一位政治家的高超智慧。该仕则仕，该隐则隐，无为之为，无可无不可，将出世入世的智慧拿捏得恰到好处。

李泌一生中多次因各种原因离开朝廷这个权力中心。

玄宗天宝年间，当时隐居南岳嵩山的李泌上书玄宗，议论时政，颇受重视，却遭到杨国忠的嫉恨陷害被贬送蕲春郡安置，他索性"潜遁名山，以习隐自适"。

自从肃宗灵武即位时起，李泌就一直在肃宗身边，为平叛出谋划策，虽未身担要职，却"权逾宰相"，招来了权臣崔圆、李辅国的猜忌。收复京师后，为了躲避随时都可能发生的灾祸，也由于叛乱消弭、大局已定，李泌便功成身退，进衡山修道。

代宗刚一即位，又强行将李泌召至京师，任命他为翰林学士，使其破戒入俗，当时的权相元载将其视做朝中潜在的威胁，寻找名目再次将李泌逐出。后来，元载被诛，李泌又被召回，却再一次受到重臣常衮的排斥，再次离京。建中年间，泾原兵变，身处危难的德宗又把李泌招至身边。

李泌屡蹶屡起、屹立不倒的原因，在于其恰当的处世方法和豁达的心态，其行入世，其心出世，所以社稷有难时，义不容辞，视为理所当然；国难平定后，全身而退，没有丝毫留恋。如儒家中所说，"用之则行，舍之则藏"，"行"则建功立业，"藏"则修身养性，出世入世都充实而平静。这是历史留给我们的处世要诀，更是值得我们现代人借鉴的做人智慧。

在生活中，立身高一点，处世低一点，可以借此机会修养心态、丰富自身能力，等待可以一鸣惊人的机会。具体说来可以分以下三点：第一，先把自己的工作做到精益求精，再去想如何得到嘉奖；第二，和周围的人保持良好的关系，但是要保持自我，明白自己的追求；第三，尽量淡化生活的清苦和烦恼，清虚无为地修养自己的德行，享受现有的幸福。

◎当方则方　当圆则圆◎

【原文】

处治世宜方，处乱世当圆，处叔季之世当方圆并用；待善人宜宽，待恶人当严，待庸众之人当宽严互存。

【译文】

生活在太平盛世，为人处世应当严正刚直；生活在动荡不安的时代，为人处世应当圆滑老练；生活在衰乱将亡的时代，为人处世就要方圆并用。对待心地善良的人，应当更多一些宽容；对待凶恶的人，应当更加严厉；对待那些庸碌平凡的众生，则应当根据具体情况，宽容和严厉互用，恩威并施。

【精读解析】

东汉末年刘备落难投靠曹操，曹操很真诚地接待了刘备。刘备住在许都，在衣带诏签名后，也防曹操谋害，就在后园种菜，亲自浇灌，以此迷惑曹操放松对自己的注视。一日，曹操约刘备入府饮酒，谈起以龙状人，议起谁为世之英雄。刘备点遍袁术、袁绍、刘表、孙策、张绣、张鲁，均被曹操一一贬低。曹操指出英雄的标准——"胸怀大志，腹有良谋，有包藏宇宙之机，吞吐天地之志"。刘备问："谁人当之？"曹操说："天下英雄唯使君与我。"刘备本以韬晦之计栖身许都，被曹操点破是英雄后，竟吓得把筷子丢落在地上，恰好当时大雨将至，雷声大作。曹操问刘备，为什么把筷子弄掉了？刘备从容俯拾筷子，并说："一雷之威，乃至于此。"曹操说："雷乃天地阴阳击搏之声，何为惊怕？"刘备说："我从小害怕雷声，一听见雷声只恨无处躲藏。"自此曹操认为刘备胸无大志，必不能成气候，也就未把他放在心上，刘备才巧妙地将自己的慌乱掩饰过去，从而也避免了一场劫难。

这就是历史上很有名的曹操煮酒论英雄。虽然这出戏的主角是曹操，但刘备在煮酒论英雄的对答中表现得也很出彩。而他之所以能避开曹操的怀疑和猜忌，化险为夷，最重要的就是他巧妙地运用了方圆之术。

在古代那个战乱频发的年代，人们大多数情况下根据时局来做方圆的取舍。而今和平是时代的主流，《菜根谭》中讲的"处治世宜方，处乱世当圆，处叔季之世当方圆并用"的现代意义已经很淡了，但是"待善人宜宽，待恶人当严，待庸众之人当宽严互存"的待人之道仍然有着鲜活的实效价值。其中的"宽严互存"是"方圆并用"的另一种说法。

"方圆并用"中的方和圆，从不同的角度、不同的方面理解，有不同的定义。方，做人的正气，

生活在动荡不安的时代，为人处世应当圆滑老练；生活在衰乱将亡的时代，为人处世就要方圆并用。

与人交往，保持内心的方正就好，没有必要用自己心中的框框去构架别人的行为方式。善良的人本来就已经做得很好，和他们相处，用圆的心态对待他们，双方就可以相处融洽，而对待有太多缺点的人，我们应该对他们严厉些，才可以尽到做朋友的责任。做得如此就会找到熟练运用方圆之术的秘诀。

一雷之威，乃至于此。

天下英雄唯使君与操耳。大丈夫亦畏雷乎？

曹操与刘备青梅煮酒论英雄。刘备听曹操说自己是英雄，吓得筷子都掉在了地上，谎称害怕雷声，使曹操放松了戒备。

优秀的品质；圆，处世的技巧，圆滑的行动。方，原则性；圆，灵活性。方，有棱有角；圆，圆滑世故。方，个体与群体的对立；圆，个体与群体的统一等等。一个人无论是交友、婚恋，还是谋职、做官，都需要坚持"方"的底线和"圆"的变通，如此才能游走于各色人物之间，不为世事牵连。

在现实生活中，无论是巨富、领导，还是人际关系良好的普通人，他们的成功要诀都离不开对"当方则方，当圆则圆"这一处世技巧的精通。曾有一个人问一个成功人士是如何拥有广阔的人脉的。他说："中国古代的铜钱会告诉你答案的。"接着他做了这样一番解释："一枚小小的古铜钱，圆圆的外形，中间却是棱角分明的方孔。这样的铜钱握在手里才不会硌到掌心，如果这枚铜钱是外方内圆的，效果则会相反。这就是人际交往的智慧——外圆内方。"

一个人如果过分方方正正，有棱有角，必将碰得头破血流；但是一个人如果八面玲珑，圆滑透顶，总是想让别人吃亏，自己占便宜，必将众叛离亲。

◎无为养心 半分做人◎

【原文】

歙器以满覆，扑满以空全。故君子宁居无不居有，宁居缺不处完。

【译文】

歙器因为装满了水才会倾覆，扑满因为空无一物才得以保全。所以正人君子宁可无所作为也不愿有所争夺，宁可有些欠缺也不愿十分完满。

【精读解析】

帆只扬五分，船便安；水只注五分，器便稳，发挥出自己的所有才能有着同样的道理。向世人展示自己最好的一面本来是我们一直追求的目标，但这种毫无保留的状态只能在理想的世界里实现。在现实生活中，由于每个人都有不同的理想，难免产生竞争和冲突，如果太过强调自己的能力和利益，就会在不经意间触犯别人，也就变成了我们常说的"树敌"。

人总是要相互帮助和依靠的，"树敌"对一个人的发展来说，是非常不利的。要想实现自己的理想，就要先为自己创造良好的条件，保护好自己，而不是设置诸多障碍。这就需要我们懂得低调做人的道理，学着做一个适度的"妥协主义者"。

低调做人是一种品格，一种姿态，一种胸襟，一种智慧，是一种做人的最佳姿态。

正人君子在发挥自己才能的时候，宁愿有所保留，也不发挥到极致，因为他们懂得低调做人的道理。

低调不是对世事的消极和畏缩，而是一种为人处世的谦逊品德。掌握了低调做人的方法，不仅可以减少自己对别人的无意伤害，也会在无意之中实现自己的理想。

西汉的开国功臣曹参，在未能功成名就前，跟萧何友好，但是随着萧何的官位越来越高，他和萧何的隔阂也随之越来越深了。但是萧何将死的时候，还是推荐曹参做了相国。

曹参接替萧何的官位后，处理任何事物都完全遵守萧何生前制定的规约。但是他有一个爱好，就是时不时地邀请各级官吏前来喝酒，而且在酒宴上，还不让前来参宴的宾客官吏们说话进言。这种状况让当政的惠帝很是担忧和气愤。

有一天，曹参的儿子曹窋，前来觐见，惠帝便趁机向他责怪他的父亲虽然身为相国，却不专心治理国事，并嘱咐他找机会劝解一下曹参。曹窋休假回家后，不敢怠慢皇帝的嘱托，便旁敲侧击地劝谏曹参。哪知，曹参根本就不容他说完，便已怒不可遏，还命人杖打曹窋二百下，说："赶快入朝侍奉皇帝去，天下的事不是你这年轻人可以领会的。"

第二天早朝时，惠帝责问曹参说："曹窋是遵照我的意愿劝你的。你为何要责罚他？"

曹参鞠躬谢罪说："如果让陛下作个判断的话，您认为自己和高皇帝相比哪一个更英明神武？"

皇上说："放肆！竟敢拿我和先帝作比较！"

曹参不慌不忙地说："那么在陛下眼里，我和萧何比哪一个更有辅助国政的能力？"

皇上说："这个你自己也应该心知肚明才对。你赶不上萧何。"

"陛下说的没错。现在法令清明，陛下垂衣拱手间便可治国，那我遵循前代之法不要丢失，并恪守职责，难道就不可以了吗？"

惠帝说："我明白了，你可以退下了。"

成语"萧规曹随"即来源于这个故事。曹参在任期间，一方面遵照已有的法规治理国家，另一方面又极力主张清静无为，从而使得西汉国泰民安。曹参的治国之道正好应了《菜根谭》中"宁居无不居有，宁居缺不处完"这句话。而在生活中，抱着无为的心，低调做人，也是同样的道理。

低调做人，就是不要认为自己处处胜人一筹、高人一等。能力超群的人让人敬畏，而看起来成绩平平，却有谦逊之德、平易之美的人，更容易赢得别人的亲近和信赖。

当然，低调做人不是反对表现自己，适当地表现可以为自己带来更多的机会，但如果不能把握分寸，让自己在某种情境下成为"出头鸟"，就是极不明智的做法了。

所以，在表现自己时要选对时机，要令众人信服和羡慕。要收敛起自己过分的言行，不要做出格的行为，也不要说出格的语言。在平时的生活中，要常常自省自戒。

◎ 心域打开　宽心待事 ◎

【原文】

福不可徼，养喜神，以为召福之本而已；祸不可避，去杀机，以为远祸之方而已。

【译文】

福分不可强求，只有保持愉快的心境，才是追求人生幸福的根本态度；祸患不可逃避，只有排除怨恨的心绪，才是作为远离祸患的办法。

【精读解析】

日出东海落西山，愁也一天，喜也一天。

人间的幸福美得像极光却让人缺乏真实感，但只要能让宽广的心域像海稀释盐分一样淡化悲伤从而衍生愉悦，也就有了追求人生幸福的基础；人间的灾祸是难以避免的，只有消除怨恨他人的念头，才是远离灾祸的良策。我们每个人的生活总是被他人插入，从而总是免不了与他人产生矛盾，对此失去耐性甚至动怒记恨必然会引起人际关系的冲突。任何一个精神愉快、有所作为的人都不会让消极的情绪、仇恨的心理跟随自己，所以，我们要学会的是

我听说，保持愉快的心境，是追求人生幸福的要诀。

我听说，远离祸患的办法是不要让怨恨占据你的心灵。

人们口中常说的幸福和祸患，都没有实体，他们的降临往往不是由于外物，而是因为内心。所以愉快的心情，可以成为幸福的泉眼，仇恨的内心可以成为危机四伏的渊薮。那么什么能放大愉快的情绪、稀释仇恨的杀机呢？答案是宽心。它是一种美德和修养，也是一种看透世事的明智。

放宽心境。

有这样两句话：一只脚踩扁了紫罗兰，它把香味留在那脚跟上，这就是充满馨香的宽容。世界上没有定格的福与祸，只有因心境不同而产生的福祸相依。

塞翁是一个善于推测人事吉凶祸福的人，见得多了，也许就想得开了。塞翁对待自己的事，总是很淡然。

有一天，他的马跑进了胡人的境地。人们以为他会因此而难过，纷纷前来劝慰，然而塞翁却笑笑说："我的马虽然走失了，但说不定会有好事发生呢？"几个月后，这匹马果然跑回来了，而且一匹胡地的骏马也随之而来。人们纷纷来道贺说塞翁家好运气，塞翁却有些担忧地说这匹骏马恐怕会招来不好的事。

这匹骏马恐怕会带来不好的事啊。

走失的马带着一匹骏马跑回来，人们向塞翁贺喜，塞翁却觉得骏马会带来不好的事。

塞翁的儿子很喜欢骑马，对这匹意外得来的骏马当然爱不释手。有一天骑着这匹骏马出去游玩，骑到忘情时不小心从马背上摔了下来，而且还跌断了一条腿。人们想到塞翁的惊喜一下子变成了他儿子的祸事觉得塞翁肯定会很伤心，便又来到塞翁家中，安慰塞翁。没想到塞翁又淡淡地对大家说："虽然我的儿子摔断了腿，也未必不是件好事。"这样一而再、再而三，邻居们都觉得塞翁肯定糊涂了，该喜的时候不喜，该悲的时候不悲伤，就兴味索然地走了。

不久之后，胡人进犯，当地官府要求所有的青年男子都要去服兵役。大家都知道胡人的剽悍，参加此次战争必然有去无还。最后塞翁的儿子因为腿上有伤没有去成，反而保全了自己的身家性命。

直到此时，人们才领悟出塞翁的不喜不悲其实是因为其心怀生活的智慧。

塞翁的儿子骑马摔断了一条腿，塞翁却认为未必是件坏事。

我们生活在这个世界上，必须协调的生活层面太多了。例如，在社会上，如何与亲族、朋友取得协调；在经济上，如何量入为出；在家庭上，如何培养夫妻、亲子的感情；在健康上，如何使身体不出问题；在精神上，如何选择自己的生活方式。能够如此才不会辜负我们可贵的生命。面对如此多的烦心琐事，唯有宽容才能不被生活所累。淡定地对此放宽心怀，不要让一些小事情影响我们一天的好心情。争强好斗只能两败俱伤，而宽心却可造就温馨。

"宽心"两字包含着人生的大道理。一个人的心域如果不够辽阔，他的生活就会像不会流动的水一样，不能净化、稀释生活中的压力、悲伤和祸事。

生活中，对眼前的困难看淡些、用些心力去克服，困难就会成为人生的跳板。同样，对眼下的幸福和平顺的境遇看得远些，幸福就能避免成为祸事的转弯之地。

◎宽宏大量　胸能容物◎

【原文】

地之秽者多生物，水至清者常无鱼。故君子当存含垢纳污之量，不可持好洁独行之操。

【译文】

那些堆满污物的地方，往往滋生许多生物，而极为清澈的水中反而没有鱼儿生长。所以真正有德行的君子应该有容纳他人缺点和宽恕他人过失的气度，绝对不能自命清高，独来独往。

【精读解析】

大地上有很多污秽腐烂的东西，却因此滋养了世间的生命，有动物也有植物；而在非常纯净、毫无杂质的水中，却很难找到鱼虾，因为水太干净，它们没有食物可吃。这就是"人至察而无友，水至清而无鱼"的道理。然而可悲的是，在实际生活中，总有一些人往往把自己的位置看得太高，殊不知，这种自命清高、自命不凡的做法，其实是在铸造无友的孤岛和灾祸的陷阱。苏轼乃一代文豪，诗词歌赋，都有佳作传世，只因没有容人雅量，自视太高，口出妄言，竟三次被王安石所屈。

苏轼曾因王安石被贬湖州，期满后回京，前去拜访王安石。不想苏轼的拜访正好赶上王安石午睡，苏轼便被书童迎入东书房等候。

苏轼闲坐无事，见砚下有一方素笺，写了"西风昨夜过园林，吹落黄花满地金"两句诗便无下文了。于是他不屑地一笑说："完全违背事实。"在苏轼看来，菊花最能耐久，在深秋即使焦干枯烂，也不会落瓣。一念及此，苏轼按捺不住，依韵添了两句：秋花不比春花落，说与诗人仔细吟。

待写下后，又想如此抢白宰相，只怕又会惹来麻烦，但是若把诗稿撕了，又不成体统。左思右想，都觉不妥，便将诗稿放回原处，告辞回去了。

第二天，皇上降诏，贬苏轼为黄州团练副使。

苏轼在黄州任职将近一年，转眼便已深秋，这几日忽然起了大风。风息之后，后园菊花棚下，满地铺金，枝上全无一朵。苏轼一时目瞪口呆，半晌无语。此时方知黄州菊花果然落瓣！不由对友人道："小弟被贬，只以为宰相是公报私仇。谁知是我错了。切记啊，不可轻易讥笑人，正所谓经一堑，长一智呀。"

豁达的心胸可以容纳百川。人生在世，首先学会做个容纳世情万物的入世者，才能拥出世的境界和不一样的人生。因此，我们应该像大地一样，有适当的接纳污垢的气量，来容纳别人的不足。这种做法既是对他人的敬重，也是保护自己的良策。

坚持追求完美固然是一种美好的品德，不愿意轻易放弃自己的原则也值得敬重，但是我们不能在没有朋友的世界生活。所以，与人交往时，把目光放在别人的优点上，对自己不知道不了解的地方不要妄下判断。只要我们明白"水至清则无鱼"的道理，把标尺换成寻找优点的探测雷达，一个个朋友就会"鱼贯而入"，从而打破孤独的围墙，组建自己的交际网络。

◎君子懿德　中庸之道◎

【原文】

清能有容，仁能善断，明不伤察，直不过矫，是谓蜜饯不甜，海味不咸，才是懿德。

【译文】

清廉纯洁而有包容一切的雅量，仁义而又有敏锐的判断力，洞察一切而又不苛求于人，正直而又不过于矫饰，如果做到恰如其分，就像蜜饯虽由蜜糖制成却不太甜，海水虽然含盐但不太咸一样，那就是一种高尚的美德。

【精读解析】

蜜饯由蜜糖制成，却能让人食之不腻，海水内含盐分，却不至于让生物无法生存。它们之所以能这样，是因为它们在吸收糖和盐时，既让自己区别于水果和

子曰：中庸之为德也，其至矣乎！

中庸着重在生活实践中建立起不过不及的处事方式。中庸作为一种美德是最高的境界。

淡水，又不完全被糖和盐占有。从而它们才有了自己独特而又适合外物的味道。这种吸收方式之于人、之于人生就是中庸的处事之道。

《论语·雍也》中，孔子曾有这样一段话："中庸之为德也，其至矣乎！民鲜久矣。"孔子在这里是说，中庸作为道德，是最高的境界，然而世间却很久没有达到如此境界的人了。中庸即实用理性，着重在平常的生活实践中建立起不过不失的处事方式。

很多人将中庸与明哲保身、圆滑世故联系起来，为中庸之道贴上了一个不光彩的标签。其实，中庸之道体现在做人做事方面，可以用外圆内方的做人哲学来加以阐释。

大兵压境，袁绍那样强大，就连我也几乎发生了动摇，不能坚定自己的意志，何况他人？

官渡之战中，曹操打败袁绍，袁绍仓皇出逃。曹操发现手下的将领暗中写给袁绍密信之后，下令当众烧毁。那些写信的人本以为会被治罪，而曹操却不计前嫌，最终使那些写密信的人对其感恩戴德，使敌对势力的谋臣勇将纷纷投奔。

老子的理想道德是自然，是天地，天圆地方；孔子的理想道德是中庸，是适度，是不偏不倚，两者的共通之处在于：中庸即在圆与方之间保持一种和谐，外圆内方、深浅有度是一门微妙的、高超的处世艺术，使人们在做事为人的天平上保持着微妙的平衡。

中庸，并非老于世故、老谋深算者的处世哲学。人生就像大海，处处有风浪，时时有阻力。是与所有的阻力做正面较量，拼个你死我活，还是积极地排除万难，去争取最后的胜利？生活是这样告诉我们的：不去事事计较、处处摩擦的人，才不会让凌云壮志付诸东流。

在我国历史上，以少胜多的著名战例屡见不鲜，官渡之战就是其中之一。当时曹操仅有七万兵力，袁绍却有七十多万兵力，兵力悬殊可见一斑。为了避其锋芒，曹操采纳智者的谋略出奇兵火烧了袁绍的粮草重地，最后把袁绍打得落花流水。

由于仓皇出逃，袁绍竟没有来得及处理那些重要密件，密件全部落入曹操手中，其中还有曹操手下一些将领因惧怕袁绍强大而暗中写给袁绍的密信。许多忠将建议曹操把那些写密信的人全部杀掉，以除后患。聪明的曹操却说："大兵压境，袁绍那样强大，就连我也几乎发生了动摇，不能坚定自己的意志，何况他人？"于是，他下令把所有的密信当众烧掉了。

那些写密信的人正当心惊胆战地等待处罚时，却没料到曹操不但没有治罪于他们，还把他们通敌的证据全部烧毁了。这件事让他们从内心深处对曹操感恩戴德，从此便死心塌地地为曹操卖力，绝大多数后来成了曹魏的开国元勋。一些敌对势力的谋臣勇将听说曹操如此大度不计前嫌，也都纷纷前去投奔，为他建立宏图大业创造了条件。

曹操火烧密信，是他个人的智慧，也是他懂得中庸处世，对别人不事事计较的表现。其实真正谙熟中庸之道的人就像曹操一样，他们的心是大智慧与大容忍的结合体，有勇猛斗士的威力，有沉静蕴慧的平和。行动时干练、迅速，不为感情所左右；退避时，能审时度势、全身而退，而且能抓住最佳机会东山再起。中庸而非平庸，没有失败，只有沉默，是面对挫折与逆境积蓄力量的沉默。

黄炎培先生有几句深刻的座右铭："理必求真，事必求是；言必守信，行必踏实；事闲勿荒，事繁勿慌；有言必信，无欲则刚；如若春风，肃若秋霜；取象于钱，外圆内方。"可见中庸的处世方式是在不违反个人根本原则的前提下，润滑了人与人之间的摩擦和可能产生的矛盾。人在社会中，不可能远离是非，过于锋芒毕露往往为世俗所不容，过于委曲求全又被视为软弱，如果我们能懂得"蜜饯不甜，海味不咸"中的中庸之道，凡事深浅有度、恰如其分，就可以进入为人处世的最高境界，并在纷繁复杂的人际关系中周旋有术。

《菜根谭》：咬得菜根，百事可做

一部洞彻社会人生、给人安身立命的书，理应取一个惊天地、泣鬼神的书名才对啊，这本书却用了这么一个平平淡淡的名字：菜根谭。

没有菜根，就没有各种各样的蔬菜。所以，古人讲："凡种菜者，必要厚培其根，其味乃厚。"要想种出好菜，先要养好菜根。

一味一人生

寓意

人的一生，要想过得幸福精彩，也要从根部培养。《菜根谭》就是教你如何把根养好，让人生枝繁叶茂、有滋有味。

咬得菜根
百事可成

大家每天都吃蔬菜，但很少有人吃菜根。可到了穷困潦倒的时候，没有蔬菜吃，人就只能吃菜根了。

到了那个地步，你会怎么样呢？

如果你仍然可以有滋有味地嚼着菜根，平静地过日子，那就说明你能忍受住生活的清贫，能经得住逆境的考验，以后必成大器。

○固守操履 不露锋芒○

【原文】

澹泊之士，必为浓艳者所疑；检饰之人，多为放肆者所忌。君子处此，固不可少变其操履，亦不可太露其锋芒。

【译文】

志向淡泊的人，必定会受到那些热衷于名利的人的怀疑；生活俭朴谨慎的人，大多会被行为放荡的人所妒忌。一个坚守正道的君子，固然不应该因此而稍稍改变自己的节操，但是也不能够过于锋芒毕露。

【精读解析】

在秦兵马俑博物馆，有一尊被称为"镇馆之宝"的跪射俑。它被誉为兵马俑中的精华，中国古代雕塑艺术的杰作。

这座跪射俑左腿蹲曲，右膝跪地，右足竖起，足尖抵地。上身微左侧，双目炯炯，凝视左前方。两手在身体右侧一上一下作持弓弩状。

如今，秦兵马俑坑已经出土、清理各种陶俑1000多尊，除跪射俑外，皆有不同程度的损坏，需要人工修复。而这尊跪射俑是保存最完整的，仔细观察，就连衣纹、发丝都还清晰可见。

这究竟为何呢？

专家告诉我们，这得益于它的低姿态。首先，跪射俑身高只有120厘米，天塌下来有高个子顶着，兵马俑坑都是地下坑道式土木结构建筑，当棚顶塌陷、土木俱下时，高大的立姿俑首当其冲，低姿的跪射俑受损害就小一些。其次，跪射俑作蹲跪姿，右膝、右足、左足三个支点呈等腰三角形支撑着上体，重心在下，增强了稳定性。

跪射俑有适当的高度，向下的重心，所以遇到坍塌是不会首当其冲，而且分散的受力点，增强了自己的承受力，所以能经历时间洗刷而完好无损。其实处世交友也是这样

作为君子，要坚守正道，不要因为别人的怀疑和嫉妒而改变自己的节操，要收敛锋芒，守住重心。

为人处世，总会遇到各色人、各种事，应对这些，我们应该"不可少变其操履，亦不可太露其锋芒"。一方面不因别人的猜疑、妒忌改变初衷，而是要坚持走自己的路，坚守自己的道德重心，不变操守；另一方面要灵活处世对人，包容着有着不同生活态度、处世方式的各色人等，如此我们的生活才能保持平衡和从容。

快收拾东西，丞相要撤军了。

曹操曾以"鸡肋"作为军令，杨修听闻后，让属下赶快收拾东西准备撤军，并告知其他将领他猜测丞相要撤军了。他自作聪明屡屡猜度曹操意图的行为最终为他招来了杀身之祸。

的道理，守住重心，放低自己的姿态，收敛锋芒，保持和他人适当的距离就能避开意外的伤害，更好地发展自己。相反，为人处世太过卑微或者太过高傲，不仅会错失机会、失去朋友，还有可能给自己招致祸害。

东汉末年，曹魏阵营有两个著名谋士，一是杨修，一是荀攸。杨修自恃才高，处处点出曹操的心事，经常搞得曹操下不了台，曹操"虽嬉笑，心甚恶之"，终于借一个惑乱军心的罪名把他杀了，而荀攸则完全是另一种结局。

荀攸有着过人的智慧和谋略，不仅表现在政治斗争和军事斗争中，也表现在安身立业、处理人际关系等方面。

在当时的政治、经济条件下，曹操虽然以爱才著称，但作为封建统治阶级的铁腕人物，铲除功高盖主和有离心倾向的人，却从不犹豫和手软。所以荀攸在平时很注意周围的环境，对内对外、对敌对己的方法，迥然不同。参与谋划军机，他智慧过人，迭出妙策；迎战敌军，他奋勇当先，不屈不挠；但他对曹操、对同僚各有策略，却注意不露锋芒、不争高下。总的来说，他总是在需要的时候彰显自己的能力，而在平时则把才能、智慧、功劳尽量掩藏起来，表现得总是很谦卑、愚钝。

因此，他在朝二十余年，能够从容自如地处理政治漩涡中上下左右的复杂关系，在极其残酷的人事倾轧中，始终地位稳定，立于不败之地。

荀攸在任期间，从来不见有人到曹操处进谗言加害于他，也几乎从未得罪过曹操，或使曹操不悦。这全得益于他收敛锋芒、守住重心的方圆之道。

◎ 美味快意　享用五分 ◎

【原文】

爽口之味，皆烂肠腐骨之药，五分便无殃；快心之事，悉败身丧德之媒，五分便无悔。

【译文】

那些可口的美味佳肴，都是容易伤害肠胃的毒药，如果只吃五分饱便不会受到伤害；令人赏心悦目的事情，都是导致身败名裂的媒介，只享受五分便不至于事后悔恨。

【精读解析】

我们往往都有这样的体会，再美味爽口的食物，隔三岔五地吃就会腻，反而是偶尔吃一次才会特别的香；再美的景致，如果经常游览就会索然无味。其实只要我们从这些生活的点滴处细心领悟，就会领悟出越是自己心仪的东西越是要保持适度的用心。

古人云："恩不可过，过施则不继，不继则怨生；情不可密，密交则难久，中断则有疏薄之嫌。"生活中要懂得把握生活的度，适可而止，这样才不会做出无法挽回的事。

有一回，孔子带领弟子们在鲁桓公的庙堂里参观，看到一个特别容易倾斜翻倒的器物。孔子围着它转了好几圈，左看看，右看看，还用手摸摸、转动转动，却始终拿不准它究竟是干什么用的。

你曾听过这样的话：令人赏心悦目的事情，只享受五分就够了，要留有余地才不至于事后悔恨。

在任何情况下，都要注意调节自己，使自己的一言一行适中不过分。中庸，在孔子和整个儒家学派里，既是很高深的学问，又是很高深的修养。追求恰到好处、适可而止，这是做人处世的一种境界、一种哲学观念。

于是，就问守庙的人："这是什么器物？"守庙的人回答说："这大概是放在座位右边的器物。"

孔子恍然大悟，说："我听说过这种器物。它什么也不装时就倾斜，装物适中就端端正正的，装满了就翻倒。君王把它当做自己最好的警戒物，所以总放在座位旁边。"孔子又回头对弟子说："把水倒进去，试验一下。"

子路忙去取了水，慢慢地往里倒。刚倒一点儿水，它还是倾斜的；倒了适量的水，它就正立；装满水，松开手后，它又翻了，多余的水都洒了出来。孔子慨叹说："哎呀！我明白了，哪有装满了却不倒的东西呢！"

子路走上前去，说："请问先生，有保持满而不倒的办法吗？"

孔子不慌不忙地说："聪明睿智，用愚笨来调节；功盖天下，用退让来调节；威猛无比，用怯弱来调节；富甲四海，用谦恭来调节。这就是损抑过分，达到适中状态的方法。"

子路听得连连点头，接着又刨根究底地问道："古时候的帝王除了在座位旁边放置这种鼓器警示自己外，还采取什么措施来防止自己的行为过火呢？"

孔子侃侃而谈道："上天生了老百姓又定下他们的国君，让他治理老百姓，不让他们失去天性。有了国君又为他设置辅佐，让辅佐的人教导、保护他，不让他做事过分。因此，天子有公，诸侯有卿，卿设置侧室之官，大夫有副手，士人有朋友，平民、工、商，乃至干杂役的皂隶、放牛马的牧童，都有亲近的人来相互辅佐。有功劳就奖赏，有错误就纠正，有患难就救援，有过失就改正。自天子以下，人各有父兄子弟，来观察、补救他的得失。太史记载史册，乐师写作诗歌，乐工诵读箴谏，大夫规劝开导，士传话，平民提建议，商人在市场上议论，各种工匠呈献技艺。各种身份的人用不同的方式进行劝谏，从而使国君不至于骑在老百姓头上任意妄为，放纵他的邪恶。"

众弟子听罢，一个个面露喜悦之色。他们从孔子的话中明白了一个道理：在任何情况下，人们都要调节自己，使自己的一言一行合乎标准，不过分，也不要达到标准。

生活中的任何事情都要讲究一个"度"，比如吃饭，餐餐最好吃到恰到好处，适可而止，就能永远保持健康的胃口。工作、学习中，求上进固然是件好事，但是不懂得劳逸结合，就会影响效率。对于自己想要的东西，如名利、荣誉，要把握住欲望的收纳口，否则就会过犹不及。这就是"有福不可尽享，有事不可做尽"的道理。

孔子带领弟子们在鲁桓公的庙堂里参观，发现了放在君王座位右边的器物。这种器物，只有装物适中时才会端端正正。

（气泡：有啊，我告诉你：损抑过分，达到适中状态。）

（气泡：请问先生有保持满而不倒的办法吗？）

◎胸无芥蒂　养德远害◎

【原文】

不责人小过，不发人阴私，不念人旧恶。三者可以养德，亦可以远害。

【译文】

对别人小的过失不求全责备，不揭露别人隐秘的事，不记恨别人过去的恶行。能够做到这三点就可以培养自己良好的品德，也能够通过这种办法避免祸害。

【精读解析】

《新唐书》中有一则武则天与狄仁杰的故事：武则天称帝后，任命狄仁杰为宰相。有一天，武则天问狄仁杰："你以前任职于汝南，有极佳的表现，也深受百姓欢迎。却有一些人总是诽谤诬陷你，你想知道详情吗？"

狄仁杰立即道："陛下如认为那些诽谤诬陷是我的过失，我当恭听改之；若陛下认为并非我的过失，那是臣之大幸。至于到底是谁在诽谤诬陷，如何诽谤，我都不想知道。"

武则天闻之大喜，推崇狄仁杰为仁师长者。

做人难，难在如何面对别人不当的言行。狄仁杰被认作武周一代名臣，是很有道理的，从这段文字中我们也可以窥出几分。流言止于智者，真正有智慧的人是不会被流言中伤的。因为他们懂得用沉默来对待那些毫无意义的流言诽谤，从这个层面上来看，他们的沉默就是一种胸襟，这种胸襟就是养德远害的方法所在。

与这种胸襟相对的是狭隘。现实生活中，人生周遭的一切都是琐碎的事物，如别人的误解、诽谤甚至攻击，如果我们迎着这些冲上去只会让自己产生狭隘的心理，并让自己因为它们沉浸在莫名的困扰和心烦中。而且，如果我们不克服这种狭隘的心理，就会在琐碎的烦恼中不断压缩美德升华的空间，从而让自己的人生失去延展的可能性。

晋朝的陈寿曾在《三国志·蜀书·秦宓传》中写道："记人之善，忘人之过。"意思是说：人有恩于我，不可忘；人有怨于我，不可不忘。古人告诫我们要以最真的诚意牢记善行和义举，

遇事要学会沉默。

只有学会宽容、接纳，才能让自己的人生不陷入悲伤的循环中。恢弘大度，胸无芥蒂，才能吐纳百川，既养德又远害。真正有智慧的人是不会被流言中伤的。因为他们懂得用沉默来对待那些毫无意义的流言诽谤，从这个层面上来看，他们的沉默就是一种胸襟，这种胸襟就是养德远害的方法所在。

陛下，对这些臣不想知道。

一些人总是诽谤诬陷你，你想知道详情吗？

武则天告知狄仁杰有人在诽谤诬陷他，此时狄仁杰只想着恭敬地听着自己的过失并改正，对那些诽谤之言、诽谤之人丝毫不在意。狄仁杰的沉默是一种养德远害的方法，也是一种宽以待人的胸襟。

以最大的宽容和忍耐忘却仇恨。这是一种积极的人生态度，更是一种可贵的待人之道。

现实生活中，由于每个人思考角度不同，难免有一些误会、摩擦，或因一时迷于名利，办了糊涂事。如果我们不能忘记他人的过失，一直心存怨恨，不但对身体无益，影响健康，而且自己也始终活在怨恨的阴影里，小则纠缠于日益紧张的人际关系中，大则会冤冤相报，困在不断升级的恶斗恐怖之中，伤身害命。

其实，除了这种做法，我们还可以选择放开心胸，宽容待之。所谓浊者自浊、清者自清。为人处世，"不责人小过，不发人阴私，不念人旧恶"，不仅会让对手和敌人化为己用，而且当我们付出这种美德时，我们就向更加成熟、有所进步的自己靠近了一步。

在我们生活的世界上，从来没有永远平静的大海，也从来没有一马平川的人生，只要是与人相处，脾气再好的人也或多或少地会有和别人发生口角和争执的时候，这个时候如果针尖对麦芒地应对只会让整个人生陷入悲伤的循环中。只有宽容、接纳不如意，继续往前走，才能摆脱这种循环。

○藏巧于拙　以屈为伸○

【原文】

藏巧于拙，用晦而明，寓清于浊，以屈为伸，真涉世之一壶、藏身之三窟也。

【译文】

一个人再聪明也不宜锋芒毕露，不妨装得笨拙一点；即使非常清楚明白也不宜过于表现，宁可用谦虚来收敛自己；志节很高也不要孤芳自赏，宁可随和一点；在有能力时不宜过于激进，宁可以退为进，这才是真正安身立命、高枕无忧的处世法宝。

【精读解析】

孔子年轻的时候，曾经向老子请教学问。在谈到怎样为人处世时，老子说了一句话："良贾深藏若虚，君子盛德，容貌若愚。"这句话的意思是说，善于做生意的人，总是把珍贵的宝物隐藏起来，不让人轻易看到；有修养、品德高尚的人，往往在表面上显得很愚笨。

人只要知道自己的愚和惑，就不算是真愚真惑。是愚是惑，各人心里明白就足够了。在纷繁复杂、变幻莫测的世界上，懂得装憨卖傻，以一副糊涂表象示之于众人的人方称得上有"大智慧"，是"大聪明"。

一位哲人说："不懂得隐藏自己智巧的人是一个真傻瓜。"

人生就是这样。无论你有怎样出众的才智，都一定要谨记：不要把自己看得太了不起，不要把自己看得太重要，该糊涂时还是假装糊涂比较好。

许多人对于假装糊涂、低调行事这种重要的品性不以为意。事实上，低调是一种积极有力的力量，如果妥善把握，不仅可以保护自己、融入人群，与人们和谐相处，也可以让自己暗蓄力量、悄然潜行，在不显山不露水中成就事业。

我们把姿态放低时就显得对方高大；你朴实和气，他就愿与你相处，认为我们亲切、可靠；我们恭敬顺从，他的指挥欲就愈发得到满足，认为我们配合得很默契，很合得来；我们愚笨，他就愿意帮助你，认为自己是我们的贵人。

> 大巧若拙，大智若愚，是真正安身立命的处世法宝。

大巧若拙，大智若愚，用笨拙掩饰聪明，用低调掩饰锋芒，宁可低调也不能自命清高，宁可退一步，也不急功近利，这便是为人处世的最佳法则之一。做人不必过于暴露锋芒，要善于潜藏，要善于韬光养晦，能屈能伸，方能成就大业。以守为攻，以退为进，潜藏不露，掌握主动权，才是人生的真正智慧。

> 良贾深藏若虚，君子盛德，容貌若愚。

孔子向老子请教学问的时候，老子推崇的为人处世方法是：善于做生意的人，总是把珍贵的宝物隐藏起来，不让人轻易看到；有修养、品德高尚的人，往往在表面上显得很愚笨。

◎奇人乏识 独行无恒◎

【原文】

惊奇喜异者，无远大之识；苦节独行者，非恒久之操。

【译文】

一个人如果过于标新立异，行为怪诞不群，必然不会有高深的学问和卓越的见识；一个人如果只知道苦苦去潜修名节，特立独行，也必然没有长久不变的操守。

【精读解析】

一个人活在世上，首先是个常人。要心淡如水，顺其自然，率性而为。不必去矫揉造作，哗众取宠，不用去标新立异，怪诞狂傲，否则招人嫌恶。

西晋名将王濬于公元280年巧用火烧铁索之计，灭掉了东吴。三国分裂的局面至此方告结束，国家重新归于统一，王濬的历史功勋是不可埋没的。岂料王濬克敌制胜之日，竟是受谗遭诬之时。

奉劝公子，做人要顺其自然，不能过于标新立异、特立独行。

做人不能太把自己当回事了，否则就容易忘乎所以、刚愎自用，对人对事吹毛求疵。这样的人，即便本领再高强，也不会受人尊敬、被人重用。因此，做人还是要放低心态，让自己融入平常人当中去。

西晋大将王濬因为其卓著的战功和特立独行的行事风格而为朝廷上下所嫉恨诬陷。这个时候是继续坚持自我不作回避呢？还是要采取一些策略来对应呢？

公元280年，西晋名将王濬用火烧铁索之计，大破东吴水军。然而卓越的战功却引来了同僚的嫉恨和皇帝的猜疑。

面对这种形势，开始的时候王濬是作强硬的回应，每次晋见皇帝，他都一再陈述自己伐吴之战中的种种辛苦以及被人冤枉的悲愤。但是他的处境并未因此得到好转。

王濬的亲戚范通去见王濬，劝他退居家中，不再提伐吴之事，如果有人问起，就说是皇上的圣明，诸位将帅的努力！

王濬听了范通的话就照着去做了，关于王濬的谗言不止自息。这个经验告诉我们，做人要低调，不要刻意突显自己，这样才能为自己赢得好人缘。

228

安东将军王浑以不服从指挥为由，要求将他交司法部门论罪，又诬告王濬攻入建康之后，大量抢劫吴宫的珍宝。这不能不令功勋卓著的王濬感到畏惧。当年，消灭蜀国，收降后主刘禅的大功臣邓艾，就是在获胜之日被谗言诬陷而死。他害怕重蹈邓艾的覆辙，便一再上书，陈述战场的实际状况，辩白自己的无辜，晋武帝司马炎倒是没有治他的罪，而且力排众议，对他论功行赏。

可王濬每当想到自己立了大功，反而被豪强大臣所压制，一再被弹劾，便愤愤不平。每次晋见皇帝，都一再陈述自己伐吴之战中的种种辛苦以及被人冤枉的悲愤，有时感情激动，也不向皇帝辞别，便愤愤离开朝廷。他的亲戚范通对他说："足下的功劳可谓大了，可惜足下居功自傲，未能做到尽善尽美！"

王濬问："这话什么意思？"范通说："当足下凯旋之日，应当退居家中，再也不要提伐吴之事，如果有人问起来，你就说：'是皇上的圣明，诸位将帅的努力，我有什么功劳可夸的！'这样，王浑能不惭愧吗？"

王濬按照他的话去做了，谗言果然不止自息。

王濬若是依旧一意孤行，自伐其功，自矜其能，到最后绝没有好下场。经验告诉我们，有时立了功，也许是很危险的事情。自以为有功便忘了上峰，总是讨人嫌的，特别容易招惹他人嫉恨。自己的功劳自己表白虽说合理，却不合人情的捧场之需，而且是很危险的事情。

"满招损，谦受益"，这是古代先贤留给后世的箴言。那些喜欢标新立异、行为怪诞的人，绝对不会有什么高深的学识和精辟的见解；而那些自以为清高的人，也绝对无法永恒地独善其身。

◎宽而容人　不形于色◎

【原文】

觉人之诈，不形于言；受人之侮，不动于色。此中有无穷意味，亦有无穷受用。

【译文】

发觉别人的欺诈行为时，并不以言语表现自己的不满；受到别人的欺侮时，并不表现出愤怒的情绪。这种处世方法中有无穷的意蕴，也含有一生受用不尽的奥妙。

【精读解析】

古人曾经咏叹零落成泥的落花，说："碾我入尘土，依旧笼乾坤。"意思是说，虽然被千人车马犬彘践踏，却并不抱恨，依旧用自己的香气笼罩乾坤天地，这种气质和胸襟着实令人敬佩。

以包容的胸襟处世待人，是我们每个人都应该具有的一种生活态度。人只有具备"海纳百川，有容乃大"的博大气魄，才能够束缚住自己内心不安分的念头，平心静气，充实自我，成就自我。

大人能以包容的胸襟对待别人，更能显出大人的雅量啊。

所谓"宽可容人，厚可载物"，涵养包容不仅是立业之道，也是待人处世的良方。很多时候，人们需要宽容，宽容不公是给别人机会，更是为自己创造机会。善待别人就是善待自己。

唐玄宗开元年间，有位梦窗禅师，他德高望重，既是有名的禅师，也是当朝国师。

有一次他搭船渡河，渡船刚要离岸，这时从远处来了一位骑马佩刀的大将军，大声喊道："等一等，等一等，载我过去！"他一边说一边把马拴在岸边，拿了鞭子朝水边走来。

船上的人纷纷说道："船已开行，不能回头了，干脆让他等下一班吧！"船夫也大声回答他：

"请等下一班吧！"将军急得在水边团团转。

这时坐在船头的梦窗国师对船夫说道："船家，这船离岸还没有多远，你就行个方便，掉过船头载他过河吧！"船夫看到是一位气度不凡的出家师父开口求情，只好把船撑了回去，让那位将军上了船。

将军上船以后就四处寻找座位，无奈座位已满，这时他看见坐在船头的梦窗国师，于是拿起鞭子就打，嘴里还粗野地骂道："老和尚！走开点，快把座位让给我！难道你没看见本大爷上船？"没想到这一鞭子正好打在梦窗国师头上，鲜血顺着脸颊流了下来，国师一言不发地把座位让给了那位蛮横的将军。

这一切，大家都看在眼里，心里是既害怕将军的蛮横，又为国师的遭遇感到不平，纷纷窃窃私语：将军真是忘恩负义，禅师请求船夫回去载他，他不但抢禅师的位子，还打了他。将军从大家的议论中，似乎明白了什么。他心里非常惭愧，不免心生悔意，但身为将军却拉不下脸面，不好意思认错。

不一会儿，船到了对岸，大家都下了船。梦窗国师默默地走到水边，慢慢地洗掉脸上的血污。那位将军再也忍受不住良心的谴责，上前跪在国师面前忏悔道："禅师，我……真对不起！"梦窗国师心平气和地对他说："不要紧，出门在外难免心情不好。"

"出门在外，难免心情不好"，这句话中包含的宽容与善意，瞬间使彪悍的将军丢盔卸甲。梦窗国师用一句简单的话感化了冒犯他的人，如春风化雨，这般风范，令人肃然起敬。

有了宽容，才有了人生的快乐和放松，这就是宽容的真谛。所以人生的宽容是一种建立在认识现实基础上的心安理得的生活方式。宽容是不抱怨，是不愤怒，也不是虚假的开心、欺骗的宽容和不老实的异想天开。我们宽容了别人，自然就会放下情感的包袱，提升自己的心灵和人生。

○高调做事　低调做人○

【原文】

有妍必有丑为之对，我不夸妍，谁能丑我？有洁必有污为之仇，我不好洁，谁能污我？

【译文】

有美丽必然就有丑陋作为对比，我不自夸自大宣扬自己美丽，谁又能指责我丑陋呢？有干净必然就有脏污作为对比，我不宣扬自己如何干净，谁又能讥讽我脏污呢？

【精读解析】

不用去自我炫耀，也不必去自我宣扬，因为你的矫饰，很有可能暴露了你的丑陋。不必去故作清高，不用去说人家俗不可耐，因为愤世嫉俗，往往是将心中的痛苦和孤独暴露无遗。

低调的人虽不张扬，不温不火，但内心自信自尊，他们"上交不谄，下交不渎"，以一种儒雅的风范维护着自己的尊严。

不宣扬自己美丽，别人怎么能指责我丑陋呢？不宣扬自己干净，别人又怎能讥讽我脏污呢？

做事要高调，但取得了成绩不可自夸，要"微言"，谦虚低调。低调做人并不是卑躬屈膝做人，低调做人必须摆脱低人一等的感觉。低调与低人一等的本质区别就在于是否产生自卑心理，缺乏自信。

明朝初期，作为辅佐朱元璋的一名大臣，宋濂对朱元璋的询问，都一五一十回答得特别详细，事无巨细，毫无隐藏，即使问到家事，也一一据实回答。一次，朱元璋问他："昨天饮酒没有？请的客人都有谁？吃的都是什么佳肴？"宋濂如实报告。朱元璋说："你接待宾客时，我早就令人暗中侦察。你说的全符合他报告给我的情况，没有欺骗我，这很好。"就这样，宋濂得到宠信。宋濂经常对子孙说："皇帝的恩德广大得像天地一样。怎样才能报答呢？只有对皇上诚敬忠信，这样或许还可报答万分之一。"

太素的话说得虽然偏激，但内心还是忠于陛下的

宋濂是明朝朱元璋的大臣，他生性缜密谨严，做事滴水不漏，赢得了生性多疑的朱元璋的信任。而在很多时候，他又能以较为婉曲的方式向朱元璋提出自己的不同意见，所以被朱元璋称为贤能君子。

一次，朱元璋让宋濂评论诸臣中谁好谁坏。宋濂巧妙地回答说："贤能之士与臣往来，臣可以说出姓名；贪奸之辈不与臣往来，臣不知道他们的姓名，所以说不上来。"主事茹太素上疏触怒了朱元璋，其他廷臣都附和说茹太素大不敬，犯了诽谤君主的罪。唯有宋濂劝告朱元璋说："太素的话说得虽然偏激，但内心还是忠于陛下的。陛下若要大臣提建议，就不可治太素重罪，否则还有哪个大臣敢提意见呢？"朱元璋再览太素奏疏，里面确实有可采纳的建议，便召廷臣说："不是宋濂提醒我，就会犯下惩治言官的过错。宋濂事我十九年，未曾有一言之伪，说过一个人的坏话，始终如一，贤能君子非宋濂莫属。"

宋濂不夸饰自己，也不招惹人家，不轻易臧否他人，这是一种高明的处世之道。这样做至少别人找不到他的把柄，反而认为他是诚挚可靠的，自己也心安理得，静能制动，自在安详。

没有人不想出人头地，每个人都有自己的野心，但是切忌太过外露。志向和企图即使是正当的，一旦在自己的身上得到肆意表现，总会有人感到受了威胁。他们可能会利用手中的权力或影响力对你进行打击，那么过去一切努力也将会化为泡影。

一个人，锋芒太盛了难免灼伤他人，也会为自己招来更多的嫉恨和磨难。人们常说"虚名累人"，自夸自大本身毫无价值、毫无意义，反而会引发各种矛盾与冲突，为人生徒增诸多烦恼与愁苦。有的时候不要刻意去追求，而是专注于自身，修身养性，自然会有一个对比，这时反而会得到意想不到的结果，不求之反来之。

◎功过分明　恩仇糊涂◎

【原文】

功过不容少混，混则人怀惰隳之心；恩仇不可太明，明则人起携贰之志。

【译文】

功绩和过失一点都不容混淆，混淆了人们就会变得懒怠而没有上进之心；恩惠和仇恨不能表现得太明显，太明显了人们就容易产生怀疑背叛之心。

【精读解析】

赏罚分明可以体现一个领导的公正。"赏"是对正确行为的肯定，帮助领导人旗帜鲜明地表明自己所赞同的行为；"罚"是对错误行为的否定，表明哪种行为是被领导人所禁止的。

综观历史，成就大事业的人无论是治家、治军还是治国都是纪律严明，奖罚分明的。三国时期诸葛亮就是如此。

诸葛亮负责管理所有军政事务，显然，假如没有一些手段，他是办不成事的，而诸葛亮的手段之一就是赏罚分明。对有功者，他施以恩惠，不断激励；对犯错误者他严肃法令，秉公执法。有两件事可以反映诸葛亮的赏罚分明：

第一件事：诸葛亮首次北伐时，马谡大意失街亭，致使诸葛亮北伐之旅遭到彻底失败。诸葛亮退军后，挥泪斩了马谡。同时，诸葛亮对在街亭之战立有战功的大将王平予以表彰，擢升了他的官职。

第二件事：作为托孤重臣的李严，一直为诸葛亮所器重。但在北伐时，李严并没有按时将粮草提供给前线，反而为了逃避责任在诸葛亮和刘禅之间两头撒谎，诸葛亮不明就里，只得退军。后来诸葛亮了解到了真相，将李严革职查办。

诸葛亮对下属严格的赏罚制度，充分体现了他恩威并施的不凡智慧，通过他的举措，军纪得到了整肃，士兵的士气也被大大地鼓舞。

对有功劳的人不吝惜赏赐，是领导者大度的表现。而对于犯了原则性错误的人，饶恕就等于纵容，会破坏一个团队或生活圈子的规矩，以至于人人都变得随便，不服从命令。只有论功行赏、论罪处罚，才是领导者留下人才和铲除蠹虫的不二法门。

《菜根谭》说：对部下的功绩和过失一点都不容混淆。也说：对恩惠和仇恨不能表现得过于明显，太明显了人们就容易生怀疑背叛的心。

晋平公要祁黄羊推荐南阳县令的人选，祁黄羊推荐自己的仇人解狐。这让平公觉得十分不解，以为他在搞什么新花样，便把祁黄羊召来，责问其真实意图。祁黄羊回答道："国君，您只是问谁可以担当这个职位，并不是问我的仇人是谁。"晋平公觉得他说得很有道理，便用了解狐当县令，举国上下都很称赞这个任命。

祁黄羊推荐人才，不计较私人仇怨，完全为集体利益着想，让晋平公更加信任他。我们应该向祁黄羊学习，不理会个人恩怨、得失，决不以私害公、以私误公。

人非圣贤，不可能不犯错。要勇于接受和承认过失，改正错误，便能将功补过，化过为功。同时也要以善良、仁爱的心对待一切，宽以待人，化仇为友，得饶人处且饶人，给他人留一点余地，为自己筑一条坦途。

功过分明　恩仇糊涂。人们就会有上进之心，不会产生怀疑背叛之心。

功是功，过是过，泾渭分明。公正是建功立业的前提。一个领导者是否公正，可以体现在他能否做到对下属赏罚得宜。有奖有罚，赏罚分明，是驭人术必不可少的一种手段。恩仇相斥，冰炭不容。但是一旦消泯怨仇，抛却私心，不仅能遗恩于人，而且还是安身立命的良方。

丞相，你和马谡义如父子，情同手足，杀之何忍？

诸葛亮负责管理军政事务时，赏罚分明。因马谡的大意北伐失败，退军后，挥泪斩马谡。

《菜根谭》：三元文化共通融合

儒家文化

修身、养性、冶心

佛家文化

道家文化

《菜根谭》使儒、释、道三家学说在养性治心上共通融合

儒家思想

修身养性；
以德为先；
以庸言、庸行来处理
人和事；
儒家入世，倡导进取
拼搏的人生态度。

释家思想

用心顿悟；
静思心定；
磨炼心智。

道家思想

静柔无为；
道法自然；
抱朴守真；
道家出世，要求超然
淡泊的人生心境。

❀◎气量宏大 宽待他人◎❀

【原文】

　　锄奸杜幸，要放他一条去路。若使之一无所容，譬如塞鼠穴者，一切去路都塞尽，则一切好物俱咬破矣。

【译文】

　　要想铲除杜绝那些邪恶奸诈之人，就要给他们一条改过自新、重新做人的路径。如果使他们走投无路、无立锥之地的话，就好像堵塞老鼠洞一样，一切进出的道路都堵死了，那么一切好的东西也都被咬坏了。

【精读解析】

　　为人处世，首先应当提倡"豁达大度"的胸怀。我们在处理人际关系时，要气量宽宏，能够容人。

　　对付奸邪小人，给他改过自新、改邪归正的道路，也是豁达大度、宽厚待人的方式。如果把小人逼得毫无退路，他们就会破釜沉舟，狗急跳墙，反戈一击，这样往往是极为致命的。

　　俗话说："人怕破脸，树怕扒皮。"人做了坏事，如果被戳穿了，被逼到了绝路，就可能会干出更多意想不到的坏事，甚至危及自身。所以，做事情要懂得给对方留有余地，"惩前毖后，治病救人"，用宽恕来感化他。

　　南北朝时，有位著名的隐士叫范元琰，他住在吴郡钱塘(今浙江杭州)。他家中生活贫困，只能以种植园艺和卖蔬菜为生。有次他外出散步，突然看见有人在偷他家的蔬菜，范元琰马上掉头转身跑回家，母亲问他出了什么事，范元琰如实回答。母亲问小偷是谁，范元琰回答说："刚才我之所以跑回家，就是因为担心小偷因为看见了我而感到羞耻，日后没脸见人；现在我说出小偷的姓名，希望你不要泄露出去。"于是，母子俩从来都没有把这个小偷的姓名说出去。还有一次，有人游过河来，偷他家园中的竹笋，范元琰不仅不抓小偷，反而伐木架桥，让小偷顺利过河。从此以后，小偷们都感到非常羞愧，一乡之中，再也没有偷窃之事发生了。

　　人人都有可能会犯错误，倘若犯了错误之后不给人改过自新的机会，就会激化矛盾。如果我们能不计较他人的过失，设身处地为他人着想，

铲除邪恶奸诈之人，就要给他们一条改过自新、重新做人的路径。

气量和容人，犹如器之容水，器量大则容水多，器量小则容水少，器漏则上注而下逝，无器者则有水而不容。为人处世，首先应当提倡"豁达大度"的胸怀。豁达，即性格开朗；大度，即气量宏大。我们在处理人际关系时，要气量宽宏，能够容人。

对梁上君子我只能感化他才能改邪归正。

汉朝的陈寔用他的一颗宽容真诚的心感化了小偷，不仅给予其改过自新的机会，也赢得了其他人的尊重。

或许在宽容的背后，还能收敛一颗顽劣的心。

宽待奸邪的小人并不会让自己损失很多，最重要的是超越自己，化解剑拔弩张的矛盾、冲突，将暴风骤雨化做春风细雨。

与人方便就是与己方便，在人生中，将别人渴望的东西主动送上门去，能免愤恨、招感激，为自己赢得一份宝贵的人情，给自己以后的人生留下余地。因为世事艰险，谁也说不准会遇到什么天灾人祸，如果不注意在人生的点滴处留人情，无形中就会给自己埋下不少可怕的定时炸弹，而如果得饶人处且饶人，适当地网开一面，也许就在无形中消除了很多危险。

○有难同当　不共富贵○

【原文】

当与人同过，不当与人同功，同功则相忌；可与人共患难，不可与人共安乐，安乐则相仇。

【译文】

应该有和别人共同承担过失的雅量，不可有和别人共同享受功劳的念头，共享功劳就会引起彼此的猜疑；应该有和别人共同渡过难关的胸怀，不可有和别人共同享受安乐的心思，共享安乐就会造成互相仇恨。

真正的朋友是在你遇到困难时，会挺身而出帮助你的人。

【精读解析】

古人云："势相轧，害相刑。"祸患的到来，全是争的结果。而无争，也就无灾祸了。

除此之外，《菜根谭》还说要"与人同过"，就是说与人交往要有难同当。昨天的权贵，很可能在今天成了平民；巨富大款，一夜之间也可能一贫如洗……人不可能永远一帆风顺，总有落魄、挫折的时候。当人们落难的时候，就是对周围人们，特别是对朋友的考验。远离而去的，可能从此成为陌路人；同情、帮助其渡过难关的，肯定会一生

在生死攸关的时刻，肯对你出手相救的人，才能称为朋友；在患难时刻，那个急于脱身、怕惹祸上身的人，是不足以把他作为真的朋友来托付的。不与人共安乐，却与人共患难，是对一个人交际品质的考验。

难忘。所谓莫逆之交、患难朋友，往往就是在困难的时候形成的。

北宋历史上有几个让我们都很钦佩的大文豪，在王安石实行新法时，却不是同一个阵营的人。比如司马光和苏东坡等就是反对王安石的保守党。尽管政见不和，他们却欣赏王安石的才情与人品。眼看着他为了变法任用了吕惠卿等小人，司马光没有袖手旁观，而是及时写信给王安石说："忠信的人，在您当权时，虽然说话难听，觉得很可恨，但以后您一定会得到他们的帮助；而那些谄媚的人，虽然顺从您，让您觉得很愉快，一旦您失去权势，他们当中一定会有人为了自己的私利出卖您。"

果然，王安石被罢免了相位后，吕惠卿当上了宰相。他很快便与王安石发生矛盾，甚至企图将王安石置于死地。这正应验了司马光信中的话。王安石养了一条恶狗，现在成了气候，要反过来咬主人了。

王安石遇到患难，吕惠卿不仅不帮助他，反而加害于他，这样的人，只肯共享安乐富贵，却不

何为君子何为小人？何人能共富贵不能共贫贱？何人能同甘共苦？王安石与吕惠卿的故事最能说明问题

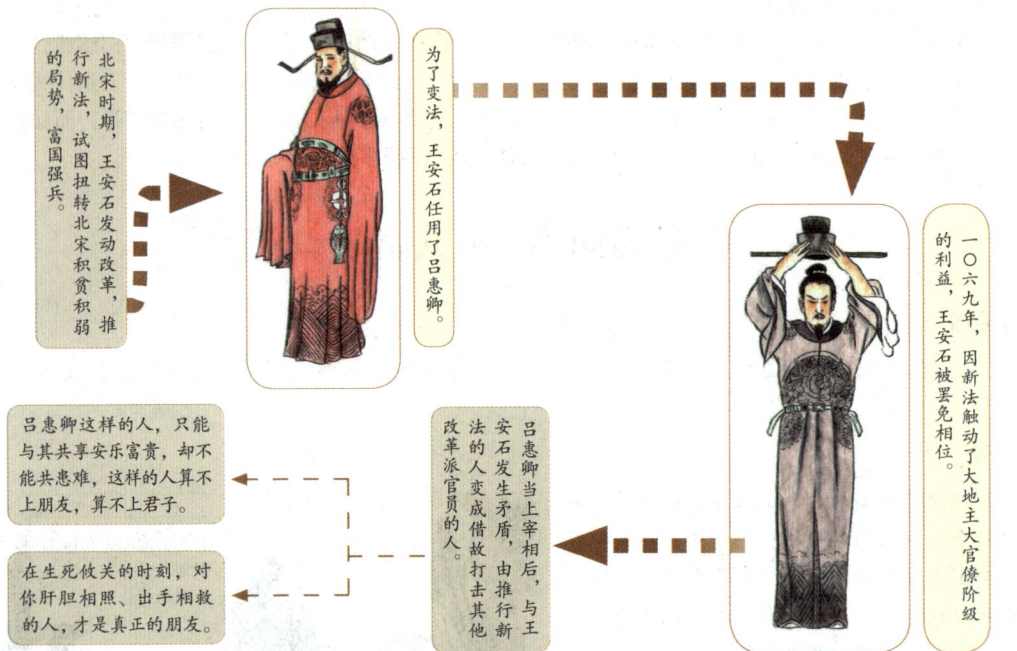

北宋时期，王安石发动改革，推行新法，试图扭转北宋积贫积弱的局势，富国强兵。

为了变法，王安石任用了吕惠卿。

一〇六九年，因新法触动了大地主大官僚阶级的利益，王安石被罢免相位。

吕惠卿当上宰相后，与王安石发生矛盾，由推行新法的人变成借故打击其他改革派官员的人。

吕惠卿这样的人，只能与其共享安乐富贵，却不能共患难，这样的人算不上朋友，算不上君子。

在生死攸关的时刻，对你肝胆相照、出手相救的人，才是真正的朋友。

能共患难，算不上朋友，也算不上君子。

　　将自己用辛勤和汗水换来的功劳拱手相让，这本身就需要具备很深的修养。能够与人共同渡过难关，不仅是对友情的考验，也是一种风度，一种品德。

◎念头宽厚　尽善尽美◎

【原文】

　　念头宽厚的，如春风煦育，万物遭之而生；念头忌刻的，如朔雪阴凝，万物遭之而死。

【译文】

　　一个胸怀宽厚的人，应当像春风一样催生万物，万物感觉到它的温暖就会充满生机；而心胸狭窄刻薄的人，就像北风呼啸、冰雪带来寒冷一样，万物感觉到它的刻薄就会被摧残。

待人和气，如春日温煦。

待人刻薄，如寒风料峭。

【精读解析】

　　一个胸怀宽厚的人能够原谅别人的过错，记住他的善，而一个小肚鸡肠、斤斤计较的人只会从别人身上寻找原因，记住他的坏。

放宽胸襟，宽厚待人，这样可以给人互相了解的机会，从而为日后的交往留出足够的空间，如此才能使生活尽善尽美。

韩非子《说林·下篇》中有这样一句话："刻削之道，鼻莫如大，目莫如小，鼻小不可大也，目大不可小也。举事亦然。"这段话的意思就是说，工艺木雕所需要注意的要领，首先在于鼻子要大，眼睛要小。鼻子雕刻大了，还可以改小，如果一开始便给刻得小了，那么以后就没有什么办法补救了。人生的道理与雕刻是相通的，我们的心就像那个鼻子，如果一开始就很小，那以后就没有方法补救了。所以，我们不要总是以自我为中心，应该放宽胸襟，宽厚待人，做到这些，就会给别人也给自己一个互相了解的机会，从而为日后的交往留出足够腾挪的空间，如此才能将生活过得尽善尽美。

一个穷秀才拜访富弼说向他请教问题，企图羞辱富弼。富弼认为穷秀才乃轻狂之士，并未与他辩论，而是让自己的念头变得宽厚。

富弼是北宋仁宗时一位品行很好的宰相，然而富弼年轻的时候，因能言善辩常常在无意间得罪不少人，给自己的事业、生活带来了不利影响。

经过长时期的自省，他逐渐变得宽厚谦和。当有人告诉他谁在说他的坏话时，他总是笑着回答："怎么会呢，他怎么会随便说我呢？"

一次，一个穷秀才想羞辱富弼，便前去拜访他说："听说你博学多识，我想请教你一个问题。"富弼知道来者不善，但也不能不理会，只好答应了。

秀才问富弼："请问，欲正其心必先诚其意，所谓诚意即毋自欺也，是即为是，非即为非。如果有人骂你，你会怎样？"富弼想了想，答道："我会装作没有听见。"秀才哈哈笑道："竟然有人说你熟读经书，原来纯属虚妄，富弼才智驽钝，充其量不过是个庸人而已！"说完，大笑而去。

富弼的仆人埋怨主人道："您真是难以理解，这么简单的问题我都可以回答，怎么您却装作不知呢？"

富弼说道："此人乃轻狂之士，若与他以理辩论，必会剑拔弩张、面红耳赤，无论谁把谁驳得哑口无言，都是口服心不服。书生心胸狭窄，必会记仇，这是徒劳无益的事，又何必与他相争呢？"

富弼用行动告诉我们，在处世时，不论是卑鄙的、恶毒的、残酷的，你千万不要被对方一句不公正的批评或难听的辱骂而变得像对方一样失去理智。生活中难免会发生矛盾，出现这样或那样的失误与差错，如果你不让我，我不让你，就很容易引发争斗。这时，我们就需要让自己的念头变得宽厚，既宽容他人也宽容自己。

为人处世，首先应当把握这样一个准则，要宽厚待人，千万不要心胸刻薄狭窄。待人和气，如春日温煦，待人刻薄，却如寒风料峭，前者能聚人，后者能树敌，人当谨慎为戒。

◎恩威并济　先严后宽◎

【原文】

恩宜自淡而浓，先浓后淡者，人忘其惠；威宜自严而宽，先宽后严者，人怨其酷。

【译文】

对人施予恩惠应该从淡到浓，如果开始浓厚而逐渐淡薄，那么人们就容易忘掉你的恩惠；树立威信要先严厉而后宽容，如果先宽容而后严厉，人们就会怨恨你的冷酷。

【精读解析】

恩威有一个先后的顺序，还有一个并存的关系，也就是所谓的"恩威并济"。

古时候，有一位首领，在领兵跟敌国作战时，遇到顽强抵抗。一次，敌方将领想出一个"擒贼擒王"的计策——派一位武士行刺国王。这位武士骁勇机警、行动敏捷，他躲开岗哨，想从马棚偷袭首领的卧室。不料，首领的马，见有异客入侵，便嘶叫起来。

首领听见马嘶，估计出了情况，手持宝剑出来察看，发现了刺客。他一声招呼，卫兵们便蜂拥而来，向刺客扑去。

施恩应该先施小恩，再施大恩，如果先施大恩，再施小恩的话，受惠的人就很容易忘记施恩人的好处。

施恩于人要有顺序，如果先浓后淡，人们会渐渐忘却功德，不但不加以感激，反而会逐渐心生怨恨；而树威立信，先宽后严则让人感到冷酷，心中也就不倾服。恩威不仅有一个先后的顺序，还有一个并存的关系，只有掌握好施恩、树威的度，才能够很好地达到恩威并济。

武士知道此番性命难保，想举刀自刎，却已经来不及了，被卫兵们捆得结结实实、扔在地上。

这时，卫士长跑过来，向首领自责疏于防范之过，并请示如何处置这名刺客。首领走到武士身边，厉声问："你是来偷马的吗？"武士不明白是什么意思，含含糊糊答应一声，心里却想："我是来取你性命的，怎么说我偷马呢？"

首领回头对侍卫长说："这家伙一定是来偷马的。现在是战争时期，老百姓都很穷，想偷马卖钱，情有可原。把他放了吧！"侍卫长急忙说："不能放！他明明是来行刺的，不是来偷马的，应该将他就地正法。"

这个武士想从马棚偷袭首领，不料，惊到了首领的马。马的嘶叫引来了首领，首领手持宝剑出来察看，发现了刺客。

战争持续了几个月之后，敌方想"擒贼擒王"于是打算派一位武士行刺国王。

古时候，有一位首领跟敌国作战时，遇到顽强抵抗。

卫兵闻讯起来，将刺客擒获。

英明的首领是如何处置偷马贼的？
看看王者的胸襟和手段

人们听说这件事后，都称颂首领心胸宽广纷纷来投奔他，很快取得了战争的胜利。后来，这位首领统一了北方，建立了一个强大的王国。

首领为了不使前来行刺的武士受到处置，争得人心，于是以武士想偷马卖钱为由，把武士放了。

"他明明是个偷马贼，为什么说他是刺客呢？我看他也是一条好汉，一定是迫不得已才干这种小偷小摸的事。把他放了吧！"侍卫长无奈，只好把刺客给放了。

这件事传出去后，人们都称颂首领心胸宽广、爱惜人才。各地的勇士如潮水般涌来投奔他，他的军队实力大增，很快就取得了战争的胜利。后来，首领统一了北方各部，建立了一个强大的王国。

以诚待人、以德服人是人应该恪守的准则。成大事者，必有虚怀若谷的胸怀。恩宜先淡后浓，威宜先严后宽，恩威并施都是属于度的把控，只有知晓此策略，才能成就大事。

○操履严明　谨慎行事○

【原文】

士君子处权门要路，操履要严明，心气要和易，毋少随而近腥膻之党，亦毋过激而犯蜂虿之毒。

【译文】

有学识的人处于有权势的重要地位时，节操品德要刚正清明，心地气度要平易随和，不要放松自己的原则，与结党营私的奸邪之人接近，也不要过于激烈地触犯那些阴险之人而遭其谋害。

【精读解析】

做人做事要讲究原则。荀子在论人性时说："人之性恶，其善者伪也。"固然有些偏激，但是却告诉我们与人打交道应该注意的地方。

害人之心不可有，防人之心不可无。必须认清周围的环境，谨慎行事，才不至于引火上身，正所谓，谨慎能捕千秋蝉，小心驶得万年船。

害人之心不可有，防人之心不可无。对小人尤其如此。

大王英明。常言道，小心驶得万年船啊。

与人打交道时还是谨慎小心一些好，对交往不深的人不妨多点戒心，特别是阴险狡诈的人，不要过分接近，也不能过激地触犯他们为自己惹来灾祸。必须认清周围环境的险恶，谨慎行事，才不至于引火上身。

公元前645年，为齐桓公创立霸业呕心沥血的管仲患了重病，齐桓公前去探望，顺便和他商讨谁可以接受相位。齐桓公提出易牙和开方、竖刁作为人选，因为易牙曾为满足齐桓公的要求不惜烹了自己的儿子；开方为侍奉他，父亲去世也不回去奔丧；竖刁自残身体来讨好齐桓公。但管仲认为易牙没有人性、开方不尽孝道、竖刁违反人情，都不会忠心于齐桓公，于是向他推荐了为人忠厚、不耻下问、居家不忘公事的隰朋，说隰朋可以帮助国君管理国政。遗憾的是，齐桓公并没有听进管仲的话。

不久，管仲病逝。齐桓公不听管仲病榻前的忠言，重用了易牙等三人，结果酿成了一场大悲剧。两年后，齐桓公病重。易牙、竖刁见齐桓公已不久于人世，就开始堵塞宫门，假传君命，不许任何人进去。有一宫女乘人不备，越墙入宫，探望齐桓公。齐桓公正饿得发慌，索取食物，宫女便把易牙、竖刁作乱，堵塞宫门，无法供应饮食的情况告诉齐桓公。桓公仰天长叹，懊悔地说："如死者有知，我有什么面目去见仲父？"说罢，用衣袖遮住脸，活活饿死了。一代霸主就这样命殒于小人之手。

齐桓公没有听管仲的话，命丧于小人之手。我们在为人处世时，自己要操履严明，自己的行迹不能像小人，同时，与小人要保持适当的距离，以免给自己带来麻烦。

从某种角度看，人生也是一场战争。在这种战争中，为了求生存，必须要有刚正清明的操守和

隰朋可以帮助国君管理国。

公元前 645 年，齐桓公前去探望重病的管仲，询问他谁可以接替相位。

齐桓公没有听管仲的劝告，不但没有任用隰朋，而且对易牙等三人给予要职。

春秋五霸之一的齐桓公不知自制，亲近小人，最后死于非命，让人引以为鉴

齐桓公病重，发发可危的时候，易牙、竖刁开始封闭消息，假传君命，不许任何人去见齐桓公。

有一宫女悄悄越墙入宫去见齐桓公，把易牙、竖刁作乱的消息告诉了齐桓公。齐桓公深感愧对管仲。

齐桓公没有听管仲的建议，放松了自己用人的原则，重用了小人，最终酿就了千古的遗恨，被小人活活饿死。

平易随和的态度，时时警醒，不放松自己的原则，这样才不至于上某些人的当，吃大亏，即使顺风满帆也不可掉以轻心。

◎异行涉祸　庸德远害◎

【原文】

阴谋怪习，异行奇能，俱是涉世的祸胎。只一个庸德庸行，便可以完混沌而招和平。

【译文】

阴险的诡计，古怪的陋习，奇异的行为和能力，都是涉身处世时招致祸害的根源。只有那种平凡的品德和言行，才可以保持自然的本性而带来和平。

【精读解析】

可能有人认为，言行怪癖、穿着奇异、性格固执是一种个性；举止文雅、性格温和、朴素踏实是缺乏个性。但是，事实不一定如此。在日常生活中，怪异之人、怪癖之行更多时候是受人侧目的，而保持平常心态的平常之人才更容易融入

平凡德行，和平之基。

在待人处世时，君子应谨守平凡的品德和言行，适当发韬光养晦，以平常之心对待别人，一定会因此受益终生。

集体和社会。为人处世贵在平淡，为诗作文贵在奇崛。如果把作文的奇崛用在为人处世上，则阴阳颠倒。尤其是怪僻、自傲等，往往都是为人处世的"祸胎"，即便是才高八斗、学富五车之人，也可能因为孤傲而断送大好前途。

唐代大诗人李白，才高八斗，满腹经纶，但他的毛病也在于怪异孤傲。当时他才华横溢、官奉翰林，但他仍然恃才放旷，整天醉眠长安街上，太监高力士传皇帝命令，寻到酒肆上面。因为他狂放不羁，整日醉醺醺地骑马入朝，大臣也顾忌他，皇帝也厌烦他。结果李白终于失宠。

历史上，像李白这样因才名卓著却恃才放旷、举止怪异的人很多，汉末的祢衡也是。当时孔融推荐他面见曹操，他却袒胸赤膊击鼓骂曹，把在场的人都得罪了，虽然曹操没有杀他，但还是借别人的刀杀了他。祢衡被杀咎由自取，但他因此也害了孔融。可见类似的恃才傲物的异行奇能千万要不得，不但害了自己，而且也无益于他人。相反，平凡的品德和言行，却可以自然而然地远离祸患。真正有智慧的人都善于隐藏自己的锋芒，他们追求宁静致远的境界，有着强者求诸己的心态，为人低调，从来不在人前自我炫耀，在做事上更是踏踏实实，从来没有太多的抱怨。

"木秀于林，风必摧之；堆出于岸，流必湍之；行高于人，众必非之。"从古至今，傲才往往都是人们攻击的对象，李白与祢衡的例子便是佐证。即便一个很优秀的人，如果不能掌握一些智慧的处世之道，连自保恐怕都成问题，更别提能够取得怎样的功绩了。在跋涉生活的漫漫长路中，要学会以平常之心待人处事，适时地韬光养晦，言行之处都要合乎庸和之道，切不可恃才傲物、我行我素、引人侧目；应对环境，也应该审时度势，随缘适分，做一个善于生存与竞争的"适者"。

李白才华横溢，满腹经纶，到长安后受到玄宗的接见，并任命他为翰林学士，他本是可以有一番作为的。

然而李白生性散漫不羁，恃才放旷，整天醉眠长安街上，其诗云："天子呼来不上船，自称臣是饮中仙。"

李白怪异孤傲的行为举止最终让玄宗认为他不堪大用，日渐疏远了他，他自己也陷入了怀才不遇的苦闷之中。

西晋著名军事家、战略家羊祜正是这样一个胸怀坦荡、虚怀若谷、大智若愚的聪明人。羊祜镇守边防重镇襄阳时，其部下曾经在边界处抓到吴军两位将领的孩子，他知道后，马上命令将孩子送回，而不是采用诡诈之人的惯用伎俩，用以要挟对方。后来，吴将夏详、邵颉等前来归降，那两位少年的父亲也率其部属一起来降，也在情理之中了。

羊祜为人恪守承诺，讲究信义，对待百姓是如此，对待敌国军队也是以诚相待。羊祜从不喜欢搞突然袭击，每次和吴人交战，他都会预先与对方商定交战的时间。对于那些鼓动他使用阴谋诡计的部将，羊祜便使用美酒"犒劳"他们，直至他们大醉不醒。有时候，晋军缺粮，不得已会到吴国的稻田里收割一些稻谷以充军粮，但羊祜每次都会送给吴国相当价值的绢帛作为补偿。在打猎时，羊祜从不越境，对被吴军击伤而被晋军猎获的飞禽走兽，他都让人清点，全部送还吴国。

羊祜的这些做法令吴人心悦诚服，都称其为"羊公"，吴将陆抗也称赞羊祜的德行度量，"虽乐毅、诸葛孔明不能过也"。羊祜不拘小节，不计细利，为人讲求诚信，在某些崇尚智计的人看来未免迂腐不化，然而他的行为其实是非常明智的做法，不仅为个人赢得了声名，也使两国边境保持了长久的和平。

《菜根谭》智慧地告诉人们：异行涉祸，庸德远害，生活中的智者们应该谨记这个道理。李白、祢衡恃才傲物、狂狷不羁，结果是遭遇冷落，甚至性命不保。而羊祜虽也怀抱才德，却能够以平常之心处世，淡然对待周遭事物，以己之心度人之心。虽然人们生活在讲究个性的时代，但是过于锋芒毕露必然会给自己招来不必要的麻烦，所谓言多必失、沉默是金，讲的也是这个意思。学会适当地韬光养晦，以平常之心待人处世，一定会在平凡之中取得不平凡的业绩。

◎平和雍容　游刃有余◎

【原文】

处世不宜与俗同，亦不宜与俗异；做事不宜令人厌，亦不宜令人喜。

【译文】

为人处世既不要同流合污陷于庸俗，也不要故作清高、标新立异；做事情不要使人产生厌恶，也不要故意迎合讨人欢心。

【精读解析】

峣峣者易折，皎皎者易污，太高人愈妒，过洁世同嫌。情深不寿，强极则辱。人生活在社会中，行事必须深浅有度。

做人要多保持中庸，不焦不躁，才能在应对事物时游刃有余，否则只会脱离人群，甚至招来祸端。春秋战国时期的鲁仲连对孟尝君的劝诚就体现了这个道理。

战国时期，齐国孟尝君礼贤下士，拿出自己所有的钱财供养投靠自己的人，但他却十分讨厌家中的一位门客，一心想逐走他。鲁仲连知道了就去劝孟尝君说："猿猴离开了树木而掉到了水中，就连鱼鳖也不如；如果要比经历险阻攀登高峰的本事，千里马就不如狐狸。勇士曹沫奋力举起三尺宝剑，打起仗来全军不能抵挡；但假使让曹沫丢下三尺宝剑，而使用农具与农夫同处田野里比赛耕地，就绝对不如农夫。所以事物有长处也有短处，舍弃他的长处而使用他的短处不足取，圣贤唐尧也有不如其他人的地方。差遣人而他暂时不胜任，就说他无用；教诲人而他一时做不到，就说他笨拙。因笨拙就驱逐，无用就抛弃，这些人一旦被抛弃、被驱逐以后就会回来报复，这难

处事既不能流于世俗，也不要故意与众不同。

人生活在社会中，不可能避免是是非非，因此行事必须深浅有度。标新立异，故作清高，令人觉得怪异，不足取。但把握处世行事的尺度是很难的。

孟尝君十分讨厌一位门客，一心想驱逐他。鲁仲连认为因笨拙就驱逐，无用就抛弃，被抛弃、被驱逐的人会回来报复。孟尝君接纳了他的建议。

道不是世人应记取的最重要的教训吗？"孟尝君说："你说得对。"
于是就再也不驱逐那位门客了。

鲁仲连说的用人之道，与《菜根谭》的说法有些异曲同工之妙。

古语道："处治世宜方，处乱世宜圆，处叔季之世当方圆并用；
待善人宜宽，待恶人宜严，待庸众之人当宽严互存。"处在太平盛世，
待人接物应严正刚直，处天下纷争的乱世，待人接物应随机应变、
擅得变通，处在国家行将衰亡的末世，待人接物要方圆并济、交相
使用；对待善良的人，态度应当宽厚，对待邪恶的人，态度应当严厉，
对待一般平民百姓，态度应当宽厚和严厉并用。清代名臣曾国藩，
就是这样一个于平和雍容之间游刃有余的人。

曾国藩位高权重，身边趋炎附势的人很多，他对此总是淡然处之，
既不因被人奉承而喜，也不因人谄谀献媚而恼。他的一个手下对那
些溜须拍马之人非常反感，总想找机会教训他们一下，于是就在一
次批阅文件时，将其中一位拍马的官员狠狠讽刺了一番。曾国藩看
过该批阅后，对手下说，那些人本来就是靠这些来生存的，你这种
做法无疑是夺了他们的生存之道，那么他们必然也将想尽办法置你于死地。曾国藩的一席话让手下
恍然大悟。

曾国藩位高权重，却不因奉承
而喜，不因谄媚而恼。

中庸思想是融入大智慧的思想，它给人自由和超脱的思维。保持中庸、深浅有度、恰如其分是
生活的最高境界。外圆内方、刚柔相济，才能在纷繁复杂的人际关系中周旋有术。

◎聪明不露 才华不逞◎

【原文】

鹰立如睡，虎行似病，正是它取人噬人手段处。故君子要聪明不露，才华不逞，才有
肩鸿任钜的力量。

【译文】

老鹰站立时双目半睁半闭仿佛处于睡态，
老虎行走时慵懒无力仿佛处于病态，实际这些
正是它们准备取食的高明手段。所以有德行的
君子要做到不炫耀自己的聪明，不显示自己的
才华，才能够有力量担任艰巨的任务。

要做大事，就不要太显露自己的才华。

【精读解析】

"聪明不露，才华不逞"讲的是一种韬光
养晦、大智若愚的低调。

宁武子是春秋时代卫国有名的大夫，经历
卫国两代的变动，由卫文公到卫成公，两个朝
代完全不同，宁武子却安然做了两朝元老。国
家政治上了正轨，他的智慧、能力发挥得淋漓
尽致；当政治、社会一切都非常混乱，情况险

深藏不露，是一种智谋。荣誉面前沾沾自喜，是招致灾祸
的常见原因；保持淡然的态度，谦虚处世就会减少别人嫉恨
和打击你的可能。以静制动，百战百胜；而轻举妄动，锋芒
毕露，往往会遭受祸患。鹰虎潜藏草木之中，伺机猎获诸兽，
而狡兔蹿入荒野，时遭杀身之祸。聪明难得，糊涂更难得。

恶,他还在朝参政,但在"邦无道"时,却表现得愚蠢鲁钝,好像什么都很无知。

但从历史上看他并不笨,对于当时的政权、社会,在无形之中,局外人看不见的情形下,他仍在努力挽救,表面上好像碌碌无能,实际却有所作为。所以孔子给他下了一个断语:"宁武子,邦有道则知,邦无道则愚。其知可及也,其愚不可及也。"意思是说,宁武子这个人,当国家有道时,他就显得聪明,当国家无道时,他就装傻。他的那种聪明别人可以做得到,他的那种装傻别人就做不到了。

世上的人,谁不愿意聪明自信,大展宏图呢?谁不愿意春风得意,成为万人瞩目的对象呢?但有时,一个人太过突出,反而容易成为众矢之的。所以,必要时,一个人需要隐匿锋芒,

夏言对徐阶有恩,在夏言被严嵩打倒之后,徐阶韬光养晦,步步为营,最终取得了胜利。面对跪在自己面前的严嵩,徐阶笑着把他扶起来,之后抄了他的家。这与徐阶的忍辱负重和智慧是分不开的。

学会揣着明白装糊涂。韬光养晦是一种心态、是一种做人的智慧。既然世上许多事,分清对错都不容易,或者说根本没有搞清楚的必要,那么还是低调些比较明智。低调做人无论在官场、商场还是政治军事斗争中都是一种进可攻、退可守,看似平淡,实则高深的处世谋略。

明朝权奸之一严嵩工于心计,善用权谋,又有皇帝庇护,成功地将当时的内阁首辅夏言打倒之后取而代之。然后,权倾朝野,对所有弹劾他的官僚都施以残酷的打击,轻者去之,重者致死。夏言对徐阶有知遇之恩,但是徐阶看到此时的严嵩深得皇帝宠爱,因此并没有贸然出头,而是韬光养晦,静观其变。近二十年间,他一方面吸取老师夏言在朝堂内离群索居、孤立无援的教训,结交朝中大臣,同时细心观察皇帝态度的变化。他在自己认为成熟的时机从严嵩之子严世蕃下手,却见皇帝对严嵩依然有眷留之意而不了了之,此后更加如履薄冰,与严嵩虚与委蛇,步步为营,最终取得了胜利。

面对跪在自己面前的严嵩,他想到了他的老师夏言:严嵩也曾经向夏言下跪求情,夏言宽恕了他,却被他置于死地;严嵩携家人对他下跪,这一幕仿佛也曾经出现过:明朝前七子之首王世贞得罪了严嵩,严嵩便令人找碴,将他父亲逮捕入狱。王世贞亲自向严嵩赔罪,严嵩和颜悦色,转身便下命令要更严苛地拷打他的父亲。绝望中,王世贞携弟弟在百官上朝时,头磕至血流,乞求有人能帮他,但是没有人站出来。徐阶也没有站出来,因为他知道那是以卵击石。现在,时候到了,徐阶笑着扶起了严嵩,答应了他,然而同样毫不留情地抄了他的家。

这几十年中,他一直没有放松自己的警惕,一直都在学习。朝堂大臣每一次和严嵩斗争失败,他都会在心里记下一笔账。他从老师夏言那里学到了为官之道,并且思而后用,从同仁的失败中一再汲取教训。最重要的是他一直在静观时局的变化,最终修成正果:不仅对朝中大臣的取向心中分明,也对皇帝和严嵩的心理及其关系有了清楚的把握。这么多年的努力,才换得了对政局的豁然开朗,此时的徐阶已无人可与之相匹敌。

徐阶很清楚,没有智慧的力量,只能是一种莽撞,这样的勇气是不足取的,所以他能够隐藏自己的锋芒和才华,沉稳低调,静待时机,最终一击成功。有这样一副对联,写得十分有趣,可以说是道出了低调做人的真谛。上联是:做杂事兼杂学当杂家杂七杂八尤有趣,下联是:先爬行后爬坡再爬山爬来爬去终登顶,横批是:低调做人。其实,低调并不难,只要愿意,人人都可以做到,但真正的低调,却需要一种参透人生的清醒,阅尽沧桑的见悟,和包容与豁达的成熟。

◎居官有节　居乡有情◎

【原文】

士大夫居官，不可竿牍无节，要使人难见，以杜幸端；居乡，不可崖岸太高，要使人易见，以敦旧好。

【译文】

读书人做了官以后不能无节制地接受各种举荐的书信的推荐，要让那些求职的人难以见面，以防止那些投机取巧的人乘机钻营；退隐居住到家乡后，不能过于清高自傲，要态度平和使人容易接近，以保持亲族邻里之间的友好感情。

【精读解析】

身居高位之时，自然门庭若市，而一旦失去权势，也难免门可罗雀，这是一种人世的常态。真正的达观君子认清这一点，但是绝不因此改变自己的道德坚守。真正长存不朽的牵挂与美名，是需要用真心换取的。

欧阳修在任太常丞知谏院、右正言知制诰、河北都转运按察使等职时，为官清廉，懂得造福百姓。所以在任时，政绩卓越，深受百姓爱戴。在这期间他一向支持韩琦、范仲淹、富弼等人推行新政的北宋革新运动，而坚决不和保守的吕夷简、夏竦等人同流合污。

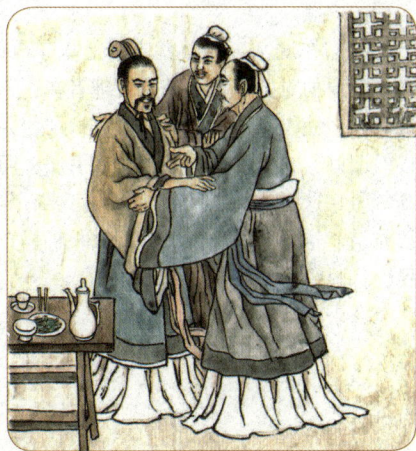

为人为德无关乎地位身份，居官时要坚守道德，洁身自好才不会让投机取巧的人有机可乘；退隐时，也要放低身份，对待他人要谦虚敦厚，才不会让自己成为自视清高的孤岛。

后来，革新运动受阻，韩范二人也因此获罪并在庆历五年一月之前先后被贬，也就是在这年八月，欧阳修受到牵连，落去朝职，贬谪滁州。在被贬期间，欧阳修依然坚持自己的德行操守，而且不忘心系百姓。也就是在被贬滁州期间，他写出了广为人熟知的写景抒情名篇《醉翁亭记》。

当时整个的北宋王朝政治昏暗，佞臣当道，而那些想改革图强的人却郁郁不得志，只能眼睁睁地看着自己效忠的国家积弊越来越多。欧阳修看着日益衰亡的景象，感到无比的忧虑和痛苦。

即便如此，他还是不忘尽己之能，为民造福。自从庆历五年被贬官到滁州以来，他宽简政治，发展生产，使当地年丰物阜，老百姓也过上了一种相对和平安定的生活。有一次，他和友人游山玩水时被优美的风景吸引，顿时心绪激发，文思泉涌，挥毫泼墨写作《醉翁亭记》。其中的景是美的，但是其中的心情却是十分复杂的。

文中写道："夕阳在山，人影散乱，太守归而宾客从也。树林阴翳，鸣声上下，游人去而禽鸟乐也。然而禽鸟知山林之乐，而不知人之乐；人知从太守游而乐，而不知太守之乐其乐也。"从这句话，我们可以看出，别人分别

欧阳修为官清廉，造福百姓。他支持韩琦、范仲淹、富弼等人推行新政的北宋革新运动，又是北宋的一代文宗。

沉浸在自己的快乐中，而欧阳修却沉浸在众人的快乐中，然而这一点却是不为人知的。

欧阳修居官守德，洁身自好。被贬后仍然平和近人，丝毫不清高自傲，在为官期间，造福当地，留下许多动人的故事，直到现在还广为颂扬。他的这一起一伏，很好地诠释了"士大夫居官，不可竿牍无节"，"居乡，不可崖岸太高"这两句话的内涵。

我们在现实生活中就应懂得坚守道德原则、为人宽厚的重要性。尤其是管理者在这一点上更要做到"使人难见，以杜幸端"，"使人易见，以敦旧好"，要和蔼可亲地对待下属，而不能心高气傲，这样才能邻里和睦。居官要有节，居乡要有情。这种节，这种情，既是一种操守，也是一种美德。随和为人，造福一方，不论做官还是为民，都显得同样重要。

欧阳修贬谪滁州期间，依然坚持自己的德行操守，而且不忘心系百姓，写出了广为人知的《醉翁亭记》。

◎一言一行　切戒犯忌◎

【原文】

有一念而犯鬼神之禁，一言而伤天地之和，一事而酿子孙之祸者，最宜切戒。

【译文】

如果有一个念头触犯了鬼神的禁忌，说一句话伤害了人间的祥和之气，做一件事会成为子孙后代的祸根，那么这便是我们要切记并引以为戒的。

【精读解析】

有一篇文章叫《说话的温度》，其中写道："急事，慢慢地说；大事，清楚地说；小事，幽默地说；没把握的事，谨慎地说；没发生的事，不要胡说；做不到的事，别乱说；伤害人的事，不能说；讨厌的事，对事不对人说；开心的事，看场合说；伤心的事，不要见人就说；别人的事，小心地说；自己的事，听听自己的心怎么说；现在的事，做了再说；未来的事，未来再说。"

这段文字讲的是说话的艺术，做人就像是说话，说话的艺术，其实也是做人的艺术。意思是告诉人们为人处世时一言一行，都要谨慎。妄念不可多生，妄语不可多讲。一念不慎，一言不合，则伤天地和气，使自己罹祸，甚至累及子孙。

人常说："良言一句三冬暖，恶语伤人六月寒。"一言可以兴邦，一言可以丧邦；一句话可以把人说笑，一句话也可以把人说恼。人与人之间性格各方面都有差别，独特的个性、爱好、独特的知识结构、心理态势，使某个人只能是"这样"

你们要切记这句箴言："一言不慎身败名裂，一语不慎全军覆没！"

为人处世时一言一行，都要谨慎。妄念不可多生，妄语不可多讲。一念不慎，一言不合，则伤天地和气，使自己罹祸，甚至累及子孙。

而不能是"那样"。因此，为人处世时，要懂得绕一点儿弯以免触犯他人的禁忌，为自己带来麻烦。

正所谓"到什么庙里烧什么香"。不同的庙里有不同的神，不同的神有不同的爱好，就像不同的人有不同的性情一样，真正懂得"敬神"的人，就会分别准备，投其所好，对不同的神烧不同的香，这样才能令"神"心大悦。言语能够引起风波，而行动会直接带来结果，做人做事，需要懂得忍耐矜持、谨言慎行，有时不妨多听听别人是怎么说的，这样自然能给自己免去不少祸患和麻烦。

○万事有度　物极必反○

【原文】

居盈满者，如水之将溢未溢，切忌再加一滴；处危急者，如木之将折未折，切忌再加一搦。

【译文】

当一个人的权力达到鼎盛的时候，就像水缸中的水已经装满将要溢出，这时切忌再加入一滴；处在危急状况时，就像树木将要折断却还未折断，这时切忌再施加一点力量。

【精读解析】

水满则溢，过犹不及。凡事过了头，到了顶点，就只有下坡路可走了。战国时期著名的改革家商鞅"作法自毙"的故事就给人们敲响了警钟。

商鞅应秦孝公求贤令入秦，说服秦孝公变法图强。周显王十三年（公元前356年）和十九年（公元前350年）先后两次实行变法，

权力达到鼎盛，就像水缸中的水已经装满将要溢出，切忌再加入一滴。

水满则溢，过犹不及。凡事过了头，到了顶点，就只有下坡路可走了。不要做贪得无厌的人，个人欲望永不知满足，也就永远生活在痛苦之中。

变法内容为"废井田、开阡陌，实行郡县制，奖励耕织和战斗，实行连坐之法"。这样过了十年，秦国果然越来越富强。可以说，商鞅的变法为秦国的强大，乃至后来秦的统一奠定了重要的基础。

但是，这样大规模激进的改革，必然会触犯很多人的利益，许多贵族、大臣都反对新法。有一次，秦国的太子犯了法。结果，商鞅把太子的两个老师公子虔和公孙贾都治了罪，一个割掉了鼻子，一个在脸上刺了字。法律的权威虽然得以保障，却得罪了未来的国君。在特权被取消后，他们变成了商鞅的死敌。

公元前338年，秦孝公去世，太子继位，为惠文王。公子虔等人终于有了报复的机会，他们告发商君谋反，发吏追捕。商鞅有口难辩，唯有逃亡。

商鞅逃到了函谷关，关守尚不知咸阳城中的变故。但商鞅万万料想不到的是，他出逃太急，忘了带验证身份的凭证，而每一家店主都告诉他："我们商鞅大人制定的法律，留宿没有证件的旅客，店主要受连坐之罪！"商鞅走投无路，回到封地，仓促地组织了一支人马，起兵造反，战败，被车裂。

商鞅变法奠定了后来秦朝统一华夏的基础，但是，由于新法过于严苛，也带来了很多负面影响。

所以，《菜根谭》要告诉人们的道理就是，过犹不及，凡事贵在适度。适度是一种留白的艺术。不仅艺术需要适度，需要留白，生活也是如此。万事有度，物极必反。生活就像一根琴弦，扯得太紧，总有崩断的一刻，有张有弛，适度放松，这弦才用得长久。

商鞅变法，名垂千古，然而商鞅为何结局悲惨？皆因其忽视了水满则溢、物极必反的道理

公元前356年和公元前350年，商鞅先后两次说服秦孝公实行变法，变法内容为"废井田、开阡陌，实行郡县制，奖励耕织和战斗，实行连坐之法"。

变法日久，秦国道不拾遗，山无盗贼，越来越富强。商鞅的变法为秦国的强大，乃至后来秦的统一奠定了重要的基础。

新法过于严苛。有一次，秦国的太子犯了法。商鞅竟把太子的两个老师公子虔和公孙贾都治了罪，一个割掉了鼻子，一个在脸上刺了字。

公元前338年，秦孝公去世，太子继位。公子虔等人告发商鞅要谋反，商鞅有口难辩，无奈只有逃亡。

商鞅逃到了函谷关之后，因忘带验证身份的凭证，遭到每一家店主的拒绝。商鞅走投无路，只好回到封地，仓促地组织了一支人马，起兵造反。

商鞅兵败被俘，最终车裂而死。

◎进时思退　得手思放◎

【原文】

　　进步处便思退步，庶免触藩之祸；着手时先图放手，才脱骑虎之危。

【译文】

　　在平步青云、通达高升时就要做好隐退的准备，这样也许可以避免进退两难的灾祸；在得手时要考虑怎么罢手，这样才能避免骑虎难下的危险。

【精读解析】

　　"进"与"退"都是处世行事的技巧，是恰到好处的中庸之道，把握中庸，便有了进与退的判断标准，是进是退都有章法。

　　汉高祖时，吕后采用萧何之计，诛杀了韩信。人曰：成也萧何，败也萧何。当时高祖正带兵征剿叛军，闻讯后派使者还朝，封他为萧相国，加赐五千户，再令五百士卒、一名都卫做护卫。

陛下，臣才疏学浅，不敢接受如此重要的职位，请恕罪。

人生本身就是一门哲学，有时有欢笑，有时也有眼泪；有时需要前进，有时却又需要后退。前进和后退，就如同加法和减法一样。人生中，大多数人都喜欢加法，追逐名利、追求富贵，同时许多人又忽视了减法。真正知道进退，懂得生存之道的人，应明白该放手时就放手。

百官都向萧何祝贺，唯独陈平表示担心，暗地里对萧何说："大祸由现在开始了。皇上在外作战，您掌管国政。您没有冒着箭雨滚石的危险，皇上却增加您的俸薪和护卫，这并非表示宠信。如今淮阴侯(韩信)谋反被诛，皇上心有余悸，他也有怀疑您的心理。我劝您辞封赏，拿所有家产去辅助作战，这才能打消皇上的疑虑。"

萧何依计而行，变卖家产犒军。高祖果然喜悦，疑虑顿减。

这年秋天，英布谋反，高祖御驾亲征，其间派遣使者数次问候萧何。回报说："因为皇上在军中，相国正鼓励百姓拿出家财辅助军队征战，正如上次所做。"

这时有个门客对萧何说："您不久就会被灭族了，你身居高位，功劳第一，便不可再得到皇上的恩宠。可是自您进入关中，一直得到百姓拥护，如今已有十多年了；皇上数次派人问及您的原因，是害怕您受到关中百姓的拥戴。现在您为何不多买田地，少抚恤百姓，来自损名声呢？皇上必定会因此解除疑心的。"萧何认为有理，又依此计行事。

高祖得胜回朝，有百姓拦路控诉相国。高祖不但没有生气，反而高兴异常，也没对萧何进行任何处分。功高震主，萧何懂得"功成身退"的道理，简单地"一退"，便避开了灾祸。

进退之术，古人多有阐发，像"以退为进，以进为退"等等。然而，却有许多人不能做到适时进退。一般说来，不外乎是有这样两种原因：一种是身处逆境之人虽能识之，但不能做；另一种是身处顺境之人虽能做之，但不能识。

有实力者如果适度"退步"，能让对方安心，也使自己安全。

汉丞相萧何屡建奇功，官至相位，老友陈平却对此表示忧虑。且看他为萧何献这一计，真是弭患于未然，救了萧何的身家性命

汉高祖时，吕后采用萧何之计，诛杀了韩信。人曰：成也萧何，败也萧何。当时高祖正带兵征剿叛军，闻讯后派使者还朝，封他为萧相国，加赐五千户，再令五百士卒、一名都卫做护卫。

百官都向萧何祝贺，唯独陈平表示担心。陈平劝萧何辞封赏，拿所有家产去辅助作战，以打消皇上的疑虑。

这点陈平看得很清楚

臣子功劳太高，势力过大，帝王自然心生疑忌，这个时候就一定要懂得自损之道。萧何依陈平计而行，变卖家产犒军。高祖果然喜悦，疑虑顿减。

英布谋反，高祖御驾亲征，其间派遣使者数次问候萧何。这时一个门客建议萧何多买田地，少抚恤百姓来自损名声，以避功高盖主之嫌。萧何采纳了建议，皇上因此解除疑心。

在功高震主的情况下，许多人不知收敛最终招致杀身之祸，萧何懂得"功成身退"的道理，简单地"一退"，便避开了灾祸。

如何更好地理解《菜根谭》

《菜根谭》讲究"植德",却与正统儒家的"内圣外王"的追求有所不同,它的关注点在个人,而非天下、国家。

《菜根谭》讲求"心与境两忘",却不是消极遁世、清静无为、四大皆空的道释两家,它追求"事来则心始现,事去则心随空"。

《菜根谭》难理解的原因

语录体文字微言广义,使得现代人理解起来歧义甚多。

现代人缺乏充分的古代文化积淀,难以准确把握作者的深意。

从整体上理解原著者洪应明的意旨在于如何在生活中实现植德养心。

如何更好地理解《菜根谭》

要从整体上认识到洪应明在《菜根谭》中提供给凡俗之人应对各种难局的智慧。脱离了这一基本认识就无法正确把握原文的全部涵义。

拥有丰富的人生阅历,才有可能很好地阐释《菜根谭》。

必须具有深厚的生活经验,否则难以体会原著者所阐发的道理,仅仅局限于解释字面的含义和指出典故的出处(当然这是理解作者思想的前提),不深入探寻每句格言的哲理,尤其没有领悟作者阐发的"潜规则",就没有办法领会作者表示的深意和原作的思想之美。

从《菜根谭》中领会心灵

◇狭路相逢　宽忍上策◇

【原文】

争先的径路窄，退后一步，自宽平一步；浓艳的滋味短，清淡一分，自悠长一分。

【译文】

人人竞相争先的道路最为狭窄，如果能够退后一步，道路自然就会宽广一步；追求浓艳华丽而享受到的滋味很短暂，如果清淡一些，趣味反而更加悠久。

【精读解析】

《憨山大师醒世歌》中说："吃些亏处原无碍，退让三分也不妨。春日才看杨柳绿，秋风又见菊花黄。"生活处世中吃点亏，有时反而会让人看到更美的风景。

关于吃亏和退让，《菜根谭》中说：路径窄处，退一步与人行，自然宽平；滋味浓时，清淡一分让人食，趣味反而更加久长。

明朝年间，在江苏常州地方，有一位姓尤的老翁开了个当铺，有好多年了，生意一直不错。

先生为何要退让呢？

在狭窄的路上要懂得退让呢，否则会因小失大的。

人生不是平坦大道，在处世时不能全凭自我。狭路相逢时，不妨各退一步。时时刻刻明白：争强好胜反而不及退后一步来得好。在人际交往中，让步是一种修养，一种智慧。要学会放宽心，对他人多包容一些，因为它会带给你"海阔天空"的境界。尤翁的做法就很有远见。

某年年关将近，有一天尤翁忽然听见铺堂上人声嘈杂，走出来一看，原来是站柜台的伙计同一个邻居吵了起来。伙计连忙上前对尤翁说："这人前些时典当了些东西，今天空手来取典当之物，不给就破口大骂，一点道理都不讲。"那人见了尤翁，仍然骂骂咧咧，不认情面。

尤翁却笑脸相迎，好言好语地对他说："我晓得你的意思，不过是为了度过年关。街坊邻居，区区小事，还用得着争吵吗？"于是叫伙计找出他典当的东西，共有四五件。尤翁指着棉袄说："这是过冬不可少的衣服。"又指着长袍说："这件给你拜年用。其他东西现在不急用，不如暂放这里，棉袄、长袍先拿回去穿吧！"

邻居拿了两件衣服，一声不响地走了。当天夜里，他竟突然死在另一人家里。为此，死者的亲属同这个人打了一年多官司，害得那家花了不少冤枉钱。

这个邻人欠了人家很多债，无法偿还，走投无路，事先已经服毒，知道尤家殷实，想用死来敲诈一笔钱财，结果只得了两件衣服。他只好到另一家去扯皮，那家人不肯相让，结果就死在那里了。

后来有人问尤翁说："你怎么能有先见之明，向这种人低头呢？"尤翁回答说："凡是蛮横无理来挑衅的人，他一定是有所恃而来的。如果在小事上争强斗胜，那么灾祸就可能接踵而至。"

按常理，人们都会与故事中无理的邻居吵起来，但尤翁偏偏没有。而是打破常规，笑脸相迎，退后一步，为自己巧妙地避开了祸端。人生犹如棋局，进退自如也能逢凶化吉。

《三国演义》中周瑜英才盖世、文武双全。这位风度翩翩的美男子，年纪轻轻就执掌江东（吴国）的统兵大都督要职。尤其在赤壁大战中，他更是显出谋略高人一筹、指挥得当的政治军事奇才。他以少量东吴和刘备之师，取得大破曹操的辉煌胜利，在历史上留下赫赫声名。

周瑜不仅能征善战，文韬武略也堪称上乘，是位难得的英俊奇才。而且，周瑜还熟谙音律。有传闻说他听音乐演奏时，若谁奏错一个音符，他即刻能耳辨明详。为此，有"曲有误，周郎顾"之说。后人在对周瑜其人褒奖盛赞之际，也同时看到了他英年早逝的两大致命弱点，那就是他的气量狭小，不肯吃亏。

在取得赤壁大战成功后，他竟容不下与其共同抗曹的诸葛亮的存在，密令部将丁奉、徐盛击杀诸葛亮。不料诸葛亮早有准备，击杀不成。为此，周瑜万分气愤，此后一直视诸葛亮为眼中钉。

临死之前，他非但没有悔悟自己的致命弱点，反而含恨仰天长叹，曰："既生瑜，何生亮？"连叫数声而亡。一代英雄就这样自掘坟墓，害人最终害己。

同样是贤才能人，诸葛亮能容忍妒忌，未雨绸缪，周瑜却不能放下心中忌恨，怀怨而终。二者差别之处就在于心胸的宽度。棋逢对手，心宽者能忍，心狭者难容。

人生不是平坦大道，所以我们在处世时不能全凭自我。狭路相逢，不妨各退一步。时时刻刻明白：争强好胜、浓妆艳抹反而不及退后一步、清淡新鲜来得好。

○急流勇退　与世无争○

【原文】

谢事当谢于正盛之时，居身宜居于独后之地。

【译文】

急流勇退应当在事情正处于巅峰的时候，这样才能使自己有一个完满的结局；而处身则应在清静、不与人争先的地方，这样才可能真正地修身养性。

在清静、不与人争先的地方处身，才可能真正地修身养性。

【精读解析】

在功绩面前不沾沾自喜，谦虚处世、低调做人就会增大生活中的安全系数，减少别人嫉恨和打击的可能。

公元23年，绿林军内部争权，春陵兵将领刘縯被杀。绿林军内部新市、平林、春陵等派系中春陵兵最称不上"嫡系"，而偏偏刘秀、刘縯兄弟战功显赫，其威望之高，招致了其他将领的疑忌。他们在立皇帝时发生了第一次公开冲突，当时绿林军想推翻王莽政权重新建立刘汉王朝，

如果要退隐，最好选择事业正兴盛的时刻，如果要安身立命，最好站在众人的后面。世事总有风云突变的时候。世事诡谲，风波乍起，非人所尽能目睹。聪明的人会主张立身唯谨，避嫌疑，远祸端，凡事预留退路，不思进，先思退。满则自损，贵则自抑，所以能善保其身。

于是打算立个刘姓的皇帝。那时合适的人选有两个：一是刘縯，拥护他的是起义军的豪强地主。一是刘玄，他生性懦弱，便于控制。最后决定立刘玄为帝。刘玄称帝后，拉拢刘縯让他做了丞相。但豪强地主们不服刘玄，拥立刘玄的绿林军将领也不许刘玄"自强"，双方矛盾因此激化。不久，平林兵部队对新野久攻不下，新野守将对他们说："只要刘縯一句话，我们就投降！"刘縯一到城下，果然兵不血刃地拿下了新野。这样一来，刘玄和绿林军将领感到自身受到了威胁，春陵兵以投降刘稷为由，谋杀了为刘稷据理力争的刘縯。刘秀闻此后，连忙回到刘玄所在的宛县（今河南南阳）请罪。他闭口不谈自己的成绩，也不与属僚交谈，并且不为刘縯服丧，在绿林众将中谈笑风生，蒙蔽了刘玄和绿林将领，保全了性命，以致后来还放心地派他去河北招抚，刘秀终于化险为夷了。刘秀在立皇帝时能急流勇退，脱身而出，韬光养晦，从此又重整旗鼓，留下一条后路，终于挽回了危局。这一做法确实高明。

所以说，做人处世要明哲保身，凡事谦让，克己、友好地与人相处，懂得尊重别人，在众人面前要适度表现，不可张扬。在这方面古人已经为我们做出了榜样，提供了教训。

光武帝刘秀以其善于权变著称，看看他在兄长被害，身处险境时候是如何应对的

绿林军内部新市、平林、春陵等派系中春陵兵最称不上"嫡系"，而偏偏刘秀、刘兄弟战功显赫，其威望之高，招致了其他将领的疑忌。他们在立皇帝时发生了第一次公开冲突，当时绿林军想推翻王莽政权重新建立刘汉王朝，于是打算立个刘姓的皇帝。

一是刘缤，拥护他的是起义军的豪强地主。

一是刘玄，他生性懦弱，便于控制。

最后决定立刘玄为帝。刘玄称帝后，拉拢刘缤让他做了丞相。

平林兵部队对新野久攻不下，刘缤一到城下，便兵不血刃地拿下了新野。

刘玄和绿林军将领感到自身受到了威胁，春陵兵以投降刘稷为由，谋杀了为刘稷据理力争的刘缤。面对哥哥被杀，自己危在旦夕的处境，刘秀该怎样抉择呢？

急流勇退

刘秀的做法蒙蔽了刘玄和绿林将领，后来派他去河北招抚，刘秀终于化险为夷了。

刘秀闻此后，连忙回到刘玄所在的宛县（今河南南阳）请罪。他闭口不谈自己的成绩，也不与属僚交谈，并且不为刘缤服丧，在绿林众将中谈笑风生，保全了性命。

◎ 能屈能伸　收放自如 ◎

【原文】

白氏云："不如放身心，冥然任天造。"晁氏云："不如收身心，凝然归寂定。"放者流为猖狂，收者入于枯寂。唯善操身心者，把柄在手，收放自如。

【译文】

白居易说："不如放任自己的身心，默默听从天地的造化。"晁补之说："不如收敛自己的身心，静静地归于安寂。"放任往往使人狂放自大，过度收敛又会归入枯寂。只有善于把持自己身心的人，控制的开关在自己手中，可以收放自如，取得平衡。

【精读解析】

白居易说："凡事与其畏首畏尾，还不如放开手脚，大胆去做，成功与否，全凭天意。"晁补

之说："做事要小心谨慎，才能达到坚定不移的境界。"白居易主张放松身心，这很容易让人流于狂妄自大，而晁补之主张约束身心，这也很容易让人流于枯槁死寂。而《菜根谭》却认为，放者流为猖狂，收者入于枯寂，所以，善于掌握身心的人，是那些能将身心收放自如的人。因为只有能够操纵自己身心的人，才有掌握事物规律的能力，也才能收放自如地应对任何事情，当收则收，当放则放，这是身心修炼的道理，也是屈伸自如之道。

人生当如水，无常形例程，却包容万物，所以，一个参透屈伸之道的人，自能进退得宜。屈是伸的准备和积蓄，伸是屈的志向和目的。屈是手段，伸是目的。屈是充实自己，伸是展示自己。屈是圆通，是高超的处世技巧；伸能圆满，是美妙的做人心境。屈是柔，伸是刚。无论个人还是国家，都需要知晓屈伸的智慧。

世界上有个十分有特点的佛学院，它的特殊之处在于佛院正门的一侧，又开了一个小门，这个小门只有1.5米高、0.4米宽，一个成年人要想过去必须弯腰侧身，否则就会碰壁。据佛学院的老师说，佛家的哲学就在这个小门里。所以凡是新来的学生，都要经过这个小门开始佛学院的第一堂课。

那一天，老师会引导所有的新生到这个小门旁，让他们各进出一次。因为门太小的缘故，所有的人都是弯腰侧身进出的，尽管有失礼仪和风度，但是却达到了目的。

善于把持自己身心的人，可以收敛放任自如，取得平衡。

放者流为猖狂，收者入于枯寂，所以，善于掌握身心的人，是那些能将身心收放自如的人。因为只有能够操纵自己身心的人，才有掌握事物规律的能力，也才能收放自如地应对任何事情，当收则收，当放则放，这是身心修炼的道理，也是屈伸自如之道。

等大家都完成了这个任务，老师会当着大家的面说："大门虽然能够让一个人很体面很有风度地出入。但很多时候，人们要出入的地方，并不是都有着方便的大门，或者，即使有大门也不是可以随便出入的。这时，只有学会了弯腰和侧身的人，只有暂时放下面子和虚荣的人，才能够出入。否则，有很多时候，你就只能被挡在院墙之外了。"

其实佛学院这节弯腰进门的课，就是能屈能伸之道。人在该示弱时当示弱，万不可因一时之意气葬送自己的一生。

做人就要学会能屈能伸，无论是在生活中还是在工作上都是如此。要学会做水一样的人，来适应这个社会。可以和一些人在一起共事；也可以一个人独立做工。可以被人捧到天上，也要学会忍受别人的责骂。在不断屈伸中慢慢地成长，来完善自己的价值观和人生观。做人若能达到屈伸自如的境地，那世界上再也没有困难和挫折、厄运和耻辱，它们全都在屈伸的转换中化作奋起的力量。

◎履盈满者　冲虚谦下◎

【原文】

花看半开，酒饮微醉，此中大有佳趣。若至烂漫，便成恶境矣。履盈满者，宜思之。

【译文】

鲜花在半开的时候欣赏最美，醇酒要饮到微醉时最妙，这里面有很深的趣味。如果等到鲜花盛开，酒喝得烂醉如泥时，那么已经是恶境了。那些志得意满的人，要仔细考虑这个道理。

【精读解析】

鲜花半开最美，因盛放之时即近衰败之日；饮酒微醺是最佳境界，醉倒便是伤身，醉后心性大乱亦是恶境。中国古人一贯强调凡事不可过盈过满，例如，《易经》丰卦言："丰：亨，王假之，勿忧，宜日中。""丰"是大的意思。丰卦的卦辞说，王到祖庙祭祀，当时人们以祭祀为国之大事，正印证了"丰"。又说"宜日中"，日中宜照天下，说明是太阳盛大之时。我们都知道，太阳每日升起又落下，不可能总保持在日中盛大的状态。日光过中则倾斜，说明了盈虚消长的客观规律。即使处在非常吉祥的盛大之时，也要有所戒。

鲜花在半开的时候欣赏最美，醇酒要饮到微醉时最妙。

鲜花半开最美，因盛放之时即近衰败之日；饮酒微醺是最佳境界，醉倒便是伤身，醉后心性大乱亦是恶境。中国古人一贯强调凡事不可过盈过满，《易经》丰卦言："丰：亨，王假之，勿忧，宜日中。"卦辞说，王到祖庙祭祀，正印证了"丰"。又说"宜日中"，日中宜照天下，说明是太阳盛大之时。即使处在非常吉祥的盛大之时，也要有所戒。

同样，当我们在事业上取得成就时，切不可沾沾自喜，盲目骄傲。

有一篇《狮子和蚊子》的寓言，讲的是狮子与蚊子间的一场大战。按能力来说，蚊子与狮子无法比拟，但在实战中蚊子却胜利了。因为狮子捕不到它，它却在狮子的眼睛上、耳朵上叮得都是"包"，使狮子有力使不上，最后把自己抓得头破血流，只得认输。蚊子有了战胜狮子的辉煌战绩，的确风光。于是它得意忘形了，吹着得胜的喇叭到处炫耀，最后一不小心，撞到蜘蛛网上，成了蜘蛛的美餐。

任何事物到达辉煌顶点的时候，也就意味着它的衰落不可避免地要到来。寓言中的蚊子被胜利推向了辉煌，不久又被骄傲和自得推向了死亡。然而寓言不仅是寓言，还是一种生活的、人性的警告。我们所能做的，就是在笑过蚊子的戏剧性收尾后，尽量把你的成功拉长，想办法尽量克制引发你衰弱的力量。常言道"小心驶得万年船"，越是成功就越应该谦恭谨慎，保持清醒的头脑。妄自尊大，不知收敛，无异于引剑自戮。因此老子在提到"道"时说："挫其锐，解其纷，和其光，同其尘。"字面的意思便是，隐藏锋芒，消除纠纷，含敛光耀，混目尘世。

挫锐解纷，和光同尘，或许听来略显晦涩，其实是在告诉我们一个做人、办事方法。只有做到韬光养晦，不露锋芒，才能使自身无虞。

所以，修道的基本，首先要能冲虚谦下。冲，冲和谦虚，虚而不满，源远流长，绵绵不绝。能够做到冲虚而不盈不满，自然可以顿挫坚锐，化解纷扰。冲而不盈，和合自然的光景，与世俗同流而不合污，周旋于尘境有无之间，却不流俗，混迹尘境，但仍保持着自身的光华。

总之，在我们的生活中，为人处世时避免遭人猜疑的方法就是保持低姿态。在社会交往中尽量表现出平和、谦逊的态度，对人对事多些圆通和忍让，这种低姿态的处事方式对于保护自我不受伤害及既得利益不受损失是必不可少的。

◎让一步为高　宽一分是福◎

【原文】

处世让一步为高，退步即进步的张本；待人宽一分是福，利人实利己的根基。

【译文】

为人处世能够做到忍让是很高明的方法，因为退让一步是更进一步的阶梯；对待他人宽容大度就是有福之人，因为在便利别人的同时也为方便自己奠定了基础。

【精读解析】

成功的人有很多种，但无论是哪一种成功人士，他们的成功都和他们宽广的胸怀、忍让的气度有着千丝万缕的联系。

《菜根谭》中所说的"处世让一步为高，退步即进步的张本；待人宽一分是福，利人实利己的根基"也不过是在变相地说出了宽容忍让的道理。宽容忍让是仁人的虔诚，是智者的宁静。正因为深邃的天空容忍了雷电风暴一时的肆虐，才有风和日丽，以宽容之心忍让他人的错误，反而会收到意想不到的结果。

宋真宗时期，宰相王旦位高权重，但他处理任何一件事都十分谨慎小心、细致周到。当时朝廷还有一位大臣——寇准，刚直忠正，也是皇帝身边的左右手。寇准见王旦官职在自己之上，心里有点不大服气，而且不由自主地对王旦的言行有所诋毁。在朝廷之上，寇准也曾公开指责王旦的缺点。

相反，王旦认为寇准忠心耿耿，足堪当重责大任。因此，每次在皇上面前，王旦都专门称赞寇准的优点，认为他是一个值得众人学习的榜样。真宗觉得非常惊讶，有一次，他和王旦私下交谈的时候，就问道："你经常称赞寇准，寇准他却数次说你的短处，你为什么能这样做呢？"

看一看高山与大海的胸怀，正因为能容，所以成就了生命的绚烂。

宽容忍让是仁人的虔诚，是智者的宁静。任何人的成功都和宽广的胸怀、忍让的气度有着千丝万缕的联系。

为人处世时忍让是高明的方法，宽容大度待人者是有福之人。

宽容和忍让不是怯懦，更不是叫人退缩，它实在是一种志存高远、心域开阔的处世智慧。胸宽则能容，能容则众归，众归则才聚，才聚则业兴，宽容忍让是仁人的虔诚，是智者的宁静。

王旦听了说道："我在相位已经这么久了，缺失一定很多，但因职位较高，一般大臣都不敢指出我的缺点，而寇准能够直陈我的不足，可见他是如何的忠贞直率，这也是臣下看重他的原因。有这样的大臣，既是国家之福，也是我的良师益友啊！"

有一次，寇准私下来找王旦，希望他能向皇上推荐自己当宰相。王旦义正词严地对他说："当将军当宰相这样的职位，怎么可以去求得来？"但后来寇准很快被朝廷派官为武胜军节度使、同中书门下平章事，寇准万分感激皇上的知遇之恩，他入朝拜谢皇上，眼眶涌出泪水，激动地说："如果不是陛下了解微臣，怎会有臣下的今天？"皇上特意把事实真相告诉寇准，他说："你能当节度使，又能当同平章事，都是王旦为你推荐的。"

寇准听说了这样的内情，不禁非常羞愧，对王旦的正直宽宏自叹不如。

其实，宽容忍让是修德的好根由。为人在世，谁也保证不了不犯错，谁也难免得罪人，这种情况下，能做到忍让是最高明的对策，也许这一刻我们退让了，但退得一步就上得一步，在便利别人的同时也为方便自己奠定基础，不仅对方的攻击会不攻自破，还会让对方和旁人认为我们坦诚无私，胸襟广阔，人格高尚。从而为我们成大事聚集人脉资源。

功业沉浮

——事穷留初心，功成思末路

◎得意回头 拂心莫停◎

【原文】

恩里由来生害，故快意时，须早回首；败后或反成功，故拂心处，莫便放手。

【译文】

在得到恩惠时往往会招来祸害，所以在得心快意的时候要想到早点回头；在遇到失败挫折时或许反而有助于成功，所以在得心快意的时候要想到早点回头。

在得到恩惠时往往会招来祸害，所以在得心快意的时候要想到早点回头。

得意时早回头，失败后莫灰心。富贵名利当然人人都想要，但是得之喜，或者失之惊的话就谈不上什么高境界了。只有做到淡泊明志，宠辱不惊，才能看透世事的险恶，做到"不以物喜，不以己悲"，获得心灵的宁静。如果我们的胸怀够宽广，能够承载很多得意与失意，那么我们就可以从容地走完一生。

【精读解析】

孙叔敖原来是位隐士，后来被人推荐给楚庄王，三个月后就做了令尹（宰相）。经过他的治理，官民上下和睦，国家安宁和顺。

有位孤丘老人，很关心孙叔敖，特意登门拜访，问他："高贵的人往往有三怨，你知道吗？"孙叔敖回问："您说的三怨是指什么呢？"

孤丘老人说："爵位高的人，别人嫉妒他；官职高的人，君王讨厌他；俸禄优厚的人，会招来怨恨。"

孙叔敖笑着说："我的爵位越高，我的心胸越谦卑；我的官职越大，我的欲望越小；我的俸禄越优厚，我对别人的施舍就越普遍。我用这样的办法来避免三怨，可以吗？"

孤丘老人很满意，笑着离去。

孙叔敖严格按照自己所说的行事，避免了不少麻烦，但也并非是一帆风顺，他曾几次被免职，又几次复职。有个叫肩吾的隐士登门拜访孙叔敖，问他："你三次担任令尹，也没有感到荣耀；你三次离开令尹之位，也没有露出忧容。你的心里到底是怎样想的呢？"

孙叔敖回答说："我哪里有什么过人的地方啊，我认为官职爵禄的到来是不可推却的，离开是不可阻止的。既然得到和失去都不取决于我自己，那我为何要觉得荣耀或忧愁？况且我也不知道官职爵禄是应该落在别人身上，还是应该落在我的身上。落在别人身上，那么我就不应该有，与我无关；落在我身上，那么别人就不应该有，与别人无关。我追求的是顺其自然，哪里有工夫顾得上什么人间的贵贱呢？"

肩吾对他的话很钦佩。

孙叔敖后来得了重病，临死前告诫儿子说："楚王认为我有功劳，因此多次想封赏我土地，我都没有接受。我死后，楚王为了奖励我生前的功绩，一定会封给你土地，你千万不要接受富饶的土地。在楚国和越国之间，有个地方叫'寝丘'。这个地方土地贫瘠，名字也很不好听。楚国人信奉鬼神，越国人讲求吉祥，都不会争夺这个地方，因此这个地方可以长久拥有。"

孙叔敖死后，楚王果然要封给他儿子一块好的土地，他儿子辞谢不受，只请求寝丘之地，楚王答应了他的请求。按照楚国的规定，分封的土地不许传给下一代，唯有孙叔敖儿子的封地可以世代相传。

事喜则人喜，事忧则人忧，这本是人之常情，但是一个有修养有远见的人，哪怕一生几经沉浮，他们会依然故我，丝毫不见喜色或者忧容。

得意的时候要做失意的打算，该放手的时候切莫留恋，来看看孙叔敖的良方

孙叔敖被人推荐给楚庄王，三个月后就做了令尹（宰相）。经过他的治理，官民上下和睦，国家安宁和顺。

孙叔敖不争名，不夺利，懂得进退之道，并以一颗淡泊之心处世，所以能保全自己的名声，保全子孙的福禄。

狐丘老人为高贵人的三怨，特意登门拜访孙叔敖。孙叔敖用爵位越高心胸越谦卑，官职越大欲望越小，俸禄越优厚，别人的施舍就越普遍来避免三怨。

孙叔敖临死前告诫儿子不要接受富饶的土地，而要请求寝丘之地。寝丘土地贫瘠，名字也很不好听，所以楚国人和越国人都不会争夺，子孙后代可以长久拥有。

有个叫肩吾的隐士看到孙叔敖几次被免职，又几次复职而登门拜访。孙叔敖认为官职爵禄的到来不可推却，离开不可阻止，所以不觉得荣耀或忧愁。

◎看淡荣辱　远离骄矜◎

【原文】

盖世功劳，当不得一个矜字；弥天罪过，当不得一个悔字。

【译文】

一个人即使立下了举世无双的汗马功劳，如果他恃功自傲、自以为是，他的功劳很快就会消失殆尽；一个人即使犯下了滔天大罪，却能够浪子回头改邪归正，那么他的罪过也会被他的悔悟所洗净。

【精读解析】

在取得成绩时，用"一将功成万骨枯"来警示自己，避免自己掉进骄矜的泥沼。当我们犯下过错时，只要能真心悔改，我们的错误就有可能被人原谅。所谓"盖世功劳，当不得一个矜字"说的就是掌控情绪中最重要的道理：避免骄傲。

韩信也曾受过胯下之辱啊！

人贵在自制，良好地控制自己的情绪才能比较准确地掌控事态的发展。所谓"盖世功劳，当不得一个矜字"说的就是掌控情绪中最重要的道理：避免骄傲。

中国历史上深受其害的人可谓比比皆是。

清朝的年羹尧早期仕途一路顺畅，康熙也很重用他，就是希望他能平定与四川接近的西藏、青海等地叛乱。年羹尧也没有让康熙失望。

在1718年参与平定一次叛乱的过程中，年羹尧表现出了非凡才干。他当时负责清军的后勤保障工作，虽然运送粮饷的道路十分艰险，但是在年羹尧的努力下，清朝大军的粮饷供应始终是充足的，从而为取胜创造了条件。因此，第二年年羹尧就被康熙皇帝晋升为四川、陕西两省的长官，成为清朝在西北最重要的官员。

但是，随着权力的日益扩大，年羹尧以功臣自居，变得骄矜自大起来。一次他回北京，京城的王公大臣都到郊外去迎接他，他对这些人看都不看，显得很无礼。他对雍正有时也不恭敬。一次，在军中接到雍正的诏令，按理应摆上香案跪下接令，但他随便一接了事，令雍正很生气。此外，他还大肆接受贿赂，随便任用官员，扰乱了国家秩序。

年羹尧对此不但不知收敛，反而更加得意忘形，更加骄横。雍正三年十月，雍正帝命逮年羹尧来京审讯。十二月，案成。此距发端仅有九个多月。议政王大臣等定年羹尧罪：计有大逆之罪五、欺罔之罪九、僭越之罪十六、狂悖之罪十三、专擅之罪十五、忌刻之罪六、残忍之罪四，共九十二款。

年羹尧的最终结局由多种因素造成，但骄横无疑是他的致命伤。如果一个人喜欢自大自夸，就算他曾经功不可没，也会画地为牢。同样，骄矜之人，即便有其他的美德，也会因为目中无人，让

1718年，负责清军后勤保障工作的年羹尧力排艰险，保证了清朝大军的粮饷供应，后被康熙皇帝晋升为四川、陕西两省的长官，成为清朝在西北最重要的官员。

年羹尧战功卓著，为雍正皇帝所倚重。本是君臣知遇却为何最终招致杀身灭门之祸呢？

随着权力的日益扩大，年羹尧以功臣自居，变得骄矜自大起来。

骄矜

年羹尧在军中接雍正的诏令，按理应摆上香案跪下接令，他却随便一接了事。此外，他还随便任用官员，扰乱了国家秩序。

雍正三年（1725年）十月，雍正帝下令逮捕年羹尧来京审讯。十二月，案成。骄横的年羹尧得到了他应有的惩罚。

只因他自恃功高，妄自尊大，擅作威福，丝毫不知谦逊自保，不守为臣之道，其教训值得后人深思借鉴

自己的美德被遮蔽。过分炫耀自己的能力，看不起他人的工作，就会失去自己的功劳。相反，如果一个人能看透世间富贵的起伏，看淡自己的荣辱，深谙骄傲的害处，自会远离骄矜的陷阱。

谦受益，骄致败，可谓千古一理。权、财、势大时，容易冲昏头脑，小看对手。这时只有谦虚、听劝、忍耐骄矜之气的增长，谦和对人，才能无往而不胜。

在生活中，对待问题，应多思、慎虑，认真对待。万事小心为上，切不可骄矜。作为管理者骄傲自大，不能以平等的态度待人，则会失去人才，失去人心，最后也必然要失去江山。作为统帅如果产生骄傲情绪，则骄兵必败。即使是普通人，自以为是也会众叛亲离，难以成事。

◎永葆初心　不受纷扰◎

【原文】

事穷势蹙之人，当原其初心；功成行满之士，要观其末路。

【译文】

一个人在事业上遭受失败、穷途末路时，应当还原最初创业时的心境；一个人功成圆满时，应该想到自己在以后的道路上如何保住晚节。

【精读解析】

《菜根谭》中的这句话告诉我们一个做人道理：时刻保持一颗初心，才能善始善终。

著名作家沈从文是一个没有高学历却有大学问的学者。当年他怀着梦想只身来到北京闯荡，一边在北大做旁听生，一边阅读大量书籍，并与诸多大师结识，不断成长。后来，他带着一身泥土气闯入十里洋场的上海，时间不长，即以灵气飘逸的文字震惊文坛。

1928年，时年26岁的沈从文被当时任中国公学校长的胡适聘为该校讲师。

在此之前，沈从文以行云流水的文笔描写真实的情感，赢得了一大批读者，在文坛享有很高的声望。但他给大学生讲课却是头一回。为了讲好第一堂课，他进行了认真准备，精心编定了讲义。尽管如此，第一天走上讲台，看见台下黑压压地坐满了学生，他心里仍不免发虚。面对台下满堂坐着的莘莘学子，沈从文竟整整呆站了10分钟，一句话也说不出。后来开始讲课了，由于心情紧张，他只顾低着头念讲稿，事先设计在中间插讲的内容全都忘得一干二净。结果，原先准备的一堂课，十分钟就讲完了。接下来的几十分钟怎么打发？他心慌意乱，冷汗顺着脊背直淌。这样的尴尬场面，他以前可从来没有经历过。

后来，沈从文没有天南地北地瞎扯来硬撑"面子"，而是老老实实拿起粉笔在黑板上写道："今天是我第一次上课，人很多，我害怕了！"于是，这老实可爱的坦言"害怕"，引起全堂一阵善意的笑声……

胡适深知沈从文的学识、潜力和为人，在听说这次讲课的经过后，不仅没有批评，反而不失幽

如何能让心灵的天平长久保持平衡，确实值得我们深思啊！

所谓"初心"应是一种相对稳定的为人处世的态度，不在逆境中改变初衷，不在顺境中放下坚守，是它最核心的内涵。每一个人刚走上社会都是满怀希望与抱负，然而一些人遭受多次挫折后，原本质朴的心变了：心灵歪曲了，抱负丧失了。事实上，一个人要有独立的修养，永远保持一颗光明磊落、纯洁质朴的心。

默地说："沈从文的第一次上课成功了！"后来，一位当时听过这堂课的学生在文章中写道，沈先生的坦率赤诚令人钦佩，这是有生以来听过的最有意义的一堂课。

此后，沈从文曾先后在西南联大师范学院和北大任教。正因为不是"科班"出身，他不墨守成规，而代之以别开生面的言传身教的文学教育，获得了成功。而他那"成功"的第一课，则在学生之中不断流传，成为他率直人生的真实写照。

世界上唯有真实最能打动人心。一句"我害怕了"，袒露了一代文学巨匠的质朴内心，面对失败不敷衍，不做作，不逃避，能老实可爱地袒露内心的人，当然会得到别人的谅解。其实，不仅是面对失败挫折时我们要保留初心，功德圆满、名利双收时更应该以一颗初心警醒自己不因此时顺境就放松自己为人处世的原则。

生活在世事纷扰的世界里，我们应该让自己的心灵在纷扰的世事中学会静止。当我们学会了静止的艺术，生命就会在时间的流逝中永远保持健康，让心灵和功业细水长流。

◎头脑清醒　登高思危◎

【原文】

居卑而后知登高之为危，处晦而后知向明之太露，守静而后知好动之过劳，养默而后知多言之为躁。

【译文】

到了低矮的地方观察，才知道向高处攀登充满着危险；到了黑暗的地方，才知道当初的光亮过于耀眼；持有宁静的心情，才知道四处奔波的辛苦；保持沉默，才知道过多的言语所带来的烦躁不安。

【精读解析】

一次，孟子觐见齐宣王，齐宣王问孟子："以我现在的修为，齐国现在的实力，要实现'君临天下，四海归心'的构想能成功吗？"

孟子在问了齐宣王相关的问题后，却给他浇了一盆冷水，说："依照齐国的现状，想要开辟疆土，使秦、楚臣服于自己，从而使齐国莅临天下。这个愿望无异于缘木求鱼，根本不可能。"

其实齐国也是战国时期的大国，经几代君主的治理，国力强大，百姓富足。但正是因为这样，

到了低矮的地方观察，才知道向高处攀登充满着危险。

世态万象，都蕴含着正反阴阳的辩证机理，要明白个中情味，就要居此思彼，动态地看待问题而不为表面现象所迷惑。居卑时想到高处不胜寒，处境平淡时想到繁华后的落寞，静默时考虑夸夸其谈的聒噪，一个人的心中就会少些觊觎，多些理智。真正高明的人，善于辩证统一地看问题，虽不着一词，却能有真知灼见。

齐国百姓皆沉浸于"吹竽鼓瑟，击筑弹琴，斗鸡走犬，六博"中，一个个都显得志得意满的样子，才可能酿成某种弊害的源头。当一个国家社会安定，经济繁荣，国民收入增加之后，往往就流于浪费，生活方式多半骄奢淫逸，道德堕落，并且容易产生优越感，看轻别人。因此，孟子说齐宣王想到"莅中国而抚四夷"，那是妄想，是"缘木求鱼"，不可能实现。

天下事总是祸福相依，如果我们不辩证地对待国泰民安，治世也可能由盛转衰。正如魏徵在《谏太宗十思疏》中，提醒唐太宗要"居安思危，戒奢以俭"。只有富而不骄，不一味地沉浸于歌舞升平，好日子才会持久。历史已经给了我们很多镜鉴，唐朝由盛转衰就是很好的一例。

自李隆基登始，到开元二十九年，恰好是三十年。他第一年用的年号是先天，次年改为开元。

古人以三十年为一世，李隆基为皇一世，天下太平富足，国家稳定，经济繁荣，农业和手工业都有较大的发展。经过贞观之治和武则天的励精图治，唐朝在李隆基开元时期的精心治理下，达到了全面兴盛。

凡事有兴盛必有衰亡，兴盛的巅峰往往是衰亡的开始。开元以后唐玄宗用人失当，任李林甫、杨国忠等为相，并且迷恋贵妃杨玉环，"后宫佳丽三千人，三千宠爱在一身"，"春宵苦短日高起，从此君王不早朝"。政治腐败，奸臣当道，大唐终于由兴盛走向衰亡。最终酿成安史之乱，大唐盛世的景象一去不返。

盛唐景象一直是中国人心向往之的治世之极，盛唐也是外国人对古代中国的一贯记忆。也正因此，很多人想着梦回唐朝，一睹那富甲天下、雄视四海、宽容和谐、英气勃勃的伟大盛世。但是在安史之乱的马蹄声中，一个盛世渐渐远去，留给人们的是凄凉的背影和无尽的思索。历史的前车之鉴，有力地印证了《菜根谭》的说法。国家也好，个人也罢，如果固守于事物的单个方面时，结局往往会向事物的另一方面转变。

生活中，我们要把眼光放长远，时刻要有居此思彼的意识。"常将有日思无日，莫待无时思有时"，按照《菜根谭》中说的那样去思考，思路就不至于僵化。

◎相观对治　方便法门◎

【原文】

人之际遇，有齐有不齐，而能使己独齐乎？己之情理，有顺有不顺，而能使人皆顺乎？以此相观对治，亦是一方便法门。

【译文】

人生的遭遇，有顺利有不顺利，所处的境况各有不同，在这种情况下，自己又如何要求特别的幸运呢？自己的情绪，有平静的时候也有烦躁的时候，每个人的情绪也各有不同，在这种情况下，又如何能要求别人时刻都心平气和呢？用这个道理来反躬自问，将心比心，也不失为人生中一种进修品德的好方法。

【精读解析】

如果说只有顺境的人生、美丽的身体和聪明的头脑是完美的，那么世界上并没有完美。因为世界上没有完全顺利的人生，也没有没有瑕疵的身体，更没有不犯糊涂的头脑。所以没有必要总是刻意寻找自己没有而别人拥有的东西。正视我们自己的缺陷和不足，我们的生活反而会坦然一些。

其实追求完美没有错，可怕的是追而不得后的自卑与堕落。即使缺陷再大的人也有其闪光点，正如再完美的人也有缺陷一样。能够充分发挥自己的长处，照样可以赢得精彩人生。正如清朝诗人顾嗣协所说："骏马能历险，犁田不如牛；坚车能载重，渡河不如舟。舍长以取短，智者难为谋；生材贵适用，慎勿多苛求。"过分地追求完美只会让自己徒增烦恼。

有一位先生娶了一个体态婀娜、面貌娟秀

人生的遭遇，有顺利有不顺利，所处的境况各有不同。

如果说只有顺境的人生、美丽的身体和聪明的头脑是完美的，那么世界上并没有完美。所以没有必要总是刻意寻找自己没有而别人拥有的东西。正视我们自己的缺陷和不足，我们的生活反而会坦然一些。因此当我们珍惜现有的一切，感到满足时，我们的心和生活就都是完美的。

的太太，两人恩恩爱爱，是人人称羡的神仙美眷。这个太太眉清目秀，性情温和，美中不足的是长了个酒糟鼻子，好像失职的艺术家，对于一件原本足以称傲于世间的艺术精品，只因少雕刻了几刀，便显得非常的突兀怪异。

这位先生对于太太的鼻子终日耿耿于怀。一日出外去经商，行经贩卖奴隶的市场，宽阔的广场上，四周人声沸腾，争相吆喝出价，抢购奴隶。广场中央站了一个身材单薄、瘦小清癯的女孩子，正以一双汪汪的泪眼，怯生生地环顾着这群如狼似虎、决定她一生命运的大男人。这位先生仔细端详女孩子的容貌，突然间，他被深深地吸引住了。好极了！这个女孩子的脸上长着一个端端正正的鼻子，不计一切，买下她！

这位先生以高价买下了长着端正鼻子的女孩子，兴高采烈，带着女孩子日夜兼程赶回家门，想给心爱的妻子一个惊喜。到了家中，把女孩子安顿好之后，他以刀子割下女孩子漂亮的鼻子，拿着血淋淋而温热的鼻子，大声疾呼：

"太太！快出来哟！看我给你买回来最宝贵的礼物！"

"什么样贵重的礼物，让你如此大呼小叫的？"太太狐疑不解地应声走出来。

"若！你看！我为你买了个端正美丽的鼻子，你戴上看看。"

丈夫说完，突然抽出怀中锋锐的利刃，一刀朝太太的酒糟鼻子砍去。霎时太太的鼻梁血流如注，酒糟鼻子掉落在地上，先生赶忙用双手把端正的鼻子嵌贴在伤口处。但是无论丈夫如何努力，那个漂亮的鼻子始终无法粘在妻子的鼻梁上。

可怜的妻子，既得不到丈夫苦心买回来的端正而美丽的鼻子，又失掉了自己那虽然丑陋但是货真价实的酒糟鼻子，并且还受到无端的刀刃创痛。而那位糊涂丈夫的愚昧无知，更是叫人可怜！

也许世界发展到今天，不会再有如此愚蠢的丈夫出现，但是人们追求完美的心理，却与文中那个手拿利刀的丈夫如出一辙。有些人以为自己追求完美是积极向上的表现，其实他们才是最可怜的人，因为这种完美根本不存在。他们所有的追求如海市蜃楼，只是一个幻影而已。

世界上本来就没有完美，但我们每个人都可拥有完美，因为我们口中时时叨念的完美其实是我们心中的知足。做到心中知足，我们也就找到了《菜根谭》中说的"方便法门"。看到别人因偷盗钱财而锒铛入狱时，我们会庆幸自己的生活没有到一无所有的境地，于是会倍加珍惜我们现有的财富；看到别人面部被烧伤，却仍能保持微笑时，我们就不会再苦恼自己没有生得一张明星脸；看到富翁死后，他的儿女为了争夺遗产而抛弃亲情时，我们就会满足于自己平淡而没有纷争的生活……这就是所谓的"相观对治"。因此当我们满足时，我们的心和生活就都是完美的。

○苦中有乐 得意生悲○

【原文】

苦心中，常得悦心之趣；得意时，便生失意之悲。

【译文】

人们在苦心追求时，因为感受到追求成功的喜悦而觉得乐趣无穷；人们在得意时，因为面临着顶峰过后的低谷，往往潜藏着失意的悲哀。

【精读解析】

人的一生，或多或少，总有浮沉。面对人生的起伏，真正的高手都是那些能以平常心牢牢地驾驭人生这匹烈马的人。

宠辱是常常交替的，于是，人们常感到"世态炎凉"，感到人际交往的势利。比如有人在台上时，不少人都巴结他，门前是车水马龙，拜访的人络绎不绝；而一旦下台，就门可罗雀，无人理睬。

其实，人与人的交往和交流，纯粹只讲道义，不顾势利，是不可能的。势利是其常态。物以稀为贵，此所谓的道义反而显得难能可贵了。

诸葛亮有一句名言，可作为人们学习修养的最好的座右铭："势利之交，难以经远。士之相知，温不增华，寒不改弃，贯四时而不衰，历坦险而益固。"这句名言的意思是，势利之交，是难以长远的。真正的友情，是经得起时间考验的，在我们得意时，真正的朋友不助长我们的得意；在我们失意时，真正的朋友绝不会将我们舍弃，同甘苦共患难，友谊反而在患难中越来越牢固。所以说，无论是我们对别人，还是别人对我们，拥有豁达的平常心，不仅能做到宠辱不惊，还能做到面对毁誉不动心。

凡能苦中作乐、能在得意之时而做到不忘形的人，都拥有一颗平常心。人生宠辱有时只是一种表象，从人生的长远来看，宠是得意的总表象，辱是失意的总表象。当一个人成名立功时，除非平素具有淡泊名利的修养，否则一般都会欣喜若狂，喜极而泣。这就是所谓的"得意忘形"。

孔子曰："吾之于人也，谁毁谁誉？如有所誉者，其有所试矣。斯民也，三代之所以直道而行也。"意思是说，听了谁毁人，谁誉人，自己不要立刻下断语。另一方面也可以说，有人攻讦自己或恭维自己，都不要去管。如果一个人这样做了就会"苦心中，常得悦心之趣；得意时，也不会生失意之悲"。

宠辱不惊，对外界的毁誉、对人生起伏都怀一颗平常心。便是一种圣人境界。在我们的现实生活中，做好自己、看淡外界是非可以帮助我们在飞速变化的时代保持一颗平常心。对别人的赞誉，少受几分，心境就不会飘飘然；对别人的批评，多些反省，我们就不会耿耿于怀。同样的道理，遇到人生的嘉奖，不要得意忘形，遇到生活的坎坷，不要妄自菲薄，既然我们已经尽力而为了，就不要强迫自己符合外界的框架。这样去做，我们就可以避免在得意时，生出失意之悲，在苦心时，丧失生活的乐趣。

◎居安思危 天亦无伎◎

【原文】

天之机缄不测，抑而伸，伸而抑，皆是播弄英雄，颠倒豪杰处。君子只是逆来顺受，居安思危，天亦无所用其伎俩矣。

【译文】

上天的变化不可把握，有时先让人陷入困境，然后再进入顺境，有时又让人先得意而后失意。不论是处于何种境地，都是上天有意在捉弄那些自命不凡的所谓英雄豪杰。因此，一个真正的君子，如果能够坚忍地度过外来的困厄和挫折，平安之时不忘危难，那么就连上天也没有办法对他施加任何的伎俩了。

不论是顺境还是逆境，都是上天有意在捉弄那些自命不凡的所谓英雄豪杰。

【精读解析】

"胜可知，而不可为。"意思就是说，胜利是可以预测的，但是不能够强求。这句话听起来

一个真正的君子，如果能够坚韧地度过外来的困厄和挫折，平安之时不忘危难，那么就连上天也没有办法对他施加任何的压力了。

很悲观，但其实是非常冷静和理性的。真正万无一失的计划，就是要想到万一失败了，我们该如何应对，这是一种忧患意识和危机意识，是我们生活中不可缺少的。

唐朝是我国历史上一个辉煌的朝代，尤其是在唐太宗时期，"贞观之治"让中国的版图和文化影响力达到了高峰。推动这一盛世的众多人当中，有太宗的"镜臣"魏徵。魏徵才华出众，主张"居安思危，善始克终"。他常常以隋朝灭亡作为教训，规劝唐太宗要有危机意识，要看到唐朝将来的发展和重重困境。魏徵多次在奏章中写到自古失国之主、亡国之君都是因为纵情安逸，不思考危亡才导致灭国的。

太宗的"镜臣"魏徵，居安思危，善始克终。他的忧患意识使他成为唐太宗治理国家的功臣。

魏徵成为辅佐唐太宗治理国家的功臣，是靠他的忧患意识。而对于一个人来说，培养自己的忧患意识、危机意识不仅是鞭策我们严格要求自己的重要动力，也是我们心理减压的重要"防震气囊"。"谋事在人，成事在天。"不可预知的未来因素可能会改变我们的计划，甚至将美好幻想毁灭。如果事先预想过最坏的结果，即使真的失败了也不会给心理带来过大的压力。

《菜根谭》中将危机意识进一步引申，不仅给我们讲了危机意识"抑而伸，伸而抑"的转换功能，同时也告知人们，真正的英雄和君子是如何修炼的。其实，大自然也好，生活也罢，它们的运行与变化实在是变化莫测，任何起伏与变化都是捉弄和戏耍那些自命不凡的英雄豪杰的手段而已。因此，一个真正的君子，如果能够坚韧地度过外来的困厄和挫折，平安之时不忘危难，那么就连上天也没有办法对他施加任何的压力了。

◎偏激之人 难建功业◎

【原文】

燥性者火炽，遇物则焚；寡恩者冰清，逢物必杀；凝滞固执者，如死水腐木，生机已绝。俱难建功业而延福祉。

【译文】

那些性情暴躁的人就像炽热的火焰，遇到物体就会点燃烧毁；那些刻薄寡恩的人就像冰块一样冷酷，遇到物体就会无情残杀；那些固执呆板的人，就像静止的死水和腐朽的枯木，毫无生机。这些人都难以建立功业、延续幸福。

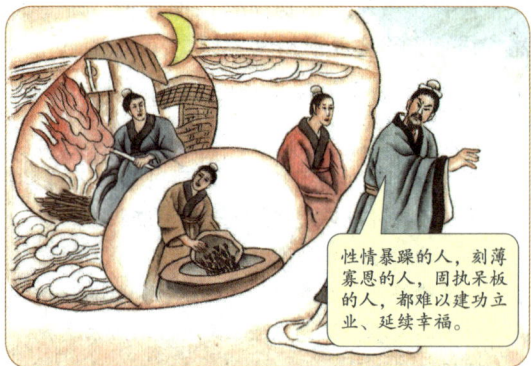

性情暴躁的人，刻薄寡恩的人，固执呆板的人，都难以建功立业、延续幸福。

【精读解析】

一次，鲁哀公问孔子："你的人生走到这里，可谓是桃李满天下了。那么在这么多的学生中，你自认为谁是学得最好的并可继承你未竟的事业的人呢？"

孔子把自己交过的学生在头脑中简单地

迁怒他人与过而不改都是不能控制自己情绪的表现，也是人们工作、生活中的两大弊病。它们小则使人际关系紧张，大则导致事情的失败。一个人要成就大的事业，就不能随心所欲、感情用事，而是要对自己的言行有所克制。

过了一下，然后说："学得最好的当属颜回这个人了。因为他性格温和、不迁怒，品行端正、不贰过。可惜他已经死了，但是即便这样，直到现在我再也没有遇到比他做得更好的人了。"

颜回他不一定有帝王之才，却因为有良好控制情绪的能力而被孔子认定是可以继承他自己的师道风范的人。为孔子称赞的"不迁怒"，"不贰过"大致等同于《菜根谭》此处由批评引申出来的品德。同时也是他给"燥性者"和"凝滞固执者"的建议。

"燥性者"是我们常说的那些脾气暴躁、不懂得克制情绪的人。而"凝滞固执者"则是那些固执而不肯改过的人。这两种人都是难以"建功业而延福祉"的人。在我们的生活工作中，事实也的确如此。迁怒他人与过而不改都是不能控制自己情绪的表现，也是人们工作、生活中的两大弊病。它们小则使人际关系紧张，大则导致事情的失败。曾经有个人因为不能控制自己的情绪，而与即将到手的胜利擦肩而过了。

学得最好的当属颜回这个人了。因为他性格温和、不迁怒，品行端正、不贰过。

鲁哀公问孔子学生中学得最好并可继承孔子未竟事业的人，孔子认为当属"不迁怒"，"不贰过"的颜回。

迁怒和固执各有自己的一个规律。迁怒的人，往往迁怒于他者，迁怒于外物，迁怒于对自己没有巨大威胁的对象；固执的人，常常固执于自认为对的想法，却不肯回头看看。虽然两个规律方向相反但都是一种阴暗心理的外现。而在我们的生活，特别是在和别人交往时，工作的成败与合作气氛的融洽与否，情绪起着至关重要的作用。要成就一番事业的人应该学会心理调控，学会及时尽快走出消极情绪的笼罩。任何管理者都无法相信一个动辄生气、却不肯为自己的过错主动承担的人，能为公司带来业绩。

一个人要成就大的事业，就不能随心所欲、感情用事，而是要对自己的言行有所克制。

自制能力是在工作中善于控制自己情绪和约束自己言行的一种能力。能够掌控自己的情绪是"燥性者"和"凝滞固执者"突破谶语的法门。不发火，从根本上来说是不现实的，但是我们如果一味放纵自己的情绪，那么我们也将沦为情绪的奴隶。冲突总是不可避免，但少一份暴躁，淡去些固执，就会多一份宁静，就会多一份美丽。

◎安贫乐道 磨砺心智◎

【原文】

贫家净扫地，贫女净梳头，景色虽不艳丽，气度自是风雅。士君子一当穷愁寥落，奈何辄自废弛哉！

【译文】

贫穷的人家要经常把地扫得干干净净，穷人的女儿要把头梳得整整齐齐，虽然没有艳丽奢华的陈设和美丽的装饰，却有一种自然朴实的风雅。有才之君子，怎能一遇穷困忧愁或者际遇不佳、受到冷落，就自暴自弃呢！

【精读解析】

孔子有一个叫原宪的弟子。他出身贫寒，但个性狷介，一生安贫乐道，不肯与世俗合流。就连老师孔子要给他九百斛的俸禄，他都推辞不要。原宪在孔子死后，隐居卫国，生活极其清苦。他的居所是一间一丈见方的房子，虽说是房子，但它的构造却极为简陋：茅草做房顶，桑枝为门框，蓬草遮蔽即为门，破瓮竖立即是窗，破布张挂就将狭小的空间一分为二。而且只要天下雨，此屋便滴水成河。然而就是在这样的环境中，原宪仍可端坐弹琴、颂扬诗书。

有一天，子贡骑着大马，穿着白衣紫衫前来拜访原宪，但是原宪家住的地方巷子实在太小太窄，以至于容不下子贡的马车，于是子贡只得徒步来到原宪家门前。只见原宪戴顶破帽子，穿着破鞋，倚着藜杖在门口应答。

子贡不由惊呼："先生得了什么病吗？为何如此狼狈？"

原宪不以为然地说："我听说，没有钱叫作贫，有学识而无用武之地叫作病，现在我是贫，不是病。"

穷人的女儿把头梳得整整齐齐，有一种自然朴实的风雅。

真正有智慧有才学的人是不会因贫穷而身心俱疲的。想借贫穷的环境来磨炼自己的意志。不仅注重自己的物质享受，还看重自己的精神修养，这才是积极地忍受贫困。一个人物质上贫穷并不可怕，但一定不要使自己的心理贫穷，心理贫穷才是真正的可悲。

听完原宪的话，子贡面露愧色，逃之夭夭。而原宪则拄着藜杖唱起了歌，声满天地，若出金石。

其实真正的穷困不在外物，而在于内心。子贡自以为是地认为原宪因病而潦倒，却不知真正有智慧有才学的人是不会因贫穷而身心俱疲的。一个德业和事业失衡的人，既不能从高层次看待贫困的问题，也忍受不了贫困的生活，当然也就不能理解那些善于忍受贫困、操守不改的人。

不同的人对于贫穷的看法不同，标准不同，忍受贫穷的能力也不同。对于贫穷有些人是不得不居于贫困，苦熬贫困，所以觉得贫困是可怕的，这是着眼于物质生活的贫困。还有一些人是甘居贫困，因为他们想借贫困的环境来磨炼自己的意志。不仅注重自己的物质享受，还看重自己的精神修养，这才是积极地忍受贫困。

在我们生活的社会，没有谁天生甘受贫穷，而且每个人其实希望改变贫穷的状况。然而贫穷并不会因为怜惜辛苦劳作的人而远离，也不会因为人们自甘堕落就会让他致富。面对这样强劲的对手，如果被打败，或者为了脱贫不择手段都不是真正的强者智者，不过是变相地贪恋富贵罢了。

其实，古人安贫乐道的生活智慧蕴含着智者贤人对当下世人的忠告：人贫而心不穷，便不是真正的贫穷。一个人物质上贫穷并不可怕，但一定不要使自己的心理贫穷，心理贫穷才是真正的可悲。安贫乐道的人也并非没有精神内涵，不思进取，而是深谙快乐生活之道的人，这样的人往往能脱离生活的羁绊，活出人生的豁达，贫穷便成了某种意义上的富有。相反，如果一个人精神上贫穷，说明生活已失去了意义和动力。这样的人即使家财万贯，也不会有快乐的生活。由此来看，注重仪表整洁的贫家女子比自暴自弃的落魄君子还要略胜一筹。

◎终身役役　无缘成功◎

【原文】

人生在世，太闲则别念窃生，太忙则真性不现。故士君子不可不抱身心之忧，亦不可不耽风月之趣。

【译文】

人生如果过于闲逸，那么别的念头就会悄悄产生；人生太过忙碌，那么纯真的本性就不会显现。

所以德行高尚的君子既不可以使自己身心过于疲倦，也不可不懂得吟风弄月的乐趣。

【精读解析】

现在古人眼中，一个德行高尚的君子，不会让自己的身心过于疲倦。太忙了，只会让自己成为生活的奴隶。

德行高尚的君子身心不可以过于疲倦，懂得吟风弄月的乐趣。

"终身役役而不见其成功，萧然疲役而不知其所归，可不哀邪？"古人一句话揭开了人生的内幕，人一辈子都忙忙碌碌做什么呢？"终身役役而不见其成功"，做自己身体的奴隶，做物质的奴隶，做别人的奴隶，为儿女、为工作，终身都在服役。最后却是一无所成地离去。如果用《易经》中的一句坤卦总结，即"无成有终"，一生看不到成果，生命便结束了。

一个人如果太忙则"真性不现"，因此在古人眼中，一个德行高尚的君子，不会让自己的身心过于疲倦。太忙了，只会让自己成为生活的奴隶。为生命所奴役，一辈子都处于疲惫不堪的状态，找不到自己的归宿，即使长命百岁，终是年老力衰，活长了又有什么用呢？

鹿和马都被公认为是跑得最快的动物，只不过鹿在森林中，马在草原上，它们都对彼此有亲切感，但是关系还仅限于偶尔碰面时打个招呼而已。既然双方都有成为朋友的心愿，何不进一步促进彼此的关系呢？于是，鹿就邀请马到家里来玩，马欣然同意了。

那是一个春日的午后，草原上吹着温馨的风，马踏入了森林。然而，刚进入森林的马很快就后悔了。这里是和草原完全不同的世界，起初还不觉得怎么样，可是越往森林里面走，树木就越高大，绿叶也越来越茂密。树林的枝叶重重叠叠地遮蔽了天空，草原上那习以为常的高挂天空的太阳，在这里完全看不见。怀着不安的马，陡然对住在这种地方的鹿害怕起来。它不得不承认，只有灵敏的鹿才适合这座密林。

后来，人类邀请马与他们合作，马看到了人类的智慧和无尽的财富，被吸引了。有一天，人说："其实你应该是世界上最快的，现在我们又能够提供给你丰盛的食物，如果你能够依照我们的方法去做，即使是在森林里，你也一定能够跑赢鹿。"不知道为什么，马竟然答应了。人类利用可以让马吃饱为条件，堂堂正正地骑到了它的背上，一起进入森林里追赶、猎捕鹿。一场阴谋开始了。

被追得走投无路的鹿在疑惑之中，满怀着悲伤，对马露出悲哀和疑惑的神情。可是，此时的马被鞭打的疼痛和缰绳操纵的窘迫弄得头脑麻木，它或许根本就没有多余的精力去察觉鹿的变化。从那次狩猎结束之后，人类便把马的缰绳紧紧抓在手中了，他们喂养马，并把它们绑在专门建造的马厩里。

有的人可以做生活的主人，而有的只能做生活的奴隶。虽然人和马甘愿被奴役的原因是不一样的，但结果却是一样的，那就是永远地丢弃了自由的权利。你选择了什么样的人生道路，决定了你享有什么样的人生。无论你要选择什么、放弃什么，都要弄清楚这样做值得不值得。

◎未雨绸缪　有备无患◎

【原文】

闲中不放过，忙处有受用；静中不落空，动处有受用；暗中不欺隐，明处有受用。

【译文】

在闲暇时不让时光轻易流过，抓紧时间做些准备，到了忙的时候自然会用得着；在平静时不让心灵空虚，在遇到变化的时候自然能够应付自如；在无人知道的时候不做邪恶阴暗的事，在大庭广众之下自然会受到尊敬。

【精读解析】

人们将一只青蛙放到沸水中，青蛙会在接触到热水的那一瞬间如触电般立即窜逃出来。接着人们又将青蛙放在凉水中，然后用小火慢慢加热。青蛙虽然可以感觉到温度变化，但是在最初却没有做出任何反应。随着水温渐渐升高，青蛙开始有所躁动，但是等到水快要沸腾时青蛙已经逐渐丧失了逃生的能力。后来，这种现象就被称为"青蛙效应"。

第一次，青蛙能及时跳出沸水，因为它敏感于环境的突变，保持了灵活的应变能力。第二次，置于凉水中的青蛙，没有在最初做出反应，等到想要跳开时却为时晚矣。"青蛙效应"虽然只是一个小小的实验，却折射出偌大的人生道理：当一个人始终沉浸在一种生活状态中时，就意味着他有可能在突发状况中遇到困难。

生活中养成未雨绸缪的思维习惯，总不会错的。在闲暇时不让时光轻易流过，抓紧时间做些准备，到了忙的时候自然会用得着。只有平时做足了精神上、物质上的准备，才能敏感于环境的变化，躲避祸患，抓住保全自己的机会。

我们的生活总是在相对的生活状态的轮换中进行，比如安闲和紧张、宁静和动荡、困苦和幸福，而且它们总是相互联系，就像韬光可以养晦，厚积可以薄发，苦尽方可甘来。而对于每个人来说，可以选择沉溺于一种环境，也可以选择未雨绸缪。选择前者的人，也许洒脱，但是一旦临事往往方寸大乱，甚至一败涂地。选择后者的可能平时比较忙碌，但是遇到突发状况时反而会有几分从容淡定，从而幸免于难。

明代嘉靖帝时，宰相严嵩权倾朝野，人们无不趋奉他。

有一年，严嵩过生日时，宜春县令刘巨塘进京拜见皇帝后，随众多官吏前往严府为严嵩祝寿。严嵩十分傲慢，他随意招呼过众人，便命人把大门关上，禁止任何人出入。

刘巨塘来不及出府，被关在严府中，时近中午也无人安排酒食。他饥渴交加，只得在府中乱转。

这时，严家的仆人严辛把刘巨塘领到自己的住处，用丰盛的酒食招待他："我家主人怠慢大人了，小人若能让大人不责怪我家主人，小人就稍感安心。"

刘巨塘十分惶恐，忙道："我官小职微，无足轻重，蒙你家主人接待，已万感荣幸了，哪敢责怪呢？"

严辛摇头说："此地就你我二人，大人不必讳言了。我虽为严家仆人，但也知世故人情，故而和大人倾心交谈。"

刘巨塘听来，不明其意，只好道："你有何意，请直接讲来，我绝不外传就是了。"

严辛为刘巨塘敬酒后，道："我家主人对上恭顺，对下骄慢，以君子自居，却行小人之事，这不是外人可以一眼便见的。我追随他多年，深知他终有败露之时。有一天他大祸上身，我等也势必受到牵连，现在若不趁早寻个依靠，找个退路，到时就晚了。我见大人心地良善，当为可托付之人，故而赤诚相告。"

刘巨塘惊骇不已，随口道："你就这么肯定你家主人要遭祸吗？我实难相信呐。"

严辛郑重说："大人遭他轻视，只此一节，便可察知他的为人真相了，大人还有何怀疑吗？"

刘巨塘心中佩服严辛的见识，嘴里却百般不予承认。

几年之后，严嵩破败，严世蕃被杀，仆人严辛也受牵连而下狱。此时刘巨塘正好在袁州当政，他主理严辛的案子，感念旧情，便将严辛发配边疆，免其一死。

严辛的一双慧眼和果断的出手为自己日后身家性命的保全赢得了机会。他未雨绸缪，提前给自己的人生留了后路，这就显示了他的远见和智慧。做人要善于经营和筹备，如果严辛不具有忧患意识，恐怕风雨来时他也自身难保。

这个世界上的任何人都不可能只在一种生活状中生存。但是唯有有准备之人才能抓住福祸转换时的救命绳索。生活中养成未雨绸缪的思维习惯，总不会错的。只有平时做足了精神上、物质上的准备，才能敏感于环境的变化，躲避祸患，抓住保全自己的机会。

◎富贵丛中　心境淡泊◎

【原文】

生长富贵丛中的，嗜欲如猛火，权势似烈焰。若不带些清冷气味，其火焰不至焚人，必将自烁矣。

【译文】

生长在富豪权贵之家的人，他们的欲望像猛火一样强烈，他们的权势像烈焰一样灼人。如果不时时给他们一些清醒的观念加以调和的话，即使这些欲望和权势的火焰不会焚烧他人，也会将他们自己灼伤。

【精读解析】

无论是治学、立身还是工作，也不管我们是平民百姓还是达官显贵，都需要以一颗淡泊、理智的心态去应对财富与名利。

我一定要位极人臣！

如果把富贵比作一团火的话，那么淡泊、理智的心就是给火降温的水。当一个人的心中燃起富贵的火时，如果没有淡泊和理智的降温控制，火势就会蔓延、甚至无法控制，这样不仅会烧伤自己，还会灼伤别人。

有一个人家徒四壁，家中连一张床也没有，他和妻子每天晚上只能打地铺。除了穷，这个人还很吝啬。他认为自己之所以吝啬，是因为太穷了。

他向佛祖祈祷："如果我发财了，我绝对不会像现在这样吝啬。"

> 无论是治学、立身还是工作，也不管我们是平民百姓还是达官显贵，都需要以一颗淡泊、理智的心态去应对财富与名利。当一个人无法自制地去追求富贵时，欲念的火就会烧伤心灵、殃及他人。时时给追求富贵的欲念降降温，让我们的欲望和理智加以调和，就可以避免这样的悲剧。

佛祖看他可怜，就给了他一个装钱的口袋，说："这个袋子里有一个金币，当你把它拿出来以后，里面又会有一个金币，但是当你想花钱的时候，只有把这个钱袋扔掉才能花。"

那个穷人就不断地往外拿金币，整整一晚上没有合眼，他家地上到处都是金币。这一辈子就是什么也不做，这些钱也足够他花了。但是他并没有像当初祈祷的那样不再吝啬，反而变得更加一毛不拔。原来一无所有时，他对妻子还能尽心呵护。可是当他富有的时候，却对妻子不闻不问，甚至不允许妻子碰他拿出的金币。他每天的生活内容就是不吃不喝地一直往外拿着金币。

其实，他也想停止拿钱，可是临到决断的时候却对自己说："我不能把袋子扔了，钱还在源源不断地出来，还是让钱更多一些的时候再把袋子扔掉吧！"

到最后，他的妻子因为生病无人照料，而先他而去。他自己也因为长时间的不进食而精疲力竭，虚弱得连把钱从口袋里拿出来的力气都没了，但是他还是不肯把袋子扔了，终于死在了钱袋的旁边，屋子里装的都是金币。

佛祖怜悯这个穷人，赐予他想要的财富，他却不能控制住自己内心的贪欲。结果对财富的贪图不仅埋葬了他自己，还葬送了他的妻子。

当一个人无法自制地去追求富贵时，欲念的火就会烧伤心灵、殃及他人。这不仅会给我们造成心理上的负担，也为自己带来痛苦。相反，时时给追求富贵的欲念降降温，让我们的欲念和理智加以调和，就可以避免这样的悲剧。

越是生长在富豪权贵之家的人，越容易对富豪权贵产生难以抑制的欲火。人的欲望是无止境的，我们应该懂得时刻控制自己的欲望，对于富贵应该有一个清醒的认识。富贵作为一种存在，是人为的结果，它能为人心灵的满足提供多种手段和工具，但是绝不是唯一能够满足人心灵的东西。当我们没有得到富或贵时，不过分奢求富贵，享受当下的生活自得人生真趣。当我们凭自己的努力得到富贵时，"带些清冷气味"，保持一颗冷静淡泊的心，财富和权势就会让我们既拥有高质量生活，也不会对他人造成威胁和伤害。

◎人心一真　千种可能◎

【原文】

人心一真，便霜可飞，城可陨，金石可贯。若伪妄之人，形骸徒具，真宰已亡，对人则面目可憎，独居则形影自愧。

【译文】

人心只要做到至诚，就可以感动上天，在六月降下霜雪，使城墙损坏，坚固的金石被雕琢。如果是一个虚伪奸邪的人，就只是白白地有一个人的皮囊，真正的灵魂早已消亡，与人相处会让人觉得面目可憎，独自一个人时也会为自己的形体和灵魂感到惭愧。

【精读解析】

我们都是平凡人，勤勤恳恳地努力着，踏踏实实地工作着。大多数人在工作伊始都有着炙热的激情，宏伟的目标，而后却被残酷的现实，渐渐磨去了棱角，于是忘了最初的梦想。

有一些人，一开始就认定了自己平凡无奇，于是也不去做什么大人物的梦想，只是安安静静脚踏实地做好手头上的工作，数十年如一日，最终笑傲

一颗虔诚的心可以带来无穷的力量，即发多大愿，就有多大力量。因此，无论是在工作还是在平日的生活中，我们都要对所做的事情保持一分虔诚心，用这种"精诚"之心作为我们生活的先导。凭着一颗"精诚"的心，在岗位上就能尽其所能。一念至诚，最终会得偿所愿。

职场。就好像竹子一样，头三年默默无闻，埋头苦干，根扎足了，入地够深了，一夜春雨，迎来了蓬勃喷发的事业之潮。这便是精诚所至，金石为开。

一群贫苦的僧侣由于无法分别独资供养佛陀，便聚在一起希望一起凑资供养佛陀。这群僧侣中有一位叫慧心的和尚实在太过贫苦。他家徒四壁，根本无法提供和其他僧侣一样多的钱。但是，他对此次供养佛的活动十分执着，于是便想了一个方法。

这天，慧心到一位长者家里应聘当帮佣。其间他抓紧机会向长者借了一些钱，并承诺十天内还清。长者很快借给了他。可是当慧心拿着钱赶到大家的集合点准备奉上自己的心意时，却被告知，

供养佛陀的钱已经凑齐，不再需要他了。

慧心十分抑郁，无奈之下他只能每天不断地祈求佛，期望有机会供养他，以完成自己的心愿。也许正是他的精诚之心起了作用，当晚，慧心就梦见佛祖对他说，他的愿望在天亮后就可以得到实现。

第二天，慧心用他在长者那里借来的钱准备了丰富的供品，期待佛陀到来接受他的供养。果然，佛陀带着其他的几位佛祖出现在了他的门前。慧心无比欢喜，于是便对佛陀说："这次有机会供养您，我已心满意足。但是，这些饭还不够。"

佛陀说："足够的，你拿这些钵去盛吧。"

慧心便一钵一钵地往外盛食物。令人惊讶的是，他的食物竟然盛满了每一个佛祖的钵。这时，佛陀说："虽然你在过去生中缺少神福缘，但由于你的虔诚，你的今生未来生都已经福量无穷。"

这次有机会供养您，我已心满意足。但是，这些饭还不够。

慧心因为贫苦，无法独资供养佛陀，后来向长者借钱，却错过了集资供养的机会。后来慧心准备贡品期待佛陀到来，却发现自己准备的饭竟然因为自己的虔诚，盛满了每一个佛祖的钵。

"精诚"实际上指的是我们对待事业的一种态度，对事业的执着程度。有些人尽管能力并不出众，但他们凭着一颗"精诚"的心，在岗位上尽其所能。一念至诚，最终得偿所愿。

这便是"人心一真，便霜可飞，城可陨，金石可贯"的道理。一颗虔诚的心可以带来无穷的力量，即发多大愿，就有多大力量。因此，无论是在工作还是在平日的生活中，我们都要对所做的事情保持一分虔诚心，用这种"精诚"之心做我们生活的先导。

持之以恒、表里如一的虔诚之心是所有成就伟业者的共同性格特征。他们可能在其他方面有所欠缺，可能有许多缺点和古怪之处，但是对一个成功者来说，"人心一真"，便有千种可能。不管遇到多少反对，不管遭到多少挫折，成功者总是能坚持下去，最终等到了"霜可飞，城可陨，金石可贯"的奇迹。所以我们应该从他们身上领悟成功的秘诀：如愿从事了自己喜欢的工作，就善始善终地做好，即便辛苦，也不打退堂鼓；如果想超越平凡，哪怕独自相处时，也不放弃曾经定下的目标和原则；无论身处何境，我们不能轻易说放弃，而是要始终保持虔诚之心的温度。

◎大处着眼 小处着手◎

【原文】

小处不渗漏，暗处不欺隐，末路不怠荒，才是个真正英雄。

【译文】

在细枝末节的小事上也要处理得一丝不苟，不能留下漏洞；在无人所见的暗处也要心地正直，处事公正；在遇到窘迫的境地时也不放弃追求。这样才是个真正的英雄好汉。

【精读解析】

对于世间万物来说，大与小的概念都不尽相同。地球很大，但跟银河系比起来就是九牛一毛了；一片树叶很小，但对于一只蚂蚁来说它就是一个巨大的广场了。在很多人看来成功就是做大事，但同时又不屑于做小事。俗话说，一屋不扫何以扫天下，同样的道理，小事不做何以成大事！

一个人的成败得失常在小处、暗处，它往往是被人们忽略的。大事虽然大，但也要从小事做起，把小事做到极致了自然成就了大事。粒米中藏须弥山，许多不起眼的人、事、物有着不可限量的能量。

小砂石可以建高楼；小火星可以燎原；小小微笑可以散播欢喜与爱，所以，"小"中往往蕴含有无穷的力量。任何一小步都有可能成就前途的一大步，再小的事情如果能够做到极致就能成就大事。

按照辽朝惯例，凡是皇帝乘车经过的地方，地方长官都要有所进贡。辽圣宗耶律隆绪到云中打猎，当地的节度使向圣宗进言说："我们境内没有什么其他的特产，只有幕僚张俭算得上是当世俊杰，我想推荐他为皇上效力。"圣宗于是召见张俭。圣宗向他询问治国之道时，张俭谈到了三十多件事。从此受到圣宗赏识，待遇也很优厚。

张俭只穿一般的绸子衣服，吃饭时菜也很少，将每月节余的俸禄，送给有困难的亲朋故友。有一年正值冬天，张俭在偏殿奏事，皇帝见他的衣袍又脏又旧，就暗自让宫中侍者在衣袍上用火夹子烫了一个孔作为记号，后来多次见他还是穿这件袍子。皇帝纳闷，问他原因，张俭回答说："我穿这件袍子已经三十年了，舍不得换它。"皇帝怜悯他，就让他到内务府任意拿取布料去做新衣，张俭只拿了三端（二丈为一端）布就出来了。皇帝见后，甚是高兴，也因为这件事，从此之后更加地敬重他了。

张俭在为人处世上，即使在穿衣这样的细微小事上也坚持自己的操守，让人家找不到一点岔子，也因此深得皇帝的敬重。

小中有大，粒米中藏须弥山。

千里之行，始于足下；合抱之木，生于毫末。

有做小事的精神，就能产生做大事的气魄。人人都应从小事做起，用小事堆砌起来的事业才是坚固的，欲行千里，想成大树，就从脚下开始，从毫末做起。不屑于平凡小事的人，即使他的理想再壮丽，也只能是一个五彩斑斓的肥皂泡。想要壮志凌云，必须脚踏实地，专注于小事。

张俭在偏殿奏事时，总是穿又脏又旧的袍子，皇帝怜悯他，让他去内务府任意取布料。张俭只拿了三端就出来了。从此之后，皇帝更加敬重他了。

生活中，很多人都不注重小事。认为那些鸡毛蒜皮的事老是由自己去关注，岂不是太"掉价"了。其实，小事中也蕴含着做人做事的大道理，如果连这些小事你都不能认真对待，又怎么能做好大事呢？况且大事其实也是由小事累积而成的，就像物体是由原子、分子组成的一样。如果一个物体的原子、分子损坏了，那这个物体也会腐败、破损。

有做小事的精神，就能产生做大事的气魄。不要小看做小事，只要有益于工作、有益于事业，人人都应从小事做起。用小事堆砌起来的事业才是坚固的，用小事堆砌起来的长城才牢靠。千里之行，始于足下；合抱之木，生于毫末。欲行千里，想成大树，就从脚下开始，从毫末做起。不屑于平凡小事的人，即使他的理想再壮丽，也只能是一个五彩斑斓的肥皂泡。想要壮志凌云，必须脚踏实地，专注于小事。

从人事成败解读《菜根谭》

从《菜根谭》来看人事成败，对何谓"大象无形、大音希声、大智若愚"的人生，会有相应的心得。

有看似是失、实却是得的成，有看似是得、实却是失的败。

不同的成功者，或成于德，或成于功，或成于言。

成功者中，唯有内外兼修德、才兼备者，才能大成于天下。

从人事成败的角度来看，《菜根谭》给我们传达了什么信息呢？

如何才能成功呢？如何才能取得大成功呢？《菜根谭》告诉我们了什么？

成功者要既经历艰苦磨难，磨难玉汝于大成，而且是如履薄冰后才能迎来大成功。

在动与静、忙与闲的人生跳跃中，成功者要不时通过自我反省、周密筹划来减少失误。

成功者的终极目标，在于超尘脱俗，在于实现自我的安身立命。

成功者面对人生的宠辱、个人的去留选择时，是坦然而然的。

成功

成功是优点的呈现
失败是缺点的累积

有自信不一定会赢
没有自信心一定会输

就成功者而言，成功不仅是意味着社会承认其存在的价值，并使之获得金钱、权力、尊重等物质与名誉上的肯定，也意味着成功者实现了自我，安身立命，对自己充满自信，对人生能充实把握，拥有真实的幸福感。

○深谋远虑　着眼长远○

【原文】

衰飒的景象，就在盛满中；发生的机缄，即在零落内。故君子居安宜操一心以虑患，处变当坚百忍以图成。

【译文】

凡是衰败的结局往往很早就在一片繁华的盛况之中隐藏着；凡是草木的蓬勃生机也早就孕育在换季的凋零时刻。所以一个聪明的人，当自己处在顺境中平安无事时，要有防患于未然的思想准备，而当自己处在动乱和灾祸中时，也要用坚韧不拔的意志来争取事业最后的成功。

【精读解析】

"人无远虑，必有近忧"，出自《论语·卫灵公》。意思是说：一个人如果做事情鼠目寸光，不是深谋远虑，那么他一定会遇到很多困扰。这个道理很多人都理解，但是真正要去决定一件事情的时候，却经常犯了目光短浅的错误。

人生的每一步都是一个选择题，每一个选项通向的是不同的道路，一步走错，就有可能陷入歧途。因此，面对人生这条路，不可只为了眼前的小利而过分执着，需要有大眼光、大智慧，看得长远，未雨绸缪，自然会一生顺遂，有所成就。

《菜根谭》中提出："衰飒的景象，就杂盛满中，发生的机缄，即在零落内。故君子居安宜操一心以虑患，处变当坚百忍以图成。"衰败零落的景象往往就潜藏在鼎盛的状态中，气运转变的种子多半是在零落时就已种下。所以君子在平安无事时就应该保持着一份防范忧患的理智，即便身处变乱之中也应该坚守忍耐之心以求最终的成功。

确实如此，我们在决定一件事的时候一定要深思熟虑，从长远考虑，否则有可能因一个错误的决定而后悔一生。

宋真宗时，后宫李妃生子，就是后来的宋仁宗。当时正得宠的刘皇后无子，宋真宗便命刘皇后认仁宗为子。

仁宗长大后，以为自己是皇后亲生。宫中人畏于皇后威严，没人敢对他说明真情。宋真宗去世，仁宗即位，刘太后垂帘听政，大家更不敢对仁宗讲明。

后来李妃病死，刘太后想把葬礼办得简单些，以免引起仁宗的疑心。宰相吕夷简却反对，说："李妃应该厚葬。"刘太后厉声问吕夷简："李妃不过是先帝的普通嫔妃，为何要厚葬？况且这是宫里的事务，你身为宰相，多什么嘴？"

吕夷简平淡地说："臣身为宰相，所有的事都该管。如果太后为刘氏宗族着想，李妃就应厚葬；如果您不为刘氏着想，臣就无话可说了。"刘太后沉思许久，明白了吕夷简的用心，下旨厚葬了李妃。

吕夷简出宫后，找到总管罗崇勋，告诉他："李妃一定要用太后的礼仪厚葬，丝毫不能有缺。棺木一定要用水银实棺。"罗崇勋见

应该坚守忍耐之心，持之以恒以求最终的成功。

人生就像一盘棋，深谋远虑的人每走一步就能看到下面几步棋的走势，而鼠目寸光的人只会盯着眼前的一步，他们站得低，望不远，只能将自己的人生之棋下得乱七八糟，最终一败涂地。只有深谋远虑，着眼长远，才能成就大事业。

宰相少有的庄重与严厉，惟惟听命，于葬礼用物丝毫不敢轻视。

刘太后死后，燕王为了讨好皇上，便告诉仁宗："陛下不是太后所生，而是李妃所生，可怜李妃遭刘氏一族陷害，死于非命。"仁宗大惊，忙传讯老宫人。刘太后已死，无人再隐瞒此事，便如实禀告。

仁宗知道后，在宫中痛哭多日，也不上朝，一想到亲生母亲朝夕在左右，自己却不知道。母亲在世时，自己从未孝养过一日，最后竟然不得善终。他越思越痛，于是下诏宣布自己为子不孝的大罪，改封母亲为皇太后，并准备为母亲以太后之礼改葬。待改葬后再查实，清算刘太后一族的罪过。

刘氏宗族的人知道后惶惶不可终日。改葬李妃时，仁宗抚棺痛哭，却见李妃因有水银保护，面目如生，肌体完好，所用的葬器都严格遵照太后的礼仪。仁宗大喜过望，哀痛也减少许多。

改葬完李妃后，仁宗非但没有追究刘氏一族的罪过，反而待之更为优厚。

吕夷简在处理仁宗生母李妃的丧事一事上，显示出常人所难及的深谋远虑。

鹰击长空，虽然要经受风雨的摧残，却可以看尽天下万物，将世界揽入胸怀，而井底之蛙尽管无忧，但一生囿于方寸之地，心灵和眼界一样狭窄。

正如胡雪岩说："如果你拥有一县的眼光，那你可以做一县的生意；如果你拥有一省的眼光，那么你可以做一省的生意；如果你拥有天下的眼光，那么你可以做天下的生意。"所谓分久必合，盛极必衰，起起落落，都是真正的机缄。只有深谋远虑，着眼长远，才能成就大事业。

◎百折不挠　苦难辉煌◎

【原文】

横逆困穷，是锻炼。能受其锻炼，则身心交益；不受其锻炼，则身心交损。

【译文】

突然遭遇到的灾难和穷困窘迫的境遇是锻炼英雄豪杰的熔炉。能够经受这种锻炼，那么身体和头脑都会得到好处；承受不了这种锻炼，那么对身体和头脑来说都是一种损害。

【精读解析】

人间一切横逆困难是磨炼英雄豪杰心性的熔炉。只要能够接受这种锻炼，人的身体与精神都会得到益处；如果不能承受这种恶劣环境的煎熬，那么在将来遇到困难时，他的身体和精神都会受到损伤。所以说人要锻炼出坚忍不拔的精神。

苦难无处不在，人人都可能遭遇。但苦难是否可怕，全在如何去应对。平庸之辈，遽然遭遇而惊慌，颓然叹息而失措，更加疑神疑鬼，终至一蹶不振，为苦难所吞没。若强健高洁之士，虽遭重创而精神不乱，面临困苦而意志弥坚，假以时日，否极泰来，苦尽甘来，守得云开见月明，正可遂其青云之志。

历览世间成大事者，皆是经历了一番寒霜苦的结果，没有人能够绕过。苦难可以涵养浩然正气，孕育卓越英才，成就辉煌人生。

磨难与锻炼对于人的身心非常有好处。

任何人在人生中取得的成就，都是不畏艰险，一点一滴积累起来的。远大的理想与眼光，再加上点滴的积累和百折不挠的精神，为他们的成功奠定了基石。人生皆有苦难，苦难成就人生。任何逆境和困厄都能锻炼人们的意志力，能使人的心性更趋坚强与完美。

作为一个胸怀大志的才子，杜甫可谓生不逢时。"安史之乱"的浩劫，打破了唐王朝繁华盛世的局面，也打碎了杜甫心中的美好蓝图，从此他走上了一条与残酷现实抗争的荆棘之路。困守长安达10年之久而无所作为，他的理想之火不灭；遭受幼子饿死之痛，一家老小甚至沦为难民，他也没有放弃信念；被叛军俘虏，沦为阶下囚，他还是对国家忠心耿耿。直到大历五年（公元770年），在一个非常寒冷的冬日，一叶行驶在潭州到岳阳江面上的孤舟，带走了诗人59年的生命。

作为一位历经磨难的诗人，杜甫一生漂泊，他游历了国家的大好河山，也看尽了百姓生活中的痛苦，从而写出了"三吏""三别"这样忧国忧民、脍炙人口的诗篇。

杜甫虽生不逢时，却依然故我地心忧天下，为天下苍生而奔走。他这种身在饥寒之中而心忧天下的可贵品质是贯穿其一生的，而这种至高至洁的伟大人格让人感动，正是："历千万祀，与天壤而同久，共三光而永光。"

任何伟业都不是一蹴而就的，不经历一番风霜苦，哪得梅花扑鼻香？任何人在人生中取得的成就，都是不畏艰险，一点一滴积累起来的。远大的理想与眼光，再加上点滴的积累和百折不挠的精神，为他们的成功奠定了基石。

人生皆有苦难，苦难成就人生。面对人生苦难，我们唯一能做的是微笑以对。这需要一种宽容、博大的心胸，一种坦然、顶天立地的从容。

◎修身种德　事业之基◎

【原文】

德者事业之基，未有基不固而栋宇坚久者。

【译文】

美好的品德是一切事业的基础，正如盖房子一样，如果没有坚实的地基，就不可能修建坚固而耐用的房屋。

【精读解析】

生命本身是美丽的，"充内形外之谓美"。人的美丽可爱，更重要的是取决于他的精神面貌。正如一位哲人所说的："人不是因为美丽而可爱，而是因为可爱而美丽。"一个品德高尚的人，永远是年轻美丽的。德行之美，能由内而外地散发出来，并使美丽永驻。

北宋名将狄青和猛士刘易之间有一段这样的故事。有一年，狄青要出守边塞，他的好朋友韩将军向他推荐了刘易。刘易熟知兵法，善打恶仗，对狄青守卫的那段边境的情况非常熟悉。但是刘易有个嗜好，就是特别爱吃苦荬菜，一顿吃不到苦荬菜就会呼天喊地、骂不绝口，甚至还会动手打人，士兵、将领都有点怕他。

刘易和狄青一起到边塞后不久，从内地带的苦荬菜很快就吃完了，而边塞又见不到这种野菜。这天，士兵送来的菜里缺少了苦荬菜，刘易便把盛饭菜的器皿扔到地上，并在军营中大闹不止。士

> 不管时光怎么流逝，美德永远是最能打动人心的勋章。

美德是为人处世的最佳通行证。只有美德能让你获得真正意义上的成功——一种精神上的永恒。它可以让你以最大的视野观察宇宙，让你的生命在最高的顶点上俯瞰世间一切，灵魂也便随着生命格局的扩张而提升。美好的品德，是成就一切大事业的根本。

用人最难，名将狄青带兵的成功之道就在以德服人。

狄青出守边塞，好友韩将军向他推荐刘易。

将领见骁勇善战的狄将军特意派人去给刘易弄苦荬菜，很不服气。狄将军顾及韩将军的友谊，以加强团结，不给敌人可乘之机为由劝阻众将。

刘易熟知兵法，善打恶仗，对边境的情况非常熟悉。但是他一顿饭吃不到苦荬菜就会呼天喊地，甚至动手打人。

您不仅不责怪我，还原谅了我，我一定会报答您。

刘易理解了狄将军的顾全大局的苦心，从此再也没为苦荬菜闹过事，并且逢人便夸狄将军的宽阔胸怀。

刘易发现没有苦荬菜，便把盛饭菜的器皿扔到地上，并大闹不止。

狄青的成功之道，在以德而不以术，以道而不以谋，以礼而不以权。

兵将此事情报告给狄青，狄青听了非常生气。

但是狄青考虑到，如果与刘易发生冲突，不仅破坏了自己与韩将军的关系，还会影响刘易的情绪；但如果放任不管，势必会动摇其他士兵的军心，影响戍边大业。

于是，狄青出面好言安抚刘易，并立即派人回内地去买苦荬菜。一些将领见这种情况，很不服气，刘易何德何能，要骁勇善战的狄将军特意派人去给他弄苦荬菜吃？甚至还有将领想去与刘易比一比武艺，杀一杀刘易的威风。狄将军急忙劝阻众将说："刘易原来不是我的部下，如果你们与他计较，争强斗胜，传出去势必给敌人以可乘之机。我们现在要加强团结，绝不能争一时之短长。"

当这些话传到刘易的耳中时，狄将军的理解与真正的顾全大局，宽宏大量令他非常感动。他意识到，在这种情况下，自己不该再给非常忙碌的狄将军添麻烦。

过了几天，刘易懊悔地去找狄青，说："狄将军，您治军严整，我在韩将军手下时就有耳闻。这次我因这么点小事就大闹，您不仅不责怪我，还原谅了我，我一定会报答您。"从此，刘易再也没为苦荬菜闹过事，并且逢人便夸狄将军的宽阔胸怀。

狄青不仅收服了刘易，而且收服了其他将领、士兵。更重要的是，他在做事情时站在一个高度上，不因小瑕疵而影响大局的风范，值得每个人学习。不管是谁，都会被他宽容的胸怀所折服。

狄青和蔼亲切的风度、令人着迷的人格给人留下了美好的印象。成功之道，在以德而不以术，以道而不以谋，以礼而不以权。做人的成败与做事的成败是密切相关的。狄青正是精通做人的道理，胸怀大志、心装大事，不追究一些细碎的小事，最终求得事业的成功。

◎ 养精蓄锐　百忍图成 ◎

【原文】

语云："登山耐侧路，踏雪耐危桥。"一"耐"字极有意味，如倾险之人情，坎坷之世道，若不得一耐字撑持过去，几何不堕入榛莽坑堑哉?

【译文】

俗话说："爬山要能耐得住险峻难行的路，踏雪要耐得住危险的桥梁。"这一个"耐"字意味深长，就像阴邪险恶的人情，坎坷难行的世道，如果不能用一个"耐"字撑过去，几乎没有不掉入荆棘遍布的深涧中的。

踏雪要耐得住危险的桥梁。忍耐能让人们超越平庸，让人们的寻常人生闪烁光彩。

在生活中，遇到烦恼、郁闷的时候，学会忍耐，才能养精蓄锐，换取足够的时间去充实自己，最终实现更大的梦想。

【精读解析】

在生活的道路上，每个人都会因为一些事情而烦恼、郁闷，如果我们从中吸取经验和教训，学会忍耐，增加一分"退"的勇气，就会把坏事变成好事。中国有句俗语说："大丈夫能屈能伸。"说的便是忍辱负重。

如果有大志向，就不要纠缠小事的过节。当忍的地方，就忍耐。如果什么事情都不想忍耐，什么亏都不能吃，这样的人势必会在一些小的过节中浪费很多的精力，他的生活中也会是非不断。只有适当地忍耐，才能养精蓄锐，给自己足够的时间和空间，去实现更大的梦想。当然，在没有足够的实力的时候，更加需要忍耐。因为弱者的生存之道就是隐忍。

一次，滕文公面临强大的齐国将在邻国薛筑城时，心里非常恐慌，于是请教孟子应该怎么做。孟子回答说："昔者大王居，狄人侵之，去之岐山之下居焉。非择而取之，不得已也。苟为善，后世子孙必有王者矣。君子创业垂统，为可继业。若夫成功，则天也。君如彼何哉! 强为善而已矣。"孟子举出了周朝先祖太王的例子，即太王为避狄人的侵犯，体恤百姓，到岐山避难。意在劝谏滕文公面临强敌时，不要与人争强斗胜，而是自己勉励为善，巩固内部，然后自立图强。

孟子在这里提出了使国家保存下来的最实用的办法，也就是忍道。当国力不够强，无法与外敌抗衡时，为了生存下去就要忍。

"忍字心头一把刀"，事物总是在不断地运动和变化，机会存在于忍耐之中，对于垂钓者来说，最好的进攻方式就是忍耐。大机会往往蕴藏在大忍耐之中，忍不是停止，不是逃避，不是无为，而是守弱、蓄积、迂回前进。当命运陷入无可掌控的境地之时，就要心平气和地接纳这种弱势，坚强地忍耐弱者的地位，在守弱的基础上累积实力，发奋图强，使自己脱离弱者的不利地位，适时出击，争取赢得新的成功机会。

山里有座寺庙，庙里有尊铜铸的大佛和一口大钟。每天大钟都要承受几百次撞击，发出哀鸣。而大佛每天坐在那里，接受千千万万人的顶礼膜拜。

一天夜里，大钟向大佛抗议说："你我都是铜铸的，可是你却高高在上，每天都有人对你顶礼膜拜、献花供果、烧香奉茶。每当有人拜你之时，我就要挨打，这太不公平了吧!"

大佛听后微微一笑，安慰大钟说："大钟啊，你也不必羡慕我，你可知道吗? 当初我被工匠制造时，一棒一棒地捶打，一刀一刀地雕琢，历经刀山火海的痛楚，日夜忍耐如雨点落下的刀锤……

千锤百炼才铸成眼耳鼻身。我的苦难，你不曾忍受，我走过难忍能忍的苦行，才坐在这里，接受鲜花供养和人类的礼拜。而你，别人只在你身上轻轻敲打一下，就忍受不了了！"大钟听后，若有所思。

忍受艰苦的雕琢和捶打之后，大佛才成其为大佛，大钟的那点捶打之苦又有什么不堪忍受的呢？功业失败需要忍耐，感情受挫需要忍耐，人生磨难需要忍耐，人际往来需要忍耐，家庭生活需要忍耐。忍耐能让人们超越平庸，让人们的寻常人生闪烁光彩。

忍耐是一种执着，是一种谋略，也是一种技术，它还是成熟人性的自我完善。人生的种种都需要忍耐，事业失败、感情受挫、学习刻苦、人际维持、家庭管理，如果人们不能忍受这些，将很难取得成功。

◎圆融谦虚　丰功伟业◎

【原文】

　　建功立业者，多虚圆之士；偾事失机者，必执拗之人。

【译文】

　　能够建立宏大功业的人，大多是处世谦虚圆融的人；容易失败抓不住机会的人，一定是性情刚愎固执的人。

【精读解析】

　　一切真正的和伟大的东西总是纯朴而谦逊的。历史上能够建立宏大功业的人，大多是处世谦虚圆融的人；而那些性格执拗又刚愎自用的人，往往只能偾事失机。谦虚的人，做起事情来能够脚踏实地，学到更多东西。但现实却是，许多人往往不能正确对待名誉和成绩，有的人拔尖逞能，有的人自大自满，有的人因为小小的成绩就沾沾自喜。这些"自是"的表现，最终会影响个人的成长和发展，甚至使自己脱离集体，失去朋友，成为一个狂妄自大的人。

历史上能建立丰功伟业的人，大都性格比较圆融谦虚。

一切真正的和伟大的东西总是纯朴而谦逊的。不能正确对待名誉和成绩，拔尖逞能、自大自满，为小小的成绩沾沾自喜，最终会影响个人的成长和发展，成为一个狂妄自大的人。

　　提起刘邦与项羽，人们都会不忘记他们在历史的烽火台上演绎的那一场惊心而曲折的楚汉之争。人们喜欢用"鬼雄""人杰"来评价项羽，却用"无赖"冠之以刘邦，可为什么"无赖"能够打败"人杰"，一统天下呢？这或许与两人的性格有关。

　　汉高祖刘邦，其实是个谦逊圆融的人，因此，他建立了汉朝。公元前202年，刘邦灭掉项羽，统一中国，当了西汉的第一个皇帝。他即位之后，百废待兴，于是他立即着手安抚百姓，分封有功之臣。为了表示自己的诚意，刘邦亲自在洛阳南宫大摆筵宴，款待所有文武功臣。

　　席上，刘邦说："诸位爱卿，请毫无保留地把你们的真实想法告诉我，为什么我最终得天下而项羽失天下？"

　　王陵首先说："陛下虽然平时待人傲慢，动不动就发脾气，但是您的优点是赏罚分明，根据各人才能的大小量才任用，肯分封赏赐有功之臣，所以将士都投靠您。项羽这个人表面很仁慈，待人也很恭敬，但刚愎自用，猜疑功臣，战胜了往往将功劳据为己有，虽然占有大量土地，却不能收买人心，这就是他失天下的原因。另外，陛下派人攻城略地，将胜利果实分赏给各位将士，和大家共同分享；霸王项羽则不同，他加害有功之臣，猜疑贤能之士，这也是他失去天下的重要原因。"

刘邦对王陵的说法不完全同意，他说："你们只知其一，不知其二。运筹于帷幄之中，决胜于千里之外，在这方面我不如张良；管理好国家，稳定后方，充实军饷，这种才能我不如萧何；统率军马，冲锋陷阵，每战必胜，每攻必取，我比不上韩信。此三人都是当今豪杰，天下奇才。但我能毫无保留地相信任用他们，所以得天下。而项羽只有一个谋臣范增，还不得重用，这就是他必然败亡的原因。"

众臣听了心悦诚服，纷纷下拜。立国之初，刘邦能如此谦逊，实在难得。由此可见，当时的刘邦还是很开明的君主。

能建立丰功伟业的人，大都性格比较圆融谦虚，而且能够在用人方面有自己的独特见解，因为仅仅凭借一个人力量是不可能成就大业的。不仅仅是汉高祖刘邦，善于纳谏的齐威王，以人为镜的唐太宗都是如此。空心的稻穗总是高傲地举头向天，而充实的稻穗则低头向着大地，向着它们的母亲。

古语云："取象于钱，外圆内方。"这不是老于世故，实际上，圆是为了减少阻力；圆是立世之本，是实质，也是为人处世之道。圆通不能简单等同于圆滑，圆滑是一种世故，而圆通是一种成熟的智慧，很多时候表现为谦逊，是成功者不可或缺的素质之一。而那些性格执拗又刚愎自用的人，

公元前202年，刘邦灭掉项羽，统一中国，当了西汉的第一个皇帝。

王陵认为刘邦最终得天下是因为刘邦赏罚分明，根据各人才能的大小量才任用，肯分封赏赐有功之臣。并且刘邦攻城略地，将胜利果实分赏给各位将士。

刘邦的成功正是因其圆融大度，善于用人

刘邦即位之后，立即着手安抚百姓，分封有功之臣，并亲自在洛阳南宫大摆筵宴，款待所有文武功臣。

刘邦认为张良、萧何、韩信三人都是当今豪杰，天下奇才，而他能毫无保留地相信任用他们，所以得天下。

往往听不得别人的意见，自以为是，也难免常常失机偾事了。成事要有机遇，机遇对人是公平的，谁发现得早，谁就会抓得牢。固执己见的人往往被自己的执拗、自己心中固有的定势所迷惑，而看不到外面的变化来适时地调整自己。所谓"祸福无门，唯人自招"就是这个道理。

◎胸襟宽广　驭才有道◎

【原文】

仁人心地宽舒，便福厚而庆长，事事成个宽舒气象；鄙夫念头迫促，便禄薄而泽短，事事得个迫促规模。

【译文】

仁慈博爱的人心胸宽广舒畅，所以能够福禄丰厚而长久，事事都能表现出宽宏大度的气概；浅薄无知的人心胸狭窄，所以福禄微薄而短暂，事事都表现出目光短小狭隘局促的格局。

【精读解析】

对于"量小非君子，无毒不丈夫"的说法，《菜根谭》欣赏的是前半句，仁慈博爱的人心胸宽广舒畅，自然能够福禄丰厚而长久，相反，浅薄无知的人心胸狭窄，自然福禄微薄而短暂。

大千世界，千差万别。人与人不一样，事与事有区别，不可能人人都符合我们的心思，事事都符合我们的意愿。可是，生活还得继续，智慧的人们往往都会以乐观的态度、宽宏的气量来应对各种人与事，与人方便，也与己方便。倘若气量狭小，不能容人容事，最终会作茧自缚，自毁长城。做人需要雅量，无"度"不丈夫。人们熟知的孙膑与庞涓的故事讲的正是这个道理。

放开心怀，凡事乐观对待，福禄自然能够丰厚而长久。

孙膑与庞涓原是同学，师从鬼谷子学习兵法，同学期间，两人相交甚厚。后来，庞涓辅佐魏王，使魏国强盛一时。待到孙膑应召来到魏国时，魏王打算封孙膑为副军师。庞涓却说："他是我的同学，又比我年长，哪能让他为副？不如先拜为客卿，等他以后有功我就让位，甘居其下。"其实，庞涓早知孙膑得师真传，也深知他的才能胜过自己百倍，只是自己气量狭小，容不下比自己优秀的人。

过了几天，魏王让孙、庞二人各演阵法，想借此考察一下孙膑的才能。孙膑对庞涓战阵一看便知；而孙膑排阵，庞涓茫然，自己不能识之、破之。庞涓不乐，嫉由心生，就想除掉孙膑，以免他遮掩了自己的光芒，妨碍了自己的晋升之途。

为了对付孙膑，庞涓想出了一条毒计。他首先摸清孙膑家中情况，然后派人伪造家书一封，骗得孙膑回信，又模仿孙膑笔迹，把回信的内容改成孙膑准备背魏投齐，将信连夜献给魏王，魏王尚不全信。庞涓又劝孙膑向魏王请假回齐探亲，孙膑不知是计，第二天写了一封请假的信。魏王一见大怒，认为孙膑果然不忠，命令削去他的官职，把他交军师府问罪。

武士把孙膑送到庞涓的军师府，庞涓见到孙膑佯装吃惊，答应给他向魏王说情。庞涓对魏王说："孙膑虽有私通齐国之罪，但罪不至死，不如膑脚刺面，使为废人，终身不能退归故土。这样既保

孙膑与庞涓的故事今人依然津津乐道，庞涓的狭小心胸和嫉贤妒能最终将他送上死路。

孙膑与庞涓师从鬼谷子学习兵法。后来，庞涓辅佐魏王，使魏国强盛一时。孙膑来到魏国后，魏王让孙、庞二人各演阵法，孙膑更胜一筹。

庞涓嫉由心生，想除掉孙膑。后庞涓设计陷害孙膑。刀斧手剐去了孙膑双膝盖骨。孙膑被齐国使者偷偷救回齐国，并被任为军师。

后魏国进攻弱小的韩国，韩国向齐国求救引发了齐魏战争——马陵之战。

傍晚，庞涓朦胧间见路旁有一大树，白茬上隐约有字，遂命人点起火把。当庞涓看清树上的那一行字时，埋伏在山林中的齐军万箭齐发。庞涓身负重伤，自杀而死。

马陵道处于两座高山之间，树多林密，山势险要，中间只有一条狭窄的小路可走，是一个伏击奸敌的好战场。战役之时，孙膑命人伐树将小路堵塞，另选一棵大树，刮去一段树皮，在树干上面写道："庞涓死此树下！"

庞涓恶待孙膑，最终使自己遭受祸端。善恶报应，分毫不差。以害人始，以害己终。

留了他的性命，又无后患，岂不两全其美？"魏王答应后，庞涓回去对孙膑说："魏王本要对你使用极刑，在我再三保奏下才保全了你的性命，但膑脚刺面是魏国法度，我就无能为力了。"刀斧手将孙膑绑住，剐去双膝盖骨，孙膑痛得昏死过去。接着庞涓用针刺"私通外国"四字于孙膑脸上。庞涓假意痛哭，用药敷孙膑伤口之上。

后来孙膑脱险，在马陵之战中，令庞涓兵败身死。庞涓恶待孙膑，最终使自己遭受祸端。善恶报应，分毫不差，庞涓真可谓是"量小福薄"。

以害人始，以害己终。庞涓的悲剧下场，与他气量狭小、嫉贤妒能、缺乏容才之量有关。庞涓本也是有真才实学之人，他辅佐魏王，为魏国的强盛立下汗马功劳，如果他的胸襟能宽广一些，学会驭才之道，而不是一味善妒，或许历史将会改写了。一个人要想成就大事业，除了天时、地利、人和之外，还需要常人难有的宽宏气量。有句话说得好：先做人，后做事！做人与做事是密不可分的，做人是做事的根本，我们做什么样的人决定了我们能够做什么样的事。做一个胸襟宽广的人，离成功与完美的差距才不会太大。

◎成大业者　不贪小利◎

【原文】

石火光中争长竞短，几何光阴？蜗牛角上较雌论雄，许大世界？

【译文】

在电光石火般短暂的人生中较量长短，又能争到多少的光阴？在蜗牛触角般狭小的空间里你争我夺，又能夺到多大的世界？

【精读解析】

蜗牛角上有两个国家，左角上的叫触氏，右角上的叫蛮氏，这两个国家虽然小，但经常因为争夺地盘而打仗。有一次，触氏和蛮氏又发生了战争，触氏打了胜仗，杀了蛮氏的士兵好几万人。蛮氏败走逃跑了，触氏就发兵去追，追了五十多天，才得胜回来。

这个故事意在说明，很多的争斗就像蜗牛角上两个国家发生厮杀一样，从自己的小角度来看厮杀似乎惊天动地，从世界的大角度看来其实争夺的利益往往小得可笑。因此，后世便有了"蜗角虚名""蝇头微利"的成语。

耐得住"蜗角虚名""蝇头微利"的诱惑，才能获得更大的发展。

贪图小利，使人们的眼界变得狭窄，使简单变得复杂，使轻松变得沉重，使人身陷泥淖而不能自拔。对于我们来说，想要获得更大的发展，就要有长远的战略眼光，要经受得住眼前的诱惑，放弃眼前的蝇头小利，才能获得更长远的发展。

世间的纷争，大部分都是不值得一提的是非利害之争，争来争去又有何意义呢？正如《菜根谭》中所说的："石火光中争长竞短，几何光阴？蜗牛角上较雌论雄，许大世界？"

元代的一位文人曾作《正宫·醉太平》，"夺泥燕口，削铁针头，刮金佛面细搜求，无中觅有。鹌鹑嗉里寻豌豆，鹭鸶腿上劈精肉，蚊子腹内刳脂油，亏老先生下手"。这是讥讽贪小利者，其刻画真是入木三分，令人拍案叫绝。也许有夸张之嫌，但也足够引人思考。人生如梦，弹指一挥间。在这个过程中，无数人为蝇头小利算来算去，终究一事无成，如一粒尘土来到世间，庸碌过后，仍旧是尘归尘，土归土。这样的人生无疑是可悲的，悲剧的根源便在于：贪小利。

战国时期，有两位好朋友，同受业于当时的名师鬼谷子的门下。他们就是我国历史上有名的说客苏秦和张仪。

苏秦出道较早，成功也来得顺利，而张仪初出道时较为普通，郁郁不得志，不知前途如何。看到苏秦已成大事，便想投奔门下，找到一条晋升的捷径。于是，他来到苏秦的门下，期望求取晋见的机会。一连几天，苏秦也没有来见他。之后，苏秦的属下安排他住下来，好不容易才碰上这位发达了的老友。可惜，苏秦没有热情地款待他，吃饭的时候，不但没有同坐，还安置他在最末的位子，吃着仆役们才吃的粗饭。接着苏秦又用话语羞辱他，说："以阁下的才干，怎么会潦倒到如此地步呢？我实在没有法子帮你，你还是靠自己的运气罢！祝你好运。"

远道而来的张仪，满以为见到老朋友之后，一定会得到热情的招待和帮忙的，没想到反而招来无名的羞辱，于是，愤怒地离开了苏秦的住处，希望凭着自己的才能，与苏秦一争高下。

当张仪走了以后，苏秦又暗中派人沿途用金钱接济他，支持他进行游说秦国的工作。苏秦的门人们很奇怪，纷纷问苏秦是怎么回事，苏秦说："张仪的才干，在我之上，我怕他为了贪图一时的眼前小利，过分安于现状而丧失了斗志。所以，我侮辱了他一番，以便激起他上进的心。"

"欲速则不达，见小利则大利不成"，张仪是幸运的，有他的好朋友在激励他、帮助他，提醒他不要被小利所惑，安于现状而丧失斗志。

人实际上是非常聪明的，可是，在面对利益诱惑时又常常是不理性的。究其原因，无非是贪欲，尤其是贪小利。贪图小利，使人们的眼界变得狭窄，使简单变得复杂，使轻松变得沉重，使人身陷泥淖而不能自拔。对于我们来说，想要获得更大的发展，就要有长远的战略眼光，要经受得住眼前的诱惑，放弃眼前的蝇头小利，才能获得更长远的发展。

战国时期，苏秦和张仪同受业于当时的名师鬼谷子的门下。

苏秦出道较早，成功也来得顺利。张仪看到苏秦已成大事，便想投身门下。

吃饭的时候，苏秦安置张仪在最末的位子，吃着仆役们才吃的粗饭，并且用话语羞辱他。

张仪离开以后，苏秦暗中派人沿途接济，支持他游说秦国。

苏秦慢待张仪为何日后张仪还对他礼敬有加？

苏秦智激张仪就是为了让他目光放长远，不贪图眼前小利。

苏秦知道张仪才识非凡，侮辱他是为了激起他上进的心，怕他过分安于现状而丧失了斗志。

○沉潜蓄势　厚积薄发○

【原文】

伏久者飞必高，开先者谢独早。知此，可以免蹭蹬之忧，可以消躁急之念。

【译文】

潜伏得越久的鸟，会飞得越高；花朵盛开得越早，凋谢得越快。明白了这个道理，就可以免去怀才不遇的忧愁，可以消除急躁求进的念头。

【精读解析】

人生需要慢慢积淀，当时机成熟，风力充足，有了一定的能力才智作为本钱，定能一飞冲天。

人生的某个时刻，或是一个人年轻之时，或是修道还没有成功的时候，或是倒霉得没有办法的时候，必须"沉潜"在深水里头，动都不要动。只有修到相当的程度，摇身一变，便能升华高飞了。相反，一个人若不懂得沉潜蓄势，越是急躁反而越难达到目标。因此《菜根谭》向世人提出忠告：伏久者飞必高，开先者谢独早。如果我们能明白这个道理，就可以免去怀才不遇的忧愁，可以消除急躁求进的念头。

一位年轻的画家，在他刚出道时，三年没有卖出去一幅画，这让他很苦恼。于是，他去请教一位世界闻名的老画家，他想知道为什么自己整整三年居然连一幅画都卖不出去。那位老画家微微一笑，问他每画一幅画大概用了多长时间。他说一般是一两天吧，最多不过三天。那老画家于是对他说，年轻人，那你换种方式试试吧，你用三年的时间去画一幅画，我保证你的画一两天就可以卖出去，最多不会超过三天。

故事中青年的经历不免让人惋惜，可是现实中，很多时候我们都是在重复着和青年一样的错误。其实，做人处世，沉潜的日子相当于长长的助跑线，能够让我们飞得更高更远。《三国演义》中曹操与刘备青梅煮酒，遥指天边龙挂，曾云："龙能大能小，能升能隐；大则兴云吐雾，小则隐介藏形；升则飞腾于宇宙之间，隐则潜伏于波涛之内。方今春深，龙乘时变化，犹人得志而纵横四海。龙之为物，可比世之英雄。"其实，这其中便蕴含着鲲鹏沉潜高飞之道。

放眼古今中外，有很多沉潜蓄势、厚积薄发的故事。很多人在经历了一次又一次的挫折之后，披荆斩棘，终于闯出了自己的一片天地。用道家的智慧来解释，就是人要先学会沉潜，才能最终腾起，明朝开国皇帝朱元璋便是深谙此道之人。

元末农民战争风起云涌，在几路起义军和较大的诸侯割据势力中，除四川明玉珍、浙东方国珍外，其余的领袖皆已称王、称帝。最早的徐寿辉，在彭莹玉等人的拥立下，于元至正十一年（1351年）称帝，国号天完。张士诚于元至正十三年（1353年）自称诚王，国号大周。刘福通因韩山童被害，韩林儿下落不明之故，起兵数年未立"天子"，至元至正二十年（1360年）徐寿辉被部下陈友谅所杀，陈友谅自立为帝，国号大汉。四川明玉珍闻讯，也自立为陇蜀王，一时间，九州大地，"王""帝"俯拾皆是。

此时只有朱元璋依然十分冷静，他明白要想最终夺得天下，目前掩藏锋芒，暂时沉潜，是最好的选择。所以，他坚定地采纳了"缓称王"的建议。朱元璋成为一路起义军的领袖，始终不为"王""帝"所动，直到元至正二十四年（1364年）朱元璋才称为吴王。至于称帝，那已是元至正二十八年（1368年）的事情了。此时，天下局势已明朗，也就是说，朱元璋即便不称帝，也快是事实上的"帝"了。

与其他各路起义军迫不及待地称王的做法相比，朱元璋的"缓称王"之战略不可谓不高明。"缓称王"

人要厚积而薄发。只有长时间地积累、沉淀，踏踏实实地下功夫，才能在机会来临时抓住机遇，实现人生的价值。

如果好高骛远，急躁求进，不能够脚踏实地，就会欲速而不达，最终流于肤浅。

元末农民战争风起云涌，在几路起义军和较大的诸侯割据势力中，领袖多已称王、称帝。

在此形势下，朱元璋异常冷静，采取了韬光养晦、掩藏锋芒的策略。

缓称王

"缓称王"之战略最大限度地减少独立反元的政治色彩，从而最大限度地降低元朝对自己的关注程度。

"缓称王"之战略避免或大大减少了过早与元军主力和强劲诸侯军队决战的可能。

朱元璋坚定地采纳了"缓称王"的建议，掩藏锋芒，暂时沉潜。

缓称王的策略让朱元璋厚积薄发，最终成就了功业。

做人要使自己立于不败之地，就要根据外界形势的变化，灵活地保存实力，关键时刻再出手以赢得胜利。

1368年，天下局势明朗，朱元璋称帝。以暂时的沉潜换取最终的成功，是朱元璋过人之处。

的根本目的，乃在于最大限度地减少己方独立反元的政治色彩，从而最大限度地降低元朝对自己的关注程度，避免或大大减少了过早与元军主力和强劲诸侯军队决战的可能。这样，朱元璋就更有利于保存实力、积蓄力量，从而求得稳步发展了。以暂时的沉潜换取最终的成功，这正是朱元璋过人之处。

所以，做人要使自己立于不败之地，就要根据外界形势的变化，灵活地保存实力，关键时刻再出手以赢得胜利。当我们面前困难重重，出头之日遥不可及时，何不学学朱元璋？暂时沉潜绝非沉沦，而是自强。如果我们在困境中也能沉下气来，不被困境吓倒；在喧嚣中也能沉下心来，不被浮华迷惑，专心致志积蓄力量，并抓住恰当的机会反弹向上，毫无疑问，我们就能成功登陆。反之，总是随波浮沉，或者怨天尤人，注定就会被命运的风浪玩弄于股掌之间，直至精疲力竭。甘于沉下去，才可浮出来。

人生需要慢慢积淀，一个人想要最终获得一个圆满、成功、幸福的人生，一定需要一个积累的过程。成功绝不是一蹴而就的，只有静下心来日积月累地积蓄力量，才能够"绳锯木断，滴水穿石"。

现代人阅读《菜根谭》的意义

关羽华容道义释曹操

意义一：重视道义，加强修养

中国古代思想家是"平视者"或"内视者"，关心的是人与人的关系和生命的意义，因此伦理学特别发达。

《菜根谭》巧妙地集三家之言，把"道德"作为一个人立身的根本，是值得重视的，也永远具有普世的价值。

意义二：节制物欲，安顿身心

人之为人，有动物性的一面，便会有种种欲望。但欲望既生，就会有种种烦恼，而不加克制，更会贻害无穷。

儒、释、道三家都有节欲的主张。《菜根谭》在这方面做了精巧的融汇，既强调节欲，也反对灭欲。

公孙仪的自我节制

进退两难
进？退？

意义三：进退有致，和谐适度

儒家重入世，道家重出世，佛家重来世。随着三家思想的融合，这三种倾向常常表现在一个人身上。

《菜根谭》突出强调在为人处世、修身持家等方面，皆因做到进退有致、和谐适度。

◎不义之财 不图不纳◎

【原文】

非分之福，无故之获，非造物之钓饵，即人世之机阱。此处着眼不高，鲜不堕彼术中矣。

【译文】

不是自己分内应得的福分，以及无缘无故的收获，如果这两者不是上天有意安排的钓饵，就是人们故意布下的陷阱。在这种时候没有远大的目光，很少有人能不落入这些圈套中的。

【精读解析】

缤纷的色彩使人眼花缭乱，嘈杂的声音使人听觉失灵，浓厚的杂味使人味觉受伤，纵情猎掠使人心思放荡发狂，稀有的物品使人行为不轨。所以，明智的人应该满足于基本的维生事务，在感官的享乐和诱惑前止步，以免坠入欲望的圈套。

善于用物可以，但绝不可被物所用。但凡不是自己应得的，不论是万贯钱财还是蝇头小利都不能贪图，否则就会在与现实外物的博弈中落了下风。

清代康熙年间，北京延寿寺街上书铺的店堂里，一个书生站在离账台不远的书架边看书。当账台前一位顾客付账时，不小心掉落了一枚铜钱。书生迅速地环顾了一下四周，把铜钱踩在了脚底，待那位顾客离开后，他把铜钱捡起来放进了自己的衣袋。

不要贪图不义之财啊！

君子爱财，取之有道。人在社会上生存离不开钱财，但取不义之财则如盗。

这一幕，凑巧被店堂里的一位老翁看见。后来他走到书生旁边，与书生攀谈。书生告诉老翁自己叫范晓杰，父亲在国子监任助教，他本人在国子监已经读书多年。老翁和范晓杰聊了一会儿，就离开了书铺。

后来，范晓杰走上仕途，被选派到江苏常熟任县尉官职。他水陆兼程南下上任。到南京的第二天，先去上级衙门江宁府投帖，请求谒见上司。江苏巡抚收了他的名帖，却一直没有接见他。范晓杰在驿馆一等就等了十来天。

半月之后，他没见到巡抚，却等来了自己已被"革职"的消息，罪名是"贪钱"。

范晓杰大吃一惊，辩解说自己尚未到任，又怎会有贪污之举。他在江苏巡抚的衙门前不肯离去，护卫只好去向巡抚大人禀告。不久之后，护卫出来通传巡抚的原话："范晓杰，你可还记得在延寿寺书铺捡到的那一枚铜钱？"

范晓杰顿时呆若木鸡。原来，当年他在书铺里遇到的那位老翁，正是私巡察访的巡抚大人汤斌。

因为一枚铜钱而断送了前途，这个范晓杰大概是乌纱帽丢得最糊涂的官员。不论钱财多少、利益大小，只要不是自己分内的福分，就不该碰也碰不得。不贪为宝，不应只是嘴巴上一句美言而已，更应成为人格与操守的一部分。无论人前人后，面对从天而降的横财，即便只是一个铜钱，也不应有贪恋之心，千万不要因身外之物而丢弃珍贵的操守。

声色货利是最能诱惑人、困住人的魔障。财富名利以及口腹之欲，常常让人们任性自欺而上当受骗，许多人都心甘情愿地跳入陷阱而不自知。这种时候，最忌短视，把目光放得长远，才不会因为一时得失葬送整个人生。

明朝开国皇帝朱元璋曾给他的手下的人算过一笔账：老老实实地当官，守着自己的俸禄过日子，就好像守着"一口井"，井水虽不满，但可天天汲取，用之不尽。这笔账算得颇有哲理，守住自己的"井"，不要觊觎不属于自己的东西。

"受大而不苟取，力裕而不求逞，致远之才也。"这是岳飞对千里马的称赞，在他看来：千里马食量大而不苟取，拒食不精不洁之物，力量充裕而不逞一时之能，称得上负重致远之才。人亦是如此，不义之财毋纳，不正之道毋走，才能肩负重任。

◎抓住关键　迎刃而解◎

【原文】

会得个中趣，五湖之烟月尽入寸里；破得眼前机，千古之英雄尽归掌握。

【译文】

能够懂得天地之间所蕴含的机趣，那么五湖四海的山川景色都可以容纳进我的心中；能够识破眼前的机用，那么千古的英雄豪杰都可以由我掌握。

【精读解析】

刘邦平定天下以后，开始论功封赏功臣。他向大臣们说："运筹帷幄之中，决胜千里之外，这是张良的功劳，应封三万户。"

张良连忙起身拜谢："臣开始逃亡下邳，有幸与陛下相会，这是上天让臣跟随陛下。陛下用臣的计策，幸而时中。臣愿封留地足矣，不敢当三万户。"

刘邦对张良的辞让很满意，就封他为留侯。接着又封赏了二十多位有功之臣。这些文臣武将日夜争功不停，弄得刘邦心烦意乱，寝食难安。

一天，刘邦在洛阳南宫从阁道望见几位将领坐在沙中窃窃私语，觉得奇怪，就问张良："他们说什么？"

张良不安地说："陛下难道不明白？他们在商量谋反的事呀！"

刘邦大惊失色："天下刚刚安定，为什么要谋反？"

张良提醒刘邦道："陛下起于布衣，是依靠这些武将取得天下。现在您是天子，所封的侯爵全是像萧何、曹参那样的同乡、故人和您所喜欢的，而您诛杀的尽是平生所愤恨的仇人。现今军吏计功，有功的不能普遍受封，许多人担心得不到封赏，又害怕您抓住他们的过失而诛杀他们，所以他们才打算铤而走险，聚众谋反哪……"

刘邦愁容满面，如坐针毡："这……如何是好？"

张良深思熟虑地说："陛下不要担心，臣已经有了办法。"

"快说给朕听！"刘邦急不可耐。

"陛下平生最憎恨的而又是群臣所共知的人是谁？"

懂得天地之间所蕴含的机趣，五湖四海的山川景色都可以容纳进心中。

识破眼前的机用，千古的英雄豪杰都可以掌握。

在关键的地方下功夫，这才是解决问题的道，每一个人在思考问题的时候，要从问题本身出发，抓住问题的关键，拨开重重迷雾，一切自然也就迎刃而解了。

张良提醒刘邦，现今军吏计功，有功的不能普遍受封，又害怕因过失而被诛杀，所以将领们打算铤而走险，聚众谋反。

刘邦问张良解决问题的方法，张良要刘邦封赏与刘邦有仇的雍齿以安定人心。刘邦开始并不愿意，但经过考量，听从了张良的建议。

刘邦平定天下以后，欲封张良三万户。张良推辞拜谢，愿封留地。刘邦遂封张良为留侯。一天，刘邦在洛阳南宫从阁道望见几位将领窃窃私语，就问张良他们在说什么。

刘邦封赏雍齿抓住了群臣人心惶惶的关键，众人得到了很好的安抚

雍齿得到了封赏。

"当然是雍齿这个人。雍齿与我有旧仇，他污辱过我，只是因为他功劳大，才不忍杀他，这事群臣都知道……"

刘邦不假思索地告诉张良。

张良霍地站起身，胸有成竹地说："陛下，谋划就在此人身上！立即封赏雍齿，给群臣诸将摆个样子。像雍齿这样的仇人，陛下都能不计前怨，为他封功晋爵，别人还会有什么顾虑呢？他们必会心平气和，解除疑虑了！"

刘邦立即下令设置酒宴，召集文武百官，当众宣布命令，封雍齿为什方侯……接着又催促丞相、御史定功行封。

酒宴散后，大臣、将军欢天喜地，奔走相告："雍齿都能封侯，我等还担心什么呢！"

抓住网纲撒网，网眼自然张开；抓住了树的根，枝叶自然会跟从。做事情一定要先抓主要矛盾，主要矛盾解决了，其他小矛盾便迎刃而解，这就是纲举目张。

张良让刘邦封雍齿而平定众将之心，实际上这条计策并没有什么出奇的地方，但为什么达到了"制胜"的效果呢？其原因就是张良太了解众将官的所思所想，能够抓住症结，对症下药。雍齿是刘邦平时最憎恨的人，这样的人受封当然最有说服力。所以，雍齿被封侯后，众将心里的顾忌也就没有了。

在关键的地方下功夫，这才是解决问题的道，每一个人在思考问题的时候，要从问题本身出发，抓住问题的关键，拨开重重迷雾，一切自然也就迎刃而解了。庖丁解牛的故事可以给人们一些启示。

庖丁是一位技艺高超的厨师，庖丁解牛的技术，已经达到了道的境界。刀下去经过的地方，便已顺着经脉的流行，肌肉的纹理，把大关节的地方解开了，如此一头牛自然解脱开了，更别说细节之处了。

小到杀一头牛的方法，大到做人、做事，道理都是一样。只要在关键的地方下功夫，把要点的地方解开了，枝节的地方自然迎刃而解，事情也就好办多了。

解决问题的过程就是一个思考问题的过程，在解决一个问题时，不要被问题的表面现象所迷惑，要找到问题的关键所在。只有抓住问题的关键，才能从根本上解决问题。切中肯綮，才是做事事半功倍的诀窍所在。

清心寡欲

——功名不求盈满，利欲恰到好处

◎清清白白　无所负累◎

【原文】

饮宴之乐多，不是个好人家；声华之习胜，不是个好士子；名位之念重，不是个好臣士。

【译文】

经常举行宴会饮酒作乐的，不会是个正派的人家；喜欢声色奢华的人，不是个正人君子；对于名声地位非常看重的，不是个好臣子。

【精读解析】

人生道路上，没有谁的一生能够青云直上，走一条顺风顺水的宽阔大道，总有遇到独木桥的时候。特别是那些欲成大事者，更是面临着人生的起起落落，风风雨雨。真正能从容地走过这些风雨的人，必然是在人生的赛场上坚持到最后的人，而他们那一份淡泊名利、坚守道德的品行和作为，总能给后人许多启示。

明朝名臣于谦在没有调入京城前，一直担任地方官。他为官清廉，对下属的各级官员要求都十分严格，坚决禁止他们收受贿赂、贪赃枉法，他自己则更以身作则。

正统年间，宦官王振专权，他作威作福，以权谋私，肆无忌惮地招权纳贿。每逢朝会，各地官僚为了讨好他，多献以珠宝白银。而于谦每次进京奏事，总是不带任何礼品。他的同僚劝他说："你虽然不献金宝、攀求权贵，也应该带一些著名的土特产如线香、蘑菇、手帕等物，送点人情呀！否则，人家会对你有看法，还会找你的麻烦的。"于谦潇洒一笑，甩了甩他的两只袖子，风趣地说："只有清风！我当官是为国为民，不是为了某一个人。只要认真做事，又何须担心他人？"

为此他曾作过一首《入京诗》以明志："绢帕蘑菇与线香，本资民用反为殃。清风两袖朝天去，免得间阎话短长。"绢帕、蘑菇、线香都是他任职之地的特产。于谦在诗中说，这类东西本是供人民享用的，只因官吏征调搜刮，反而成了百姓的祸殃了。他在诗中表明了自己的态度：我进京什么也不带，只有两袖清风朝见天子。

于谦的"两袖清风朝天去，免得间阎话短长"是一种潇洒，同时也是一种不向名利低头的气节。与那些攀结富贵的比较来看，于谦在如染缸的官场，不为声华名利、洁身自好就已经难能可贵了。

真正的君子，权贵不能使他意志动摇，浮华不能使他淫乱，宴饮娱乐更不能让他沉溺。

耽于声色宴饮，溺于虚名细利，只能给人带来灾祸；淡泊名利，静心自持，才是君子的作为。人为了追求名利，不择手段，最终只能为名利所困；视名利如浮云之人，却往往在淡泊自守中功成名就。所以，应时刻警惕着，让自己清清白白、无所负累地活在这个世界上。

你虽然不献金宝、攀求权贵，也应该带一些著名的土特产如线香、蘑菇、手帕等物，送点人情呀！

只有清风！我当官是为国为民，不是为了某一个人。

宦官专权，于谦进京奏事不献金宝，甚至连土特产都不带去。于谦不慕权贵，不向名利低头，体现了"两袖清风"的潇洒。

《菜根谭》说："饮宴之乐多，不是个好人家；声华之习胜，不是个好士子；名位之念重，不是个好臣士。"真正的君子权贵不能使他意志动摇，浮华不能使他淫乱，宴饮娱乐更不能让他沉溺，即便是死和生这样的人生大事，也丝毫不能动摇他们坚守道义的心和操守。在孔子看来，这样的人，精神穿越大山无阻碍，潜入深渊也不会被水沾湿，处于卑微地位不会感到狼狈不堪。声华名利不过是过眼烟云眼，过于执着，只能让人迷失自我，最终为其所役。淡泊自守，潇洒从容地对待，反而会有意外的惊喜与收获。

在现代，为官也好，普通百姓也罢，即便不为青史留名，也要让自己问心无愧。当法制还没有达到完美的境地时，我们只能以崇尚美的心态去严格要求自己，做到"慎独"，将淡泊和自持看作一种境界、一种修养、一种对自我的约束。"由俭入奢易，由奢入俭难。"当我们的一只脚亲近了宴饮、浮华、名利中的任何一个，我们就有可能踏入"浑流"之中，如果不及早抽身就有可能走入绝境。所以，时刻警惕着，让自己如刚出生的婴儿一般，清清白白、无所负累地活在这个世界上。

◎名缰利锁 淡泊自守◎

【原文】

好利者，逸出于道义之外，其害显而浅；好名者，窜入于道义之中，其害隐而深。

【译文】

贪求利益的人，所作所为逾越道义之外，所造成的伤害虽然明显但不深远；而贪图名誉的人，所作所为隐藏在道义之中，所造成的伤害虽然不明显却很深远。

【精读解析】

人有名利之心，可以理解，却不能为名利所惑而迷失自己。贪求利益的人，所作所为逾越道义之外，所造成的伤害虽然明显但不深远；而贪图名誉的人，所作所为隐藏在道义之中，所造成的伤害虽然不明显却很深远。君子爱财当取之有道，君子好名也当实至名归。

从前，鲁国的宰相公仪休非常喜欢鱼，赏鱼、食鱼、钓鱼、爱鱼成癖。

一天，府外有一人要求见宰相。从打扮上看，像是一个渔人，手中拎着一个瓦罐，急步来到公仪休面前，伏身拜见。公仪休抬手命他免礼，看了看，不认识，便问他是谁。

那人赶忙回答："小人子男，家处城外河边，以打鱼为业糊口度日。"

公仪休又问："那你找我所为何事？莫非有人欺你抢了你的鱼了？"

子男赶紧说："不不不，大人，小人并不曾受人欺侮，只因小人昨夜出去打鱼，见河水上金光一闪，小人以为定是碰到了金鱼，便撒网下去，却捕到一条黑色的小鱼，这鱼说也奇怪，身体黑如墨染，连鱼鳞也是黑色，几乎难以辨出。而且黑得透亮，仿佛一块黑纱罩住了灯笼，黑得泛光。鱼眼也大得出奇，直出眶外。小人素闻大人喜爱赏鱼，便冒昧前来，将鱼献于大人，还望大人笑纳。"

公仪休听完，心中好奇，公仪休的夫人也觉纳闷。那子男将手中拎的瓦罐打开，果然见里面有一条小黑鱼，在罐中来回游动，碰得罐壁乒乒作响。公仪休看着这鱼，忍不住用手轻轻敲击罐底，

> 君子爱财当取之有道，君子好名也当实至名归。

好利害浅，好名害深，名为缰，利为锁，都会束缚人的正常发展，给人们带来伤害。人若没有长远眼光，贪图眼前小利，则会因小失大。人若不能淡泊名利，沽名钓誉，则会贻害终身。君子爱财当取之有道，君子好名也当实至名归。

那鱼便更加欢快地游跳起来。

公仪休笑起来，口中连连说："有意思，有意思。的确很有趣。"

公仪休的夫人也觉别有情趣，那子男见状将瓦罐向前一递，道："大人既然喜欢，就请大人笑纳吧，小人告辞。"公仪休却急声说："慢着，这鱼你拿回去，本大人虽说喜欢，但这是辛苦得来之物，我岂能平白无故地收下？你拿回去。"

子男一愣，赶紧跪下道："莫非是大人怪罪小人，嫌小人言过其实，这鱼不好吗？"

公仪休笑了，让子男起身，说："哈哈哈，你不必害怕，这鱼也确如你所说奇人亦喜人，我并无怪罪之意，只是这鱼我不能收。"

子男惶惑不解，拎着鱼，愣在那里，公仪休夫人在旁边插了一句话："既是大人喜欢，倒不如我们买下，大人以为如何？"

大人既然喜欢，就请大人笑纳吧。

这是辛苦得来之物，我岂能平白无故地收下。

公仪休生性爱鱼，在子男向其献鱼时，却不肯接受子男的馈赠，坚持花钱买鱼。

公仪休说好，当即命人取出钱来，付给子男，将鱼买下。子男不肯收钱，公仪休故意将脸一绷，子男只得谢恩离去。

又有好多人给公仪休送鱼，却都被公仪休婉言拒绝了。

公仪休身边的人很是纳闷，忍不住问："大人素来喜爱鱼，连做梦都为鱼担心，可为何别人送鱼大人却一概不收呢？"

公仪休一笑，道："正因为喜欢鱼，所以更不能接受别人的馈赠，我现在身居宰相之位，拿了人家的东西又要受人牵制，万一因此触犯刑律，必将难逃丢官之厄运，甚至还会有性命之忧。我喜欢鱼现在还有钱去买，若因此失去官位，纵是爱鱼如命怕也不会有人送鱼，也更不会有钱去买。所以，虽然我拒绝了，却没有免官丢命之虞，又可以自由购买我喜欢的鱼。这不比那样更好吗？"

众人不禁暗暗敬佩。

公仪休身为鲁国宰相，喜欢鱼，却能保持清醒，头脑冷静，不肯轻易接受别人的馈赠，这实在很难得。有些事，表面看来能获得暂时的利益，但从长远来看，却"因小失大"，做事灵活的人绝不会被眼前的利益所迷惑。

君子取义成仁，历来为人所推崇，至于名分利益，根本不在他们的考虑范围之内。贪图名利，尤其是与自己才能不符的名利，往往会弄巧成拙，使自己蒙羞受辱。淡泊自守是一种福分，看不透名利，只能是害人害事。

魏晋时期，政治斗争极其残酷，当时读书人，动辄有人头落地的危险，所以不少知识分子崇尚玄学，不敢过问政治。一些人为了获得好的品评，不惜沽名钓誉，做出许多伪善可笑的勾当。清谈误国，魏晋王朝，不过四五十年的时间就延续不下去了。

务实是中国人的优良传统。这里所说的"实"，用哲学上的话说就是自身的本质。有作为的人，大多轻名务实。魏晋清谈之风的盛行却是一种很不务实的表现，于己无利，于人也无利。

名利虽然为人所需，但若时时、事事都想着它，难免患得患失，失去生活的乐趣，也会迷失生活的方向。注意名利太多，心性难以自由，行为难以潇洒；与其屈从于名缰利锁，不如淡泊自守来得逍遥。所以，人们应当时时注意，用高尚品德稳稳地驾驭自己的名利之心。把个人之名利看做身外之物，既不为得到名利而沾沾自喜，也不因失去名利而痛苦不堪。

◎脱俗高远 减欲超圣◎

【原文】

做人无甚高远事业，摆脱得俗情，便入名流；为学无甚增益功夫，减除得物累，便超圣境。

【译文】

做人并不一定需要成就什么了不起的事业，能够摆脱世俗的功名利禄，就可跻身于名流；做学问没有什么特别的好办法，能够去掉外物的累赘，便能进入了圣贤的境界。

【精读解析】

成功人士的成就是偏居一隅的坚守，不和世俗决裂，却也永远不对世俗趋之若鹜。圣人的智慧是一种超脱，善于固守虚静，万物便不足以扰乱他们的心智。

《易经》中有道是："无思，无为，寂然不动，有灵感就会通天下。"不妄想妄为，我们就会获得心灵的虚静豁然，感悟通灵的精神境界，从而活出生命的别样风采。

在中国古代文化史上，我们常提到的老庄的虚静无为、魏晋风骨，就是这种精神境界和生活方式的高度体现。说到性灵潇洒，人生至玄、至乐，阮籍是我们不得不提的一个人物。

阮籍（公元 210 ～ 263 年），三国魏时著名诗人。在天下多变的魏晋禅代之际，他既是文坛巨擘，也是竹林七贤之一。因不满昏庸无道的曹魏集团，又不愿攀附晋司马氏，行迹颇多狂逸。

能够去掉外物的累赘，便能进入了圣贤的境界。

世间万事万物都归于一个"淡"字，清淡明志，雅淡抒节，把荣誉、身世、财权、生死看得淡些轻些，我们就不会被外物束缚，从而达到精神超脱的境界。

为什么要跟风从众，靠别人评价才能认定自己是否有价值呢？

如果我们能澄净本心，审视反省自我，而不是人云亦云，跟风从众，过分关切别人的态度，我们就能够摆脱烦扰，活出不一样的自己。

阮母去世，中书令裴楷前去吊唁，见阮籍饮酒常至大醉，衣冠不整，伸开两腿坐在床上，毫无哭泣之意。裴楷便痛哭了一阵，不告而别。后来有人问裴楷："大凡吊唁，主人哭后，客人才行礼，这是人所共知的礼俗。阮籍既然不哭，您为何要痛哭流涕呢？"裴楷说："阮籍超脱世俗，可以不尊崇礼制。而我们这种世俗中人，必须遵守礼制。"

为母亲服丧时，阮籍在晋文王司马昭席上仍然饮酒吃肉。同在酒宴上的司隶校尉何曾就对司马昭说："您正要以孝道治天下，阮籍服丧却公然在您的宴席上喝酒吃肉，应该把他流放到荒漠之地。"文王说："我们除了担忧嗣宗如此哀伤劳累，还能说什么呢？再说有苦痛而饮酒食肉，本来就不违丧礼。"此时，阮籍仍然吃喝不停，神色自若。

阮籍的邻家有一个美丽少妇，平日在酒垆旁卖酒。阮籍和王戎常在她家饮酒，有时醉了，就睡在少妇身旁。少妇的丈夫产生了疑心。但仔细观察，发现阮籍也没有别的意图。

阮籍虽狂放不羁，但处事非常谨慎，他常以奥晦深远的言辞与别人交谈，也从不对他人妄加评

297

判。阮籍的"贤"不只在于他的满腹经纶，还在于他能摆脱俗尘所累，卓尔不群。因为不计较世俗得失，他获得了心灵的极大自由；因为不受教条规矩的束缚，他活出了魏晋的潇洒风骨。正因为这样，他才能守住心灵虚静之地，在纷扰世事中自得其乐。

生活中，做人做事并不一定都要谋个成就、地位或者名利，对它们过于牵挂，反而会成为我们生活的累赘。所以工作也好、学习也好，先把自己投身到享受它们带来的充实中，然后再想回报或者酬劳，也许我们会忙碌，但忙碌也会很从容。

阮籍的从容洒脱为后人所称道，其不合俗流的风骨和做人原则更让人敬仰。

阮籍，三国魏诗人，"竹林七贤"之一。他崇奉老庄之学，反对汉末以来虚伪矫饰的礼教制度。政治上采取不合作、谨慎避祸的态度。长期居于山野。

高扬的"越名教而任自然"的口号，重新肯定了个体层面上的人的自我意识，是一种极为自觉的自我约束，是更为深刻的思想解放，对后世产生了深远的影响。

阮籍曾有一段故事，极能说明他的自然洒脱之处。

阮籍的邻家有一个美丽少妇，平日在酒垆旁卖酒。阮籍和王戎常在她家饮酒，有时醉了，就睡在少妇身旁。少妇的丈夫产生了疑心。但仔细观察，发现阮籍也没有别的意图。

❀○利毋居前　德毋落后○❀

【原文】

宠利毋居人前，德业毋落人后，受享毋逾分外，修为毋减分中。

【译文】

获得名利的事情不要抢在别人前面去争取，积德修身的事情不要落在别人后面，对于应得的东西要谨守本分，修身养性时则不要放弃自己应该遵守的标准。

【精读解析】

一个人的品质和修养基于先天的养心修炼，也外现对于现实利益的应对中。一种品质的养成不仅是一个长期的过程，同时也是一个不断接受考验修正的过程。孟子曾就修身养性之道指出，一个人虽然爱好养气修心之道，但一曝十寒，不能专一修养，只能算是知道有此一善而已；这种方法只有在自己的身心上有了效验，方能生起正信，才算有了证验的信息；由此"充实之谓美"直到"圣而不可知之谓神"，才算是"我善养吾浩然之气"的成功。

何为浩然正气？其实就是至大至刚的昂扬正气，是以天下为己任，担当道义，无所畏惧的勇气，是君子挺立于天地之间、无所偏私的光明磊落之气。这种浩然正气体现着一种伟大的人格精神之美。

晋代著名学者皇甫谧，在地方享誉盛名，后来被皇帝看中，深受皇帝赏识。但是当皇帝要授予他官职时，他却向皇帝上奏表示自己不愿为官，并向皇上陈述了母亲的教导，即读书是为了积德，也是为了更好地修身。

原来，皇甫谧年轻时每天过得浑浑噩噩，既不照顾家业，也不用心读书，还经常和一些游民鬼混，滋事扰民，招致很多人的厌恶。

他的母亲对无所事事的儿子又气又忧。为了让他开悟人生的真谛，皇甫谧的母亲把他叫到身边，说："你今年也有二十岁了，看到别人的儿子为生活奔走，而自己的儿子却整日无所事事，这怎么让我不寒心呢？我朝思夜盼有一天你能成为有用的人才，可你不求上进，不爱读书也就罢了，还不主动找点活计，对你有什么办法啊！"

听完母亲的这番话，皇甫谧心头微微作痛，便说："今后我一定会潜心读书，让您过上好日子。"

皇甫谧本以为这样说了，会赢得母亲的欣慰，可母亲却严肃地看着自己，说："学习读书是修身积德的事，靠读书获得物质生活的改善是不符合修身之道的。你想为了我努力读书的想法固然很好，但是只有放下这些外化的目的，读书才能达到最本真、最有益于你的效果，这和他人，包括我都是无关的。"

皇甫谧听完这番话后，深为母亲的思想修为感动，从此改头换面，虚心求教，勤奋修身。即使病卧床上，皇甫谧也不间断学习。这样日积月累，不仅学业有成，而且修养也达到了很高的境界。

皇上听完此番陈述后，便说："以立身修德为目的的求学最大。"对皇甫谧更加赏识。

对于应得的东西要谨守本分，修身养性时则不要放弃自己应该遵守的标准。

不要因一时的名利而耽误积德修身的德业，享受时不要觊觎本分以外的事物，修养时也不能放弃自己应该遵守的原则。只有持之以恒、身体力行地提高品德修养，并不被名利所诱惑，才能最终修成正果，并获得我们可以立身处世的人格资本和魅力。

不爱读书也就罢了，还不主动找点活计，对你有什么办法啊！

今后我一定会潜心读书，让您过上好日子。

皇甫谧年轻时浑浑噩噩，不用功读书。他的母亲教导他，学习读书是修身积德的事。皇甫谧从此改头换面，勤奋修身。最终成为晋代著名的学者。

为人需养正气修德业。良好的德业修养是人的精神"脊梁"，是抵御歪风邪气的"屏障"。正气长存，则邪气却步、阴霾不侵；德业不废，则清风浩荡，乾坤朗朗。时时处处让德业为事业保驾护航，使正气日盛，邪气渐消，才是君子之道。

◎抱负远大 心智淡泊◎

【原文】

居轩冕之中，不可无山林的气味；处林泉之下，须要怀廊庙的经纶。

【译文】

身居要职享受高官厚禄的人，要有山林之中淡泊名利的思想；而隐居山林清泉的人，要胸怀治理国家的大志和才能。

【精读解析】

诸葛亮是我们熟知的三国名相，在战乱流离中度过少年时代，年轻时兢兢业业、努力求索才购置了襄阳城西的隆中的一片田产，自此过着"躬耕垄亩"的生活。但是这并不足以掩盖他内心的抱负以及才华所散发出的光芒，虽隐居躬耕，却名扬在外，所以人称"卧龙先生"。

在新野时，徐庶向刘备推荐诸葛亮。刘备求贤若渴，当下答应下来。于是历史上便有了刘备三顾茅庐的佳话。

刘备在与诸葛亮相见后就在诸葛亮茅屋请教起天下大计。刘备说："汉室倾危，佞臣当道，我自不量力，欲申大义于天下，却因智术短浅，无所成就，但是我并不因此失志。冒昧请问先生天下可有使我完成夙愿的大计？"诸葛亮被刘备的真诚感动，不仅对天下的形势进行了细致分析，还为刘备指出了成就霸业的长远大计。思路之清楚，见解之深刻，让刘备三兄弟佩服得五体投地。

后来，刘备对关羽、张飞说："我之得孔明，犹鱼得水。"诸葛亮也凭借刘备的知遇之恩，施展了自己抱负，成就了千古名相的传奇。

在对待人生的问题上，孔明一方面恬淡出世，品味林泉真趣。另一方面又抓住机会积极入世，实现理想抱负。他的一生是出世和入世的完美融合。

高官厚禄，要有淡泊名利的思想；隐居山林清泉，要胸怀治理国家的大志和才能。

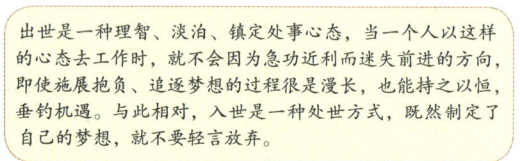

出世是一种理智、淡泊、镇定处事心态，当一个人以这样的心态去工作时，就不会因为急功近利而迷失前进的方向，即使施展抱负、追逐梦想的过程很是漫长，也能持之以恒，垂钓机遇。与此相对，入世是一种处世方式，既然制定了自己的梦想，就不要轻言放弃。

冒昧请问先生天下可有使我完成夙愿的大计？

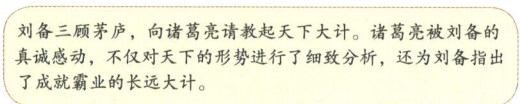

刘备三顾茅庐，向诸葛亮请教起天下大计。诸葛亮被刘备的真诚感动，不仅对天下的形势进行了细致分析，还为刘备指出了成就霸业的长远大计。

总而言之，《菜根谭》中简单的一句话，在今天这个时代给予我们的处世哲学归结起来不过三点：淡泊、积极和抱负。淡泊让我们从容淡定，积极让我们矢志不渝，而抱负让我们赢在起跑线上。要想铸就不一样的人生，三者缺一不可。

◎放下功名 超凡入圣◎

【原文】

放得功名富贵之心下，便可脱凡；放得道德仁义之心下，才可入圣。

【译文】

如果能够抛弃功名富贵之心，就能做一个超凡脱俗的人；如果能够摆脱仁义道德的束缚，就可以达到圣人的境界。

【精读解析】

《红楼梦》中，跛足道人唱道："世人都晓神仙好，唯有功名忘不了！古今将相在何方？荒冢一堆草没了。世人都晓神仙好，只有金银忘不了！终朝只恨聚无多，及到多时眼闭了。"换句话说就是：只有"了"了，才能"好"，关键在于"了"字。生活中很多事，只有放下了包袱，才能空出手来抓取属于我们的财富。很多人能在官场上全身而退，其高明之处就在于他们懂得放下。

韩信在刘邦打天下的过程中，立功最多，被刘邦封为齐王。然而树大招风，处于事业巅峰的韩信被人诬告有谋反之心。实际上刘邦对位高权重的韩信早有戒心，正好借此机会解除心中的疑虑，于是下令将韩信逮捕押入大牢。

超凡入圣在智者看来很简单：放得下功名富贵，也不积极于道德仁义，就可以达到。归结到一点就是对于自己所追求的不刻意，就会收到无心插柳柳成荫的意外惊喜。

"狡兔死，走狗烹；飞鸟尽，良弓藏。"天下已经平定，开国元勋难逃皇帝猜疑算计。刘邦命人将他押送到京城，贬为淮阴侯。十年后，韩信被问斩。

韩信的悲剧由多重因素造成，但是有一点是其中必不可少的，即把功名富贵看得太重。如果他懂得"放得功名富贵之心下，便可脱凡；放得仁义道德之心下，才可入圣"的道理，也许会有不一样的人生。

在生活中，也是这样的。世间的一切喜乐悲愁，一切的成功与失败、收获与丧失，往往都由人们过分执著导致。工作中要一步一个脚印地走，欲速则不达；生活中要澄澈心境，执念太多，往往与幸福擦肩而过。我们同在人生的单行道上，尝试着放下心中的急切和过高的期望，就会舍得外物的得失，审慎对待各种选择，从而在更为广阔的天空下，去迎接永恒的幸福。

◎无德为忧　尸位为羞◎

【原文】

彼富我仁，彼爵我义，君子故不为君相所牢笼；人定胜天，志一动气，君子亦不受造物之陶铸。

【译文】

别人拥有富贵我拥有仁德，别人拥有爵禄我拥有正义，如果是一个有高尚心性的正人君子，就不会被统治者的高官厚禄所束缚；人的力量一定能够战胜自然力量，意志坚定可以发挥出无坚不摧的精气，所以君子当然也不会被造物者所局限。

有高尚心性的正人君子，不会被统治者的高官厚禄所束缚，也不会被造物者所局限。

【精读解析】

和那些应有尽有或者一无所有的人相比，普通人不为生计担忧，也不为名利蛊惑，他们不强求、不绝望，也许他们还在打拼，但是因为生活没有走向尽头所以打拼总是被希望引领。这种心境最能真切地解读《菜根谭》中"君子故不为君

君子看到富贵时，不会抱怨自己的贫穷，反而因为自己拥有仁德而感到富足；君子看到功利时，不会悲叹自己的卑微，反而因为自己留有正气而挺直胸膛。

相所牢笼"和"君子亦不受造物之陶铸"两句话的深意。

君子看到富贵时，不会抱怨自己的贫穷，反而因为自己拥有仁德而感到富足；君子看到功利时，不会悲叹自己的卑微，反而因为自己留有正气而挺直胸膛。这样的人面对强大的宿命时也不会低头退却，因为他们心怀高远意志坚定，所以能释放突围弄人造化的神奇力量。基于此，庄子才说："至人之用心若镜，不将不逆，应而不藏，故能胜物而不伤。"

几乎所有的圣人君子都是抱着普通人的平衡心态在生活，他们身处世间，对于外物既不欢迎，也不拒绝，"物来而应，物去不留"，因此平衡中衍生平静，平静中升华超脱。由此可知，一个人只有懂得适当地放下，才能得到真正的快乐。

南朝萧齐时的王僧虔立身处世谨慎，为人谦和，而且在书法方面很是精通。当时的皇帝齐高帝萧道成也对书法十分感兴趣，于是便邀请王僧虔和自己比字，字写完后，萧道成问王僧虔："谁的书法技艺略胜一筹？"王僧虔先深作一揖，然后说："臣下有幸和陛下并列第一。"萧道成听后，大笑："尔善自为谋。"

萧道成驾崩后，其子萧赜继位。萧赜出于对王僧虔的敬重便将他提升为侍中、左光禄大夫、开府仪国三司。可当时，王僧虔的侄子王俭也在朝中为官，王僧虔便找到王俭说："我们叔侄二人同朝为官，而且在朝中同样官高任重。这一次陛下器重将我提拔，我十分感激。但是我如果再受任，就会出现一门二台司的局面。这种情况不仅会让人们觉得我们居心不良，还会给我们自己招致不必要的怀疑和麻烦。"

随后王僧虔便奏请皇上，表示自己不能受任。萧赜拗不过，只得取消任命，改任王俭为侍中、特进、左光禄大夫。

有些人不明缘由，便问王僧虔："高官不做更待何求？"王僧虔便解释说："君子不为获得宠爱谋划，只为能否立德担忧。我现在衣食富足，但是年事已高，荣位已过，常常感觉自己力不从心，处在现在的职位上都已受之有愧，更何况是再高些的职位？受得高官，却庸碌无为，岂不是更要被人耻笑？"

王僧虔心性自由，他的一番话，准确地传达出君子对于名利富贵的普遍看法。古来就有君子和小人之分，君子立身以德，而小人却立身以宠。王僧虔身为君子视无德为可忧，视尸位为可羞，视被人耻笑为可畏。这种立身原则是非常可取的。王僧虔以实际行动诠释了"彼富为仁，彼爵我义，君子故不为君相所牢笼"的人生要义。

做人要想在功名利禄面前应对自如，就要保持一颗平静的心。学会适当放下是一种洒脱，是参透万物后的一种平和。只有放下那些过于沉重的东西，不被高官厚禄所束缚，把没有德行视为担忧，把空占高位视为羞耻，才能得到心灵的放松。

臣下有幸和陛下并列第一。

王僧虔的低调和恭敬为他赢得了长久的平安。

我们叔侄二人同朝为官恐怕不妥啊！

王僧虔与侄子王俭同朝为官，而且官高任重。王僧虔与王俭商议不再受任，防止出现一门二台司的局面。

◎拔去名根　融化客气◎

【原文】

名根未拔者，纵轻千乘甘一瓢，总堕尘情；客气未融者，虽泽四海利万世，终为剩技。

【译文】

追逐名利的思想根基如果不从内心彻底除掉，即使表面上轻视世间的高官厚禄、荣华富贵，甘愿过着一瓢饮的清贫生活，最终也摆不脱世间名利的诱惑；外来的影响不能被自身的正气所化解的人，虽然他的恩惠能够泽及世上所有的人并有利于后世，最终也只会成为一种多余的伎俩。

【精读解析】

拔去名根，自会保持向上并淡泊的心境；融化对外物的固执，简单生活自会有一种旷达。

上古三帝，曰尧，曰舜，曰禹，就是这种哲学的实践者。

古书上说尧非常厉害："其仁如天，共知(智)如神。就之如日，望之如云。富而不骄，贵而不舒。"虽然富贵但是不炫耀不骄傲。他即位之后，首先是任人唯贤，促使内部达成统一。他亲自考察百官的政绩，奖励高贤，惩罚贪佞。他当帝王时，能够以天下为己任；他在位时世风淳朴，人们相处和睦，也是得益于他的高瞻远瞩。

第二个帝王舜则与尧不一样，他不像尧那么富有，而且母亲早逝，又遇见一个残酷的继母，最后被逼离家出走。尽管这样，他还是原谅了他们。他用宽容但是朴实的行事作风感染了众人。人们从四面八方集中到他的周围，想和他同甘共苦。舜又努力进行管理和扩建城邦的工作。当时的天子尧知道舜的德行后，将自己的两个女儿配给了舜做妻子。并在最后，将天子之位禅让于舜。他行事朴实低调，又有雄才伟略，尧把天子之位传于这种人是明智之举。

大禹治水的故事，千百年来，脍炙人口。帝尧时，中原常常有洪水，百姓愁苦不堪。鲧治水患九年，未果。他的儿子禹继任治水。禹为了治水可以说是鞠躬尽瘁。他新婚不久就离开妻子，踏上治水的道路。经过家门口，听到妻子生产，都咬着牙没有进家门，直接奔赴大水现场。一段时间过去了，当他第三次经过的时候，他的儿子已经懂得叫爸爸，而禹只是向妻儿挥挥手，并没有进去看看。这就是"三过家门不人"。后来经舜赏识得天子之位，真正成了大人物。

在平凡生活境界高远，却立足于现实，不为名利等外物蛊惑，时刻保持中庸的态度，即凡事于高处立，于平处坐，于宽处行，便可实现超越境界与现实态度的统一。

从内心彻底除掉追逐名利的思想根基，才能摆脱世间名利的诱惑。

对理智、高明的人来说，即使前面有很多自己想要但没有得到的东西，他们仍然会仔细斟酌，经过深思熟虑之后才去安排行程。而且，不管别人给他施加多少压力，或者前方有多少诱惑，他都不急不躁，沿着既定的路线缓缓而行。圆满自足，适可而止才能充分地活在快乐的满足中。

禹亲自视察河道，改进治水方法，翻山越岭，蹚河过川，规划水道，到了很多地方，根据地势高低设法引洪水入海。

○沽名钓誉 未厌名利○

【原文】

谈山林之乐者，未必真得山林之趣；厌名利之谈者，未必尽忘名利之情。

【译文】

好谈山居生活之乐的人，未必真的领悟了山林生活的乐趣；口头上说讨厌名利的人，未必真的将名利忘却。

【精读解析】

《管子·法法》中说："钓名之人，无贤士焉。"《后汉书·逸民传序》则说："彼虽砭砭有类沽名者。"所谓沽者，买也；钓者，用饵引鱼上钩。意思是说，某些人表面上是贤士，实际上是以贤士的身份为诱饵，来为自己谋取功名，这样的人徒有虚名罢了。后人将此合二为一得出"沽名钓誉"这个成语，用来指示那些用种种手段骗取名誉的现象。卢藏用便擅长此道。

唐代的时候，有位叫司马承祯的人，在都城

好谈山居生活之乐的人，未必真的领悟了山林生活的乐趣。

口头上说讨厌名利的人，未必真的将名利忘却。

有些人表面上畅谈山林的乐趣，对名利嗤之以鼻，实质上却在内心深处和自己唱着反调。

唐代的司马承祯，别号"白云"。他在都城长安南边的终南山里，住了几十年。

卢藏用早年求官不成，便故意跑到靠近国都长安的终南山隐居，以便让皇帝知道并请出来做官。后来，他果然达到目的。

司马承祯，像白云那样高尚和纯洁，做人心口如一，与人交往诚心诚意。

典故中有"终南捷径"，司马承祯与卢藏用二人正是真隐士与实为沽名钓誉之辈的假隐士的最好写照

唐玄宗要请司马承祯出来做官，被他谢绝了。

唐玄宗替司马承祯盖了一座讲究的房子，叫他住在里面抄写校正《老子》这本书。

司马承祯完成了任务，到长安见唐玄宗后，打算回终南山去。偏巧碰见了也曾在终南山隐居，后来做了官的卢藏用。

长安南边的终南山里，住了几十年。他替自己起了个别号叫白云，表示自己要像白云那样高尚和纯洁。唐玄宗知道了，要请他出来做官，都被他谢绝了。于是，唐玄宗替他盖了一座讲究的房子，叫他住在里面抄写校正《老子》这本书。后来他完成了这项任务，到长安会见唐玄宗，见过玄宗，他正打算仍然回终南山去，偏巧碰见了也曾在终南山隐居，后来做了官的卢藏用。

司马承祯与卢藏用说了几句话，后者抬起手来指着南面的终南山，并开玩笑地对他说："这里面确实有无穷的乐趣呀！"原来卢藏用早年求官不成，便故意跑到终南山去隐居。终南山靠近国都长安，在那里隐居，容易让皇帝知道并请出来做官。不久，卢藏用果然达到目的。司马承祯想对他的这种行为讽刺一下，便应声说："不错，照我看来，那里确实是做官的'捷径'啊！"

把卢藏用与司马承祯二者稍作比较，高下立见。从二人身上可以看出，大部分欲寻求"终南捷径"者多是沽名钓誉的人。他们表面上畅谈山林的乐趣，对名利嗤之以鼻，实质上却在内心深处和自己唱着反调。

人生如戏，戏如人生。现实生活中，很多人早已自觉或不自觉地将自己置于演员的角色之中，就像席慕蓉的《戏子》中所说："在涂满油彩的面容之下，我有的是一颗戏子的心。"在迫不得已的情况下掩饰真实的自己，这本无可厚非，但时间长了，恐怕就再也回不去里如一的样子了。时间不光是在流逝，也在带走虚而不实的东西，若是沽名钓誉，仅以虚伪来蒙蔽世人的眼睛，也会很快被人揭露，落下骂名无可避免。所以，为免落得遭万人唾骂的境地，做人还是心口如一比较好，与人交往多些诚心，少些虚伪；工作时多些踏实，少些圆滑；生活中，以真心待人待己。只有卸下面具，我们的人生会在阳光下呼吸。

◎无名无位　无忧无虑◎

【原文】

人知名位为乐，不知无名无位之乐为最真；人知饥寒为忧，不知不饥不寒之忧为更甚。

【译文】

人们只知道有了名声地位是一种快乐，殊不知那种没有名声地位牵累的快乐才是真正的快乐；人们只知道吃不饱穿不暖令人忧愁，殊不知那些没有饥寒之苦的人精神上的空虚忧愁更为痛苦。

【精读解析】

有一天，庄子在濮水边垂钓，楚王派遣两位大臣先行前往致意。这两位大臣来到水边对着庄子的背影说："楚王愿将国内政事委托给你而劳累你了。"他们的言下之意就是，楚王想要请庄子去做楚国国相。

庄子手把钓竿头也不回地说："我听说楚国有一神龟，已经死了三千年了。可是楚王用竹箱装着它，用上好的布料覆盖着它，把它珍藏在宗庙里不让它入土。你们猜猜这只神龟，是宁愿死去为了留下骨骸而显示尊贵呢，还是宁愿活

> 没有名声地位牵累的快乐才是真正的快乐。

> 没有饥寒之苦的人精神上的空虚忧愁更为痛苦。

名誉不过是个虚浮的东西，只有逍遥自在的真实生活才是珍贵的。

着在泥水里拖着尾巴自由自在的呢？"两位大臣相互看了一下说："对一只乌龟来说，应该比较喜欢拖着尾巴活在泥水里游来游去吧。"庄子说："既然这样，你们可以走了！我宁愿像它一样拖着尾巴生活在泥水里。"

庄子曾说："名者，实之宾也，吾将为宾乎？"意思是说名为宾，是次要的，实才是主要的。名利看起来是实的，实际上却是虚无缥缈的。无名无位看起来一无所有，实则是一种真实的拥有。所以当被征召去做官的时候，庄子说自己宁可曳尾涂中，过着穷困但是却自在的日子。

在很多的智者看来，名誉不过是个虚浮的东西，只有逍遥自的真实生活才是珍贵的。《菜根谭》里说："人知名位为乐，不知无名无位之乐为最真。"活在世界上，名声地位并不是快乐的圆满生活的泉眼，反而是不刻意求名逐利的人才是无忧无虑，生活悠然。

老子说："名与身孰亲？身与货孰多？得与亡孰病？是故甚爱必大费，多藏必厚亡。知足不辱，知止不殆，可以长久。"生活中，多少人在混乱的名利场中丧失原则，迷失自我，百般挣扎反而落得身败名裂。司马迁说得好："君子疾没世而名不称焉，名利本为浮世重，古今能有几人抛？"当人们心中有了名利的念头之后，就可以看到种种忧心的事情。过分关心这些得失，就只能忧虑烦恼，无以摆脱。相反，一个人若是看淡这些，专注于自身，并以此心做事做人，反而常能收获良好的效果。就像一首歌中所唱"不求名来名自扬"。

比如，一个非常正直的学者，一生治学严谨，绝不会沽名钓誉。一个人能把名利看得淡一些，境界就会高一些。胡适先生到了台湾以后，曾对台湾的年轻学者们说："你们治学的态度应该学习大陆的季羡林。"

治学也好，为人也罢，道理其实都是相通的。一个人如果不能淡泊名利，就必然会急功近利，进而为了满足心中的贪婪而不择手段。人如果能少一点贪欲，多一点自制与满足，自然也就不会落入生活中各种各样的圈套中，让自己沦为一个任人宰割的羔羊。

事实上，人生的规则也正是如此奇妙，贪慕虚名、急功近利者往往得不到真正的名誉；沽名钓誉，无所不用之徒往往得不到真正的快乐。庄子言："不为轩冕肆志，不为穷约趋俗，其乐彼与此同，故无忧而已矣。"那些不追求官爵的人，自然能不因为高官厚禄而喜不自禁，也不会因为前途无望穷困贫乏而随波逐流，趋势媚俗。做人若能在荣辱面前一样达观，必然也就无所谓忧愁了。

所以说，我们做人，要懂得安贫乐道，以淡泊之心看待名利，这样我们就能对客观的、外在的出身、家世、钱财、生死、容貌等，都看得淡泊，从而才可能达到洒脱的境界。

◎无所妄念 追求自然◎

【原文】

天理路上甚宽，稍游心，胸中便觉广大宏朗；人欲路上甚窄，才寄迹，眼前俱是荆棘泥涂。

【译文】

追求自然真理的正道非常宽广，稍微用心追求，就感觉心胸坦荡开朗；追求个人欲望的邪道非常狭窄，刚一跻身于此，就发现眼前布满了荆棘泥泞，寸步难行。

【精读解析】

对于一个有欲望且不知满足的人来说，天下没有一把椅子是舒服的。欲望就如同一团熊熊烈火，柴放得越多，火烧得越旺，人就越有添柴的冲动。于是，人便奔来奔去、忙里忙外，难有停息的时候。人只有减少欲望，才能轻松上阵，才能活得洒脱。

列子穷困潦倒时也绝不接受郑国宰相子阳赠送的粮米。因为，列子知道自己并没有和子阳打过交道。原来子阳之所以会给列子送粮送米是源于手下的一句话。

他手下的人对子阳说："列子是大大的贤人，他就在您治理的国家里，他现在连饭都没得吃。这样，您岂不成了不爱贤才的宰相吗？"

子阳是为了自己获得好名声而给列子送吃的东西，并非真正爱惜贤才。

列子谢绝了子阳送的粮米，列子的妻子埋怨说："听说有道德有才学的人的老婆子女，都能过上快乐安逸的日子。可你，把我们一家子养得只有皮包骨头了。当权的宰相既然已派人来慰问，又送粮米给我们，你为什么偏偏不接受呢？你自己不要紧，连家里人性命也不要？"

列子解释道："宰相并不是真正了解我，只不过听别人讲我，他才叫人给我送粮食。现在救济我是如此，如果一天有人在他面前说我的坏话，他必然依别人的只言片语来加罪于我。这怎么能行呢？这就是我不接受粮食的理由。"

子阳为官，为所欲为，不久老百姓起来反抗，杀死了子阳。列子虽然穷困，但一生平安，道德学问芳名远扬。事实上，很多结局的成败就是这样铸就的，为所欲为什么都想要的人，结果竹篮打水一场空，甚至付出生命的代价。而那些懂得在欲望面前止步的人，反而会活出生命的清白和洒脱，而且还会在世人的赞誉中延续生命。

林则徐曾说："壁立千仞，无欲则刚。"他把这句话写在自己府衙的一副堂联中，规行矩动，身体力行。

他担任钦差大臣前往广州查办鸦片时，离京当天，即传示驿站，沿途"只用家常饭菜，不必备办整桌酒席，尤不得用燕窝烧烤，以节靡费……言出法随，各宜懔遵毋违"。一路上说到做到，两袖清风。

他到达广州次日，即告示百姓：今后"公馆一切食用，均系自行备买，不收地方供应。所买物件概照民间时价发给现钱，不准丝毫抑勒赊欠……有借名影射扰累者，许被扰之人控告，即予严办"。

大千世界，有人以金银为宝，以位高权重为宝，也有人以无欲无求、问心无愧为宝。但是追求金银名利的路上充满陷阱和荆棘，稍有不慎就会寸步难行、抱憾终身。而追求自然、无所妄念的道路却非常宽广，稍微用心追求，就会觉得道路越走越宽。所以大凡生活的智者，无论有何等权力、财富，都不会放弃对自然真理的追求。

对于我们普通人也一样，虽然我们不图大富大贵，但是仍不能放弃对自然真理的追求。人的一生毕竟需要迈过很多门槛，稍不留神我们就会栽在其中一道坎上。不过对于绝大多数人，或许最重要的则是迈过金钱、权力与美色三道坎。俗话说，"君子爱财取之有道"，"大丈夫有所为有所不为"。用理性的缰绳去约束欲望的野马，达到中和调适，便能顺利走过人生的几个关口。

追求自然真理的正道非常宽广，追求个人欲望的邪道非常狭窄。

大凡生活的智者，无论有何等权力、财富，都不会放弃对自然真理的追求。

公馆一切食用，均系自行备买，不收地方供应。所买物件概照民间时价发给现钱，不准丝毫抑勒赊欠……有借名影射扰累者，许被扰之人控告，即予严办。

林则徐担任钦差大臣前往广州查办鸦片时，离京当天，即传示驿站，沿途节俭，说到做到。

❀○不恋富贵 不贪权力○❀

【原文】

山河大地已属微尘，而况尘中之尘？血肉身躯且归泡影，而况影外之影？非上上智，无了了心。

【译文】

山川大地与广袤的宇宙空间相比，只是一粒微尘，何况人类不过是微尘中的微尘；我们的身体相对于无限的时间来说，只是相当于一个泡影那么短暂，何况外在的功名富贵不过是泡影外的泡影。所以说，没有绝顶的智慧，就没有洞察真理的心。

没有绝顶的智慧，就没有洞察真理的心。

追逐功名，但不为功名所累，在该放手的时候放手，才是真正的大智慧。

【精读解析】

郭德成是元末明初人，他性格豁达，十分机敏，且特别喜欢喝酒。在元末动乱的年代里，他和哥哥郭兴一起随朱元璋转战沙场，立下了不少战功。

朱元璋做了明朝开国皇帝后，当初追随他打天下的将领纷纷加官晋爵，待遇优厚，成为朝中达官贵人。郭德成仅仅做了戏骑舍人这样一个普通的官。

一次，朱元璋召见郭德成，说道："德成啊，你的功劳不小，我给你个大官做吧。"

郭德成连忙推辞说："感谢皇上对我的厚爱，但是我脑袋瓜不灵，整天不问政事，只知道喝酒，一旦做大官，那不是害了国家又害了自己吗？"

朱元璋见他坚辞不受，内心十分赞叹，于是将大量好酒和钱财赏给郭德成，还经常邀请郭德成到御花园喝酒。

一次，郭德成兴冲冲赶到御花园陪朱元璋喝酒。眼见花园内景色优美，桌上美酒芳香四溢，他忍不住酒性大发，连声说道："好酒，好酒！"随即陪朱元璋痛饮起来。

杯来盏去，渐渐地，郭德成脸色发红，但他依然一杯接一杯喝个不停。眼看时间不早，郭德成烂醉如泥，踉踉跄跄地走到朱元璋面前，弯下身子，低头辞谢，结结巴巴地说道："谢谢皇上赏酒！"

朱元璋见他醉态十足，衣冠不整，头发凌乱，笑道："看你头发披散，语无伦次，真是个醉鬼疯汉。"

郭德成摸了摸散乱的头发，脱口而出："皇上，我最恨这乱糟糟的头发，要是剃成光头，那才痛快呢。"

朱元璋一听此话，脸涨得通红，心想：这小子怎么敢这样大胆地侮辱自己。他正想发怒，看见郭德成仍然傻乎乎地说着，便沉默下来，转而一想：也许是郭德成酒后失言，不妨冷静观察，以后再整治他不迟。想到这里，朱元璋虽然闷闷不乐，但还是高抬贵手，让郭德成回了家。

郭德成酒醉醒来，一想到自己在皇上面前失言，恐惧万分，冷汗直流。原来，朱元璋少时曾在皇觉寺做和尚，最忌讳的就是"光""僧"等字眼。因此字眼获罪的大有人在。郭德成怎么也想不到，自己这样糊涂，这样大胆，竟然戳了皇上的痛处。

郭德成知道朱元璋不会轻易放过自己，以后难免有杀身之祸。他仔细地想着脱身之法：向皇上

且看明代郭德成如何因为不恋富贵、不贪权力而避免了杀身之祸。

郭德成性格豁达且特别喜欢喝酒。在元末动乱的年代里，他随朱元璋转战沙场，立下了不少战功。

朱元璋做了明朝开国皇帝后，郭德成仅仅做了戏骑舍人这样一个普通的官，对朱元璋许诺的大官坚辞不受。

一次，郭德成到御花园陪朱元璋喝酒，杯来盏去，烂醉如泥。他摸了摸散乱的头发，脱口而出剃成光头才痛快，丝毫忘记了朱元璋的忌讳。

郭德成知道朱元璋不会轻易放过自己，为避杀身之祸，真的做了和尚。

朱元璋见郭德成真做了和尚，还向自己的妃子赞叹郭德成真是个奇男子。

郭德成不贪恋权位、及时退避，最终在朱元璋的铁腕之下保住了性命。而原来的许多大将纷纷被朱元璋找借口杀掉了。

解释，不行，更会增加皇上的嫉恨；不解释，自己已经铸成大错。难道真的要为这事赔上身家性命不成？郭德成左右为难，苦苦地为保全自身寻找妙计。

过了几天，郭德成继续喝酒，狂放不羁。后来，他进寺庙剃光了头，真的做了和尚，整日身披袈裟，念着佛经。

朱元璋看见郭德成真做了和尚，心中的疑虑、嫉恨全消，还向自己的妃子赞叹说："德成真是个奇男子，原先我以为他讨厌头发是假，想不到真是个醉鬼和尚。"说完，哈哈大笑起来。

后来，朱元璋猜忌有功之臣，原来的许多大将纷纷被他找借口杀掉了，而郭德成竟保全了性命。

郭德成的聪明之处在于他能够不贪恋权位、及时退避，最终在朱元璋的铁腕之下保住了性命。

俗话说，人往高处走，水往低处流。人们追逐功名原本无可厚非，但若为功名所累就得不偿失了。有一些人一旦功名在手就再也舍不得放弃了，甚至还想"百尺竿头更进一步"。可惜多走一步就是从"竿头"摔下，顷刻间摔得粉身碎骨。

山川大地与广袤的宇宙空间相比，只是微尘一粒，人们对于无限的空间、时间来讲，也只是像微尘般渺小，泡影般短暂。功名利禄这些外在的事物，岂不是更为短暂和渺小，人们又何必那么在乎呢？

❖◎不昧惺惺 不受诱惑◎❖

【原文】

耳目见闻为外贼，情欲意识为内贼。只是主人翁惺惺不昧，独坐中堂，贼便化为家人矣！

【译文】

耳朵听到美音，眼睛看到美色，这些外界诱惑都是外来的贼，心中的情感和欲念这些都是人内心中潜藏的贼。可是只要灵魂保持正直清醒，不受诱惑，保持一片纯净的心境，那么这些使人受到诱惑的感受和心理都能化作帮助自己培养正直品德的好帮手。

【精读解析】

"五色令人目盲，五音令人耳聋，五味令人口爽。驰骋畋猎，令人心发狂。难得之货，令人行妨。是以圣人为腹不为目，故去彼取此。"这是老子《道德经》中的一段话，它的意思是说，五光十色的花花世界使人眼花缭乱；嘈杂的急管繁弦使人震耳欲聋；山珍海味，美酒佳肴，使人口不辨味；射雕逐鹿，

美声与美色，心中的情感和欲念都是潜藏的贼。要保持灵魂的清正，不受其干扰！

不为外物所动的人，驱逐袭击心灵的外贼，舍弃繁华奢侈，选取淳厚朴素，如此化得心中宁静、超越。

骑马打猎，使人精神疯狂；金银珠宝，钻石玛瑙，使人犯法背德。这种主张和"耳目见闻为外贼，情欲意识为内贼"有异曲同工之妙。

使人视觉迟钝、听觉不灵、味觉丧失，终致心神不宁、放荡不安、德行败坏的繁华纷扰都是侵扰心灵的外贼，这样的感官享受往往使贪图的人得不偿失。

一条小鱼问阅历丰富的大鱼道："妈妈，我的朋友告诉我，钓钩上的东西是最美的，可就是有一点儿危险，要怎样才能尝到这种美而又保证安全呢？"

"亲爱的孩子，"大鱼说，"这两者是不能并存的，最安全的办法就是绝对不去吃它。"

"可它们说，那是最便宜的，因为它不需要任何代价。"小鱼一脸艳羡。

"这可就完全错了，最便宜的很可能恰好是最贵的，因为它希图别人付出的代价是整个生命。因为它里面裹着一只钓钩。"大鱼严肃地警告着小鱼。

"要判断里面有没有钓钩，必须掌握什么原则呢？"小鱼又问。

"那原则其实你都已经说了。"大鱼微微一笑，"一种东西，味道最鲜美，价格又最便宜，似乎不用付出任何代价，那么，钓钩很可能就藏在里面。"

"惺惺不昧，独坐中堂，贼便化为家人矣"是排除外物干扰的高境界。学会坦荡做人，使自己真正无求一身轻，人的智慧清明起来，人生也就拥有了无限的可能。

人活着总会有生存、发展和享受三种需要，每个人的人生再怎么不一样也不过是由这三种需求调和而成的。但是随着调和比例的不同，人也就会呈现不同的境界，而其中最高的境界就是维持基本的生存需要，降低享受性需求，从而最大限度地提升发展性需求。

正常的欲望是人人都有的，少私寡欲并不是"存天理、灭人欲"，而是反对放纵欲望。人要活得洒脱就要少私寡欲，不受诱惑，切不可耽乐于感官的享乐、忘记取舍。因为我们坦然无求，当然也不会让他人有利可图，生活自然能得轻松悠然，从而把自己从痛苦的深渊中解脱出来。

◎ 有求无欲　人生至境 ◎

【原文】

田父野叟，语以黄鸡白酒则欣然喜，问以鼎食则不知；语以温袍短褐则油然乐，问以衮服则不识。其天全，故其欲淡，此是人生第一个境界。

【译文】

在田间劳作的农夫或野外谋生的老人，谈论黄鸡白酒的家常便饭就兴味很高，问到山珍海味则全不知道；谈论到温暖的粗布袍和麻布短衣就油然欣喜，问到华美的朝服却完全不知道。因为他们保持了纯真自然的本性，所以欲望淡泊，这是人生的第一等境界。

【精读解析】

有一次孔子对他的学生说："我未曾见过刚强不屈的人。"有人回答："申枨是。"孔子说："申枨嘛，还有私欲，怎么做得到刚强不屈？"辜鸿铭先生为孔子的话作了很好的解读，他说，如果人们想要过一种"心灵的生活"，那么就应该放弃对名利的欲望。

谈论黄鸡白酒的家常便饭就兴味很高。

谈论到温暖的粗布袍和麻布短衣就油然欣喜。

一个人只有抛开名缰利锁和低级趣味的困扰，去追求高尚的事业和完美的人生，才能胸怀磊落，大展宏图，有所作为。

古人说"无欲则刚"，意思是：一个人如果没有什么欲望的话，他就什么都不怕，什么都不必怕了。但是，要做到"无欲"是一件困难的事。"欲"，实际就是一种生活目标，一种人生理想。

生活中，有些人拼死奋力地抢夺对待名利。"见谷而止为德。"邪生于无禁，欲生于无度。手中有权者一旦忽略了世界观的改造，而"疾小不加诊，浸淫将遍身"，到头来必然出大事，栽大跟头。

其实，"有求"与"无欲"本是不可分割的统一体，能否正确对待有求与无欲，反映了一个人的思想品德、人格情操的高尚和低下。品德高尚的人，名利上无所求，事业上却是生命不息，奋斗不止；品德低下的人，看重的是名利地位，追求的是个人利益，一旦满足不了个人私欲，工作上就怨天尤人，不思进取。

清人陈伯崖曾说过："人到无求品自高。"他所说的无求，并不是说在工作、事业上缺少追求，甘居人后，而是告诫人们，在面对名利和低级趣味的生活时，要无所求，对待事业和人生，却需要孜孜不倦地追求。有所不求才能有所求。

南宋爱国诗人陆游对待有求与无求的正确人生态度，堪称我们的典范。陆游为官一贯坚持"忧民怀凛凛，谋己耻营营"的高洁操守，出仕三十年"不置一金产"，辞官引退后"身杂老农间"，生活贫困，囊中羞涩，仍然"足迹不踏权门"，不为自己的事有求于人。仅仅无求于人还不够，他还时常教导当时为吉州（现为江西省吉安）吏的儿子，要有求于己，有所贡献。他对儿子有四条要求：一为政要清廉："汝为吉州吏，但饮吉州水，一钱亦分明，谁能肆谗毁？"二为人要正直："岂为能文辞？实亦坚操履。"三治学要勤勉："相从勉讲学，事业在积累。"四办事要仁义："仁义本何常？蹈之则君子。"这就是一个父亲对儿子的耿耿"有求"。

从陆游身上，我们可以看到有求与无求的和谐统一。这无疑对今天的人们有很大的启迪意义。"生活上低标准，工作上高标准。"一个人的能力有大小，但正确对待有求与无求的人生态度，是没有多大分别的。

◎一起便觉　一觉便转◎

【原文】

念头起处，才觉向欲路上去，便挽从理路上来。一起便觉，一觉便转，此是转祸为福，起死回生的关头，切莫轻易放过。

【译文】

在念头刚刚产生时，一发觉此念头是个人邪恶欲望的膨胀，便马上用理智将这种欲念拉回到正路上来。邪念一产生就发觉它，一发觉就转变方向，这个时候就是将祸害转变为福祉，将死亡转变为生机的重要关头，千万不能轻易放过。

【精读解析】

世界上的很多事，往往是一念之间的事，转念可以让人迷途知返，也可以让人一失足成千古恨，其中的关键在于一个人能否在福祸转变之时、生死转变之机，掌控自己的思维和欲望。那些能够避免事态愈发严重的人，往往是那些懂得将这种苗头扼杀在萌芽状态的人，所以儒家口中的"穷理于事物始生之际，研机于心意初动之时"就是这个道理。

南宋宁宗嘉泰年间，有一个叫陈仲微的人在莆田做县令，管理县上的事。

有一天，陈仲微寻访时被一个人半路拦下。那个人走上前来，对陈仲微说了很多阿谀谄媚的话，

人应该将没有贪念作为修身的宝贵品质，以此来超越这个物欲的时代。

很多时候，一念之差便会造成不可弥补的灾祸啊！

大概意思是，以后大家难免有用得着的地方，并让陈仲微多多包涵关照自己。说完还秘密地将一封书信和一包银子塞了在了陈仲微的手中。陈仲微面不改色，从容接受。回家后将信和钱原封不动地收起来。自此之后，仍是公私分明地办事。

这样过了大概一年之久，这个人欠了县上的租税，虽派过人到县府上打点，并隐晦地暗示陈仲微："你应该给予通融，因为你已经收了我的贿赂。"然而出乎他意料的是，陈仲微毫不留情地逮捕了前来打点的这个家奴。并按当时的律法，对这个人逃避租税的行为做了处理。这个人知道后，十分气愤，决定倒打一耙。他找陈仲微，并责怪他不讲情义，还说他为官贪财，收受贿赂。只见陈仲微命人到自己的书房取来一个盒子，交给这个人。原来里面装的是当年这个人给他的书信和钱财。这个人看到东西原封不动地出现在自己的面前，无言以对，连连向陈仲微谢罪。这件事之后，陈仲微清正廉洁的品格倍加为人称道。

"才觉向欲路上去，便挽从理路上来"，这一点，陈仲微做得非常成功。陈仲微拒贿是明智的。如果他当时接了那份贿赂，满足一时的欲念，就有可能接下第二份贿赂，第三份贿赂……最终走上欲念无尽的不归之路。

生活中，一念之差，常常会成为生死关头的转折点。但一念铸就并不是一时一刻之功，而是平时的思维惯性的作用，因为起步时就不注意，"欲路"上的念头越来越重，妄念的惯性越来越大，以至于想停止时都难以及时刹车。为了尽量减少这种状况，我们就要"穷理于事物始生之际，研机于心意初动之时"。意思就是说，用自省、自制的惯性代替妄念的惯性，在妄念产生的最初时刻，

就防患于未然。"一起便觉，一觉便转"的转换既可以让人进入天堂，也可以拉人进入地狱，关键是我们不轻易放过事态无法收拾前的种种自制、反省、改过的机会。

◎不耽富贵　自在放旷◎

【原文】

以幻迹言，无论功名富贵，即肢体亦属委形；以真境言，无论父母兄弟，即万物皆吾一体。人能看得破，认得真，才可以任天下之负担，亦可脱世间之缰锁。

【译文】

从尘世无非虚幻的现象来看，不要说功名富贵，就连四肢五官也都是上天给予的躯壳；从客观世界中超越一切的眼光来看，不要说父母兄弟，就是万事万物也和我同为一体。所以，人要看得透彻，认得真切，才可以担负天下的重任，也才可以摆脱世间功名利禄的束缚。

人要看得透彻，认得真切，才可以担负天下的重任，也才可以摆脱世间功名利禄的束缚。

一个人需要有清醒的心智和从容的步履才能度过这虚虚实实的岁月，这样才能得到一份实实在在的成功。

【精读解析】

在很多智者看来，宇宙生命的来源，本来就是清虚的，然而这个世界却有太多虚幻的诱惑，因此人们就会为了得到美丽的云彩而心生太多的欲望。同时，人生中的很多选择、取舍，也不过一念之间。所以，一个人需要有清醒的心智和从容的步履才能度过这虚虚实实的岁月，虽然我们渴望成功，渴望生命能在有生之年划出优美的轨迹，但如果我们没有这份清醒和从容，就不会得到一份实实在在的成功。

如果我们看得透彻，认得清楚自然会获得这份从容和清醒，从而达到"任天下之负担，亦可脱世间之缰锁"的境界。认得真、看得透，能超凡入圣。万物蕴藏胸中，则行止坐卧，自在放旷，脱却了俗世的缰锁，才能真正体现自身，突显自己的价值。

生活中尽管有很多无奈、烦恼以及功名富贵的诱惑，能看破红尘，不为俗物所染，才能真正地潇洒自在。如果耽于功名富贵，会使自己活得累，缺少主见与智慧，也会使自己的情感日见枯槁，心如煎熬。所以工作中，不强求过高，只求尽力做好，生活中不求锦衣玉食，只求平淡是真。这样人生自然会从容清醒许多。

◎持盈履满　君子谨慎◎

【原文】

老来疾病，都是壮时招的；衰后罪孽，都是盛时造的。故持盈履满，君子尤兢兢焉。

【译文】

人在年老时患的疾病，都是在年轻时候不注意所招致的；人在失意以后还要遭受罪责，都是在得意的时候埋下的祸根。所以在拥有成功和圆满的生活时，一个正人君子不能不时时小心谨慎。

【精读解析】

当我们年轻时，总以为我们有用不尽的体力、精力，便常常透支我们的健康，结果随着年龄的增长便日益突显出了健康的虚空。当一个人得意时，便会忽视心中的秤杆，失去善恶的评判，然后在人生渐入低谷时受到恶的报应。因此我们在为人处事时一定要有一个长远的眼光和当止则止的心态。

以前，有一对兄弟，他们自幼失去了父母，终日以打柴为生，相依为命，家境十分贫寒。即便这样，兄弟俩从来没有抱怨过，他们起早贪黑，一天到晚忙得不亦乐乎。而且，哥哥照顾弟弟，弟弟心疼哥哥，生活虽然艰苦点，但过得还算舒心。

观世音菩萨得知了他们二人的情况，为他们的亲情所感动，决心下界去帮他们一把。清晨时分，菩萨来到了兄弟俩的梦中，对他们说："远方有一座太阳山，山上撒满了金光灿灿的金子，你们可以前去拾取。不过路途非常艰险，你们可要小心！并且，太阳山温度很高，你们一定要在太阳出来之前下山，否则，就会被烧死在上边。"说完，菩萨就不见了。

兄弟二人从睡梦中醒来，非常兴奋。他们商量了一下，便起程去了太阳山。一路上，他们不但遇到了毒蛇猛兽、豺狼虎豹，而且天空中狂风大作、电闪雷鸣。兄弟俩咬紧牙关，团结一致，最终战胜了各种困难，历经千辛万苦，终于来到了太阳山。

兄弟俩一看，漫山遍野都是黄金，金光灿灿的，照得人睁不开眼。弟弟一脸的兴奋，望着这些黄金不住地笑，而哥哥却只是淡淡的。

哥哥从山上捡了一块黄金，装在口袋里，下山去了。弟弟捡了一块又一块，就是不肯罢手。不一会儿整个袋子都装满了，弟弟还是不肯住手。此时，太阳快出来了，可是弟弟却仍在不住地捡。

一会儿，太阳真的出来了，山上的温度也在渐渐地升高。这时，弟弟才慌了神，急忙背着黄金往回跑，无奈金子太重，压得他步履蹒跚，根本就跑不快。太阳越升越高，弟弟终于倒了下去，被烧死在了太阳山上。

哥哥回家后，用捡到的那块金子当本钱，做起了生意，后来成了远近闻名的大富翁。可弟弟却永远留在了太阳山。

同样贫穷的两兄弟，一个因为贪多而失去了生命，一个却因为适时停止，拿到了富有的本钱。对于自己想拥有的东西，应该抱着一种不贪的心态，一味贪多，只会让自己疲惫不堪、得不偿失。

其实只有让我们的心灵缓缓地被注满，幸福才能像泉涌一样源源不断。圆满自足，适可而止才能充分地活在快乐的满足中。知足常乐的处世心态是值得我们每个人学习的。一个人要平淡地看待物质的享受，得之无喜色，失之无悔色。什么都想得到的人，一味贪多，甚至以牺牲健康和道德为代价，结果可能什么都得不到，甚至连已经拥有的也会失去。

我们应该懂得"持盈履满，君子尤兢兢"的道理，并将其应用到生活中，不要把自己完全地投注到追求"盈满"之上，工作之余找些娱乐和消遣，放松一下紧张的情绪和身体；更不要让自己为了得到更多，而心怀侥幸、逾越道德的围栏。这就像深入糖罐抓取糖果一样，如果手中抓得太多，心中要的太多，就会被卡壳。

◎达不足贵 穷不足悲◎

【原文】

斗室中，万虑都捐，说甚画栋飞云，珠帘卷雨？三杯后，一真自得，唯知素琴横月，短笛吟风。

【译文】

居住在狭窄的小房间里，能够抛弃一切私欲杂念，哪里还去管什么雕梁栋、画飞檐入云、珠帘卷雨的华屋？三杯酒下肚之后，胸中就会出现一片纯真自然的本性，这时只知道在月下抚琴，在微风中吹笛了。

【精读解析】

陶渊明，不为五斗米折腰，辞官自力更生却还不能"丰衣足食"。

有一年重阳节之际，他没有酒喝，当地的官员派人给他送了酒来，他当即痛饮起来，酒酣大睡，之后很惬意地回家去了。这就是君子固穷，君子就算受穷没有改变信念与气节，这

三杯酒下肚之后，在月下抚琴，在微风中吹笛，胸中出现一片纯真自然的本性。

人居斗室，如能抛弃凡尘私欲，就不再艳羡雕梁画栋的屋宇。这样的人，心中纯真自然，抚琴吹笛好不自在。儒家所说的君子，能守住贫穷而没有怨言。无论是贫还是富，都是对人格与修养的一种考验。

就是一个君子之所以被称为君子的道理。陶渊明的境界让人心生向往。宁静淡泊、抱朴含真，紧守着文人最单纯的本分，所谓褪尽名心道心生，我们也可以如陶渊明一般"采菊东篱下，悠然见南山"。

《论语·学而》中记载了子贡和孔子的一段对话。

子贡问："老师，你看一个人如果贫穷，但是他见了别人能自尊自爱，他不向任何人卑贱地拍马屁；一个人很富有，但是他完全不因为他的富有而骄傲，你觉得这样的人修养怎样？"

孔子听了以后说了这样的一段话："还不错，但是还没有修炼到家。不如一个人虽然很贫穷但是却能以此为乐，也不及一个人虽然很富有却能够常常学习礼仪，懂得谦恭的好。"

在这里，孔子提倡的是"富而好礼，贫而乐"，但他也说过："贫而无怨，难；富而无骄，易。"其实，无论是贫还是富，都是对我们人格与修养的一种考验。如果贫穷，你在这里可以学到悲观、厌世、自暴自弃、怨天尤人，同时你也能够学到豁达、通透、激励、勤奋；如果你是一个富人，你在这里能够学到骄傲、自大、得意、粗俗，但你也可以学到感恩、知足、回报、幸福。

古人云："达亦不足贵，穷亦不足悲。"当年陶渊明荷锄自种，嵇康树下苦修，两位虽为贫寒之士，但他们能于利不趋，于色不近，于失不馁，于得不骄。这样的生活，也不失为极高境界。

◎公论不犯 权门不沾◎

【原文】

公平正论，不可犯手，一犯，则贻羞万世；权门私窦，不可着脚，一着，则玷污终身。

【译文】

公平正直是社会大众所公认的行为准则，千万不能去触犯，一旦触犯了，就会留下永远的耻辱；权贵们玩弄权势的地方，千万不能去涉足，一旦涉足了，就会玷污一世的清名。

【精读解析】

东汉时的杨震出身于官宦世家，通晓经典，博览群书。当时的大将军邓骘听说杨震德才兼备就征召他，举荐他为"茂才"。经过四次的升迁，杨震做了荆州刺史、东莱太守。当他去东莱上任的时候，路过昌邑，原来由杨震所推荐为茂才的王密现任昌邑县的县令。为了感谢杨震的知遇之恩，王密便于一天晚上悄悄去拜访杨震，并带金十斤作为礼物。王密送这样的重礼，一是对杨震过去的荐举表示感谢，二是想通过贿赂请这位老上司以后再多加关照。杨震当场拒绝了这份礼物，说："故人知君，君不知故人，何也？"王密以为杨震假装生气，便道："暮夜无知者。"杨震立即生气了，说："天知、地知、你知、我知，怎说不知！"王密羞愧地走了。

这就是历史上"暮夜却金"的故事，后人也因他的一句"天知、地知、你知、我知，怎说不知"尊称他为"四知先生"。杨震在无人监督的情况下，保持公正廉洁是"慎独"的一种表现，"慎独"就是在一个人"独处"的情况下，也能像杨震那样严格自律，人前人后一个样。当一个人做到这一点时，就能在某种程度上避免《菜根谭》在此指出的"一犯，则贻羞万世"和"一着，则玷污终身"的悲剧。

对一个人，尤其是身在管理层的人而言，在别人眼里保持一个公正廉洁的形象至关重要。对一个管理者来说，做事不违背原则，处理问题不偏不倚，能帮助他在团队中建立起崇高的威信，从而帮助他获得影响力，推进事业的顺利发展。

要做到"公平正论，不可犯手""权门私窦，不可着脚"，要从两方面着手。首先要让自己保持淡泊、正直的心。俗话说，脚正不怕鞋歪，如果我们的心对不属于自己的东西敬而远之，它们就不会成为我们的污点。

杨震做了荆州刺史、东莱太守。去东莱上任时，路过昌邑，缘由杨震推荐为茂才的王密现任昌邑县的县令。为了感谢杨震的知遇之恩，王密悄悄拜访杨震，赠金十斤。杨震当场拒绝了这份礼物，王密羞愧地走了。

权门难踏，官路艰险，不但要卑躬屈膝，抛弃尊严，而且充斥着虚情假意、明枪暗箭。稍不留意就会赔上身家性命，玷污了一世的清名。

其次要谨慎地和谄媚者、吹捧者相处。奉承吹捧不同于发自内心的真诚赞扬，它是为利己而誉人的。奉承者常常是不顾事实，没有是非标准的，在吹捧者的口中，真的也会变成假的。谄媚者往往以奉承吹捧为手段，满足对方的虚荣心。如果我们自己不能以一种淡泊正直的心境来抵制甜言蜜语，难免会陷入谄媚的泥潭。因此，在成长的岁月中要分清谄媚背后的真实意图，洁身自好，才不至于让自己迷失，才能对事物做出正确的判断。

保持淡泊公正的心是谨慎应对谄媚奉承的前提。只要我们将心态把正，就不会因抵不住诱惑，而做出让自己"贻羞万世""玷污终身"的事了。

○贪婪遭祸　守逸味长○

【原文】

趋炎附势之祸，甚惨亦甚速；栖恬守逸之味，最淡亦最长。

【译文】

依附权势的人，所带来的祸害往往是最悲惨且最迅速的；保持恬静淡泊的生活态度，虽然很平淡，趣味却最悠久。

【精读解析】

人与人的追求不同，欲望也不同。无论是求喜、求乐、求名、求财，说穿了，都是欲望在起作用。生活中，人们总是会感到困惑、痛苦，就是因为过于执着欲望。如果人们能够用平和的心态对待这一切，淡泊一些，自然就会多一些快乐，少一些烦恼了。所以说，财富也好，情感也罢，或是其他方面的欲望，都应把握有度。多贪多欲，乃祸患之根本。

有一位法师一辈子做好事、积功德、盖庙子、讲经说法，他自己虽没有打坐、修行，可是他功德很大。年纪大了，就看到两个小鬼来捉他，那个鬼在阎王那里拿了拘票，还带个刑具铐。这个法师说："我们商量一下好不好？我出家一辈子，只做了功德，没有修持，你给我七天假，七天打坐修成功了，先度你们两个，再度阎王。"那两个小鬼被他说动了，就答应了。

这个法师以他平常的德行，一上座就万念放下了，庙子也不修了，什么也不干了，三天以后，无我相，无人相，无众生相，什么都没有，就是一片光明。这两个小鬼第七天来了，只看见一片光明却找不到他了。

完了，上当了！这两个小鬼说："大和尚你总要慈悲呀！说话要有信用，你说要度我们两个，不然我们回到地狱去要坐牢啊！"

法师大定了，没有听见，也不管。

两个小鬼就商量，怎么办呢？只见这个光里还有一丝黑影。有办法了！这个和尚还有一点不了道，光里还有一点乌的，那是不了之处。

因为这位和尚功德大，皇帝曾聘他为国师，送给他一个紫金钵盂和金缕袈裟。这个法师什么都无所谓，但很喜欢这个紫金钵盂，连打坐也端在手上，万缘放下，只有钵盂还拿着。两个小鬼看出来了，他什么都没有了，只这一点贪还在。于是两个小鬼就变成老鼠，去咬这个钵盂，卡啦卡啦一咬，和尚动念了，一动念光没有了，就现出身来，他俩立刻把手铐给和尚铐上。和尚很奇怪，以为自己没有得道，小鬼就说明经过，和尚听了，把紫金钵盂往地上一摔，

保持恬静淡泊的生活态度，才是立身处世之道。如果能够用平和的心态对待这一切，淡泊一些，自然就会多一些快乐，少一些烦恼了。所以，财富、情感，或是其他方面的欲望，都应把握有度。

贪图权势的人，所带来的灾祸往往是最悲惨而且是最迅速的；保持恬静淡泊的生活态度，才是立身处世之道。人与人的追求不同，欲望也不同。

说："好了！我跟你们一起见阎王去吧！"这一下，两个小鬼也开悟了。

得道的法师尚且被欲望所累，更何况跋涉于欲望之海的凡间众生呢？但是高僧终究是高僧，临了还能堪破欲望，摔掉自己心爱的紫金钵盂。欲望能够阻碍修行之人的正道，也能够给普通人带来祸患。

欲望过多，不加节制，人的心便会发生病态的畸变，形成自私、攫取、不满足的价值观，继而出现不正常的行为。功名利禄是没有满的时候。人越是得到，胃口就越大，每天便会为这些事物殚精竭虑、费尽心机地算计，更有甚者可能会不择手段、走极端。而不能控制功利心态的人，往往不自知，如同一只转磨的驴只顾一个劲儿地往前走，没办法停下来，最后才发现自己遍体鳞伤，筋疲力尽。只有学会摒弃欲望，恬淡自如地对待生活中的得与失，才能不为外物所累，长久地享受人生的幸福。

◎不迷物欲　内心逍遥◎

【原文】

竞逐听人，而不嫌尽醉；恬淡适己，而不夸独醒。此释氏所谓"不为法缠，不为空缠，身心两自在者"。

【译文】

任凭别人去追名逐利，但不因为他人醉心于名利而去疏远他；保持恬静淡泊的心境，但不夸耀自己的清高。这就是佛家所说的"不被物欲蒙蔽，也不被虚幻迷惑，身心俱逍遥自在的人"。

【精读解析】

一位智者，有三个弟子，为了最终决定自己的继承人，他出了一道考题来考验三个弟子的聪明才智。

智者分别给了三个弟子每人一两银子，要他们用这一两银子去买他们所能想到的任何东西，再将买回来的东西，设法装满一个占地超过一百平方米的巨大仓库。

大弟子思考了很久，决定将一两银子全部去买最便宜的稻草。结果，稻草运回来之后，连仓库的一半都装不满。

二弟子稍微聪明一些，他将那一两银子买了一捆捆棉花，将棉包拆开，希望能装满仓库。但是依然装不满巨大仓库的三分之二。

最小的弟子看着两个师兄的举动，等他们试过并失败之后，小弟子轻松地走进仓库，将所有的窗户牢牢关上，请师父也走进仓库中。然后小弟子把仓库的大门关好，整个仓库霎时变得伸手不见五指，黑暗无比。这时，小弟子从口袋中拿出他花了一文钱买来的火柴，点燃也是用一文钱买的小油灯。顿时，漆黑的仓库中充满了油灯所发出的光芒，虽然微弱，却是温暖无比。智者见后，满意地点点头，选择了小弟子作为自己的继承人。

智者的大弟子和二弟子一心想用世间的物质来填满那间大仓库，结果不管是稻草还是棉花都无济于事，而小弟子心思却没有放在物质上，而是别出心裁地用光亮填满了黑暗的空间，确实很智慧。

任凭他人去追名逐利，自己不要为物欲所获，保持澄明沉静的心境，才能身心俱得逍遥。如果沉迷于物欲，任凭贪婪滋长而不加限制，不仅会使人心被蒙蔽不分是非善恶，甚至还有可能因此而做出得不偿失的事情来。

两个农夫忙完了田里的工作，一起回家。

路上，农夫甲忽然发现有一头远离羊群的山羊在田边吃草，他想这肯定是一头失散的羊，既然没人我就把它牵走吧，说不定还能卖个好价钱呢。农夫乙看到农夫甲牵了那头羊过来，就说："我们发现了一头羊"。而农夫甲认为这头羊是他发现的，应该归他所有，就对农夫乙说："你刚才说错了，你不应该说'我们发现'。因为这是我先看见的，所以你应该改口说'你发现了一头羊'才对。"

以对生活的态度、对名利的态度而
言，生活中大致有如下两种人

不迷物欲、逍遥洒脱之人

追名逐利、攀高附贵之人

有人辞官归故里，有人漏夜赶科场。有人忙忙碌碌热
衷于攀高附贵，实际上，是给自己的身心戴上了枷锁，
哪得生活的闲适与逍遥自在？

不为欲望所蒙蔽、羁绊、束缚，内心长怀着高洁
的理想，秉持着洒脱的心境，这样的人懂得生活
的真意，才能够真正地享受到生活的快乐。

他们两个继续往前走，农夫甲手上仍然牵着刚刚发现的那头羊。

过了一会儿，羊群的主人走了过来，远远地看见农夫甲的手上牵着他的羊，就匆匆忙忙地追上
来。眼看对方就要追上来了，这时候农夫甲很紧张地看了农夫乙一眼，然后说："怎么办？这下子
我们就要被他捉住了。"听他这么一说，农夫乙知道农夫甲想把责任归咎到两个人的身上。于是农
夫乙就很严肃地对农夫甲说："你说错了，刚才你说这头羊是你发现的，现在人家追来了，你就应
该说'我快被他捉到了'，而不是说'我们快被他捉到了'。"

农夫甲在一开始的时候利欲熏心，见到别人的羊离开了羊群就把它牵走了，而且还担心同伴会
与他分享这只羊，一再强调是"我"发现的。而等到羊群的主人追上来时，他又害怕别人的责怪，
于是改口说"我们"。这样的行为实在很可笑。不愿与人分享利益，却想拉人承担罪责，这样的"好
事"怎么可能会有呢？

这就告诫人们，遇事不要被眼前的利益所诱惑而迷失了自己，淡泊一些，是自己的终究会是自
己的，不是自己的东西一定不要过分贪求，否则只能是给自己多找麻烦而已。

○抛开物欲　得失泰然○

【原文】

心无物欲，即是秋空霁海；坐有琴书，便成石室丹丘。

【译文】

心中没有对名利等物欲的贪求，就会像秋高气爽的天空和晴朗的海面一样明朗辽阔；在闲坐时
有琴弦和书籍为伴，生活就会像居住在山洞中的神仙一样逍遥。

【精读解析】

从前有一个非常富有的国王，他拥有的黄金数量之多，超过了世上任何人。尽管如此，他仍认

为自己拥有的黄金数量还不够多。碰巧他又获得了更多的黄金，这使他非常高兴。他把黄金藏在皇宫下面的几个大地窖中，每天都在那里待上很长时间清点自己有多少黄金。

一天，国王又来到他的藏金屋。

"你有许多黄金，尊敬的国王。"一位不知什么时候跟他进来的陌生人说道。

"对，"国王说道，"但与全世界所有的黄金相比，那又显得太少了！"

"什么！你并不满足吗？"陌生人问道。

"满足？"国王说，"我当然不满足。我经常夜不能寐，想方设法获得更多的黄金。我希望我摸到的任何东西都能变成黄金。"

"那么你将实现你的愿望。明天早晨，当第一缕阳光透过窗子射进你的房间，你将获得点金术。"陌生人说完便消失了。

第二天国王醒来时，房间里晨光熹微。他伸手摸了一下床罩，什么也没有发生。

"我知道那不是真的。"他叹了口气。

就在这时，清晨的阳光透过窗户射进房间，国王刚才摸的床罩变成了纯金的。

"这是真的，是真的！"他兴奋地喊道。

他跳下床，在房间中跑来跑去，见什么摸什么。他穿着的长袍、拖鞋和屋里的家具都变成了金子，就连他平时最爱看的书全都变成了金子。

就在这时，一个仆人端着吃的东西走了进来。

"这饭看起来非常好吃，"他说道，"我先吃那个熟透了的红桃子。"

不料，他把桃子拿到手中，但是他还没有尝到桃子是什么滋味，它就变成了金子。

这时，房门开了，公主手里拿着一支金灿灿的玫瑰花走了进来，眼里噙满了泪水。

为了安慰女儿，他拥抱她，吻了她。但他突然痛苦地喊了起来，他摸了一下女儿，她那漂亮的脸蛋变成了金灿灿的金子，双眼什么也看不到，双唇无法吻他，双臂无法将他抱紧。她不再是一个可爱的、欢笑的小女孩了，她已经变成了一尊小金像。

国王低下头，大声哭泣起来。

这个世界有太多的诱惑，因此有太多的欲望。物欲太盛造成灵魂病态，使精神上永无宁静，心灵也永无快乐，这是受到贪欲人性捆绑的后果。正如故事中的国王一样，即使手中已有大量黄金，仍不满足。自学会点金术后，凡他手可触及的地方，无论是什么东西，包括他的爱女，均变成了金的。

戒物欲，方能不为外物所累。淡泊物欲者，生活的道路上永远开满鲜花，永远芳香四溢；执着物欲者，生活的道路上会遍布陷阱。

如果能看淡声名，又怎么会虚妄浮夸，患得患失呢？

如果能看淡财货，又怎么会违心行事，焦虑惶恐呢？

抛开物欲，生活就会像神仙一样逍遥自在。

◎贪者常贫 知足常富◎

【原文】

贪得者分金恨不得玉，封公怨不授侯，权豪自甘乞丐；知足者藜羹旨于膏粱，布袍暖于狐貉，编民不让王公。

【译文】

贪得无厌的人分到金银却恼恨得不到美玉，被封为公爵还要怨恨没有封上侯爵，明明是身居权贵之家却甘心沦为乞丐；知足常乐的人觉得野菜比鱼肉味道还要美，粗布衣袍比狐皮貉裘还要温暖，虽然身为编户平民却比王公过得还要自在满足。

> 贪得无厌的人，往往怨恨得不到的东西；知足常乐的人，往往满足于已经拥有的东西。

> 人性最大的缺憾是贪欲无止境，要想从欲望的枷锁中解脱出来，需要有一颗感恩的心，对待我们拥有的东西。

【精读解析】

《菜根谭》说，贪得无厌的人，给他金银会怨恨没有给他珠宝，封他公爵会怨恨没封他为侯爵，这种人虽然身居豪富权贵之位却等于自愿沦为乞丐；自知满足的人，即使吃粗茶淡饭也会觉得比吃山珍海味还要香甜，穿粗布棉衣也会觉得比穿狐袄貂裘还要温暖，虽然身为平民百姓，但实际上比王公们还要高贵。欲望无止境，这是人性最大的缺憾。欲望不节制，便成了贪婪。贪婪并非是遗传所致，它是个人在后天环境中受病态文化的影响，形成自私、攫取、不满足的价值观而出现的不正常行为。

每一个人多少会遇到一些陷阱，而这些陷阱之中，最为可怕的一种是我们亲自挖掘的。因为贪心，我们忽略了自己的弱点，不顾一切地去满足我们的欲望。这时，即使危险摆在面前，我们也不会理会、避让，因为贪婪遮住了双眼，使我们无法看到危险所在。

有一个农民想要买一块地，他听说有个地方的人想卖地，便决定到那里打听一下。到了那个地方，他向人询问："这里的地怎么卖呢？"

当地人说："只要交一块钱，然后就给你一天时间，从太阳升起的时间算起，直到太阳落下地平线，你能用步子圈多大的地，那些地就是你的。但是如果不能回到起点，你就不能得到土地。"

这个人心想："那我这一天辛苦一下，多走一些路，岂不是可以圈很大的一块地？这样的生意实在太划算了！"于是他就和当地人签订了合同。

太阳刚露出地平线，他就迈着大步向前疾走，到了中午的时候，他回头已看不见出发的地方了才拐弯。他的步子一分钟也没有停下，一直向前走着，心里想："忍受这一天，以后就可以享受这一天的辛苦带来的欢悦了。"

他又向前走了很远的路，眼看着太阳快要下山了，他心里非常着急，因为如果他赶不回去就一寸地也得不到了，于是他走斜路向起点赶去。可是太阳马上就要落到地平线下面了。他加快了脚步，只差两步就到达起点了，但是他的力气已经耗尽，倒在了那里，倒下的时候两只手刚好触到了起点的那条线。那片地归他了，可是又有什么用呢？他的生命已经失去了，一切都没有了意义。

这个人因为贪心最终付出了生命的代价。人的贪欲无止境，永远无法满足，这正是人性最大的缺憾。欲望使人是非难辨，幻想与现实不分，过度的欲望，只能令人陷于痛苦的深渊。

有人说："欲望像海水，喝得越多，越是口渴。"结果陷入了"越喝越渴，越渴越喝"的恶性循环，最终让人陷入无穷无尽的贪欲，甚至铤而走险。

快乐不在于得到了多少，而在于是否懂得享受自己所拥有的东西。奔波劳碌努力地为自己赚取更多，这原本无可厚非，也是一种正常的心理，但同时也要有一颗感恩知足的心，珍惜已经拥有的，从贪欲中解脱出来，这样才能够获得更多的快乐。

◎无欲则寂 虚心则凉◎

【原文】

欲其中者，波沸寒潭，山林不见其寂；虚其中者，凉生酷暑，朝市不知其喧。

【译文】

内心充满欲望的人，即使在寒冷的深潭中也会烧起沸腾的波浪，就是处在深山野林中也无法使他心灵平静；内心没有私欲的人，即使在酷热的暑天也会感到浑身凉爽，就是在早晨热闹的集市上也感觉不到内心的喧嚣。

【精读解析】

内心充满欲望的人，即使在寒冷的深潭中也会烧起沸腾的波浪；内心没有私欲的人，即使在酷热的暑天也会感到浑身凉爽。心静自然凉说的也是这个道理，所以，人们在生活中，不要太放纵自己的欲望，应该适时给欲望降降温，这样身心自然也就凉爽了。

> 多一些爱心，生活会变得更加温暖；少一些私欲，酷暑也会变得更加清凉。

> 人如果能多一些爱心，少一些私欲，就会得到生活的更多回报。人们不要太放纵自己的欲望，应该适时给欲望降降温，身心自然也就凉爽了。

谁都会有私心，这是人天性中的缺陷，但这种缺陷，并不是无药可救的。人们应该懂得，如果自己因为自私而不对别人行善，那别人的善心也不会与自己分享。

生活中虽然不要求每个人都为了别人而放弃自己的生命，但是摒除私心，淡化欲望却是人们都应该去努力做到的。仁爱应摒却私心，自己对别人的态度，就是别人对自己的态度，如果每个人都因自私而不对他人行善，那么善与爱无法共享的世界必然是一片黑暗。要使自己名贵的花卉，不失本色，唯一的办法就是让邻居的花圃里也都种上同样高贵的花，因为心灵无私是保持高贵的唯一秘密，也是营造仁爱氛围的唯一方法。

◎超越嗜欲 只求知足◎

【原文】

茶不求精而壶也不燥，酒不求冽而樽亦不空。素琴无弦而常调，短笛无腔而自适。纵难超越羲皇，亦可匹俦嵇阮。

【译文】

茶叶不要求最讲究，只要保证茶壶不干就可；酒不要求最醇美，只要酒杯不空即可。无弦之琴却能调出令身心愉悦的乐章，短笛不讲音调却能使我心情舒畅。纵然比不上伏羲那样的朴实淡泊，也可以和嵇康、阮籍的飘逸洒脱相比。

【精读解析】

《呻吟语》的作者吕新吾说："福莫大于无祸，祸莫大于求福。"意即没有不幸的灾祸降临，就是最大的幸福；一天到晚四处钻营的人，比任何人都更加不幸。可见，人一定要克制自己的欲望，不要为欲望所驱使、所奴役。只有减少欲望，在现实中追求人生的目的，才会活得快乐。不然的话，就像多脚的蜈蚣，越想爬得快，步伐越缓慢。

据说上帝在创造蜈蚣时，并没有为它造脚，但是它仍可以爬得和蛇一样快。有一天，它看到羚羊、梅花鹿和其他有脚的

无弦之琴能调出令身心愉悦的乐章。

酒不要求最醇美，只要酒杯不空即可。

无弦之琴却能调出令身心愉悦的乐章，纵然比不上伏羲那样的朴实淡泊，也可以和嵇康、阮籍的飘逸洒脱相比。只要减少欲望，在现实中追求人生的目的，才会活得快乐。

动物都跑得比它快，心里就很不高兴，便嫉妒地说："哼！脚愈多，当然跑得愈快。"于是它向上帝祷告说："上帝啊！我希望拥有比其他动物更多的脚。"上帝答应了蜈蚣的请求，他把好多好多的脚放在蜈蚣的面前，任凭它自由取用。蜈蚣迫不及待地拿起这些脚，一只一只地往身上贴去，从头一直贴到尾，直到再也没有地方可贴了，它才不得不停止。

蜈蚣心满意足地看着满身是脚的自己，暗暗窃喜："现在我可以像箭一样地飞出去了！"但是，等它一开始要跑步时，才发觉自己完全无法控制这些脚。这些脚都各走各的，它非得全神贯注，才能保证自己不会因为数只脚互相纠缠而跌倒。

这样一来，它走得反而比以前更慢了。

过度的欲望让蜈蚣步伐缓慢、举步维艰，而人心一旦产生过多的欲望，终有一天，也会出现超载现象，而这种负荷的结果不堪设想。

从欲望中挣脱，最好的方法之一是学会减省一些。只要减省某些部分，大都能产生意想不到的效果。老子说："祸莫大于不知足。"孟子说："养心莫善于寡欲；其为人也寡欲，虽有不存焉者，寡矣；其为人也多欲，虽有存焉者，寡矣。"两者说的都是要克制欲望、知足常乐的道理。

买不起漂亮的鞋子而难过的时候，想想那些没脚的人，你是否会释然？西方的上帝惩罚西西弗，推到山上的石头总会再次滚落；东方的玉皇大帝让吴刚砍桂树，桂树砍倒了又会马上长起来，即便如此又如何？欣赏石头滚落、桂树重生的壮景，苦也知足，累也知足，即使是他人眼中的悲剧也知足，这样的飘逸洒脱，是不是会比被名枷利锁捆绑着更快乐些呢？

◎不为物役　尘情即理境◎

【原文】

无风月花柳，不成造化；无情欲嗜好，不成心体。只以我转物，不以物役我，则嗜欲莫非天机，尘情即是理境矣。

【译文】

没有清风明月、鲜花树木，就不成其为完美的大自然；没有喜怒哀乐、好恶爱憎，就不成其为人的本心。只由我掌握万物，而不让万物来束缚我，那么这些欲念无不是自然的机趣，尘世的俗情也成为理想的境界。

【精读解析】

"无情欲嗜好，不成心体。"欲望是人的本心，嗜欲是人之天性，但是，对欲望的追求，必须有所克制，否则当我们成为欲望的奴隶时，欲望不但不能给我们带来快乐，反而会成为我们烦恼的来源。

古人曾有言："宠辱若惊，贵大患若身。何谓宠辱若惊？宠为上，辱为下。得之若惊，失之若惊，是谓宠辱若惊。何谓贵大患若身？吾所以有大患者，为吾有身，及吾无身，吾有何患？故贵以身为天下，若可寄天下。爱以身为天下，若可托天下。"只有做到淡泊明志，宠辱不惊，才会把世事的险恶看得清楚，才能明白一切的道理，进而守得心灵的平静。

如果将一切都看作是自然而然的事情，就连人的喜怒哀乐都看作是大自然丰富性的必然，那么人的心又怎么会受到束缚和牵绊呢？

淡泊明志，宠辱不惊，才会把世事的险恶看得清楚，才能明白一切的道理，进而守得心灵的平静。

那些追逐利禄以及权位的人，一旦拥有了就唯恐被人夺去，因此整日战栗不安。这些人的目光只盯住自己无休止追逐的东西，这样的人只能算是被大自然刑戮的人。

有一个富翁背着许多金银财宝，到远处去寻找快乐。他走过了千山万水，却始终未能寻找到快乐，于是他沮丧地坐在山道旁。一农夫背着一大捆柴草从山上走下来，富翁说："我是个令人羡慕的富翁。请问，为何我没有快乐呢？"

农夫放下沉甸甸的柴草，舒心地揩着汗水："快乐很简单，放下就是快乐！"富翁顿时开悟：自己背负着那么重的珠宝，老怕别人抢，怕被别人暗算，整天忧心忡忡，快乐从何而来？于是，富翁将珠宝、钱财接济穷人，专做善事，慈悲为怀。善行滋润了他的心灵，他也尝到了快乐的味道。

其实外物都是虚假的，即使我们把它追到手，也不会感到满足，反而会使人生出更多更大的欲望来。而这一切都是无根的，都是会走到尽头，走向反面的，富不过三代是一例，乐极生悲也是一例。因此，不如保持一颗平静的心，并在安静中和自己的心灵对话，对浮华虚名说不，并适当放下超出自己能力和需求的东西，这不仅是一种洒脱，更是参透万物后的一种平和。

"不为轩冕肆志，不为穷约趋俗，其乐彼与此同，故无忧而已矣。"意即，如果一个人追求的不是官爵，那他就不会因高官厚禄而喜不自禁，也不会因为前途无望穷困贫乏而随波逐流，趋势媚俗。这样的人在荣辱面前就会表现得豁达、大度。正所谓"至誉无誉"，意即最大的荣誉就是没有荣誉。如果凡世真的有人能做到这一点，那他就会看淡外在的，如出身、家世、钱财、生死、容貌诸事物，而一旦把这些看淡泊，就能够达到精神的超脱境界。

◎恰到好处　用心把握◎

【原文】

千金难结一时之欢，一饭竟致终身之感。盖爱重反为仇，薄极反成喜也。

【译文】

有时候价值千金的恩惠也难以打动人心，换得一时之欢喜；有时候只一顿饭的恩惠却能使人终身感激。这是因为有时爱到极点反而反目成仇，而一点小小的恩惠反而容易讨人欢心。

【精读解析】

春秋时期，中原霸主晋国经过常年的争霸战争，国势渐渐衰落，实权由六家大夫把持。他们各自为营，相互攻打。后来有两家被打垮，剩下四家，智、赵、韩、魏。其中智家势力最大。

智家的大夫智伯瑶野心不小，对其他三家的土地虎视眈眈。于是他对三家大夫赵襄子、魏桓子、韩康子提出每家都拿出一百里土地和户口来归给公家。其实是想借公家的名义来霸占这些土地。

智伯瑶的不良居心早就暴露了，大家对此也心照不宣。但是这三家当时还

有时爱到极点反而反目成仇，而一点点小小的恩惠反而容易讨人欢心。

只要用心把握，照着平易的大路走，将事情做到恰到好处，一样能避开物极必反的魔咒。爱人时要适度，给予他人恩惠时也不要因为过度而反目成仇。

没有坐在一条船上，韩家首先割地给智家，魏家一看这形势，也不敢得罪智伯瑶，于是最后只剩下赵襄子寸土不让。火冒三丈的智伯瑶立刻命令韩魏两家一起攻打赵家。寡不敌众的赵襄子最后带着兵马撤退到了晋阳，也就是现在的山西太原市。

智伯瑶围攻了晋阳城两年多也没有攻克下来，有一天，他去城外查看地形，突然有了办法，把绕过晋阳城向下流的晋水向西南边引来，就可以淹了晋阳城。这个办法果然奏效，智伯瑶得意得昏了头，带着韩康子和魏桓子去显摆他的金点子。韩康子和魏桓子暗自吓了一跳，因为他们两家的封邑旁边也各有一条河道。智伯瑶正好提醒了他们，说不定一天自己也会遭此厄运。

正好赵襄子派人偷偷摸摸找到韩、魏二人，三家一拍即合，决定反过来结盟攻打智伯瑶。可怜的智伯瑶还在做着黄粱美梦的时候被赵襄子一刀砍下了脑袋。

智伯瑶，本来是个非常聪明的人，差一点就一统中原，可是却不明白物极必反的道理，最终落得悲惨的下场。

老子在《道德经》中说："曲则全，枉则直，洼则盈，敝则新，少则得，多则惑。"其想要表达的重点也就是中国人常说的一句话：物极必反。

然而一个可以适合一切事情的界限，是无法划出来的。究竟什么样的分量才算合适？那是因人而异的。就好像行事的方法，没有正确的，只有合适的，而合适往往意味着不走极端。

◎沉淀欲念 豁达康乐◎

【原文】

无事时，心易昏冥，宜寂寂而照以惺惺；有事时，心易奔逸，宜惺惺而主以寂寂。

【译文】

人在闲居无事时，心中最容易陷入昏沉迷乱，这时应该在沉静中保持自己的机警；人在有事忙碌时，心情最容易急躁不安，这时应该在机警中保持冷静。

【精读解析】

一个人空闲时，常感到无聊，容易胡思乱想，各种不好的念头也会产生，这个时候，一定要按

住心兵不动，保持头脑清醒，才不至于惹是生非。而当紧张忙碌之时，容易心浮气躁，这时一定要保持冷静，才不至于忙中出错。

心静可以沉淀出生活中许多纷杂的浮躁，过滤出浅薄、粗率等人性的杂质，可以避免许多鲁莽、无聊、荒谬的事情发生，不轻易起心动念，如此才能达到"心静则万物莫不自得"的境界。

人生不必太急功近利，不如将心跳放缓，随青山绿水而舞，见鱼跃鸢飞而动。

黄帝做了十九年天子，诏令通行天下，听说广成子居住在崆峒山上，特意前往拜见他。

黄帝见到广成子后说："我听说先生已经通晓了道，冒昧地请教至道的精华。我一心想获取天地的灵气，用来帮助五谷生长，用来养育百姓。我又希望能主宰阴阳，从而使众多生灵遂心地成长，对此我将怎么办？"

广成子回答说："你所想问的，是万事万物的根本；你所想主宰的，是万事万物的残留。自从你治理天下，天上的云气不等到聚集就下起雨来，地上的草木不等到枯黄就飘落凋零，太阳和月亮的光亮也渐渐地晦暗下来。然而谗谄的小人心地是那么褊狭和恶劣，又怎么能够谈论大道！"

黄帝听了这一席话便退了回来，弃置朝政，筑起清心寂智的静室，铺着洁白的茅草，谢绝交往独居三月，再次前往求教。

> 人在闲居无事时，应该在沉静中保持自己的机警；人在有事忙碌时，应该在机警中保持冷静。

一个人空闲时，一定要按住心兵不动，保持头脑清醒。

> 冒昧地请教，修养自身怎样才能活得长久？

> 天和地都各有主宰，阴和阳都各有府藏，谨慎地守护你的身形，万物将会自然地成长。

黄帝向广成子请教怎么样才能活得长久。广成子认为持守精神保持宁静，形体自然顺应正道。

广成子头朝南地躺着，黄帝则顺着下方，双膝着地匍匐向前，叩头着地行了大礼后问道："听说先生已经通晓至道，冒昧地请教，修养自身怎么样才能活得长久？"

广成子急速地挺身而起，说："问得好啊！来，我告诉给你至道。至道的精髓，幽深邈远；至道的至极，晦暗沉寂。什么也不看什么也不听，持守精神保持宁静，形体自然顺应正道。一定要保持宁寂和清静，不要使身形疲累劳苦，不要使精神动荡恍惚，这样就可以长生。眼睛什么也没看见，耳朵什么也没听到，内心什么也不知晓，这样你的精神定能持守你的形体，形体也就长生。小心谨慎地摒除一切思虑，封闭起对外的一切感官，智巧太盛定然招致败亡。我帮助你达到最光明的境地，直达那阳气的本原。我帮助你进入幽深渺远的大门，直达那阴气的本原。天和地都各有主宰，阴和阳都各有府藏，谨慎地守护你的身形，万物将会自然地成长。我持守着浑一的大道而又处于阴阳二气调谐的境界，所以我修身至今已经一千二百年，而我的身形还不曾有过衰老。"

黄帝再次行了大礼叩头至地说："先生真可说是跟自然混而为一了！"

广成子主要说的是怎样才能求得道，我们却可以从中体悟到"静"的作用。拥有一颗宁静之心，比那些汲汲于赚钱谋生的人更能够体验生命的真谛。

如今，越来越多的人开始学习追求内心的平静。冥想和静思已经成为一种时尚。他们通过各种沉思冥想训练自己，让注意力在宇宙间飘浮，不被焦虑所困。

《征服心灵》一书中说："在深沉的冥想中，我们的心灵是静止、宁静而澄静的。这是我们童稚时期的天真状态，借此我们才知道自己是谁，以及生命的目的是什么。"

唯有宁静的心灵，才不眼热显赫权势，不奢望成堆的金银，不乞求声名鹊起，不羡慕美宅华第，因为所有的眼热、奢望、乞求和羡慕，都是一厢情愿，只能加重生命的负荷，加速心灵的浮躁，而与豁达康乐无关。

◎欲时思病　利来思终◎

【原文】

色欲火炽，而一念及病时，便兴似寒灰；名利饴甘，而一想到死地，便味如嚼蜡。故人常忧死虑病，亦可消幻业而长道心。

【译文】

性欲像烈火一样旺盛，但人一想到生病时的情形，那么热烈的兴致就变成一堆死灰；功名利禄像蜜糖一样甜蜜，但人一想到为财而死的情形，那么对名利的追求就如同嚼蜡一般无味。所以如果一个人能常常想到疾病和死亡，那么就可以消除虚幻的追求而培养一些修行得道的心性。

【精读解析】

生活之中有很多美好的东西，只是有些时候人们只顾着流连于名利、欲望，埋头赶路，而忘记欣赏生命中的美好了。人生是美好的，活着本身就是一种莫大的幸福，可以闻淡淡的花香，听悦耳的鸟鸣，沐浴在温暖的阳光里。这种幸福，人们怎能漠视，怎能不去好好珍惜呢？

然而欲望却是生命的大敌，人为财死鸟为食亡是自古以来的忠告。生活中的诱惑很多，人们的欲望也很多，但如果迷失于欲望之海中，无异于自掘坟墓。真正热爱生活、珍惜生命的人，往往能够看淡名利、欲望，参透生死，洒脱地享受生活。

就算是功成名就，失去了健康又有什么意义呢？

如果一个人能常常想到疾病和死亡，那么就可以消除虚幻的追求而培养一些修行得道的心性。

有位青年，厌倦了生活的平淡，感到无聊和痛苦，为寻求刺激，便参加了挑战极限的活动。活动规则是：一个人待在山洞里，无光无火亦无粮，每天只供应5千克的水，时间为整整5个昼夜。

第一天，青年颇觉刺激。

第二天，饥饿、孤独、恐惧一齐袭来，四周漆黑一片，听不到任何声响。于是他有点向往平日里的无忧无虑。他想起了乡下的老母亲不远千里地赶来，只为送一坛韭菜花酱以及小孙子的一双虎头鞋。他想起了终日相伴的妻子在寒夜里为自己披好被子。他想起了宝贝儿子为自己端的第一杯水。他甚至想起了与他发生争执的同事曾经给自己买过的一份工作餐……渐渐地，他后悔起平日里对生活的态度来：懒懒散散，敷衍了事，冷漠虚伪，无所作为。

到了第三天，他几乎要饿昏过去。可是一想到人世间的种种美好，便坚持了下来。第四天、第五天，他仍然在饥饿、孤独、极大的恐惧中反思过去，向往未来。

他责骂自己竟然忘记了母亲的生日，他遗憾妻子分娩之时未尽照料义务，他后悔听信流言与好友分道扬镳……他这才觉出需要他努力弥补的事情竟是那么多。可是，连他自己也不知道，他能不能挺过最后一关。此时，泪流满面的他发现：洞门开了。阳光照射进来，白云就在眼前，淡淡的花香，悦耳的鸟鸣——他又迎来了一个美好的人间。

青年扶着石壁蹒跚着走出山洞，脸上浮现出了一丝难得的笑容。五天来，他一直用心在说一句话，那就是：活着，就是幸福。

人们有时会发觉，一边是死亡的震撼，一边是活着的琐碎，虽然被死亡震撼着，然而转眼间就会被生活的琐碎所淹没。那么，就不要去在意那名利的纠葛，不要贪图富贵豪华，不要理会欲念的蛊惑，要知道，平安地活着其实就是一种莫大的幸福。正如故事中的青年，厌倦了生活的平淡，一心想要追求刺激，在经历了死亡的考验与威胁后，才明白活着才是幸福，比起生命，其他的都是妄念。

聪明的人，应该把精力专注于当下，好好把握生命的光景，珍惜眼前的幸福。而那些名、利、权、势，终究只是过眼的烟云，危险的祸胎，还是能远则远、得避且避的好。

◎欲有尊卑 贪无二致◎

【原文】

烈士让千乘，贪夫争一文，人品星渊也，而好名不殊好利；天子营家国，乞人号饔飧，分位霄壤也，而焦思何异焦声？

【译文】

行为刚烈的义士可以将千乘之国礼让于人，贪求无厌的人却为一文钱而争夺，这两种人的品格有天壤之别，但义士好名的心理和贪财人好利的心理并没有什么区别；天子掌管国家大事，乞丐沿街要饭，这两种人的身份、地位有天壤之别，但天子思虑国家事务的忧愁和乞丐乞求食物的急切却没有什么区别。

天子有思虑国家事务的忧愁。

乞丐有乞求食物的急切。

天子与乞丐的地位有天渊之别，但天子忧思国事的欲望和乞丐为食物发愁的欲望是没有差别的。欲望是世间普遍存在的一个事物，就如山水一般无善恶之别。

【精读解析】

欲望本是世间普遍存在的一个事物，就如山水一般本无善恶之别。但即便是山水在人们的眼中，也会因心境的不同而变得异彩纷呈，一时为穷山恶水，一时为世外桃源，对人们的生活影响极大的欲望，自然无可避免地会被涂上各种不同的颜色。在有些人眼中，欲望是红色的，有推动人前进的巨大能量；在有些人眼中，欲望是黑色的，有将人引入地狱的诱惑力。

其实，欲望的颜色，取决于人们的心。透过一颗灰暗的心去看，欲望自然是冷色调的；透过一颗灿烂的心去看，欲望自然是暖色调的；而透过一颗纯粹的心去看，欲望才能恢复其本来的透明色。

因而，欲望并非是万恶之源，它和世间的其他事物一样，都是一把双刃剑。

面对欲望，如何控制好我们的心，才是至关重要的。试着让心回归到最本真、最纯粹的状态，欲望便能如山水般回复其本来的面目——客观存在物的面目。

其实，人生就是一个以"欲"为圆心的圆周运动，每个人都在围绕着自己所追求的"欲"活动。

冯友兰先生所追求的是对学术、对哲学的欲，这种欲也正是他生活的原动力，或许除却哲学之外，冯老的人生仍然可以继续，但无疑会缺少对生命的激动与热情，这样的人生必然是不完整的。故而，对哲学的欲在冯老的人生中，发挥着极为重要的作用。

不同的人追求的是不同的欲。然而，不论是所追求的具体是什么，归根到底仍然是欲。"欲"不仅没有想象中那么可怕，有时还会成为生命继续下去的力量之源。

有四个人跟随哲学家，去非洲一片茂密的原始丛林中探险。哲学家曾答应给他们优厚的工资，但探险还未结束，哲学家就因病长眠于丛林之中了。

哲学家临死之前，亲手做了一个箱子，用最后一口力气，诚恳地对他们四个人说："我要你们向我保证，一步也不离开这只箱子。如果你们把箱子送到我朋友麦教授手里，你们将分得比金子还要贵重的东西。我想你们会送到的，我也向你们保证，你们一定可以得到比金子还要贵重的东西。"

说罢，哲学家就永远地闭上了眼睛。四人埋葬了哲学家之后，便上路了。在浓密的丛林之中，道路越来越难走，他们的力气越来越小，箱子也显得越来越沉重了。他们四个已经瘦到皮包骨头了，但仍然坚持着跟跟跄跄地往前走。他们互相监视着，不准任何人乱动箱子。他们如同进入了一个无法醒来的梦魇，一切都变得虚幻起来，唯有哲学家留下的那只箱子还是真实的。每当感觉熬不下去的时候，他们就会想到未来的报酬——比金子还要贵重的东西，正是这一欲望在支撑着他们继续往前走。

终于有一天，四人走出了那片该死的丛林。他们急切地找到麦教授，索要应得的报酬。但教授却一脸茫然地说："我一无所知啊，或许这只箱子里有什么宝贝吧。"于是，教授在四人面前亲自打开了箱子。眼前的场景，令众人都呆住了，原来箱子里放着的竟是一堆无用的木头。

于是，有人气急败坏地说："这开的是什么玩笑啊？"

有人怒吼道："都不值钱的，我早就看出那家伙有神经病！"

有人愤怒地嚷道："我们上当了！根本就没有什么比金子还贵重的东西。"

只有一个人一声不出，他想到了穿越丛林的路上见到的一堆堆探险者的白骨，想到了这只箱子对他们四人的重要性。于是，他猛地站起来，对他的伙伴们大声说道："不要再抱怨了，我们得到了比金子还贵重的东西，那就是生命。"

确实，四人正是凭着对"比金子还贵重的东西"的欲望，才坚持走出了丛林，是这份欲望救了他们的命。

世间虽有许多因欲废义之事，但不可否认的是，人生始终是在围绕着欲而转。欲虽为人指责，但同时它给我们的生活带来了激励与支撑的力量，带来了追求与希望。

◎无欲无求　悠然无滞◎

【原文】

峨冠大带之士，一旦睹轻蓑小笠，飘飘然逸也，未必不动其咨嗟；长筵广席之豪，一旦遇疏帘净几，悠悠焉静也，未必不增其绻恋。人奈何驱以火牛，诱以风马，而不思自适其性哉？

【译文】

身穿华服、头戴高帽的达官贵人，如果有一天看到戴着斗笠身穿蓑衣的老百姓飘飘然逍遥自在，未必心中不会产生失落的感慨；生活奢靡、筵席不断的豪门大富，如果有一天看到窗明几净的平民悠然闲适的样子，未必没有慕恋的心态。世上的人为什么还要互相争斗，还要违背常情去追逐名利呢？为什么不去过朴素的生活来顺应自己清淡的本性呢？

【精读解析】

质朴是这个世界的原始本色，没有一点功利色彩。就像花儿的绽放，树枝的摇曳，风儿的低鸣，蟋蟀的轻唱。它们听凭内心的召唤，是本性使然，没有特别的理由。

生活在纷繁复杂的世界里，尔虞我诈让我们多了一些虚伪，钩心斗角让我们多了一些狡诈，世态炎凉让我们多了一些冷漠。人之所以苍老是由于受一切外界环境和自己情绪变化的影响，而保持一颗质朴的心，可以让生命

身居高位的人未必不羡慕普通人的闲适生活啊。

高高在上的达官贵人兴许会羡慕平常老百姓的逍遥自在；生活奢靡的富贵人家兴许会嫉妒平民的悠然闲适。做个清淡、简朴的清贫者，实现自己理想中的生活，清心少欲，在朴实、简单的生活中安定下来。

永远保持健康，让生命永远保持青春，把自己归与自然，顺应清淡的本性，回归生活的原始本色。

张果老在八仙中的突出特点，一是老，二是倒骑驴。他的名字叫张果，"老"是人们对他的尊称。张果出入常乘一匹毛驴，每次出门都倒骑毛驴，据称日行万里。更有趣的是，到了所去的目的地，便把这毛驴像纸一样折叠起来，放在箱中。张果老想用时则取出，便又成了驴。

据说玄宗见了张果，有些疑惑，问道："先生很有道行，可为何齿发衰朽如此？"张果说："我得道时间晚，是齿落发稀时得的道，所以只好是这副样子。要是陛下看着不顺眼，不如把它们尽去了更好。"说罢，将头上的疏发拔光，又将几个残缺不全的牙齿敲掉。玄宗见了大惊道："先生何故如此？且去歇息。"

过了一会儿，张果走了出来，面貌"青鬓皓齿，愈于壮年"。据说唐玄宗本来想把玉真公主嫁给张果老，但张果老却敲打着渔鼓筒板唱道："娶妇得公主，平地开公府。人以为可喜，我以为可畏。"因此张果老也没有娶公主，而是云游四方，敲打着渔鼓传唱道情，劝化世人。张果老唱的道情，大都是要求人不要去追名夺利，以自己朴素无为的心境去过清淡自如的悠闲生活。

从这个故事中可以领略到张果老倒骑毛驴优哉游哉的神韵，可以悟出"贵贱高低，自造其性"的情味。平常的生活是值得流连的，不需要舍此求彼，不分昼夜。

高高在上的达官贵人兴许会羡慕平常老百姓的逍遥自在；生活奢靡的富贵人家兴许会嫉妒平民的悠然闲适。既然这样，为何还要尔虞我诈，要相争斗，还要违背常情呢？

一个人若时常追求复杂而奢侈的生活，苦难则没有尽头，不仅贪欲无度，烦恼缠身，而且日夜不宁，心无快乐。因为复杂，往往浪费了宝贵的时间；因为奢侈，极有可能断送美好的人生。

社会与环境不足以影响人。每一个人要有独立的修养，不受外界环境影响，永远保持一颗光明磊落、纯洁质朴的心。这才是做人的最高修养。简单而质朴的生活"符合自然，尽量节约，崇尚朴实，是一种返璞归真的生活"。或许仍然会有人将其与"吝啬"等同，但两者的实质截然不同：清贫质朴者追求的是一种简单的生活，尤其是其中家境较为宽裕的人，不花钱并不是因为舍不得；悭吝人是因为舍不得给自己，更舍不得给他人，所以才节省。

与其在乱花迷眼的花花世界中晕了头脑，不如做个清淡、简朴的清贫者，实现自己理想中的生活，清心少欲，在朴实、简单的生活中安定下来，不随着物质世界颠倒起伏。

无欲无求，心境坦然，悠然无滞，眼前自然是海阔天空，到处都会是盎然的芳草，遍地都是缤纷的落花，徜徉其中，天高云淡，鸟语花香，神奇的造物，悠然的心灵，一切如诗话般和谐动人。

淡泊明志

——凡事随缘不变，淡中趣味深长

《菜根谭》的艺术形态

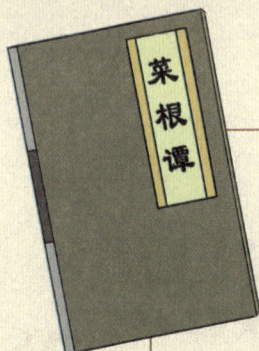

艺术形态
　　《菜根谭》是清言体。晚明"清言"是一种精致而优美的格言式小品，而其内容大多表现晚明文人的闲情逸致和庄禅幽尚。

　　骈文比较重视词藻之华艳、色彩之浓郁，讲究用典、声律，故风格华丽；清言虽多偶句，但比较生活化，少用典故，风格更为自然清新、流畅自由。

语言特点
　　清言的语言往往融合骈文之韵与散文之气，高雅整饬而又灵动畅达。清言的语言是相当灵活多变的，往往是骈散兼用，而多用骈语。

　　诗化的语言，极力营造艺术意境，同时也可以用相当通俗化的语言。

　　对偶的形式是一种文雅的修辞方式，而这里却是以对偶形式来编排白话俗语。

　　清言文白并用，雅俗相兼，经典之语，市井之言，皆可熔于一炉，其风格整饬而又灵动，雅致而又通俗。

　　把《呻吟语》和《菜根谭》这两部书放在一起阅读有利于读者互相比较、互相补充，以便更为全面地了解晚明文人的思想心态和晚明小品的艺术形态。

　　晚明的另一种艺术形态——箴言。《呻吟语》是其中的代表，箴言的特点是言简意赅，但总体上语言比较随意，有感而发，随手记录，不求文采，不求偶对，辞达而已。

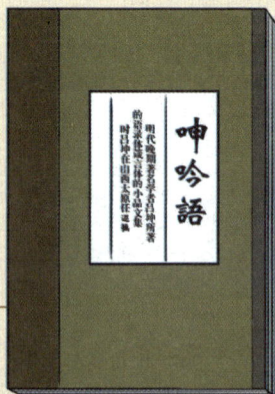

呻吟语

明代晚期著名学者吕坤所著的哲学体味随笔体的小品文著作，时刊刻在山西太原任上结集

◎一念之差 失之千里◎

【原文】

人人有个大慈悲，维摩屠刽无二心也；处处有种真趣味，金屋茅檐非两地也。只是欲闭情封，当面错过，便咫尺千里矣。

【译文】

每个人都有一颗大慈悲的心，维摩居士和屠夫刽子手之间并没有什么不同；人间处处都有一种真正的情趣，金宅玉宇和草房茅屋之间也没有什么两样。所差别的只是，人心往往被欲念和私情所蒙蔽，以至于错过了慈悲心与真情趣，虽然看起来只有咫尺的距离，实际上已经相差千万里了。

维摩居士和屠夫刽子手之间的大慈悲的心并没有什么不同。

每个人都有一颗大慈悲的心，维摩居士和屠夫刽子手之间并没有什么不同。所差别的只是，人心往往被欲念和私情所蒙蔽，以至于错过了慈悲心与真情趣。

【精读解析】

我们心中想要的东西和未来其实离我们很近，只是当一个人被欲望遮蔽了双眼后，再近的距离也会无限延长。生活中处处有真趣味，在淡泊的人眼里，琼楼玉宇和草房茅屋都不过是个遮风挡雨的地方罢了，不管自己身在怎样的房子里，他们都会用善于发现的眼睛和感恩的心灵，感悟生活，享受生活。但是，如果一个人被私情蒙蔽了，纵然真趣就在眼前，也会和它失之交臂。所以"欲闭情封"虽然只是一瞬间的事，却往往能造成差之千里的结局。

在欲望名利面前，人生奋斗就像爬山一样，若为名利欲望所诱，心中则只有悬崖绝壁。而向着悬崖峭壁攀爬，即使我们身体健壮、身手敏捷，也难免受伤，最终也难以一览众山小。而换种方式，顺着山中的小路上山，不仅能饱览山中美景，还可能在保证自身安全的前提下顺利爬到山顶。所以与其走"欲闭情封"的险路，不如走有风景的羊肠小路。这不是胆小，而是明智，因为做任何事如果违背了道德的准则，或者超出了自身的承受力，便是无意义的。

一个乞丐每天都在想，假如我有两万元钱就好了，我就可以变成正常人，不用再做乞丐。一天，这个乞丐无意中发现了一只很可爱的小狗，他见四周没人，便把狗抱回了他住的窑洞里，拴了起来。

这只狗的主人是本市有名的大富翁。这位富翁丢狗后十分着急，因为这是一只纯正的进口名犬。于是，就在当地电视台发了一则寻狗启事：如有拾到者请速还，付酬金两万元。

第二天，乞丐行乞时，看到这则启事，便迫不及待地抱着小狗准备去领那两万元酬金。可当他匆匆忙忙抱着狗又路过贴启事处时，发现启事上的酬金已变成了3万元。原来，大富翁寻不着狗，又电话通知电视台把酬金提高到了3万元。

乞丐似乎不相信自己的眼睛，向前走的脚步突然间停了下来，想了想又转身将狗抱回了窑洞，重新拴了起来。第三天，酬金果然又涨了，第四天又涨了，直到第七天，酬金涨到让市民们都感到惊讶时，乞丐这才跑回窑洞去抱狗。可想不到的是，那只可爱的小狗已被饿死了。

乞丐还是乞丐。

在本可以选择物归原主的情况下，乞丐为了满足自己对钱财的欲望止住了脚步，做出了违背自己良心的事。悬赏的金额一涨再涨，等到他终于可以让贪念告一段落时，改变他命运的小狗已经死了。这就是贪念酿成的，所谓失之毫厘差之千里，说的又何尝不是一时贪念的代价？

哲人说："天不设牢，而人自在心中建牢。"生活很简单，人生的机遇、幸福的真趣也不难发现，只要一个人在面对诱惑时，不画地为牢，而是保持一颗清醒和善良的心，便能得到自己想要的东西，这就是生活的智慧。

◎多分清醒 多分放下◎

【原文】

念头昏散处，要知提醒；念头吃紧时，要知放下。不然恐去昏昏之病，又来憧憧之扰矣。

【译文】

当感到头脑昏沉纷乱、精神无法集中时，要注意使自己平静下来，清醒一下头脑；当工作繁忙、心理紧张时，可以暂时将工作放下使自己轻松一下。如果不这样注意调节情绪，就容易出现多种毛病，一会儿头昏脑涨，一会儿又神思恍惚。

【精读解析】

有一个流浪汉在看不见尽头的路上长途跋涉，他背着一大袋沉重的沙子，身上缠着一根装满水的粗管子，两只手分别拿着两块大石头，脖子上用一根旧绳子吊着一块大磨盘，脚腕上系着一条生锈的铁链，铁链上拴着大铁球，头上还顶着一个已腐烂发臭的大南瓜。这个流浪汉一步一挪地吃力地走着，每走一步，脚上的铁链就发出哗哗的响声。他呻吟着，他抱怨他的命运如此艰难，他抱怨疲倦在不停地折磨着他。

是该让头脑冷静，身心放松一下了。

当感到头脑昏沉纷乱、精神无法集中时，要注意使自己平静下来，清醒一下头脑。多一分清醒，多一分放下，以清醒的心志和从容的步履走过岁月。

正当他头顶烈日艰难前行时，迎面走过来一位农夫。农夫问："喂，疲倦的流浪人，为什么你自己不将手里的石头扔掉呢？"

"我真蠢，"流浪汉明白了，"我以前怎么没想到呢？"他摔掉了石头，觉得轻了许多。

不久，他在路上又遇到一位少年。少年问他："告诉我，疲倦的流浪汉，你为什么不把头上的烂南瓜扔了呢？你为什么要拖着那么重的铁链子呢？"

流浪汉答道："我很高兴你能给我指出来。我没意识到我在做什么事。"他解开脚上的铁链子，把头上的烂南瓜扔到路边摔得稀烂。他又觉得轻了许多。但当他继续往前走，他又感到了步履的艰难。

后来，有一位老人从田里走来，见到流浪汉十分惊异："啊，我的孩子，你扛了一口袋沙子，可一路上有的是沙子；你带了一根大水管，可你瞧，路旁就有一条清亮的小溪，它已伴随着你走了很长一段了。"听到这些话，流浪汉又解下了大水管，倒掉了里面已经变了味的水，然后把口袋里的沙子倒进一个洞里。突然他看到了脖子上挂着的磨盘，意识到正是这东西使他不能直起腰来走路。于是他解下磨盘，把它远远地扔进河里。他卸掉了所有的负担，在傍晚凉爽的微风中，寻找住宿之处。此时，他觉得自己轻松而愉悦，比原来快乐许多。

流浪汉的一身重负累累，却不知晓将这些负担卸下，于是越走越累。生活本身就是一份责任和承担，是绝不轻松的，如果再加上额外的不必要的负担，压力就会更大了。

有人曾这样说过："我们会结识这么一些人，他们勤奋、努力地工作，但是脾气暴躁，生活也因此而变得混乱不堪。他们无法欣赏美好的事物，只顾匆匆赶路，却忘了欣赏路边的风景，从而葬送了自己幸福安静的生活，破坏了本该拥有的幸福。在我们身边，我们所能碰到的真正能享受平和宁静生活的人真是越来越少了。"

在当今这个忙碌的社会里，人们会因各种各样的事情而狂躁不安，会因自我控制能力的弱化而情绪波动，会因焦虑和多疑而饱经风霜。在工作和学习之余，应该多一分清醒，多一分放下，以清醒的心志和从容的步履走过岁月。我们渴望成功，但我们真正需要的是一种平平淡淡的生活，一份实实在在的成功。这种成功，不必苛求轰轰烈烈，不必有那种揭天地之奥秘、救万民于水火的豪情，而只是一份平平淡淡的追求。

在急躁时冷静，在繁忙时放松，这是情绪的调节法。在生活中只要我们懂得调节情绪，拥有一颗淡泊之心，坦然自若地去追求属于自己的真实，生活就会变得很轻松。

◎静闲淡泊　观心证道◎

【原文】

静中念虑澄澈，见心之真体；闲中气象从容，识心之真机；淡中意趣冲夷，得心之真味。观心证道，无如此三者。

【译文】

在平静中意念思虑清澈不染，可以看出心性的真正本源；在闲暇中气度舒畅悠闲，可以发觉心中真正的玄机；在淡泊中性情谦静冲和，可以体会心中真正的趣味。省察内心以觉悟天地间的至理，没有比这三种方法更好的了。

【精读解析】

心灵沉静可以使生活从容，真我自现。获得沉静的心灵有一个很重要的方法，那就是将心灵腾空。让焦虑、恐惧、紧张、内疚、罪恶感等消极情绪搬离自己的心房，为心灵减速，不仅会缓和人们的压力和负担，还会让自己还原本真，让生活还原真趣，让人生自现真机。如果我们不这样做，一味地被外物困扰，不仅事情不会有改观，我们自己也会画地为牢。

> 在平静中看出心性的真正本源，在闲暇中发觉心中真正的玄机，在淡泊中体会心中真正的趣味。

> 个人安静下来后，心中的想法就会被过滤得澄澈；一个人在休闲中觅得从容，自会悟透心之真机。这就是让心灵沉静的好处：生活从容，真我自现。

一个商人的妻子不停地劝慰着她那在床上翻来覆去、折腾了足有几百次的丈夫："睡吧，别再胡思乱想了。"

"嗨，老婆啊，"丈夫说，"你是没受过我现在遭到的罪啊！几个月前，我借了一笔钱，明天就到还钱的日子了。可你知道，咱家哪儿有钱啊！你也知道，借给我钱的那些邻居们比蝎子还毒，我要是还不上钱，他们能饶得了我吗？为了这个，我能睡得着吗？"他接着又在床上继续翻来覆去。

妻子试图劝他，让他宽心："睡吧，等到明天，总会有办法的，我们说不定能弄到钱还债的。"

"不行了，一点儿办法都没有啦！"丈夫喊叫着。

最后，妻子忍不住了，她爬上房顶，对着邻居家高声喊道："你们知道，我丈夫欠你们的债明天就要到期了。现在我告诉你们：我丈夫明天没有钱还债！"她跑回卧室，对丈夫说："这回睡不着觉的不是你，而是他们了。"

深呼吸，睁开眼睛，再轻松地闭起来，告诉自己：不要怕。要仔细想想这些有魔力的字句，而且要真正相信，不要让我们的心仍彷徨在恐惧和烦恼之中。黑夜降临时，各种各样的忧虑会偷偷进入人们的梦里，似乎全世界的重担都压在我们肩膀上：到哪里去找一间合适的房子？找一份好一点的工作？怎样可以使那个啰唆的主管对我有好印象……这些问题、困扰让我们的心灵和头脑继续运转，搅乱我们的睡眠，最后我们在噩梦中惊醒，便无法再次入眠。其实，我们的生活本不至于让人如此焦虑、烦躁。

世界就像座城堡，城里的人想逃出来，城外的人想冲进去。身居繁华都市的人，往往追求悠闲安静的田园生活；身在林深竹海的乡人，却向往灯红酒绿的都市生活。但是却很少有人问问自己的心想要什么。"观心"方可"证道"，让心灵沉静自会处事安然。那样真正生活在喧嚣吵闹的都市中的人们，可能更懂得安静的弥足珍贵。与安静的生活相比，失去"心之真体""心之真机""心之真味"的生活是多么不值得一提。

生命的本身是宁静的，只有内心不为外物所惑，不为环境所扰，才能做到像陶渊明那样身在闹市而无车马之喧，正所谓"心远地自偏"。

◎志从淡泊来　节在肥甘丧◎

【原文】

黎口苋肠者，多冰清玉洁；衮衣玉食者，甘婢膝奴颜。盖志以澹泊明，而节从肥甘丧也。

【译文】

能够忍受得了粗茶淡饭的人，大多具有冰清玉洁的高尚情操；追求锦衣玉食的人，多甘受奴颜婢膝的屈辱。所以从淡泊名利中可以看得出高尚的志向，但高尚的志向也可在锦衣玉食中丧失。

从淡泊名利中可以看得出高尚的志向，但高尚的志向也可在锦衣玉食中丧失。

在道德的栖守和物质的追求中，生活的智者会毫不犹豫地选择前者。简朴的生活是一种集约的古典，淡泊的心境是一种明智的放达。

【精读解析】

邴原是三国时代魏国的著名学者。他不但学识渊博，而且不计名利得失，深受人们喜爱。但是身后名往往要生前的苦难和磨砺来成就。邴原幼时就成为孤儿，生活非常清苦，更别谈求学读书了。

一天，学馆先生正在上课，窗外忽然传来哭泣之声，先生感到奇怪，到教室外一瞧，见邴原蹲在教室的窗下偷偷地抹眼泪。先生走过去问他哭泣伤心的原因。

邴原以袖拭泪，停止啼哭，向先生诉苦说："我家离学馆很近，每天我听到学生的读书声，羡慕不已，非常想和他们一样每天上学读书，但我孤苦伶仃，无钱交学费。每每想到这些，我就极为难过，这次便情不自禁地哭了。"先生深受感动，破例让邴原免费就读。邴原学业成绩出乎老师意料，仅用了一个冬天便可熟练背诵《论语》和《孝经》两部著作了。

学馆的学业修完后，邴原又到处游学，准备遍访天下学者名流。在安丘，他拜访了著名学者孙崧，孙崧告诉邴原，他的家乡北海有一位学者叫郑君，很有学识，劝邴原向他求学。邴原说：“我熟知郑君，也仰慕他的学识，却不想当他的学生。正像有人喜欢攀山采玉，有人喜欢探海取珠一样，人各有志，不可强求。”孙崧被邴原的这番话所感动，不仅收他为徒，还送给他许多珍贵书籍。十年未满，他学业有成，成为当时著名学者，便返回家乡，许多青年人千里迢迢慕名而来求教于他。

人各有志，不可强求。

邴原在安丘，拜访了著名学者孙崧。孙崧劝邴原向北海学者郑君求学，邴原认为人各有志，不可强求。孙崧被邴原所感动，收邴原为徒，还送给邴原许多珍贵书籍。

邴原虽然出身贫寒，但在淡泊中矢志读书，刻意求学，清苦的生活恰恰磨炼了他的意志，他乐于在学业之中不断探奇寻胜，终于成为一方名家，恰应了“梅花香自苦寒来”的真旨趣。正如《陋室铭》中说的：“山不在高，有仙则名。水不在深，有龙则灵。斯是陋室，惟吾德馨。”粗茶淡饭，茅屋破牖，虽然贫寒，却会因为屋主的高雅志趣和淡泊心境而显露自由真纯境界。

人们说，“心安茅屋稳，性定菜根香”，因为心无旁骛，才觅得真正的潇洒和富有。很多青史留名的道德典范，虽然不是个个都官位显赫，财权双收，但都有着廉洁奉公、以节俭为乐的品德。可见，贫穷和富贵是相对的，而节俭品德和淡泊的精神是二者的置换器。

“志以澹泊明，而节从肥甘丧”说的就是这个道理。在道德的栖守和物质的追求中，生活的智者会毫不犹豫地选择前者。简朴的生活是一种集约的古典，淡泊的心境是一种明智的放达。前者让我们在贫困的境况下练就忍耐坚强的品格，后者，不仅能让我们在粗茶淡饭面前自得其乐，还能让我们在优厚的物质诱惑面前不卑不亢、冷静坚守。

无论我们是富有的成功人士，还是苦苦奋斗的打拼者，懂得在诱惑面前不放低精神的标杆，在窘境的考验下注重心境和环境的调节，自会在富有中活出淡泊，在穷困中觅得满足。

◎君子之心　不滞不塞◎

【原文】

霁日青天，倏变为迅雷震电；疾风怒雨，倏转为朗月晴空。气机何当一毫凝滞？太虚何当一毫障塞？人心之体，亦当如是。

【译文】

一会儿是青天白日晴空万里，转瞬之间却乌云密布雷电交加；一会儿是暴风骤雨，转瞬之间又太阳高照或明月当空。大自然的运行无止无息，从来没有一刻的停止，宇宙间的运动无比通畅，从没有一丝阻塞。所以人的心性也要和大自然一样毫无滞塞。

【精读解析】

大自然中的每一样事物都有其运行的规律，人类也是一样，心要像大自然一样合乎理智准则，自然不会滞塞。

每个人的生命都是天然的，每个人的身体形貌都是独立的，各有独自的精神。"人之貌有与也"，这句话告诉我们一个深刻的道理，人的相貌是相对的，外形不能妨碍我们精神生命独立的人格，每个人要有自己生命的价值，人活着要顺其自然，不要受任何外在的影响。

一会儿是青天白日晴空万里。

人的心性要和大自然一样毫无滞塞。

转瞬之间却乌云密布雷电交加。

大自然时而晴空万里、时而暴风骤雨，运行无止无息。人们坦然自若地去追求属于自己的真实，做到宠亦泰然，辱亦淡然，生活就会变得很轻松。顺应了自我的本性，就是幸福快乐的。

古时候，有一对兄弟，哥哥在家务农，弟弟在外做生意。这天，弟弟生意受挫，回到家中。连续有好多天，弟弟独坐房内，郁闷不语。哥哥看着并不言语。这天，哥哥微笑着和弟弟走出家门，来到山中。

门外则一片大好的春光。放眼望去，天地之间弥漫着清新的空气，半绿的草芽，斜飞的小鸟，动情的小河……弟弟深深地吸了一口气，偷窥一眼哥哥，见哥哥正安静地坐在山坡上。

弟弟有些纳闷，不知哥哥葫芦里卖的什么药。

过了一个上午，哥哥才起身，带着弟弟又回到了家中。

还没进家门，哥哥突然跨前一步，轻掩两扇木门，把弟弟关在门外。

弟弟不明白哥哥的意思，只是独自坐于门前，纳闷不语。很快天色就暗了下来，雾气笼罩了四周的山冈、树林、小溪，连鸟语、水声也变得不明朗起来。

这时哥哥在门的里头叫弟弟的名字。

哥哥问："外边怎么样？"

"全黑了。"

"还有什么吗？"

"什么也没有了。"

"不，"哥哥说，"外边的清风、绿野、花草、小溪……一切都在。"

弟弟猛然醒悟，顿时明白了哥哥的苦心。

生意失败，已经成为了事实，何必还要计较，终日里闷闷不乐？任何的得与失都不要过分去强求，所谓财富、成就、名利和功勋只不过是生命的灰尘与飞烟。重要的东西"一切都在"，只是被黑暗遮住了眼。

生活中，只要我们坦然自若地去追求属于自己的真实，做到宠亦泰然，辱亦淡然，有也自然，无也自在，如淡月清风一样来去不觉，生活就会变得很轻松。

人心灵本来很清净安定，只因为被外界物相迷惑困扰，如同明镜蒙尘，就活得愚昧迷失了。真正的快乐不是任何外在所给予的，而是靠自己去创造的。顺应了自我的本性，就是幸福快乐的。

◎ 参透生死　自性真如 ◎

【原文】

发落齿疏，任幻形之凋谢；鸟吟花开，识自性之真如。

【译文】

人到老年就会头发脱落，牙齿稀疏，那就任凭形骸自己凋谢好了；从鸟儿的歌唱和鲜花盛开中，却要能够体悟本性恒常不灭的道理。

【精读解析】

有一位妇人，她只生了一个儿子，她对这唯一的孩子百般呵护，特别关爱。可是，不幸的是，妇人的独生子忽然染上恶疾，虽然妇人尽其所能地邀请各方名医来给她的儿子看病，但是，医师们诊视以后都相继摇头叹息，束手无策。不久，妇人的独生子就离开了人世。

这突然而至的打击，就像晴天霹雳，妇人完全无法接受这个事实。她天天守在儿子的坟前，夜以继日地哀伤哭泣。她形若槁木，面如死灰，悲伤地喃喃自语："在

人到老年，形骸凋谢，却能从鸟儿的歌唱和鲜花盛开中，体悟本性恒常不灭的道理。

头发稀落、形体衰朽，这是自然轮回之理，是任何人都难以逃避的。把生死这对孪生兄弟看透，我们的生活将变得容易。

这个世间，儿子是我唯一的亲人，现在竟然舍下我先走了，留下我孤苦伶仃地活着，有什么意思啊？今后我要依靠谁啊……唉！我活着还有什么意义呢？"

妇人决定不再离开坟前一步，她要和自己心爱的儿子死在一起！四天、五天过去了，妇人一粒米也没有吃，她哀伤地守在坟前哭泣。爱子就此永别的事实如锥刺心，实在是让妇人痛不欲生啊！

死神被妇人的悲痛触动了，他来到人间。死神慈悯地望着妇人，缓缓地问道："你为什么一个人孤单地在这墓冢之间呢？"妇人忍住悲痛回答："伟大的神啊！我唯一的儿子带着我一生的希望走了，他走了，我活下去的勇气也随着他走了！"

死神听了妇人哀痛的叙述，便问道："你想让你的儿子死而复生吗？"

"神！那是我的希望！"妇人仿佛是水中的溺者抓到浮木一般。

"只要你拿着上好的苹果到这里，我便能咒愿，使你的儿子复活。"死神接着嘱咐："但是，记住！这上好的苹果要从家中从来没有死过人的人家里要来。"

妇人听了，二话不说，立刻去寻找从来没有死过人的人家的苹果。她见人就问："您家中是否从来没有人过世呢？""家父前不久刚过世。""您家中是否从来没有人过世呢？""妹妹一个月前走了。""您家中是否从来没有人过世呢？""家中祖先乃至于与我同辈的兄弟姊妹都一个接着一个过世了。"妇人始终不死心，然而，问遍了村里所有的人家，没有一家是没死过人的，她找不到这种苹果，失望地走回坟前，对死神说："死神啊，我走遍了整个村落，每一家都有家人去世，没有家里不死人的啊……"

死神这时回答："这个花花世界的万事万物，都是遵循着生灭、无常的道理在运行。春天，百花盛开，树木抽芽，到了秋天，树叶飘落，乃至草木枯萎。人也是一样的，有生必有死，谁也不能避免生、老、病、死、苦，并不是只有你心爱的儿子才经历这变化无常的过程啊！所以，你又何必执迷不悟，一心寻死呢？能活着，就要珍惜可贵的生命，体悟无常的真理，从苦中解脱。"妇人听后释然。

生与死是人生中思考最多，但也是最难回答的问题。把生死这对孪生兄弟看透，我们的生活将变得容易。郭沫若说过："生死本是一条线上的东西。生是奋斗，死是休息。生是活跃，死是睡眠。"这种对生死的参透，在轻描淡写中蕴涵着深刻的哲理。

何谓生？有人说："生就是不断地把濒临死亡的威胁从自己身边抛开。"一个人要懂得生，就要知道"天地无终极，人命若朝霞"的道理，都说人生苦短，所以我们应该活得更有意义，生命不可能有两次，切莫连一次也不善于度过。

那什么是死呢？很多人都谈"死"色变，其实，死本没有那么可怕，三毛说："生是一场快乐

的旅行，死是快乐的另一场出发。"死就如休息和睡眠，谁没有沉睡过呢？放轻松一点，好好地活着就是对生命的尊重，真到死亡来临的那一天，只要没有遗憾便好。

关于生与死的道理，古人早就解释得很明白了，头发稀落、形体衰朽，这是自然轮回之理，是任何人都难以逃避的。谁的身边没有逝去的人？每一秒，都不知道有多少生命在陨落，自己也终有那么一天要经历这样的人生际遇；当然，也不能太过悲伤，亲人走了，但是自己还活着，不可轻生，死是无法挽回的，但活着是难能可贵的，所以，为死去的人好好生活，也为自己好好生活，这对死去的人和自己来说，都是最好的选择。

◎ 看得豁然　生活安然 ◎

【原文】

鱼得水游，而相忘乎水；鸟乘风飞，而不知有风。识此可以超物累，可以乐天机。

【译文】

鱼在水中才能自由游动，却并未意识到得益于水的支持；鸟儿乘风飞翔，却不在意是风托持着它。认识了这个道理就可以超脱外物的束缚，可以享受到快乐的天趣。

【精读解析】

一个人在他 20 多岁时因为被人陷害，在牢房里待了 10 年。后来冤案告破，他终于走出了监狱。出狱后，他开始了几年如一日的反复控诉、咒骂："我真不幸，在最年轻有为的时候竟遭受冤屈，在监狱度过本来最美好的一段时光。那样的监狱简直不是人居住的地方，狭窄得连转身都困难。唯一的细小窗口里几乎看不到阳光，冬天寒冷难忍，夏天蚊虫叮咬……真不明白，上帝为什么不惩罚那个陷害我的家伙，即使将他千刀万剐，也难解我心头之恨啊！"

鸟儿乘风飞翔，却不在意是风托持着它。

超脱外物的束缚，可以享受到快乐的天趣。

人活得单纯才会快乐。世间万事转头空，想通了，想透了，心也就豁然了。物我两化，才不被物欲所制约，心性自由了，乐也自然而然地出现了。

75 岁那年，在贫病交加中，他终于卧床不起。弥留之际，一位德高望重的老人来到他的床边："已经过去那么多年了，为何还如此耿耿于怀呢？"

老人的话音刚落，病床上的他声嘶力竭地叫喊起来："我怎么能释怀，那些将我陷于不幸的人现在还活着，我需要的是诅咒，诅咒那些施予我不幸命运的人……"

老人问："你因受冤屈在监狱待了多少年？离开监狱后又生活了多少年？"他恶狠狠地将数字告诉了老人。

老人长叹了一口气："你真是世上最不幸的人，他人因禁了你区区 10 年，而当你走出监牢本应获取永久自由的时候，你却用心底里的仇恨、抱怨、诅咒因禁了自己整整 40 年！"

10 年的时间纵是漫长，可是相比较 40 年，这又算得了什么！世上最不幸的人就是因禁自己心灵、被外物所累的人。有一位老哲人说过："世界上没有跨越不了的事，只有无法逾越的心。"

很多人往往会自寻烦恼，硬是给自己套上枷锁，从而弄得疲惫不堪。打破心中的瓶颈，清除掉心中的垃圾，就可以在属于自己的天空中自由翱翔。人之所以不快乐，就是因为活得不够单纯。其实，不要去刻意追求什么，不要向生命去索取什么，不要为了什么去给自己设置障碍。

外面的景致再美，也无法使我们真正地休心息虑，只是空费草鞋钱。世间的杂志、书报，各项视听娱乐，无法涤清我们的心灵，不过徒增声色的贪得、是非的爱染。看一池荷花，于污泥之中生，观者有人欢喜有人忧，然而一池荷花就在那里，不为繁华蒙蔽，不为别人的眼光而活。

世间万事转头空，想通了，想透了，人也就透明了，心也就黯然了。名利是绳，贪欲是绳，嫉妒和褊狭都是绳，还有一些过分的强求也是绳。牵绊我们的绳子很多，一个人，只有摆脱这些心的绳索，才能享受到真正的幸福，才能体会到做人的乐趣。不要被世俗的绳结羁绊，听从内心真切的呼唤，便能享受属于自己的幸福。

鱼得水游，而相忘于水，所以鱼得天之乐；鸟乘风飞，而不知风，同样能得天之乐。正因为物我两化，才不被物欲所制约，心性自由了，乐也自然而然地出现了。

◎清淡明志 雅淡抒节◎

【原文】

风恬浪静中，见人生之真境；味淡声稀处，识心体之本然。

【译文】

在风平浪静的环境下，可以显现出人生的真实境界；在朴实淡泊的地方，才能体会心性的本来面貌。

【精读解析】

一个秀才模样的人悠闲地走在满是尘土的路上，这个秀才背着诗词，摇着脑袋，满是惬意的模样。

秀才出门已经一年多了，他原先是进京赶考的，但是考场失利，名落孙山，心情黯淡中度过了几个月的黑色时光，整日借酒消愁，以泪洗面，感觉万念俱灰。两个月前，他和几个朋友一起去拜访一位智者，与智者相谈，秀才道出了心中的苦闷，智者听后，说道："昨天早上与你说话的第一个人是谁？"

在朴实淡泊的地方，才能体会心性的本来面貌。

真正的智者拥有平和的心境，能用心去感受看似平凡无奇的一切，能够享受从容自得、云淡风轻的简单幸福。

秀才回道："这个已经忘了。"

"那明天你会遇到什么人？"

"这个我哪里知道？明天还没来。"

"此时此刻，你面前有谁？"

秀才愣了一下，说："我面前当然是您啊。"

智者轻轻点头道："昨天之事已忘却，明日之事尚未来，把握唯在此刻，施主又何必对过去之事耿耿于怀？明天不可知，昨日已过去，不如放下挂念，平淡对之，你并没失去什么，不过是重新开始。"

秀才瞪大双眼，等着智者继续说下去，他似乎听懂了智者话中的意思。

智者说道："既然又是新的开始，又何来执着以前？如潺潺溪水，偶被沙石所阻，但其终究万里波涛始于点滴。你可曾明白了？"

秀才微笑着点点头，此刻的他，已经有了新的打算。在京城办完了一些事情后，这个秀才告别朋友，踏上了回家的路途。他决定三年之后，自己还要再考一次。

人们害怕失败，是因为他们想得太多，想得太多是因为情绪太盛。秀才考场失败后，人生顿觉颓唐，也是同样的道理，好在他及时醒悟，心境归于平淡，目标得以重新确立。在这个秀才身上，人们看到的并不是放弃后的心如止水，两眼迷离，而是决定再度追逐后的豁然。因为这种豁然，人们不再对过去的遗憾耿耿于怀，不再对未知的将来做不肯定的畅想，他们的心落在了此时此刻的"智者"面前，这个"智者"就是他们现在需要做的事以及如何将其做好。

古人说得好，风平浪静的环境可以显现出人生的真实境界；朴实淡泊的地方可以体会心性的本来面貌。平淡是生活的倒影，内中隐藏着人生的真谛。真正的智者都拥有一种平和的心境，对待看似平凡无奇的一切，也都能用心去感受，所以他们能够享受从容自得、云淡风轻的简单幸福。

老僧的一位老友来拜访他，吃饭时，他只配一道咸菜。老友忍不住问他："这样不会太咸吗？"老僧回答道："咸有咸的味道。"吃完饭后，老僧倒了一杯白开水喝，老友又问："白水过于平淡了吧？没有茶叶吗？怎么喝这么淡的开水？"老僧笑着说："白水虽淡，可是淡也有淡的味道。"

漫漫人生路，需要品尝各种滋味，咸菜的咸与白水的淡就像人生中遇到的不同情境与事件，超越了咸与淡的分别，才能真正品味到咸的恰到好处与淡的至纯至真。

人的一生在绚烂之后，都要归于平淡。没有谁的一生都在轰轰烈烈中度过，总有曲终人散的时候执著于绚烂的人注定要在生活中不断碰壁。平淡是一种人格之美，是一种诗意且神圣的智慧。清淡明志，雅淡抒节，平淡地对待生活中的点点滴滴，才能获得返璞归真的幸福。

◎心态平和　达观进取◎

【原文】

衮冕行中，着一藜杖的山人，便增一段高风；渔樵路上，着一衮衣的朝士，转添许多俗气。固知浓不胜淡，俗不如雅也。

【译文】

在达官贵人的行列当中，如果出现一个手持藜杖隐居山中的高人，便可以增加一种高雅的风韵；在渔人樵夫往来的路上，如果有一位穿着朝服的达官显贵，反而会增添许多庸俗的气息。所以说浓艳比不上清淡，庸俗比不上高雅。

【精读解析】

乾隆皇帝下江南时，来到江苏镇江的金山寺，看到山脚下大江东去，百舸争流，不禁兴致大发，随口问一个老和尚："你在这里住了几十年，可知道每天来来往往多少船？"老和尚回答说："我只看到两只船。一只为名，一只为利。"

老和尚一语道破天机。人活在世界上，

在达官贵人的行列当中，如果出现一个手持藜杖隐居山中的高人，便可以增加一种高雅的风韵。其实高风不是因为行在衮冕中，而是因为身在其中，而心却很超然。因为浓艳比不上清淡，庸俗比不上高雅。

无论贫穷富贵，穷达逆顺，都免不了与名利打交道。淡泊名利是一种境界，追逐名利是一种贪欲。古今中外，真正淡泊名利的很少，追逐名利的很多，生活中从来不乏因贪图名利而堕入人生低谷的人。曾经有位作家说过这样一段话："直到你失去了名誉以后，你才会知道这玩意儿有多累赘，才会知道真正的自由是什么。"盛名之下，是一颗活得很累的心，因为它只是在为外物活着，真正的自由在我们的心里，能来去自如，享受自在的生活。

曾经有个哲学家，虽然已经有八十高龄，但依然仙风鹤骨，非常健壮，有人问他："是什么让您保持健康和洒脱？"

哲人斩钉截铁地说："淡泊的心。"

有一天哲人在院中饮茶纳凉，有个衣衫褴褛的人路过他的矮墙，看见有个老头在摇着一把破扇子喝破茶碗里的茶，便嗤之以鼻地说："嗨，老头！别再附庸风雅了，看看你的扇子，你的茶盅，太可笑了。"

哲人却闭着眼睛说"好茶！好风！"刚才喊话的人便兴味寡淡地走了。

又有一次，当地的一个富翁来到哲人家中，十分苦恼地问哲人："虽然我们要钱有钱，要权势有权势，但是为什么我的妻子老说我庸俗呢？"

哲人说："让你的心灵富足起来吧！最大的财富不在你的库房而在你的心中。"

富翁眼中的庸俗，实则是放不开外物富贵的执着，而哲人眼中的富足和高雅则是一种心的淡泊，因为心在淡泊中，所以没有好茶，也能喝出茶的滋味，没有财富也能活出人生的高雅。

我们生活的世界有许多诱惑：桂冠、金钱……但那都是身外之物。我们要想活得潇洒自在，就必须学会淡泊名利享受、割断权与利的联系，无官不去争，有官不去斗，位高不自傲，位低不自卑，欣然享受清心自在的美好时光，这样就会感受到生活的快乐和惬意。

"衮冕行中，着一藜杖的山人，便增一段高风"，其实高风不是因为行在衮冕中，而是因为身在其中，而心却很超然。"渔樵路上，着一衮衣的朝士，转添许多俗气"，俗气实际上是因为行在樵路，却未能放下富贵心。在这种对比中，《菜根谭》总结出"浓不胜淡，俗不如雅"，实则是让我们保持心灵的淡泊和精神的高贵。

世界的多彩令大家怦然心动，名利皆你我所欲，但是多彩的世界唯有保持心态平和，恬然自得，方能达观进取，避免被外物夺取自我的本色。

乾隆皇帝下江南，看到山脚下百舸争流，兴致大发，遂问老和尚每天来来往往多少船只。老和尚认为只两只船只，一只为名，一只为利，一语道破天机。人活在世界上，无论贫穷富贵，穷达逆顺，都免不了与名利打交道。

◇无为无争　低调谦让◇

【原文】

钓水，逸事也，尚持生杀之柄；弈棋，清戏也，且动战争之心。可见喜事不如省事之为适，多能不若无能之全真。

【译文】

钓鱼本来是一种清闲洒脱的事，而其中却掌握着鱼儿的生杀予夺之权；下棋本来是轻松的娱乐游戏，而其中却充斥着争强好胜的战争心理。从中可以看出，多一事不如少一事，让人更加闲适，多才不如平凡无才，保全自己的真实本性。

【精读解析】

张廷玉是清朝有名的重臣，雍正初晋大学士，后兼任军机大臣。张廷玉虽身居高官，却从不为子女们谋求私利。他秉承其父张英的教诲，要求子女们以"知足为诚"。

张廷玉的长子张若霭在经过乡试、会试之后，于雍正十一年三月参加了殿试。诸大臣阅卷后，将密封的试卷进呈雍正帝亲览定夺。雍正帝在阅至第五本时，立即被那端正的字体所吸引，再看策内论"公忠体国"一条，有"善则相劝，过则相规，无诈无虞，必诚必信，则同官一体也，内外亦一体也"数语，更使他精神为之一振。雍正帝认为此论言辞恳切，"颇得古大臣之风"，遂将此考生拔置一甲三名，即探花。后来拆开卷子，方知此人即大学士张廷玉之子张若霭。雍正帝十分欣慰，他说："大臣子弟能知忠君爱国之心，异日必能为国家抒诚宣力。大学士张廷玉立朝数十年，清忠和厚，始终不渝。张廷玉朝夕在朕左右，勤劳翊赞，时时以尧、舜期朕，朕亦以皋、夔期之。张若霭秉承素教，兼之世德所钟，故能若此。"并指出，此事"非独家瑞，亦国之庆也"。为了让张廷玉尽快得到这个喜讯，雍正帝立即派人告知了张廷玉。

可是张廷玉却不这么认为，他要求面见雍正帝。获准进殿后，他恳切地向雍正帝表示，自己身为朝廷大臣，儿子又登一甲三名，实有不妥。没容张廷玉多讲，雍正帝即说："朕实出至公，非以大臣之子而有意甄拔。"张廷玉听罢，再三恳辞，他说："天下人才众多，三年大比，莫不望为鼎甲。臣蒙恩现居官府，而犬子张若霭登一甲三名，占寒士之先，于心实有不安，倘蒙皇恩，名列二甲，已为荣幸。"张廷玉是深知一、二甲的这一差别的，但是为了给儿子留个上进的机会，他还是提出了改为二甲的要求。雍正帝以为张廷玉只是一般的谦让，便对他说："伊家忠尽积德，有此佳子弟，中一鼎甲，亦人所共服，何必逊让？"张廷玉见雍正帝没有接受自己的意见，于是跪在皇帝面前，再次恳求："皇上至公，以臣子一日之长，蒙拔鼎甲。但臣家已备沐恩荣，臣愿让与天下寒士，求皇上怜臣愚忠。若君恩祖德，佑庇臣子，留其福分，以为将来上进之阶，更为美事。"张廷玉"陈奏之时，情词恳至"，雍正帝"不得不勉从其请"，将张若霭改为二甲一名。不久，在张榜的同时，雍正帝为此事特颁谕旨，表彰张廷玉代子谦让的美德，并让普天下之士子共知之。

张廷玉代子谦让、处世不争，着实难能可贵，可喜的是张若霭也十分理解父亲的做法，而且能够秉承其父的处世原则，低调为人。

《菜根谭》中讲道：钓鱼本来是一种清闲洒脱的事，而其中却掌握着鱼儿的生杀予夺之权；下棋本来是轻松的娱乐游戏，而其中还充斥着争强好胜的战争心理。人生如钓，暗藏杀机；世事如棋，变幻无穷。无为无争、低调谦让方是人生上策，多一事不如少一事。

无为不争是一种高超的处世谋略，低调也绝不意味着卑微，它是一种"以低求高"的强者韬略。生活中常常能见到一些貌似平淡无奇、"胸无大志"的人，最后却常常能够"一鸣惊人"，做出人意料的成绩。这些人，在人生路上选择了低调，他们不张扬不卖弄，然而却是志怀高远、坚忍不拔，凭借着不懈的努力，最终迈入了人生的最高境界。

钓鱼本来是一种清闲洒脱的事，却掌握着鱼儿的生杀予夺之权。

钓鱼本是清闲洒脱的事，却掌握着鱼儿的生杀之权。人生如钓，无为不争、低调谦让才是高超的处世谋略。

◎不可刻意　不能执拗◎

【原文】

有浮云富贵之风，而不必岩栖穴处；无膏肓泉石之癖，而常自醉酒耽诗。

【译文】

有视富贵如浮云的气度，就没有必要刻意居住到深山幽洞中去怡养心性；那些心中并不酷爱山石清泉的人，却总是附庸风雅作诗饮酒，陷于狂醉。

【精读解析】

一个老人在池塘中种了一片莲花，莲花盛开的时候，引来众人驻足，啧啧称赞。突然一夜狂风暴雨，第二天池塘里的莲花不再，留下一片狼藉，惨不忍睹。围观的人们纷纷感叹，无比惋惜。有好心人安慰老人，说："天公不作美，没有体恤你种植的辛苦，你真是太可怜了。"老人却宽心一笑，说："这没什么遗憾，更谈不上可怜，我种莲花是为了种植的乐趣，乐趣我早已得到，而莲花的衰败是迟早的，何必为此感伤呢？"

有视富贵如浮云的气度，就没有必要刻意居住到深山幽洞中去怡养心性。

如果有视富贵如浮云的气度，即便是身处闹市也能够怡然自得地修养心性；相反，如果本身不爱山石清泉，即便居住到深山幽洞之中，也不能享受青山绿水的乐脱。

对于爱莲的老人来说，种植莲花是一种乐趣，乐趣既已得到，莲花是繁盛还是衰败就没那么重要了。况且莲花的凋谢是迟早的事情，过于执着只会自添烦恼，倒不如听任自然来得洒脱。所以说，凡事还是应该顺应自然本性，喜欢就是喜欢，不喜欢也不必刻意勉强，否则只能自寻烦恼。

为人如果顺应自然可以减少烦恼，种树如果顺应自然便可枝繁叶茂。

有一个叫郭橐驼的人，其实大家并不知道他最初叫什么，只因他患有佝偻病，行走时背脊高起，脸朝下，就像骆驼，所以别人给他取了个"驼"的外号。橐驼听到后说："很好啊，给我取这个名字挺恰当。"于是他索性放弃了原名，也自称橐驼。

郭橐驼的家乡叫丰乐乡，在长安城西边。郭橐驼以种树为职业，他种的树没有不成活的，而且能够长得高大茂盛，果实结得又早又多。长安城里那些种植花木以供玩赏的富豪人家，还有那些以种植果树出卖水果为生的人，都争着接他到家中供养。

于是，有人向他请教种树的诀窍，他回答说："并没有什么诀窍，我只是顺应树木的天性，让它尽性生长罢了。大凡种植树木的特点是：树根要舒展，培土要均匀，根上带旧土，筑土要紧密。这样做了之后，就不要再去动它，也不必担心它，种好以后离开时可以头也不回。栽种时就像抚育子女一样细心，种完后就像丢弃它那样不管。那么它的天性就得到了保全，从而按它的本性生长。所以我只

郭橐驼因患有佝偻病，行走时像骆驼，别人给他取了个"驼"的外号。橐驼听后索性放弃了原名，也自称橐驼。在种树上，郭橐驼深谙保持树木天性的奥妙，不刻意而为，顺应树木的生长规律，结果反而比他人收效更多。

不过是不妨害它的生长罢了，并没有能使它长得高大茂盛的诀窍，只不过是不压制耗损它的果实罢了，也并没有能使果实结得又早又多的诀窍。别的种树人却不是这样，种树时树根卷曲，又换上新土；培土不是过多就是不够。如果有与这做法不同的，又爱得太深，忧得太多，早晨去看了，晚上又去摸摸，离开之后又回头去看看。更过分的做法是抓破树皮来验查它是死是活，摇动树干来观察栽土是松是紧，这样就日益背离它的天性了。这虽说是爱它，实际上是害它，虽说是担心它，实际上是与他为敌。所以他们都比不上我，其实，我又有什么特殊能耐呢？"

郭橐驼深谙保持树木天性的奥妙。别人因为他驼背叫他郭橐驼，他欣然受之。在种树上，他顺应树木的生长规律，减少干预，结果反而比他人收效更多。

人们也应该学习郭橐驼种树的方法，刻意追求不如听任自然。在一条道路上走不通的时候，不如换一种思维，反思一下，是不是自己过于执着而违背了事物自然的发展规律。听任自然，在执着的绝境中转一次身，回一下头，或许会发现身后也藏着美景。

◎不存纤芥　心境坦荡◎

【原文】

风来疏竹，风过而竹不留声；雁渡寒潭，雁去而潭不留影。故君子事来而心始现，事去而心随空。

【译文】

当风吹过，稀疏的竹林会发出沙沙的声响，风过之后，竹林又依然归于寂静，而不会将声响留下；当大雁飞过寒冷的潭水时，潭面映出大雁的身影，可是雁儿飞过之后，潭面依然晶莹一片，不会留下大雁的身影。所以君子临事之时才会显现出本来的心性，可是事情处理完后，心中又恢复了平静。

【精读解析】

天地间的动物植物，生生不息。但是谁也不将成果据为己有，不能自恃有功于人，就像风的流动带来清爽，树的高大投下绿荫，但是风没有静止过，树没有停止

大雁飞过之后，不会留下大雁的身影。

风吹过竹林之后，竹林归于寂静。

风吹过竹林之后，竹林归于寂静；大雁飞过潭水之后，潭面不会留下大雁的身影。君子处理完事情后，心中又恢复了平静。

生长过。如此包容豁达，反而使得人们更能体认自然的伟大，并始终不能离开它们而独自生活。所以上古圣人，悟到此理，便效法自然法则，用来处理人事。事来，则尽心尽力，不计名利；事去，则尽快让心情平复，不图回报。如此，很多结果，如名誉、成功，不用我们强求，也自会水到渠成。

商容疾据说是纣王时的大夫，因屡次直谏荒淫无道的纣王，结果遭到贬谪。后来纣王剖比干，囚箕子，逐微子，商容疾感到心寒，便躲进深山之中，避世隐居，不问世事。

武王灭了商朝后，天下大定。周室表彰商容疾，想召他出山，商容婉言谢绝。他遗世独立，静心养性，修得一副道骨仙颜，虽然年岁已过数百，仍然精神矍铄，面色如童。到了春秋末年，老子降世，商容疾知道他不是平凡人物，便收他为弟子，传授他天地玄机、处世妙道。

却说有一次，商容疾得了重病，自知将不久于人世。老子匆匆赶来问候老师。他先询问了老师的病情，然后对老师说："先生的病确实很重了，有什么要嘱咐弟子的吗？"

商容疾说了一些话后，张开嘴给老子看，说："我的舌头在吗？"

老子说："在。"

商容疾又说："我的牙齿还在吗？"

老子说："不在了。"

商容疾说："你知道这是什么道理吗？"

老子说："舌存而齿亡，这不是说刚强的东西已经消亡了，而柔弱的东西还存在吗？"

商容疾说："说得好啊！天下的事理正是这样。你没看见那水吗？天下万物，没有什么比水更柔弱的了。然而积水为海，则广阔无际，深不可测，大至于无穷，远极于无涯。百川灌之，无所增加；风吹日晒，没有减少。上天则为雨露，下地则为润泽。万物没有它不能生长，百事离开它不能成功。奔流起来不可遏止，无形无状不可把握。剑刺不能伤害它，棒击无法打碎它。刀斩不会断，火烧不能燃。锋利无比，可以磨灭金石；强健至极，可以承载舟船。深可渗进无形之域，高可翱翔于缥缈之间。涓涓细流回旋于川谷之中，滔滔巨浪翻腾于大荒之野。水为什么能够具有如此大的威力？因为它柔软润滑，所以能够出于无有，入于无间，攻坚克强，无可匹敌。弱而胜强，柔而克刚，世上没人不知，然而无人能行。你明白了吗？"

老子说："先生说得太好了！天下之至柔，驰骋天下之至坚，确实是万世不易的定理。坚强的东西能胜不如自己的东西，柔弱的东西则克超过自己的东西。所以强大的东西处于劣势，柔弱的东西居于上风。积弱可以为强，积柔也就变成刚。欲刚必以柔守之，欲强必以弱保之。"

商容疾面露慰藉的笑容，说："你已经得到大道了。天下之理都已被你说尽了，我还有什么需要留给你的呢！"

满齿不存，舌头犹在，无为而作，才能完成所应当为之事。所以，有时，不必偏执地追求"有为"和"大用"。事来事往，以自然之心看待，反而会收效颇多。

生活中，我们应该在自然之道中学习处世的智慧，并遵守应用着世间之法则，不走极端，而是如风不留声、雁不留影那般，不存纤芥，心境坦荡、平和地活出自己。只有这样，我们才能在生活中不为纷扰世事打断精神的修为，从而开创出一番事业。

○顺应因缘　顺应自然○

【原文】

释氏随缘，吾儒素位，四字是渡海的浮囊。盖世路茫茫，一念求全，则万绪纷起；随遇而安，则无人不得矣。

【译文】

佛家讲求顺应因缘、顺应自然，而儒家讲究保守本分，"随缘素位"这四个字是渡过人生苦海的宝船。大概因为人生之路茫茫无边，一产生追求完美的想法，那么各种纷乱的头绪就会不断；能够安然面对所遇到的事物，无论在哪里都可以怡然自得。

【精读解析】

有一位高僧，是一座大寺庙的住持，因年事已高，心中思考着找接班人。一日，他将两个得意弟子叫到面前，这两个弟子一个叫慧明，一个叫尘元。高僧对他们说："你们俩谁能凭自己的力量，从寺院后面悬崖的下面攀爬上来，谁就是我的接班人。"

慧明和尘元一同来到悬崖下，那真是一面令人望之生畏的悬崖，崖壁极其险峻陡峭。身体健壮的慧明，信心百倍地开始攀爬。但是不一会儿他就从上面滑了下来。慧明爬起来重新开始，尽管这一次他小心翼翼，但还是从上面滚落到原地。慧明稍事休息后又开始攀爬，尽管摔得鼻青脸肿，他也绝不放弃……让人感到遗憾的是，慧明屡爬屡摔，最后一次他拼尽全身之力，爬到半山腰时，因气力已尽，又无处歇息，重重地摔在一块大石头上，当场昏了过去。高僧不得不让几个僧人用绳索，将他救了回去。

接着轮到尘元了，他一开始也和慧明一样，竭尽全力地向崖顶攀爬，结果也屡爬屡摔。尘元紧握绳索站在一块山石上面，他打算再试一次，但是当他不经意地向下看了一眼以后，突然放下了用来攀上崖顶的绳索。然后他整了整衣衫，拍了拍身上的泥土，扭头向着山下走去。旁观的众僧都十分不解，难道尘元就这么轻易地放弃？大家对此议论纷纷。只有高僧默然无语地看着尘元的去向。尘元到了山下，沿着一条小溪流顺水而上，穿过树林，越过山谷……最后没费什么力气就到达了崖顶。

随缘素位——渡过人生苦海的宝船。

人生之路茫茫无边，安然地面对所遇到的事物就可以怡然自得。我们应该学会"物来则应，过去不留"的智慧，坦然接受所拥有和能够拥有的一切。

当尘元重新站到高僧面前时，众人还以为高僧会痛骂他贪生怕死，胆小怯弱，甚至会将他逐出寺门。谁知高僧却微笑着宣布将尘元定为新一任住持。众僧皆面面相觑，不知所以。

尘元向同修们解释："寺后悬崖乃是人力不能攀登上去的。但是只要于山腰处低头下看，便可见一条上山之路。师父经常对我们说'明者因境而变，智者随情而行'，就是教导我们要知伸缩退变的啊。"

高僧满意地点了点头说："若为名利所诱，心中则只有面前的悬崖绝壁。天不设牢，而人自在心中建牢。在名利牢笼之内，徒劳苦争，轻者苦恼伤心，重者伤身损肢，极重者粉身碎骨。"然后高僧将衣钵锡杖传交给了尘元，并语重心长地对大家说："攀爬悬崖，意在考验你们的心境，能不入名利牢笼，心中无碍，顺天而行者，便是我中意之人。"

人们应该学会拥有"物来则应，过去不留"的智慧。面对它时便勇敢面对，它走时也不必留恋，不近不离，不舍不弃，心中藏有是非，举动毫不挂怀，不被物质所打垮，不被环境所诱惑。佛家讲究随缘适分、随遇而安就是这个道理。尘元法师能够得到前辈高僧的衣钵真传也正得益于他无碍的心境、顺天而行的智慧。

世事难以完美，苦苦地挽留夕阳，没有必要；久久地感伤春光，只能让人心情抑郁。痛苦终究会过去，幸福也并非永恒。人们何不随遇而安，圆通地面对生活呢？平和地对待一切事情，不大悲也不大喜，或许会尝到生活的另一番滋味。活在当下，自在自然，坦然接受所拥有和能够拥有的一切，面对贫富的变迁少一些迷茫，多一些坦然，真正的幸福才能不请自来。

◎心无系恋 乐境仙都◎

【原文】

山林是胜地，一营恋便成市朝；书画是雅事，一贪痴便成商贾。盖心无染着，欲境是仙都；心有系恋，乐境成苦海矣。

【译文】

居住在山林中是很惬意的事，如果对山居有了贪恋，那么山林也成了俗市；欣赏书画是高雅的行为，如果有了贪求和痴恋，那就跟商人没有什么两样了。所以只要心地纯真，没有污染，即使身在人欲横流的环境中，也如同在仙境一般；心中牵挂太多，那么即使处在快乐的环境中，也如同在苦海中一样。

【精读解析】

　　一个农民独自在原始森林中劳动和生活。他收获了五袋谷物，这些谷物要使用一年。他是一个善于精打细算的人，因而精心安排了五袋谷物的计划。第一袋谷物为维持生存所用。第二袋是在维持生存之外增强体力和精力的。此外，他希望有些肉可吃，所以留第三袋谷物饲养鸡、鸭等家禽。他爱喝酒，于是他将第四袋谷物用于酿酒。对于第五袋谷物，他觉得最好用它来养几只他喜欢的鹦鹉，这样可以解闷。显然，这五袋谷物的不同用途，其重要性是不同的。假如以数字来表示的话，将维持生存的那袋谷物的重要性可以确定为1，其余的依次确定为2、3、4、5。现在要问的问题是：如果一袋谷物遭受了损失，比如被小偷偷走了，那么他将失去多少效用？

如果对山居有了贪恋，那么山林也成了俗市。

居住在山林中是很惬意的事，如果对山居有了贪恋，那么山林也成了俗市。只要心地纯真，没有污染，即使身在人欲横流的环境中，也如同在仙境一般。

　　这是一个经济学家为论述边际效用时讲的一个故事。故事中的这位农民最合理的选择就是，用剩下的四袋谷物供应最迫切的四种需要，而放弃最不重要的需要。最不重要的需要，也就是经济学上所说的边际效用最低的部分。其实际效用量取决于需要和供应之间的关系。要求满足的需要越多和越强烈，可以满足这些需要的物品量越少，那么得不到满足的需要就越重要，因而物品的边际效用就越高。反之，边际效用和价值就越低。经济学家认为，人之所以执着地追求幸福，就是因为幸福能给人带来效用，即生理上和精神上的满足。

　　农夫拥有的五袋谷物，就好像是幸福能为我们带来的不同层级的效用——有健康，有美食，也有精神的享受。我们追求名利、富贵其实就是为了追求欲望的满足，名利和富贵效用的实现。不过，名利、富贵终究逃不脱边际效用递减的厄运，好不容易满足的欲望很快就会让一个人不满足，追求名利富贵的道路因此注定永远没有尽头。事实上，名利、富贵到来的时候，人们只能选择实现一个愿望，如果我们希望自己拥有无数次许愿的机会，那么结局必然是失败的。

　　世间的万物皆有度，如果在度的范围内，追求更富有、更有地位并无可厚非，其关键就在于个人对于地位和富贵的态度。如果一个人将它们看作一种证明自身价值的东西，心无杂念地只求做到精益求精，那么即便是个芝麻官，也会为自己所负的责任而事事谨慎；如果一个人将它们当作一种满足个人私欲的工具，那即便已手握重权，也不会满足，那么结局往往是走得越高，摔得越重。因此有人才会说，"谁不知足，谁就不会幸福，即使他是世界主宰也不例外"。

　　我们自己的心灵应该由自己掌握，绝不能被其他事物掌握，尤其是富贵名利。随着时代的发展，工作划分得越来越细，每个人的手中都或多或少地握有一些权势，面对这种情况，我们更应该谨记"心无染着，欲境是仙都；心有系恋，乐境成苦海矣"的道理。对自己的追求，多些把控，不要让它超出合理的需求范围，更不要让自己的心在追求的过程中被外物束缚，那么我们的生活才会和我们的追求对称。

　　《菜根谭》中的"山林是胜地，一营恋便成市朝；书画是雅事，一贪痴便成商贾"，是说对山林、书画的依赖超过了度，那么山林的幽静、书画的优雅也开始变得庸俗。事实上，只要我们心地纯真，那么我们所处的环境便像仙境一般。

◎浓处味短 淡中趣真◎

【原文】

悠长之趣，不得于浓酽，而得于啜菽饮水；惆恨之怀，不生于枯寂，而生于品竹调丝。故知浓处味常短，淡中趣独真也。

【译文】

悠远绵长的趣味不一定能从浓烈的酒中得来，而是从清淡的蔬菜、清水中得来；惆怅悲恨的情怀不是从孤寂困苦中产生，而是从声色犬马的生活中产生。由此可知，浓厚的味道往往很快消散，平淡的事物才最真实。

【精读解析】

有这么一位行吟诗人，他一生都住在旅馆里。他不断地从一个地方旅行到另一个地方。他的一生都是在路上、在各种交通工具和旅馆中度过的。当然这并不是因为他没有能力为自己买一座房子，这是他选择的生存方式。

悠远绵长的趣味，从清淡的蔬菜、清水中得来；惆怅悲恨的情怀，从声色犬马的生活中产生。

人生要自然而然，平平静静，恬淡舒适。生活不需要很奢华，拥有一颗淡泊而又平常的心就可以恰到好处地诠释幸福。

后来，鉴于他为文化艺术所做的贡献，也鉴于他已年老体衰，政府决定免费为他提供住宅，但他还是拒绝了，理由是他不愿意为房子之类的麻烦事情耗费精力。就这样，这位特立独行的行吟诗人，在旅馆和路途中度过了自己的一生。

他死后，朋友为他整理遗物时发现，他一生的物质财富就是一个简单的行囊，行囊里是供写作用的纸笔和简单的衣物；而在精神财富方面，他给世界留下了十卷优美的诗歌和随笔作品。

这位诗人的一生，没有太多不必要的干扰，没有太多欲望的压迫，清淡而纯粹。

人来到这个世界后，一开始无忧无虑，因为需求的东西少，负担少，所以得到的快乐也就多。随着自己想要得到的东西不断地增加，要求不断地提高，各种各样的负担和烦恼也由此而生，除了苦苦追寻要得到的一切之外，再也没有时间去想自己是不是过得快乐。到了最后，终于明白了这个问题，但生命的脚步却越走越远。

《菜根谭》说"浓处味常短，淡中趣独真"。可见，恬淡之处，才是真正的玄机奥妙所在，看是滋味冲淡，却俗中有雅，精巧绝伦。如淡茶中有悠长韵味，俚曲中有雅致之韵。

有时候，一顿简单的晚餐，一句简单的问候，一张简单的卡片，或者一首简单而又甜美的小诗，就能够满足我们的内心，让我们感受到生活的幸福。人要自然而然，不要为形式所烦恼，心中无得也无失，平平静静，恬淡舒适，这就是幸福的生活。

生活不需要很奢华，拥有一颗淡泊而又平常的心就可以恰到好处地诠释幸福。平常心贵在平常，波澜不惊，生死不畏，于无声处听惊雷，平常心是一种超脱眼前得失的清静心、光明心。贫贱不能移，富贵不能淫，威武不能屈。安贫乐富，富亦有道。无论处于何种环境下，都能拥有平常心，淡然处之，那一定是个了不起的人。

平常心，看似平常，实不平常。当你用一颗平常心去对待生活时，你就会发现任何的惆怅悲恨、孤独困苦都已远去。真情与幸福，就在你身边。所以说，平平淡淡就犹如淡月清风一样来去不觉，生活就会自在而又真切。

◎减省欲望 乐享生活◎

【原文】

损之又损，栽花种竹，尽交还乌有先生；忘无可忘，焚香煮茗，总不问白衣童子。

【译文】

要把自己对名利的私欲减少再减少，从栽花种竹中培养生活的情趣，将一切烦恼和忧愁都交还给乌有先生；要把生活琐事忘记掉，焚几缕清香，煮一壶好茶，甚至不必问在一旁侍候的白衣童子是谁。

焚几缕清香，煮一壶好茶，不问一旁的童子是谁，把生活的琐事忘掉。

【精读解析】

张中行是一位哲学家，以其顺生论哲学和诸多意趣丰盈的散文而闻名于世。可以说，张老以自己的人生哲学观念创造了学问的奇迹，还创造了生命的奇迹。

只有舍弃了欲望，懂得贫富皆是福，才能摆脱痛苦的泥淖，享受生命的欢乐。

曾经有人问张老的养生之道，张老坦然回答道："我没有什么养生秘诀。要说有的话，就是我这一辈子，一不想做官，二不想发财，只是一门心思读书做学问。除此之外，我别无他求。"

季羡林先生曾称张中行为"高人、逸人、至人、超人"，而张老说："我乃常人，就安于常态。"张老一生安于粗茶淡饭、家徒四壁的朴素日子，过得潇洒轻松。

《菜根谭》里讲，应该把自己对名利的欲望减少再减少，从栽花种竹中培养生活的情趣，这样生活中就会少一些烦恼和忧愁；应该把生活的琐事忘记掉，焚几缕清香，煮一壶好茶，甚至不必问在一旁侍候的白衣童子是谁。张中行先生就是这样一个深得古人之乐的人，无欲无求，安于常态，一门心思做学问。

现实生活中，很多情况下，人们都是难以做到无欲无求的，但是，争名之心、夺利之行却往往并不能给人们带来真正的名与利，只会给人徒增烦恼。

有一个青年苦于现实生活的郁闷、惆怅，情绪非常低迷，于是便想到庙里走一走。

到了寺院，但见寺庙里香客不断，檀香馥郁。再看香客们的脸，一张张都写满坦然、安详、幸福，他有些迷惑：莫非佛门真乃净地，果真能净化众生的心灵？流连寺院中，但见一位在枯树下潜心打坐的佛门老者，那入迷之态止住了他的脚步。走近细看，老者那面露慈祥却心纳天下的表情强烈地震撼了他——原来一个人能超然物外地活着是那么美好！

他悄然坐在了老者身边，请求老者开释。他向老者谈了他心中的苦痛，然后问："为什么现代人之间总是钩心斗角，纷争不已？"

老者拈须而笑，铿锵而悠长地说："我送你一句佛语吧。"老者一字一顿说的是："爱出者爱返，福往者福来！"

"爱出者爱返，福往者福来"这句话不仅解开了这个青年的心头疑团，也给现实中的人们些许启发。获取快乐，回归平和的心境没有什么秘方，一切都在于人们的内心。

心灵空虚、贪欲满腹之人，舍弃了欲望，懂得贫富皆是福，才能享受生命的欢乐。如果人们能够无欲无求，看淡名利，那么世上争名夺利之人自然渐少，世人争名夺利之心也自然渐淡；如果人们能够以爱己之心爱人，那么恶念自然无处遁形，恶隐善彰，天下太平。

◎清净内心　自在解脱◎

【原文】

交市人不如友山翁，谒朱门不如亲白屋；听街谈巷语，不如闻樵歌牧咏；谈今人失德过举，不如述古人嘉言懿行。

【译文】

与市井凡俗之人交朋友不如与深山中的老翁交朋友，去拜谒达官贵人还不如亲近普通的平民百姓；听街头巷尾的是是非非，还不如去听樵夫和牧童歌唱；议论当今的人违背道德的行为和失当的举动，还不如讲述古代圣贤的美好言行。

【精读解析】

每个人的内心都在追寻一种幸福，可是幸福究竟在哪里？种种荣华富贵，总有曲终人散之际，即便想尽一切办法要抓住，也是无法抓住永恒，任何的繁华过后都是一场空。

交友识人，不应当与繁缛外表的虚夸贵族为伍，而应当亲近山野村夫、平民百姓；听街头巷尾的闲言散语，不如去山野林中听牧歌童谣；议论他人的是非举止，不如讲讲先哲的美好言行。前者多么虚华与热闹，却只会徒增内心的烦恼；而后者皆是清新平和的，却能够清净内心，得到自在的解脱。

西汉梁鸿是中国历史上知名度甚高的大士，少年的梁鸿在经历过家庭的衰落以及战争的大乱后，深感人情的冷暖，由此他十分向往安稳宁静的生活。

梁鸿在外游学完后，回到家乡，与孟光结为夫妇，两人男耕女织互敬互爱，度过了一段平静的时光。有一天，孟光对梁鸿说："夫君要遁世归隐的想法我早就知道，但为何我们至今还不走？难道夫君还要屈服于世俗去入仕吗？"梁鸿一下惊悟过来，于是，他们悄悄地到了灞陵（今西安市东北）山中，过起了与世隔绝的隐居生活。

他们在灞陵山深处，用枯树枝和茅草，搭起了能遮风避雨的草棚，在山谷中开垦出土地，种上了小麦等庄稼。白天，他们在地里共同劳动。夜晚，梁鸿就着火或诵读经书，或赋诗作文，或弹琴自娱；孟光或缝衣纳鞋，或添香陪读，夫弹妻唱，远离功名利禄，在大自然中，他们的心情得到了极大的自由。

梁鸿夫妻隐居灞陵山，被外人知道了，慕名前往的人们纷至沓来，打破了他们昔日平静恬然的生活。有人是为了请教经书中的疑难问题，有人是为问询处世的哲理；有人则是去请梁鸿出来为官；有人出于好奇的心理，了解他们的私生活，灞陵山再不是梁鸿夫妻生活的理想之地。于是夫妻二人决定迁居到关东地区，继续他们的隐逸生活。梁鸿孟光夫妇向往清新宁静的隐逸生活，在林间山野陶冶性情，与世无争，更让他们的情感更加密切，婚姻更加美满。

不是说像梁鸿夫妇这样隐居世外便可找寻到幸福，而是要像他们二人一样追寻清新宁静的生活，远离喧嚣繁华，内心清净。

幸福不是霓虹灯下的买醉，不是一掷千金的快感。不放纵生命，不麻醉灵魂，珍惜生命的点点滴滴，才是幸福；拥有一

> 一个清闲自在的人，沐浴阵阵清风，仰观缕缕白云，是多么潇洒自在。

交友识人，应当亲近山野村夫、平民百姓，去山野林中听牧歌童谣，讲讲先哲的美好言行，清净内心，得到自在的解脱。

颗感恩的心，感激生命，感激阳光雨露，忘却曾经的苦痛，幸福自然会油然而生。历尽沧桑后，幸福是一份安心，宠辱不惊，不为利驱，不为名逐，不为情惑，幸福是看花开花落、云卷云舒的散淡安然。

"幸为福田衣下僧，乾坤赢得一闲人；有缘即住无缘去，一任清风送白云。"一个清闲自在的人，沐浴阵阵清风，仰观缕缕白云，是多么潇洒自在！议论是非，渴望金钱，羡慕富贵，与其被满满的外物所累，何不索性全部放下，在平淡中获得心灵的自由和解脱？

◎喜时则喜　怒时则怒◎

【原文】

心体便是天体。一念之喜，景星庆云；一念之怒，震雷暴雨；一念之慈，和风甘露；一念之严，烈日秋霜。何者少得？只要随起随灭，廓然无碍，便与太虚同体。

【译文】

人心的本性与大自然宇宙的本体是一致的。当人心中有了喜悦的念头时，就像大自然的天空出现瑞星祥云；当人的心中有了愤怒的念头时，就像是大自然中雷雨交加的天气；当心中有慈悲的念头时，就像是春风雨露滋润天下万物；当心中有严厉的念头时，就像寒霜烈日冷热逼人。有哪些又能少得了呢？只要人类的喜怒哀乐可以在兴起之后立即消失，心体如同天体广袤无边、毫无阻碍，便可以和天地同为一体了。

只要人类的喜怒哀乐可以在兴起之后立即消失，心体如同天体广袤无边，便可以和天地同为一体了。

实实在在地做事，规规矩矩地做人，泰然地接受自然的赐予，回报自然以真心，生活就是如此单纯。

【精读解析】

古语有云："天地不仁，以万物为刍狗。"即从天地的立场来看，一律同仁，万物与人类都不过是自然、偶然、暂时存在，最终将归于幻灭的"刍狗"而已。人的心神也如天地生万物一样，有一个喜怒哀乐的自然之状，该喜时则喜，该怒时则怒，不要受外物所牵累。

东晋时，王家是大家族，社会地位很高，因此当时的太尉郗鉴就想在王家挑选女婿。郗鉴这个女儿，才貌双全，郗鉴爱如掌上明珠，这么一个宝贝女儿，一定要找个门当户对的人家。

一天早朝后，郗鉴就把自己想从王家择婿的想法告诉了王丞相。王丞相说："那好啊，我家里子嗣很多，就由您到家里任意挑选吧。凡您相中的，不管是谁，我都同意。"郗鉴就命心腹管家带上重礼到了王丞相家。

寻来觅去，一数少了一人。王府管家便领着郗府管家来到东跨院的书房里，只见一个袒腹的青年人仰卧在靠东墙的床上，似乎对太尉觅婿一事无动于衷。

郗府管家回去向郗鉴报告："王家的少爷个个都好，他们听到了相公要挑选女婿的消息以后，个个都打扮得齐齐整整，循规蹈矩，唯有东床上有位公子，袒腹躺着，若无其事。"郗鉴说："那个人就是我所要的好女婿！"于是马上派人再去打听，原来那人就是王羲之。郗鉴来到王府，见到王羲之既豁达又文雅，才貌双全，当场下了聘礼，择为快婿。

王羲之并不因有人来挑选女婿就刻意打扮自己，这就是显其真。以真示人的人一定不会丢失自己，所以王羲之被选中了。

真正成功的人生，在于能够活出自我。喜怒哀乐是天性使然，兴起过后也要随自然而消失，顺应自然的规律。

"坦腹东床"的典故大家耳熟能详，且看看王羲之如何以真实的自我赢得当朝太尉的青睐。

东晋时，太尉郗鉴的女儿才貌双全，郗鉴爱如掌上明珠。王家是大家族，社会地位很高，郗鉴就想在王家挑选女婿。

郗鉴与王家情谊深厚，又同朝为官，便与王丞相商量从王家挑个女婿。王丞相答应之后，郗鉴就命心腹管家带上重礼到了当时为名门望族的王家。

太尉不理睬众多精心准备的王府子弟，却认定坦腹东床的王羲之就是他的乘龙快婿，是真名士自风流，有真才实学的人又怎么热衷于表面的虚饰？

郗府管家回去向郗鉴报告王家少爷的情况，郗鉴认为东床袒腹躺着的公子是他所要的好女婿！以真示人的王羲之因此被选中。

听说郗太尉派人觅婿，王府子弟都仔细打扮一番出来相见。唯王羲之袒腹仰卧在靠东墙的床上，似乎对太尉觅婿一事无动于衷。

○知足则仙　善用则生○

【原文】

都来眼前事，知足者仙境，不知足者凡境；总出世上因，善用者生机，不善用者杀机。

【译文】

面对眼前的一切，能够知足的人就感到生活在快乐的仙境中，不知满足的人就摆脱不了凡俗的境界；总结世上的一切原因，善于运作的人就能把握机会，不善运作的人就处处陷入危机。

【精读解析】

果园的核桃树旁边，长着一棵桃树，它的嫉妒心很重，一看到核桃树上挂满的果实，

知足的人感到生活在快乐的仙境中，不知满足的人摆脱不了凡俗的境界。

人应该培养少欲知足、知足常乐的生活态度。知足常乐，心胸豁达，能给人一个广阔美丽的全新世界。

世间万物各自有其天生的禀赋，我们要善用自己的禀赋，而不要因为不切实际的愿景而勉强自己，且看看桃树的遭遇。

果园的桃树旁边，长着一棵挂满果实的核桃树。

桃树看到核桃树上挂满的果实，心里很不是滋味。决定明年和核桃树比个高低，结出比核桃还要多的桃子！

长在桃树附近的老李子树认为，核桃树有粗壮的树干、坚韧的枝条才能结出那么多的果实，劝诫桃树安分守己。

自傲的桃树听不进李子树的忠告，决定和核桃树比个高低。第二年花期一过，这棵桃树浑身上下密密麻麻地挂满了桃子。

充盈的果汁使得桃子一天天加重了分量，不久，不堪重负的桃树树干齐腰折断了。尚未完全成熟的桃子滚满了一地，在核桃树脚下渐渐地腐烂了。

心里就觉得很不是滋味。

"为什么核桃树结的果子要比我多呢？"桃树愤愤不平地抱怨着，"我有哪一点不如它呢？老天爷真是太不公平了！不行，明年我一定要和它比个高低，结出比它还要多的桃子！让它看看我的本事！"

"你不要无端嫉妒别人啦！"长在桃树附近的老李子树劝诫道，"难道你没有发现，核桃树有着多么粗壮的树干、多么坚韧的枝条吗？你也不动动脑想一想，如果你也结出那么多的果实，你那瘦弱的枝干能承受得了吗？我劝你还是安分守己，老老实实地过日子吧！"

自傲的桃树可听不进李子树的忠告，命令它的树根尽力钻得深些、再深些，要紧紧地咬住大地，把土壤中能够汲取的营养和水分统统都吸收上来。它还命令树枝要使出全部的力气，拼命地开花，开得越多越好，而且要保证让所有的花朵都结出果实。

它的命令生效了，第二年花期一过，这棵桃树浑身上下密密麻麻地挂满了桃子。桃树高兴极了，它认为今年可以和核桃树好好比个高低了。

充盈的果汁使得桃子一天天加重了分量，渐渐地，桃树的树枝、树杈都被压弯了腰，连气都喘不过来了。不久，不堪重负的桃树发出一阵哀鸣，紧接着就听到"咔嚓"一声，树干齐腰折断了。尚未完全成熟的桃子滚满了一地，在核桃树脚下渐渐地腐烂了。

桃树的教训在于欲望太多，不知满足。"知足常乐"是中国的一句俗语，"少欲知足"也正是佛教修行里的最高理想。因此，人应该培养少欲知足、知足常乐的生活态度。知足常乐，心胸豁达，能给人一个广阔美丽的全新世界。

《菜根谭》的性质和特点

"谭"即"谈"，表明该书的性质——是一部清言集，以明代习见的格言体写成。"菜根"表明只有那种"性定"之人，才能咬得"菜根"、嚼得出"菜根"之清香。

洪应明

责人者
原无过于有过之中
则情平
责己者
求有过于无过之内
则德进

菜根谭

《菜根谭》名言赏析

写作内容上看，《菜根谭》语言虽然浅显，但内容却是体现了传统伦理文化的方方面面，大到事君孝父，小到穿戴礼仪，包含人情世故、生活态度等。

《菜根谭》是作者洪应明思想的展开和体现，洪应明是生活于民众间的士人阶层，这为他的生活伦理思想提供了可能，传统文化熟读于胸，又深切了解民众的所思所需，可以说他起到了"上下文化交流"的桥梁作用。

独守朴抱

涉世之道

洪应明的思想倾向是以儒为主，兼信佛道，在本质上他是一个儒者。这是儒释道融合的时代趋势的体现，也使得他作为传统伦理生活化的代言人成为可能。

◎洗尽铅华 大美不言◎

【原文】

宾朋云集，剧饮淋漓，乐矣，俄而漏尽烛残，香销茗冷，不觉反成呕咽，令人索然无味。天下事，率类此，人奈何不早回头也？

【译文】

宾客朋友聚集在一起，酣畅痛饮，狂欢作乐，可是事过之后面对的只是燃尽的残烛，烧尽的檀香，冰凉的茶水，一切快乐已经烟消云散，回想刚才的一切，真让人感到兴味全无。天下的事情，都像这快乐一样转瞬即逝，识时务的人为什么不及时回头呢？

宾客酣畅痛饮之后，回想尽情快乐后的曲终人散，真让人感到兴味全无。

宾朋宴饮，酣畅淋漓之后，一切快乐瞬间消散得无影无踪，留下的只有落寞。平淡淡淡才是真人生，幸福的生活完全取决于自己内心的简约。

【精读解析】

子夏问曰："'巧笑倩兮，美目盼兮，素以为绚兮。'何谓也？"子曰："绘事后素。"

子夏问孔子，诗经中这三句话到底说些什么，当然子夏并不是不懂，他的意思是这三句话形容得过分了，所以问孔子这是什么意思。孔子告诉他"绘事后素"，绘画完成以后才显出素色的可贵。

子谓卫公子荆，善居室。始有，曰："苟合矣。"少有，曰："苟完矣。"富有，曰："苟美矣。"

孔子在卫国看到一个世家公子荆，此人对于生活的态度，以及思想观念和修养，孔子都十分推崇。以修缮房屋这件事为例，刚刚开始可住时，他便说，将就可以住了，不必要求过高吧！后来又扩修一点，他就说，已经相当完备了，比以前好多了，不必再奢求了！后来又继续扩修，他又说，够了！够了！太好了。

世间事物的百态可以形成千种景象，扰乱的不只是人们的眼睛，更是人们的心。宾朋宴饮，酣畅淋漓，可是事过之后面对的只是燃尽的残烛，烧尽的檀香，冰凉的茶水，一切快乐瞬间消散得无影无踪，留下的只有落寞。繁华过后总是空，洗尽铅华方为真。论语中的两个场景正是要告诉人们这个道理。

一个人不要过分迷于绚烂，平平淡淡才是真人生。来时双手空空，所以要双拳紧握；而等到人死去时，双手往往摊开，不带走财富和名声……明白了这个道理，人就会对许多东西看淡。幸福的生活完全取决于自己内心的简约，而不在于你拥有多少外在的财富。

很多时候，流光溢彩的表面繁华并不能满足人们真正的需要，而浮华过后的朴素却是真正的甘甜。

一位著名的教授曾给学生上过一堂意味深长的课。教授拿了两杯水，一杯黄色的，一杯白色的，故作神秘地对学生说："待一会儿，你们从这两杯水中选择其中的一杯尝一下，不管是什么味道，先不要说出来，等实验完毕后我再向大家解释。"随后便先问甲乙两位同学想喝哪杯水，甲乙二人都说要黄色的那杯，教授接着又去问丙丁两位同学，丙丁二人也同样要尝试黄色的那杯。就这样，总共有200多个同学做了尝试，其中只有三分之一的同学选择了白色的那杯。

之后，教授问同学们，黄色的那杯是什么水？三分之二的同学伸出舌头回答："是黄连水。""那你们为什么想要尝试这一杯呢？"教授接着问道。那些同学又回答："因为它看起来像果汁。"教授笑了笑，接着又问尝过白色的水的同学，这些同学大声答道："是蜂蜜。""那你们为什么选择尝试白色的这杯呢？""因为掺杂了色素的水虽然好喝、好看，但是并不能解渴呀！"这些喝过蜂蜜的同学笑着答道。

听完同学们的回答，教授又笑了笑，说道："绝大多数的同学选择了很苦的黄连水，因为它看起来像果汁；只有极少数的同学尝到了蜂蜜。这是为什么呢？其实，在我看来，人生的过程也就是选择两杯不同颜色的水，大多数人都会选择有颜色的耀眼的那杯，只有极少数才会选择不太起眼的、不招人喜欢的、很平常的那杯。要知道，浮华过后的朴素才是真正甘甜的。"

繁华美景像是童话里的红舞鞋，漂亮、妖艳而且充满诱惑，一旦穿上便再也脱不下来，最终留给舞者的只是无限的疲惫与厌倦。所以，简单的不一定是最美的，但最美的一定是简单的。天地有大美而不言。简单的友情看起来平淡如水，却能够历久弥坚，经得起灾难和诱惑的考验；简单的生活看起来波澜不惊、清淡乏味，却总在点点滴滴的小事上给人带来暖心的幸福。

◎无名多趣　省事心闲◎

【原文】

矜名不若逃名趣，练事何如省事闲。

【译文】

炫耀自己的名声还不如逃避名声更有趣味，练达世事也不如多省一事来得悠闲自得。

【精读解析】

名利，就像是一座美丽豪华舒适的房子，人人都想走进去，只是他们从未意识到，这座房子只有进去的路，却没有出来的门。从古至今，不知有多少人在混乱的名利场中丧失了原则，迷失了自我，百般挣扎后终落得身败名裂。

追求名誉难免不被虚名所累，误了一生。其实看开了，虚名不过是噱头，可惜的是太多人被它牵制、累坏。为了承受这么一个毫无价值的虚名，人们常常暗中钩心斗角，明里打得头破血流，朋友反目成仇，兄弟自相残杀。

> 炫耀自己的名声还不如逃避名声更有趣味。

> 练达世事也不如多省一事来得悠闲自得。

我们以赤子之身来此世界，当以赤子之心走过此世界，是一种精神的超脱、洒脱的境界。专注于自身，修身养性才是真正的悠闲自得。

从前，卫国有一群演戏的艺人，因为遇上年岁饥荒，便到他乡卖艺求生。他们在路上经过一座山。据说这座山里有许多恶鬼，还有吃人的罗刹。夜里山中风大天冷，大家燃起火，在火旁边睡了。半夜里，有一个人实在感觉寒冷，就起来穿上演戏用的罗刹服，对着火坐着。同伴中一个人从睡梦中醒来，突然看见火旁边坐着一个罗刹，顾不上仔细看清楚，爬起来就跑。这一下惊动了所有的伙伴，大家一起亡命奔逃起来。那位穿着罗刹服的人一惊，也跟着大家狂奔，前面逃跑的人以为罗刹要来害人，更加恐惧惊慌。大伙不顾一切拼命逃生，有的跳进河里沟里，有的摔伤胳膊跌伤腿，疲惫至极。到了天亮，大伙才看清楚后面追的原来是同伴。有时候，扰乱我们心神的，往往并不是现实中的东西，而是藏于心中的罗刹——名利心。

让人们大惊失色，乱作的一团的"罗刹"不是别人而是自己的同伴，如果当时他们认清这一点，也就不至于受伤了。同样的,名利心也出自我们身体的内部,而且因为它由心生,就会产生容易、摆脱难。

人们心中有了荣誉的念头之后,便会为了获得荣誉而产生种种忧虑甚至心机。一有名气,争得了这份荣誉,必然要受到一些非难和妒忌,就要做好承受外界压力的心理准备。我们以赤子之身来此世界,当以赤子之心走过此世界,也就是真正留取清白在人间。最大的荣誉就是没有荣誉,把荣誉看得很淡很轻,名誉、地位、声望都算不得什么,即使行善做好事也不要留名,这自是一种精神的超脱、洒脱的境界。

相比之下,在处心积虑地追求出名,炫耀自己的名声时,往往得到的是骂名,这个时候还不如逃避名声来得更有趣味;练达世事还不如专注于自身,修身养性来得悠闲自得。所以,如果过分执著于名利场上,最终会心力交瘁,心灵空虚,也不会快乐,获得圆满的人生。

◎清静无为　内心澄澈◎

【原文】

春日气象繁华,令人心神骀荡,不若秋日云白风清,兰芳桂馥,水天一色,上下空明,使人神骨俱清也。

【译文】

春天景致繁茂昌盛,让人感到心旷神怡,却不如秋高气爽,清风吹拂,白云飘飞,兰花桂花清香扑面,秋水与长天一色,天地澄澈清明,让人的身体和精神都感到清爽舒畅。

【精读解析】

一个官员无意间和一个老汉聊起了天。

老汉问官员:"你有俸禄,有地位,还有不错的家庭,想必是十分快乐的了。"

这名官员无奈地摇摇头说:"说不上快乐,也说不上不快乐。"

老汉问他:"此话怎讲?"

> 秋高气爽,白云飘飞,秋水与长天一色,天地澄澈清明,人的身体和精神都感到清爽舒畅。

秋天澄澈清明,心灵和生活像水和天一样连成一色,上下空明,那么我们的生活就会随心流动。

官员说:"我总是要去参加一些宴饮,而且每次宴饮的时间都很长,虽然我看不惯某些官员的做派,可我还是要强颜欢笑;我想迁到更好的官位,可是无论我做出多好的政绩,上司都不闻不问;闲暇的时候我想和妻女游园踏青,却总有处理不完的公文。这样的生活虽然忙碌,但至少不会有衣食方面的担忧,可是我总是感觉不到生活的乐趣,感觉日子过得平稳充实,却缺少快乐。"

老汉听完他的诉说,言道:"我不曾吃过什么宴会,每天吃点老伴做的饭菜,觉得很可口。我不争什么名誉,平时和朋友下下棋,输了喝几杯酒,也很快乐。我晚上点一盏灯,读几本书,睡觉了就把灯熄掉。我总有机会亲近自然,因为我家周围的稻田、小桥就是很好的风景。我不知道你为什么有那么多的欲望。人的欲望是无穷无尽的,你有再丰盛的晚宴、再美的风景区,总有吃腻看腻玩腻的时候,你的快乐无非是建立在吃喝、政绩之上,如果没有这些,你该怎么办呢?所以你不快乐的真正原因,不是外界的限制,而是你内心对外界的依赖。"

官员说:"可是别的同僚都是这样,我必须和他们保持一致,才不至于被孤立。"

老汉说:"那在你这个躯壳里的,是别人的心,还是你自己的心呢?"

官员恍然大悟:"原来这个世界之所以不宁静,只是因为我们自己的心平静不下来……"

一位官员和一位老汉谈起了如何才能得到快乐的话题，两个人地位悬殊，而高高在上的官员却得不到普通老汉的快乐，这是为什么呢？

老汉说他每天吃老伴做的可口饭菜，平时和朋友下下棋，输了喝几杯酒。晚上点一盏灯，读几本书，睡觉了就把灯熄掉；总有机会亲近自然，院子周围的稻田、小桥就是很好的风景。

官员抱怨总是要去参加一些时间很长的宴饮，对看不惯的某些官员强颜欢笑。很多时候，他做出好的政绩，上司却没有给他升职，闲暇的时候还要处理公文。他不会有衣食方面的担忧，却缺少快乐。

地位越高，责任越重，担子越多。追求越多，欲望越多，身上的束缚也就越多。所谓清静无为，追求内心的澄澈实际上就是要我们不为欲求所累，让我们的心保持秋天的时令，虽然清冷，却自有面对收获不急不迫的淡泊。当我们像秋天这样对待外物时，心灵就走向了成熟的安宁。

老汉所说的，就是清静无为、追求内心澄澈的精髓。当一个人的心灵被太多的欲望充斥，他的生活和情绪也就会跟着失去自在、宁静和相对的独立。繁华的春天之所以比不上云淡风轻的秋日，原因就在这里。

在生活中，人们会想：有才德的人获得高位，那我们也去争取；有人拥有金银财宝，那我们也去攫取；有人有田地、别墅、车马，那我们也去捞一笔。这样，我们的内心就被外物束缚了。

让我们的心保持秋天的时令，自然不会对自己没有得到的耿耿于怀了。所以当一个人像秋天这样对待外物时，我们的心灵就走向了成熟的安宁。所以让心灵和生活像水和天一样连成一色，上下空明，那么我们的生活就会随心流动，也使人"神骨俱清"。

○简单做人　简单生活○

【原文】

禅宗曰："饥来吃饭倦来眠。"《诗旨》曰："眼前景致口头语。"盖极高寓于极平，至难出于至易；有意者反远，无心者自近也。

【译文】

禅宗有一则偈语说："饥饿时吃饭，疲倦时睡眠。"《诗旨》中说："用口头的语言表达眼前的景致。"这些都是将极深的哲理蕴含到极为平淡的语言中，可见最难的东西也要从最简单处着手；凡事刻意去强求的人往往离真理更远，无心而任其自然的人反而比较接近真理。

【精读解析】

"饥来吃饭倦来眠"，是大俗话，却是禅智之语。明朝大儒王阳明曾写过一首诗："饥来吃饭倦来眠，只此修去玄更玄。说与世人浑不信，却由身外觅神仙。"饿了就吃饭，困了就睡觉。世间高深的哲理，往往产生于极其平凡的事物当中。

"眼前景致口头语"，一些看起来很难的事情，往往于司空见惯的简单事情中找到解决的办法。

"简单不一定最美，但最美的一定简单。"由此可见，最美的生活也应当是简单的生活。跳出忙碌的圈子，丢掉过高的期望，走进自己的内心，认真地体验生活、享受生活，你会发现生活原本就是简单而富有乐趣的。

饥饿的时候吃饭，困乏的时候睡觉，人生因任其自然而释放出最美丽的光芒。

吃饭睡觉是极简单的生活内容，而那些看似玄奥复杂的大道、哲理，就蕴藏在这里面。生活本是简单的，只是我们的内心变得太复杂了。

住在田边的蚂蚱对住在路边的蚂蚱说："你这里太危险，搬来跟我住吧！"路边的蚂蚱说："我已经习惯了，懒得搬了。"几天后，田边的蚂蚱去探望路边的蚂蚱，却发现对方已被车子压死了。掌握命运的方法很简单，远离懒惰就可以了。

一个孩子对母亲说："妈妈你今天好漂亮。"母亲问："为什么？"孩子说："因为妈妈今天一天都没有生气。"拥有漂亮很简单，只要不生气就可以了。

一位农夫，叫他的孩子每天在田地里辛勤劳作，朋友对他说："你不需要让孩子如此辛苦，农作物一样会长得很好的。"农夫回答说："我不是在培养农作物，而是在培养我的孩子。"培养孩子很简单，让他吃点苦就可以了。

掌握命运，拥有美丽，培养孩子，这些生活当中的目标，在我们的期许中变得越来越繁杂，却不知生活其实本来就是简单的，只是我们的内心变得复杂。著名作家刘心武说："在五光十色的现代世界中，应该记住这样古老的真理：活得简单才能活得自由。"简单是一种美，是一种朴实且散发着灵魂香味的美。

有追求就会有收获，我们会在不知不觉中拥有很多，有些是必需的，而有些却是完全用不着的。那些用不着的东西，除了满足我们的虚荣心外，最大的可能，就是成为一种负担。简单生活不是忙碌的生活，也不是贫乏的生活。为了不让自己迷失，就要抛弃那些纷繁而无意义的生活，全身心投入你的生活，体验生命的激情和至高境界。

简单地做人，简单地生活。金钱、功名、出人头地、飞黄腾达，当然是一种人生。但能不依附权势，不贪求金钱，心静如水，无怨无争，拥有一份简单的生活，不也是一种很惬意的人生吗？毕竟，你用不着挖空心思去追逐名利，用不着留意别人看你的眼神。心灵没有锁链，也就是去除了烦躁与复杂，恢复了本真，于是快乐而自由，随心所欲，想哭就哭，想笑就笑，吃饭的时候吃饭，睡觉的时候睡觉，人生因任其自然而释放出最美丽的光芒。

❀❀ ◎胸无物欲　眼自空明◎ ❀❀

【原文】

胸中即无半点物欲，已如雪消炉焰冰消日；眼前自有一段空明，时见月在青天影在波。

【译文】

心中没有半点对物质的欲望，已经像炉火将雪消融，像太阳将冰融化一样；自己的心目中有一片空旷开朗的景象，就仿佛皓月当空水中映出其倒影一样。

【精读解析】

金钱、名利和任何物质，这些东西本没有善恶之分，只是当人对它们的欲望不加克制时，才会让贪心无穷无尽地泛滥膨胀。而贪求过度不仅给他人带来伤害，还会让贪婪的人走上多行不法、自取灭亡的末路。由此，当我们想要停止贪婪时，首先要端正对名利、金钱、物质等外物的看法。

每个人或多或少都会有些欲望，所以我们也不必把欲望当成洪水猛兽，只要我们善于利用欲望所滋生出来的正面力量，激励自己去为大众造福，就值得赞许。

每个人的世界都是我们自己造成的。一个人心中充满势利，就会因此而衍生出恐惧、怀疑、绝望、忧虑等各种各样的情绪。一个人若是使自己的思想里充满了恐惧、怀疑、绝望、忧虑的东西，那么他的整个生活就难以走出悲愁、痛苦的境地。但他若能抱着乐观的态度，那么就可使蒙蔽心灵的种种阴霾烟消云散，这正如《菜根谭》中所言："胸中即无半点物欲，已如雪消炉焰冰消日；眼前自有一段空明，时见月在青天影在波。"

凡是能够保持坚定信念的人，一定懂得用希望来代替绝望，用坚韧来代替胆怯，用决心来代替犹豫，用乐观来代替悲观。一个人如果能拥有良好积极的思想、乐观愉悦的精神，那么他定能肃清一切心灵上的敌人，这样的话，就要比那些沮丧、失望、犹豫的人们有利得多。

◎溪壑易填　人心难满◎

【原文】

眼看西晋之荆榛，犹矜白刃；身属北邙之狐兔，尚惜黄金。语云："猛兽易伏，人心难降；溪壑易填，人心难满。"信哉！

【译文】

当西晋的前途面临危险的时候，还有豪门贵族在夸耀武力；眼看人将死去变成北邙山狐兔的食物，此时竟然还有人吝惜黄金。俗话说："猛兽容易制伏，而人心难以降服；深谷容易填平，而人心难以满足。"这句话非常正确。

【精读解析】

当人刚来到人世的时候，头脑中没有名利的欲望，没有生活的忧虑，所以双手总是握时非握，婴儿从不挑时间表达自己的需求，虽然哭过，最终总是会笑。然而，随着年龄的增长，心灵逐渐装载了各种欲望，心渐渐成为一个贪婪的无底黑洞，即使吞噬万物也不满足，烦恼苦痛开始滋生。

老子在《道德经》中说过这样的话："罪莫大于可欲，

心目中有空旷开朗的景象，就仿佛皓月当空水中映出其倒影一样。

一个人若能抱着乐观的态度，就可以使蒙蔽心灵的种种阴霾烟消云散，否则他将难以走出悲愁、痛哭的境地。

只要大人喜欢，在下马上就办来。

天下的罪过没有比贪欲更大的，天下的祸患没有比不知足更厉害的，天下的灾难没有比想掠夺更严重的。所以，知道该满足时就满足，就会永远知足。

祸莫大于不知足，咎莫大于欲得。故知足之足，恒足矣。"天下的罪过没有比贪欲更大的，天下的祸患没有比不知足更厉害的，天下的灾难没有比想掠夺更严重的。所以，知道该满足时就满足，就会永远知足。

"贪"为人生三毒之首，贪名、贪利、贪感情，贪这个世界上的一切。贪欲迷惑人心，遮住人眼，此时人就像一头拉磨的驴，只顾一个劲儿地往前走。"猛兽易伏，人心难降，溪壑易填，人心难满"，说的就是这个道理。

当贪欲太炽盛时，要懂得知足常乐的道理。知足是一种良好的生活态度，它能使人变得更加睿智、平和。知足了便不作非分之想；知足了便不好高骛远；知足了便安若止水、气静心平；知足了便不贪婪、不奢求、不豪夺巧取。知足者温饱不虑便是幸事；知足者无病无灾便是福泽。

在尚未被贪欲吞噬之前，人们若能去除掉不必要的东西，清心寡欲，心灵也就清明空灵。

◎遇事从容　身心自在◎

【原文】

古德云："竹影扫阶尘不动，月轮穿沼水无痕。"吾儒云："水流任急境常静，花落虽频意自闲。"人常持此意，以应事接物，身心何等自在。

【译文】

古时候道德高尚的和尚说："竹子的影子在台阶上掠过而尘土不会飞扬起来，月影倒映在池塘而水面不会生起丝毫波纹。"有一位儒家学者也说："水流得再急，四周的环境仍然宁静，花落得再多，意兴依然闲适。"一个人如果常保持这样的生活态度来为人处世，那么身心是多么自在逍遥啊！

【精读解析】

世间的事，纷至沓来，只有做到不动心，才能得到真正超然物外的洒脱。心不动，即便有三千烦恼丝缠身，亦能恬静自如。这就好比，同样多的事情，有人为世事所叨扰，忙得焦头烂额，有人却能泰然自若地悉数处理完毕，生活的智者总是懂得在繁忙的生活之外，存一颗闲静淡泊之心，寄寓灵魂。后者虽因忙碌而身体劳累，却因为时时有着一颗清静、洒脱而无求的心，便很容易能找到自己的快乐。

人只有心静下来的时候，才能够观照到自己的本来面目。一个人若能在嘈杂中感悟宁静，也就达到了人生快乐的极高境界。

有四个人聚在一块进行一项"不说话"的训练，以此考验自己的定力。四个人当中，有三个人的定力较高，只有一个人定力较弱。由于是在晚上，要时常为灯添油，所以四人商量过后，点灯的工作就由定力最弱的那个人负责。

"不说话"训练开始后，四个人就围绕着那盏灯静坐。几个小时过去了，四个人都默不作声。

油灯中的油越燃越少，眼看就要枯竭了，负责管灯的那个人，见状大为着急。此时，突然吹来一阵风，灯火被风吹得左摇右晃，几乎就要灭了。

管灯的人实在忍不住了，他大叫说："糟糕！火快熄灭了。"

其他三个人原来都闭目静坐，始终没说话，听到管灯的那个人的喊叫声，有一个人立刻斥责他说："你叫什么！我们在做'不说话'，不能开口说话。"

又有一个人闻声大怒，他骂第二个人说："你不也说话了吗？太不像样了。"

第四个人始终沉默静坐。可是过了一会儿，他就睁眼傲视其他三个人说："只有我没说话。"

第四个人自以为定力十足，却不知他同前三个人一样，只是"五十步笑一百步"而已，没有太大的区别，同样因为一点外在的嘈杂便扰乱了内心的安宁。

无论待人还是接物，都要保持自己心灵的平静。以一种从容淡定的心情去对待之，并借此来修炼自己的心灵，达到不动心的境界，以获得一个悠然自在的人生。

王维诗云："人闲桂花落，夜静春山空。月出惊山鸟，时鸣春涧中。"

诗描写的不仅是美丽的自然，也是诗人生命的美。如果一个人在喧闹的都市中，仍保持一颗清静无为的心，就能像王维那样体验到生命中蕴含着的花落、月出、鸟鸣的美丽，就能拥有一个诗意的幸福人生。

竹影扫阶尘不动，月轮穿沼水无痕，水流任急境常静，花落虽频意自闲，自然中的这些静，其实就是人生的从容沉静的心态。当我们以这样的心态生活时，生活就会多几分惬意，即便不那么富有也能活出人生的趣味。当我们以这样的心态做事时，我们就会冷静地作出决断，从容地看待工作、事业上的起起伏伏。所以当人静下来时，不仅不会失去奋斗的动力，反而会自信、从容、逍遥地走在人生的路上。

◎正确定位　自在生活◎

【原文】

花居盆内终乏生机，鸟入笼中便减天趣。不若山间花鸟错集成文，翔翔自若，自是悠然会心。

【译文】

花木移栽到盆中终归失去了蓬勃的生机，飞鸟关入笼中就减少了盎然的生趣。不如山间的花鸟点染成美丽的景致，自由飞翔，这样才能使人悠然领会自然的妙趣。

【精读解析】

一位成功人士曾经说过："宝贝放错了地方便是废物。"生活中真正的悲剧在于人们不能使自己的优势得到充分的发挥。人生的诀窍就是找准人生定位，定位准确能发挥自己的特长。

只有坐在适合自己的位置上，人们才能得心应手，在人生的舞台上游刃有余。如果定位不正确，人生就会像失去指南针一样迷茫，有时甚至会发生南辕北辙的事；而准确的人生定位，不但能帮助人们找到合适的道路，更能缩短人们与成功的距离；而一个高的定位，就像一股强烈的助推力，能帮助我们节节攀升，开创更大的人生格局。

在《庄子·齐物论》篇中，庄子描述了三个

山间的美丽景致，使人悠然领会自然的妙趣。

只有坐在适合自己的位置上，人们才能得心应手，在人生的舞台上游刃有余。如果定位不正确，人生就会像失去指南针一样迷茫，有时甚至会发生南辕北辙的事。

精于自己的技艺的人："昭文之鼓琴也，师旷之枝策也，惠子之据梧也。三子之知几乎，皆其盛者也，故载之末年。唯其好之也，以异于彼；其好之也，欲以明之。彼非所明而明之，故以坚白之昧终。而其子又以文之纶终，终身无成。"庄子说，昭文善于弹琴、师旷精于乐律、惠施乐于靠着梧桐树高谈阔论，这三位先生的才智可以说是登峰造极了！他们享有盛誉，所以他们的事迹得以记载并流传下来。

这三位智者为什么能够这么成功呢？是因为他们找到了自身的优势，并将自身的优势发挥到了极致。一个人若能够找到适合自己做的事，把自己的优势潜力发挥出来，哪怕自己在做的是多么不起眼的事，也会从中散发出一种感染人的气息。相比之下，那些好高骛远，不肯踏实去做的人，找到正确平台的机会几乎是微乎其微。

有一位年轻人，他学的是法律，却热衷戏剧，常想有机会登上银幕，成为众人追捧的大明星。可是，人们却从没有看见他去尝试那些可以进入影视界的机会。

于是有人问他："为什么不去试试看呢？"

他说："我不愿去和那些初出茅庐的小孩子们竞争。我已经快三十岁了，即使考进去之后，也不过是做个小小的配角，有什么意思？我要等什么时候有大公司找某一部影片的主角，并且和我的性格戏路合适，我一去，就会被录用，那才可以一鸣惊人。"

可是，世界上像这样幸运的人能有几个？于是，他只好任岁月蹉跎，年华老去，而其愿望仍只是个愿望。只因他不肯踏踏实实从头做起，所以永远不可能触及理想的殿堂。

由此可见，仅对自己无法实现的愿望焦急慨叹是没有用的。要想达到目的，唯一的捷径就是踏踏实实，摆脱浮躁的情绪，平台无论大小、对错都需要我们自己去靠近。

古人讲，花木飞鸟本是自然之物，将其放诸山水间就会生趣盎然；如果将花木栽进盆中，将鸟儿关入笼里，妙趣顿减。生活中，类似花盆、鸟笼之类的枷锁无处不在，如果人们不能正确定位自己，找不到真正适合自己去做的事情，自己的潜能就永远难以完全发挥出来，成功之路也将倍加曲折。相反，如果能自得其所，使自己的长处充分地施展出来，再加上自己的努力与勤奋，就会在不知不觉中超越他人，脱颖而出。

◎淡定冷静 谨慎从事◎

【原文】

权贵龙骧，英雄虎战，以冷眼视之，如蚁聚膻，如蝇竞血；是非蜂起，得失猬兴，以冷情当之，如冶化金，如汤消雪。

【译文】

有权势的达官贵人像龙一样显示他们的威风，英雄豪杰像猛虎一样争战，用冷静的眼光来看待他们，只不过是像蚂蚁聚集在腥膻味旁争食，苍蝇竞相吸血一样；人间的是是非非像乱蜂涌起，人间的得失像刺猬毛密集，用冷静的头脑来应付，不过就像金属在炉中冶炼，冰雪被沸水所融化一样。

> 英雄豪杰像猛虎一样争战。

> 有权势的达官贵人像龙一样显示他们的威风。

> 达官贵人，英雄豪杰，都在纷争中起落。然而，一切对外物的争夺，都几多无味。人应该怀有冷静的态度，修得一颗淡泊的心，才能获得心灵的平静。

【精读解析】

达官贵人，英雄豪杰，都是在纷争中起落的，虽然热闹，但是冷眼观之、冷情处之时，发现

不过就像一群饿极了的蚂蚁和苍蝇争相抢食，竞相吸血一样，几多无味；人生是非、得失是不可避免的，但是用冷静的头脑看待时，也没有什么大不了。

做人要常怀冷静的态度，也就是要修得一颗淡泊的心，否则行走在人生中就会患得患失、心灵难有真平静。冷情当事，是为了更好地进取，否则人生将在原点打转，永远看不到山顶的风景。

拥有一颗淡定的心，也并不是让人安于现状，不思进取。安于现状的人其结果是身心的怠惰与生命的枯萎，而淡定心绝不是让生命枯萎，而是让生命之花在惬意、平和中傲然绽放。

因此，在淡泊心这份土壤中，生长着一份淡然的心境，也只有在生活的过程中，才能体会平常心的可贵。如果你持一种悲观颓废、安于现状、甘于平庸的心态去对待生活，你就会如苍茫大海上的一叶孤舟，随时可能迷失方向，甚至还会倾覆，葬身于大海。

如果你以轻松、明朗的心态去迎接生活，以勇锐盖过怯弱，以进取压倒苟安，你的人生将阳光普照、鸟语花香。是的，我们不能决定人生的长度，但我们可以用平常心拓展人生的宽度。

任何为外物的争夺都好似蚂蚁聚膻、苍蝇竞血，时刻要给自己心中敲响警钟，不要过于计较贵贱失得，要心平气和，淡定冷静，谨慎从事，才能避开无谓的争夺，因此活得轻松，过得自在，走得踏实。

○艳为虚幻　返璞为真○

【原文】

莺花茂而山浓谷艳，总是乾坤之幻境；水木落而石瘦崖枯，才见天地之真吾。

【译文】

鸟语花香，草木繁茂，山谷溪流中充满了艳丽风光，然而这一切不过是大自然的虚幻镜像；流水干枯，山崖光秃凋零，石面清冷，这样才是表现了天地之间的真实境界。

【精读解析】

莺花茂而山浓谷艳，应当是盛时世界；水木落而石瘦崖枯，则是衰时景象。盛极世界虽然娇艳，却是一时的虚空幻影，而衰时景象虽然苦涩寒冽，却是天地吾真。虽然古之贤人如是说。但是现实生活之中，人们往往宁愿痴迷于繁华的幻影，也不愿领略衰苦的真实。能够坚守本真的原木已经少之又少了，但也正因为如此，原木才更为可贵，更值得人们珍惜。平平常常做人，拒绝外在的

流水干枯，山崖光秃凋零，石面清冷，这才是天地之间的真实境界。

盛极世界虽然娇艳，却是一时的虚空幻影，而衰时景象虽然苦涩寒冽，却是天地吾真。即便是处于困顿与衰苦之中，也比沉迷于繁华的幻影更为可贵，更值得珍惜。

雕琢，首先需要有一颗淡泊宁静的心，因为只有这样才能够坚决地摒弃掉浮华。很多人在春风得意时都容易喜形于色，在沾沾自喜中迷失自我。能够始终保持低调的行事作风的人却总是少数，他们无论任何情况下都不显山露水，却往往能在"不显不露中出头"，这才是智者的幸福哲学。

最本真的自我不仅存在于智者的行为中，也存在于他们的诗作之中。梁克家的梅花诗便是深得此种滋味的。

梁克家是南宋时著名的学者、诗人。晋江人，字叔子，南宋绍兴三十年进士第一名，官最高曾做过右丞相，曾经编修《三山志》。梁克家没有考中进士时，在潮州揭阳宰馆作客，住在县治东斋。

斋前种植着一株梅树。

九月的一天，平时冬天才开的梅花忽然迎风怒放，观者无不啧啧称奇。文人墨客也诗兴大发，纷纷以此为题赋诗填词，但他们所作的内容多是阿谀奉承县令的。梁克家却与他们不同，他所作的诗是这样的："老菊枯残九月霜，谁将先暖入东堂？不因造物于人厚，肯放南枝特地香？九鼎燮调端有待，百花羞涩敢言芳？看来冰玉辉相应，好取龙吟播乐章。"这首诗高度赞美了梅之高洁，却没有一句肉麻的话语。两年后梁克家金榜题名，在廷对时，梁克家凭着这首诗夺得进士第一名。

梁克家的诗如苦寒之至的梅花独得一格，浑然质朴、气韵寒冽，真正有"天地真吾"的神韵。

人本来生下来都是很朴素，很自然的，后天的雕琢反而破坏了原本的本真。人应该保留人性中单纯、善良、朴实的东西，不要让外在的浮华破坏自然的本质。不管作诗还是为人，都应该尽量拒绝雕琢，人生该如何便如何，自我该怎样便怎样，坚守本真就可以了。

◎食无求饱 居无求安◎

【原文】

神酣布被窝中，得天地冲和之气；味足藜羹饭后，识人生淡泊之真。

【译文】

安然舒畅地睡在粗布棉被中的人，可以吸收天地间平和的精气；满足粗茶淡饭的人，才能体会淡泊人生的真正趣味。

【精读解析】

《菜根谭》中这句话的深层意义可用《论语》中的一句话来阐释，即："饭疏食饮水，曲肱而枕之，乐亦在其中矣。不义而富且贵，于我如浮云。"

孔子说，只要有粗茶淡饭可以充饥，喝喝白开水，弯起臂膀来当枕头，靠在上面酣睡一觉，便感到人生的快乐无穷。这句话形象地描绘出孔子的价值观与人生观。人生自有乐趣，并不需要虚伪的荣耀。不合理、不合法、不择手段地得到了富贵是非常可耻的事。孔子说，这种富贵，对他来说等于浮云一样，聚散不定。看通了这点，自然不受物质环境、虚荣的惑乱，可以建立自己的精神人格了。

幸福与富贵无关。吃些粗茶淡饭，青菜果蔬，住在简陋的小地方，也一样能获得生活的乐趣。人若能在物质条件艰苦的情况下保持心灵的安宁，便能获得人生的真谛。

清末，上海一条叫登瀛里的小弄堂里居住着一位普通的老人蒲华，他自撰对联：身无长物，内有残书；老骥伏枥，洋鬼比邻。这是他真实的生活，更是他面对窘迫、面对现实的一种超乎常人的乐观心态。正是这种心态，使穷困潦倒的蒲华在绘画道路上有执着的追求和超人的灵气，与任伯年、虚谷、吴昌硕一起并称为"海上四家"。

其实，贫是钱财太少，但不是一无所有，安贫就是一个人在不利条件下，也能够保持心灵的安宁。这就是蒲华所达到的境界。正如孔子最欣赏的学生颜回一样："一箪食，一瓢饮，在陋巷。人不堪其忧。回也不改其乐。贤哉回也！"在孔子眼中，颜回十分贤德，因为他每天吃的是一盆白饭，喝的是一瓢水，住在简陋的小地方，物质环境艰苦，但是颜回却仍不改变他的恬淡乐观，追寻那个奇妙的道。确实，幸福与富贵无关。不生病，不缺钱，做自己爱做的事，就是生活的幸福。

这就是古语中"安贫乐道"中"安"字的道理。安于得失，安于贫富，失之不留，贫者不求，则心安身安，生活自然富足。因此安贫乐道实则是一种适中调和的生活态度，不太奢侈。"食无求饱"，尤其在艰难困苦中，不要有过分的、满足奢侈的要求。"居无求安"，住的地方，只要适当，不要贪求过分的安逸。不求物质的享受，但求精神的升华。这就是所谓"君了食无求饱，居无求安，敏于事而慎于言，就有道而正焉，可谓好学也已"。

安贫乐道的"道"其实是一个人的信仰、理念，具体说就是人生观、价值观，乃至宇宙观。因此，乐道，乃是快乐地去实践自己的信仰和理念，人穷志不穷，那是你真正的价值所在，也是真正的乐趣所在。自己的情绪不会因为环境的优劣而改变，胜亦欣然，败亦无妨。这也就是所谓的逍遥。

◎减却一事 轻松一世◎

【原文】

人生减省一分，便超脱一分。如交游减，便免纷扰；言语减，便寡愆尤；思虑减，则精神不耗；聪明减，则混沌可完。彼不求日减而求日增者，真桎梏此生哉！

【译文】

人生如果能减少一分事，就能够超脱一分俗务。如减少交际应酬，就能免除不少纷扰；如能减少一些言语，就能减少很多过失和责难；如减少一些操心着急，那么就少耗些精神；如减少一些小聪明，就能保持纯朴自然的本性。那些不求每天减少却希望增加的人，真是将自己的生命给束缚住了。

这些东西我不能收！

人的生命和精力都是有限的，不能把一切想要的东西收入囊中，学会拒绝一些没用的东西，放下一些给自己添加负担的东西，生活才能变得轻松、快乐。

【精读解析】

人的一生难免会有许多欲望和追求。但是过多的不必要的东西除了满足我们的虚荣心外，还有可能成为生活的负担。当你觉得生活不堪重负时不妨学会卸载：将自己的烦恼和包袱一一勾去，减去一些自己不需要的东西，让自己的心态归零。有时候简单一点，人生或许会觉得更加踏实。

懂得简单生活的人很善于做生活的减法，他们知道适时放下欲望的包袱。但是简单生活不是贫乏或缺少内容，而是繁华过后的一种觉醒，是一种去繁就简的境界。

有一次，哲学家带着他的学生来到了一个山洞里，打开了一座神秘的仓库。这个仓库里装满了放射着奇光异彩的宝贝。仔细一看，每件宝贝上都刻着清晰可辨的字，分别是：骄傲、嫉妒、痛苦、烦恼、谦虚、正直、快乐……这些宝贝是那么漂亮，那么迷人。这时哲学家说话了："孩子们，这些宝贝都是我积攒多年的，你们如果喜欢的话，就拿去吧！"

学生们见一件爱一件，抓起来就往口袋里装。可是，在回家的路上他们才发现，装满宝贝的口袋是那么沉重，没走多远，他们便感到气喘吁吁，两腿发软，脚步再也无法挪动。哲学家又开口了："孩子们，还是丢掉一些宝贝吧，后面的路还很长呢！""骄傲"丢掉了，"痛苦"丢掉了，"烦恼"也丢掉了……口袋的重量虽然减轻了不少，但学生们还是感到很沉重，双腿依然像灌了铅似的。

"孩子们，把你们的口袋再翻一翻，看看还有什么可以扔掉一些。"哲学家再次劝那些孩子们。学生们终于把最沉重的"名"和"利"也翻出来扔掉了，口袋里只剩下了"谦逊""正直"和"快乐"……一下子，他们有一种说不出的轻松和快乐。

故事中的哲学家所倡导的，是一种去繁就简的人生，没有太多欲望的压迫，是一种简单而又纯粹的人生。

一个懂得简单生活的人，他会心无旁骛，并善于将可能引起忧思苦恼及妨碍行进的事物丢弃掉，不让它干扰自己的身心和脚步。

生活其实很简单，就跟吃饭一样，把吃饭的问题搞明白了，也就把所有的问题都搞明白了。聪明者吃饭既不会点得太多，也不会点得太少，他知道能吃多少，就点多少，他能估计自己的食量；愚昧者则贪多求全、拼命点菜，什么菜贵点什么，什么菜怪点什么，等菜端上来时只眼花缭乱，即使勉强吃下也消化不了，反而祸害了自己的胃。

世间光怪陆离的东西实在太多，而人的生命和精力都是有限的，不能把一切想要的东西收入囊中。欲望是填不满的沟壑，减省一分，超脱一分；减却一事，轻松一世，这未尝不是一种智慧的生活。

◎平凡真趣　简单欣喜◎

【原文】

栽花种竹，玩鹤观鱼，亦要有段自得处。若徒留连光景，玩弄物华，亦吾儒之口耳，释氏之顽空而已，有何佳趣？

【译文】

种植花草竹木，饲鹤养鱼，都要有一种自得其乐的心理感受。如果只是迷恋眼前的景致，玩赏表面的景色，也只是儒家所说的口耳学问，佛家所说的冥顽不灵，有什么乐趣可言呢？

种植花草竹木，饲鹤养鱼，都要有一种自得其乐的心理感受。

怡然自得的自在生活，固然需要"流连光景，玩弄物华"的方式，但又不完全依赖于这些表面功夫。我们心中驻足的风景，笔下流出的墨迹，虽然平凡无奇，却往往令人回味无穷。

【精读解析】

"我们是空心人，我们是填充着草的人，倚靠在一起，脑壳中装满了稻草。"这是英国诗人艾略特的感慨，现实生活中，恐怕有很多人可以对号入座。很多人执著物质的丰富，心灵就会变得空虚，再用各种各样的欲望来填充。

我们可以很忙碌，但不妨抽出闲暇在琐碎的生活里寻找些简单的快乐。譬如"栽花种竹，玩鹤观鱼"，再如看一下窗外的美景，赏一朵路边的野花。平凡里也有情趣，简单中亦有惊喜。

四大美女，或沉鱼，或落雁，或闭月，或羞花，皆不相同。若身边的每个人都是西施王昭君，也许反而会觉得粗野的小姑娘更为招人喜欢。也就是说，每一种存在都是合理的，都是无法替代的。

梁漱溟先生曾说："四个时节都能够激发人：春使人活泼高兴；夏使人盛大；秋冬各有意思。"不过他更喜欢秋天，因为秋天更能够激发人的情感，而且意味更含蓄。刘禹锡就说："自古逢秋悲寂寥。"这种寂寥之情，就是对人心底的触动，一点一滴，勾起了思念故里之意或者是对自己人生的反省。这种敏锐之思，心底柔软的人，最易产生共鸣。这种怡然自得的自在生活，固然需要"流连光景，玩弄物华"的方式，但又不完全依赖于这些表面功夫，就像一个人从诗词歌赋中体会到的美感并非完全源自文字技巧，更重要的是藏在文字之下的作者的情思和志趣。

有人说，画图者画心，挥毫者求天然真趣。心中的图景不一定绚烂，而且更多的可能是柴米油盐、吃穿住用行的生活琐事；天然真趣也不一定精工细刻、独具匠心，还有可能显露技艺的瑕疵。但是写字作画贵在一个"真"字，我们心中驻足的风景、笔下流出的墨迹确实平凡无他，但是它们其实都是绚烂繁华过后，人们收起的平淡，正像白水解渴、清茶不腻一样，这些真实的平凡往往更让人回味无穷。

◎生活平淡　万般滋味◎

【原文】

有一乐境界，就有一不乐的相对待；有一好光景，就有一不好的相乘除。只是寻常家饭，素位风光，才是个安乐的窝巢。

【译文】

有一种快乐的境界，就一定有一种不快乐的境界相比较；有一处美好的景色，就一定有一处不美的景色相参照。只有那些普通的家常便饭，寻常的自然景色，才是真正安乐的归宿。

【精读解析】

抱有平常的心境脱却利益的驱使，无所欲求，当喜则喜，当哭则哭，乐也就随境而生了。

唐朝著名诗人贺知章曾在长安宣平坊修建了一所房子，房子的对面有小板门，常见一老人乘驴出入其间。过了五六年，贺知章看见老人衣服颜色如故，亦不见老

人生有苦也有乐，人的境遇也有好与不好之分，平淡的生活才是最宜于本真的。家常便饭，寻常的风景，便是隐藏着无限乐趣的所在。

人的家属。他询问管理小巷的人，老人是谁，人们都回答说他是西市王老。贺知章知道这位老人不是一个普通人，于是他去拜访老人，老人恭谨地迎接了他。渐渐地，贺知章与老人往来密切，后来老人对贺知章讲了实情，说自己善黄白之术。贺知章对此一向信重，愿侍奉老人。贺知章与夫人持一明珠，告诉老人说这是在乡里得到，珍藏很久了，特敬献给老人，求说道法。老人即把明珠交给身边的童子，让他去买饼。童子用明珠买来了三十余张胡饼，招待了贺知章。贺知章心想老人这么轻易就把明珠换成了饼，太不讲情义了，心里甚不快。老人说："夫道者可以心得，岂在力争？悭惜未止，道何由成？当须深山穷谷，勤求致之，非市朝所授也。"贺知章听完老者的话后，有所顿悟，心想入道还乡。天宝三载，贺知章上书告老，请求允许自己回家乡。

贺知章告老回乡，在于乘驴老人点化了他，给了他一个无欲无求的心境。

生命无高低之别，只存平淡可说。人们常说平平常常就是真，这种生活的真就是乐。

既然生活本身就是乐，就无须从外面再去寻找，更不需要从生命之中解脱出来。我们只需要在生活中看到乐，并提炼乐。其实无苦也就无所谓乐，因此家常便饭、素位风光才是生活的本真，是最好的安乐归宿。

求学问道

——成败名誉不挂心，读书明理须深心

❀ ◎修德忘名 读书深心◎ ❀

【原文】

学者要收拾精神，并归一路。如修德而留意于事功名誉，必无实诣；读书而寄兴于吟咏风雅，定不深心。

【译文】

做学问就要集中精神，一心一意致力于研究。如果在修养道德的时候仍不忘记成败与名誉，必定不会有真正的造诣；如果读书的时候只喜欢附庸风雅，吟诗咏文，必定难以深入内心，有所收获。

【精读解析】

宋代书法家米芾说，学习书法必须专于书法，不再有其他爱好分心，方能有成就。与此类似的是，古代善于弹琴的人，也说必须专攻两三支曲子，方能进入精妙的境界。这里说的虽是小事，但也可以借以译注"收拾精神，并归一路"这句话：生活中无论什么事，只有把精神气力集中在一个地方，才能心想事成。

> 读书求学，应该做到集中精神，心无旁骛。只有这样，才能不被外界干扰，在自己所醉心的事业上取得一定成就。如果一心想着飞黄腾达，而又三心二意，到头来只会什么都做不好。

立于人世，不管做哪一行，做什么事，"杂则多"，欲望多了，懂得多了，有时便会流于表面，博而不专；然后"多则扰"，考虑得太多，困扰就多，困扰了自己，也困扰了他人；最后"扰则忧，忧而不救"，思想复杂了，烦恼太多了，痛苦太大了，人生就永远迈不开走向成功的步子。专注于心是做人做事的原则，博而不专，杂而不精，必会制约人生发展的高度。

有一只兔子，身材修长，天生就很会"跳跃"，所以它一直对"跳远第一名"的荣誉感到无比自豪和光荣。

一天，森林的国王宣布，要举办运动会，提倡全民运动。于是，兔子就报名参加"跳远"项目，果然兔子击败了鸡、鸭、鹅、小狗、小猪等动物，再次得到"跳远金牌"。

后来，有一只老狗告诉兔子："兔子啊，其实你的天分资质很好，体力也很棒，你只得到跳远一项金牌，实在很可惜。我觉得，只要你好好努力练习，你还可以得到更多比赛的金牌啊！"

"真的啊？你觉得我真的可以吗？"兔子受宠若惊。

"只要你好好跟我学，我可以教你跑百米、游泳、举重、跳高、推铅球、马拉松……你一定没问题啊！"老狗自信地说。

在老狗的怂恿下，兔子开始每天练习跑百米，下水练游泳，游累了，又上岸，开始练举重；隔天，跑完百米，赶快再练跳高，甚至撑着竿子不断往前冲，也想在撑竿跳中夺魁。接着，又掷铅球、跑马拉松……

到了第二届运动大会，兔子报了很多项目，可是它跑百米、游泳、举重、跳高、掷铅球、马拉松……没有一项入围，连以前它拿手的跳远，成绩也退步了，在初赛中就被淘汰了。

这只小兔子的教训是深刻的，有些人很有"企图心和欲望"，想让自己很有名、出尽风头。于是就像兔子一样，在别人的怂恿下，眼高手低地认为自己没问题，既可以做这个，又可以做那个，到头来，一样都没有做好。

再仔细揣摩《菜根谭》这句"收拾精神，并归一路"，实则包含两层含义：第一层，集中精神，心无旁骛；第二层，精益求精，不浅尝辄止。人一生的时间和精力都是有限的，心意一旦开了差、流于表面，事情就很难办成。综观世间学有专长之人，都是对某一领域有所偏好，并专注于心，穷根究底，终于守得云开见月明，学有所成。

生活中，如果我们想求学，同时却又想着官运飞黄腾达，那么我们的学业必然得不到精修。同理，如果我们做一件事时，只满足于学得皮毛、流于卖弄，同样又不会成为这个领域的精英。所以，如果我们想去做成一件事情，就必须将自己仅有的时间和精力集中地投入到这件事情中去，并专注于此。人，一旦进入专注状态，整个大脑就围绕一个兴奋点活动，一切干扰统统不排自除，除了自己所醉心的事业，一切皆忘。

◎心地干净　方可学古◎

【原文】

心地干净，方可读书学古。不然，见一善行，窃以济私，闻一善言，假以覆短，是又藉寇兵而济盗粮矣。

【译文】

心中有一方净土，能够做到纯洁无瑕的人，才能够研读诗书，学习圣贤的美德。如果不是这样的话，看见一个好的行为就偷偷地用来满足自己的私欲，听到一句好的话就借以来掩盖自己的缺点，这种行为便成了向敌人资助武器和向盗贼赠送粮食了。

【精读解析】

知识本无褒贬，但是却会因求学人的道德分野而分褒贬。道德是一个人的立身之本，假如一个人的心术不正、品行不端，即便学富五车，也不会做出什么施德行善的好事，反而会随着学习的精进给他人、给社会带来更多的破坏。相反只有心地无瑕、性情如水的人才会保证知识的中性，并随着学习的深入，让自己生活的世界沁满芬芳。所以为学先修心便成了"心地干净，方可读书学古"的潜在含义。

为学应当先修心，只有心地干净，坚守着心里的道德底线，然后再倾心学问，所学知识才能使自己变得丰盈。如果满腹机心，以学识服务于自己心中的欲望，只会让自己变成一个卑鄙的人。

孔子说："禀受才智于自然，回复性灵以全身。"才智性灵如果不符合自然之道、真我性情，便不会利人利己。为学、为人不如放下世故机心，以真示人，反而更能为自己争得立足的天地。相反，一个人假若总是想着如何从这个世界中攫取什么利益，或者迎合世人，处心积虑地生活，不仅学无所成，甚至适得其反。

其实生命就像一个沙漏，而道德就像沙漏中间的那个卡壳。在沙漏的上半部，有成千上万的沙子。它们在流过中间那条细缝时，都是平均而且缓慢的，除了弄坏它，否则谁都没办法让很多沙粒同时通过那条窄缝。人，也如同沙漏，每天我们都有新的东西要学习，有不同的事等着我们去做，但是我们必须受制于这个瓶颈，否则流沙就会失于美，沙漏之于时间就会出错。这就是所谓的"沙漏法则"。

一个人在社会上面对生活中各种各样的诱惑久了，心中免不了受到大众的浸染，充满机心。这时候我们要做的不是突破道德底线，而是在受制中沉淀，沉淀时间、沉淀涵养，也沉淀历久弥香的知识，避免让外物的机心污染知识。

其实，人的心灵能否因为知识的灌入而丰盈，关键在于心灵本身干净与否。一个人如若在这个过程中失去坚守，可能一时痛快，却要经受长期的心灵煎熬。所以，当我们决心要学习某种知识技能时，首先端正好心态，保持心灵的无功利性：看见一个好的行为就见贤思齐，而不是利用别人的善行满足自己的私欲；听到一句好的话，先想想我们的修为是否配得上它，如果不是就说自己受之有愧，如果能受用就大方接受。为学为人中，我们还要学会分辨人心的真假，避免自己为人利用，助人为虐。

◎学以致用　学有所成◎

【原文】

读书不见圣贤，如铅椠庸；居官不爱子民，如衣冠盗；讲学不尚躬行，如口头禅；立业不思种德，如眼前花。

【译文】

研读诗书却不洞察古代圣贤的思想精髓，只会成为一个写字匠；当官却不爱护黎民百姓，就像一个穿着官服、戴着官帽的强盗；讲习学问却不身体力行，就像一个只会口头念经却不通佛理的和尚；创立事业却不考虑积累功德，就像眼前昙花一样会马上凋谢。

【精读解析】

《菜根谭》之所以将读书为学、从政立业和修身养性并列，是因为它们是不得不修的人生功课。一个人在世既要懂得求真知，也要讲求学以致用。

蔡元培先生说，一个人求学问就是为了学以致用，即使刚开始时有人不了解，还是要一如既往地去做，这样才能学得真学问。

研读诗书要洞察古代圣贤的思想精髓，当官要爱护黎民百姓，讲习学问要身体力行，创立事业要考虑积累功德。

学习不光要了解书本上的知识。如果只了解书本上的知识，却不能将其运用到实际生活中来，就只是纸上谈兵罢了，不管你说得多好，与人谈论时多么头头是道，也是没有什么用处的。

什么是"学以致用"？意思就是，要把学习与自己生活的社会中存在的现实问题联系起来，并从学习中提出解决问题的方案。这正如宋代诗人陆游所说的"纸上得来终觉浅，绝知此事要躬行"那样，光学不用，犹如纸上谈兵，纵然胸中有千军万马，有无数锦囊妙计，如若没有付诸实践，经过生活检验，那么一切就毫无意义，有时还会弄巧成拙。

伯乐一心想将相马术传给自己的儿子，以免这门学问失传。可惜他的儿子不肯认真学习，伯乐将记录着自己几十年相马经验的笔记交给他，希望他可以通过学习笔记来学会相马。结果他的儿子就出门寻找千里马，走着走着，在路边见到了一只癞蛤蟆，他想：按笔记里所说，千里马的头骨清瘦、眼睛有神、跳跃有力。好极了！我找到千里马了！原来相马这么容易，我比父亲高明多了！

伯乐的儿子有父亲的言传身教，外加相马的笔记，最后却得了个啼笑皆非的结局。我们也不能两耳不闻窗外事，一心只读圣贤书，还要多多去商店、街头、公园走一走，这样才能把社会生活与学习联系起来，我们的学习也就更有目的性了。

将学问用于解决实际问题，固然是学以致用的必然要求，但是如果所学非真知，所有的实践都如盲人画马。从一开始就是错了的行动是不会有结果的。

求知需求真知，一个人如果不能求学那些好的、真正对人生有用的知识，还不如不去浪费时间。然后将求得的真知应用于实际生活，在实践中找到知识和生活接轨的技巧。只有这样才会真正领悟求学的真谛，并学有所成。

◎触类旁通 乃真学问◎

【原文】

人解读有字书，不解读无字书；知弹有弦琴，不知弹无弦琴。以迹用，不以神用，何以得琴书之趣？

【译文】

一般人只会读懂用文字写成的书，却无法读懂宇宙这本无字的书；只知道弹奏有弦的琴，却不知道弹奏大自然这架无弦之琴。一味执著事物的形体，却不能领悟其神韵，这样怎么能懂得弹琴和读书的真正妙趣呢？

做学问重在心领神会啊！

【精读解析】

世事洞明皆学问。善于读书的人，世间一切都是书。真正会读书的人，主要在于心领神会，能触类旁通，既不要一味执着，也不要在字面上追寻，只要细细领悟书中的意思就行了。

世事洞明皆学问。善于读书的人，不会将求取学问的眼光局限于书本，对于生活中的各种事物，花草树木，山石道路，都能从中发现知识，发现人生真谛。

一百多年前，医生们虽已经能够进行外科手术，但是死亡率依旧非常高。明明手术很成功，伤口却很容易发红发肿，化脓溃烂，最后痛苦地死去。医生们搞不明白原因，也不知道怎么防止感染。

有一名很出色的外科医生，虽然他的技术很高，但也无法防止病人手术后的感染，经常眼睁睁地看着病人死去。于是他一直在积极寻找解决问题的办法，与其他外科医生不同的是，他的目光并没有仅仅局限于外科手术这一狭小的范围内。

有一次，他看到一本生物学杂志，里面有一篇探讨生命起源的论文。论文中讲道：生命不是无中生有，是空气中的生命孢子进入的结果。有机物的腐败和发酵也是微生物进入的结果。

这篇文章表面看起来与外科手术并没有直接关系，但他从中汲取了丰富的营养。他想：病人伤口的感染化脓，不也是一种有机物的腐败现象吗？这个看不见的微生物世界，影响着我们的生活，也肯定影响着外科手术。

依据这种思想，他在手术之前严格地洗手，将手术器械严格地煮沸，伤口用煮沸过的纱布包扎，以防止空气中的微生物感染伤口。后来他又寻找到一种杀灭细菌的药剂。运用了这些办法后的手术，死亡率大大降低。就这样，他从一篇表面上看来似乎毫不相关的文章中受到启发，创立了消毒外科学。

这位外科医生之所以能够创立消毒外科学，是因为他能够灵活、创新地学习，寻找解决问题的方法，而不是拘泥于单一的外科学。

这告诉人们，生活中到处都是学问，圣人尚且无常师，普通人更应该开阔眼界，以万物为师，打开心灵，在更广阔的空间里洞察世事。否则，只执着一事一物，不知变通，最终将一事无成。

◎兢业心思　潇洒趣味◎

【原文】

学者有段兢业的心思，又要有段潇洒的趣味。若一味敛束清苦，是有秋杀无春生，何以发育万物？

【译文】

做学问的人要抱有专心求学的想法，行为谨慎，忧勤事业，也要有大度洒脱、不受拘束的情怀，这样才能体会到人生的真趣味。如果一味地约束自己的言行，过着清苦克制的生活，那么这样的人生就只像秋天一样充满肃杀凄凉之感，而缺乏春天般万木争发的勃勃生机，如此又如何去培育万物成长呢？

做学问的人要行为谨慎，也要有不受拘束的情怀，才能体会到人生的真趣味。

学习本来就不是一件辛苦的事情，在学习的同时，应该学会在生活中寻找乐趣，而学习本身，也应该是快乐的。苦学的人的生活，终归是缺少春天一般的烂漫生机的。

【精读解析】

唐朝江州刺史李渤，问明道禅师："佛经上所说的'须弥藏芥子，芥子纳须弥'未免失之玄奇了，小小的芥子，怎么可能容纳那么大的一座须弥山呢？有悖常识，是在骗人吧？"

明道禅师闻言而笑，问道："人家说你'读书破万卷'，可有这回事？"

"当然！我岂止读书万卷？"李渤一派得意扬扬的样子。

"那么你读过的万卷书如今何在？"

李渤抬手指着头脑说："都在这里了！"

明道禅师道："奇怪，我看你的头颅只有一个椰子那么大，怎么可能装得下万卷书？莫非你也骗人吗？"

李渤听后，恍然大悟。

小小的芥子之所以能容得下偌大的弥山，是因为它能化实为虚，同时又能吐纳心中之虚解外物之实。化用到治学上，就是说把万卷藏书收纳于头脑中，还要把头脑中万卷藏书深入浅出地应用于生活。

我看你的头颅只有一个椰子那么大，怎么可能装得下万卷书？

小小的芥子，怎么可能容纳那么大的一座须弥山呢？

一个人只有将学问做到自己的心里，让自己的心界像所学的知识一样延展时，才是真正地掌握了治学之道。将学问推及生活，才能使自己生活更有意义。

《菜根谭》此处所讲的"潇洒的趣味"对求学的人来说可以包含两个方面：一是为人之道，二是生活之道。做学问同时要学如何做人、如何生活。而为人之道、生活之道在书中是死的，如果想让它们变活，首先要把心界放宽，心界足够宽广了，才能以生活中的智慧活泛书中的智慧。书中有人生百态、世事变迁不假，但是它们的存在如果能成为求学者为人处世的标杆才更加货真价实。以书中贤者、圣人的为人之道、生活之道衡量我们自己的为人和生活方式，虽然不求完全匹敌，但至少让它们帮我们改进和提高，这样我们的心界宽了，世界自然就广了，书中智慧和处世哲学便可双双被人所用。

◎书中修身 谦逊知礼◎

【原文】

读《易》晓窗，丹砂研松间之露；谈经午案，宝磬宣竹下之风。

【译文】

早晨在窗下诵读《易经》，用松树上的露珠来研磨朱砂批阅评点；中午在书桌旁谈论经书，只听见木鱼声和着竹林间的清风传向远方。

【精读解析】

读一本好书，可以增长见识，陶冶性情。常常读书的人往往是谦逊的人，因为他们从书中得知世界上可以为师的人实在太多，宇宙中还有更多的奥秘不曾被人揭露，自然不敢用目空一切的眼神睥睨天下。

所以，不仅普通人应该多读书，身处高位之人更应该多阅读，只有这样才

读书的境界在于一种心甘情愿的接受。每天读一点，就会积淀出博大的学识与修养。

很多人抱怨说自己想看书却没有时间，其实无须考虑太久远，只要在朝夕之间去争取时间就好。让读书变成生活中的一种习惯，每天读一点，日积月累就会积淀出博大的学识与修养。

宋太宗命大臣李昉等人编了一部大书，全书共一千卷，共搜集和摘录了一千六百多种古籍的重要内容，分类归成五十五门，原定书名为《太平编类》。

"开卷有益"的成语出自于宋太宗读书的故事，让我们看看这一位明君是怎样通过读书来修身养性的。

宋太宗对这部书很感兴趣，规定自己每天至少要看二至三卷，一年之内全部看完。这部书也因此被叫作《太平御览》。

皇帝在处理国家大事之外，每天还要阅览这部书未免太辛苦，于是当时有人劝太宗少看一些，不必每天揽阅，以保证休息。

读书，可以让人们体悟人生，读懂历史，明了世界。多读书，在身心的滋养中体味人生百态，品在其中，回味无穷，人生也将会有不一样的积淀。读一本好书，可以增长见识，陶冶性情，使人的情感更细腻，举止更优雅，气质更深沉。

宋太宗这样回应比人的劝告："朕性喜读书，颇得其趣，开卷有益，岂徒然也。"

能够谦逊知礼、眼界广博。

宋初，宋太宗命大臣李昉等人编了一部大书，全书共一千卷，共搜集和摘录了一千六百多种古籍的重要内容，分类归成五十五门，是一部很有参考价值的书。这部书是在宋太宗的太平兴国年间完成的，因此原定书名为《太平编类》。

据《春明退朝录》《宋实录》等书的记载：宋太宗对这部书很感兴趣，编成以后，他规定自己每天至少要看二至三卷，一年之内全部看完。后来，这部书被叫作《太平御览》。

当时有人认为，皇帝在处理国家大事之外，每天还要阅览这部书未免太辛苦，于是劝太宗少看一些，不必每天揽阅，以保证休息。宋太宗却说："朕性喜读书，颇得其趣，开卷有益，岂徒然也。"

读书是一件幸福的事情。多读书，在身心的滋养中体味人生百态，品在其中，回味无穷，人生也将会有不一样的积淀。

◎锲而不舍　百炼成金◎

【原文】

磨砺当如百炼之金，急就者，非邃养；施为宜似千钧之弩，轻发者，无宏功。

【译文】

磨砺自己的意志应当像炼金一样，反复锻炼才能成功，急于成功的人，没有高深的修养；做事就像使用千钧之力的弓弩一样，要有的放矢，如果轻易施为，不会建立宏大的功业。

【精读解析】

成人难，成才更难，一个人的成功不是一两天所能达到的，诚如荀子在《劝学》中所言："不积跬步，无以至千里；不积小流，无以成江海。"这里其实强调的是积累对于成功的重要作用。冰冻三尺非一日之寒，研究学问需要积累，成就事业也需要积累，需要坚持不懈地奋斗。积累来源于百炼成金的

研究学问，成就事业，都需要一个漫长的积累过程。古来不乏悬梁刺股，寒窗苦读的读书人，正是有了这样长时间的日积月累，才成就了他们渊博的学识，令人称赞的成就。

毅力，任何浮躁的心态和行为都是积累的大敌。不经一番寒彻骨，怎得梅花扑鼻香？积累与坚持是人们通往成功之路的必备素质，只有经得起长久的积累与不懈的坚持的人，才有可能建立宏大的功业。

王献之是王羲之第七子，以行书和草书闻名于世，与父亲羲之并称"二王"。献之小时候随父亲学书法，很有天分，却有些沾沾自喜。

母亲郗氏对他说，要写完院子里的十八缸水，他的字才会有筋有骨，有血有肉，才会站得直立得稳。献之心中不服，努力练习了五年之后，把写好的字拿给父亲看。谁知，王羲之看到后不停地摇头，看到一个"大"字时，才微微一笑，随手在"大"字下面添了一个点。献之又将自己的书法拿给母亲看，并说："我又练习了五年，并且完全是按照父亲的字练习的，您仔细看看，我和父亲的字还有什么不同呢？"郗氏认真地看了三天，最后指着王羲之在"大"字下面加的那个点儿，叹了口气说："吾儿磨尽三缸水，惟有一点似羲之。"献之听后，感叹不已，从此更加发奋练字，终于，在练尽十八缸水后，书法突飞猛进，达到了炉火纯青、力透纸背的境界。

可见，天才、大师并非是天生就有的，后天的积累和坚持是十分重要的。王献之以书法扬名，人们看到的是他人前的光芒四射，却往往忽略了他背后的付出与坚持。不仅献之是如此，他的父亲王羲之在书法上的勤奋也是十分出名的，他练字的墨汁居然能染透一池清水。"成功的花，人们只惊慕她现时的明艳！然而当初她的芽儿，浸透了奋斗的泪泉，洒遍了牺牲的血雨。"冰心的这句话是十分耐人深思的。坚持不懈地积累不仅对于练习书法者很重要，对于做学问的人来说也是十分重要的。

成功并不是专属于天资聪颖者的。即便有些人可能天生迟钝一些，但勤能补拙，只要他能够沉下心来，踏踏实实地积累，锲而不舍地坚持，最终是会有回报的。相反，如果好高骛远，做事轻浮，总是追求不切实际的目标，是注定要以失败告终的。世事无捷径，立志高远是好事，但轻发则无功。成功只能由一点点的坚持、一步步的积累才能够获取。世间最容易的事是坚持，最难的事也是坚持。说它容易，是因为只要愿意做，人人都能做到；说它难，是因为真正能够做到的，终究只是少数人。

◎谦虚为学　实在为人◎

【原文】

心不可不虚，虚则义理来居；心不可不实，实则物欲不入。

【译文】

人一定要有虚怀若谷的胸襟，只有谦虚谨慎才能获得真知灼见；人一定要坚强执着，意志坚定，那样才能不受名利的诱惑。

【精读解析】

生命玄机，往往虚实相生。做学问要虚怀，才能让知识义理无限量地充盈自我。做人要实在，才能无所欲求，演绎生命的绚烂。从某种程度上来说，虚怀也是一种踏实，踏实也可以表现为虚怀。

而一个人整个的生命代谢中，虚实结合往往让一些成功之士表面上看似愚笨守拙，实则心体光明，胸怀大略。正所谓大巧若拙，大智若愚。一个人虚心学习，踏实做人，并

一个人虚心学习，踏实做人，并在学习的过程中不为世间俗物左右，看似愚钝的表现实则蕴含着韬光养晦、卧薪尝胆的智慧和精神，这样的人往往不鸣则已，一鸣便可惊人。

在学习的过程中不为世间俗物左右，看似愚钝的表现实则蕴含着韬光养晦、卧薪尝胆的智慧和精神，这样的人往往不鸣则已，一鸣便可惊人。

我国古代著名的画家、书法家周元素曾有一个叫阿留的书童。这个书童常伴周元素的左右。他虽然看起来有点愚钝，但为人踏实，每次周元素作画写字时他都静静地守候并认真地观察。

一天，周元素作画时，看见阿留一直在专心致志地看，便半开玩笑地对阿留说："你是不是偷学了我的技艺？"阿留矢口否认。只见周元素笑笑说："噢？那你就画两笔给我看看，让我鉴别一下。"阿留不好再说什么，于是卷起袖子，提起笔，低下头，开始在纸上挥毫泼墨。不一会儿，一幅出水芙蓉图就画好了。

周元素走到画前，仔细端详。阿留的画取意"小荷才露尖尖角，早有蜻蜓立上头"两句诗，一挥而就，而且意境贴合，线条细腻而不失洒脱。这简直让周元素不敢相信。

为了再考验一下，周元素要阿留再画一幅，验证自己的实力。阿留沉思了一会儿，便又是一番挥洒，很快一幅斜燕裁柳图便已画好。从整体来看，画面上是一株柔柳，斜着身子的燕子从天空掠过，春意盎然、生机勃勃。而从细处考究，该画笔法老练，布局合理。

这时周元素已经深信不疑，自己的书童已经潜移默化地学会丹青的真谛。他把家里人都喊来目睹阿留的画作。

自此，阿留一炮而红，在当地名气大振。

阿留在服侍周元素作画，平时不显山不露水，甚至免不了遭人戏弄，但是对这些他都粗化处理，反而将主要的精力用在虚心学习周元素作画的技法、悉心领会周元素取意的思维套路上。因此，这个在日常生活中笨手笨脚的人，反而心无旁骛地默习画艺，终有所成。他成功的道理就在于"心不可不虚，虚则义理来居"。

阿留服侍周元素作画，把主要精力都放在虚心学习周元素的画技上面，最终学有所成，潜移默化地学会了丹青的真谛。

无论是在历史上，还是我们如今生活的时代，越是有成就的人，越是懂得谦虚为学、实在为人的道理；越是浅薄的人，越容易浅尝辄止、自以为是。成功路上世事复杂，仅凭一己之明很难掌握事实真相。为此，我们要虚心地听取各方面的意见，尽量从多个角度、多个层次去认识事物，充盈自己的实力，并时刻抵御外物的侵扰，保持踏实为人的品格。这样，虽然我们不可能立即成功，但只要机会来了，就可以厚积薄发。

◎一心一用　全神贯注◎

【原文】

善读书者，要读到手舞足蹈处，方不落筌蹄；善观物者，要观到心融神洽时，方不泥迹象。

【译文】

善于读书的人，要读到心领神会而忘形地手舞足蹈时，才不会掉入文字的陷阱；善于观察事物的人，要观察到全神贯注与事物融为一体时，才能不拘泥于表面现象而了解了事物的本质。

【精读解析】

所谓"橛橛梗梗"除了表示坚持不懈之外，还意味着对事业的专注。专注是一切艺术与伟业的奥秘。那是一种精力的高度集中，把易于弥散的意志贯于一件事情的本领。

一个人若能把弥散的意志集中于手中的书本，身边无论有什么佳人美景，发生什么事情，都不为所动，就算是真的把书读进去了。

要想做好一件事，最好的办法是专心只做这一件事。专注的力量是惊人的，集中精力专注于自己正在做的事情，做起来不仅轻松、有效率，而且也能够把事情做得更好，从而聚集更大的力量前进。因为专注会蓄积一个人全身的热忱，人的思维和行动都会因专注变得积极而迅速。

孔子带领学生去楚国采风。他们一行从树林中走出来，看见一位驼背翁正在捕蝉。他拿着竹竿粘捕树上的蝉，就像在地上拾取东西一样自如。

"老先生捕蝉的技术真高超。"孔子恭敬地对老翁表示称赞后问："您对捕蝉想必是有什么妙法吧？"

"方法肯定是有的，我练捕蝉五六个月后，在竿上垒放两粒粘丸而不掉下，蝉便很少逃脱；如垒三粒粘丸仍不落地，蝉十有八九会捕住；如能将五粒粘丸垒在竹竿上，捕蝉就会像在地上拾东西一样简单容易了。"

捕蝉翁说到此处，捋捋胡须，开始对孔子的学生们传授经验。他说："捕蝉首先要先练站功和臂力。捕蝉时身体定在那里，要像竖立的树桩那样纹丝不动；竹竿从胳膊上伸出去，要像控制树枝一样不颤抖。另外，注意力高度集中，无论天大地广，万物繁多，在我心里只有蝉的翅膀，神情专一。精神到了这番境界，捕起蝉来，还能不手到擒来、得心应手吗？"

大家听完驼背老人捕蝉的经验之谈，无不感慨万分。孔子对身边的弟子深有感触地说："神情专注，才能出神入化、得心应手。捕蝉老翁讲的可是做人办事的大道理啊！"

驼背翁捕蝉的故事向人们昭示了一个真理：摒弃浮躁心态，心无旁骛，才能又快又好地达到目标。

聪明人会把凡是分散精力的要求置之度外，只专心致志地去学一门，并且把它学好，将有限的精力投入到有限的事务中去，长期专注。

孔子和学生外出采风时遇到了一位捕蝉翁，
他精妙的捕蝉技巧让人赞叹。老翁向孔子
和他的学生讲述了高超技巧的诀窍。

孔子带领学生去楚国采风。他们一行从树林中走出来，看见一位驼背翁正在捕蝉。他拿着竹竿粘捕树上的蝉，就像在地上拾取东西一样自如。

专注

我练捕蝉五六个月后，在竿上垒放两粒粘丸而不掉下，蝉便很少逃脱。

如垒三粒粘丸仍不落地，蝉十有八九会捕住。

孔子恭敬地对老翁表示称赞后，询问捕蝉的妙法。驼背翁回答方法肯定是有的，他讲述说：

实际上，高超技巧的诀窍只是专注二字，精诚所至，金石为开，人的天资禀赋实际上并无太大差别，只在用心与不用心，专注与不专注上。

如能将五粒粘丸垒在竹竿上，捕蝉就会像在地上拾东西一样简单容易了。

◎幼时定基 少时勤学◎

【原文】

子弟者，大人之胚胎；秀才者，士大夫之胚胎。此时若火力不到，陶铸不纯，他日涉世立朝，终难成个令器。

【译文】

小孩是大人的雏形，秀才是官吏的雏形。但如果锻炼得不够火候，陶冶得不够精纯，以后走向社会或者在朝做官，最终难以成为一个有用的人才。

【精读解析】

一个人能否最终成才往往在于从小的教育，如果小时候锻炼得不够火候，陶冶得不够精纯，等到长大以后再来弥补就已晚了。为人父母，言传身教一定要趁早，在孩子小的时候就要规范他的一言一行，督促他不断学习，否则错过时机，将后悔莫及。方仲永在小时候就显露出了过人的才华，如果善加利导，将来一定成就非凡。然而悲剧就在于，他的父母不

只有得到应有的锻炼，精纯的陶冶，才能成为一个有用的人才。

一个人最终能否成才往往在于从小的教育，为人父母，在孩子还小的时候就应该规范其言行，督促他不断学习。否则，错过时机，再来弥补就为时已晚了。

仅没有重视对他的教导，反而以他的才华作为骄傲的资本，导致他荒废学业，一事无成。

少年时期的孟子因贪玩而不好好学习，经常跑到一个离家不远的墓地，做着挖坟埋死人的游戏。因此，孟母非常焦急，决定为孟子找一个良好的学习环境，最后她挑中了街市附近的一个地方，把家搬到那儿。但是繁华的街市和来往的商人也分散了孟子的注意力，有强烈好奇心的孟子经常学着商人去街上叫卖，完全忘记了读书学习的事，孟母认识到原来小孩子都有很强的"近朱者赤，近墨者黑"的可塑性强的特性，看来此地也不是孩子学习的好地方，于是又打算搬家。最后她把家迁到一所学堂旁边。孟子便体会了母亲的良苦用心，读书学习更加专心致志了。

上学后的孟子，虽然比从前用功，但仍然贪玩好动，对待学业并不十分专心努力，使孟母仍很担忧。一天孟母正在堂前织布，早早地又见孟子跑回家来了，就马上放下手中的活，问孟子是何原因。背着老师逃学的孟子害怕母亲责备，就撒谎说："我是和平时一样回来的呀！"孟母听了很痛心。她拿起剪刀剪断了织布机上的纱线，只坐在一旁默默流泪。孟子感到紧张和害怕，小心地走向前问母亲为什么这样难过。孟母语重心长地说："要你好好读书以成才，就像是织布，你现在这样经常在中途废学，不求上进，就等于用剪刀剪断纱线织不成布一样。"孟子听了母亲的教诲，感动非常，痛哭流涕。从此以后，学习勤奋，其志愈坚。由于孟母严加管教，悉心诱导，再经过孟子本人的刻苦努力，孟子终学有所成。

孩子在小的时候，往往缺乏自知与自制的能力，为人父母就应该尽力给孩子提供一个好的环境，并严格耐心地教导他。没有谁是天生的人才，圣人孟子小时候很贪玩，如果没有孟母的严格教导，是不会有他后来的成就的。

对于孩子的教育，应该从小抓起，孩子的年纪越小，可塑性就越强，严加规范，也就越容易成才；相反，如果荒疏了幼年的时光，等到孩子的心性已经基本稳定了，就难以教导了。真正有远见的父母一定会善于利用教导孩子的黄金时期，幼时定基，为孩子的成才之路铺平道路。

离孟子家不远的地方有个墓地，孟子经常玩挖坟埋死人的游戏。

孟母三迁

孟母觉得不利于孟子的学习，便把家搬到街市附近。孟子学着商人在街上叫卖，完全忘记了读书学习。

孟母体会到"近朱者赤，近墨者黑"，又把家迁到一所学堂旁边。

孟子见学堂附近秩序井然，大家都礼貌相待，也开始喜欢读书。

黑发不知勤学早，白首方悔读书迟。少年的勤学是一辈子立身立业的基础，孟子的母亲为了孟子能有良好的学习环境而三次搬家，足见中国古人对教育的重视。

面对勤学的辛苦，孟子也曾经不能坚持，但在孟母深入的教育和督促之下进德修业，成为儒家的亚圣。

孟子上学后仍然贪玩好动，使孟母仍很担忧。孟母剪断织布机上的纱线来教育孟子学习贵在坚持的道理。

在孟母严加管教，悉心诱导下，孟子刻苦努力，终于学有所成。

勤学贵在起步早，贵在持之以恒。起步早则根基扎实，持之以恒则永远不会落后，最终定能有所成。

◎虚心受教 大器晚成◎

【原文】

桃李虽艳，何如松苍柏翠之坚贞？梨杏虽甘，何如橙黄橘绿之馨冽？信乎，浓夭不及淡久，早秀不如晚成也。

【译文】

桃李的花朵虽然鲜艳，但怎么比得上苍松翠柏的坚强不屈？梨杏果实虽然甘甜，但怎么能比得上黄橙绿桔蕴含的芬芳？确实如此，浓烈消逝得快，不如清淡维持得长久，少年得志不如大器晚成。

【精读解析】

唐朝诗人李贺，字长吉，福州人。是郑王后裔，出身于没落宗室，官终奉礼郎。李贺终生不得志，卒年二十七岁。

李贺善为诗歌，韩愈看重他，使之声名日高。诗人元稹少年得志，以明经擢第一，亦工吟咏，欲结交李贺。一日元稹诚意登门，拜访李贺，李贺览其名帖竟不容人，令仆人答道："明经及第，何事来见李贺？"元稹惭愤而退。后李贺应举，应试者忌其才，遂以其祖讳对李贺大加非议，贺自视其高，竟不赴考，导致终身遗憾。韩愈惜其才学，著《讳辩》讲了几句公道话。唐礼部侍郎李潘曾经编缀李贺诗作，并为其诗集作序。诗集编成，召其笔砚之交李贺的表弟托以搜访所遗，李贺的表弟答应了。然而好几年李潘没有得到任何音讯，非常气愤，就叫来李贺的表弟质问他，李贺的表弟说："我与李贺少时同处，他傲慢无礼，我真想找个机会报复他呢！所得歌诗，兼旧有者，一起扔到厕所里去了。"李潘大怒，把那个人赶了出去。所以，李贺作品很少传世，其原因，在于他恃才傲物，性格乖僻。

"浓夭不及淡久，早秀不如晚成。"这句话对于少年得志之人，确实敲响了警钟。

"浓妖不及淡久，早秀不如晚成。"过早成名未必是件好事，只有经过了长时间的磨炼，才能做成大学问，成就大事业。人在年轻时，就应该耐得住寂寞。

戴震是我国清代著名的语言学家、哲学家、思想家，学识渊博，却屡试不第，五十岁时才被钱大昕发现其才华，他为我国传统文化的保存作出了重要贡献。

戴震是我国清代著名的语言文字学家、哲学家、思想家，擅长考据、训诂，为清代考据学派的重要代表人物。据记载，戴震十岁才开始说话，年少之时，由于家庭生活困难，上不起学，只能随父亲出外做些小买卖。

戴震虽然生活艰苦，但读书一直都很勤奋。后来他随父亲做生意客居南丰，就一边教书，一边研究学问。

二十岁时，他拜师于当时的著名学者江永。四十岁时，才参加乡试并中举。尽管戴震学识渊博，但在之后的十多年间，却屡试不第。戴震五十岁时，曾主讲于浙东金华书院，被钱大昕称为天下奇才，举荐给尚书秦蕙田协助修《五经通考》。后会试不第，应直隶总督方观承之聘，修《直隶河渠志》。乾隆三十八年，由纪昀等人引荐，奉诏入四库馆编纂《四库全书》。乾隆四十年，戴震以五十三岁的高龄，奉命与当年贡士同赴殿试，赐同进士出身，授翰林院庶吉士。在四库馆中，戴震作出不少成绩，从《永乐大典》辑出宋代张淳的《仪礼识误》三卷，把宋李如圭的《仪礼集释》订为三十卷等，为我国传统文化的保存作出了重要贡献。

过早的成名未必是好事，岁寒而后知松柏之苍劲，真正能做成大学问、成就大事业的人是要经过长时间的磨炼的。人生百年屈指可数，每个人都不愿虚度自己的光阴，谦虚求教、勤奋努力，即便是那些资质一般的人也能取得非凡的业绩。

○扫除外物　直觅本来○

【原文】

人心有一部真文章，都被残篇断简封锢了；有一部真鼓吹，都被妖歌艳舞淹没了。学者须扫除外物，直觅本来，才有个真受用。

【译文】

每个人心中都有一部真正美妙的好文章，可惜都被残缺不全的杂乱文章所封闭；每个人的心中都有一首旋律美妙的好乐曲，可惜都被那些妖冶的歌声、艳丽的舞蹈所掩盖。做学问的人一定要排除外界的诱惑，直接去寻求人心中最自然的本性，才能求得真正享用不尽的真学问。

要想做真学问，就要摆脱世俗的烦扰啊！

做学问的人，大凡可以坚定地把握心性，不被外界诱惑。这样的人不仅可以交到益友，还会得到快乐和幸福。

【精读解析】

三国时魏国文学家傅嘏，在当时很有名气。曹魏正始年间，名士何晏、夏侯玄都希望能够和傅嘏成为朋友，并想和他有深入的交往，但是傅嘏总是以各种理由保持和他们的距离，所以二人都未曾如愿。有一天荀粲耐不住心中的困惑便对傅嘏说："何晏、夏侯玄都是非常有才干的人，他们对您也是敬重有加。如果您能和他们像当年的蔺相如、廉颇一样成为朋友，并和睦相处，那么无论对你们个人还是对国家都是一件好事。可是您为什么总是表现得不愿与他们接近呢？"傅嘏说："夏侯玄虽然有名望，但是他爱慕虚名，而且总是说些心口不一的话，这样的人一定会成为使国家灭亡的罪人。而何晏虽有志向，但心气浮躁，凡事不求甚解，而且他们有趋炎附势的倾向却不自知不自戒。另外这些人都党同伐异，嫉妒成性，对人根本无情谊可言。所以在我看来这些人并不像你说的那么优秀。他们不过是失去本真、败坏道德的小人罢了。对于这样的人我躲还不及呢，哪还敢跟他们接近呀！"

何晏、夏侯玄的心被外物蒙蔽，失去了本真。和这样的人交朋友会让人有时时刻刻被人利用算计的感觉，所以傅嘏才会避之不及。

其实本真被外界诱惑的人不仅不会交到益友，还会在很多方面失去快乐和幸福。

《庄子·逍遥游》有这样一句话："且举世誉之而不加劝，举世非之而不加沮。定乎内外之分，辨乎荣辱之境，斯已矣。"意思是说，世上的人们都赞誉他，他不会因此越发努力；世上的人们都非难他，他也不会因此而更加沮丧。他清楚地划定自身与外物的区别，辨别荣誉与耻辱的界限，不过如此而已呀！

其实，做起任何事情只要不违逆事物的内在规律，并

傅嘏作为三国时期著名的文学家，坚守自己的本真，抵制住了外界的侵扰。

能把握住自己想要的，生活也就变得单纯多了。人要依据自己的心，作出自己的判断，这样，才能在不断变换的外界境遇中，不为所动，不陷入慌乱被动。所以说，心不动才能真正认清自己，遇到顺境不动，遇到逆境也不动，不受任何外在的影响，做人才能游刃有余。

◎磨炼福久 参勘知真◎

【原文】

一苦一乐相磨炼，练极而成福者，其福始久；一疑一信相参勘，勘极而成知者，其知始真。

【译文】

在人生路上经过艰难困苦的磨炼，磨炼到极致就会获得幸福，这样的幸福才会长久；对知识的学习和怀疑，交替验证探索研究，探索到最后而获得的知识，才是千真万确的真理。

【精读解析】

有一支刚刚被制作完成的铅笔即将被放进盒子里送往文具店，铅笔的制造商把它拿到了一旁。

制造商说，在我将你送到世界各地之前，有5件事情需要告知：

第一件，你一定能书写出世间最精彩的语句，描绘出世间最美丽的图画，但你必须允许别人始终将你握在手中。

第二件，有时候，你必须承受被削尖的痛苦，因为只有这样，你才能保持旺盛的生命力。

第三件，你身体最重要的部分永远都不是你漂亮的外表，而是黑色的内芯。

人生路上会有各种各样的艰难险阻，会有不计其数的坎坷，只有经历过了磨炼，不被困难打倒，才能获得成功，完成自己的梦想。这一生才不算虚度。

第四件，你必须随时修正自己可能犯下的任何错误。

第五件，你必须在经过的每一段旅程中留下痕迹，不论发生什么，都必须继续写下去，直到你生命的最后一毫米。

铅笔的一生是充满传奇的一生，它用自己的生命勾勒着世人心中最精致的图画，书写着最温暖的文字，即使在生命渐渐消逝的时候，还在创造着新鲜的美丽。但是，它所迈出的每一步，却都踩在锋利的刀刃上，它一生都在忍受着无穷的痛苦。

"天将降大任于斯人也，必先苦其心志，劳其筋骨"是所有成功路上亘古不变的真理。一个经历过苦和难的人，磨炼到达极致，他的人生就会获得幸福。

现实生活中的我们会在生活中遇到不顺，会在工作中遇到瓶颈，也会在学习中受到打击，但是只要我们对未来抱有希望，为实现自己的目标，忍受它们、克服它们，那么我们终有一天会成为自己梦想成为的人。

齐家育人

——诚心和气，教子安家

《菜根谭》教你如何处理人际关系

人与人之间的沟通很重要

良好的人际关系需要沟通，只有懂得沟通的人，才能活得轻松，不负累。沟通不是将自己的思想强施于人，而是通过交流达成共识。良好的沟通，能使彼此的心灵靠近，增强彼此的心理相容性。

《菜根谭》中对人际关系的论述

- 审时度势的处世态度 —— 机智灵活、随机应变而且主动应变，善于改革创新。
- 以和为贵的行事规范
  - 处世要不即不离，方圆得体，浑厚温和，以柔克刚。
  - 对人要宽严得宜；处世要谨慎，待人要宽厚。
  - 处事要做到身在局中，心在局外。
- 宽以待人的交往意识 —— 人们交往贵在与人为善、宽容为怀；宽容是一种智慧的力量。
- 单纯朴实的为人原则 —— 朴实是一种美德，代表了诚实可靠的人生品质。

《菜根谭》从"以人为本""中庸之道""无为而无不为"等思想角度对人际关系进行了精妙的阐述，为创建和谐的社会结构提供了有力的思想启示。

以人为本

《菜根谭》教你处理人际关系

◎攻人之恶　思其堪受◎

【原文】

攻人之恶，毋太严，要思其堪受；教人以善，毋过高，当使其可从。

【译文】

批评别人的过错不要太严厉，要顾及别人是否能够承受；教人家做善事，也不要要求过高，要考虑对方是否能够做到，要使其感到力所能及。

您就不能原谅我吗？

【精读解析】

春秋时期，楚庄王打了胜仗，设宴款待群臣。君臣猜拳行令，敬酒干杯，好不热闹。席间，兴致高昂的庄王命自己最宠爱的妃子为参加宴会的人敬酒。

忽然，一阵狂风刮过，所有的蜡烛都被吹灭了，大厅顿时陷入一片漆黑之中。此时，正在席间轮番敬酒的美妃被黑暗中的一只手拉住了衣袖。美妃不敢乱喊，一时又脱身不得，情急之下，顺手扯断了那个人的帽缨。对方手一松，美妃趁机挣脱，跑到楚庄王身边，并偷偷地诉说被人调戏的情形，还告诉庄王，对方的帽缨已经被自己扯断了，只要点明蜡烛，检查帽缨就可以查出这个人是谁。

人在犯错之后，总是非常迫切地想要得到别人的宽容，给他一次悔过自新的机会。这时候，如果拒人于千里之外，往往会使人伤心，甚至有可能使之心怀怨恨，不利于人与人之间的相处。

楚庄王听了宠妃的哭诉，从容沉思片刻便趁烛光还未点明，在黑暗中高声说道："今天宴会，各位不必拘礼，尽情开怀畅饮。为了尽兴，请大家都把自己的帽缨扯断，谁的帽缨不断谁就是没有喝好酒！"群臣哪知庄王的用意，为了讨得庄王欢心，纷纷把自己的帽缨扯断。等蜡烛重新点燃，所有赴宴人的帽缨都断了，根本就找不出那位调戏美妃的人。

事后，楚庄王对耿耿于怀的王妃解释说："酒后失态是人之常情，如果当着众人的面追查处理，反会伤了将士的心，使众人不欢而散。"

酒后失态是人之常情啊……

大王，我被人调戏，而且我把他的帽缨扯断了。

楚庄王面对自己的妃子被人调戏，懂得宽以待人，对妃子晓之以理，告诉她酒后失态是人之常情，应该学会原谅，最后获得了臣子感恩图报的忠诚之举。

时隔不久，楚庄王借口郑国与晋国在鄢陵会盟，于第二年春天，倾全国之兵围攻郑国。战斗十分激烈，历时三个多月，发动了数次冲锋。在这场战斗中，有一名军官奋勇当先，与郑军交战斩杀敌人甚多，郑军闻之丧胆，只得投降。楚国取得胜利，在论功行赏之际，才得知奋勇杀敌的那名军官，名叫唐狡，就是在酒宴上被美妃扯断帽缨的人。

批评也是一门艺术，教诲是一门学问。批评需要明确但是方式可以委婉些，这样便于别人接受也不至于对批评者耿耿于怀。而教诲人，需要让对方如沐春风，少些空洞的论调，多些真心的鼓励，才能让对方积极地接受，从而达到诲人的目的。

◎愉色婉言　家庭和睦

【原文】

　　家庭有个真佛，日用有种真道，人能诚心和气，愉色婉言，使父母兄弟间，形骸两释，意气交流，胜于调息观心万倍矣！

【译文】

　　家里应该有一个真诚的信仰，日常生活中应该遵循一个真正的原则，人与人之间就能心平气和，坦诚相见，彼此能以愉快的态度和温和的言辞相待，于是父母兄弟之间感情融洽，没有隔阂，意气相投，这比起坐禅调息、观心内省要强万倍。

在家庭中，在社会中，难免有些磕磕碰碰的事情，只要和颜悦色地坦诚相待，那么，所有的不快、矛盾、隔阂也就化解冰释了。

【精读解析】

　　一家和则万事兴，一个"和"字，既包括家人之间关系融洽，也包括人与人之间坦诚相待。偌大的社会都有可能有这样那样的摩擦，更何况是生活在一个屋檐下的家人亲戚？一个和睦的家庭并不是没有摩擦和争执，而是即使家庭成员有些过错，他们也懂得动之以情，晓之以理。

　　晋代的许允结婚那天带着新婚的喜悦和期待进入洞房。因为很多人都对自己的新娘赞不绝口，所以在许允的想象中，妻子一定美若天仙才会赢得如此之多的赞美。可是，幽幽烛光下，许允看到的新娘并不美，而且有点丑。失望之极的许允默默地站了一会儿，便转身准备离开洞房。

　　新娘看到新婚丈夫要离开，急忙拉住他的衣襟说："新婚之夜，你就不高兴。这是怎么回事呢？"

　　许允闷闷不乐地说："你知道什么样的妻子是好妻子吗？"新娘见丈夫一直用脊背对着自己，心有领会，便说："古人说贤妻的标准是孝顺公婆、尊重丈夫、说话和气、干活利索，而且长得容貌姣好。我自知自己容貌一般但是前几样我想我都能做到。容颜是天生的，我没法改变，可在其他方面我可以做得更好以弥补先天的不足。"见许允仍不作声，她又说："别人都夸赞你读书读得很好，那我问你，一个读书人应有的好品德，你有哪几种呢？"

读书人应有的好品德，我全都具备。

读书人的基本品德之一就是以德论人而不要以貌取人，妄下断论。

　　许允哼了一声，也不看她一眼说："我全都具备。""你都具备？"新娘微微一笑说，"据我所知，读书人的基本品德之一就是以德论人而不要以貌取人，妄下断论。看人要看品德，而你却没有做到，这不是重貌轻德吗？这样，你还可以说自己具备所有的好品德吗？"

　　"这……这……"许允面红耳赤，答不出话来。

　　许允的妻子是贤惠的，她对丈夫的不敬依然平静宽容，和颜悦色，坦诚地表明自己的品德观，从而感动了丈夫。

人与人之间的磕磕碰碰在所难免，在这时候，我们如果只是冷眼以对，恶语伤人，只会让事情更加恶化，最终影响相互之间的感情，甚至还会有情感破裂的危机。

经过一段时间的共同生活和逐渐深入的了解，许允发现妻子确实很有见识，也很有才干，便由衷地敬重她，与她成为一对和睦的伴侣。

许妻劝诫丈夫的坦诚之心，不仅是一个家庭和睦的方法准则，还是一个人拥有融洽的人际关系的必要条件。其实生活中，和许允遇到的情况相近的问题是经常出现的，比如代沟隔阂、兄妹误解甚至为了家产对簿公堂。这时，如果我们像最初的许允一样冷眼以对、恶语伤人，只会是让问题更加恶化。相比之下双方坦诚相待，心平气和地解决遇到的问题，才是有益于冰释前嫌的明智之举。

人的一生会经历很多意想不到的波折，这些已经让我们应接不暇了，如果我们的避风港再起波澜，谁人能给我们安慰呢？如果家庭果然需要有个真佛，日用需要有种真道的话，那么一个和，一个诚必然当之无愧。和气待人，互相尊重，处世温和的准则直到现在仍是值得人们恪守的。

◎教育弟子　交友要谨◎

【原文】

教育弟子如养闺女，最要严出入，谨交游。若一接近匪人，是清净田中下一不净的种子，便终身难植嘉禾矣！

【译文】

教育弟子就好像养闺中的女儿一样，最重要的是严格管理其生活起居，注意他所结交的朋友。一旦让他结交了品行不端的朋友，就好像在肥沃的土地中，播下了一颗不良的种子，这样一来，就永远也种不出好的庄稼了。

【精读解析】

世间每个人都需要朋友，朋友有益友与损友之分。孔子说："益者三友，损者三友。友直、友谅、友多闻，益矣；友便辟、友善柔、友便佞，损矣。"友直、友谅、友多闻，是对自身有益的朋友。"友直"，是讲直话的朋友；"友谅"，是个性宽厚、能够原谅人的朋友；"友多闻"，是见识广阔、知识渊博的朋友。对自身修养无益而有害的损友亦有三种，"友便辟"是指有特别的嗜好，或者软硬不吃、不经意间便会将他得罪的朋友；"友善柔"是个性软弱、依赖性强，缺乏个人主见甚至一味依循迎合于你的朋友；"友便佞"则是专门逢迎拍马的朋友，通常成事不足，败事有余，于己无益。

教育弟子要严格管理其生活起居，给他良好的成长环境。

朋友对一个人潜移默化的影响绝对会比父母老师的教导更有影响力。对孩子的教育，最重要的一点是要教会他谨慎交友。在对其严加管束的同时，还要注意其所交朋友是对其有害的还是有益的。"近朱者赤，近墨者黑"说的就是这个道理。

吴国大司马吕岱的亲随徐原正直豪爽、有才略、有志向，吕岱知道他能够成器，便赠送给他头巾、衣服，常与他一起谈论，以后又举荐提拔他，使他官至侍御史。徐原忠诚豪爽，喜欢有话直说。吕岱有过错时，徐原往往直言规劝争辩，还公开评论。有人把这事告诉吕岱，吕岱赞叹说："这正是我器重徐原的缘故啊！"后来，徐原死了，吕岱哭得很伤心，他说："徐原是我吕岱有益的朋友，

吴国大司马吕岱的亲随徐原正直豪爽，有才略，有志向，吕岱非常赏识他，徐原对吕岱也是有错必谏。虽然忠言逆耳，但吕岱却十分赞赏徐原的做法。

真正的益友是能够
劝谏自己过失的人

徐原去世，吕岱非常悲痛，他说：徐原是我吕岱有益的朋友，现在不幸去世，我还能再从哪里听到人家谈论我的过错啊！

现在不幸去世，我还能再从哪里听到人家谈论我的过错啊！"

在这个故事中，徐原就是吕岱的益友，他能替吕岱着想，敢于指出吕岱的错误。无怪乎徐原去世后，吕岱会如此说。

交友有一个选择的过程，学会选择可以相信的朋友至关重要。因为交友有君子之交和小人之交的差别。君子之交和小人之交的区别在于"同道"还是"同利"。小人之交因为是为了私利而互相勾结，所以见利就争先，利尽就交疏。这样的朋友是假朋友，或者是暂时的朋友。君子之交是坚持道义的原则和社会的使命，所以能够相益共济，始终如一。这样的朋友才是可靠的真朋友。

一个人如有一个看似平淡清高，实则默默关心自己的朋友，就应该感到幸福，并用同样的关心珍惜这份友谊。

◎崇俭养廉 守拙全真◎

【原文】

奢者富而不足，何如俭者贫而有余？能者劳而府怨，何如拙者逸而全真？

【译文】

生活奢侈的人即使拥有再多的财富也不会感到满足，哪里比得上那些虽然贫穷却因为节俭而有富余的人呢？有能力的人辛勤劳作而招致众人的怨恨，还不如那些生性笨拙的人无所事事而使自己保持纯真的本性。

巧者劳而智者忧，无能者无所求。

财富是人生的辅助工具，不能在挥霍财富和品质生活之间画等号。生活的最高境界是"贫而有余，逸而全真"。

【精读解析】

"豪华奢侈绝得不到正常人的尊敬，只能换取马屁摇尾。而对于马屁精的摇尾，用更低廉的价格，照样可以购得。因此之故，任何情形下，节俭都是美德，不但能保持心灵，还能保护老命。"这是柏杨先生所说的"保护老命"。此言道理格外深刻。挥霍的人无论多么富有，都会觉得空虚，节俭的人无论多么贫穷总会留有余裕。挥霍的富翁让人怨恨，节俭的穷人让人敬重，这是生活的真理。

节俭美德自古就为圣贤所提倡，"恭俭谦约，所以自守"讲的就是勤俭节约是完善品格、保持操守的必要条件。老子曾说："吾有三宝：一曰慈，二曰俭，三曰不敢为天下先。"意思是："我有三件法宝，第一件是慈爱；第二件是节俭；第三件是不敢居于天下人的前面。"其中"节俭"是老子的"三宝"之一。另外，历史上的很多明君也都是提倡节俭的人。比如历史上最著名的汉文帝，一生节俭，从不敢铺张浪费。正是从他开始才缔造了"文景之治"，为后来的汉武大帝创造了丰富的物质基础，奠定了百姓安居乐业的天下局面，因此历史上说"德莫高于汉文"。

节约是穷人的财富，富人的智慧，一点也不错。世上所有财富的起点都是节俭。而节俭并不复杂，它所需的只是随手关紧水龙头的细心、转身关掉灯的小节，一点一滴之中节俭的美德渐成。

在我们的实际生活中，虽然不一定要将节俭进行到粗茶淡饭的地步，但至少严格要求自己不浪费不挥霍还是要做到的。老一辈人心中流传着这样一种说法，说每个人入世前，上天早已按照实际情况规定了这个人一辈子吃穿住用行所需要的数量，所以这时的浪费就意味着明日的短缺。这自然是一种不科学的说法，但至少它说明了节俭的必要性。

养成节俭的良好习惯对一个人来说，是非常重要的，无论是好日子还是苦日子，都把节俭进行到底。因为，世界上没有用之不竭的资源，一个人也不可能有取之不尽的财富。我们已经不再经历粮食短缺、生活紧俏的日子，但是如果因为没有经历过或者认为以后也不会经历，就不珍惜眼前拥有的，那么这样的人是可悲的。

其实，财富不过是人生的辅助工具，它可以帮助我们营造有品位、有质量的生活，但是不能在挥霍财富和品质生活之间画等号。因为品质生活不仅体现在物质层面，它还必须蕴涵着丰富的精神活动，如果生活偏财富而废精神，那么一个人越是奢侈就越会显得没有品位。所以我们生活的最高境界不是无限的财富，而是"贫而有余，逸而全真"的生活和精神境界。要在生活中落实，完全没有必要搞得那么"隆重"，挥霍智慧让人庸俗，节俭反而会让简单的生活获得幸福与快乐。

◎心无矫饰　乐活自存◎

【原文】

水不波则自定，鉴不翳则自明。故心无可清，去其混之者，而清自现；乐不必寻，去其苦之者，而乐自存。

【译文】

水没有波浪就自然平静，镜子没有灰尘就自然明净。所以人的心地并不需要刻意去追求什么清静，只要去掉了私心杂念，就自然会明澈清静；快乐不必刻意去寻找，只要远离那些痛苦和烦恼，快乐就自然会呈现。

【精读解析】

诸葛亮在《诫子书》中说："非淡泊无以明志，非宁静无以致远。"意思是一个人在社会中生活，若淡泊名利等身外之物，便可以真正明确自己的志向，若心无旁骛地投入某项你所钟爱的事业中，便可以实现远大的目标。这是我们后人谨遵的警示名言。为世俗名利所困扰，就算成功了，得到的也只是物质丰裕的快感，缺少"闲居无事可评论，一炷清香自得闻"的那派悠然。

水不波自定，鉴不翳自明，说到点上，也就是宁静的作用：心一宁静，也就明澈如镜、快乐自然呈现。

一个皇帝想要整修京城里的一座寺庙，他派人去找技艺高超的设计师，希望能够将寺庙整修得美丽而又庄严。

后来有两组人员被找来了，其中一组是京城里很有名的工匠与画师，另外一组是几个和尚。由于皇帝不知道到底哪一组人员的手艺比较好，于是就决定给他们机会做一个比较。皇帝要求这两组人员各自去整修一个小寺庙，而这两个组互相面对面。三天之后，皇帝要来验收成果。

工匠们向皇帝要了一百多种颜色的颜料（漆），又要了很多工具；而让皇帝很奇怪的是，和尚们居然只要了一些抹布与水桶等简单的清洁用具。

三天之后，皇帝来验收。

他首先看了工匠们所装饰的寺庙，工匠们敲锣打鼓地庆祝工程的完成，他们用了非常多的颜料，以非常精巧的手艺把寺庙装饰得五颜六色。

> 人的心地只要去掉了私心杂念，就自然会明澈清静。

> 人心不需要用什么精巧的装饰类美化，让内在的美无瑕地展示出来就够了；生活也不需要什么高堂华夏锦衣玉食来充实，在朴素的日常事务中，自然有其迷人之处。

皇帝满意地点点头，接着回过头来看看和尚们负责整修的寺庙。他看了一下就愣住了，和尚们所整修的寺庙没有涂上任何颜色，他们只是把所有的墙壁、桌椅、窗户等都擦拭得非常干净，寺庙中所有的物品都显出了它们原来的颜色，而它们光亮的表面就像镜子一般，无瑕地反射出从外面而来的色彩，那天边多变的云彩、随风摇曳的树影，甚至是对面五颜六色的寺庙，都变成了这个寺庙美丽色彩的一部分，而这座寺庙只是宁静地接受这一切。

皇帝被这庄严的寺庙深深地感动了，当然我们也知道最后的胜负了。

人的心就像是座寺庙，需要的只是让内在原有的美无瑕地显现出来。

永不满足的欲望一方面是人们不懈追求的原动力，成就了"人往高处走，水往低处流"的箴言；另一方面也是"有了千田想万田，当了皇帝想成仙"的人性弱点。

在生活中，心安人静，若以宁静而无杂念的心去看世界，虽然它并没有变样，你却能享受到那份平淡中的永恒。

即使拥有整个世界，一天也只能吃三餐。这是人生思悟后的一种清醒，谁真正懂得它的含义，谁就能活得轻松，过得自在，白天知足常乐，夜里睡得安宁，走路感觉踏实，蓦然回首时没有遗憾！

◎ 立业念难　倾覆思易 ◎

【原文】

问祖宗之德泽，吾身所享者是，当念其积累之难；问子孙之福祉，吾身所贻者是，要思其倾覆之易。

【译文】

如果问祖先给我们留下什么恩德，那么我们现在所享受的生活就是，因此应当时时感谢祖先们创造积累的艰辛；如果问子孙后代会享受到什么样的福分，那么只要看我们所留下恩泽的多寡就知道，同时，要考虑到毁坏这些家业是很容易的。

【精读解析】

霍光作为汉昭帝最重要的辅政大臣，总揽朝政大权几近20年，作为西汉历史上一个极为重要的政治人物，他既为汉室的安定和中兴建立了卓越的功勋，同时也成为后世解说"生于忧患死于安乐"的常用话题。

要把勤劳勤俭作为我们的家训啊！

我们现在所享受的生活，是上一辈人留给我们的，我们下一代也一样承接我们留给他们的一切。在这样一个承上启下的过程中，只有懂得忆苦思甜，居安思危，才能保持这份财富。

你挥霍无度，败完家产以至于作好犯科，现在才知道后悔，不是太晚了么！

给后辈留下万贯家资却忘记对他们进行做人的教育，那么这些家产只会成为他们造成他们毁灭的帮凶。忘记祖先们创造积累的艰辛而沉湎享乐，最终会走上不归路。什么才是留给子孙的福祉，确实令人深思啊！

当年借着霍光的权势，霍家的儿孙多少在朝中有些权势。而且他们常常挥霍无度，生活极尽奢华，对人对事业也极为专横无礼。曾经有一个书生见霍家如此便预言道，霍氏现在的挥霍无度、目中无人，必为后日的灭亡埋下隐患。

后来，果不其然。霍光死后，霍家被灭族。

霍光一生的起伏，是留给后人的治家启示。《菜根谭》中讲"问祖宗之德泽，吾身所享者是，当念其积累之难；问子孙之福祉，吾身所贻者是，要思其倾覆之易"，说的就是治家之道。让前辈建立的家业得到稳固的最好方法就是让后世子孙明白"生于忧患，死于安乐"的道理。

综观历史，家业兴衰的内在规律往往是，勤则兴，懒则败。这正如，曾国藩在家书中告诫子弟时说的那样："历览有国有家之兴，皆由克勤克俭所致。"他还说："即今世运艰屯，而一家之中，勤则兴，懒则败。"如果子孙后代精神懈怠，不勤不俭，万千家业，也会在朝夕间倾覆。历代的开国皇帝大多懂得打江山难，守江山更难的道理，所以他们更能懂得节俭对于一个国家的重要性。

宋国的开国皇帝赵匡胤即便身居万人之上的至尊之位，他仍然生活俭朴，反对奢侈，还严格教育子女生活上也讲究俭朴。

有一次，他的女儿魏国长公主，穿着一件翠羽绣饰的华丽短袄去见他。宋太祖见了很不高兴，严厉地斥责女儿后命令她立即回去改换朴素的衣服，并禁止公主以后再穿如此贵重的衣服。

魏国长公主很不理解："宫里翠羽很多，我是公主，一件短袄只用了一点点。有什么要紧？"

宋太祖严厉地说："正因为你是公主，所以才不能恣意享用。你想想，你身为公主，穿了华丽的衣服到处炫耀，别人就会仿效。全国不知要浪费多少钱财在昂贵的翠羽上。按照你现在所处的地位和生活，本应该以身作则、十分珍惜才对，你怎么能身在福中不知福还，带头铺张浪费呢？"

公主无言以对，只好脱去那件美丽的翠羽短袄，但耿耿于怀。便想找个话茬试试自己的父亲。她想："您既然是皇上，又是我父亲，对我要求那么严格，看你对自己要求怎么样？"于是，她向宋太祖试探性地问："父皇，您做皇帝时间也不短了，进进出出老是坐那一顶旧轿子，和您的至高无上的地位很不协调，不如用黄金装饰装饰！"

宋太祖对女儿的这番话很无奈，但仍然心平气和地说："我是一国之主，掌握着全国的政权和经济，要把整个皇宫装饰起来都轻而易举，更何况只是一顶轿子！但古人说得好：'让一人治理天下，不能让天下人供奉一人。'倘若我自己带头奢侈，必然有更多的人学我的样子。到那时，天下的老百姓就会怨恨我，反对我。你说我能带这个头吗？"

公主一边听着，一边琢磨着每一句话，再看看皇宫里的装饰也很朴素，连许多窗帘都是用青布制作的。公主觉得父亲说的话确实有道理，于是就诚心诚意地向父亲叩头谢恩。

一个国家的千秋万代离不开节俭，一个家族，要想让家族的事业永续发展，也必须懂得勤俭于之的重要性。

在现实生活中，我们要把勤俭持家的美德告诉给我们的下一代，并在生活中以身作则，言传身教。让他们懂得今天的生活，凝聚了长辈们的辛勤劳作，对别人的劳动成果不珍惜，就是对别人的不负责。同时也要嘱咐他把这种教诲传给他的下一代。世世代代下去，家业无论大小总会得到延续。

想要给子孙留福祉，最好的方式是给他们严格的教育，教他们怎么做人，怎么做事，霍光与宋太祖对待子孙后辈不同的家教，真可让人引以为鉴。

霍光是汉昭帝最重要的辅政大臣，为汉室的安定和中兴建立了卓越的功勋，霍家显赫一时无与伦比。

宋国的开国皇帝赵匡胤虽然身居至尊之位，但仍然生活俭朴，反对奢侈，还严格教育子女生活上也要俭朴。

魏国长公主，穿着一件翠羽绣饰的华丽短袄去见宋太祖，遭到了宋太祖的严厉的斥责。宋太祖命令魏国长公主立即改换朴素的衣服，并禁止再穿如此贵重的衣服。

霍家的儿孙借着霍光的权势，常常挥霍无度，亭台楼阁修建无数，宴游无度，生活极尽奢华，对人对事业也极为专横无礼。

公主认为宫里翠羽很多，一件短袄只用了一点点，不值什么，没什么要紧。

一点翠羽，事小事大？

霍光死后，霍家被灭族。

以地位而论，霍光的地位自然比不上居九五之尊的宋太祖，然而以荣禄奢侈而言，霍家却超过了其当朝天子。要想长久传家，想给子孙后代留下福泽，不在于给他们留下多少家产，过多的家产和缺失的教育实际上是给子孙后代留下了腐化堕落的祸根。霍家最后被灭族，难道其事还不够大吗？公主贵为皇帝之女，其行为应该是万民的表率，正所谓一人简朴而万民从之。国家盛行勤劳简朴之风，则富强兴盛指日可待。宋太祖教育公主以身作则，不能带头铺张浪费。否则天下的老百姓就会怨恨。公主听了，深以为是。这才是留给子孙的真正福泽。

我们都要把勤俭持家的美德告诉给我们的下一代，并在生活中以身作则，言传身教。让他们懂得今天的生活，凝聚了长辈们的辛勤劳作。

《菜根谭》广泛流传的原因

《菜根谭》自明代万历年间刊刻行世以后，数百年来盛传不衰，深受人们的喜爱，甚至还漂洋过海，流播海外。《菜根谭》为什么如此广泛地得到人们的偏爱呢？

原因

内容方面：该书全面、精辟地总结了世人所关注的修身处世、待人接物的经验和方法。

形式方面：该书采用短小精辟的格言体，又时时押韵对仗，文辞秀美，通俗明白，好懂易记。

思想体系方面：糅合了传统儒家、道家和佛家处世方面的思想，进而形成了一套自己的处世哲学。

明治维新时代就传入日本

日本的企业界人士普遍认为这本书值得反复研读，有的甚至作出以下评语："论企业经营管理的书籍成千上万，多数抵不上一部《菜根谭》。"可见此书影响之大。

《菜根谭》被日本商界人士奉为心理教材

英语版《菜根谭》

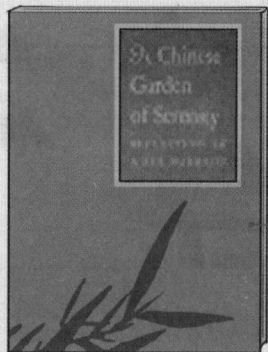

《菜根谭》在总结修德养性、处世待人的有益经验和训育后人方面，有着积极的意义。20世纪初，《菜根谭》就风行于日本，后逐渐传播到英、美等国。

○家人有过 宽容以待○

【原文】

家人有过，不宜暴怒，不宜轻弃。此事难言，借他事隐讽之；今日不悟，俟来日再警之。如春风解冻，如和气消冰，才是家庭的型范。

【译文】

家里有人犯了过错，不应该大发脾气，也不应该轻易地放弃不管。如果这件事不好直接说，可以借其他事来提醒暗示，使他知错改正；今天不能使他醒悟，可以过一些时候再耐心劝告。这就像温暖的春风化解大地的冻土，暖和的气候使冰消融一样，是处理家庭琐事的典范。

【精读解析】

对于每一个人来说，家庭是我们出生的地方，也是我们老去长眠的地方。我们会在父母的照顾下长大，会在妻女的陪伴下像我们的父母那样走向衰老，会在天伦之乐中安度晚年，走向死亡。在人生这个角色转换的轮回里，家庭就像一个微型的社会和交际网络，在这里有欢笑和幸福，有悲伤和抚慰，也有争吵和误解。一个和睦的家庭以幸福、欢笑为主线，以悲伤、抚慰为点缀，并用如春风般的和气化解争吵和误解。

随着时代的变迁、年龄的增长、家庭的变故，家庭成员之间出现误会隔膜也是件十分正常的事。但是面对误会和隔膜，不同的处理方式，会有不同的结果。在众多的处理方式中，体谅、和气等美德往往是最能发挥作用的。

孔子的七十二贤人中，有个叫闵子骞的人。这个人幼年丧母，父亲再娶后，又常受继母忽视和冷落。继母将大部分的时间、精力和爱给了自己的两个亲生儿子，而对闵子骞常常冷言冷语，而且偏心十分严重。

有一年冬天，继母同时给三个孩子做了新的棉袄。在一个大风雪的日子，他们的父亲带着三个孩子外出。四个人一同坐在牛车上，虽然迎着风雪，但是大家都面露喜色。可是随着赶路的时间越来越长，继母的两个儿子只是感觉到微寒缩起了脖子，可是闵子骞虽然也穿了继母给自己做的新棉袄，却感到寒冷难耐，手脚也渐渐失去了知觉，甚至连扶住牛车栏杆的力量都没有了，最后他跌下了牛车，他的棉袄也在滚动的过程中被刮破了。父亲赶忙扶起自己的儿子，却无意中发现从破洞里飘出的芦苇絮。原来继母在给三个孩子缝棉袄时，给自己孩子的用的是棉花，而给闵子骞的则用的是芦苇絮。

父亲气得暴跳如雷，驱车就往回赶。一进门就喊："你太歹毒了，做人母亲的怎么可以这么偏心呢？"说着就要把他的妻子往外赶。这时闵子骞却跪在了地上，抱着父亲的腿说："你就饶了母亲这一次吧。如果母亲走了，就不只我一个人受冻了。"

闵子骞的这番话感动了自己的父亲，也感动了他的继母。从此，继母对他视如己出。

虽然闵子骞受到过继母不公平的待遇，但是关键时刻，他用自己的爱心挽救了有可能走向破碎的家庭。对重组的家庭来说，体谅和宽容都可以弥合裂缝，更何况是有着血脉联系的家庭呢？

家庭就像一个微型的社会。一个和睦的家庭，应该以幸福、欢笑为主线，成员之间要尽力化解误会，互相理解，就像和煦的春风一样，给人以家庭所应有的温暖。

在我们的实际生活中，每个家庭都有自己的问题和苦恼，然而所有的问题和苦恼都不是无法解决的。家庭的和睦需用心营造，亲人之间的心结也要靠宽容、体谅这些美德来解开。面对家人的过错和误解"不宜暴怒，不宜轻弃"，具体说来可以包括三点：

第一，正视家人之间的误会并允许误会的发生。一个误会的发生就意味着清除一个生活的雷区。弃之不顾，只会给生活埋下隐患。

第二，冷静处理，说话要注重分寸，不要动手，更不要轻易发怒，因为这样做只会让误解更深。彼此坐下来好好谈一下，试着从对方的角度来想问题，反而会收效良好。

第三，解决问题，要公正，不可有所偏倚。

> 做人母亲的怎么可以这么偏心呢？

> 如果母亲走了，就不只我一个人受冻了。

虽然闵子骞受到过继母不公平的待遇，但是关键时刻，他用自己的爱心挽救了有可能走向破碎的家庭。体谅和宽容是弥合裂缝的针线，使家庭更加美满、幸福。

◎不贪富贵 家和为贵◎

【原文】

炎凉之态，富贵更甚于贫贱；妒忌之心，骨肉尤狠于外人。此处若不当以冷肠，御以平气，鲜不日坐烦恼障中矣。

【译文】

人情冷暖之变化，富贵之家比贫苦人家更显得明显；嫉妒的心理，在至亲骨肉之间比外人表现得更为严重。面对这种情况，如果不能用冷静的态度予以处理，以平和的心态控制自己，那就很少有人不是天天处在烦恼的困境中了。

【精读解析】

过分地贪取、无理的要求，只会徒然带给自己烦恼而已。一切繁华落尽后，世态冷暖尤为可见。而这人情冷暖、世态炎凉的现象在富贵的家庭要多于贫贱的家庭，而兄弟相争的险恶程度，则更是有甚于外人。

春秋时，郑国郑武公的儿子寤生继位为君，他就是有名的郑庄公。他的母亲姜氏偏爱庄公的弟弟共叔段，便请庄公将京城封给共叔段。公子吕知道后，劝告郑庄公说："京是郑国的都城，俗话说天无二日，国无二君，这个地方怎么封给他呢？请您另外选一块地方封赏。"郑庄公故作无奈说："这是国母的意见，不答应恐怕不行。"

> 我们过的虽然是普通百姓的生活，但是一家幸福和睦，还有什么比这更可贵呢？

过分的贪取，无理的要求，不仅给自己增添烦恼，也会给家庭造成困难。兄弟相争，家庭破裂，颠沛流离，多是贪心不足，缺少对家人的关爱造成的。

共叔段到达封地京城后，自恃有母后这座大靠山，便开始胡作非为，无所顾忌，根本不把哥哥庄公放在眼里。公子吕看到这种情况后，便敦请庄公发兵讨伐他。庄公说："他的罪恶目前还不显著，这样去讨伐他恐怕还未到时机。暂且再等一段时间，等他多行不义再去讨伐，就名正言顺了。"共叔段这时已准备发动叛乱，郑庄公得知后认为时机已到，高兴地说："现在终于可以除掉这个眼中钉了。"

于是，他假意去朝见周天子，暗中却调兵遣将。共叔段不知是计，以为天赐良机，便同母后姜氏密谋，乘庄公离开京城之际，趁机发动兵变想篡夺君位。正在他们得意的时候，郑庄公早已抄近路发兵进攻京城，并迅速攻占了京城，共叔段见大势已去，只好逃到鄢地避难，郑庄公不依不饶派兵追杀，并将母后姜氏也打入冷宫。

权势等同枷锁，富贵有如浮云。生前枉费心千万，死后空持手一双。

历史上著名的郑庄公杀弟斥母的故事让我们看到权力斗争的残酷、亲情的泯灭。如果是这样，即便富贵至极，是否得不偿失呢？

作为兄长的郑庄公本可以及时制止母亲与弟弟的不轨行为，然而他却任其发展，其目的是最终除掉弟弟而不是挽救弟弟。在权力面前，亲情泯灭、人情险恶至此，着实让人唏嘘。

共叔段身为臣子，却阴谋篡夺君位。身为弟弟，却企图谋害哥哥。这种不忠不义的行为缘起于对权力的贪欲，缘起于母亲姜氏从小的溺爱，最终致使他走向了灭亡。

这一家势位已极，却最终落得家破人亡，郑庄公最后取得了胜利，却留下了终生遗憾。

姜氏从生下郑庄公就不喜欢他，而是偏爱共叔段。这等偏爱如果是在普通人家还不至于发展成什么严重后果，但在帝王之家，却演变成布满阴谋、你死我活的骨肉相残。

史书上记载，郑庄公在剿灭了共叔段，将姜氏打入冷宫之后又良心发现，觉得即便是取得了权力斗争的最后胜利，却落得个孤家寡人，连母亲都不能孝顺，生活得十分不安和痛苦，所以最终安排了与母亲相见并和好。姑且不论郑庄公的目的是什么，但可以看出人们不断追求名利地位的最终目的其实还是要得到一个温馨有爱的家庭，一个幸福和睦的生活。由此看来，对于名利的争夺，对于富贵的攀比到底有什么意义？

◎父慈子孝 伦常天性◎

【原文】

父慈子孝，兄友弟恭，纵做到极处，俱是合当如此，着不得一丝感激的念头。如施者任德，受者怀恩，便是路人，便成市道矣。

【译文】

父母对子女们慈爱，子女们对父母孝顺，兄长对弟妹们友爱，弟妹们对兄长敬重，即使是用了全部爱心做到了最完美的境界，也都是理所当然，不能够存有一丝感激的念头。如果互相之间存在

无论是孝敬父母还是尊敬兄长、友爱弟妹，都是一种理所当然、天理伦常，都是发自内心的情感。真心地为他们做事，竭尽全力，不求回报，不分彼此。

如果亲人之间各怀心思，互相计较付出与回报，就是将至亲骨肉之间的关系当作了陌路人来看待，随之而来的是亲情的淡化与对于人之伦常的违逆。

有一丝感激和报恩的想法，那么就是将至亲骨肉之间的关系当作了陌路人来看待，真诚的骨肉之情就会变成一种市侩关系了。

【精读解析】

家庭是由天伦骨肉关系来的，在家庭骨肉之间特别重情感，而人在感情盛的时候，常常是只看见对方而忘记了自己。中国自古就强调家庭文化，主张父慈子孝、兄友弟恭、夫唱妇和的和谐家庭。特别是对孝悌之礼尤为注重，如"百善孝为先""父母在，不远游""惟孝顺父母，可以解忧"等。

无论是孝敬父母还是尊敬兄长、友爱弟妹，都是一种理所当然、天理伦常，都是发自内心的情感。真心地为他们做事，竭尽全力，不求回报，不分彼此，合当风雨同舟，乐享天伦。

剡子是周朝时代人，祖上世代以耕种为生，老实巴交的父母，一年到头苦苦劳作，也只是混个半饥半饱。这年赶上闹灾荒，田里收成不济，日子越发艰难，父母忧急交加，一时心火上攻，眼睛双双失明，这可急坏了小小年纪的剡子。

为了给父母治病，剡子每天半糠半菜地侍奉双亲充饥后，就到处求人，寻医问药。一天，剡子到深山采药，路过一座庙宇，便进去讨口水喝。他见方丈童颜仙骨，就向他请求治疗眼病的方法。老方丈问明缘由，沉吟一下说："药方倒有一个，恐怕你采不来。"

"请说，我舍命去采！"

"鹿奶，鹿奶可以治眼疾。"

剡子听了，立即叩头谢过老方丈，飞步赶往鹿群出没的树林中。这里的鹿确实不少，可它们蹄轻身灵，一见有人靠近，就一阵风似的飞快逃去。

怎样才能弄来鹿奶呢？剡子绞尽脑汁，昼思夜想。一天，他见村东头猎户家的墙头上晒着一张鹿皮，忽地眼前一亮：把鹿皮借来，披在身上，扮成小鹿的模样，不就能悄悄接近鹿群了吗！于是，剡子迫不及待地走进猎户家，说明来意。好心的猎户欣然把鹿皮借给了他，还指点剡子如何模仿小鹿四肢跑跳的动作。经过多次演练，剡子竟然能举腿投足都像一只活脱脱的小鹿了。

第二天，剡子用嘴叼着一只木碗，悄悄地蹲在树林里。待鹿群走近时，披着鹿皮的剡子像一只小鹿似的不紧不慢地凑到一只母鹿身边，轻手轻脚地挤了满满一木碗鹿奶。直到鹿群走开了，他才站起身来，捧着鹿奶直奔家中。

从那以后，剡子多次用扮成小鹿的办法，去挤母鹿的奶汁。父母由于常常喝到鲜美的鹿奶，营养不良的身体一天天强壮起来，后来，失明的眼睛，果然奇迹般地恢复了光明。

剡子用他的行动证明了他的孝心，谱写了一首美妙的情感之曲。孝悌是人的一种本能。古人讲

"求忠臣必于孝子之门"，一个人对父母家庭有真感情，如出来为天下国家献身，就一定有责任感。换言之，忠就是孝的发挥，就是扩充了爱父母的心情，由单纯的爱父母到爱别人、爱国家、爱天下。"子之爱亲，命也。"儿女爱父母，这是天性，人不孝其亲，不如禽与兽。

兄弟姐妹的关系也如同这父母子女之间的关系一样，是没有什么道理可讲的，互相了解，彼此信任，情同手足。

假如"父慈子孝，兄友弟恭"夹杂有丁点功利的味道，便不再是纯粹的亲情，此时的付出只是希望得到对方的回报，那么至亲的亲人之间同陌生人相比没有区别，发自内心的骨肉之情与市面上世俗的交易也没有区别，人与人之间也就少了些纯粹的真诚的人情味。

◎从容处变　剀切规友◎

【原文】

处父兄骨肉之变，宜从容，不宜激烈；遇朋友交游之失，宜剀切，不宜优游。

【译文】

面对父兄或骨肉至亲之间发生的变故，应该沉着处理，不宜感情用事，采取激烈的态度；在与朋友的交往过程中，一旦朋友之间发生什么过失，应该态度诚恳地规劝，不宜置之不管，让他错下去。

【精读解析】

当父母兄弟、骨肉至亲发生矛盾时，我们应该保持沉着、从容的态度，不能因感情用事而变得冲动，做出过激的事情，最终把事情弄得更加无法收拾；好朋友之间如果有什么过失，就应该直言不讳地诚恳劝阻，绝对不能因为是朋友就不好意思直说，从而保持沉默，眼睁睁地看着他继续错下去。救人于危难之间，是一个人难得的品质，不仅能够帮助别人，也能够迎来别人的尊重。这正是《菜根谭》中"处父兄骨肉之变，宜从容不宜激烈；遇朋友交游之失，宜剀切不宜优游"这句话的奥妙之处。

人的一生不可能一帆风顺，难免碰到失利受挫或面临困境的情况，这时候最需要的就是别人的帮助，雪中送炭会让原本无助的人记忆一生。人们总是可以敏感地觉察到自己的苦处，却对别人的痛处缺乏了解。他们不了解别人的需要，更不会花工夫去了解。

骆统，三国时期吴国会稽（治所在今江苏苏州）人，他为人以性格慈悲、乐善好施而为人们所称道。

有一年闹饥荒，粮食歉收，乡邻及远方的亲友们缺吃少穿，生活非常困难。骆统很想救济他们，但是家中又没有那么多的粮食，因此终日悲伤，不思饮食。他的姐姐仁爱有德行，因为丈夫刚去世，暂时回娘家居住。她见弟弟天天满脸戚色，饭量日减，便问他有什么为难之事。骆统说："乡邻亲友们都没有粮食吃，我哪里忍心独自吃饭呢！"姐姐

家人之间发生矛盾时，应该冷静、从容地面对，而不应该感情用事，冲动之下做出过激的行为，否则有损家人之间的感情，也不是正确的修身齐家之道。

朋友之间如果有什么过失，就应该直言不讳地诚恳劝阻，绝对不能因为是朋友就不好意思直说。

说："原来是因为这件事，你为什么不早告诉我，而自己折磨到这等地步呢？"她就把自己家中的粮食拿出来送给骆统，又把这事告诉了母亲，母亲很是称赞姐弟俩的义行。

患难之中见真情，无论是亲人，还是朋友，当其遇到变故，或是身处逆境之时，不能够不闻不问，也不能够感情用事，而应该从容处变，恳切待人，这也是为人的一种责任。

◎放低心态 戒骄戒躁◎

【原文】

富贵家宜宽厚，而反忌刻，是富贵而贫贱其行矣！如何能享？聪明人宜敛藏，而反炫耀，是聪明而愚懵其病矣！如何不败？

【译文】

富贵之家应该待人宽容仁厚，如果对人挑剔苛刻，那么即使是处在富贵之中，其行为和贫贱无知的人没有两样，怎么能够长久享受幸福美满的生活？聪明有才华的人应该隐藏自己的才智，如果到处炫耀张扬，那么这种聪明就跟愚蠢没有什么区别，哪有不败的道理？

【精读解析】

有些人之所以摆出一副"万事通"的面孔来，恰恰是由于他们自己内涵不够，底气不足，怕被别人轻视，因此用这种习惯来突出夸大自己的重要性，以此来提高自己的地位，可是这样做的结果只会让人敬而远之，甚至遭人厌恶。

胸怀大志的人是不会摆出一副骄傲的样子的。他们对人懂得谦恭礼敬，虚以待人，所以不光学识、才能为人所赞美，境界也为人所尊崇。

《菜根谭》说："聪明人宜敛藏而反炫耀，是聪明而愚懵其病矣！如何不败？"讲的是为人应该保持谦虚有礼，哪怕那么的聪明绝顶也不能太露锋芒。如果一个人总是夸耀自己的本领高强，他表面看来很聪明，其实他的言行跟无知的人并没有什么不同。这种表面聪明而爱炫耀的人，他的事业总会受挫、失败的。

真正有本事、胸怀大志的人是不会骄傲的，这是一个人的修养达到较高境界的表现。倒是那些胸无大志的人，一知半解的人，很容易骄傲。至于骄傲的本钱，有大有小，有的甚至根本没有，也会凭空骤生傲气。正如一个寓言所说的，长颈鹿因为能吃到几米高的树叶而骄傲，而小山羊则因可以从篱笆缝隙里钻进去吃草而骄傲。这说明：骄傲的程度与愚蠢的程度成正比，与成功的概率成反比！要想在成功的道路上走得既坚定又稳健，必须放低心态，戒骄戒躁，永不自满。

◎惟恕情平 惟俭用足◎

【原文】

居官有二语，曰：惟公则生明，惟廉则生威。居家有二语，曰：惟恕则情平，惟俭则用足。

【译文】

做官有两句格言：只有公正无私才能明断是非，只有廉洁才能树立威信。治家也有两句格言：

只有宽容才能心情平和，只有节俭家用才能充足。

【精读解析】

古人云："有威则可畏，有信则乐从，凡欲服人者，必兼具威信"。若身有正气，即便清贫如洗，也能够不言自威，相反，如若是贪恋细利而徇私枉法，即便是位高权重，在人们眼中也仅是蝼蚁之轻。

历史上，有个叫张伯升的人，他任福建巡抚时，是在1707年7月。他刚刚到任的时候，看到署衙陈设非常豪华，富丽堂皇，金银器皿一应俱全，锦绣帷幕，闪闪发光。他立即招来役吏询问其原因。役吏向他解释说："这是按照惯例办事的，抚院到任，行户必须准备好，符合规格。"张伯升说："我从来没有享受过这么好的物件，不必讲究那么多，快撤下去，行户就是百姓，难道我上任这点小事，也要向百姓滥派赋税吗？"结果这些东西都物归原主了。他的家人想酌情留下几件东西，他严词制止了。

巡抚向来有家丁五十人，而所领的兵粮全归巡抚调派。张伯升说："我家都是庄农，弓箭刀枪我不懂，怎么能冒名欺骗朝廷呢？"便下令不用士兵，而着重在农户中召集。同时，他把兵粮全数退回兵部，并予备案。张伯升因自己的廉洁奉公，受到百姓的敬重，他的事迹被人们传为美谈。

张伯升的故事，恰恰印证了"公生明，廉生威"的道理。只有宽容才能心情平和，只有节俭家用才能充足。人与人相处，难免会磕磕碰碰，心胸宽广一些，气量宏大一些，就会在免去很多不必要的麻烦。宽容别人便是

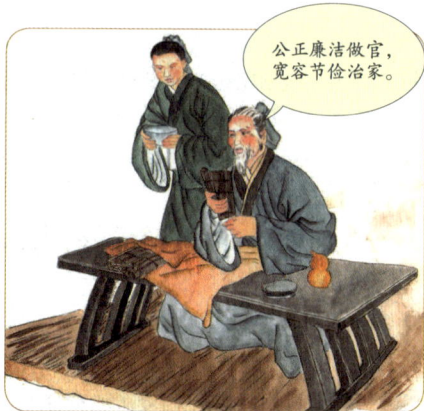

公正廉洁做官，宽容节俭治家。

勤俭持家是中华民族的传统美德，也是一种修身养德的立人之道。生活简朴，不铺张奢侈，不仅是一个人修养的体现，也是生活富足，家庭幸福的必要条件。

为官之道，在于公正廉洁啊！

对于领导者来说，公正、廉洁乃立身之本。公生明，廉生威，只有公正无私才能明断是非，只有清明廉洁才能树立威信。

给自己留下余地。对于齐家而言，仅仅有宽容还不够，如果能够克勤克俭，便可以锦上添花了。春秋战国时期的季文子就是这样一个克勤于邦、克俭于家的楷模。

季文子出身于鲁国的贵族世家，但是他却能够克勤克俭，以节俭立身。他不仅自己生活俭朴，衣着朴素，马车简单，而且也要求家人勤俭节约。

很多人不理解他的这种行为，认为他没有必要节约。季文子知道之后回答道："我也希望把家里布置得豪华典雅，但是看看我们国家的百姓，还有许多人吃着粗糙得难以下咽的食物，穿着破旧不堪的衣服，还有人正在受冻挨饿。想到这些，我怎能忍心去为自己添置家产呢？如果平民百姓都粗茶敝衣，而我却装扮妻妾、精养粮马，这哪里还有为官的良心！况且，我听说一个国家的富强，只能通过臣民的高洁品行表现出来，并不是以他们拥有美艳的妻妾和良骥骏马来评定的。既如此，我又怎能接受你的建议呢？"听完这一番话，那人羞愧不已，内心对季文子也愈发敬重起来，于是，也仿效季文子勤俭节约。

静以修身，俭以养德。从小处来说，节俭是一种将心比心的善良，是一种尊重他人的表现。勤俭对于大事业的成就也是十分关键的，"历览前贤国与家，成由勤俭破由奢"说的正是这个道理。不管是从立德来讲，还是从立业着眼，勤俭无小事。

静心达生

——保持心性清静，生活随处安然

❀◎天地和气 人心喜气◎❀

【原文】

疾风怒雨，禽鸟戚戚；霁日风光，草木欣欣。可见天地不可一日无和气，人心不可一日无喜神。

【译文】

急风暴雨会使飞鸟走兽都感到哀婉悲伤；风和日丽会使花草树木都充满欣欣向荣的生机。从这些自然现象中都可以看到人间不能够一天没有祥和安宁的气氛，人的心中不能够一天没有欣喜乐观的心情。

想想我们儿时的快乐，风有多轻，太阳有多暖和。世界万物都会随着我们心态的变化而呈现出不同的样子。万事和为贵，人与人之间的和气就像春风化雨一般，使得天地间充满和乐的气氛。

【精读解析】

"和气"两字包含着人生的大道至理。一个人的心中，如果装不下这一个和字，他的生活无异于在刀锋上行走。正像菜根谭中说的"疾风怒雨，禽鸟戚戚；霁日风光，草木欣欣"，一个人有了和气，哪怕遇到疾风骤雨的情势，也会将心情的紧张度降下来，从而积极乐观地应对。所以和气不仅是一种雅量、文明和胸怀，更是一种人生的境界与智慧，与人和气，人才能与自己和气。

和为贵，一股和风如春风化雨般拂面吹来，有谁会不喜欢呢？这个和字，仿佛一方磨刀石，磨砺着我们的意志，却又磨亮了我们生命的彩虹。当一切终将逝去的时候，我们再来回首看，若是一任当年意气不肯平，如今哪有太和风？

在古代，有一个叫艾巴的人，他有一个特殊的习惯：每次生气和人起争执的时候，就以很快的速度跑回家去，绕着自己的房子和土地跑三圈，然后坐在田边喘气。

艾巴工作非常勤劳努力，他的房子越来越大，土地也越来越广。但不管房地有多广大，只要与人争论而生气的时候，他就会绕着房子和土地跑三圈。"艾巴为什么每次生气都绕着房子和土地跑三圈呢？"所有认识他的人，心里都感到疑惑，但是不管怎么问他，艾巴都不愿意明说。

直到有一天，艾巴很老了，他的房地也已经扩大了，他生了气，拄着拐杖艰难地绕着土地和房子转，等他好不容易走完三圈，太阳已经下山了，艾巴独自坐在田边喘气。他的孙子看到后恳求他说："您已经这么大年纪了，这附近地区也没有其他人的土地比您的更广大，您不能再像从前那样一生气就绕着土地跑了。还有，您可不可以告诉我您一生气就要绕着土地跑三圈的原因？"

艾巴终于说出隐藏在心里多年的秘密，他说："年轻的时候，我一和人吵架、争论、生气，就绕着房地跑三圈，边跑边想自己的房子这么小，土地这么少，哪有时间去和人生气呢？一想到这里，气就消了，把所有的时间都用来努力工作。"

孙子问道："爷爷！您年老了，又变成最富有的人了，为什么还要绕着房子和土地跑呢？"艾巴笑着说："我现在还是会生气，生气时绕着房子和土地跑三圈，边跑边想自己的房子这么大，土地这么多，想想还是一团和气的好些，又何必和人计较呢？一想到这里，气就消了。"

这个故事可以说是对"天地不可一日无和气，人心不可一日无喜神"这句话的真实演绎。人生在世不如意者十之八九，我们遇事对人能够以和为贵才是智者的做法。和气能让人少生气，还能为人免灾祸，一个和字中间透着多少智慧！和气为贵，和气生财，这才是长久之道。

所以说万事和为贵，和气如同一缕清风拂人面，无比舒心。当我们怒发冲冠时，看周围的事物都觉得可悲可叹，当我们喜笑颜开时，看一切事物也觉得可喜可乐。人在现实生活中可能遇到各种喜怒悲哀的事情，心中必须保持平衡，一定要有喜神的鼓舞，这个喜神就是努力拼搏、不断向上、积极进取的精神，保持一种心理上的平衡。

◎闹中取静　苦中作乐◎

【原文】

　　静中静非真静，动处静得来，才是天性之真境；乐处乐非真乐，苦中乐得来，才是心体之真机。

【译文】

　　在悄然无声的环境中所得来的宁静不能算是真正的宁静，只有从嘈杂喧闹的环境中得来的宁静，才是人类本性中真正静的境界；在快乐的地方得到乐趣不能算是真快乐，只有在艰苦的环境中仍然能保持乐观的心情，这种快乐才是人类本性中真正快乐的境界。

在艰苦的环境中保持乐观的心情，才是真正快乐的境界。

一个人如果看不到一点快乐的远景，就不能找到继续前行的希望和动力。这时候，我们就应该学会积极向上的生活态度，发现路上的美景，并给身边人以乐观的开导。一切都会好起来的。

【精读解析】

　　有一个行者来到一个陌生的城镇，为了确定明天是否还能赶路，便问一位坐在墙边的老人，说："这位大爷，请问明天的天气怎么样？"

　　老人看也没看天空就回答说："是我喜欢的天气。"

　　"会出太阳吗？"行者又问。

　　"我不知道。"他眯着眼睛回答道。

　　"那么，会下雨吗？"

　　老汉依旧头也不抬地回答："我不想知道。"这时旅行者已经完全被搞糊涂了。

　　"好吧，"行者深吸一口气，接着说，"如果是你喜欢的那种天气的话，那会是什么天气呢？"

　　这时候，老人终于睁开了眼睛，抬起了头。他看着眼前的年轻人，说："很久以前我就知道我没法控制天气了，所以不管天气怎样，我都会喜欢。"

　　生活中的很多事都像天气一样不受我们的控制。比如，环境的静与噪，比如生活的顺和逆。但是无论怎样，我们还有自己的内心可以掌控。隐士结庐人境，也可以保持内心的沉静，保留心灵的真机；勇士身处窘境亦可以苦中作乐，留守心境的真静。其实说到一处，"天性之真境"和"心体之真机"皆由坦然乐观的心境铸就。

　　人人都希望自己有更好的生活，过得很舒适快乐，但这首先最基本的就是要改变心态。因为没有人能预知明天将会发生什么，是喜是悲只有天知道。人们期望天降喜事，但有时一些意外烦恼总是不期而来，为此，有些人悲观失望，结果让自己的生活变得更糟糕。其实，这样的做法很愚蠢。因为一个人向前瞻望的时候，如果看不到一点快乐的远景，他在世界上就不能找到继续前行的希望和动力。所以我们既然不能改变既成事实，不如改变面对事实，尤其是坏事的态度和心境。

生活中，很多人在追求自己理想的生活的过程中，不自觉地就陷入了一个可悲的圈子：首先把的时间放在懦弱的抱怨上，然后生活的境遇在抱怨中越发下降，最后继续抱怨，继续窘迫地过活。其实只要我们换个角度想，就会意识到无论快乐还是痛苦，其实都是生活的一部分，只有心态调整好了，才会跳出这个圈子，结果便可以闹中取静，苦中作乐。

喧嚣中的沉静是一种境界，欢乐的贫困是件美事。有人曾经问过一些饱受磨难的人是否总是感到痛苦和悲伤，有的人答道："不是的，倒是很快乐，甚至今天我有时还因回忆它而快乐。"为什么会这样呢？这是因为他从心理上战胜了磨难，找到了心中的宁静，并为此而快乐。换句话说生活本来就是让人热爱的，然而真正的精彩不属于忽略"天性之真境"和"心体之真机"的悲观者。

生活本来就是让人热爱的，那些喧嚷和挫折，不过是生活中一点或酸或辣的调味品。所以当我们遭受损失、挫折的时候，不要把焦点放在自己无法挽回的部分，而要把焦点放在生活里还有那些值得感谢、还能为自己做些什么的部分。当自己的内心失去平静并呈现消极的时候，要确保自己的意念完全投注在解决办法上，而非问题上；要学会即使在与不幸共存的时刻，还能够积极向上、活在此刻。其实一个真正会生活的人，在这个快节奏的社会中，总能持沉静的心看世事纷扰，以乐观的态度看人生起伏。

◎控制情绪　化解矛盾◎

【原文】

当怒火欲水正沸腾处，明明知得，又明明犯着。知的是谁？犯的又是谁？此处能猛然转念，邪魔便为真君矣。

【译文】

当一个人的愤怒或欲念仿佛沸水翻腾时，人往往不能克制自己，虽然他自己知道这样做是不妥当的，但又偏偏去触犯。知道这个道理的是谁，明知故犯的又是谁？如果这时能够冷静下来，弄清问题的症结所在，犯的是什么错，在这时突然觉悟而改变念头，那么邪恶的魔鬼也就变成慈祥的天王了。

【精读解析】

有人曾说，能够征服自己的感情和愤怒，就能征服一切。这正说明了人应该懂得调节自己的情绪，进而完全掌握自己的情绪，而不是成为情绪的奴隶。然而，有很多人都曾陷于愤怒、忧郁、恐惧等消极情绪的陷阱里不能自拔，他们被情绪折磨的同时，也丧失了当下的美好。

一念也可使火焰变成红莲，使地狱变成乐土。当欲念上升，狂躁不安的时候，你可以静下心来，设身处地地想一想，克制一下自己的情绪。当你重归宁和时，会发现自己已经远离了虚妄，也消融了矛盾。

有一位得道高人曾在山中生活三十年之久，他平静淡泊，兴趣高雅，不但喜欢参禅悟道，而且也喜爱花草树木，尤其喜爱兰花。他的家中前庭后院栽满了各种各样的兰花，这些兰花来自四面八方，全是年复一年地积聚所得。大家都说，兰花就是高人的命根子。

这天高人有事要下山去，临行前当然忘不了嘱托弟子照看他的兰花。弟子也乐得其事，上午他一盆一盆地认认真真地浇水，等到最后轮到那盆兰花中的珍品——君子兰了，弟子更加小心翼翼了，这可是师父的最爱啊！他也许浇了一上午有些累了，越是小心翼翼，手就越不听使唤，水壶滑下来砸在了花盆上，连花盆架也碰倒了，整盆兰花都摔在了地上。这回可把弟子给吓坏了，愣在那里不知该怎么办才好，心想：师父回来看到这番景象，肯定会大发雷霆！他越想越害怕。

下午师父回来了，他知道了这件事后一点儿也没生气，而是平心静气地对弟子说了一句话："我并不是为了生气才种兰花的。"

弟子听了这句话，不仅放心了，也明白了。

种植兰花本是自己的喜好，也是修身养性的一种方式，假如因为弟子一时的不小心而迁怒于他，不仅会伤害两人的感情，在心理上也会形成焦躁、恼恨、粗暴等情绪，那又何来的修身养性？

愤怒于别人的言行，自身不可能得到任何形式的提升，反而会在愤怒情绪的支配下更加容易丧失理智。不管经历什么事情，我们都要制怒，在脉搏加快跳动之前，凭借理智的伟力平静自己。

想一想，如果惹你生气的人犯了错误，是由于某种他们不可控的原因，我们为什么还要愤怒呢？

如果不是这样，那么他们犯错一定是由于善恶观的错误。看到了这一点，说明在善恶观的问题上，我们的灵魂比他们要优越，比他们更理性，更能辨明是非黑白。因此，要心存怜悯，而不应有一丝愤怒。

尽自己所能心平气和，尽量找到事情的症结所在，而不是愤愤不平，勃然大怒。因为往往折磨我们的是自己的愤怒情绪，而非别人的一些令人愤怒的行为。控制自己的愤怒情绪，从而避免让灵魂受到伤害，是完全在我们的力量范围之内的。在"欲水沸腾之际"能够冷静，就如《菜根谭》所说"猛然转念，邪魔便为真君"。

◎心虚性现　意净心清◎

【原文】

心虚则性现，不息心而求见性，如拨波觅月；意净则心清，不了意而求明心，如索镜增尘。

【译文】

内心清净无物，人的本性就会显露出来，不息灭妄想纷飞的心却去寻找人的自然本性，就像拨开水中的波浪去捞月亮一样只是一场空；意念宁静纯洁，心灵就会清明，不了解自心而求内心清明，就像是为落满灰尘的镜子又增加了一层灰尘一样。

内心清净无物，人的本性就会显露出来；意念宁静纯洁，心灵就会清明。

【精读解析】

只有内心没有杂念，保持清净宁和的心境，人的真性情方能出现。相反，内心满是杂念，心神不宁时，只会令生活手忙脚乱。就好像拨开水波来找水中的月亮，越拨就越是找不到。

人的行为归根到底都是受心本体的操纵，摒除心中杂念，清净无物，就能洞察世事，完善自身，并且始终以快乐的心态投身于生活中。

人的行为归根到底都是受到心本体的操纵，摒除心中杂念，清净无物，就能洞察世事，完善自身，并且始终以快乐的心态投身于生活中。心灵就是一副有色眼镜，心是什么颜色，眼中看到的东西是什么颜色，物体本身都只是大千世界中的自然存在，因为人的心不净，所以才会受到干扰，产生混乱。

人心不净，就会陷入各种诱惑、迷惘中不能自拔，从而难以享受到生命中最本真的快乐。作家杨绛先生有一篇散文叫作《洗澡》，文中的内容很特别，她说的洗澡不是沐浴，而是给心灵洗澡，也就是净化和荡涤身心。生活在现代文明之中的人，心灵都被蒙上了一层厚厚的物质的尘垢，洗去心灵的尘垢，就能够以一种轻松快乐的心态去直面现实。

其实，净心并不玄妙，它实际上就是生命的一种积极、快乐、简单的状态。只要注重加强自身的心灵建设，持续不断地净化心灵，人们就一定能够得到单纯而简约的幸福。

❀◎忙里偷闲 闹中取静◎❀

【原文】

忙里要偷闲，须先向闲时讨个把柄；闹中要取静，须先从静处立个主宰。不然，未有不因境而迁，随时而靡者。

【译文】

要在十分忙碌的时候抽出一点空闲松弛一下身心，必须先在空闲的时候有一个合理的安排和考虑；要在喧闹中保持头脑的冷静，必须先在平静时有个主张。如果不这样，一旦遇到繁忙或者喧闹的情形就会手忙脚乱。

【精读解析】

张弛有度地安排生活的节奏，事繁勿慌，事闲勿荒，一张一弛间便体现出一种掌握人生的艺术。有些人在繁忙的时候，手足无措、不可开交，但结果往往也是不甚了了；清闲的时候，更是不知如何打发时间，虚度光阴。这是典型的不懂得调试生活，缺乏掌控生活节奏的能力。

而《菜根谭》告诉人们，真正的智者，在生活比较繁忙的时候，会忙里偷闲，有条不紊，从容应对，而不乱方寸；在生活比较清闲的时候，也不会消磨时间、荒疏心灵，而是举轻若重、踏实进取。

爹爹今天好好陪你玩！

当忙则忙，当闲则闲，在繁忙的生活、工作之余，适当地寻求一些休闲，或是自娱自乐，或是与家人一起享受一番天伦之乐，一张一弛，生活才不会变得太累。这才是生活的艺术。

《礼记·杂记下》记载：学生子贡随孔子去看祭礼，孔子问子贡说："赐（子贡的名字）也乐乎？"子贡答道："一国之人皆若狂，赐未知其乐也。"孔子说："张而不弛，文武不能也；弛而不张，文武弗为也；一张一弛，文武之道也。"

张是指弓拉得很紧，弛是指把弓放松，张弛结合比喻有时紧张，有时放松，有劳有逸，宽严相济。圣人的教诲犹在耳边，纵观历史，很多伟人并不是夜以继日地工作的，相反，适当的"张"与"弛"正是他们成功的秘诀。鲁迅惯于夜深人静时秉烛而书，但他下午是必须休息以保持体力的。马克思常在长时间写作之余，写几首小诗，或演算几道数学题来调节大脑，现代文学巨匠老舍喜欢在写作的余暇时间去养花……诸如此类，张弛有道，给他们带来了充沛的精神与活力。对于我们普通人而言，既要生无所息，努力工作、学习，又要生有所息，多给自己留些闲暇时间，培养自己的兴趣与爱好。这样，既能为工作与学习提供充足动力，又能提高自己的生活质量和品位。

《菜根谭》不仅告诉我们张弛有度的生活之道，还告诉我们从容徐行的处事之法。从容是一种心态，徐行是一种境界。遇危不乱，才能转危为安；处变不惊，才能应对自如。人活一生往往前路难定，有时难免陷入困境，在惶急之间，能静下心来，沉着应对，方能扭转大局。凡遇大事需静气，平心静气是一种姿态，一种气度，一种修养。冷静之中的决定往往是摆脱困境的最佳方案，同时冷静也是一种智慧，以静待变，乱中取胜！

◎物自为物　我自为我◎

【原文】

我贵而人奉之，奉此峨冠大带也；我贱而人侮之，侮此布衣草履也。然则原非奉我，我胡为喜？原非侮我，我胡为怒？

【译文】

我富贵了人们就敬重我，敬重的是我穿着的华丽威严的官服；我贫穷了人们就轻视我，轻视的是我穿着的布衣和草鞋。人们原本敬重的是官服而不是我本人，我有什么可高兴的呢？人们原本轻视的是布衣草鞋而不是轻视我，我有什么可恼怒的呢？

人们轻视我的布衣草鞋，我没有什么可恼怒的。

把荣誉、名利等看得很淡、很轻，才能不被外物所束缚，才能远离各种陷阱，收获属于自身的乐趣，才能达到身心的超脱、洒脱的境界。

【精读解析】

人活在世上都要扮演一定的社会角色。每个人都有各自的活法，即便是贫苦的百姓也有自己的生活乐趣，而这些乐趣达官贵人们并不一定具备。

王冕，元代著名画家和文学家。他淡于名利，寒如梅花，备受人们的推崇。

王冕童年非常清寒，父亲派他去放牛，他却偷偷地跑进附近的学舍，静听学生读书。直到傍晚，才发觉牛已经跑得无影无踪了。父亲气得用鞭子狠狠抽打他，可就是不管用。母亲劝父亲："既然王冕这样喜欢读书，为什么不让他去可以读书的地方呢？"王冕父亲同意了，于是王冕到了寺院里干活。白天劳动，夜晚就着长明灯读书。会稽有个叫韩性的人感动不已，就收他当弟子。王冕经过勤奋学习，"遂成通儒"。韩性死后，王冕"应举不中"，就北游燕都，作客于秘书卿泰不华家。泰不华非常赏识王冕。

从北方归来后，王冕常说："天下将乱。"就拖儿带妻隐居在九里山中。他在房屋四周种上千株梅花，自称为"梅花屋主"。王冕的《墨梅》云："我家洗砚池头树，朵朵花开淡墨痕，不要人

有了出众的才华，不失做人的根本，放牛娃也能成一代大家。

王冕年少时，总是去学舍听学生读书。白天劳动，夜晚就着长明灯读书。后来到寺院里干活，

王冕在九里山隐居的时候，种了上千株梅花，最终成为一代大家。他画的梅花也特别出色，

夸颜色好,只留清气满乾坤。"这无疑是安贫乐道思想的集中表现。物自有物,我自有我,是真潇洒的滋味了。

王冕画梅花,非常出色,求画者络绎不绝。官府多次征召他当官,他坚辞不受,甘愿在清贫的生活中享受无穷的乐趣。

王冕不为富贵所动,坚守贫寒,在书画领域独辟天地,乐趣无穷。是因为他深知人生自有其乐趣,并不需要一味依靠物质,将财富看得过于重要,不停地追逐,即使财富到手,也会失去生活的幸福。

◎躁急无成　平和得福◎

【原文】

性躁心粗者,一事无成;心和气平者,百福自集。

【译文】

性情急躁粗暴的人,一件事情也做不成;心地平静温和的人,所有的幸福都会为他降临。

【精读解析】

人生就像一部大书,一辈子都要细读细品,要保持平和的心态,才能参透其中的是非真假。

冯谖就是历史上那个骄傲的食客,因为饭桌无鱼,便弹铗而歌。后来,他被孟尝君的诚意与谦逊所感动,终于为其利益而奔走。

有一次,孟尝君想从门下宾客中选人代他到薛邑(孟尝君的封土)收债,冯谖主动申请前往。孟尝君很高兴,便同意了。冯谖收拾停当之后,向孟尝君辞行,并请示:"收完债,您需要买些什么东西吗?"孟尝君顺口答道:"先生看我家里缺什么,就买些什么吧!"

人们在遇到事情的时候,应该多静下心来,仔细考虑,权衡长远利弊之后,再行动也不迟。莽撞行事、急功近利带来的往往是目光的短浅、思考的匮乏。

冯谖驱车来到薛邑,他派人把所有负债之人都召集到一起,核对完账目后,他便假传孟尝君的命令,把所有的债款赏给负债诸人,并当面烧掉了债券,百姓感激不已,皆呼万岁。

冯谖随即返回,一大早便去求见孟尝君。孟尝君没料到他回来得这么快,半信半疑地问:"债都收完了吗?"冯谖答:"收完了。""那你给我买了些什么回来呢?"孟尝君又问。冯谖不慌不忙地答:"您让我看家里缺少什么就买什么,我考虑到您有用不完的珍宝,数不清的牛马牲畜,美女也很多,缺少的只有'义',因此我为您买'义'回来了。"孟尝君不知其所云,忙问"买义"是什么意思。冯谖就把债款赐薛民的事说了,并补充说:"您以薛为封邑,却对那里的百姓像商人一样盘剥刻薄,我假传您的命令,免除了他们所有的欠债,并把债券也都烧了。"孟尝君听罢心里很不高兴,只得悻悻地说:"算了吧!"

一年后,孟尝君由于失宠被新即位的齐王赶出国都,只好回到薛邑。往日的门客都各自逃散了,只有冯谖还跟着他。当车子距薛邑还有上百里远时,薛邑百姓便已扶老携幼,夹道相迎。孟尝君好生感慨,回头对冯谖说:"先生为我所买的'义',我今天终于看见了!"

冯谖焚债券而买"义",此举确实高明,这正表现了他的大智谋与眼光。他没有被眼前的小利所迷惑,急于一时之功,而是从长远出发,以利市义,为孟尝君赢得了民心。

人们在遇到事情的时候,应该多静下心来,仔细考虑,权衡长远利弊之后,再行动也不迟。莽

著名的冯谖为孟尝君烧券市义的故事，是平和中求长远幸福的很好案例。

冯谖是历史上骄傲的食客，饭桌无鱼便弹铗而歌。后他被孟尝君的诚意与谦逊所感动，为其利益而奔走。

孟尝君想从门下宾客中选人代他到薛邑收债，冯谖主动申请前往，并请示孟尝君需要买些什么，孟尝君顺口答家里缺什么，就买些什么。

冯谖驱车来到薛邑，假传孟尝君的命令，把所有的债款赏给负债诸人，并当面烧掉了债券，百姓感激不已。冯谖随即返回，一大早便把债款赐薛民的事告诉了孟尝君，孟尝君听罢心里很不高兴，但还是作罢。

冯谖焚债券而买"义"，表现了他的大智谋与眼光。他从长远出发，以利市义，为孟尝君赢得了民心。

人遇事切勿只顾眼前小利，操之过急，应从大处着眼，稳中求福。

一年后，孟尝君失宠被新即位的齐王赶出国都，门客里只有冯谖跟着他回薛邑。当车子距薛邑还有上百里远时，薛邑百姓夹道相迎。孟尝君终于看见了冯谖所买的"义"！

撞行事、急功近利带来的往往是目光的短浅、思考的匮乏，以小利而大喜，以小失而大悲，结果是因小利而遇祸。要想摆脱小利的诱惑，放眼于长远，是很困难的。这不仅需要开阔的眼界、恢弘的胸襟，还需要非凡的忍耐与淡定平和的心态，只有这样才能够不断地战胜自我，克服困难，一步步走向成功。

◎趣不在多 景不在远◎

【原文】

得趣不在多，盆池拳石间，烟霞俱足；会景不在远，蓬窗竹屋下，风月自赊。

【译文】

要想感受到生活的情趣并不在东西的多寡，即便一小池清水，几块怪石，也可欣赏到山水间无尽的景色；领悟自然的美景不在远近，即便在草窗竹屋之下，也可以感受到清风明月的悠闲。

【精读解析】

会心不在远，得趣不在多。美景不在别处，就在身边。

我们常常以为好的在远处，之后再回到起点，才发现其实自己想要的就在不远处，之前的种种努力不过是自作聪明,这就是'舍近求远'的本质"。

农夫阿利生活殷实，一天，一位老者拜访他，这么说道："倘若你能得到拇指大的钻石，就能买下附近全部的土地；倘若能得到钻石矿，还能够让自己的儿子坐上王位。"

钻石深深地吸引了阿利的心，他从此对什么都不感到满足了。

夫人，我来帮你画眉。

在生活中我们常常舍近求远，到别处去寻找其实自己身边就有的东西。事实上，生活的快乐与情趣往往就在人们身边，在人们心里。只要人们用心发现，享受当下，生活中处处都是美景。

经过辗转反侧的思考之后，第二天一早，他便叫起那位老者，请老者指教在哪里能够找到钻石。老者想打消他那些念头，但无奈阿利完全听不进去。老者只好告诉他："你在很高很高的山里寻找淌着白沙的河，倘若能够找到，白沙里一定埋着钻石。"

于是，阿利变卖了自己所有的地产，让亲人寄宿在街坊家里，自己出去寻找钻石。但他走啊走，始终没有找到要找的宝藏。他终于失望，投海死了。

故事并没有就此结束。

一天，买了阿利房子的人，把骆驼牵进后院，想让骆驼喝水。后院里有条小河。骆驼把鼻子凑到河里时，这个人发现沙中有块闪着奇光的东西。他立即把它挖出来，是一块闪闪发光的石头，他把石头带回家，放在炉架上。过了些时候，那位老者又来拜访这家人，进门就发现炉架上那块闪着光的石头，不由得奔跑上前。

"这是钻石！"他惊奇地嚷道，"阿利回来了！"

"不！阿利还没有回来。这块石头是在后院小河里发现的。"新房主答道。"不！你在骗我。"老者不相信，"我走进这房间，就知道这是钻石啊。别看我有些唠唠叨叨，但我还是认得出这是块真正的钻石！"

于是，两人跑出房间，到那条小河边挖掘起来。过了一会儿，露出了比第一块更有光泽的石头，而且以后又从这块土地上挖掘出许多钻石。

机遇往往就在人们身边，在人们心里。只要人们用心发现，享受当下，生活中处处都是美景。

◎劳攘自冗　徐生安然◎

【原文】

岁月本长，而忙者自促；天地本宽，而鄙者自隘；风花雪月本闲，而劳攘者自冗。

【译文】

岁月本来是很漫长的，而那些忙碌的人自己觉得时间短暂；天地之间本来宽阔无垠，而那些心胸狭窄的人却感觉到局促；风花雪月本来是增加闲情逸致的,而那些庸庸碌碌的人自己却觉得多余。

【精读解析】

天神把一捧快乐的种子交给幸福使者，让她到人间去撒播。

临行前，天神仍不放心地问："你准备把它们撒在什么地方呢？"

幸福使者胸有成竹地回答说："我已经想好了，我准备把这些种子放在最深的海底，让那些寻找快乐的人，经过惊涛骇浪的考验后，才能找到它。"

天神听了，微笑着摇了摇头。

幸福使者思考了一会儿，继续说："那我就把它们藏在高山之上吧，让寻找快乐的人，通过艰难跋涉才能发现它的存在。"

天神听了之后，还是摇了摇头。

幸福使者茫然无措了。

天神意味深长地说："你选择的这两个地方都不难找到。你应该把快乐的种子撒在每个人的心底。因为，人类最难到达的地方，就是他们自己的心灵。"

生活本来是非常美好的，有着漫长的岁月，宽广的天地，充满闲情逸致的风花雪月，幸福本来是洒落在生活的每个角落的，而那些脚步匆忙的人却没有发现幸福的眼睛。

岁月本来是很漫长的，而那些忙碌的人自己觉得时间短暂；风花雪月本来是增加闲情逸致的，而那些庸庸碌碌的人自己却觉得多余；幸福本来是洒落在生活的每个角落，而那些脚步匆忙的人却自己没有发现幸福的眼睛。

人生是不可避免的"劳生"，但"劳生"更要"徐生"。适时放慢脚步，给自己留一些心灵时间，去体味幸福，才是从容之道。

吃饭和睡觉，本是再简单不过的事情，然而，单从这些事情上，也能看得出人与人之间的差别。

一天，有源禅师来拜访大珠慧海禅师，请教修道用功的方法。

他问慧海禅师："和尚，您也用功修道吗？"

禅师回答："用功！"

有源又问："怎样用功呢？"

禅师回答："饿了就吃饭，困了就睡觉。"

有源有些不解地问道："如果这样就是用功，那岂不是所有人都和禅师一样用功了？"

禅师说："当然不一样！"

有源又问："怎么不一样？不都是吃饭、睡觉吗？"

吃饭、睡觉，是所有人都必须过的日常生活，即便是圣人也不例外，但差别也正在此。心境决定了我们在生活中所处的状态，只有心胸宽广，顺随自然，才能品得人生的真味。

禅师说："一般人吃饭时不好好吃饭，有种种思量；睡觉时不好好睡觉，有千般妄想。我和他们当然不一样。"

吃饭、睡觉，是所有人都必须过的日常生活，但差别也正在此。学者冯友兰先生说："圣人的生活，原也是一般人的日常生活，不过他比一般人对于日常生活用品了解更为充分。了解有不同，意义也有了分别，因而他的生活超越了一般人的日常生活。"这里所谓的"超越"，实际上就是放慢脚步，该休息时休息，该娱乐时娱乐，该工作时工作。

只要人们心胸宽广，顺随自然，应缓则缓，当急则急，不仅不会耽搁日常的工作和学习，还可以使身心得到充分的放松。

◎乐山乐水 陶冶心性◎

【原文】

松涧边，携杖独行，立处云生破衲；竹窗下，枕书高卧，觉时月侵寒毡。

【译文】

在长满松树的小溪边，手拄拐杖独自散步，站立的地方云雾紧紧笼罩在身穿破袍的自己身边；在竹窗下，头枕书本无忧无虑地睡眠，等到醒来时，清凉的月光已经照在自己的薄毛毡上。

月色真好啊……

自然中的青山绿水、茂林修竹最能养人心性，敞人襟怀，激人雅兴。于冗杂琐事中脱出身来，寻得山清水秀、天高云淡处过几日远离尘嚣的生活，不仅是一种身体的放松，更是一种心灵的修养。

【精读解析】

晋人宋岱，字处宗，南康郡人，他的父亲叫宋汤，也是有名的文人。宋岱平时就因为孝顺父母而远近闻名，严格遵循父亲的操守。州上郡县都对他招待得很殷勤，但他却辞去了官职。家居无事，喜欢种竹。家居周围有大竹林，青葱修茂。他住在竹林小屋中，避暑赏心，心里十分高兴。

王羲之特地去拜访他，宋岱却躲避屋中，不肯见王羲之。晋孝武帝想任命宋岱担任散骑郎的职位，宋岱正色地对使者说："我岂能改易种竹之心，以碌碌于笼鸟盆鱼之间？"

春荒之时，宋岱把竹笋当食物用来充饥，砍截竹子作为器皿用来装酒。人问其故，宋岱答道："我只爱竹好酒，希望此二物永远相依相伴。"宋岱经常穿着竹叶编织的鞋，手里拿着根青竹杖，徜徉于竹林之下。清风徐来之际，皓月当空之时，他吹着一支竹笛自在来去。因此，宋岱被郡县里的人称做"竹中高士"。

在松柏成林的溪水旁，悠然独行，站立的地方青云自有青云萦绕；在竹窗之下，枕书而眠，醒来时自有清凉月光多情当被。宋岱竹中逍遥，风月满怀，笛音清逸，正得古人妙境。

"仁者乐山，智者乐水"，山的沉稳，水的柔静能够为心灵寻得一片净土，把人们从浮躁与喧嚣的尘世中解脱出来。所以，伯牙钟子期巍巍乎高山汤汤乎流水，识我心中山水者即为知音；庄子梦蝶，不知蝶梦我还是我梦蝶；陶渊明采菊东篱下悠然见南山，自得其乐；李白遥望敬亭山相看两不厌，山人相悦……

清风明月、高山绿水，于古之贤人，永远都是难以抗拒的诱惑。

"空山新雨后，天气晚来秋。明月松间照，清泉石上流。竹喧归浣女，莲动下渔舟。随意春芳歇，王孙自可留。"唐代诗人王维这首《山居秋暝》绝妙地渲染出了他对隐逸生活的向往。在他的许多诗里，都流露出这种深切的隐逸情怀。

王维自年轻时就信奉佛教，随着年岁的增长和阅历的丰富，他愈发对社会的污秽心生厌恶，消极出世的思想也愈发浓厚起来。"安得舍尘网，拂衣辞世喧。悠然策藜杖，归向桃花源。""宁栖野树林，宁饮涧水流。不用食粱肉，崎岖见王侯。"其归隐志向表露无遗。早在青年时他就曾隐居过山林一段时间，终因"小妹日成长，兄弟未有娶，家贫禄既薄，储蓄非有素"，只能"几回欲奋飞，踟蹰复相顾"。心系山林，却身陷世俗脱身不得，王维就在这样压抑的环境中苦苦寻求山水田园的纯净安谧。中年以后，王维一度隐居于终南山，后又得宋之问蓝田辋川别业，遂与好友裴迪优游其中，赋诗相酬为乐。

自然中的青山绿水、茂林修竹最能养人心性，敞人襟怀，激人雅兴。正是由于王维对于自然的爱好和长期山林生活的经历，使他对自然美具有敏锐独特而细致入微的感受，因而他笔下的山水景物特别富有神韵，常常是略事渲染，便表现出深长悠远的意境，耐人玩味。他的诗取景状物，极有画意，色彩映衬鲜明而优美，写景动静结合，善于细致地表现自然界的光色和音响变化。他的心也在俗世红尘中寻觅到一种超然的静谧。

古人乐山乐水的姿态也值得我们去学习。凡尘俗世最易扰人心性，于冗杂琐事中脱出身来，寻得山清水秀、天高云淡处过几日远离尘嚣的生活，对于人们来说，不仅是一种身体的放松，更是一种心灵的修养。

王维的山水田园诗历来为人所称道，世人称他"诗中有画，画中有诗"，让我们看看他是如何从尘世走向自然的。

王维青年时心系山林，却身陷世俗脱身不得，在压抑的环境中苦苦寻求山水田园的纯净安谧。中年以后，王维一度隐居于终南山，后又得宋之问蓝田辋川别业，遂与好友裴迪优游其中，赋诗相酬为乐。

王维年轻时就信奉佛教，随着年岁的增长，阅历的丰富，愈发对社会的污秽心生厌恶，出世的思想也愈发浓厚起来。让我们读一读他的代表作《山居秋暝》。

山居秋暝
空山新雨后，天气晚来秋。
明月松间照，清泉石上流。
竹喧归浣女，莲动下渔舟。
随意春芳歇，王孙自可留。

◎外物浮华　不如淡忘◎

【原文】

水流而境无声，得处喧见寂之趣；山高而云不碍，悟出有入无之机。

【译文】

流水淙淙，而两岸的人却听不到流水的声音，由此可以看出在喧闹的环境中仍能享受寂静的趣味；高山耸立，云彩也不会觉得受到阻碍，从这里可以从有我中悟出无我的玄机。

【精读解析】

对于每个人来，学会忘记都不是一件难事。如果我们能够不执着某种形式、不贪念于功名利禄，忘记尘世中的各种诱惑，就可以获得忘我、无我的境界。佛说"境由心生"，当我们忘了外物浮华，自然不会在心中被它们羁绊。

智通法师自诩神通广大，他来到慧明忠禅

尘世喧嚣中的人们已经看到不到大自然的美好，难道不是因为欲望蒙蔽了内心吗？

一个人想要达到绝对的精神自由，必须不再执着于物，达到忘记身处的环境、忘记功利富贵。当我们忘记自己身处的环境时，便可无视环境的嘈杂，当我们忘却世间的功利富贵时当然也就不会为了得到它们而放弃自己的健康和生活趣味了。

师面前，想与他验证一下。

慧明忠谦和地问："早就听说你能够看透人的心迹，不知是不是真的？"

智通法师答道："只是些小伎俩而已！"

慧明忠禅师于是想了一件事，问道："请看老僧现在身在何处？"

智通法师运用神通，查看了一番，答道："高山仰止，小河流水。"

慧明忠禅师微笑着点头，将心念一转，又问："请看老僧现在身在何处？"

智通法师又运用神通，细细端详一番，笑着说："禅师怎么去和山中猴子玩耍了？"

因为我现在没有心迹，既然没有，你怎么能够探察到？

一个人，只要还有心迹存在，无论这个心迹隐藏得多深，还是会受到别人的影响，被别人影响的人就不能获得最后的自由。只有真正忘记一切，做到心外无物，才能真正体察到精神的自由。

"果然了得！"慧明忠禅师面露嘉许之色，称赞过后，随即将风行雨散的心念收起，反视内照，进入禅定的境界，无我相、无人相、无世界相、无动静相，这才笑吟吟地问："请看老僧如今在什么地方？"

智通法师神通过处，只见青空无云、水潭无月、人间无踪、明镜无影。

智通法师使尽了浑身解数，天上地下彻照，全不见慧明忠心迹，一时惘然不知所措。

慧明忠禅师缓缓出定，含着笑对智通说："阁下有通心之神力，能知道他人一切去处，好极！好极！可是却不能探察我的心迹，你知道这是为什么吗？"

智通摇摇头，满脸迷惑。

慧明忠禅师笑着说："因为我现在没有心迹，既然没有，你怎么能够探察到？"

忘是一种方法，更是一种境界，如果我们没有心迹了，还有什么可以牵绊我们的呢？

《菜根谭》中所说"喧中见寂""出有入无之机"指的就是一种忘我的境地。这种忘我的境地我们本来就拥有，只是在后来的生活中才渐渐地被充满。人刚来到人世的时候，还是一个脑中空空的婴儿，饿了就吃，困了就睡，不高兴就哭，高兴就笑，看什么都惊奇，玩什么都欣喜，生活在一片欢喜之中。然而，当人们渐渐长大，心灵逐渐装载了各种超出需求的欲望，为了满足这种欲望，我们也就拥有烦恼和焦虑。因此，如果我们想享受纯粹的生活，那不妨先学着去忘记，忘记我们周围的闹市、忘记我们觊觎的富贵、忘记我们失败的过往……改变不了的环境，不如忘记。

○静躁稍分　昏明顿异○

【原文】

时当喧杂，则平日所记忆者，皆漫然忘去；境在清宁，则夙昔所遗忘者，又恍尔现前。可见静躁稍分，昏明顿异也。

【译文】

人在喧闹杂乱的时候，平时所记着的事情，都会淡忘掉；当环境清静安宁的时候，那么过去所遗忘的东西，又仿佛浮现在眼前。可见只要安静和浮躁稍有分明，那么昏聩和清醒就会迥然不同。

【精读解析】

人生最好的境界是安静，但是安静不是为了享受，而是为了收获人生的丰富。只有丰富的安静才是真正的安静。一个人安静，是因为摆脱了外界虚名浮利的诱惑。安静的人能收获丰富，是因为拥有了内在精神世界的宝藏。太热闹的生活始终有一个危险，就是被喧杂所占有，渐渐误以为喧杂就是生活，喧杂之外别无生活，最后只剩下了喧杂，没有了生活。

不管世界多么热闹，被热闹包裹的都是我们心里的安静，人们往往认为世界的纷繁复杂是外在的存在，却不知道那只是人心里的映射，正是我们心里在喧闹，这个世界才在我们的眼睛看来是一个喧闹到无法忍受的世界。我们捧着一本书，如果心不静，再好的书也读不进去，更不用说领会其妙处了。读生活这本书也是如此。其实，只有安静下来，人的心灵和感官才是真正开放的，从而变得敏锐，与世界的万事万物处在一种最佳关系之中。

佛学大师弘一法师出家后，极力避免陷入名利的泥沼自污其身，因此从不轻易接受善男信女的礼拜供养。他每到一处弘法，都要先立三约：一不为人师，二不开欢迎会，三不登报吹嘘。他谢绝俗缘，很少跟在俗人中来往，尤其注意不与官场人士接触。

那时法师在温州庆福寺闭关静修时，温州道尹张宗祥慕名前来拜访。能与道尹结交，是一般人求之不得的事情，法师却拒不相见。无奈张宗祥深慕法师大名，非见不可，弘一法师的师父寂山法师只好拿着张宗祥的名片代为求情，弘一法师央告师父，甚至落泪："师父慈悲！师父慈悲！弟子出家，非谋衣食，纯为了生死大事，乞婉言告以抱病不见客可也！"

张道尹无奈，只好怏怏而去。

一个人，心要像明月一样皎洁，像天空一样淡泊，才能做到在世俗纷扰面前保持镇定和清醒，心定神清了，才能专注于修行。弘一法师研修律宗，最后能成为一代宗师，与他此种心境是分不开的。

在喧嚷的环境中，专注于我们所从事的事，比如坚持梦想，比如闹市读书，比如淡泊名利……在平凡的生活中，感触生活中细微的奔腾，比如和家人享受一日三餐，享受朋友间的温情，享受不为名利纠缠的安心……

如此一来，我们就在实际生活中落实了"静躁稍分，昏明顿异"这个哲理。当一个人心境不平时，喧嚷的环境就像麦芒一样刺痒我们的生活，而当一个人心境安定时，哪怕他周围的环境已经风起云涌或者平淡如水，他也会坚持自己的生活和本性，发掘每天的美好。

喧闹杂乱，容易淡忘；清静安宁，容易反省。安静的人拥有内在精神世界的宝藏。

一个人，摆脱了外界虚名浮利的诱惑，就能获得安静；安静的人善于关照内心精神世界的宝藏，因而能收获丰富。太热闹的生活会使人失去本真。

一不为人师，二不开欢迎会，三不登报吹嘘。

真正的生活从来不是一汪平静的湖水，有智慧者的过人之处，就在于能在纷扰中保持镇定和清醒，在平淡的生活中持之以恒，从而保持心灵的宁静。

◎活在当下 坦然生活◎

【原文】

草木才零落，便露萌颖于根底；时序虽凝寒，终回阳气于飞灰。肃杀之中，生生之意常为之主，即是可以见天地之心。

【译文】

花草树木刚刚枯萎时，已经在根底露出新芽；季节虽是到了寒冬，终究会回到温暖和煦的飞花时节。在萧条的氛围中，却蕴含着主宰时势的无限生机，由此可见天地化育万物的本性。

天地化育万物的本性，是在萧条的氛围中，蕴含着主宰时势的无限生机。

【精读解析】

时序轮转，万物生息即天地之心，亦所谓"道行之而成，物谓之而然。"

造化给了我们一个了不起的生命，接受生命的厚礼，还需我们学会面对生命中可能出现的各种偶然和必然，包括生，也包括死。王维有诗云："木末芙蓉花，山中发红萼。

每个人都有很多这样或者那样的麻烦需要面对。人力无须与天对抗，因为人本来就是天之产物。我们要做的，就是坦然面对，活在当下，寻回自己的本真。

涧户寂无人，纷纷开且落。"芙蓉花不为谁而开，也不为谁而落，即便有哪个人或者是野兽路过，它的开落也与之无关。它只是在完成自己的命运，开了，就会落，这就是它的生活。有些事情我们可以控制，比如我们可以控制一颗果实何时落地，我们还可以控制它何时播种。但是，无论我们做了什么，那个种子还是会长成桃树。就算你想要的是苹果或者橘子，它还是会长成桃树。

人就像桃树一样，当我们降临到这片土地上的时候，已经完成了一个转变的过程，很多东西已经无法改变。人力无须与天对抗，因为人本来就是天之产物。梁漱溟先生说："整个生命的本身是毫无目的。有意识的生活，只是我们生活的表面。就人的一生那么长的时间言之，仍以无意识生活为多。"

哲人说："最人性的，就是最好的。"这种人性，就是我们与生俱来的自然之性。人并没有刻意要去踩出一条小道来，但是在无意之中就完成了一幅杰作。这正是："不忘其所始，不求其所终；受而喜之，忘而复之；是之谓不以心捐道，不以人助天。是之谓真人。"意即不忘记自己从哪儿来，也不寻求自己往哪儿去，承受什么际遇都欢欢喜喜，忘掉死像是回到了自己的本然，这就叫做不用心智去损害大道，也不用人为的因素去帮助自然。这就叫"真人"。

一切的作为，不去追究最初的动机是什么，也不要追求结果怎么样。一个人如果忘记了无始无终的时空观念，对现有的生命悠然而受之，天冷了就穿衣服，天热了就脱衣服，受而喜之，才能活在当下。

当你活在当下时，寂寞、恐惧就无法分散你的精力，过去的不拖在后面，未来不趋人向前，你全部的能量都集中在这一时刻，生命因此也就具有一种强烈的张力。

在某一城市一家医院的同一间病房里，住着两位相同的绝症患者。不同的是，一个来自乡下农村，一个就生活在医院所在的城市。生活在城市的病人，每天都有亲朋好友和同事前来探望。家人前来时宽慰说：家里你就放心吧，还有我们呢，你就安心养病。朋友探望时劝慰说：现在你什么也别想，就一门心思养病就行。公司来人时开导说：你放心，公司上的事，我们都替你安排好了，你现在的工作就是养病……

来自乡下农村的患者，只有一位十四五岁的小女孩守护着。他的妻子半个月才能来一次。或送钱，或送些衣物。妻子每次来，总是不停地说这说那，要丈夫为家里的事情拿主意：快要春种了，今年是种西瓜还是茄子？再过两天，他大叔就要嫁女了，你说送多少贺礼啊？女儿说要跟她表姐去大城市打工，我还没答应，这事要你拿主意……

几个月后，情况发生了戏剧性的变化。生活在医院所在城市的那位病人，在亲人、朋友、同事一声声"你放心吧""你就安心养病吧"的宽慰声里，意识中感觉他们已不需要自己，自己也就失去了活着的价值和意义，渐渐地失去了战胜病魔的信心和勇气，于是在孤独寂寞与病魔的吞噬中一点点地死去。来自乡下农村的患者，在妻子大事小事都要自己定夺、拿主意中，意识到自己对家人的重要，意识到自己必须活着，哪怕仅仅是为家人拿些主意，于是一种强烈的求生欲望使他奇迹般地活了下来。

肉体之躯，即便再强壮，也无法永远抵御病魔的侵袭。生命的病痛，会让有的人将注意力集中在痛苦和明日的死亡上，也会让有的人把希望投递在今日未竟的生活中。城里人是前者，乡下人则是后者。当癌症把微笑带到生命的涯际时，他的努力，让病魔回头了。

对于每个人来说，除了疾病，还有很多这样或者那样的麻烦需要人们面对，然而当它们降临时，人们总是生活在过去或者未来，而往往将生活的"当下"忽视，结果无形中放大了意外和痛苦。

一个真正懂得"活在当下"的人，能"快乐来临的时候就享受快乐，痛苦来临的时候就迎着痛苦"，在黑暗与光明中，既不回避，也不逃离，以坦然的态度来面对人生。

◎趣味在心　不在境遇◎

【原文】

芦花被下，卧雪眠云，保全得一窝夜气；竹叶杯中，吟风弄月，躲离了万丈红尘。

【译文】

以芦花做被，以雪地做床，以云彩做帐，在如此美景下睡眠，可以保持清凉安静的心境；以竹叶做酒杯，在清风明月下吟咏，可以逃避尘世中的纷乱烦扰。

【精读解析】

杜甫曾在一首诗中写道："清江一曲抱村流，长夏江村事事幽。自去自来梁上燕，相亲相近水中鸥。老妻画纸为棋局，稚子敲针作钓钩。多病所需唯药物，微躯此外更何求。"这首诗的大意是：人有了病之后，不要精神不振，更不要失去生活的信心，自寻烦恼。要多去环境幽静的地方散心解闷，看一看自由自在的飞燕，相亲相爱的鸥鸟，寻找生活中的乐趣，这样便可心悦而减少疾病。另外，要治病，除了吃药外，还可以下棋以怡心，钓鱼以抒怀。

生活在都市中的现代人，远离大自然，完全生活在钢筋水泥筑成的城市森

大自然是多么美好啊，又何必到红尘中去喧闹呢！

把自己融入大自然中，大自然就会敞开心胸，日月星辰、清风竹影不请自来，为我们的生活增添趣味，使我们远离尘世的喧嚣，获得内心的静谧。

林中，时间长了，就会有许多的烦恼。利用闲暇走出城市，走进自然，反而比做瑜伽、找心理医生更有效果。

某地有个远近闻名的长寿村，那里环境幽美，树木茂盛，空气清新，泉水甘甜。据说，当地一个小村庄，百岁以上的老人就有50多人，下地干活的八旬老翁屡见不鲜。有位健康专家到那里做了深入调查后，得出的结论是：这儿之所以生病的人少，长寿的人多，全都是大自然的恩赐。

大自然是造物主赐给人类的最高享受，谁能与大自然亲近，谁就能拥有健康，谁就能在锻炼身体的同时陶冶心性，吮吸大自然的灵气。所以繁忙的工作之余，把休闲的地点更多地放在大自然里，才是真正的修身养生之道。

我本来是乘兴而来，现在兴尽就返回家，为什么一定要见到戴安道？

王子猷雪夜乘船，远道前往戴安道住处，走了一夜才到戴安道家，却门都没敲就往回走了。这就是任性情生活，同时顺应自然之道的处世方式。

大自然的本意是指纯粹的自然状态，它可以让我们的生理和心理受到最贴合自然之道的理疗修整。除此之外，当一个人用心感悟自然时，会发现大自然中其实蕴藏着一种任性情生活的精神状态和处世方式。

王子猷弃官后住在山阴，一天夜晚下大雪，他睡觉醒来，打开房门，命仆人酌酒，四周望去，白茫茫一片。就起身徘徊，吟咏左思的《招隐诗》，忽然想起戴安道（戴速字安道）。当时戴安道在剡县，王子猷就在夜晚乘小船到戴安道那里去。走了一夜才走到，到戴安道门前却不上前敲门就又返回了。有人问他这样做的缘故，王子猷回答说："我本来是乘兴而来，现在兴尽就返回家，为什么一定要见到戴安道？"

趣味在心，而不在境遇，人的心只当守在当下方能安定，方有趣味可言。这种趣味是就"顺畅"而言的，这样的人也就是性情中人。兴起处，宁可夜晚渡船也要去实现这份趣味，兴尽时，即使到了门前也会调转船头。这就是任性情生活，同时顺应自然之道的处世方式。

我们来自于大自然，只有回归大自然，我们才能找到本真的自己。这正如哲人所说的："人是一种活动的植物，他们像树一样，从空气中得到大部分的营养。如果他们总是守在家里，他们就憔悴了。"我们要给自己一个亲近自然的机会。虽然不能像《菜根谭》中描述的那样"芦花被下，卧雪眠云"，"竹叶杯中，吟风弄月"，但至少还可以找片清净之地，躲离万丈红尘，听听风声、晒晒太阳，也听听自己的心声，晒晒自己的心事。

◎不睦繁华　宁静致远◎

【原文】

徜徉于山林泉石之间，而尘心渐息；夷犹于诗书图画之内，而俗气潜消。故君子虽不玩物丧志，亦常借境调心。

【译文】

在山间树林、清泉、怪石旁流连忘返，那么凡俗的心就会逐渐平息；寄情于读书、吟诗、作画的情趣中，那么庸俗的气息就会在不知不觉中消失。所以有德行的君子虽然不因为沉溺于外物而消磨意志，也常常借助外物调节心境。

【精读解析】

世间一切繁华有生必有灭，有聚必有散，有合必有离，有繁荣必然有颓废，一切皆如梦幻泡影。何必过于在意呢？坦然接受吧。放松心情，陶冶心性，我们就会发现在这繁华喧嚣的无常世界，我们享有了一片安静的心空。

> 既自以心为形役，奚惆怅而独悲？

徜徉于山林泉石中，或是读诗作画，都能使我们远离世俗的牵绊，陶冶我们的心性。当我们沉静在山水和画境中时，就摆脱了外物繁华，内心也就清静下来了。

宋代汾阳有位善昭禅师，得佛法奥义，修行真挚涅槃，他曾自我揶揄："我不过是一个混日子的粥饭僧。传佛心宗，并非我的职责。"当时许多僧众、官员前后八请，求他出来讲法开示，他都坚卧草庵，不肯出山。

那时的得道僧者皆喜游历，四处看繁华事态，寻觅优雅风景，但善昭禅师却很少出行，时人批评他缺少禅者的潇洒与韵味。善昭却严肃地说："自古以来，祖师大德行脚云游，是因为圣心未通，道业未成，所以驱驰丛林，以求抉择，而不是为了游览山水，观风望景。"

在善昭看来，风景再繁华，不过是风景，大德的禅师之所以游历，是因为想感悟天地之道，而不是因为风景之美。

有一位老和尚，自出家以来，数十年严守戒律，从未破过戒，整天提心吊胆，小心谨慎，唯恐一旦违犯戒律，死后坠入地狱。

一天晚上下小雨，老和尚从外面赶回寺院，为了抄近道，就走过一片茄子地。走着走着，忽然脚下踩着一样圆鼓鼓、软辘辘的东西，伴随着"咕"的一声。天色黑暗，伸手不见五指，老和尚忙着赶路，没有细看就回寺里了。

老和尚感到是踩死了一只蛤蟆，肚子里分明还有许多卵子。他越想越惊慌，后悔不已，整整一晚都没睡好觉。那只被踩死的蛤蟆不时出现在眼前，还带数百只小蛤蟆向他讨还命债。

第二天天一亮，老和尚就跑到昨夜经过的茄子地里查看，找来找去也没找到癞蛤蟆的尸体，只有一只被踩到开膛破肚的黄黄的老茄子。他感慨万分，做偈子说"梦是一个谎，本是心头想，蛤蟆来索命，踩烂茄子响"。

> 祖师大德行脚云游，是因为圣心未通，道业未成，所以驱驰丛林，以求抉择。

修行多年的老和尚一夜未眠仅仅因为感觉自己踩到了一只肚子里有很多卵子的蛤蟆，这未免有些谨慎过头。其实如果他心静，自然便可安眠了。一个人无论处于什么情况，过哪种生活，只要他内心不执于外物就可以过得无所忧虑了。

生活中也是这样，如果我们执着于世间万物，就会有千种折腾，万般烦恼；如果随缘任运，就会处处自由，时时潇洒。

在善昭看来，风景再繁华，不过是风景。出家人不慕繁华，如泥中青莲，清新入脾，令人敬佩。游历山水，欣赏美景是次要的，关键是要在这个过程中感悟天地之道。

○诗意禅味　自在人心○

【原文】

一字不识，而有诗意者，得诗家真趣；一偈不参，而有禅味者，悟禅教玄机。

【译文】

一个字都不认识，却充满诗意的人，才是体会到了诗的真正趣味；一句偈语都不参悟，却富有禅机的人，可以说已领悟了禅理的奥妙。

【精读解析】

这个世界上并不是每个人都是诗人，也不是每个人都是禅宗大师，但是诗意、禅机并不是他们的专利，普通人也可以有诗意的栖居、禅味的生活。因为诗意、禅机不过是让生命自在的一种心理状态、精神境界，真正的诗意禅机往往源于生活的点点滴滴。所谓"一花一世界，一叶一菩提"就是这个道理。

一花一世界，一叶一菩提。诗意的栖居、禅味的生活并不在于成为诗家翘楚，也不在于成为禅宗大师，而在于一种自在的心理状态和精神境界，能在平凡的生活中领略人生的真谛。

钱锺书在他的《论快乐》中说过这样一段话："洗一个澡，看一朵花，吃一顿饭，假使你觉得快活，并非全因为洗澡的干净，花开的好，或者菜合你的口味，主要是你心上没有挂念，轻松的灵魂可以专注地来欣赏，来审定。要是你精神不痛快，像离别的筵席，随它怎样烹调得好，吃起来只是泥土的滋味。快乐纯粹是内在的，它不是由于客体，而是由于人们的思想观念和态度而产生的。"我们的生活，是我们感觉的生活。心境不一样了，生活自然也就不一样了。

俗话说，人生失意无南北，宫殿里也会有悲恸，茅屋同样也会有笑声。我们都在人世间流浪，我们都在经历着失意与苦难，相较于死亡这个共同的终点，失意与苦难又算得了什么？想开些，在生命中四处流浪，享受当下的每一分钟，流浪也就有了无所牵挂、自在生活的诗意和禅机。

这份诗意禅机本可以成为任何人一天二十四时之内的自在，可太多人却让它离自己太远。

一位得知自己不久于人世的老先生，在日记簿上记下了这样一段文字：

"如果我可以从头活一次，我要尝试更多的错误，我不会再事事追求完美。

"我情愿多休息，随遇而安，处世糊涂一点，不对将要发生的事处心积虑地计算着。其实人世间有什么事情需要斤斤计较呢？

"可以的话，我会多去旅行，跋山涉水，再危险的地方也要去一去。以前不敢吃冰淇淋，是怕健康有问题，此刻我是多么的后悔！过去的日子，我实在活得太小心，每一分每一秒都不容有失，太过清醒明白，太过合情合理。

"如果一切可以重新开始，我会什么也不准备就上街，甚至连纸巾也不带一块，我会放纵地享受每一分、每一秒。如果可以重来，我会赤足走出户外，甚至彻夜不眠，用这个身体好好地感觉世界的美丽与和谐。还有，我会去游乐场多玩几圈木马，多看几次日出，和公园里的小朋友玩耍。"

"只要人生可以从头开始，但我知道，不可能了。"

生活本是丰富多彩的，除了工作、学习、赚钱、求名，还有许许多多美好的东西值得我们去享受：可口的饭菜、温馨的家庭生活、蓝天白云、花红草绿、飞溅的瀑布、浩瀚的大海、茫茫的雪山、广袤的草原、遥远的星系、久远的化石，此外还有诗歌、音乐、友情、谈天、读书、体育运动、喜庆的节日……

享受在很多时候，不在外境而在内心，如果怀着诗意的心生活，哪怕工作和学习也可以成为享受，如果我们不是太急功近利，不是单单为着一己利益，我们的辛苦劳作也会变成一种乐趣。

什么是衡量人生成功的标准？是财富，是权力，还是享受一份粗茶淡饭的宁静日子？其实，生活有时就是一个圈，无论得到了多少，最终都会回到原点——内心。

有人曾经问一个哲人："人为什么活着？活着的意义又是什么呢？"哲人只说了两个字："活着。"人生说到底就是怎样活着的问题，世间的活法很多：有富足地活着、贫穷地活着，也有高贵地活着、卑微地活着，还有快乐地活着、痛苦地活着，其中的差别在外人看来取决于外物，但在自身看来，则取决于心境。富足的、高贵的、快乐的生活，是因为心境本来就是这样的。

一字不识的人心有诗意，却能得诗家真趣，一偈不参的人心悟禅味，便得禅教玄机。当我们独自面对生活的时候，无论面对失意的还是得意的人生，保持身心放松，也就能更加深刻地感受纯粹的快乐，享受当下毫无负担的愉悦了。

❀◎乐享自然 安享闲逸◎❀

【原文】

帘栊高敞，看青山绿水吞吐云烟，识乾坤之自在；竹树扶疏，任乳燕鸣鸠送迎时序，知物我之两忘。

【译文】

将窗帘高高卷起，敞开窗户，欣赏青山绿水间云蒸霞蔚的美妙景致，才认识到大自然是多么美妙自在；竹林茂盛，树木疏朗，任小燕子和鸠鸟报告着季节的变化，因而领悟到万物合一、浑然忘我的境界。

【精读解析】

关于自然，中国自古就有风格各异的山水田园诗做伴。诗人们以山水田园为审美对象，把细腻的笔触投向静谧的山林、悠闲的田野，创造出一种田园牧歌式的生活，借以表达对现实的不满，对宁静平和生活的向往。作为写出那些经典的田园诗歌的人来说，都

帘栊高敞，看青山绿水吞吐云烟；竹树扶疏，任乳燕鸣鸠送迎时序。这是自然造物于人的恬淡心情，出没其间，贪图情趣，返璞归真，才能入道，尽享人间至乐。

几乎是在现实的不满的境遇中选择了回归山林，归隐田园，在远离尘世的地方，有一颗闲适的心，才会有那些优美而空灵的诗句。后人也从那优美的诗句中，加深了对那种安逸的田园生活的向往，对那种闲适心态的体认。

然而，生活在当今时代的我们，改变不了社会的快节奏和高速度，但可以控制自己的生活节奏，在节假日，我们完全可以放下手中的工作，让自己融入大自然中，大自然会敞开怀抱，把日月星辰、山山水水、花草树木、飞禽走兽、空气海洋无私地赐给你。

有人曾经写了这样一段话：

"平时在都市里生活，我看惯了摩天的大厦，厌倦了让人窒息的、熙熙攘攘的街道。紧张忙碌的工作常常使我焦虑，机械的上下班模式，影响了自己的生活情趣，导致我睡眠质量差，白天恍恍惚惚的，精神比较萎靡，感觉浑身不自在。

"下了车，我驰骋在乡村的田野上，大口大口吸着大自然的'真气'，享受着山水形成的天然'氧吧'，沐浴着阳光的爱抚，一下子我的精神振奋起来，思绪仿佛在白絮的柔云上飘扬。我多么希望自己能居住在依山傍水的村庄，白天田间耕耘以强身健体，夜晚点烛读书以陶冶情操。远离了名利场，别离了喧嚣的城市，每天过着陶渊明式的日出日落的田园生活，岂不快哉！我想，这种生活方式最娴雅、最诗意、最梦幻。我十分希望自己能在退休之后，隐居于山水之间，修成'正果'，不枉人生走一回。"

如果我们只会工作、学习，不会享受生活，则是人生的一大遗憾。还记得陶渊明的那首流传千古的《饮酒》吗？他淋漓尽致地描写自然的美景和他对生活的态度，其中蕴含着何等恬然，又何等空灵、超脱的大境界！那种美妙真意只有每个人自己去体会了。如果你能够把陶氏慢生活的真意时刻放在心上，享受你的人生长途，体验生命的大自在，那么你就会发现，生活原来可以如此美好。

诗情画意的山水，是人们心灵的归宿。在物质生活不断丰富的今天，越来越多的城市居民开始腻烦都市车水马龙的喧嚣和工作快节奏的烦躁，向往诗人笔下安逸的山水田园生活。优美的自然山水，纯朴的乡村风俗，可以满足都市人回归自然的愿望。但是即使我们再对那种田园生活向往，依然受制于现实生活的压力，所以，下定决心远离城市过一种乡村生活往往都是心底的向往，现实中可能是不能成行的。

古代的诗人给我们留下了那么多优美的田园诗篇，更为我们展示了一种田园的心态。其实，只要心里是田园，那么你就是身处田园了。读诗，读田园诗，在诗歌里，我们可以看到田园的美丽风光，也可以让自己的心静下来，拥有一份闲适的心，是谓："暖暖远人村，依依墟里烟。狗吠深巷中，鸡鸣桑树颠"，"白日掩柴扉，对酒绝尘想。时复墟里人，披草共往来。相见无杂言，但道桑麻长"。乾坤自在，乐享天然，物我两忘，意旨悠远，这是多么令人欣羡！

◎置身自然　静心默想◎

【原文】

　　林间松韵，石上泉声，静里听来，识天地自然鸣佩；草际烟光，水心云影，闲中观去，见乾坤最上文章。

【译文】

　　山林中松涛声声，泉石间水流淙淙，静静听来，可以体会到天地之间大自然的美妙乐章；草丛上升起的迷蒙烟雾，水中央倒映的白云美景，悠闲地看去，是宇宙间最美妙的天然文章。

【精读解析】

　　如果有一天，清晨起来，突然有想到山顶上看日出的念头，于是沿着石阶走了很多层，清脆的鸟鸣和清新的空气已足以让人惬意万分，那么，此时尽可以将脚步打住。因为站在山腰看日出一点也不逊色，展现在眼前的未尝不会是一道绝美的风景。

　　自然万物的精美奥妙，在于人的感同心知，

山林中松涛声声，泉石间水流淙淙，是大自然的美妙乐章。

自然万物的精美奥妙，在于人的感同心知，静观默念，因此，身边林间松涛，石上泉声，如自然环佩和鸣，眼前的水光云影和草际烟色，照样是美妙绝伦的文章。

静观默念，因此，身边林间松涛，石上泉声，如自然环佩和鸣，眼前的水光云影和草际烟色，照样是美妙绝伦的文章。处于这个纷繁的世界，要懂得亲近自然，悠闲自在地享受绿色的安慰。

一对年轻夫妇在繁闹的都市居住。时间一长，觉得生活就像部运转的机器，虽然总是在忙忙碌碌地转着，但太千篇一律了，即使是那些花样繁多的休闲娱乐项目，也像是麦当劳、肯德基等那些快餐一样，只能满足一时的胃口，过后很少会有余香留下。于是他们决定去乡下放松放松，他们开车南行，到了一处幽静的丘陵地带，看见小山旁有个木屋，木屋前坐了一个独居的隐士。那个年轻的丈夫就问隐士："你住在这样人烟稀少的地方，不觉得孤单吗？"

隐士说："你说孤单？不！绝不孤单！我凝望那边的青山时，青山给我一股力量。我凝望山谷，每一片叶子包藏着生命的秘密。我望着蓝色的天，看见云彩变幻成永恒的城堡。我听到溪水潺潺，好像向我的心灵细诉。我的狗把头靠在我的膝上，从它的眼中我看到忠诚和信任。我休憩的时候，虫鸣鸟啼，为我演奏悦耳的音乐。我读书的时候，花香叶翠，抚平我浮躁的心境；屋后的菜园里种着我最喜欢吃的菜，丰收的时节，我还能和松鼠一起摘到最新鲜的水果……这么多同伴，孤独从何而来？"

置身于大自然当中，默默地享受，静静地倾听，心尤为愉快，哪还有什么孤独、空虚？大自然具有无穷无尽的美，在你失意烦躁时，只要你走进自然，感受它优美的风景，你的心很快就会轻松起来，并获得无限的美的享受。

处于自然当中的人，就如同风景画中的人物，得以用更宽广的角度看自己，并调整看事情的角度。于是问题似乎显得比较简单，或觉昨天的事不过是幻象罢了。奇妙之事继续发生：我们花越多时间在大自然美景中，就能越多地感受简单自然中的真纯。

融入大自然的怀抱就像是走进了一座巨大而精美的、弥漫着优雅和魅力的宫殿。横展在我们面前的大自然，是这样庄严、美丽、可爱。在这里有轻风在驰骋，有泉流在激溅，有鸟儿在鸣啼，风的微吟、雨的低唱、虫的轻叫、水的轻诉，显得那么抑扬顿挫、长短疾徐，再加上夕阳的霞光、花儿的芬芳、高山的宏伟、彩虹的艳丽、空气的舒爽，构成了足以让天使陶醉的画面，而置身于其中的我们，又怎能不像喝了醇酒一般呢？但是，这种美丽和恬静是无法靠金钱来换取的。只有那些与大自然的脉搏一起跳动，心中充满了温情和爱的人们，才能真正地发现它们、欣赏它们，并拥有它们。

◎远离虚妄 不受熏染◎

【原文】

心地上无风涛，随在皆青山绿树；性天中有化育，触处见鱼跃鸢飞。

【译文】

如果心中平静没有烦乱的情绪，那么眼中所见都是青山绿水之美景；如果本性中有化育万物的爱心，那么所看之物无不是鱼跃鸟飞的生动景观。

【精读解析】

心海中没有大风大浪，那么到处所见都是一片青山绿水；本性中保存着爱心善意，那么随处都能看到自由自在的游鱼和飞鸟。"存其心，养其性。"意思是保存赤子之心，修养善良之性。我们生来便有一颗赤子之心，不沾俗尘，不染污土，而仁爱是首先要培养出来的性情。为他人奉献善心，为社会造福祉，他人和社会必定会以善回报你。

悲天悯人，是要将福祉惠泽天下的芸芸众生，就连我们眼前的一只毫不起眼的小蚂蚁，也是造物主的恩赐，它的生命与我们人类的生命并没有本质区别，它也应该享有生命的尊严。对生命的关怀并非人性的道德完善，也并非居高临下的施舍，而是对生命的平等的尊重和深切的关怀。很多时候，我们在关怀其他生命的同时，也是对我们自身的一种厚待。

生命因有了爱，而更加富有，因付出了爱而更有价值，更为芬芳。

人只要具有一颗质朴而美丽的心灵，那么就必然具有强大的人格魅力，这种影响力会像影子一样，一生追随着他。世界上有两种人，一种人像水一样，随着地势的起伏改变着自己的形态，另一种人则像水晶，内心晶莹透彻，却锐利坚硬。第一种人只能让自己随着世界变化，而第二种人则会让世界因自己而改变。

心中平静，眼中都是青山绿水；本性有爱，所看都是鱼跃鸟飞的生动景观。

摒弃那些给自己的心灵世界带来纷扰的事物，没有了私心俗念，青山绿水就呈现在眼前，心性就得到了逍遥自在，鱼跃鸟飞都是天地化育的好光景，无不充满诗情画意。

一个人在世俗社会中熏染得久了，就会越来越世故。心灵的泉水就会越来越少，甚至干涸。因此，那些能够保持自己本真天性的人往往会拥有别人想象不到的幸福。就像寒山子，颠摇啸傲出寒岩，随手可揽大好的诗情、优美的风光。

寒山，唐太宗时人，居住在天台始丰县寒岩。现在他所遗留下来的诗还保存有三百余首。寒山因为曾因隐居寒岩自号"寒山子"，人们都认为寒山是个怪僧，他常常跑到庙中"望空噪骂"，因此和尚们轰他，但是寒山也不气恼，只是哈哈大笑而去。

寒山喜好作诗，或长廊唱咏，或村野歌啸，或书于竹木石壁，或题于村中屋舍。

寒山的一些诗句针砭时弊，反映世态炎凉，他的诗的语言浅近易懂，既很庄重，也很诙谐，具有警励作用，所以很受大众喜欢，如：

登临寒山道，寒山路不穷。

溪长石磊磊，涧阔草蒙蒙。

路滑非关雨，松鸣不假风。

何当超世累，共坐白云中。

寒山子的诗是宁静旷达的，脱离了尘世的牵累。本性显露、真理永恒，无须拘泥于语言文字，心性清净，没有污染，本来就已圆满完成。远离虚妄，不沾染任何烦扰，重新找到自己阔别已久的本真个性，悠然地活在平凡的人间，并在平凡之中体悟到常人不能体悟到的美丽。

路滑非关雨，松鸣不假风……

现代社会，人与人之间的交往越来越趋于利益交换，因而这个社会上多了利弊的权衡，少了纯净与悲悯的良善，殊不知这才是社会进步最主要的标志之一。如果人们的心总是被灰暗的风尘所覆盖，干涸了心泉，黯淡了目光，失去了生机，我们生存的这个社会岂能美好？所以我们要保持心灵家园的纯洁，选择勇敢、乐观、积极的思想，并且及时进行"精神扫除"。让自己的心灵世界再无纷扰，并且用善良的品格占据它。可谓没有私心俗念，处于安定境界，青山绿水就呈现在眼前，心性就得到了逍遥自在，鱼跃鸟飞都是天地化育的好光景，无不充满诗情画意。

远离虚妄，不沾染任何烦扰，重新找到自己阔别已久的本真个性，悠然地活在平凡的人间，并在平凡之中体悟到常人不能体悟到的美丽。

《菜根谭》对后世的影响

《菜根谭》能告诉我们的事情有很多，在今天，现代化的城市喧嚣已经湮没了古代风情并带给我们与日俱增的焦虑、烦躁、不安乃至一天天的失眠和纵欲时，《菜根谭》如一溪清泉，能涤去我们心中的尘灰，化解我们的烦恼。

中国人的应世妙方中有一种率真，饮食男女，人生欲存，浅酌低唱，也不失为人生本来面目。

中国人的处世哲学中有一股韧劲，"咬得菜根，百事可做"，任何艰难险阻都能被以柔克刚地化解。

咬得菜根，百事可做

中国人的人生态度中有一种达观，总是相信人性善的光辉会将自家的恶迹掩埋。

粗茶淡饭也知足

平生修得随缘性

知足

率真的生活态度

达观的处事态度

◎高天可翔 万物可饮◎

【原文】

　　晴空朗月，何天不可翱翔？而飞蛾独投夜烛。清泉绿草，何物不可饮啄？而鸱枭偏嗜腐鼠。噫！世之不为飞蛾鸱枭者，几何人哉！

【译文】

　　晴空万里，明月高照之下，哪里的空间不能任意翱翔？而飞蛾却偏偏要在夜间扑向烛火。清泉流水，绿草野果，哪一种东西不能饮食果腹？而鸱枭却偏偏爱吃死老鼠。唉，世界上能不像飞蛾、鸱枭那样犯傻的人又有几个呢？

何天不可翱翔，何必执着一隅！世界上不乏像飞蛾、鸱枭那样犯傻的人吧。

天高地远，总有一片天空可以让我们自由翱翔。当遭遇挫折时，不妨换个角度看问题，关上身后的那扇门，你会发现另一片美丽的花园，找到另一番激情和乐趣。

【精读解析】

　　曾经有句谚语这样说道："当一个人知道自己想做什么时，整个世界都会为之让路。"当一个人的发展遭遇某种瓶颈时，可以以"归零"的方式放弃从前。关上身后的那扇门，你会发现另一片美丽的花园，找到另一番激情和乐趣。

　　一个年轻人，因为自己恋慕已久的女人要嫁给一个富商，十分痛苦。自此自暴自弃，破罐破摔，每天喝得烂醉如泥，惹是生非。镇上的人见了他，纷纷侧目，迎面走过的人更是纷纷避让，生怕招惹祸端。一个在镇上颇有威望的老者见到他这副模样，于是呵斥他道："有本事你就把她追回来。"

　　"可是，她已经要嫁别人了。"年轻人哀怨地说。

　　"如果你有本事，你就有机会，你还有时间，你需要的是振作！"老者义正词严地说。

　　"可我一无所有，怕是没什么指望了。"年轻人哀怨着。

　　"你还有今天。你还有明天。你还有一身的力气。"老者说道。

　　在老人的殷殷教诲之下，年轻人终于鼓起勇气，离开了小镇，远走他乡……三年后，年轻人回到镇上，找到了那位教诲他的老人。老人告诉他，那个女人已经嫁给了富翁。年轻人笑了笑，说："一切都已经过去了，你教给我的不是怎么娶一个女人，而是教会我做人的道理，这才是最重要的。"

　　老人告诉年轻人做人的道理是：任何事物的发展都不是一条直线的，要学会变一回视线，换一次角度。自己爱的人嫁给了别人，如果只一味地看到了痛苦，却不懂得重新开拓自己的人生，那将永远看不到希望。

　　人生路有多条，何必将自己逼进死胡同呢？放下对外物的执着，才能让自己进退安如。常言道，天无绝人之路。一扇门被关闭时，另一扇窗会被打开。在人生走到歧路或绝境时，千万不要绝望灰心。因为正有另一条大路向我们展开坦途。

　　飞蛾扑火会自取灭亡，晴空朗月，心胸豁达，潇洒自如，才是极乐世界；清泉绿草，可以随处品赏，不能像鸱枭一样只把吃腐鼠当作乐事。有时人不必过于执著，应如庄子所言，像婴儿一样，若有若无地自在把握，反而能够将幸福抓住。

❀○清静之心　品悟生活○❀

【原文】

诗思在灞陵桥上，微吟就，林岫便已浩然；野兴在镜湖曲边，独往时，山川自相映发。

【译文】

人在送别之地灞陵桥上最能诗兴大发，刚刚低声吟完，山峦丛林已经充满了诗情画意；人在镜湖之畔，独自漫步时，就可看见山水互相辉映，令人陶醉。

【精读解析】

《菜根谭》为我们描绘了这样一种幽然意境：在灞陵桥上，作者诗兴大发，刚刚低声吟完，山峦丛林已经充满了诗情画意；人在镜湖之畔，独自漫步时，就可看见山水互相辉映，令人陶醉。这派悠然与《夕阳箫鼓》所蕴含的趣味相似：当那暮鼓送走夕阳，箫音迎来圆月的傍晚，

清川带长薄，流水如有意……

滚滚红尘之中，最难得的就是静谧之心。持一颗静谧之心，品悟生活的宁静，才能感受到悠然的风景，才能发现平凡世界里的诗情画意。

人们驾起轻舟，在平静的春江上漫游，两岸青山叠翠，花枝弄影；水面波心荡月，桨橹添声。乐曲通过委婉质朴的旋律，流畅多变的节奏，巧妙细腻的配器，丝丝入扣的演奏，形象地描绘月夜春江的迷人景色，尽情赞颂江南水乡的风姿异态。全曲就像一幅笔触精细、色彩柔和、清丽淡雅的山水长卷，引人入胜。

在优美的旋律中，人们沉醉于对静谧流淌的春江及其两旁景象的遐想之中，正是这份宁静，让人们的心灵得以沉淀，感悟生活的美好、人生的美妙。

富有的农夫在巡视谷仓时，不慎将一只名贵的手表遗失在谷仓里，他在偌大的谷仓内遍寻不获，便定下赏金，要农场上的小孩到谷仓帮忙，谁能找到手表，就给谁50美元。

众小孩在重赏之下，无不卖力地四处翻找，但是谷仓内满坑满谷尽是成堆的谷粒，以及散置的大批稻草，要在这当中找寻小小的一只手表，实在是大海捞针。

小孩们忙到太阳下山仍无所获，一个接着一个放弃了50美元的诱惑，回家吃饭去了。只有一个贫穷的小孩，在众人离开之后，仍不死心地努力找着那只手表，希望能在天黑之前找到它，换得那笔巨额赏金。

谷仓中慢慢变得漆黑，小孩虽然害怕，仍不愿放弃，不停摸索着，突然他发现静下来之后，出现一个奇特的声音。

那声音"滴答""滴答"不停响着，小孩停下所有动作，谷仓内更安静了，滴答声显得更加清晰。

是风在动。

明明是幡在动。

不是风动，也不是幡动，而是心动。

"不是风动，也不是幡动，而是心动，是你们的心在动。"风和幡都是外在的、虚幻的，只有心存在于时空之外，本体清静而永恒。世事皆由心生，心不动则天下静止。

小孩循着声音，终于在漆黑的谷仓中找到那只名贵的手表。

寂静让这个贫穷的小孩找到了那只名贵的手表，获得了他渴望的赏金。对于贫穷的他来说，那笔赏金就是他那一阶段的梦想，那一阶段的生活中的幸福。得到了心中渴望的金钱，梦想成真，快乐自然由心底散发。

一日，六祖惠能从两个僧人身边经过，听到这两个僧人正在争吵，就在旁边停了下来。

原来是因为一阵风吹过，吹动了经幡而引起了两个人的争执。一名僧人说："是风在动。"而另一名僧人反对说："错！明明是幡在动。"

惠能禅师走到两人跟前，说："你们俩都错了，不是风动，也不是幡动，而是心动，是你们的心在动。"

风和幡都是外在的、虚幻的，只有心存在于时空之外，本体清静而永恒。世事皆由心生，心不动则天下静止。只有在心静如水中体悟自性的清净，人才能明白"本来无一物"的真谛，最理想的状态是将"无"这个概念也放下。"真如本性，寂静常然，梦中明明有六趣，觉后空空无大千"，悟到空，悟到无，就真正触到了禅机。

行色匆匆的人们，丢失了一颗清明澄净的心，自然是欣赏不到它的清幽静雅的。

古人说："如何三万六千日，不放心身静片时？"保持心灵平静，便能以慈悲、开放的心面对生活的挑战，并以从容、宽广的态度，看待所生存的世界。

滚滚红尘中，静谧之心难求。身陷欲望泥潭的人们，品味着生活的紧张与焦灼，却难以摆脱这痛苦的泥潭，反而越挣扎越身陷其中。此时，持一颗静谧之心，品悟生活的宁静，得以窥见灵魂深处的欲求，快乐遂成永恒。

◎秉持天然　趣味悠长◎

【原文】

性天澄澈，即饥餐渴饮，无非康济身心；心地沉迷，纵谈禅演偈，总是播弄精魂。

【译文】

本性清明纯真的人，饿了就吃渴了就喝，这一切都是为了保证身心健康；心中迷乱糊涂的人，即使谈论佛偈，也都是在浪费自己的精力。

【精读解析】

唐代时，有参学禅法的僧人不远千里，来到河北赵州观音院（今柏林禅寺）。早饭后，他来到赵州禅师身前，向他请教："禅师，我刚刚开始寺院生活，请您指导我什么是禅？"

赵州问："你吃粥了吗？"

僧人答："吃粥了。"

赵州说："那就洗钵去吧！"

在赵州禅师的话语之中，这位僧人有所省悟。赵州的"洗钵去"，指示参禅者要用心体会禅法的奥妙之处，必须不离日常生活。这些日常的喝茶吃饭，与禅宗的精神没有丝毫的背离。

在世人的眼中，禅的境界是很高的境界，可望而不可即，很玄妙。其实，古往今来的禅师反复强调，禅的境界就在人间，在每个人的身上。一个人，只要能够保持自己的本色，发挥自己的天然个性，就是禅的境界。这个道理在《菜根谭》中被表述为："性天澄澈，即饥餐渴饮，无非康济身心；心地沉迷，纵谈禅演偈，总是播弄精魂。"

从前有一个老头和一个小孩生活在一起，奇怪的是，这个老头从来不教孩子各种礼仪和做人的道理，只是让他自然而然健康地成长。

有一天，一个云游四方的僧人，在老头的家中借宿，见孩子什么也不懂，于是教了他很多礼仪。

孩子很聪明，很快就学会了。晚上，孩子见老者从外面回来，于是恭敬地走上前去问安。老者十分惊讶，就问孩子："是谁教给你的这些东西？"

孩子如实回答："是今天来的那个和尚教我的。"

老者马上找到和尚，责备说："和尚你四处云游，修的是什么心性啊？这孩子被我捡来养了两三年，幸好保持了他一片天然可爱的本心，谁知道一下子就被你破坏了！拿起你的行李快出去吧，我家不欢迎你！"

当时已经是傍晚了，还下着淅沥的小雨，但是生气的老者还是将和尚赶走了。

小孩秉持天然个性成长，和尚却用俗礼污染，和尚不冤。有人请教大龙禅师："有形的东西一定会消失，世上有永恒不变的真理吗？"大龙禅师回答："山花开似锦，涧水湛如蓝。"多么美妙的一幅山水画啊！山上开的花，美得像锦缎似的，转眼即会凋谢，但仍不停地奔放绽开；溪流深处的水，影衬着蓝天的景色，溪面却静止不变。

这一对句，隐喻世界本身就是美的，稍不经意，就将流逝消失。生命的意义在于生的过程。在我们这个物质世界，有一个时间之箭，任何东西都受它的强烈影响。花开的本身，注定要凋落，山花却不因要凋谢而不蓬勃开放；清清的涧水不因其流动而不影衬蓝天。时间之箭是单向的，我们这些有生命之物，都要把握住现在、今朝。

守住自己的本来面目，让自己的个性在岁月中自然流露，无论为文、为诗、为画，都是一种天然情趣，都会有一种生命独特的美丽。

饥餐渴饮，且放开心怀吧！

人生的真谛就藏在日常生活里，就藏在喝茶吃饭这样简单的事务中。一个人，只要能够保持自己的本色，发挥自己的天然个性，就是达到了禅的境界了。

山花开似锦，涧水湛如蓝。

花开的本身，注定要凋落，山花却不因要凋谢而不蓬勃开放；清清的涧水不因其流动而不影衬蓝天。时间之箭是单向的，我们这些有生命之物，都要把握住现在、今朝。

○心中清明　矢志不渝○

【原文】

人心有个真境，非丝非竹而自恬愉，不烟不茗而自清芬。须念净境空，虑忘形释，才得以游衍其中。

【译文】

在人的内心中有一个真实的美妙境界，不需要丝竹管弦之音也觉闲适愉快，不燃香不饮茶也感清新芳香。必须意念澄静，心境虚空，忘记忧思愁虑，解脱形体束缚，这样才能自如地悠游在妙境之中。

【精读解析】

当自己的心被外面的东西所牵绊时，各种力量牵着你往不同的方向走，言行举止就会显出勉强，进退维谷。要摆脱这种状况，当然是要排除杂音，专心地去听从心的指引。但是如何才能顺心率性而行，不让杂念扰乱自己的生活呢？千年前的孔子就给出了答案："三军可夺帅也，匹夫不可夺志也。"

有志之士，在面对外界的诱惑纷扰时，不管外面桃飘与柳飞，只咬定自己心中的青山，

心中没有杂念才是自然的。排除杂念，专心听从心灵的指导，不被身外的东西所牵绊，不被各种力量牵着自己往不同的方向走，保持一种清明的境界，天地就会豁然开朗。

如此才不至于随波逐流、摇摆不定，把生活搅成一团乱麻。王安石说，不畏浮云遮望眼，只缘身在最高层。自己的心志若能像北斗星常悬于空，又何愁会迷失方向呢？

但并非每个人都能称得上有志的匹夫。

鲁定公十三年，齐国送80名美女到鲁国，季桓氏接受了女乐，君臣迷恋歌舞，多日不理朝政，孔子非常失望。不久鲁国举行郊祭，祭祀后按惯例送祭肉给大夫们时并没有送给孔子，这表明季氏不想再任用他了，孔子不得不离开鲁国，开始了周游列国的旅程。这一年，孔子55岁。

孔子带弟子先到了卫国，卫灵公开始很尊重孔子，按照鲁国的俸禄标准发给孔子俸粟六万，但并没给他什么官职，也没让他参与政事。孔子在卫国住了约十个月，因有人在卫灵公面前进谗言，卫灵公对孔子起了疑心，派人公开监视孔子的行动，于是孔子离开卫国，打算去陈国。路过匡城时，因误会被人围困了五日。逃离匡城，到了蒲地，又碰上卫国贵族公叔氏发动叛乱，再次被围。逃脱后，孔子又返回了卫国，卫灵公听说孔子师徒从蒲地返回，非常高兴，亲自出城迎接。此后孔子几次离开卫国，又几次回到卫国，这一方面是由于卫灵公对孔子时好时坏，另一方面是孔子离开卫国后，没有去处，只好又返回。

鲁哀公二年，孔子离开卫国经曹、宋、郑至陈国，在陈国住了三年，吴攻陈，兵荒马乱，孔子便带弟子离开，楚国人听说孔子到了陈、蔡交界处，派人去迎接孔子。陈国、蔡国的大夫们知道孔子对他们的所作所为有意见，怕孔子到了楚国被重用，对他们不利，于是派服劳役的人将孔子师徒围困在半道，前不靠村，后不靠店，所带粮食吃完，绝粮七日，最后还是子贡找到楚国人，楚派兵迎孔子，孔子师徒才免于一死。孔子64岁时又回到卫国，68岁时在其弟子冉求的努力下，被迎回鲁国，但仍是被敬而不用。

虽然孔子自谦是一介匹夫，但他所说的匹夫却自有一股傲然之气，风雨不侵、令人敬畏。匹夫之志，纯粹而干净，这也就是孔子一生守护的信仰。虽然周室衰微，礼崩乐坏，孔子匡复周礼的主张难以实行，对孔子而言，只要坚持自己的志向，风雨或诱惑都不过是杂音，只留得心中一片清明。而当一个人物欲缠身，一辈子为功名利

孔子困厄于陈蔡而弦歌不绝，这是何等的洒脱！

禄奔波，静不下心来，就算有丝竹琴韵，书香文翰，也终归徒劳，无法达至心情的舒畅，无法享受生活的美境。

◎珍惜自性　机神触发◎

【原文】

万籁寂寥中，忽闻一鸟弄声，便唤起许多幽趣；万卉摧剥后，忽见一枝擢秀，便触动无限生机。可见性天未常枯槁，机神最宜触发。

【译文】

在万物都寂静无声的时候，忽然听见一鸟儿鸣叫，则会唤起许多幽情雅趣；当所有的花草都凋谢枯败后，忽然看见一枝花挺拔怒放，便会触动心灵产生无限生机。可见万物的本性并不会全部枯萎，生命的机趣应该不断激发。

【精读解析】

有一次，石屋和尚和一个偶遇的青年男子结伴同行，天黑了，那个男子邀请石屋和尚去他家过夜，便说道："天色已晚，不如在我家过夜，明日一早再行赶路？"

石屋和尚向他道谢，与他一同来到了他家。半夜的时候，他听见有人蹑手蹑脚地来到了他的屋子里，石屋和尚大喝一声："谁？"

待到重阳日，还来就菊花……

万籁俱寂之后，一声鸟儿的鸣叫，百花凋谢之后，一枝怒放的鲜花，都会让我们心生无限的感触。自性应该被发现、被珍惜，更应该被用来不断激发生命的机趣。

那人被吓得跪在地上，石屋和尚揭去他脸上蒙着的黑布一看，原来是白天和他同行的青年男子。

"怎么是你？哦，我知道了，原来你留我过夜是为了钱财！我没有多少钱，你要干就去干大买卖！"

那男子说道："原来是同道中人！你能教我怎么干大买卖吗？"他态度恳切，虔诚。

石屋和尚看他这样，慢腾腾地说道："可惜呀！你放着终生享用不尽的东西不去学，却来做这样的小买卖。这种终生享用不尽的东西，你想要吗？"

"这种终生享用不尽的东西在哪里？"

石屋和尚突然紧紧抓住男子的衣襟，厉声喝道："它就在你的怀里，你却不知道，身怀宝藏却自甘堕落，枉费了父母给你的身子！"

一语惊醒梦中人，这个人从此改邪归正，并在不久之后遁入空门，后来入了禅门成为一名著名的禅僧。每一个人在他的生命之中，总会失去一些东西，例如权势和金钱，但是总有一种东西是始终伴随我们的，就是我们的自性。

在万物都寂静无声的时候，忽然听见一鸟儿鸣叫，会唤起许多幽情雅趣；当所有的花草都凋谢枯败后，忽然看见一枝花挺拔怒放，便会触动心灵产生无限生机。《菜根谭》用最常见的事情向我们阐述了一个深刻的道理，即天性未常枯槁，再小的生命亦有其灵性所在，因此，自性应该被发现、被珍惜，更应该被用来不断激发生命的机趣。

每个人都有自己的自性，也就是自己的本心。真正的自性是不生不灭的，这个自性是空性，空性必须要无我才能达到。当我们修养到一个无我的境界，就得到一个智慧，就是唯识中所讲的平等性智。无我就无人，无人就无他，无众生相，无烦恼，无一切，等等。一切皆空，即无众生之相。

然而在我们的个人生活中，世间众生总是智慧颠倒。我们会用生命的大部分心力追求金钱、权势、地位以及物质享受，却单单忘了真正能和我们永远在一起，并能被我们带到另一个世界的只有我们的自性和本真。有这样一个青年，他从小家境富有，接受了良好的教育，在各方面都有潜能，成绩也不错，几乎可以称得上一个全面发展的人。可是，他却对自己的成功之路一筹莫展。他喜欢运动，却没有吃苦锻炼的勇气和毅力，因此当不了运动员。他发表过不少作品，可他根本静不下心写出一部有分量的著作，成为一名真正的作家。

于是，他的兴趣变化不断，似乎很多领域都有涉猎，却没有专长，他根本不知道自己最适合做什么，也不清楚自己准备成为什么样的人。

这个青年的内心充满期待，也充满矛盾，他想好好地认识自我，然后选择符合他的发展方向，同时也想尽可能地尝试更多更好的东西，发现自己的兴趣，挖掘出自己的潜能，找到最适合自己发展的道路。可是人生那么多路，每条都走一段的话，未尝不是一件浪费时间的事。

青年的问题复杂也简单，归结到一点，就四个字：自知之明。如果他的心不那么贪求，倘若心中多一份明确，他的问题或许可以迎刃而解。

所以如果我们想过自己喜欢的生活，就必须先真正看清自己，看清自己的本来面目，看清我们心里真正想要的未来，只有这样我们才能充满自信和活力地去生活、去奋斗，也只有这样的人生才不是违背本心的人生。所以，少花些心力逐名利，多花些时间和自己交谈，才会明白自己生活的意义，才不会给自己留有遗憾。

◎放空心境　包容万物◎

【原文】

理寂则事寂，遣事执理者，似去影留形；心空则境空，去境存心者，如聚膻却蚋。

【译文】

道理归于空寂，那么事情也归于空寂，舍弃事情而执着道理，就好像要去除影子却要留下形体那样不当；内心如果保持空寂，那么外在的境遇也会随着空寂，舍弃境遇而仍然执著本心，就好像以聚集膻臭来驱赶蚊蝇一样可笑。

【精读解析】

《菜根谭》中提出"理寂则事寂，心空则境空"。可见，人的心空了，那么外在的境遇也会随着空寂。但是，这种空寂不是绝对的"无"，而是说，只有舍弃我们对境遇的偏执，才能包容万物。

空与有并非两个完全对立的概念，宇宙万物，因为虚空含纳包容，所以能拥有日月星河的环绕。俗话说，海纳百川，很多人将"大海"作为浩瀚胸襟的代名词。但是，人心是大海与高山都不能比的。

茶杯空了才能装茶，口袋空了才能放得下钱。人不空就不能有更多的空间给自己加重，去承受生活意外的冲击。

舍弃对境遇的偏执，才能包容万物。

在纷扰的世间，要想把自己的心放空确实不容易。只有明心见性，看见自己的本心，才能找到症结所在，剪掉心中的死结，让心灵得以放空，走出人生的围城，达到心神的通畅。

有一个年轻人在他父亲所在的啤酒厂看守木桶，他的工作是每天早上把所有的木桶擦拭干净并排放整齐。然而非常糟糕的是，他前一天排放好的木桶往往被风吹得东倒西歪。他不得不重复这项劳动，并且还得忍受别人的责备。

年轻人苦思冥想了好久，终于想出了一个办法。他挑来一桶水，分别加入木桶里，然后再将它们排列好。年轻人回家了，惴惴不安地期望着。第二天天刚亮，年轻人就迫不及待地跑到啤酒厂，验收自己的成果。结果，那些加了水的木桶纹丝不动地站立着。他成功了！

其实每个人的人生都好似一个木桶，因为它本身是空的，所以能够不断忍受人生的加重，避免被风吹倒。

但是在纷扰的世间，要想把自己的心放空确实不容易。很多人都知道境由心造的道理，但很多人常常被外境所困，以至于令自己的心常常被困在围城中。只有明心见性，看清自己的本心，才能找到症结所在，剪掉心中的死结，让心灵得以放空，走出人生的围城，达到心神的通畅。

◎因顺自然　回归质朴◎

【原文】

山居胸次清洒，触物皆有佳思：见孤云野鹤，而起超绝之想；遇石涧流泉，而动澡雪之思；抚老桧寒梅，而劲节挺立；侣沙鸥麋鹿，而机心顿忘。若一走入尘寰，无论物不相关，即此身亦属赘旒矣！

【译文】

居住在深山中心胸清新开阔，接触任何事物都有高雅的情感：看见一片孤云飘荡、一只野鹤飞翔可以产生超越一切的想法，遇到山谷中清泉流动会产生洗涤一切凡俗的想法，抚摸着苍老的松树和寒冬中的梅花会有挺立傲雪的情致，和海鸥、麋鹿在一起游玩可以忘却一切机心。如果回到尘世中，那么任何事物都和我不再相关，即使这个身体也觉得多余。

要摆脱外在的诱惑和负累，从占有的心态中退出，只有回到自然之中，才能获得真正的自由。所以在这个意义上，我们说，回归自然，也就是回归人的真实存在。

【精读解析】

这段《菜根谭》为我们描述了一幅人于自然中怡然自得的情景。身处自然，总是会令人产生舒适之感，因为人的一切得之自然。但是，在人类的进化史中，人与自然关系的变迁经历了很大的转变：从敬畏自然、依赖自然转为认识自然、利用自然，甚至为自然立法。但无论人与自然的关系如何改变，都改变不了我们是自然的产物这一事实，因此，只有爱护自然，保护生态平衡，自然才会赐福于人类。

中国人历来强调因顺自然，人与自然应和谐一体，同时反对人类把自己的意志强加于自然之上，对于自然的规律横加干涉和改变。

南海之帝和北海之帝有一天一起去拜访中央之帝浑沌，浑沌热情周到地款待了他们。告别之时，南海之帝和北海之帝想回报浑沌的热情，于是他们商量说，人人都有七窍，可唯独浑沌没有，何不为他打开七窍？于是，他们一天给浑沌打开一窍。七天后，浑沌的七窍打开了，但他也因此而死。

人为地改变自然，不仅无益，有时甚至会置自然之物于死地。人从自然中来，还要回到自然中去。

然而，现代社会，一些人开始过分地将社会财富的多少作为评判一个人成功与否的标准，似乎一个人占有的越多、越好，就越成功。这样的心态无非是人的占有欲在作崇。一条鱼就足够吃了，何必要一桶？无谓地多占多得，只是想用"占有"来与他人对比罢了。因此，要摆脱外在的诱惑和负累，从这种占有的心态中退出，只有回到自然之中，才能获得真正的自由。所以，在这个意义上，我们说回归自然，也就是回归人的真实存在。

保持距离不是绝对的疏离，而是一种自我的把控，正如一位文学大师曾经说的半玩世者才是最优越的玩世者。"半玩世"的"半"字之妙就在于介于两个极端——深陷流俗和绝缘世事——之间的调和。历史上很多理想的生活享受者，大都如此：名声在外，却看淡名位；生活虽然不富裕，但不至于穷到生活拮据；学问不算渊博，但是涵养甚高，品格高贵……这种中等阶层的生活，让身心都有余裕，让生活慢慢绽放幸福和满足。

曾经有很多文人将这种生活视为中国人最理想最健全的生活模式，比如民国时期的散文大家林语堂就是其中一位，在他看来，能够过上这种生活的人，既不会对钱财汲汲以求，也不至于为贫穷纠缠；既不会在忙碌中丧失自己，也不会在庸碌中忽视生活的享受。事实上，文人墨客之所以钟情于如此生活，关键在于对世俗距离的把握得当。

我们毕竟生于世俗，虽然有心回归自然质朴，却无奈总被世俗暗流所吸引。于此之中要保持清醒，实属不易。但难不意味着无法做到，古希腊哲学家赫拉克利特的一生，极富传奇色彩。他的经历与伯夷如出一辙。赫拉克利特出生于王族，本应继承王位的他，却将王位让给了兄弟，然后去隐居。有人认为，赫拉克利特正是把目光对准了自己的内心，成功地排除其他人的外部干扰，因此才潜入了灵魂的深处。那是一个人的本性真正存在的地方。

◎景与心会　自在天然◎

【原文】

兴逐时来，芳草中撒履闲行，野鸟忘机时作伴；景与心会，落花下披襟兀坐，白云无语漫相留。

【译文】

一时兴致来的时候，在草地上脱掉鞋漫步，野鸟也忘了被捕捉的危险飞到身旁来做伴；当景色与心灵互相融会时，在飘落的花朵下披着衣裳静静地沉思，白云也似乎无言地停留在头上不忍离去。

【精读解析】

现代快节奏的社会中，工作成了我们每天生活的目的。在这样的生活环境下，或许我们已经很久没有"落花下披襟兀坐，白云无语漫相留"的体验了。

但无论我们白天的生活如何忙碌，我们的心中始终会有一个声音在呼唤，那就是抛开无休止的工作，远离令人窒息的都市，让渴望自然的心静下来！小桥流水、一片荷塘、大片竹林、庭院花草……当世界浮躁的时候，为什么我们会渴望回归自然？

因为人本是自然之子，但在社会化过程中人一方面得以升华，以文化区别于动物，但同时也在被

人生在世能如此，也应自得其乐，何必受到约束，宛若被套上马缰？

当人摆脱了世俗名利的束缚，寻回自己的本真，顺从自然的本性时，是最自由的。在溪水边，芳草地上，兴致来时，干脆脱鞋漫步，悠然自得。

社会所异化，从而表现了许多非自然的属性，尤其是在商业社会中，这种异化尤为明显。中国古代哲学家认为，养心首先要养自然之心，要保持人原有的那种质朴、纯真的自然属性。身体上回到自然里，在心态上回到自然去。说到这一点，晋代大诗人陶渊明特别值得称道、值得现代人学习。

陶渊明原是晋朝大司马陶侃的曾孙。他一生仕途不达。曾做过五次官，最后一次在家乡附近得了一个小县令，他在任大概一百多天时，有名督邮前来视察，旁人提醒他"应束带见之"，还要送些厚礼给他。陶渊明一听心里不高兴，督邮算个什么人物？乃乡里小儿。我怎能为五斗米折腰呢？这样他就找了理由辞去了这个县令，归乡隐居，回归自然。

返乡后，陶渊明过着耕读的生活，虽然并不富裕，但精神上自由，"采菊东篱下，悠然见南山"，"舟遥遥以轻飏，风飘飘而吹衣"，他过着悠然自得的生活。他著名的《桃花源记》，正是他理想的表达。

自然可以开启人的心灵，陶冶人的情操，人久居闹市，心久系官场，实际活得很累，一些荣华富贵，一些名声誉赞都是很表面的。月明风清时，人立于月下，就会突然觉得自己生活得很可笑、荒唐。此时，放下来，走出去，到自然的怀抱中沐浴春风，攀登高山，放歌旷野，你会舒服许多。自然是功名的清新剂。

北山白云里，隐者自怡悦。

相望试登高，心随雁飞灭。

愁因薄暮起，兴是清秋发。

时见归村人，平沙度头歇。

天边树若荠，江畔舟如月。

何当载酒来，只醉重阳节？

一首孟浩然的《秋登万山寄张五》中虽略有清愁，却也别致淡雅。诗中那种清幽恬淡的环境，像是一阵春风，轻轻叩响心灵的窗户。当为人的朴素与大自然的天然合二为一时，心灵获得的自由与澄明将是对真善美最精辟的诠释。

我们的心灵本应像一盘秋月挂于高天，清辉弥漫，皎洁晶莹。但如果你总是牵绊于世俗的声色名利，那么你的心空就会充满浓厚的乌云，那盏心灵的明月就会越来越暗淡，直至无光。因此，如果我们能多接近自然，就能清除掉心灵的乌云，那盏心月就会焕发出本属于它的明丽，他的生命也会在心月的清辉中常驻常新。

◎见素抱朴 本色可贵◎

【原文】

山肴不受世间灌溉，野禽不受世间豢养，其味皆香而且冽。吾人能不为世法所点染，其臭味不迥然别乎！

【译文】

山林间的蔬菜野果不必接受人工的灌溉施肥，野生的禽兽没有接受人工饲养和照顾，可是它们的味道却清香美妙。我们如果不被尘世间的功名利禄所污染，那么其气质不就和别人有很大的不同吗？

【精读解析】

不施人工的山林蔬果，其味清香，不受世俗浸染的人，气质超然。超然，源自他们的心性出自本性。人需抛弃自己引以为傲的聪明，抛弃自私自利的贪图之心，如果人人皆能如此，便不会有作奸犯科的盗贼，即所谓的"绝巧弃利，盗贼无有"。

如果将绝圣弃智的观念归纳到生命理想中，便是"见素抱朴，少私寡欲"。"见"指见地，观念、思想谓之见；"素"乃纯洁、干净；"朴"是未经雕刻、质地优良的原木。见素抱朴正是圣人超凡脱俗的生命情操，佳质深藏，光华内敛，一切本自天成，没有后天人工的刻意造作。

古人主张"绝仁弃义"，不以圣人为标榜，不以修行为口号，只要老老实实、规规矩矩做人，那便是真修道。

孔子在《论语》中说，"素"如一张白纸，毫不沾染任何颜色，人的思想观念要随时保持纯净无杂，即佛家禅宗所说"不思善，不思恶"。心地胸襟，应该随时怀抱原始天然的朴素，以此态度来待人接物，处理事务。个人拥有这种修养，人生一世便是最大的幸福；如果人人秉有这种生活态度，天下自然太平和谐。

《三字经》里的第一句话是"人之初，性本善"，儒家孟子也提倡"性本善"，曾说"人皆有不忍人之心"。之所以说每个人都有怜悯体恤别人的心情，是因为，如果今天有人突然看见一个小孩要掉进井里面去了，必然会产生惊奇同情的心理。这不是因为要想去和这孩子的父母拉关系，不是因为要想在乡邻朋友中博取声誉，也不是因为厌恶这孩子的哭叫声才产生这种惊惧同情心理的。然而，善性存于心，往往受环境的影响，丧失了原本的善意。

对此，荀子持有不同的看法，他在《性恶篇》开篇就说："人之性恶，其善伪也。"人性本是恶的，其善是人为的，人有为善的可能，就在于后天的学习修为。

人性之初，本没有善恶之分。善恶只不过是在周边环境影响下依据本性而产生的，有善恶之分的不是本性而是习惯。本性是一种内在的东西，平时可能感觉不到它的存在，但它却在暗中操控着你，决定着你的大部分习惯，决定着你的性格，甚至决定着你的人生。人本来生下来都很朴素，只是由于后天的矫饰，才让自己在脱离了本心的同时，增加了生活的负担。因此，人不要刻意雕琢自己本性的棱角，要保持住生命中最朴素的东西。大浪淘沙沙去尽，沙尽之时见真金，大多数人都在浮华过后才意识到本色的可贵。既然如此，不如质本洁来还洁去，不要让尘世浮华玷污了原本纯洁的心灵。

山林间的蔬菜野果，野生的禽兽，味道清香美妙。我们不被功名利禄所污染，就和别人有很大的不同。

见素抱朴是一种超凡脱俗的情操，本色是最可贵的。质本洁来还洁去，不要让尘世浮华玷染了原本纯洁的心灵。

保持生命中最朴素的东西，老老实实、规规矩矩做人，才是真修道。

❀◎意气行事　难有作为◎❀

【原文】

凭意兴作为者，随作则随止，岂是不退之轮？从情识解悟者，有悟则有迷，终非常明之灯。

【译文】

凭着自己一时的意气办事，情绪高的时候就去行动，冲动一过马上就停止，这样怎能成为不断前进永不倒退的车轮呢！从情感出发去领悟事理的人，有所领悟，也会有所迷惑，这样终究不是光亮的智慧明灯。

【精读解析】

一个农夫用茅草搭建了一所房子，在他的辛苦劳作下，房内的日常用品渐渐齐备了。但是令他心烦的是，房间里面鼠害成灾。他虽然满腹是牢骚与怨气，却又无计可施。

有一天，农夫心烦喝了点酒，躺床上睡觉，但是房间的老鼠闹得厉害。农夫火冒三丈，一时气愤，点了一把火，竟然将茅草房烧了个精光。

火虽然将老鼠烧没了，但也烧光了农夫的家业。

有这样一句谚语："想知道对方的缺点，最简单的方法就是激怒对方。"因为凡是凭着意气做事的人，在被激怒的那一刻便将自己全部的缺点暴露无遗，这个时候对手也就抓住了可乘之机。

愤怒是一种很常见的情绪，往往三两句话不对，或为了一点芝麻绿豆大的事情就大打出手，意气行事。在被激怒的那一刻，自己全部的缺点暴露无遗，这个时候对手也就抓住了可乘之机。

冲动的情绪是缺乏冷静与理性的结果。如果不注意培养自己冷静理智、心平气和的性情，一旦碰到"导火线"就会盲目行事，甚至连情绪都会失控，最后只会让自己陷入自戕的囹圄。

凭意兴作为，用于作画写文，可能灵机尽现，如果凭着它去从政经商，为人处世，回报他的很可能是倒退之轮，甚至步步是死路。

西楚霸王项羽为人意气用事，对自己的本性很少加以控制，他"善"的一面会令人感动，例如见到士卒受伤会亲自看望，甚至感动落泪，他对虞姬的深情厚谊令古今无数女子动容，他因无颜见江东父老而自刎，更是树立了他悲剧英雄的形象，但是他的"恶"也是令人发指的，动辄屠城，坑杀20多万投降秦兵。

进入关中后，项羽从不考虑咸阳的富饶能给自己未来的江山奠定基础，只是一味烧杀掳掠，让古都咸阳变成一片废墟，让百姓敢怒不敢言。

项羽生性随意，率性施为，做任何事情都以感情作为行动的指导，虽满腔意气，却无好生之德。

人是感情的动物，表达情绪是无可厚非的，但是，如果不加控制地任意表达，就成了一时冲动的宣泄，而此时冲动者就成了一个最软弱、最容易被打败的人。控制自己的冲动是件非常不容易的事情，因为我们每个人的心中都存在着理智与感情的斗争。冲动会使人丧失理智。所以情绪冲动时，不要有所行动，否则你会将事情搞得一团糟。谨慎之人察觉到情绪冲动时，会立刻控制并使其消退，用冷静代替冲动，避免因热血沸腾而鲁莽行事。

让我们来对比一下项羽和刘邦，两个人都是杰出的人物，但从个人能力看，刘邦很多方面是不及项羽的。而刘邦最终的成功和项羽最终的失败在于：刘邦眼光长远，胸怀宽广，善于用人，遇事冷静。项羽目光短浅，心胸有限，不善用人，遇事冲动急躁。

项羽

秦二世元年（前209），项羽从叔父项梁起义，巨鹿之战摧毁章邯的秦军主力。秦二世三年（前207），刘邦、项羽相继率兵入关，推翻秦王朝。

汉元年（前206），项羽佯尊楚怀王为义帝，分封天下十八诸侯王，自立为西楚霸王，以刘邦为汉王。

项羽的功业，也可谓空前绝后了。然而毁掉他的是他自己的性格和心胸。

西楚霸王项羽为人意气用事，容易冲动行事，对自己的本性也很少加以控制。

项羽见到士卒受伤会亲自看望，甚至感动落泪。项羽对虞姬的深情厚谊令无数女子动容。项羽的"恶"也是令人发指，动辄屠城，坑杀二十多万投降秦兵。他性情中人、意气用事的做事风格最终导致了他的失败。

刘邦

刘邦被徙封汉王后，以汉中为基地，养民招贤，安定巴蜀，然后收复三秦。

汉元年（前206），刘邦乘齐王田荣起兵反楚的有利时机，决策东向，发动了楚汉战争。

汉三年（前204），汉军在成皋大破楚军，韩信也尽定齐地。项羽腹背受敌，进退失据，陷于汉军的战略包围之中。

在刘邦逐渐发展壮大的过程中，能够审时度势，能够理智处事，能够隐忍韬晦，是他最终成功的关键。

汉五年（前202），项羽被围困于垓下，汉军四面唱起楚歌，楚军士无斗志；项羽率少数骑兵突围至乌江，自刎而死。

以刘邦和项羽的事例为鉴，我们应该用冷静和理性的心态对待冲动的情绪，谨慎控制，才能有所作为。

智慧出于理性和冷静客观地看待分析事物，失误往往出于主观和感情用事。

楚汉战争最后以刘邦夺取天下，建立西汉王朝而告终。